문제만 보고 합격하기!

소형선박 조종사

해기사 시험대비

1,900제

SD에듀
(주)시대고시기획

2024 문제만 보고 합격하기!
소형선박조종사 1,900제(해기사 시험대비)

Always **with you**

사람의 인연은 길에서 우연하게 만나거나 함께 살아가는 것만을 의미하지는 않습니다.
책을 펴내는 출판사와 그 책을 읽는 독자의 만남도 소중한 인연입니다.
SD에듀는 항상 독자의 마음을 헤아리기 위해 노력하고 있습니다. 늘 독자와 함께하겠습니다.

본 도서는 소형선박조종사 기출문제를 기반으로 시험에 자주 등장하는 이론만 모아서 〈소형선박조종사 과목별 핵심이론〉 파트를 구성하였고, 최근 2023년도 4회분 시험을 포함한, 5개년 기출문제(2019~2023년)를 수록하였다. 특히 시험 특성상 유사한 문제가 반복 출제되는 경우가 많은 만큼 상세한 해설을 통해 문제를 완전히 이해하고 넘어갈 수 있도록 하였다. 또한 좀 더 많은 문제를 풀어보고 싶은 수험생들을 위하여 국가전문자격 시대로 카페에서 과년도 기출문제(2015~2018년)를 제공한다.

수험생들이 가장 걱정하는 법규 과목의 경우 최신법령을 반영하여 도서를 개정하였다. 주의해야 할 부분은 2024년 1월 26일부로 기존의 「해사안전법」을 해사안전에 관한 제도 · 정책의 기본 원칙은 「해사안전기본법」으로, 선박 항법 등 국민이 준수해야 할 안전규제는 「해상교통안전법」으로 나누어 규정히였다. 바뀐 규정에 따라 본 도서에 관련 주요 핵심 내용을 수록하였으나, 법령의 경우 도서가 출간된 이후에도 계속 변화할 수 있으므로 법제처의 해당 법규 신구대조표를 참고하는 것을 추천한다. 추가로 수험생들이 법령을 일일이 찾아보는 수고를 줄이기 위하여 문제 해설에 법령의 명칭과 세부 조항 주소를 최대한 표기하였다.

본 도서에 수록된 법령의 시행일은 다음과 같다.

- 「해사안전기본법」 [시행 2024. 1. 26.] [법률 제19572호, 2023. 7. 25., 전부개정]
- 「해상교통안전법」 [시행 2024. 1. 26.] [법률 제19725호, 2023. 9. 14., 타법개정]
- 「선박의 입항 및 출항 등에 관한 법률」 [시행 2024. 1. 26.] [법률 제19573호, 2023. 7. 25., 타법개정]
- 「해양환경관리법」 [시행 2024. 4. 25.] [법률 제19779호, 2023. 10. 24., 일부개정]

본 도서를 활용하는 모든 수험생들이 합격할 수 있도록 최대한 알기 쉽게 도서를 제작하였다. 처음 공부하는 수험생들도 포기하지 않고 끝까지 학습한다면 모두 시험에 합격할 수 있으리라 생각한다. 이 책이 많은 수험생들에게 도움이 되길 바란다.

편저자 일동

시험안내

자격 개요

소형선박조종사란 응시자격을 갖추고 한국해양수산연수원에서 시행하는 소형선박조종사 시험에 합격하여 소형선박조종사 면허를 취득한 자를 말한다. 소형선박조종사는 25톤 미만의 선박을 조종할 수 있다.

> **해기사**
> • 해기사란 한국해양수산연수원에서 시행하는 해기사 시험에 합격하고, 해양수산부장관의 면허를 취득한 자를 말한다.
> • 선박의 운항, 선박엔진의 운항, 선박통신에 관한 전문 지식을 습득하고 국가자격 시험에 합격하여 소정의 면허를 취득한 자로서, 항해사 · 기관사 · 전자기관사 · 통신사 · 운항사 · 수면비행선박조종사 · 소형선박조종사로 구분된다(선박직원법 제4조).

원서접수

인터넷접수	• 한국해양수산연수원 시험정보사이트(lems.seaman.or.kr)에 접속 후 '해기사 시험접수'에서 인터넷 접수 • 준비물 : 사진 및 수수료, 결제시 필요한 공인인증서 또는 신용카드
방문접수	• 부산(한국해양수산연수원 종합민원실, 한국해기사협회), 인천(한국해양수산연수원 인천사무실), 목포(한국해양수산연수원 목포분원) 접수 장소로 직접 방문하여 접수 • 준비물 : 사진 1매, 응시수수료
우편접수	• 접수마감일 접수시간 내 도착분에 한하여 유효함 • 준비물 : 사진이 부착된 응시원서, 응시수수료 • 응시표를 받으실 분은 반드시 수신처 주소가 기재된 반신용 봉투를 동봉하여야 함 • 응시원서에 사용되는 사진은 최근 6개월 이내에 촬영한 3cm×4cm 규격의 탈모정면 상반신 사진 • 제출된 서류는 일체 반환하지 않음

응시원서 교부 및 접수

▶ 접수는 매회 시험의 접수기간 내에만 가능하며, 접수 마감일(18시)까지 접수하여야 당회 시험에 응시할 수 있다.

▶ 당회 시험 원서접수 취소는 시험 1일 전까지 가능하며, 취소 시점에 따라 수수료는 차등 지급된다.

▶ 응시원서는 각 교부 및 접수처 또는 홈페이지에서 출력하여 작성한다.

2024년 정기시험 시험일정

회 차	접수기간	필기시험일	이의신청 기간	합격자 발표
1회	02.06(화)~02.08(목)	02.24(토)	02.24(토)~02.26(월)	02.29(목)
2회	05.08(수)~05.10(금)	05.25(토)	05.25(토)~05.27(월)	05.30(목)
3회	08.07(수)~08.09(금)	08.24(토)	08.24(토)~08.26(월)	08.29(목)
4회	10.23(수)~10.25(금)	11.09(토)	11.09(토)~11.11(월)	11.14(목)

정기시험

시험방식	• 필기 : PBT(Paper Based Test) • 면접 : 구술시험, 부산 및 인천지역에 한함
시행대상	• 항해사(상선), 항해사(어선), 기관사, 소형선박조종사, 통신사, 운항사(지역별 시행 직종 및 등급 확인)
기타사항	• 접수시작일 10:00~접수마감일 18:00 • 부산 외 지역에서도 응시할 수 있다. • 회별 시행지역, 지역별 시행 직종 및 등급을 공고문에서 반드시 확인하시기 바랍니다(시험일 기준 1개월 전 게시).

상시시험

필 기	• 시험방식 : CBT(Computer Based Test) 　– 지정된 시험실에서 컴퓨터 모니터를 통해 문제를 푸는 방식 　– 컴퓨터로 통제되어 자동 채점, 시험 당일 합격자 발표 • 시행대상 : 항해사(상선), 항해사(어선), 기관사, 소형선박조종사 • 회당 수용가능 인원에 제한이 있으므로 접수기간 중 인터넷 선착순 마감 • 승선 및 어로활동 등으로 정기시험 응시가 어려운 분들의 응시편의를 위한 시험으로 회차별 시행 직종을 달리한다. • 접수시작일 10:00~접수마감일 18:00 (정원이 마감된 경우 접수시간이 남아 있더라도 접수가 안 됨) • 회별 시행지역, 직종 및 등급 등 세부사항은 월별 상시시험 공고문을 반드시 확인하시기 바랍니다(시험일 기준 15일 전 게시).
면 접	• 정기 4회와 별도로 상시면접을 신설하여 CBT시험 후 빠른 응시가 가능하다. • 시행지역 : 부산(한국해양수산연수원) • 시행대상 : 항해사, 기관사, 운항사, 통신사 전 등급 및 소형선박조종사 • 접수시작일 10:00~접수마감일 18:00 • 시험일정은 사정에 따라 변경될 수 있으므로 매회 공고문을 확인하시기 바랍니다(시험일 기준 15일 전 게시).

시험시간 및 방법

▶ 시험시간(1과목당 25문항), 소형선박조종사 4과목/100분
　• 과목합격자 및 일부과목 면제 응시자는 응시과목 수에 따라 시험시간이 다름(과목당 25분)
▶ 시험방법 : 객관식 4지선다형, 1과목당 25문항
▶ 시험과목 : 항해, 운용, 법규, 기관
▶ 소형선박조종사 시험 응시수수료 : 10,000원

시험안내

합격기준

필기합격	1과목당 100점을 만점으로 하여 매 과목 40점 이상, 전 과목 평균 60점 이상 득점한 자
면접합격	위원마다 100점을 만점으로 하여 평균 60점 이상(2인 교차면접)
과목합격	필기시험의 합격기준에 미달된 자로서 1과목당 60점 이상 취득 과목이 2과목 이상일 경우

합격유효기간 및 합격자 발표

▸ 1~2급 필기합격 : 4년, 과목합격 : 2년, 최종합격 : 3년

▸ 과목합격한 자가 불합격과목만 계속 응시할 경우 합격유효기간은 2년이며, 과목합격을 무시하고 전과목을 응시할 경우 기 과목합격은 취소된다.

▸ 과목합격을 포기하고 전과목 응시하여 과목합격이 발생될 경우 최종 과목합격이 인정된다.

▸ 합격자 발표 : 연수원 게시판 및 인터넷 홈페이지(lems.seaman.or.kr)

　※ SMS(휴대폰 문자서비스) 전송(합격자에 한함) : 시험접수시 휴대폰번호 등록자에 한함

응시생 유의사항

▸ 시험을 응시하는 데는 자격제한이 없으나(일부과목 및 면접응시자 제외), 최종 시험합격 후 면허교부 신청시 모든 자격이 갖추어져야 면허를 받을 수 있으므로, 응시원서 제출 전에 시험합격 후 면허를 받을 수 있는 자격이 되는지 여부를 반드시 확인한 후 응시하여야 한다.

▸ 서류가 미비된 경우에는 접수하지 아니하며, 응시원서 기재 내용이 사실과 다르거나 기재사항의 착오 또는 누락으로 인한 불이익은 응시자의 책임으로 한다.

▸ 응시자는 국가시험 시행계획 공고에서 정한 응시자 입실시간까지 지정된 좌석에 착석하여 시험감시관의 시험안내에 따라야 한다.

▸ 신분증을 지참하지 않을 경우 시험응시가 제한될 수 있다.

▸ 부정한 방법으로 국가시험에 응시하거나 동 시험에서 부정한 행위를 한 자에 대하여는 법령의 규정에 따라 그 시험을 정지시키거나, 향후 2년간 국가시험 응시를 제한할 수 있다.

▸ 합격자 발표 후에도 제출된 서류 등의 기재사항이 사실과 다르거나 응시 결격사유가 발견된 때에는 그 합격을 취소한다.

시험장 안내(전국 12개 지역)

지 역	기관명	소재지
부 산	한국해양수산연수원	부산 영도구 해양로 367(동삼동)
인 천	정기 – 인하대학교 용현캠퍼스 60주년기념관	인천 미추홀구 인하로 100
	CBT – 한국해양수산연수원 인천사무소	인천 중구 인중로 176 나성빌딩 4층
여 수	전남대학교 여수캠퍼스	전남 여수시 대학로 50
마 산	한국방송통신대학교 창원시학습관	경남 창원시 마산합포구 드림베이대로 54
동 해	정기 – 동해 강원대학교 삼척캠퍼스	강원 삼척시 중앙로 346
	CBT – 강원도립대학 평생교육센터	강원도 강릉시 주문진읍 연주로 270
군 산	군산대(해양과학대)	전북 군산시 대학로 558
목 포	정기 – 목포해양대학교(해양공학관)	전남 목포시 해양대학로 91
	CBT – 목포해양대(대학본부)	
포 항	한국해양마이스터고등학교	경북 포항시 북구 여남포길21번길 18
제 주	정기 – 제주한라대학교 금호세계교육관	제주특별자치도 제주시 한라대학로 38
	CBT – 제주대학교 아라캠퍼스(정보통신원)	제주 제주시 제주대학로 102(아라동)
평 택	도곡중학교	경기 평택시 포승읍 여술로 58
울 산	울산과학대학교동부캠퍼스	울산 동구 봉수로 101
대 산	서령중학교(서산)	충남 서산시 서령로 117

※ 시험장소는 연수원 및 지역 시험장의 사정에 따라 변경될 수 있고, 홈페이지 내 [시험장 안내]에 명시된 장소와 다를 수 있습니다.
  (2024년 4월. 홈페이지 게시된 내용 기준으로 작성하였음)

면허를 위한 승무경력

승선한 선박	직 무	기 간	자 격
총톤수 2톤 이상의 선박	선박의 운항 또는 기관의 운전	2년	–
배수톤수 2톤 이상의 함정	함정의 운항 또는 기관의 운전	2년	–

※ 「수상레저안전법」에 따른 동력수상레저기구조종면허를 소지한 자는 위 소형선박조종사 면허를 위한 승무경력이 있는 것으로 본다
  [「선박직원법 시행령」 제14조의4(소형선박 조종사면허와 관련한 승무경력의 특례)].
※ 「낚시 관리 및 육성법」에 따라 낚시어선업을 하기 위하여 신고한 낚시어선 및 「유선 및 도선사업법」에 따라 면허를 받거나 신고한
  유 · 도선에 승무한 경력은 톤수의 제한을 받지 아니한다.

출제경향 및 학습방법

1과목 항 해(25문항)

과목내용	출제비율	학습중요도
항해계기	24%	★★★
항 법	16%	★★
해도 및 항로표지	40%	★★★
기상 및 해상	12%	★
항해계획	8%	★

학습방법

1과목 항해는 항해술에 대한 이해가 부족한 수험생은 다소 어렵게 느껴질 수 있는 과목입니다. 따라서 기출문제 풀이 시 이해가 되지 않는 문제는 반드시 해설과 이론 핵심요약 파트를 참고하여 학습하기를 권장합니다. 대부분의 기출문제는 고등학교 항해 교과서에서 출제되기 때문에 항해 교과서를 참고 교재로 활용하여 기출문제를 학습한다면 학습자의 이해도가 훨씬 더 높아질 것입니다. 또한, 시간적 여유가 부족한 수험생은 출제 빈도수가 높은 '항해계기'와 '해도 및 항로표지' 부분을 먼저 학습하기를 권장합니다.

2과목 운 용(25문항)

과목내용	출제비율	학습중요도
선체 · 설비 및 속구	28%	★★★
구명설비 및 통신장비	28%	★★★
선박조종 일반	28%	★★★
황천시의 조종	8%	★
비상제어 및 해난방지	8%	★

학습방법

2과목 운용은 선박에 관련된 기초 용어를 먼저 이해해야 합니다. 따라서 빈출그림자료 부분에 제시된 선체 각부 명칭에 대한 이해가 먼저 선행되어야 합니다. 특히 선박의 치수에 대해서는 그림을 연상하면서 학습하고 이해해야 정답률을 높일 수 있습니다. 대부분의 해설을 상세히 제시했기 때문에 오답을 선택한 문제에 대해 반드시 해설을 참고하여 완전히 문제의 평가내용을 이해할 때 고득점의 합격을 보장할 수 있습니다. 특히 이 수험서는 비전공자도 합격할 수 있도록 구성하였기 때문에, 포기하지 않고 많은 기출문제를 풀어본다면 반드시 좋은 결과를 얻을 수 있을 것이라 생각합니다.

3과목 | 법 규(25문항)

과목내용	출제비율	학습중요도
해사안전기본법 및 해상교통안전법	60%	★★★
선박의 입항 및 출항 등에 관한 법률	28%	★★
해양환경관리법	12%	★

학습방법

3과목 법규에서는 「해상교통안전법」, 「선박의 입항 및 출항 등에 관한 법률」, 「해양환경관리법」에서 많은 문제가 출제되고 있습니다. 따라서 최근에 고시한 각종 법규를 바탕으로 이해하기 쉽도록 요약한 본 교재의 이론 내용을 먼저 이해하고 기출문제를 풀어본 후, 기출문제에 대한 해설을 살펴보며 중복되는 내용 위주로 복습하는 습관이 필요합니다. 또한 오답노트를 만들어 틀린 문제에 대해 간단하게 메모하고 수시로 암기하는 습관을 들여, 틀린 문제에 대해 두 번 다시 틀리지 않도록 대비하면 고득점 할 수 있을 것입니다.

4과목 | 기 관(25문항)

과목내용	출제비율	학습중요도
내연기관 및 추진장치	56%	★★★
보조기기 및 전기장치	24%	★★
기관고장 시의 대책	12%	★
연료유 수급	8%	★

학습방법

4과목 기관에서는 내연기관 및 추진장치, 보조기기 및 전기장치에서 많은 문제가 출제되고 있습니다. 따라서 디젤기관, 추진장치, 선박보조기계, 전기장치 등을 이해하기 쉽도록 요약한 본 교재의 이론 내용을 먼저 이해하고 기출문제를 풀어본 후, 기출문제에 대한 해설을 살펴보며 중복되는 내용 위주로 복습하는 습관이 필요합니다. 또한 오답노트를 만들어 틀린 문제에 대해 간단하게 메모하고 수시로 암기하는 습관을 들여, 틀린 문제에 대해 두 번 다시 틀리지 않도록 대비하면 고득점 할 수 있을 것입니다.

이 책의 구성과 특징

소형선박조종사 핵심이론 + 빈출그림자료

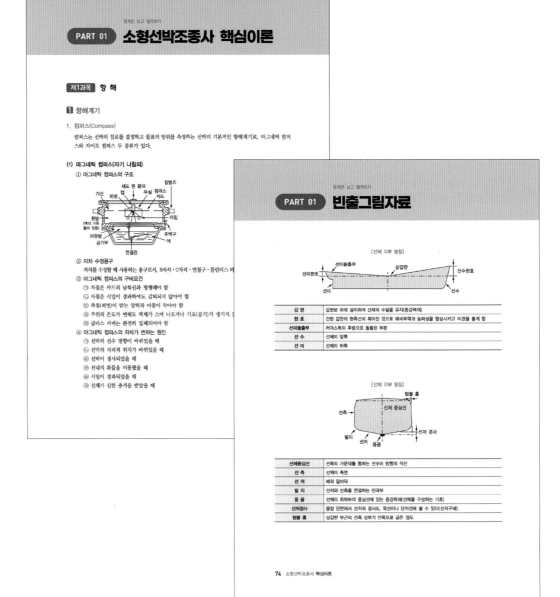

▸ 과목별 핵심이론을 모두 담아, 군더더기 없이 시험에 나오는 부분만 학습할 수 있습니다.

▸ 최신 개정법령을 모두 반영하였으며, 시험에 자주 출제되는 그림 자료를 수록하였습니다.

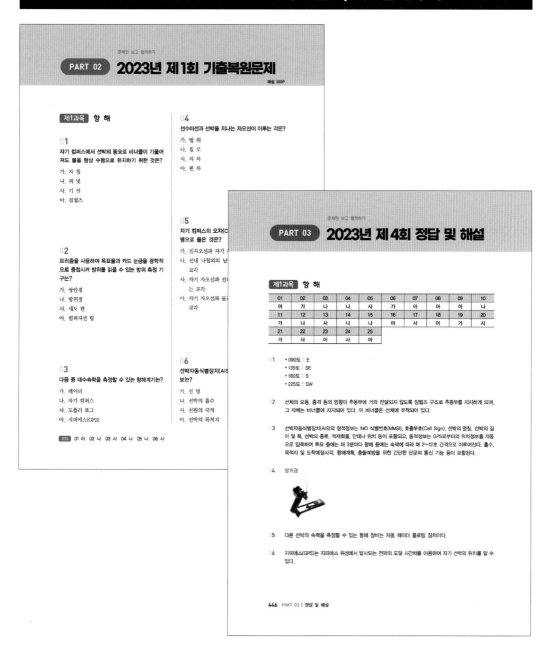

▶ 최근 5개년, 총 19회분의 풍부한 기출문제를 통해 출제경향을 파악할 수 있습니다.

▶ 상세한 해설을 통해 혼자서도 쉽고 충분한 학습이 가능합니다.

▶ **국가전문자격 시대로** 카페에서 과년도(2015~2018년) 기출문제 PDF를 무료로 제공합니다.

이 책의 목차

PART 01

소형선박조종사
핵심이론

아이들이 답이 있는 질문을 하기 시작하면 그들이 성장하고 있음을 알 수 있다.

– 존 J. 플롬프 –

PART 01 소형선박조종사 핵심이론

제1과목 항 해

1 항해계기

1. 컴퍼스(Compass)

컴퍼스는 선박의 침로를 결정하고 물표의 방위를 측정하는 선박의 기본적인 항해계기로, 마그네틱 컴퍼스와 자이로컴퍼스 두 종류가 있다.

(1) 마그네틱 컴퍼스(자기 나침의)

① 마그네틱 컴퍼스의 구조

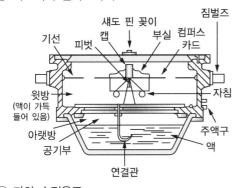

② 자차 수정용구

자차를 수정할 때 사용하는 용구로서, B자석·C자석·연철구·플린더스 바·힐링 마그네틱 등이 있다.

③ 마그네틱 컴퍼스의 구비요건

ㄱ 자침은 카드의 남북선과 평행해야 함

ㄴ 자침은 시일이 경과하여도 감퇴되지 않아야 함

ㄷ 축침(피벗)이 받는 압력과 마찰이 작아야 함

ㄹ 주위의 온도가 변해도 액체가 스며 나오거나 기포(공기)가 생기지 않아야 함

ㅁ 글라스 커버는 완전히 밀폐되어야 함

④ 마그네틱 컴퍼스의 자차가 변하는 원인

ㄱ 선박의 선수 방향이 바뀌었을 때

ㄴ 선박의 지리적 위치가 바뀌었을 때

ㄷ 선박이 경사되었을 때

ㄹ 선내의 화물을 이동했을 때

ㅁ 시일이 경과되었을 때

ㅂ 선체가 심한 충격을 받았을 때

⑤ 지방 자기

지구 자기 이외의 여러 가지 원인으로 자차에 급격한 변화를 생기게 하는 원인이다.

※ 지방 자기로 유명한 곳 : 엘바 섬, 포클랜드 섬, 세인트헬레나 섬, 전라남도 청산도 부근

(2) 자이로컴퍼스(전륜 나침의)

자석 대신에 자이로 스코프라는 3축의 자유로운 고속도 회전체를 이용한 컴퍼스이다.

① 자이로컴퍼스의 장점

㉠ 진북을 가리킨다.

㉡ 철기류의 영향을 받지 않으므로 자차와 같은 부정 오차가 없다.

㉢ 지구 자장의 영향을 받지 않으므로 선내 어떠한 곳에 설치하여도 영향이 없다.

㉣ 고위도 지방에서도 사용할 수 있다.

㉤ 무선방위 측정기나 레이더 등에 연결하여 사용할 수 있다.

② 자이로컴퍼스의 가동

출항 예정시간 4시간 전에 반드시 가동해야 한다.

2. 선속계(측정의, Log)

선박의 속력과 항주거리를 측정하는 계기로, 핸드 로그 · 패턴트 로그 · 전자 로그 · 도플러 로그가 있다.

핸드 로그	단위 시간 당 풀려나가는 줄(로그 라인)의 길이로 선속을 측정하는 선속계
패턴트 로그	선미에서 회전체를 끌면서 그 회전체의 회전수로 선속을 측정하는 선속계
전자 로그	전자 유도의 법칙을 이용한 선속계
도플러 로그	도플러 효과를 이용한 선속계

3. 측심의

수면에서 해저까지의 수심을 측정하는 계기로, 핸드 레드 · 음향 측심기가 있다.

(1) 핸드 레드

수심이 얕은 곳에서 사용되는 측심의로, 레드(납)가 해저에 닿았을 때 그 줄의 길이로 수심을 측정한다.

(2) 음향 측심기

선저에서 해저로 발사한 초음파가 해저에서 반사되어 되돌아오는 시간을 측정하여 수심을 측정하는 계기이다(수중에서 음파의 속도는 매초 1,500m이다).

※ 음향 측심기는 항행 중 연속하여 수심을 측정할 수 있다.

4. 육분의(Sextant)

천체(태양, 달, 별)의 고도와 양 물표의 협각을 측정하는 계기이다.

5. 레이더(Radar)

레이더는 물표의 방위와 거리를 동시에 측정하는 계기로, 선박의 충돌 예방에 큰 도움을 주고 있다.

(1) 레이더의 원리

자선의 레이더에서 발사한 전파가 물표에 반사되어 되돌아오는 시간을 측정하여 물표까지의 거리와 그 때의 안테나 방향에 의하여 방위를 측정한다(레이더에 사용되는 전파는 파장이 아주 짧은 마이크로파를 사용한다).

(2) 레이더의 특징

① 날씨의 영향을 받지 않는다.
② 자선 주위의 지형 및 물표가 영상으로 나타난다.
③ 물표의 방위와 거리를 동시에 측정할 수 있다.
④ 자선 이외의 육지에 특별한 시설이 필요 없다.
⑤ 충돌 방지에 큰 도움을 준다.

2 항 법

1. 항해술 용어

항해술이란 선박을 지구상의 어느 지점에서 다른 지점으로 안전하고 경제적으로 항해시키기 위하여 필요한 지식과 기술을 말한다.

(1) 지구상의 위치요소

① 대권과 소권
　㉠ 대권 : 지구의 중심을 지나는 평면으로 지구를 자를 때 지구 표면에 생기는 원
　㉡ 소권 : 지구의 중심을 지나지 않는 평면으로 지구를 자를 때 지구 표면에 생기는 원
② 지축과 지극
　㉠ 지축 : 지구의 자전축(지축은 23° 27′ 기울어짐)
　㉡ 지극 : 지축의 양쪽 끝(적도의 위쪽에 있는 지극을 북극, 아래쪽에 있는 지극을 남극이라 함)
③ 적도와 거등권
　㉠ 적도 : 지축과 90°로 만나는 대권
　㉡ 거등권 : 적도에 평행한 소권
④ 자오선과 본초 자오선
　㉠ 자오선 : 지구의 양극을 지나는 대권을 말하며, 진 자오선이 됨
　㉡ 본초 자오선 : 무수한 자오선 가운데 영국의 그리니치 천문대를 지나는 자오선임
　㉢ 항정선 : 지구표면을 구면으로 나타냈을 때 지구상의 모든 자오선과 같은 각도로 만나는 곡선임
　　즉, 선박이 일정한 침로를 유지하면서 항행할 때 지구표면에 그리는 곡선을 말함

(2) 거리와 속력에 관한 용어

① 마일(Mile)

위도 1′의 길이를 1마일 또는 1해리라 하며, 1마일은 1,852m이다(마일은 거리의 단위).

※ 위도 1°는 60마일이다.

② 노트(Knot)

1시간에 1마일 항주하는 속력을 1노트라 한다(노트는 속력의 단위).

③ 동서거

두 지점을 지나는 항정선을 무수한 자오선으로 등분했을 때, 각 등분점을 지나는 거등권이 서로 이웃하는 자오선 사이에 끼인 미소한 호의 길이를 말한다.

(3) 방위와 침로에 관한 용어

① 편차와 자차 및 컴퍼스 오차

㉠ 편차(V, Var, Variation) : 어느 지점을 지나는 진 자오선과 자기 자오선과의 교각을 그 지점의 편차라 함

㉡ 자차(D, Dev, Deviation) : 선내의 마그네틱 컴퍼스가 가리키는 북(나북)과 자기 자오선과의 교각을 말함

㉢ 컴퍼스 오차(Compass Error, C. E.) : 진 자오선과 선내 마그네틱 컴퍼스가 가리키는 북이 이루는 교각을 말함

② 방위의 종류

㉠ 진방위(TB) : 물표와 관측자를 지나는 대권이 진 자오선과 이루는 교각

㉡ 자침방위(MB) : 물표와 관측자를 지나는 대권이 자기 자오선과 이루는 교각

㉢ 나침방위(CB) : 물표와 관측자를 지나는 대권이 컴퍼스의 남북선과 이루는 교각

㉣ 상대방위(RB) : 선수 방향을 기준으로 한 방위

③ 침로와 침로각

선수미선과 선박을 지나는 기준선(진 자오선, 자기 자오선, 컴퍼스의 남북선)이 이루는 교각을 침로(Co)라 한다(진침로, 시침로, 자침로, 나침로).

(4) 방위 및 침로 개정법

나침방위(나침로)를 자침방위(자침로)나 진방위(진침로)로 고치는 것을 방위 개정(침로 개정)이라 하며, 반대로 고치는 것을 반개정이라 한다.

① 방위의 개정 시에는 자차나 편차가 편동(E)이면 더하여 주고, 편서(W)이면 빼준다.

② 진방위를 자침방위 또는 나침방위로 고치는 것을 반개정이라 하며, 부호는 반대가 된다.

③ 침로의 개정과 반개정 방법도 방위와 같으며, 외력의 영향으로 선박이 오른쪽(R)으로 밀리면 더하여 주고 왼쪽(L)으로 밀리면 빼준다(개정 시).

2. 지문항법

(1) 선위의 추측과 추정

① 위치선(LOP)

어느 물표의 방위·협각·고도를 관측하여 얻은 선으로, 선박이 그 선상에 위치한다고 보는 특정한 선을 말한다[위치선 2개 이상의 교점을 구하면 선위(선박의 위치)를 구할 수 있다].

ㄱ 방위에 의한 위치선 : 선박에 설치되어 있는 컴퍼스로 물표의 방위를 측정하여 해도상에서 그 물표를 지나는 방위선을 그으면 위치선이 됨

ㄴ 수평협각에 의한 위치선 : 육분의(Sextant)를 사용하여 두 물표 사이의 협각을 측정하여 해도상에서 두 물표를 지나고 측정한 협각을 품는 원을 작도하면 위치선이 됨

ㄷ 중시선에 의한 위치선 : 두 물표가 일직선상에 겹쳐 보일 때 해도상에서 두 물표를 지나는 선을 그으면 측정한 시각의 위치선이 됨

② 전위선

위치선을 침로의 방향으로 하고 그동안 선박이 항주한 거리만큼 평행이동한 선을 말한다.

(2) 선위 측정법

① 동시 관측에 의한 측정법 및 종류

동시 관측이란 여러 개의 물표를 거의 같은 시간에 관측하여 구한 위치이다.

ㄱ 교차 방위법 : 주로 2개 이상의 물표의 방위나 거리를 측정하여 위치를 구하는 방법으로, 비교적 정확하여 연안 항해 시에 가장 많이 사용함

ㄴ 수평 협각법 : 뚜렷한 물표 3개를 선정하여 육분의로 중앙 물표와 좌우 양 물표 간의 수평 협각을 측정하고 삼간분도기를 이용하여 위치를 구하는 방법임

② 격시 관측에 의한 측정법 및 종류

격시 관측이란 항해 중 물표가 1개밖에 없을 때 그 물표를 시간차를 두어 여러 번 측정하여 위치를 구하는 방법으로, 정확한 침로의 유지와 외력을 추정하여야만 오차를 줄일 수 있다.

ㄱ 양측 방위법 : 같은 물표의 방위를 시간차를 두고 2번 이상 측정하여 선위를 구하는 방법

ㄴ 선수 배각법 : 항해 중에 선수와 물표가 이루는 선수각을 측정하여 시각을 기록한 다음 그 속력과 침로를 그대로 유지하면서 처음 선수각의 2배가 되었을 때 시각을 기록하면 그동안의 선박의 항정을 구할 수 있음. 이때 두 번째 측정한 물표의 방위선으로부터 그 항정과 같은 거리에 있는 교점이 선위가 됨

❸ 해도 및 항로표지

1. 해 도

(1) 사용 목적에 따른 해도의 종류

① 총 도

축척이 400만분의 1 이하이고, 세계전도와 같이 극히 넓은 구역을 그린 것으로, 항해계획도에 편리하며 긴 항해에도 사용할 수 있는 해도이다.

② 항양도

축척이 100만분의 1 이하이고, 해안에서 멀리 떨어진 바다의 수심·주요한 등대·연안에서 눈에 잘 띄는 부표·멀리에서 보이는 육상의 물표 등이 그려진 해도이다.

③ 항해도

축척이 30만분의 1 이하이고, 육지와 멀리 바라보면서 항해할 때 사용하며 육상의 물표 등을 측정함으로써 선위를 직접 해도상에서 구할 수 있도록 그려진 해도이다.

④ 해안도

축척이 5만분의 1 이하이고, 연안 항해에 사용하며 연안의 상황이 상세히 표시된 해도이다.

⑤ 항박도

축척이 5만분의 1 이상이고, 항만·정박지·해협·협수로 등 좁은 구역을 세부에 이르기까지 상세하게 나타낸 해도이다.

(2) 도법상의 종류

① 평면도

항박도와 같이 좁은 구역을 평면으로 가정하여 그린 축척이 큰 해도이다.

② 점장도

항정선을 직선으로 표시하기 위하여 고안된 도법으로, 자오선이 평행선으로 나타나며 항해 시에 가장 많이 사용하는 해도이다. 단점으로는 고위도로 갈수록 면적이 확대되어 위도 70° 이상에서는 사용하지 않는다.

③ 대권도

지구상의 대권이 직선으로 표시되는 도법으로, 고위도 해역이나 침로가 동서일 때 사용한다.

(3) 해도 사용상의 주의

① 해도의 보관

㉠ 해도를 해도대의 서랍에 넣을 때는 반드시 펴서 넣어야 함

㉡ 서랍마다 보관 매수를 20매 이내로 함

㉢ 해도는 항상 번호순 또는 사용순으로 넣음

㉣ 서랍의 앞면에는 그 속에 들어 있는 해도 번호나 구역을 표시해 두어야 함

② 해도의 운반 및 취급

㉠ 선내에서 해도를 운반할 때는 반드시 둥글게 말아야 함

㉡ 절대로 바람이나 비를 맞지 않도록 해야 함

㉢ 해도에는 필요한 선만 긋고 불필요한 선은 긋지 않도록 함

㉣ 해도를 사용할 때는 삼각자·평행자·디바이더·지우개·누르개·연필 등을 준비해야 하며, 특히 연필과 지우개는 질이 좋은 것을 사용해야 함

2. 항로표지

(1) 야간표지

① 구조에 따른 분류

㉠ 등대 : 가장 대표적인 항로표지로, 선박의 물표가 되기 알맞은 육상의 특정한 장소에 설치한 탑과 같이 생긴 구조물

ⓛ 등주 : 항구 또는 항내에 설치하며, 쇠나 나무 또는 콘크리트 기둥의 꼭대기에 등을 달아 놓은 것

ⓒ 등선 : 등대의 설치가 곤란한 장소에 위치한 등화의 시설을 갖춘 특수 구조의 선박

ⓔ 등표(등입표) : 항해가 금지된 장소에 설치되어 선박의 좌초나 좌주를 예방하며 항로를 지도하기 위한 등

ⓜ 등부표 : 해저의 일정한 장소에 체인으로 연결되어 해면에 떠있는 구조물로, 선박의 변침점이나 항로를 안내

② 용도에 따른 분류

㉠ 도등 : 좁은 협수로나 좁은 항만의 입구 등의 항로 연장선상에 높고 낮은 2개 또는 그 이상의 등화를 앞뒤로 설치한 구조물

ⓛ 부등 : 등대 부근에 위험한 구역이 있을 때, 그 위험 구역만을 비추기 위하여 설치한 등화

ⓒ 임시등 : 선박의 출입이 빈번한 계절에만 임시로 점등되는 등화

ⓔ 가등 : 등대를 수리할 때 긴급조치로 가설되는 등화

③ 등 질

부근에 있는 다른 야간표지와 오인을 방지하기 위하여 등광의 발사상태를 달리하는 등광의 특징을 말한다. 종류는 다음과 같다.

㉠ 부동등(F) : 꺼지지 않고 일정한 광력으로 계속하여 빛을 내는 등

ⓛ 섬광등(Fl) : 일정 시간마다 1회의 섬광을 내며, 등광이 꺼진 시간이 빛을 내는 시간보다 긴 등

ⓒ 군섬광등(Gp, Fl) : 섬광등의 일종으로, 1주기 동안에 2회 또는 그 이상의 섬광을 내는 등

ⓔ 급성광등(Qk, Fl) : 섬광등 중에서 특히 1분간에 60회 이상의 섬광을 내는 등

ⓜ 명암등(Occ) : 일정한 광력으로 비추다가 일정한 간격으로 한 번씩 꺼지며, 등광이 비추는 시간이 꺼진 시간보다 짧지 않은 등

ⓗ 호광등(Alt) : 꺼지는 일이 없이 색깔이 다른 종류의 빛(대개 홍, 백 또는 녹, 백)을 교대로 내는 등

(2) 음향표지

① 안개 등이 끼어 시계가 나빠 육지나 등화를 발견하기 어려울 때 부근을 항해하는 선박에게 항로표지의 위치를 알리거나 경고할 목적으로 설치된 표지로, 무중신호(안개신호)라고도 한다.

② 음향표지의 종류

㉠ 에어 사이렌 : 압축 공기에 의해 사이렌을 울리는 장치

ⓛ 무종 : 기계장치로 종을 쳐서 소리를 내는 장치

(3) 전파표지

전파의 특성인 직진성, 등속성, 반사성 등을 이용하여 선박이나 항공기의 지표가 되는 것을 통틀어 무선표지 또는 전파표지라 한다.

(4) 국제 해상 부표 시스템

① 국제항로표지협회(IALA)에서는 각국 부표식의 형식과 적용방법을 통일하여 적용하도록 하였으며, 전 세계를 A와 B 두 지역으로 구분하여 측방표지를 다르게 표시한다.

② 우리나라는 B방식(좌현 부표 녹색, 우현 부표 적색)을 따르고 있다.

4 기상 및 해상

1. 기상

(1) 기상 요소

기압, 기온, 습도, 바람, 구름, 강수, 시정 등

① 기압
  ㉠ 기압의 단위 : 헥토파스칼(hPa), 1hPa = 100Pa, 1Pa = 1m2당 1N의 힘이 작용할 때의 압력
  ㉡ 대기압 측성 계기 : 수은 기압계, 아네로이드 기압계, 자기 기압계
  ㉢ 등압선 : 기압 값이 서로 같은 점을 연결한 선

② 기온
  ㉠ 섭씨(°C) : 어는점 0°C, 끓는점 100°C
  ㉡ 화씨(°F) : 어는점 32°F, 끓는점 212°F
  ㉢ 온도계 종류 : 수은, 알코올, 자기 온도계 등

③ 바람의 단위
  m/s, kt, km/h 등

④ 습도
  ㉠ 상대습도 : 현재 대기 중에 포함된 수증기의 양과 그때 온도에서 최대로 포함할 수 있는 수증기의 양
  ㉡ 절대습도 : 단위 체적의 공기 중에 포함된 수증기의 질량(g)

(2) 우리나라에 영향을 주는 기단

① 오호츠크해 기단
  우리나라 초여름 날씨에 영향을 주는 기단
② 시베리아 기단
  우리나라 겨울철 날씨에 영향을 주는 기단
③ 북태평양 기단
  우리나라 여름철 날씨에 영향을 주는 기단
④ 양쯔강 기단
  우리나라 봄철 날씨에 영향을 주는 기단
⑤ 적도 기단
  우리나라에 태풍으로 내습

(3) 열대성 저기압의 종류

① 태풍
  북서태평양 필리핀 근해에서 발생
② 허리케인
  북대서양, 카리브해, 멕시코만, 북태평양 동부에서 발생
③ 사이클론
  인도양, 아라비아해, 뱅골만에서 발생
④ 윌리윌리
  호주 부근 남태평양에서 발생

(4) 전 선

성질이 다른 두 기단의 경계

① 온난전선

넓은 지역에 지속적으로 약한 비가 내림

② 한랭전선

좁은 지역에 천둥 번개를 동반한 돌풍과 강한 비가 내림

③ 폐색전선

두 전선이 겹쳐진 상태

④ 정체전선

성질이 다른 두 기단의 세력이 비슷해 계속적으로 머물러 있는 상태, 우리나라의 장마 전선

⑤ 장마전선

오호츠크해 기단과 북태평양 기단의 세력이 비슷한 상태

2. 조석 · 조류에 관한 용어

(1) 조 석

해수면은 하루에 2회 주기적으로 높아졌다 낮아졌다 하는데, 이와 같은 해수의 수직 방향의 운동

(2) 조 류

조석에 따라 일어나는 해수의 주기적인 수평 방향의 흐름

(3) 고 조

조석으로 인하여 해면이 가장 높아진 상태

(4) 저 조

조석으로 인하여 해면이 가장 낮아진 상태

(5) 창 조

저조에서 고조가 되기까지 해면이 점차 높아지는 상태

(6) 낙 조

고조에서 저조가 되기까지 해면이 점차 낮아지는 상태

(7) 정 조

고조와 저조 때 해수면의 승강 운동이 순간적으로 정지한 상태

(8) 조 차

연이어 일어나는 고조와 저조 때의 해면의 높이차

(9) 고조 간격

달이 어느 지점의 자오선을 통과할 때부터 그 지점에서 고조가 되기까지 걸리는 시간

(10) 저조 간격

달이 어느 지점의 자오선을 통과할 때부터 그 지점에서 저조가 되기까지 걸리는 시간

(11) 월조 간격

고조 간격과 저조 간격을 통틀어 월조 간격이라 함

(12) 대 조

삭과 망이 지난 뒤 1~2일 만에 조차가 극대가 되는 조석

(13) 소 조

상현과 하현이 지난 뒤 1~2일 만에 조차가 극소인 조석

(14) 게 류

창조류에서 낙조류 또는 낙조류에서 창조류로 변할 때 흐름이 잠시 정지하는 상태

(15) 창조류

창조 때 유속이 최대로 되는 방향으로 흐르는 조류

(16) 낙조류

낙조 때 유속이 최대로 되는 방향으로 흐르는 조류

(17) 와 류

조류가 강한 협수로 등에서 나타나는 소용돌이 현상

(18) 급 조

조류가 해저의 장해물이나 반대 방향의 수류에 부딪혀 생기는 파도

3. 해 류

조류는 주기적으로 흐름의 방향이 달라지나, 해류는 항상 일정한 방향으로만 흐른다.

(1) 해류의 발생 원인에 따른 구분

① 취송류

바람과 해수의 마찰로 발생하는 해류

② 밀도류

해수의 밀도차에 의하여 발생하는 해류

③ 경사류

바람에 의하여 해수가 이동하면 어느 한 곳에 모여 해면에 경사가 생기는데, 이 경사로 인하여 발생하는 해류

(2) 난류와 한류

① 난 류

열대 또는 아열대에 근원을 두고 있는 해류로서 부근의 해수에 비하여 온도와 염분이 높으며, 해수가 투명하다(대한 난류).

② 한 류

고위도 해역에 근원을 두고 있는 해류로서 부근의 해수에 비하여 온도가 낮으며, 플랑크톤이 많아 해수의 투명도가 낮다(연해주 한류, 북한 한류).

5 항해계획

1. 항해 계획의 수립 순서

(1) 각종 수로 도지에 의한 항행 해역의 조사 및 연구와 자신의 경험을 바탕으로 가장 적합한 항로를 선정한다.

(2) 소축적 해도상에 선정한 항로를 기입하고, 대략적인 항정을 구한다.

(3) 사용 속력을 결정하고 실속력을 추정한다.

(4) 대략의 항정과 추정한 실속력으로 항행할 시간을 구하여 출·입항 시각 및 항로상의 중요한 지점을 통과하는 시각 등을 추정한다.

(5) 수립한 계획이 적절한가를 검토한다.

(6) 대축척 해도에 출·입항 항로, 연안 항로를 그리고, 다시 정확한 항정을 구하여 예정 항행 계획표를 작성한다.

(7) 세밀한 항행 일정을 구하여 출·입항 시각을 결정한다.

2. 연안 항로의 선정

(1) 해안선과 평행한 항로

연안에서 뚜렷한 물표가 없는 해안을 항해하는 경우 해안선과 평행한 항로를 선정하는 것이 좋다. 하지만 야간의 경우 해·조류나 바람이 심할 때는 해안선과 평행한 항로에서 바다 쪽으로 벗어난 항로를 선정하는 것이 좋다.

(2) 우회 항로

복잡한 해역이나 위험물이 많은 연안을 항해하거나 조종 성능에 제한이 있는 상태에서는 해안선에 근접하지 말고 다소 우회하더라도 안전한 항로를 선정하는 것이 좋다.

(3) 추천 항로

수로지, 항로지, 해도 등에 추천 항로가 설정되어 있으면 특별한 이유가 없는 한 그 항로를 따르도록 한다.

3. 이안거리, 경계선, 피험선

(1) 이안거리

해안선으로부터 떨어진 거리를 말하는 것으로, 기상이나 주·야간 또는 조석간만의 차 등에 따라 다르지만 보통 내해 항로이면 1해리, 외양 항로이면 3~5해리, 야간 항로표지가 없는 외양 항로이면 10해리 이상 두는 것이 좋다.

(2) 경계선

어느 기준 수심보다 더 얕은 구역을 표시하는 등심선을 말하는 것으로, 연안 항해 시는 물론 변침점을 정하는 데 꼭 고려해야 한다. 보통 흘수가 얕은 선박은 10m 등심선을, 흘수가 깊은 선박이나 해저의 기복이 심하고 암초가 많은 해역에서는 20m 등심선을 경계선으로 선정하는 것이 좋다.

(3) 피험선

협수로를 통과할 때나 출·입항할 때 자주 변침하여 마주치는 선박을 적절히 피하여 위험을 예방하는 것이 필요하다. 피험선은 여러 가지 위치선을 이용해 위험을 예방하고 예정 침로를 유지하기 위해 사용한다.

제2과목 운 용

① 선체·설비 및 속구

1. 선박 구조

(1) 선박의 주요 치수(75p, 76p 참조)

① 선박의 길이
- ㉠ 전장 : 선수의 최전단에서부터 선미의 최후단까지의 수평거리
- ㉡ 수선간장 : 계획 만재 흘수선상 선수재 전면과 타주의 후면에서 각각 세운 수선 사이의 수평거리
- ㉢ 수선장 : 계획 만재 흘수선상에서 물에 잠긴 선체의 선수재 전면부터 선미 후단까지의 수평거리
- ㉣ 등록장 : 상갑판보상의 선수재 전면부터 선미재 후면까지 잰 수평거리

② 선박의 폭
- ㉠ 전폭 : 선체의 폭이 가장 넓은 부분의 외판의 외면부터 맞은편 외판의 외면까지의 수평거리
- ㉡ 형폭 : 선체의 폭이 가장 넓은 부분의 늑골의 외면부터 맞은편 늑골의 외면까지의 수평거리

③ 선박의 깊이(형심)
선체 길이의 중앙에서 용골 상면부터 건현 갑판의 현측 상면까지의 수직거리

(2) 선박의 톤수

① 용적 톤수
선박의 톤수를 부피로 표시하는 것으로, 총톤수와 순톤수로 나눈다.

② 중량 톤수
선박의 톤수를 무게로 표시하는 것으로, 배수 톤수와 재화 중량 톤수가 있다.

(3) 흘수와 건현

① 흘 수
- ㉠ 흘수 : 물속에 잠긴 선체의 깊이
- ㉡ 흘수표 : 선수, 선미 및 중앙부에 흘수를 아라비아 또는 로마 숫자로 표시한 것
- ㉢ 트림 : 선수 흘수와 선미 흘수의 차이

② 건현 및 만재 흘수선
- ㉠ 건현 : 갑판선의 상단에서 선체 중앙부 수면까지의 수직거리로, 선박이 안전하게 항해하기 위한 예비 부력
- ㉡ 만재 흘수선 : 선박이 화물이나 여객을 적재 또는 탑재하고 안전하게 항행할 수 있는 최대한의 흘수를 표시한 선

(4) 선체의 구조와 명칭

① 선체의 명칭
- ㉠ 선체 : 선박의 주된 부분
- ㉡ 선수 : 선체의 앞쪽 끝부분
- ㉢ 선미 : 선체의 뒤쪽 끝부분

ⓔ 선체 중앙 : 선박 길이의 중앙부

　　　ⓗ 현호 : 선수에서 선미에 이르는 갑판의 만곡(곡선)

　　　ⓑ 선미 돌출부 : 선미의 라더 스톡에서 후방으로 돌출된 부분

　　　ⓢ 우현 및 좌현 : 선수를 향하여 오른쪽은 우현, 왼쪽은 좌현

　　　ⓞ 선체 중심선 : 선폭의 가운데를 통하는 직선(선수미선)

　② 선체의 구조

　　　㉠ 용골 : 선체 최하부의 중심선에 있는 선체 구성의 기초(척추에 해당)가 되는 부분

　　　㉡ 선저부 구조

　　　　• 단저 구조 : 선저가 단저로 된 구조

　　　　• 이중저 구조 : 선저가 이중저로 된 구조로 밸러스트, 연료 및 청수 탱크로 사용됨

　　　㉢ 늑골 : 선체의 좌우 선측을 구성하는 뼈대로서, 용골에 직각으로 배치되어 선체의 횡강도의 주체
　　　　가 됨(갈비뼈에 해당)

2. 선박의 설비

(1) 조타설비

　① 키

　　전진 또는 후진 시 선박을 임의의 방향으로 회전시키고 일정한 침로로 유지시키는 역할을 한다.

　　　㉠ 키의 구조 : 키는 타주재에 고정되어 있고, 그 양측에 러더 암에 의하여 키판이 보강되어 있음

　　　㉡ 타각 제한장치 : 이론적인 타각은 45°일 때 회전 능률이 최대이지만, 최대 유효 타각은 35° 정도.
　　　　키는 최대 유효 타각 이상 돌릴 필요가 없기 때문에 대략 40° 정도로 타각을 제한하는 장치

　　　㉢ 키의 종류 : 단판키, 복판키

　② 조타장치

　　키를 원하는 상태로 동작시키는 데 필요한 장치로, 동력에 따라 인력 조타장치와 동력 조타장치가
　　있다.

(2) 소방설비

　① 화재 탐지 장치

　　화재의 발생을 초기에 감지하여 자동으로 경보를 울려주는 장치이다.

　② 소화설비

　　소화전, 휴대식 소화기(포말 소화기, 이산화탄소 소화기, 분말 소화기), 고정식 소화기

(3) 계선설비

　① 앵커와 앵커 체인

　　　㉠ 앵커 : 선박의 닻 정박과 좁은 수역에서 선박을 회전시키거나 긴급한 감속을 할 때 또는 접·이안
　　　　시 보조수단으로 사용됨

　　　　• 스톡 앵커 : 스톡이 있는 앵커

　　　　• 스톡리스 앵커 : 스톡이 없는 앵커

　　　㉡ 앵커 체인 : 앵커 체인 1섀클의 길이는 25m

② 양묘기(윈드러스)

앵커를 감아올리거나 투묘를 할 때 사용하는 갑판 보조기계이다.

③ 계선 윈치

계선줄을 감거나 풀 때 사용하는 갑판 보조기계이다.

④ 캡스턴

계선줄이나 앵커의 체인을 감아올리기 위한 갑판 보조기계로서, 선미에 설치되며 수직축을 중심으로 회전한다.

(4) 하역설비

① 하역설비의 종류

ㄱ 데릭식 하역설비 : 데릭 포스트·데릭 붐·윈치·로프·블록·카고 훅으로 구성되며, 주로 목재 운반선이나 다목적용 선박에 설치되고 있다.

ㄴ 크레인식 하역설비 : 하역작업이 간편하고 신속하여 주로 벌크 화물선이나 컨테이너 전용선에 많이 설치되고 있다.

② 블 록

로프를 통하여 힘의 방향을 바꾸거나 배력을 얻을 때 사용하는 일종의 도르래이다.

③ 태 클

여러 개의 블록을 로프와 결합시켜 작은 힘으로 큰 힘을 얻어 무거운 화물의 하역에 사용하는 기구이다.

(5) 방수 및 배수설비

① 방수설비

외부로부터 물이 들어오지 못하게 하고, 좌초·충돌 등으로 인한 침수를 일정 구역으로 한정시키는 설비이다.

② 배수설비

갑판 위나 화물창 내의 고인 물 및 생활 오수를 배출하는 설비이다.

(6) 오염방지설비

① 유수분리장치

물속에 기름이 섞여 있을 때 물과 기름을 분리해 내는 설비이다.

② 유·배출 감시 제어 장치

유조선에서 배출되는 밸러스트 속에 함유된 유분이 규정된 허용치보다 많으면 배출이 되지 않도록 제어하는 설비이다.

② 구명설비 및 통신장비

1. 구명설비

(1) 구명정

선박의 조난 시나 인명구조에 사용되는 소형 보트로, 충분한 복원력과 부력을 가지고 있다. 최근에 제작된 구명정은 밀폐식으로, 전복되어도 잘 가라앉지 않도록 설계되어 있다.

(2) 구명뗏목

구명정에 비하여 항해능력은 떨어지지만 손쉽게 강하할 수 있고, 선박의 침몰 시에는 자동적으로 선박에서 이탈되므로 조난자가 쉽게 탈 수 있다.

(3) 그 밖의 구명설비

① 구명부환

개인용 구명기구. 자동차 튜브 모양으로 물에 뜨게 만든 물체이다.

② 구명동의

개인용 구명기구. 상체에 착용하는 재킷 모양으로 물에 뜨게 만든 물체이며, 고형식과 팽창식이 있다.

③ 구명부기

여러 사람이 붙들고 떠 있을 수 있는 기구이다.

④ 방수복

물이 스며들지 않아 수온이 낮은 물속에서 체온을 보호할 수 있는 옷을 말한다.

⑤ 보온복

구명설비 중에서 체온을 유지할 수 있도록 열전도율이 낮은 방수물질로 만들어진 포대기 또는 옷을 말한다.

⑥ 구명줄 발사기

선박이 조난을 당한 경우 조난선과 구조선 등을 연결할 줄을 보내는 데 사용하는 총 모양의 기구이다.

(4) 조난신호 장비

① 로켓 낙하산 신호

야간에 공중에 발사되면 낙하산에 의해 천천히 불꽃을 발하며 떨어지는 장비이다.

② 신호 홍염

야간용으로 자체 점화장치에 의해 붉은색의 불꽃을 낸다.

③ 발연부 신호

주간용으로 불을 붙여 바다에 던지면 연기를 발한다.

④ 자기 점화등

야간용으로 구명부환과 함께 바다에 던져지면 자동으로 점등된다.

⑤ 자기 발연 신호

주간용으로 구명부환과 함께 바다에 던져지면 자동으로 오렌지색 연기를 내어 구명부환의 위치를 알려준다.

⑥ 신호 거울

태양의 반사광을 이용한 조난신호용 거울이다.

⑦ EPIRB(Emergency Position Indicating Radio Beacon)

선박에 설치되어 선박 침몰 등 조난 시 일정한 수압이 가해지면 자동으로 수압풀림 장치가 열리면서 기기가 수면 위로 부상하여 조난신호를 자동으로 발사하는 통신장치이다.

2. 통신장비

(1) 해상통신의 종류

① 기류신호

알파벳 문자기 26장, 숫자기 10장, 대표기 3장, 회답기 1장으로 총 40장으로 구성되어 국제 신호서 규약에 따라 실시하는 주간신호이다.

② 발광신호

마스트에 설치된 신호등이나 탐조등을 이용하여 국제 모스부호에 의하여 신호를 내는 방법으로 야간 신호이다.

③ 음향신호

기적, 무중경적, 사이렌 등 소리를 내는 장치를 이용하여 모스부호로 사용한다.

④ 수기신호

수기 또는 양팔로서 국제 신호서에 정해진 형상으로 신호한다.

⑤ 무선전신

무선통신규약에 따라 이루어지는 통신방법이다.

⑥ 무선전화

무선통신규약에 따라 이루어지는 통신방법으로, 고도의 기술을 필요로 하지 않는다.

⑦ 해사위성통신

위성을 통하여 전화, 텔렉스 및 자료를 전송하는 방법으로, 국제해사위성기구(INMARSAT)가 운영 한다.

(2) 조난 및 안전통신

① 무선전신의 운용

모든 여객선과 총톤수 1,600톤 이상의 화물선은 500kHz로 운용되는 무선전신으로 무선전신경보신 호를 계속 청취해야 한다.

② 무선전화의 운용

모든 여객선과 총톤수 300톤 이상의 화물선은 무선전화 자동경보기에 의하여 2,182kHz로 계속 청취 해야 하며, VHF 무선전화를 설치한 선박은 156.8MHz(채널 16)를 계속 청취해야 한다.

(3) 세계 해상조난 및 안전 시스템(GMDSS)

① 지엠디에스에스(GMDSS)

전 세계적인 해상조난 및 안전통신제도이다.

② 지엠디에스에스(GMDSS) 통신장비의 종류
   ㉠ 디지털 선택 호출장치(DSC)
   ㉡ 협대역 직접 인쇄장치(NBDP)
   ㉢ VHF 무선설비
   ㉣ MF/HF 무선설비
   ㉤ 국제해사위성기구 선박지구국
   ㉥ NEVTEX 수신기
   ㉦ 비상위치지시용 무선표지설비(EPIRB)
   ㉧ 수색 및 구조용 레이더 트랜스폰더(SART)
   ㉨ 양방향 VHF 무선전화장치
   ㉩ 무선전화 경보발생장치

3 선박조종 일반

1. 조타 명령

조타 명령	의 미
미드십(Midship)	타각 중앙
스타보드 이지(Starboard Easy)	우현 타각 7~8°
스타보드(Starboard)	우현 타각 15°
하드 스타보드(Hard Starboard)	우현 타각 최대
스타보드 모어(Starboard More)	현재의 타각보다 우현으로 3~4° 더 주라
스테디(Steady)	선수를 현 침로로 유지하라
코스 어게인(Course Again)	원래의 침로로 정침하라
포트 이지(Port Easy)	좌현 타각 7~8°
포트(Port)	좌현 타각 15°
하드 포트(Hard Port)	좌현 타각 최대
포트 모어(Port More)	현재의 타각보다 좌현으로 3~4° 더 주라

2. 프로펠러 추진

(1) 흡입류

스크루 프로펠러가 수중에서 회전하면서 앞쪽에서 빨려드는 수류

(2) 배출류

스크루 프로펠러가 수중에서 회전하면서 뒤쪽으로 흘러나가는 수류

(3) 반 류

선체가 앞으로 나아가면서 생기는 빈 공간을 메우기 위해 수면상의 물이 선체를 따라 들어오는 흐름

3. 키 및 프로펠러에 의한 선체 운동

(1) 선회 운동

키를 중앙에 놓고 직진하는 상태에서 일정한 타각을 주면 선체는 키에 작용하는 압력에 의하여 원침로에서 바깥쪽으로 밀리면서 타각을 준 쪽으로 회두를 시작하는데, 이것을 선회 운동이라 한다.

※ 선회권 : 운동에서 선체의 무게중심이 그리는 항적이다.

(2) 선속과 기관 조종

① 선박의 속력

　㉠ 항해 속력 : 선박이 대양 항해 시 정상적인 상태에서 상용으로 사용되는 속력
　㉡ 조종 속력 : 주위의 여건에 따라서 언제라도 가속, 감속, 정지 등의 형태로 쓸 수 있도록 준비된
　　　상태의 항해 속력

② 기관 조종

기관 조종의 명령은 브리지에서 엔진 텔레그래프에 의해 기관실로 전달되며, 기관 당직자는 명령대로 기관의 조작을 실행한다.

※ 후진할 때는 전진(Ahead)을 후진(어스턴, Astern)으로 바꾼 기관 명령을 사용하면 된다. 후진 속력은 전진 속력의 약 50~60% 정도이다.

구 분	선 속	기관 명령	상용출력에 대한 비율
항해 속력	전진 전속	Full Ahead	100%
조종 속력	전진 전속	Full Ahead	70%
	전진 반속	Half Ahead	45%
	전진 미속	Slow Ahead	35%
	전진 극미속	Dead Slow Ahead	20%

(3) 타 력

선체가 현재의 침로와 속력의 상태에서 키와 엔진을 사용하여 침로와 선속을 변경하고자 할 때 현재의 상태로 운동을 계속하려는 성질이다.

① 타력의 종류

발동 타력, 정지 타력, 반전 타력

② 최단 정지거리

전진 전속 중 기관을 후진 전속으로 하였을 때, 선체가 물에 대하여 정지 상태가 될 때까지의 타력으로 진행한 거리

4. 선체 저항과 외력의 영향

(1) 선체 저항

① 마찰 저항

선체가 진행 중에 물의 저항 때문에 생기는 저항

② 조파 저항

선체가 공기와 물의 경계면에서 운동할 때 발생하는 저항

③ 조와 저항

물의 속도 차에 의하여 선미 부근에 발생하는 와류에 의한 저항

④ 공기 저항

수면상의 선체가 공기와 부딪침으로써 생기는 저항

(2) 외력의 영향

바람, 조류, 파도 등 외력의 영향이 선박의 속력, 타의 효력 등 선체 조종에 영향을 준다.

(3) 수심이 얕은 해역의 영향

선체의 침하, 속력의 감소, 조종성의 저하

(4) 두 선박의 상호작용

두 척의 선박이 서로 가깝게 마주쳐서 지나가거나 한 선박을 추월할 때는 두 선박 사이에 서로 당김, 밀어냄 그리고 회두작용이 일어난다.

5. 출입항 조종과 정박

(1) 앵커에 의한 정박법

① 단묘박

선박의 양현 앵커 중에서 어느 한쪽 현의 앵커를 내려서 정박하는 방법으로, 바람과 조류에 따라서 선체가 앵커를 중심으로 돌기 때문에 넓은 수역이 필요하다.

② 쌍묘박

양쪽 현의 선수 앵커를 앞뒤 쪽으로 서로 먼 거리를 내려 정박하는 방법으로, 선체의 선회 면적이 작기 때문에 좁은 수역에서의 정박에 적합하다.

③ 이묘박

강풍이나 조류가 강한 수역에서 큰 파주력을 필요로 할 때 정박하는 방법으로, 선수 양현의 앵커를 사용한다.

(2) 투묘법

정박을 위하여 투묘하는 방법에는 그때의 여건에 따라 전진 타력으로 투묘하는 법, 후진 타력으로 투묘하는 법, 정지하여 투묘하는 법, 심해 투묘법 등 여러 가지가 있다.

(3) 선박의 접안 및 이안 작업

① 계선줄

선박을 부두에 고정하기 위하여 사용하는 줄(로프)로, 종류는 다음과 같다.

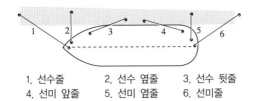

1. 선수줄   2. 선수 옆줄   3. 선수 뒷줄
4. 선미 앞줄   5. 선미 옆줄   6. 선미줄

② 계선 시설

    ㉠ 안 벽

    ㉡ 잔 교

    ㉢ 부 두

    ㉣ 돌 핀

(4) 부두 접안

① 입항 자세 접안

선체를 입항하는 자세 그대로 접안시키는 방법으로, 좌현 접안과 우현 접안 방법이 있으며 출항을 할 때 선박을 돌려야 하는 단점이 있다.

② 출항 자세 접안

출항이 편리하도록 부두 접안 시에 앵커를 이용하여 선체를 회두시켜 출항 자세로 접안하는 방법으로, 좌현 접안과 우현 접안 방법이 있다.

(5) 예인선의 활용

대형선박은 자체의 키와 추진기만으로는 좁은 항내에서 접안 및 이안이 매우 어려우므로 예인선의 도움을 받으며 안전하게 선박을 조종할 수 있다. 예인선의 역할에는 키의 보조, 타력 제어, 횡방향으로부터 선체의 이동이 있다.

4 황천 시의 조종

1. 파랑 중의 선체 운동

(1) 횡동요 운동(롤링, Rolling)

선체가 선수미를 중심으로 좌우로 회전하는 횡경사 운동으로, 복원성과 밀접한 관계가 있다. 선박 전복의 원인이 된다.

(2) 종동요 운동(피칭, Pitching)

선체 중앙을 중심으로 하여 선수와 선미가 상하 교대로 회전하는 종경사 운동으로, 선속을 감소시키고 선체 중앙이 부서지는 경우도 있다.

(3) 선수 동요 운동(요잉, Yawing)

선수가 좌우 교대로 선회하는 운동이다.

(4) 슬래밍(Slaming)

선체가 파를 선수에서 받으면 선수의 선저부가 강한 파도의 충격을 받아서 선체가 짧은 주기로 급격한 진동을 하는 현상이다.

(5) 프로펠러의 공회전(레이싱, Racing)

선박이 파도를 선수 또는 선미에서 받아 선미가 들려 프로펠러가 공기 중에 노출되면 부하를 급속히 감소시켜 프로펠러가 급회전을 하는 현상이다.

2. 항해 중의 황천 준비

출항 전 황천이 예상되면 화물과 선내의 이동물체와 구명정 등을 단단히 고정시키고, 탱크 내에 기름이나 물을 가득 채우거나 비워서 이동에 의한 선체 손상과 복원력의 감소를 막는다.

(1) 태풍 피항 조종법

① 3R 법칙

북반구에서 태풍이 접근할 때 풍향이 우전(Right) 변화하면 자선은 태풍 진로의 우반원(Right)에 있으므로 풍랑을 우현 선수(Right Bow)에 받아서 선박을 조종하는 방법을 말한다.

② LLS 법칙

북반구에서 태풍이 접근할 때 풍향이 좌전(Left) 변화하면 자선은 태풍 진로의 좌반원(Left)에 있으므로 풍랑을 우현 선미(Right Stern)에 받아서 선박을 조종하는 방법을 말한다.

(2) 황천 시 선박의 조종

① 히브 투(Heave to)

풍랑을 선수로부터 좌우현 25~35° 방향으로 받아 조타가 가능한 최소의 속력으로 전진하는 방법을 말한다.

② 라이 투(Lie to)

황천 속에서 기관을 정지하여 선체를 풍하 쪽으로 표류하도록 하는 방법으로, 선체의 횡동요를 방지하기 위하여 씨앵커(Sea Anchor)를 사용한다.

5 비상제어 및 해난방지

1. 해 난

선박의 손상, 침몰, 충돌, 좌초, 화재 등의 원인으로 인명이나 선체 및 화물에 손상을 입는 것을 말한다.

2. 해난의 발생원인

(1) 태풍, 폭풍 등의 천재지변

침몰의 원인

(2) 승무원의 과실, 태만 또는 적절하지 못한 운용술

충돌, 화재의 원인

(3) 항해 준비, 황천 준비, 적화방법의 불량

침몰의 원인

(4) 잘못된 선위의 결정

좌초의 원인

(5) 항해계기, 설비, 선체, 기관 등의 정비 불량

충돌의 원인

(6) 협수로나 항만 등의 부정확한 정보

충돌의 원인

(7) 부정확한 해도의 사용

좌초의 원인

(8) 시계 불량 또는 돌발적인 기상 이변

충돌 및 침몰의 원인

3. 비상 부서 배치

모든 선박은 비상시에 대비하여 비상배치표를 만들어 잘 보이는 곳에 게시하며, 비상시 각자의 부서와 임무를 숙지시켜 신속하게 대처할 수 있도록 비상 훈련을 자주 실시해야 한다.

4. 해난 발생 시의 조치

(1) 충돌 시의 중요한 조치

① 자선과 타선에 급박한 위험이 있는지 판단한다.
② 자선과 타선의 인명구조에 임한다.
③ 선체의 손상과 침수 정도를 파악한다.

(2) 충돌 시의 선박 운용

① 충돌 직후 즉시 기관을 정지한다.
② 파손된 구멍이 크고 침수가 심하면 수밀문을 닫아 한 구획만 침수되도록 한다.
③ 급박한 위험이 있을 때는 연속된 음향신호를 울려서 구조를 요청한다.
④ 충돌 후 침몰이 예상될 때는 사람을 대피시킨 후 수심이 낮은 곳에 임의 좌주를 시킨다.

(3) 좌초와 이초

① 좌초 시의 조치
  ㉠ 즉시 기관을 정지
  ㉡ 빌지와 탱크를 측심하여 선저 손상의 유무를 확인
  ㉢ 후진 기관의 사용은 손상을 확대시킬 우려가 있으므로 신중을 기함
  ㉣ 본선의 기관만으로 이초가 가능한지 파악
  ㉤ 자력 이초가 불가능하면 협조를 요청
    ※ 이초 : 좌초상태에서 빠져나오는 것
② 손상의 확대를 막기 위한 조치
  ㉠ 자력으로 이초가 불가능할 때는 선체를 현재의 자리에 고정
  ㉡ 선체가 움직이는 것을 막기 위하여 선저 탱크에 해수를 주입하여 선저를 해저에 밀착
  ㉢ 임시로 사용한 앵커 체인은 길게 내어 팽팽하게 고정
  ㉣ 육지의 바위 등의 고정물에 로프 등을 연결하여 고정
  ㉤ 파주력을 크게 하기 위하여 체인 하나에 앵커 2개를 연결시켜 사용하여도 좋음

(4) 화 재

① 화재 삼각형
  가연성 물질·산소·열을 화재 삼각형이라 하며, 이 중에서 하나라도 없으면 화재가 발생하지 않는다.
② 화재의 확산
  열의 전도, 대류, 복사에 의하여 화재가 확산된다.
③ 화재의 종류와 소화제
  ㉠ A급 화재 : 연소 후 재가 남는 화재로, 물·포말 소화제로 진화
  ㉡ B급 화재 : 연소 후 재가 남지 않는 가연성 액체 화재로, 이산화탄소·포말 소화제·분말 소화제·분무형 물로 진화
  ㉢ C급 화재 : 전기에 의한 화재로, 이산화탄소·분말 소화제로 진화
  ㉣ D급 화재 : 가연성 금속물질의 화재로, 분말 소화제로 진화
  ㉤ E급 화재 : 가스에 의한 화재로, 먼저 가스를 차단하고, B급 화재의 소화방법으로 진화

(5) 방 수

① 침수의 원인

㉠ 좌초 및 충돌한 경우

㉡ 외판, 파이프, 밸브 등이 노화되어 파공이 생긴 경우

㉢ 황천을 만나 손상을 입은 경우

② 방수법

침수가 되고 있을 때 막는 조치를 방수법이라 한다.

5. 조난선의 인명구조

(1) 사람이 물에 빠졌을 때의 조치

① 먼저 본 사람은 "좌현(우현)에 사람이 물에 빠졌다."라고 외치고, 사람들(당직 항해사)에게 알리는 동시에 구명부환이나 뜰 수 있는 물건을 던진다.

※ 구명부환에 자기 점화등이나 자기 발연부 신호가 달려 있으면 구조가 훨씬 용이하다.

② 당직 항해사는 즉시 기관을 정지시키고 물에 빠진 쪽으로 키를 최대각으로 돌려 익수자가 프로펠러에 빨려들지 않게 조종한다.

③ 선내 비상 소집을 행하여 구조작업에 임한다.

(2) 인명구조 시 선박의 조종

① 반원 2회 선회법

물에 빠진 사람이 보일 때 구조하기 위하여 조종하는 법이다.

② 윌리암슨 턴 법

야간에 물에 빠진 쪽으로 키를 최대각으로 돌려 프로펠러에 빨려들지 않게 조종하는 법이다.

1 해사안전법의 분법

현행법				분법	
해사안전법				**해사안전기본법**	
1장	총 칙		1장	총 칙	
2장	해사안전관리계획		2장	국가해사안전기본계획의 수립 등	
3장	수역 안전관리		3장	해상교통관리시책 등(신설)	
4장	해상교통 안전관리		4장	국제협력 및 해사안전산업 진흥(신설)	
5장	선박 및 사업장의 안전관리		5장	해양안전교육 및 문화 진흥	
6장	선박의 항법		6장	보 칙	
7장	해양안전문화 진흥		7장	벌 칙	
8장	보 칙		**해상교통안전법**		
9장	벌 칙		1장	총 칙	
			2장	수역 안전관리	
			3장	해상교통 안전관리	
			4장	선박 및 사업장의 안전관리	
			5장	선박의 항법 등	
			6장	보 칙	
			7장	벌 칙	

- 「해사안전법」상 해사안전에 관한 제도·정책의 기본 원칙은 「해사안전기본법」에서, 선박 항법 등 국민이 준수해야 할 안전 규제는 「해상교통안전법」으로 나누어 규정하였다.
- 「해사안전법」은 총 9장으로 구성되어 있는데 이중 해사안전관리계획, 해양안전문화 진흥이 「해사안전기본법」으로, 수역 안전관리, 해상교통 안전관리, 선박 및 사업장의 안전관리, 선박의 항법은 「해상교통안전법」으로 이동하였다.
- 「해사안전기본법」과 「해상교통안전법」은 2024년 1월 26일부로 시행된다.

2 해사안전기본법

1. 총 칙

(1) 목 적

이 법은 해사안전 정책과 제도에 관한 기본적 사항을 규정함으로써 해양사고의 방지 및 원활한 교통을 확보하고 국민의 생명·신체 및 재산의 보호에 이바지함을 목적으로 한다.

(2) 기본이념

이 법은 해양에서 선박의 항행 및 운항과 관련하여 발생할 수 있는 모든 위험과 장애로부터 국민의 생명·신체 및 재산을 보호하는 것이 국가 및 지방자치단체의 책무임을 확인하고, 해양의 이용이나 보존에 관한 시책을 수립하는 경우 해사안전을 우선적으로 고려하여 안전하고 지속 가능한 해양이용을 도모하는 것을 기본이념으로 한다.

(3) 용어 정의

① **해사안전관리** : 선원·선박소유자 등 인적 요인, 선박·화물 등 물적 요인, 해상교통체계·교통시설 등 환경적 요인, 국제협약·안전제도 등 제도적 요인을 종합적·체계적으로 관리함으로써, 선박의 운용과 관련된 모든 일에서 발생할 수 있는 사고로부터 사람의 생명·신체 및 재산의 안전을 확보하기 위한 모든 활동을 말한다.

② **선박** : 물에서 항행수단으로 사용하거나 사용할 수 있는 모든 종류의 배로 수상항공기(물 위에서 이동할 수 있는 항공기를 말한다)와 수면비행선박(표면효과 작용을 이용하여 수면 가까이 비행하는 선박을 말한다)을 포함한다.

③ **해양시설** : 자원의 탐사·개발, 해양과학조사, 선박의 계류(繫留)·수리·하역, 해상주거·관광·레저 등의 목적으로 해저(海底)에 고착된 교량·터널·케이블·인공섬·시설물이거나 해상부유 구조물(선박은 제외한다)인 것을 말한다.

④ **해사안전산업** : 「해양사고의 조사 및 심판에 관한 법률」 제2조에 따른 해양사고로부터 사람의 생명·신체·재산을 보호하기 위한 기술·장비·시설·제품 등을 개발·생산·유통하거나 관련 서비스를 제공하는 산업을 말한다.

⑤ **해상교통망** : 선박의 운항상 안전을 확보하고 원활한 운항흐름을 위하여 해양수산부장관이 영해 및 내수에 설정하는 각종 항로, 각종 수역 등의 해양공간과 이에 설치되는 해양교통시설의 결합체를 말한다.

⑥ **해사 사이버안전** : 사이버공격으로부터 선박운항시스템을 보호함으로써 선박운항시스템과 정보의 기밀성·무결성·가용성 등 안전성을 유지하는 상태를 말한다.

(4) 국가 등의 책무

① 국가 및 지방자치단체는 해사안전을 확보하고 해양에서의 국민의 생명·신체 및 재산을 보호하기 위하여 필요한 시책을 수립·시행하여야 한다.

② 국가 및 지방자치단체는 해양사고를 예방하고 해상교통환경의 변화에 대응할 수 있도록 해양시설의 관리, 해상교통망의 구축 및 관리, 해상교통 관련 신기술의 개발·기반조성 지원, 해사 사이버안전 관리 등을 위하여 필요한 시책을 수립·시행하여야 한다.

③ 국가 및 지방자치단체는 해사안전과 관련된 분야에 종사하는 자의 안전을 확보하고 복지수준을 향상시키기 위하여 필요한 시책을 수립·시행하여야 한다.

④ 국가 및 지방자치단체는 국민의 안전한 해양이용을 촉진하기 위하여 국민에 대한 해사안전 지식·정보의 제공, 해사안전 교육 및 해사안전 문화의 홍보를 실시하도록 노력하여야 한다.

⑤ 국가는 외국 및 국제기구 등과 해사안전에 관한 기술협력, 정보교환, 공동 조사·연구를 위한 기구설치 등 효율적인 국제협력을 추진하기 위하여 노력하여야 하며, 해사안전 관련 산업의 진흥 및 국제화에 필요한 지원을 하여야 한다.

(5) 국민 등의 책무

① 모든 국민은 국가와 지방자치단체가 수립·시행하는 해사안전정책의 원활한 추진을 위하여 적극적으로 협력하여야 한다.

② 선박·해양시설 소유자는 국가의 해사안전에 관한 시책에 협력하여 자기가 소유·관리하거나 운영하는 선박·해양시설로부터 해양사고 등이 발생하지 아니하도록 종사자에 대한 교육·훈련 등을 실시하고 제반 안전규정을 준수하여야 한다.

2. 국가해사안전기본계획의 수립 등

(1) 국가해사안전기본계획

① 해양수산부장관은 해사안전 증진을 위한 국가해사안전기본계획(이하 "기본계획"이라 한다)을 5년 단위로 수립하여야 한다. 다만, 기본계획 중 항행환경개선에 관한 계획은 10년 단위로 수립할 수 있다.

② 해양수산부장관은 기본계획을 수립하거나 대통령령으로 정하는 중요한 사항을 변경하려는 경우에는 관계 행정기관의 장과 협의하여야 한다.

③ 해양수산부장관은 기본계획을 수립하거나 변경하기 위하여 필요하다고 인정하는 경우에는 관계 중앙행정기관의 장, 특별시장·광역시장·특별자치시장·도지사·특별자치도지사(이하 "시·도지사"라 한다), 시장·군수·구청장(자치구의 구청장을 말한다. 이하 같다), 「공공기관의 운영에 관한 법률」 제4조에 따른 공공기관의 장(이하 "공공기관의 장"이라 한다), 해사안전과 관련된 기관·단체의 장 또는 개인에 대하여 관련 자료의 제출, 의견의 진술 또는 그 밖에 필요한 협력을 요청할 수 있다. 이 경우 요청을 받은 자는 특별한 사유가 없으면 이에 따라야 한다.

④ 제1항에 따른 기본계획의 수립 및 시행에 필요한 사항은 대통령령으로 정한다.

(2) 해사안전시행계획의 수립·시행

① 해양수산부장관은 기본계획을 시행하기 위하여 매년 해사안전시행계획(이하 "시행계획"이라 한다)을 수립·시행하여야 한다.

② 해양수산부장관은 시행계획을 수립하려는 경우에는 시행계획의 수립지침을 작성하여 관계 중앙행정기관의 장, 시·도지사, 시장·군수·구청장, 공공기관의 장에게 통보하여야 하며, 이에 따라 통보를 받은 관계 중앙행정기관의 장, 시·도지사, 시장·군수·구청장 및 공공기관의 장은 기관별 해사안전시행계획을 작성하여 해양수산부장관에게 제출하여야 한다.

③ 시행계획에 포함할 내용과 수립 절차·방법 등에 필요한 사항은 대통령령으로 정한다.

(3) 해사안전실태조사

① 해양수산부장관은 기본계획과 시행계획을 효율적으로 수립·시행하기 위하여 5년마다 해사안전관리에 관한 각종 실태를 조사하여야 한다.

② 해양수산부장관은 실태조사의 결과를 기본계획과 시행계획에 반영하여야 한다.

③ 해양수산부장관은 실태조사를 위하여 관계 기관·법인·단체·시설의 장에게 자료의 제출 또는 의견의 진술을 요청할 수 있다. 이 경우 요청을 받은 자는 정당한 사유가 없으면 이에 협조하여야 한다.

④ 실태조사의 내용 및 방법, 그 밖에 필요한 사항은 해양수산부령으로 정한다.

(4) 기본계획 및 시행계획의 국회 제출 등

① 해양수산부장관은 기본계획 및 시행계획을 수립하거나 변경한 때에는 관계 중앙행정기관의 장 및 시·도지사에게 통보하고 지체 없이 국회 소관 상임위원회에 제출하여야 한다.

② 해양수산부장관은 기본계획 및 시행계획을 수립하거나 변경한 때에는 대통령령으로 정하는 바에 따라 공표하여야 한다.

3. 해상교통관리시책 등

(1) 해상교통관리시책 등

① 해양수산부장관은 선박교통환경 변화에 대비하여 해상에서 선박의 안전한 통항흐름이 이루어질 수 있도록 해상교통관리에 필요한 시책을 강구하여야 한다.

② 해양수산부장관은 제1항에 따른 해상교통관리시책을 이행하기 위하여 주기적으로 연안해역 등에 대한 교통영향을 평가하고 그 결과를 공표하여야 하며, 선박의 항행안전을 위하여 필요한 경우에는 각종 해상교통시설을 설치·관리하여야 한다.

③ 해상교통관리시책의 수립·추진 및 이행 등에 관한 사항은 따로 법률로 정한다.

(2) 선박 및 해양시설의 안전성 확보

① 해양수산부장관은 선박의 안전성을 확보하기 위하여 선박의 구조·설비 및 시설 등에 관한 기술기준을 개선하고 지속적으로 발전시키기 위한 시책을 마련하여야 한다.

② 해양수산부장관은 선박의 교통상 장애를 제거하기 위하여 해양시설에 대한 안전관리를 하여야 한다.

③ 선박의 안전성 및 해양시설에 대한 안전관리에 관하여는 따로 법률로 정한다.

(3) 해사안전관리 전문인력의 양성

① 해양수산부장관은 해사안전관리를 효과적으로 할 수 있는 전문인력을 양성하기 위하여 다음의 시책을 수립·추진하여야 한다.
  ㉠ 해사안전관리 분야별 전문인력 양성
  ㉡ 해사안전관리 업무종사자의 역량 강화를 위한 교육·연수
  ㉢ 해사안전관리 업무종사자에 대한 교육프로그램 및 교재 개발·보급
  ㉣ 신기술 접목 선박 등의 안전관리에 필요한 전문인력 양성
  ㉤ 그 밖에 해사안전관리 전문인력의 양성을 위하여 필요하다고 인정되는 사업

② 해양수산부장관은 전문인력을 양성하기 위하여 해사안전관리와 관련한 대학·연구소·기관 또는 단체를 전문인력 양성기관으로 지정할 수 있다.

③ 해양수산부장관은 지정된 전문인력 양성기관에 대하여 교육 및 훈련에 필요한 비용의 전부 또는 일부를 지원할 수 있다.

④ 해양수산부장관은 지정된 전문인력 양성기관이 다음의 어느 하나에 해당하는 경우 그 지정을 취소할 수 있다.
  ㉠ 거짓 또는 부정한 방법으로 지정을 받은 경우
  ㉡ 정당한 사유 없이 지정받은 업무를 수행하지 아니한 경우
  ㉢ 업무수행능력이 현저히 부족하다고 인정되는 경우

⑤ 전문인력 양성기관의 지정 및 지정취소의 기준·절차와 지원 범위, 그 밖에 필요한 사항은 대통령령으로 정한다.

(4) 해양교통안전정보관리체계의 구축 등

① 해양수산부장관은 해양사고 원인정보 등 해양수산부령으로 정하는 해양교통안전정보(이하 "해양교통안전정보"라 한다)를 통합적으로 유지·관리하기 위하여 해양교통안전정보관리체계를 구축·운영할 수 있다.

② 해양수산부장관은 해양교통안전정보를 보유하고 있는 중앙행정기관의 장, 시·도지사, 시장·군수·구청장, 공공기관의 장, 해사안전과 관련된 기관·단체의 장 또는 개인에게 해양교통안전정보관리체계의 구축·운영에 필요한 정보의 제공 및 그 밖에 필요한 협력을 요청할 수 있다. 이 경우 요청을 받은 자는 특별한 사유가 없으면 그 요청에 따라야 한다.

③ 해양수산부장관은 해사안전정책에 효과적으로 활용할 수 있도록 관계 중앙행정기관, 지방자치단체, 「공공기관의 운영에 관한 법률」 제4조에 따른 공공기관 및 관련 기관·단체와 해양교통안전정보를 공유할 수 있다.

④ 위의 규정한 사항 외에 해양교통안전정보관리체계의 구축·운영 및 해양교통안전정보의 공유 절차·방법 등에 필요한 사항은 대통령령으로 정한다.

(5) 선박안전도정보의 공표

① 해양수산부장관은 선박을 이용하는 국민의 안전을 도모하기 위하여 다음에서 정하는 선박의 해양사고 발생 건수, 관계 법령이나 국제협약에서 정한 선박의 안전에 관한 기준의 준수 여부 및 그 선박의 소유자·운항자 또는 안전관리대행자 등에 대한 정보를 공표할 수 있다. 다만, 대통령령으로 정하는 중대한 해양사고가 발생한 선박에 대하여는 사고개요, 해당 선박의 명세 및 소유자 등 해양수산부령으로 정하는 정보를 공표하여야 한다.
　　㉠ 「해운법」 제3조에 따른 해상여객운송사업에 종사하는 선박으로서 해양수산부령으로 정하는 선박
　　㉡ 「해운법」 제23조에 따른 해상화물운송사업에 종사하는 선박으로서 해양수산부령으로 정하는 선박
　　㉢ 대한민국의 항만에 기항(寄港)하는 외국선박으로서 해양수산부령으로 정하는 선박
　　㉣ 그 밖에 국제해사기구 등 해사안전과 관련된 국제기구의 요청 등에 따라 해당 선박의 안전도에 대한 정보를 제공할 필요가 있다고 해양수산부장관이 인정하는 선박

② 공표의 절차·방법 등에 필요한 사항은 해양수산부령으로 정한다.

❸ 해상교통안전법

1. 총 칙

(1) 목 적

이 법은 수역 안전관리, 해상교통 안전관리, 선박·사업장의 안전관리 및 선박의 항법 등 선박의 안전운항을 위한 안전관리체계에 관한 사항을 규정함으로써 선박항행과 관련된 모든 위험과 장해를 제거하고 해사안전 증진과 선박의 원활한 교통에 이바지함을 목적으로 한다.

(2) 용어 정의

① **위험화물운반선** : 선체의 한 부분인 화물창(貨物倉)이나 선체에 고정된 탱크 등에 해양수산부령으로 정하는 위험물을 싣고 운반하는 선박을 말한다.

② **거대선(巨大船)** : 길이 200미터 이상의 선박을 말한다.

③ **고속여객선** : 시속 15노트 이상으로 항행하는 여객선을 말한다.

④ **동력선(動力船)** : 기관을 사용하여 추진(推進)하는 선박을 말한다. 다만, 돛을 설치한 선박이라도 주로 기관을 사용하여 추진하는 경우에는 동력선으로 본다.

⑤ **범선(帆船)** : 돛을 사용하여 추진하는 선박을 말한다. 다만, 기관을 설치한 선박이라도 주로 돛을 사용하여 추진하는 경우에는 범선으로 본다.

⑥ **어로에 종사하고 있는 선박** : 그물, 낚싯줄, 트롤망, 그 밖에 조종성능을 제한하는 어구(漁具)를 사용하여 어로(漁撈) 작업을 하고 있는 선박을 말한다.

⑦ **조종불능선(操縱不能船)** : 선박의 조종성능을 제한하는 고장이나 그 밖의 사유로 조종을 할 수 없게 되어 다른 선박의 진로를 피할 수 없는 선박을 말한다.

⑧ **조종제한선(操縱制限船)** : 다음의 작업과 그 밖에 선박의 조종성능을 제한하는 작업에 종사하고 있어 다른 선박의 진로를 피할 수 없는 선박을 말한다.

　㉠ 항로표지, 해저전선 또는 해저파이프라인의 부설·보수·인양 작업

　㉡ 준설(浚渫)·측량 또는 수중 작업

　㉢ 항행 중 보급, 사람 또는 화물의 이송 작업

　㉣ 항공기의 발착(發着)작업

　㉤ 기뢰(機雷)제거작업

　㉥ 진로에서 벗어날 수 있는 능력에 제한을 많이 받는 예인(曳引)작업

⑨ **흘수제약선(吃水制約船)** : 가항(可航)수역의 수심 및 폭과 선박의 흘수와의 관계에 비추어 볼 때, 그 진로에서 벗어날 수 있는 능력이 매우 제한되어 있는 동력선을 말한다.

⑩ **해양시설** : 「해사안전기본법」 제3조 제3호에 따른 시설을 말한다.

⑪ **해상교통안전진단** : 해상교통안전에 영향을 미치는 다음의 사업(이하 "안전진단대상사업"이라 한다)으로 발생할 수 있는 항행안전 위험 요인을 전문적으로 조사·측정하고 평가하는 것을 말한다.

　㉠ 항로 또는 정박지의 지정·고시 또는 변경

　㉡ 선박의 통항을 금지하거나 제한하는 수역(水域)의 설정 또는 변경

　㉢ 수역에 설치되는 교량·터널·케이블 등 시설물의 건설·부설 또는 보수

　㉣ 항만 또는 부두의 개발·재개발

　㉤ 그 밖에 해상교통안전에 영향을 미치는 사업으로서 대통령령으로 정하는 사업

⑫ **항행장애물(航行障碍物)** : 선박으로부터 떨어진 물건, 침몰·좌초된 선박 또는 이로부터 유실(遺失)된 물건 등 해양수산부령으로 정하는 것으로서 선박항행에 장애가 되는 물건을 말한다.

⑬ **통항로(通航路)** : 선박의 항행안전을 확보하기 위하여 한쪽 방향으로만 항행할 수 있도록 되어 있는 일정한 범위의 수역을 말한다.

⑭ **제한된 시계** : 안개·연기·눈·비·모래바람 및 그 밖에 이와 비슷한 사유로 시계(視界)가 제한되어 있는 상태를 말한다.

⑮ **항로지정제도** : 선박이 통항하는 항로, 속력 및 그 밖에 선박 운항에 관한 사항을 지정하는 제도를 말한다.

⑯ 항행 중 : 선박이 다음의 어느 하나에 해당하지 아니하는 상태를 말한다.

　　㉠ 정박(碇泊)

　　㉡ 항만의 안벽(岸壁) 등 계류시설에 매어 놓은 상태[계선부표(繫船浮標)나 정박하고 있는 선박에 매어 놓은 경우를 포함한다]

　　㉢ 얹혀 있는 상태

⑰ 길이 : 선체에 고정된 돌출물을 포함하여 선수(船首)의 끝단부터 선미(船尾)의 끝단 사이의 최대 수평거리를 말한다.

⑱ 폭 : 선박 길이의 횡방향 외판의 외면으로부터 반대쪽 외판의 외면 사이의 최대 수평거리를 말한다.

⑲ 통항분리제도 : 선박의 충돌을 방지하기 위하여 통항로를 설정하거나 그 밖의 적절한 방법으로 한쪽 방향으로만 항행할 수 있도록 항로를 분리하는 제도를 말한다.

⑳ 분리선(分離線) 또는 분리대(分離帶) : 서로 다른 방향으로 진행하는 통항로를 나누는 선 또는 일정한 폭의 수역을 말한다.

2. 수역 안전관리

(1) 보호수역의 설정 및 입역허가

① 해양수산부장관은 해양시설 부근 해역에서 선박의 안전항행과 해양시설의 보호를 위한 수역(이하 "보호수역"이라 한다)을 설정할 수 있다.

② 누구든지 보호수역에 입역(入域)하기 위하여는 해양수산부장관의 허가를 받아야 하며, 해양수산부장관은 해양시설의 안전 확보에 지장이 없다고 인정하거나 공익상 필요하다고 인정하는 경우 보호수역의 입역을 허가할 수 있다.

③ 해양수산부장관은 입역허가에 필요한 조건을 붙일 수 있다.

④ 해양수산부장관은 입역허가에 관하여 필요하면 관계 행정기관의 장과 협의하여야 한다.

⑤ 보호수역의 범위는 대통령령으로 정하고, 보호수역 입역허가 등에 필요한 사항은 해양수산부령으로 정한다.

(2) 보호수역의 입역

① 다음의 어느 하나에 해당하면 해양수산부장관의 허가를 받지 아니하고 보호수역에 입역할 수 있다.

　　㉠ 선박의 고장이나 그 밖의 사유로 선박 조종이 불가능한 경우

　　㉡ 해양사고를 피하기 위하여 부득이한 사유가 있는 경우

　　㉢ 인명을 구조하거나 또는 급박한 위험이 있는 선박을 구조하는 경우

　　㉣ 관계 행정기관의 장이 해상에서 안전 확보를 위한 업무를 하는 경우

　　㉤ 해양시설을 운영하거나 관리하는 기관이 그 해양시설의 보호수역에 들어가려고 하는 경우

② 입역 등에 필요한 사항은 해양수산부령으로 정한다.

(3) 교통안전특정해역의 설정 등

① 해양수산부장관은 다음의 어느 하나에 해당하는 해역으로서, 대형 해양사고가 발생할 우려가 있는 해역(이하 "교통안전특정해역"이라 한다)을 설정할 수 있다.

　　㉠ 해상교통량이 아주 많은 해역

　　㉡ 거대선, 위험화물운반선, 고속여객선 등의 통항이 잦은 해역

② 해양수산부장관은 관계 행정기관의 장의 의견을 들어 해양수산부령으로 정하는 바에 따라 교통안전특정해역 안에서의 항로지정제도를 시행할 수 있다.

③ 교통안전특정해역의 범위는 대통령령으로 정한다.

(4) 거대선 등의 항행안전확보 조치

해양경찰서장은 거대선, 위험화물운반선, 고속여객선, 그 밖에 해양수산부령으로 정하는 선박이 교통안전특정해역을 항행하려는 경우 항행안전을 확보하기 위하여 필요하다고 인정하면 선장이나 선박소유자에게 다음의 사항을 명할 수 있다.

① 통항시각의 변경

② 항로의 변경

③ 제한된 시계의 경우 선박의 항행 제한

④ 속력의 제한

⑤ 안내선의 사용

⑥ 그 밖에 해양수산부령으로 정하는 사항

(5) 어업의 제한 등

① 교통안전특정해역에서 어로 작업에 종사하는 선박은 항로지정제도에 따라 그 교통안전특정해역을 항행하는 다른 선박의 통항에 지장을 주어서는 아니 된다.

② 교통안전특정해역에서는 어망 또는 그 밖에 선박의 통항에 영향을 주는 어구 등을 설치하거나 양식업을 하여서는 아니 된다.

③ 교통안전특정해역으로 정하여지기 전에 그 해역에서 면허를 받은 어업권·양식업권을 행사하는 경우에는 해당 어업면허 또는 양식업 면허의 유효기간이 끝나는 날까지 ②를 적용하지 아니한다.

④ 특별자치도지사·시장·군수·구청장(자치구의 구청장을 말한다)이 교통안전특정해역에서 어업면허, 양식업 면허, 어업허가 또는 양식업 허가(면허 또는 허가의 유효기간 연장을 포함한다)를 하려는 경우에는 미리 해양경찰청장과 협의하여야 한다.

(6) 공사 또는 작업

① 교통안전특정해역에서 해저전선이나 해저파이프라인의 부설, 준설, 측량, 침몰선 인양작업 또는 그 밖에 선박의 항행에 지장을 줄 우려가 있는 공사나 작업을 하려는 자는 해양경찰청장의 허가를 받아야 한다. 다만, 관계 법령에 따라 국가가 시행하는 항로표지 설치, 수로 측량 등 해사안전에 관한 업무의 경우에는 그러하지 아니하다.

② 해양경찰청장은 허가를 하면 그 사실을 해양수산부장관에게 보고하여야 하며, 해양수산부장관은 이를 고시하여야 한다.

③ 해양경찰청장은 공사 또는 작업의 허가를 받은 자가 다음의 어느 하나에 해당하면 그 허가를 취소하거나 6개월의 범위에서 공사나 작업의 전부 또는 일부의 정지를 명할 수 있다. 다만, ㉠ 또는 ㉣에 해당하는 경우에는 그 허가를 취소하여야 한다.

㉠ 거짓이나 그 밖의 부정한 방법으로 허가를 받은 경우

㉡ 공사나 작업이 부진하여 이를 계속할 능력이 없다고 인정되는 경우

㉢ 허가를 할 때 붙인 허가조건 또는 허가사항을 위반한 경우

㉣ 정지명령을 위반하여 정지기간 중에 공사 또는 작업을 계속한 경우

④ 허가를 받은 자는 해당 허가기간이 끝나거나 허가가 취소되었을 때에는 해당 구조물을 제거하고 원래 상태로 복구하여야 한다.

⑤ 공사나 작업의 허가, 행정처분의 세부기준과 절차, 그 밖에 필요한 사항은 해양수산부령으로 정한다.

(7) 유조선의 통항제한

① 다음의 어느 하나에 해당하는 석유 또는 유해액체물질을 운송하는 선박(이하 "유조선"이라 한다)의 선장이나 항해당직을 수행하는 항해사는 유조선의 안전운항을 확보하고 해양사고로 인한 해양오염을 방지하기 위하여 대통령령으로 유조선의 통항을 금지한 해역(이하 "유조선통항금지해역"이라 한다)에서 항행하여서는 아니 된다.

㉠ 원유, 중유, 경유 또는 이에 준하는 「석유 및 석유대체연료 사업법」에 따른 탄화수소유, 같은 조 제10호에 따른 가짜석유제품, 같은 조 제11호에 따른 석유대체연료 중 원유·중유·경유에 준하는 것으로, 해양수산부령으로 정하는 기름 1천500킬로리터 이상을 화물로 싣고 운반하는 선박

㉡ 「해양환경관리법」 제2조 제7호에 따른 유해액체물질을 1천500톤 이상 싣고 운반하는 선박

② 유조선은 다음의 어느 하나에 해당하면 유조선통항금지해역에서 항행할 수 있다.

㉠ 기상상황의 악화로 선박의 안전에 현저한 위험이 발생할 우려가 있는 경우

㉡ 인명이나 선박을 구조하여야 하는 경우

㉢ 응급환자가 생긴 경우

㉣ 항민을 입항·출항하는 경우. 이 경우 유조선은 출입해역의 기상 및 수심, 그 밖의 해상상황 등 항행여건을 충분히 헤아려 유조선통항금지해역의 바깥쪽 해역에서부터 항구까지의 거리가 가장 가까운 항로를 이용하여 입항·출항하여야 한다.

(8) 시운전금지해역의 설정

① 누구든지 충돌 등 해양사고를 방지하기 위하여 시운전(조선소 등에서 선박을 건조·개조·수리 후 인도 전까지 또는 건조·개조·수리 중 시험운전하는 것을 말한다)을 금지한 해역(이하 "시운전금지해역"이라 한다)에서 길이 100미터 이상의 선박에 대하여 해양수산부령으로 정하는 시운전을 하여서는 아니 된다.

② 시운전금지해역의 범위는 대통령령으로 정한다.

3. 항해 안전관리

(1) 항로의 지정 등

① 해양수산부장관은 선박이 통항하는 수역의 지형·조류, 그 밖에 자연적 조건 또는 선박 교통량 등으로 해양사고가 일어날 우려가 있다고 인정하면 관계 행정기관의 장의 의견을 들어 그 수역의 범위, 선박의 항로 및 속력 등 선박의 항행안전에 필요한 사항을 해양수산부령으로 정하는 바에 따라 고시할 수 있다.

② 해양수산부장관은 태풍 등 악천후를 피하려는 선박이나 해양사고 등으로 자유롭게 조종되지 아니하는 선박을 위한 수역 등을 지정·운영할 수 있다.

(2) 외국선박의 통항

① 외국선박은 해양수산부장관의 허가를 받지 아니하고는 대한민국의 내수에서 통항할 수 없다.

② ①에도 불구하고 「영해 및 접속수역법」에 따른 직선기선에 따라 내수에 포함된 해역에서는 정박·정류(停留)·계류 또는 배회(徘徊)함이 없이 계속적이고 신속하게 통항할 수 있다. 다만, 다음의 경우에는 그러하지 아니하다.

    ㉠ 불가항력이나 조난으로 인하여 필요한 경우

    ㉡ 위험하거나 조난상태에 있는 인명·선박·항공기를 구조하기 위한 경우

    ㉢ 그 밖에 대한민국 항만에의 입항 등 해양수산부령으로 정하는 경우

③ 허가에 필요한 서류의 제출 등 관련 조치에 필요한 사항은 해양수산부령으로 정한다.

(3) 술에 취한 상태에서의 조타기 조작 등 금지

① 술에 취한 상태에 있는 사람은 운항을 하기 위하여 「선박직원법」 제2조 제1호에 따른 선박[총톤수 5톤 미만의 선박과 같은 호 나목 및 다목에 해당하는 외국선박 및 시운전선박(국내 조선소에서 건조 또는 개조하여 진수 후 인도 전까지 시운전하는 선박을 말한다)을 포함한다. 이하 이 조 및 제40조에서 같다]의 조타기(操舵機)를 조작하거나 조작할 것을 지시하는 행위 또는 「도선법」 제2조 제1호에 따른 도선(이하 "도선"이라 한다)을 하여서는 아니 된다.

② 해양경찰청 소속 경찰공무원은 다음의 어느 하나에 해당하는 경우에는 운항을 하기 위하여 조타기를 조작하거나 조작할 것을 지시하는 사람(이하 "운항자"라 한다) 또는 도선을 하는 사람(이하 "도선사"라 한다)이 술에 취하였는지 측정할 수 있으며, 해당 운항자 또는 도선사는 해양경찰청 소속 경찰공무원의 측정 요구에 따라야 한다. 다만, ㉢에 해당하는 경우에는 반드시 술에 취하였는지를 측정하여야 한다.

    ㉠ 다른 선박의 안전운항을 해치거나 해칠 우려가 있는 등 해상교통의 안전과 위험방지를 위하여 필요하다고 인정되는 경우

    ㉡ 술에 취한 상태에서 조타기를 조작하거나 조작할 것을 지시하였거나 도선을 하였다고 인정할 만한 충분한 이유가 있는 경우

    ㉢ 해양사고가 발생한 경우

③ 술에 취하였는지를 측정한 결과에 불복하는 사람에 대하여는 해당 운항자 또는 도선사의 동의를 받아 혈액채취 등의 방법으로 다시 측정할 수 있다.

④ 술에 취한 상태의 기준은 혈중알코올농도 0.03퍼센트 이상으로 한다.

⑤ 측정에 필요한 세부 절차 및 측정기록의 관리 등에 필요한 사항은 해양수산부령으로 정한다.

(4) 약물복용 등의 상태에서 조타기 조작 등 금지

약물(「마약류 관리에 관한 법률」 제2조 제1호에 따른 마약류를 말한다)·환각물질(「화학물질관리법」 제22조 제1항에 따른 환각물질을 말한다)의 영향으로 인하여 정상적으로 다음의 행위를 하지 못할 우려가 있는 상태에서는 해당 행위를 하여서는 아니 된다.

① 선박의 조타기를 조작하거나 조작할 것을 지시하는 행위

② 선박의 도선

(5) 해기사 면허의 취소·정지 요청

해양경찰청장은 「선박직원법」 제4조에 따른 해기사 면허를 받은 자가 다음의 어느 하나에 해당하는 경우 해양수산부장관에게 해당 해기사 면허를 취소하거나 1년의 범위에서 해기사 면허의 효력을 정지할 것을 요청할 수 있다.

① 술에 취한 상태에서 운항을 하기 위하여 조타기를 조작하거나 그 조작을 지시한 경우
② 술에 취한 상태에서 조타기를 조작하거나 조작할 것을 지시하였다고 인정할 만한 상당한 이유가 있음에도 불구하고 해양경찰청 소속 경찰공무원의 측정 요구에 따르지 아니한 경우
③ 약물복용 관련 법규를 위반하여 약물·환각물질의 영향으로 인하여 정상적으로 조타기를 조작하거나 그 조작을 지시하지 못할 우려가 있는 상태에서 조타기를 조작하거나 그 조작을 지시한 경우

(6) 해양사고가 일어난 경우의 조치

① 선장이나 선박소유자는 해양사고가 일어나 선박이 위험하게 되거나 다른 선박의 항행안전에 위험을 줄 우려가 있는 경우에는 위험을 방지하기 위하여 신속하게 필요한 조치를 취하고, 해양사고의 발생 사실과 조치 사실을 지체 없이 해양경찰서장이나 지방해양수산청장에게 신고하여야 한다.
② 지방해양수산청장은 신고를 받으면 지체 없이 그 사실을 해양경찰서장에게 통보하여야 한다.
③ 해양경찰서장은 선장이나 선박소유자가 신고한 조치 사실을 적절한 수단을 사용하여 확인하고, 조치를 취하지 아니하였거나 취한 조치가 적당하지 아니하다고 인정하는 경우에는 그 선박의 선장이나 선박소유자에게 해양사고를 신속하게 수습하고, 해상교통의 안전을 확보하기 위하여 필요한 조치를 취할 것을 명하여야 한다.
④ 해양경찰서장은 해양사고가 일어나 선박이 위험하게 되거나 다른 선박의 항행안전에 위험을 줄 우려가 있는 경우, 필요하면 구역을 정하여 다른 선박에 대하여 선박의 이동·항행 제한 또는 조업중지를 명할 수 있다.

4. 선박 및 사업장의 안전관리

(1) 선장의 권한 등

① 누구든지 선박의 안전을 위한 선장의 전문적인 판단을 방해하거나 간섭하여서는 아니 된다.
② 선장은 선박의 안전관리를 위하여 선임된 안전관리책임자에게 선박과 그 시설의 정비·수리, 선박운항일정의 변경 등을 요구할 수 있고, 그 요구를 받은 안전관리책임자는 타당성 여부를 검토하여 그 결과를 10일 이내에 선박소유자에게 알려야 한다.
③ 다만, 안전관리책임자가 선임되지 아니하거나 선박소유자가 안전관리책임자로 선임된 경우에는 선장이 선박소유자에게 직접 요구할 수 있다.
④ ②·③에 따른 요구를 통보받은 선박소유자는 해당 요구에 따른 필요한 조치를 하여야 한다.
⑤ 해양수산부장관은 선박소유자가 ④에 따른 필요한 조치를 하지 아니할 경우, 공중의 안전에 위해를 끼칠 수 있어 긴급한 조치가 필요하다고 판단하면 선박소유자에게 필요한 조치를 하도록 명할 수 있다.

(2) 선박의 안전관리체제 수립 등

① 해양수산부장관은 선박소유자가 그 선박과 사업장에 대하여 선박의 안전운항 등을 위한 관리체제(이하 "안전관리체제"라 한다)를 수립하고 시행하는 데 필요한 시책을 강구하여야 한다.

② 다음의 어느 하나에 해당하는 선박(해저자원을 채취·탐사 또는 발굴하는 작업에 종사하는 이동식 해상구조물을 포함한다)을 운항하는 선박소유자는 안전관리체제를 수립하고 시행하여야 한다. 다만, 「해운법」 제21조에 따른 운항관리규정을 작성하여 해양수산부장관으로부터 심사를 받고 시행하는 경우에는 안전관리체제를 수립하여 시행하는 것으로 본다.

ⓐ 해상여객운송사업에 종사하는 선박

ⓑ 해상화물운송사업에 종사하는 선박으로서 총톤수 500톤 이상의 선박[기선(機船)과 밀착된 상태로 결합된 부선(艀船)을 포함한다]

ⓒ 국제항해에 종사하는 총톤수 500톤 이상의 어획물운반선과 이동식 해상구조물

ⓓ 수면비행선박

ⓔ 그 밖에 대통령령으로 정하는 선박

③ 안전관리체제에는 다음의 사항이 포함되어야 한다.

ⓐ 해상에서의 안전과 환경 보호에 관한 기본방침

ⓑ 선박소유자의 책임과 권한에 관한 사항

ⓒ 선박 안전관리책임자와 안전관리자의 임무에 관한 사항

ⓓ 선장의 책임과 권한에 관한 사항

ⓔ 인력의 배치와 운영에 관한 사항

ⓕ 선박의 안전관리체제 수립에 관한 사항

ⓖ 선박충돌사고 등 발생 시 비상대책의 수립에 관한 사항

ⓗ 사고, 위험 상황 및 안전관리체제의 결함에 관한 보고와 분석에 관한 사항

ⓘ 선박의 정비에 관한 사항

ⓙ 안전관리체제와 관련된 지침서 등 문서 및 자료 관리에 관한 사항

ⓚ 안전관리체제에 대한 선박소유자의 확인·검토 및 평가에 관한 사항

④ 제2항에 따라 안전관리체제를 수립·시행하여야 하는 선박소유자는 안전관리대행업을 등록한 자에게 이를 위탁할 수 있다. 이 경우 선박소유자는 그 사실을 10일 이내에 해양수산부장관에게 알려야 한다.

⑤ 안전관리체제에 포함되어야 할 제3항 각 호의 구체적 범위는 해양수산부령으로 정한다.

(3) 항만국통제

① 해양수산부장관은 대한민국의 영해에 있는 외국선박 중 대한민국의 항만에 입항하였거나 입항할 예정인 선박에 대하여 선박의 안전관리체제, 선박의 구조·시설, 선원의 선박운항지식 등이 대통령령으로 정하는 해사안전에 관한 국제협약의 기준에 맞는지를 확인(이하 "항만국통제"라 한다)할 수 있다.

② 해양수산부장관은 항만국통제 결과 외국선박의 안전관리체제, 선박의 구조·시설, 선원의 선박운항지식 등이 국제협약의 기준에 미치지 못하는 경우로서, 해당 선박의 크기·종류·상태 및 항행기간을 고려할 때 항행을 계속하는 것이 인명이나 재산에 위험을 불러일으키거나 해양환경 보전에 장해를 미칠 우려가 있다고 인정되는 경우에는 그 선박에 대하여 항행정지를 명하는 등 필요한 조치를 할 수 있다.

③ 해양수산부장관은 위험과 장해가 없어졌다고 인정할 때에는 지체 없이 해당 선박에 대한 조치를 해제하여야 한다.

④ 항만국통제 및 조치에 필요한 사항은 해양수산부령으로 정한다.

(4) 외국의 항만국통제 등

① 해양수산부장관은 대한민국선박이 외국 정부의 항만국통제에 따라 항행정지 처분을 받은 경우에는 그 선박의 사업장에 대하여 안전관리체제의 적합성 여부를 점검하거나 그 선박이 국내항에 입항할 경우 해양수산부령으로 정하는 바에 따라 관련되는 선박의 안전관리체제, 선박의 구조·시설, 선원의 선박운항지식 등에 대하여 점검을 할 수 있다. 다만, 외국 정부에서 확인을 요청하는 경우 등 필요한 경우에는 외국에서 점검을 할 수 있다.

② 해양수산부장관은 외국 정부의 항만국통제에 따른 항행정지를 예방하기 위한 조치가 필요하다고 인정하는 경우 해양수산부령으로 정하는 바에 따라 관련되는 선박에 대하여 제1항에 따른 점검(이하 "특별점검"이라 한다)을 할 수 있다.

③ 해양수산부장관은 특별점검의 결과 선박의 안전 확보를 위하여 필요하다고 인정하면 그 선박의 소유자 또는 해당 사업장에 대하여 해양수산부령으로 정하는 바에 따라 시정·보완 또는 항행정지를 명할 수 있다.

(5) 선박안전관리사

① 해양수산부장관은 해사안전 및 선박·사업장 안전관리를 효과적이고 전문적으로 하기 위하여 선박안전관리사 자격제도를 관리·운영한다.

② 선박안전관리사는 다음의 업무를 수행한다.
   ㉠ 안전관리체제의 수립·시행 및 개선·지도
   ㉡ 선박에 대한 안전관리 점검·개선 및 지도·조언
   ㉢ 선박과 사업장 종사자의 안전을 위한 교육 및 점검
   ㉣ 선박과 사업장의 작업환경 점검 및 개선
   ㉤ 해양사고 예방 및 재발방지에 관한 지도·조언
   ㉥ 여객관리 및 화물관리에 관한 업무
   ㉦ 선박안전·보안기술의 연구개발 및 해상교통안전진단에 관한 참여·조언
   ㉧ 그 밖에 해사안전관리 및 보안관리에 필요한 업무

③ 선박안전관리사가 되려는 자는 대통령령으로 정하는 응시자격을 갖추고 해양수산부장관이 실시하는 자격시험에 합격하여야 한다. 다만, 「국가기술자격법」 또는 다른 법률에 따른 선박 안전관리와 관련된 자격의 보유자 등 대통령령으로 정하는 자에 대해서는 자격시험의 일부를 면제할 수 있다.

④ 선박안전관리사는 다른 사람에게 자격증을 대여하거나 그 명의를 사용하게 하여서는 아니 된다.

⑤ 이 법에 따른 선박안전관리사가 아니면 선박안전관리사 또는 이와 유사한 명칭을 사용하지 못한다.

⑥ 선박안전관리사의 등급, 자격시험의 과목, 합격기준 및 자격증의 발급 등 그 밖에 자격시험에 필요한 사항은 대통령령으로 정한다.

5. 선박의 항법 등

1절 모든 시계상태에서의 항법

(1) 적용

이 절은 모든 시계 상태에서 적용한다.

(2) 경계

선박은 주위의 상황 및 다른 선박과 충돌할 수 있는 위험성을 충분히 파악할 수 있도록 시각·청각 및 당시의 상황에 맞게 이용할 수 있는 모든 수단을 이용하여 항상 적절한 경계를 하여야 한다.

(3) 안전한 속력

① 선박은 다른 선박과의 충돌을 피하기 위하여 적절하고 효과적인 동작을 취하거나 당시의 상황에 알맞은 거리에서 선박을 멈출 수 있도록 항상 안전한 속력으로 항행하여야 한다.

② 안전한 속력을 결정할 때에는 다음(레이더를 사용하고 있지 아니한 선박의 경우에는 ㉠부터 ㉟까지)의 사항을 고려하여야 한다.

  ㉠ 시계의 상태
  ㉡ 해상교통량의 밀도
  ㉢ 선박의 정지거리·선회성능, 그 밖의 조종성능
  ㉣ 야간의 경우에는 항해에 지장을 주는 불빛의 유무
  ㉤ 바람·해면 및 조류의 상태와 항해상 위험의 근접상태
  ㉥ 선박의 흘수와 수심과의 관계
  ㉦ 레이더의 특성 및 성능
  ㉧ 해면상태·기상, 그 밖의 장애요인이 레이더 탐지에 미치는 영향
  ㉨ 레이더로 탐지한 선박의 수·위치 및 동향

(4) 충돌 위험

① 선박은 다른 선박과 충돌할 위험이 있는지를 판단하기 위하여 당시의 상황에 알맞은 모든 수단을 활용하여야 한다. 이 경우 의심스럽다면 충돌의 위험이 있다고 보아야 한다.

② 레이더를 설치한 선박은 다른 선박과 충돌할 위험성 유무를 미리 파악하기 위하여 레이더를 이용하여 장거리 주사(走査), 탐지된 물체에 대한 작도(作圖), 그 밖의 체계적인 관측을 하여야 한다.

③ 선박은 불충분한 레이더 정보나 그 밖의 불충분한 정보에 의존하여 다른 선박과의 충돌 위험성 여부를 판단하여서는 아니 된다.

④ 선박은 접근하여 오는 다른 선박의 나침방위에 뚜렷한 변화가 일어나지 아니하면, 충돌할 위험성이 있다고 보고 필요한 조치를 하여야 한다.

⑤ 접근하여 오는 다른 선박의 나침방위에 뚜렷한 변화가 있더라도 거대선 또는 예인작업에 종사하고 있는 선박에 접근하거나, 가까이 있는 다른 선박에 접근하는 경우에는 충돌을 방지하기 위하여 필요한 조치를 하여야 한다.

(5) 충돌을 피하기 위한 동작

① 선박은 항법에 따라 다른 선박과 충돌을 피하기 위한 동작을 취하되, 이 법에서 정하는 바가 없는 경우에는 될 수 있으면 충분한 시간적 여유를 두고 적극적으로 조치하여 선박을 적절하게 운용하는 관행에 따라야 한다.

② 선박은 다른 선박과 충돌을 피하기 위하여 침로(針路)나 속력을 변경할 때에는 될 수 있으면 다른 선박이 그 변경을 쉽게 알아볼 수 있도록 충분히 크게 변경하여야 하며, 침로나 속력을 소폭으로 연속적으로 변경하여서는 아니 된다.

③ 선박은 넓은 수역에서 충돌을 피하기 위하여 침로를 변경하는 경우에는 적절한 시기에 큰 각도로 침로를 변경하여야 하며, 그에 따라 다른 선박에 접근하지 아니하도록 하여야 한다.

④ 선박은 다른 선박과의 충돌을 피하기 위하여 동작을 취할 때에는 다른 선박과의 사이에 안전한 거리를 두고 통과할 수 있도록 그 동작을 취하여야 한다. 이 경우 그 동작의 효과를 다른 선박이 완전히 통과할 때까지 주의 깊게 확인하여야 한다.

⑤ 선박은 다른 선박과의 충돌을 피하거나 상황을 판단하기 위한 시간적 여유를 얻기 위하여 필요하면 속력을 줄이거나 기관의 작동을 정지하거나 후진하여 선박의 진행을 완전히 멈추어야 한다.

⑥ 이 법에 따라 다른 선박의 통항이나 통항의 안전을 방해하여서는 아니 되는 선박은 다음의 사항을 준수하고 유의하여야 한다.
　㉠ 다른 선박이 안전하게 지나갈 수 있는 여유 수역이 충분히 확보될 수 있도록 조기에 동작을 취할 것
　㉡ 다른 선박에 접근하여 충돌할 위험이 생긴 경우에는 그 책임을 면할 수 없으며, 피항동작(避航動作)을 취할 때에는 이 장에서 요구하는 동작에 대하여 충분히 고려할 것

⑦ 이 법에 따라 통항할 때에 다른 선박의 방해를 받지 아니하도록 되어 있는 선박은 다른 선박과 서로 접근하여 충돌할 위험이 생긴 경우 이 장에 따라야 한다.

(6) 좁은 수로 등

① 좁은 수로나 항로(이하 "좁은 수로등"이라 한다)를 따라 항행하는 선박은 항행의 안전을 고려하여 될 수 있으면 좁은 수로등의 오른편 끝쪽에서 항행하여야 한다. 다만, 지정된 수역 또는 통항분리수역에서는 그 수역에서 정해진 항법이 있다면 이에 따라야 한다.

② 길이 20미터 미만의 선박이나 범선은 좁은 수로등의 안쪽에서만 안전하게 항행할 수 있는 다른 선박의 통행을 방해하여서는 아니 된다.

③ 어로에 종사하고 있는 선박은 좁은 수로등의 안쪽에서 항행하고 있는 다른 선박의 통항을 방해하여서는 아니 된다.

④ 선박이 좁은 수로등의 안쪽에서만 안전하게 항행할 수 있는 다른 선박의 통항을 방해하게 되는 경우에는 좁은 수로등을 횡단하여서는 아니 된다. 이 경우 통항을 방해받게 되는 선박은 횡단하고 있는 선박의 의도에 대하여 의심이 있는 경우에는 음향신호를 울릴 수 있다.

⑤ 앞지르기 하는 배는 좁은 수로등에서 앞지르기 당하는 선박이 앞지르기 하는 배를 안전하게 통과시키기 위한 동작을 취하지 아니하면 앞지르기 할 수 없는 경우에는 기적신호를 하여 앞지르기 하겠다는 의사를 나타내야 한다. 이 경우 앞지르기 당하는 선박은 그 의도에 동의하면 기적신호를 하여 그 의사를 표현하고, 앞지르기 하는 배를 안전하게 통과시키기 위한 동작을 취하여야 한다.

⑥ 선박이 좁은 수로등의 굽은 부분이나 항로에 있는 장애물 때문에 다른 선박을 볼 수 없는 수역에 접근하는 경우에는 특히 주의하여 항행하여야 한다.

⑦ 선박은 좁은 수로등에서 정박(정박 중인 선박에 매어 있는 것을 포함한다)을 하여서는 아니 된다. 다만, 해양사고를 피하거나 인명이나 그 밖의 선박을 구조하기 위하여 부득이하다고 인정되는 경우에는 그러하지 아니하다.

(7) 통항분리제도

① 다음의 수역(이하 "통항분리수역"이라 한다)에 대하여 적용한다.
 ㉠ 국제해사기구가 채택하여 통항분리제도가 적용되는 수역
 ㉡ 해상교통량이 아주 많아 충돌사고 발생의 위험성이 있어 통항분리제도를 적용할 필요성이 있는 수역으로서 해양수산부령으로 정하는 수역
② 선박이 통항분리수역을 항행하는 경우에는 다음의 사항을 준수하여야 한다.
 ㉠ 통항로 안에서는 정하여진 진행방향으로 항행할 것
 ㉡ 분리선이나 분리대에서 될 수 있으면 떨어져서 항행할 것
 ㉢ 통항로의 출입구를 통하여 출입하는 것을 원칙으로 하되, 통항로의 옆쪽으로 출입하는 경우에는 그 통항로에 대하여 정하여진 선박의 진행방향에 대하여 될 수 있으면 작은 각도로 출입할 것
③ 선박은 통항로를 횡단하여서는 아니 된다. 다만, 부득이한 사유로 그 통항로를 횡단하여야 하는 경우에는 그 통항로와 선수방향(船首方向)이 직각에 가까운 각도로 횡단하여야 한다.
④ 선박은 연안통항대에 인접한 통항분리수역의 통항로를 안전하게 통과할 수 있는 경우에는 연안통항대를 따라 항행하여서는 아니 된다. 다만, 다음의 선박의 경우에는 연안통항대를 따라 항행할 수 있다.
 ㉠ 길이 20미터 미만의 선박
 ㉡ 범 선
 ㉢ 어로에 종사하고 있는 선박
 ㉣ 인접한 항구로 입항·출항하는 선박
 ㉤ 연안통항대 안에 있는 해양시설 또는 도선사의 승하선(乘下船) 장소에 출입하는 선박
 ㉥ 급박한 위험을 피하기 위한 선박
⑤ 통항로를 횡단하거나 통항로에 출입하는 선박 외의 선박은 급박한 위험을 피하기 위한 경우나 분리대 안에서 어로에 종사하고 있는 경우 외에는 분리대에 들어가거나 분리선을 횡단하여서는 아니 된다.
⑥ 통항분리수역에서 어로에 종사하고 있는 선박은 통항로를 따라 항행하는 다른 선박의 항행을 방해하여서는 아니 된다.
⑦ 모든 선박은 통항분리수역의 출입구 부근에서는 특히 주의하여 항행하여야 한다.
⑧ 선박은 통항분리수역과 그 출입구 부근에 정박(정박하고 있는 선박에 매어 있는 것을 포함한다)하여서는 아니 된다. 다만, 해양사고를 피하거나 인명이나 선박을 구조하기 위하여 부득이하다고 인정되는 사유가 있는 경우에는 그러하지 아니하다.
⑨ 통항분리수역을 이용하지 아니하는 선박은 될 수 있으면 통항분리수역에서 멀리 떨어져서 항행하여야 한다.
⑩ 길이 20미터 미만의 선박이나 범선은 통항로를 따라 항행하고 있는 다른 선박의 항행을 방해하여서는 아니 된다.
⑪ 통항분리수역 안에서 해저전선을 부설·보수 및 인양하는 작업을 하거나 항행안전을 유지하기 위한 작업을 하는 중이어서 조종능력이 제한되고 있는 선박은 그 작업을 하는 데에 필요한 범위에서 ①부터 ⑩까지를 적용하지 아니한다.

2절 선박이 서로 시계 안에 있는 때의 항법

(1) 적 용

이 절은 선박에서 다른 선박을 눈으로 볼 수 있는 상태에 있는 선박에 적용한다.

(2) 범 선

① 2척의 범선이 서로 접근하여 충돌할 위험이 있는 경우에는 다음에 따른 항행방법에 따라 항행하여야 한다.

　㉠ 각 범선이 다른 쪽 현(舷)에 바람을 받고 있는 경우에는 좌현(左舷)에 바람을 받고 있는 범선이 다른 범선의 진로를 피하여야 한다.

　㉡ 두 범선이 서로 같은 현에 바람을 받고 있는 경우에는 바람이 불어오는 쪽의 범선이 바람이 불어가는 쪽의 범선의 진로를 피하여야 한다.

　㉢ 좌현에 바람을 받고 있는 범선은 바람이 불어오는 쪽에 있는 다른 범선을 본 경우로서, 그 범선이 바람을 좌우 어느 쪽에 받고 있는지 확인할 수 없는 때에는 그 범선의 진로를 피하여야 한다.

② 바람이 불어오는 쪽이란 종범선(縱帆船)에서는 주범(主帆)을 펴고 있는 쪽의 반대쪽을 말하고, 횡범선(橫帆船)에서는 최대의 종범(縱帆)을 펴고 있는 쪽의 반대쪽을 말하며, 바람이 불어가는 쪽이란 바람이 불어오는 쪽의 반대쪽을 말한다.

(3) 앞지르기

① 앞지르기 하는 배는 앞지르기 당하고 있는 선박을 완전히 앞지르기하거나 그 선박에서 충분히 멀어질 때까지 그 선박의 진로를 피하여야 한다.

② 다른 선박의 양쪽 현의 정횡(正橫)으로부터 22.5도를 넘는 뒤쪽[밤에는 다른 선박의 선미등(船尾燈)만을 볼 수 있고 어느 쪽의 현등(舷燈)도 볼 수 없는 위치를 말한다]에서 그 선박을 앞지르는 선박은 앞지르기 하는 배로 보고 필요한 조치를 취하여야 한다.

③ 선박은 스스로 다른 선박을 앞지르기 하고 있는지 분명하지 아니한 경우에는 앞지르기 하는 배로 보고 필요한 조치를 취하여야 한다.

④ 앞지르기 하는 경우 2척의 선박 사이의 방위가 어떻게 변경되더라도 앞지르기 하는 선박은 앞지르기가 완전히 끝날 때까지 앞지르기 당하는 선박의 진로를 피하여야 한다.

(4) 마주치는 상태

① 2척의 동력선이 마주치거나 거의 마주치게 되어 충돌의 위험이 있을 때에는 각 동력선은 서로 다른 선박의 좌현 쪽을 지나갈 수 있도록 침로를 우현(右舷) 쪽으로 변경하여야 한다.

② 선박은 다른 선박을 선수(船首) 방향에서 볼 수 있는 경우로서, 다음의 어느 하나에 해당하면 마주치는 상태에 있다고 보아야 한다.

　㉠ 밤에는 2개의 마스트등을 일직선으로 또는 거의 일직선으로 볼 수 있거나 양쪽의 현등을 볼 수 있는 경우

　㉡ 낮에는 2척의 선박의 마스트가 선수에서 선미(船尾)까지 일직선이 되거나 거의 일직선이 되는 경우

③ 선박은 마주치는 상태에 있는지가 분명하지 아니한 경우에는 마주치는 상태에 있다고 보고 필요한 조치를 취하여야 한다.

(5) 횡단하는 상태

① 2척의 동력선이 상대의 진로를 횡단하는 경우로서 충돌의 위험이 있을 때에는 다른 선박을 우현 쪽에 두고 있는 선박이 그 다른 선박의 진로를 피하여야 한다.

② 이 경우 다른 선박의 진로를 피하여야 하는 선박은 부득이한 경우 외에는 그 다른 선박의 선수 방향을 횡단하여서는 아니 된다.

(6) 피항선의 동작

이 법에 따라 다른 선박의 진로를 피하여야 하는 모든 선박[이하 "피항선"(避航船)이라 한다]은 될 수 있으면 미리 동작을 크게 취하여 다른 선박으로부터 충분히 멀리 떨어져야 한다.

(7) 유지선의 동작

① 2척의 선박 중 1척의 선박이 다른 선박의 진로를 피하여야 할 경우, 다른 선박은 그 침로와 속력을 유지하여야 한다.

② 침로와 속력을 유지하여야 하는 선박[이하 "유지선"(維持船)이라 한다]은 피항선이 이 법에 따른 적절한 조치를 취하고 있지 아니하다고 판단하면, 스스로의 조종만으로 피항선과 충돌하지 아니하도록 조치를 취할 수 있다. 이 경우 유지선은 부득이하다고 판단하는 경우 외에는 자기 선박의 좌현 쪽에 있는 선박을 향하여 침로를 왼쪽으로 변경하여서는 아니 된다.

③ 유지선은 피항선과 매우 가깝게 접근하여 해당 피항선의 동작만으로는 충돌을 피할 수 없다고 판단하는 경우에는 충돌을 피하기 위하여 충분한 협력을 하여야 한다.

④ 피항선에게 진로를 피하여야 할 의무를 면제하지 아니한다.

(8) 선박 사이의 책무

① 항행 중인 선박은 제74조, 제75조 및 제78조에 따른 경우 외에는 이 조에서 정하는 항법에 따라야 한다.

② 항행 중인 동력선은 다음에 따른 선박의 진로를 피하여야 한다.

    ㉠ 조종불능선

    ㉡ 조종제한선

    ㉢ 어로에 종사하고 있는 선박

    ㉣ 범 선

③ 항행 중인 범선은 다음에 따른 선박의 진로를 피하여야 한다.

    ㉠ 조종불능선

    ㉡ 조종제한선

    ㉢ 어로에 종사하고 있는 선박

④ 어로에 종사하고 있는 선박 중 항행 중인 선박은 될 수 있으면 다음에 따른 선박의 진로를 피하여야 한다.

    ㉠ 조종불능선

    ㉡ 조종제한선

⑤ 조종불능선이나 조종제한선이 아닌 선박은 부득이하다고 인정하는 경우 외에는 등화나 형상물을 표시하고 있는 흘수제약선의 통항을 방해하여서는 아니 된다.

⑥ 흘수제약선은 선박의 특수한 조건을 충분히 고려하여 특히 신중하게 항해하여야 한다.

⑦ 수상항공기는 될 수 있으면 모든 선박으로부터 충분히 떨어져서 선박의 통항을 방해하지 아니하도록 하되, 충돌할 위험이 있는 경우에는 이 법에서 정하는 바에 따라야 한다.

⑧ 수면비행선박은 선박의 통항을 방해하지 아니하도록 모든 선박으로부터 충분히 떨어져서 비행(이륙 및 착륙을 포함한다)하여야 한다. 다만, 수면에서 항행하는 때에는 이 법에서 정하는 동력선의 항법을 따라야 한다.

3절 제한된 시계에서 선박의 항법

(1) 제한된 시계에서 선박의 항법

① 시계가 제한된 수역 또는 그 부근을 항행하고 있는 선박이 서로 시계 안에 있지 아니한 경우에 적용한다.

② 모든 선박은 시계가 제한된 그 당시의 사정과 조건에 적합한 안전한 속력으로 항행하여야 하며, 동력선은 제한된 시계 안에 있는 경우 기관을 즉시 조작할 수 있도록 준비하고 있어야 한다.

③ 선박은 제1절(모든 시계상태에서의 항법)에 따라 조치를 취할 때에는 시계가 제한되어 있는 당시의 상황에 충분히 유의하여 항행하여야 한다.

④ 레이더만으로 다른 선박이 있는 것을 탐지한 선박은 해당 선박과 얼마나 가까이 있는지 또는 충돌할 위험이 있는지를 판단하여야 한다. 이 경우 해당 선박과 매우 가까이 있거나 그 선박과 충돌할 위험이 있다고 판단한 경우에는 충분한 시간적 여유를 두고 피항동작을 취하여야 한다.

⑤ 피항동작이 침로의 변경을 수반하는 경우에는 될 수 있으면 다음의 동작은 피하여야 한다.

    ㉠ 다른 선박이 자기 선박의 양쪽 현의 정횡 앞쪽에 있는 경우 좌현 쪽으로 침로를 변경하는 행위(앞지르기 당하고 있는 선박에 대한 경우는 제외한다)

    ㉡ 자기 선박의 양쪽 현의 정횡 또는 그곳으로부터 뒤쪽에 있는 선박의 방향으로 침로를 변경하는 행위

⑥ 충돌할 위험성이 없다고 판단한 경우 외에는 다음의 어느 하나에 해당하는 경우 모든 선박은 자기 배의 침로를 유지하는 데에 필요한 최소한으로 속력을 줄여야 한다. 이 경우 필요하다고 인정되면 자기 선박의 진행을 완전히 멈추어야 하며, 어떠한 경우에도 충돌할 위험성이 사라질 때까지 주의하여 항행하여야 한다.

    ㉠ 자기 선박의 양쪽 현의 정횡 앞쪽에 있는 다른 선박에서 무중신호(霧中信號)를 듣는 경우

    ㉡ 자기 선박의 양쪽 현의 정횡으로부터 앞쪽에 있는 다른 선박과 매우 근접한 것을 피할 수 없는 경우

4절 등화와 형상물

(1) 적 용

① 모든 날씨에서 적용한다.

② 선박은 해지는 시각부터 해뜨는 시각까지 이 법에서 정하는 등화(燈火)를 표시하여야 하며, 이 시간 동안에는 이 법에서 정하는 등화 외의 등화를 표시하여서는 아니 된다. 다만, 다음의 어느 하나에 해당하는 등화는 표시할 수 있다.

㉠ 이 법에서 정하는 등화로 오인되지 아니하는 등화

　　㉡ 이 법에서 정하는 등화의 가시도(可視度)나 그 특성의 식별을 방해하지 아니하는 등화

　　㉢ 이 법에서 정하는 등화의 적절한 경계(警戒)를 방해하지 아니하는 등화

③ 이 법에서 정하는 등화를 설치하고 있는 선박은 해뜨는 시각부터 해지는 시각까지도 제한된 시계에서는 등화를 표시하여야 하며, 필요하다고 인정되는 그 밖의 경우에도 등화를 표시할 수 있다.

④ 선박은 낮 동안에는 이 법에서 정하는 형상물을 표시하여야 한다.

(2) 등화의 종류

선박의 등화는 다음과 같다.

① **마스트등** : 선수와 선미의 중심선상에 설치되어 225도에 걸치는 수평의 호(弧)를 비추되, 그 불빛이 정선수 방향에서 양쪽 현의 정횡으로부터 뒤쪽 22.5도까지 비출 수 있는 흰색 등(燈)이다.

② **현등** : 정선수 방향에서 양쪽 현으로 각각 112.5도에 걸치는 수평의 호를 비추는 등화로서, 그 불빛이 정선수 방향에서 좌현 정횡으로부터 뒤쪽 22.5도까지 비출 수 있도록 좌현에 설치된 붉은색 등과 그 불빛이 정선수 방향에서 우현 정횡으로부터 뒤쪽 22.5도까지 비출 수 있도록 우현에 설치된 녹색 등이다.

③ **선미등** : 135도에 걸치는 수평의 호를 비추는 흰색 등으로서, 그 불빛이 정선미 방향으로부터 양쪽 현의 67.5도까지 비출 수 있도록 선미 부분 가까이에 설치된 등이다.

④ **예선등(曳船燈)** : 선미등과 같은 특성을 가진 황색 등이다.

⑤ **전주등(全周燈)** : 360도에 걸치는 수평의 호를 비추는 등화이다. 다만, 섬광등(閃光燈)은 제외한다.

⑥ **섬광등** : 360도에 걸치는 수평의 호를 비추는 등화로서, 일정한 간격으로 1분에 120회 이상 섬광을 발하는 등이다.

⑦ **양색등(兩色燈)** : 선수와 선미의 중심선상에 설치된 붉은색과 녹색의 두 부분으로 된 등화로서, 그 붉은색과 녹색 부분이 각각 현등의 붉은색 등 및 녹색 등과 같은 특성을 가진 등이다.

⑧ **삼색등(三色燈)** : 선수와 선미의 중심선상에 설치된 붉은색·녹색·흰색으로 구성된 등으로서, 그 붉은색·녹색·흰색의 부분이 각각 현등의 붉은색 등과 녹색 등 및 선미등과 같은 특성을 가진 등이다.

(3) 등화 및 형상물의 기준

이 법에서 규정하는 등화의 가시거리·광도 등 기술적 기준, 등화·형상물의 구조와 설치할 위치 등에 필요한 사항은 해양수산부장관이 정하여 고시한다.

(4) 항행 중인 동력선

① 항행 중인 동력선은 다음의 등화를 표시하여야 한다.

　　㉠ 앞쪽에 마스트등 1개와 그 마스트등보다 뒤쪽의 높은 위치에 마스트등 1개. 다만, 길이 50미터 미만의 동력선은 뒤쪽의 마스트등을 표시하지 아니할 수 있다)

　　㉡ 현등 1쌍(길이 20미터 미만의 선박은 이를 대신하여 양색등을 표시할 수 있다)

　　㉢ 선미등 1개

② 수면에 떠있는 상태로 항행 중인 해양수산부령으로 정하는 선박은 등화에 덧붙여 사방을 비출 수 있는 황색의 섬광등 1개를 표시하여야 한다.

③ 수면비행선박이 비행하는 경우에는 등화에 덧붙여 사방을 비출 수 있는 고광도 홍색 섬광등 1개를 표시하여야 한다.

④ 길이 12미터 미만의 동력선은 등화를 대신하여 흰색 전주등 1개와 현등 1쌍을 표시할 수 있다.

⑤ 길이 7미터 미만이고 최대속력이 7노트 미만인 동력선은 ①이나 ④에 따른 등화를 대신하여 흰색 전주등 1개만을 표시할 수 있으며, 가능한 경우 현등 1쌍도 표시할 수 있다.

⑥ 길이 12미터 미만인 동력선에서 마스트등이나 흰색 전주등을 선수와 선미의 중심선상에 표시하는 것이 불가능할 경우에는 그 중심선 위에서 벗어난 위치에 표시할 수 있다. 이 경우 현등 1쌍은 이를 1개의 등화로 결합하여 선수와 선미의 중심선상 또는 그에 가까운 위치에 표시하되, 그 표시를 할 수 없을 경우에는 될 수 있으면 마스트등이나 흰색 전주등이 표시된 선으로부터 가까운 위치에 표시하여야 한다.

(5) 항행 중인 예인선

① 동력선이 다른 선박이나 물체를 끌고 있는 경우에는 다음의 등화나 형상물을 표시하여야 한다.
  ㉠ 앞쪽에 표시하는 마스트등을 대신하여 같은 수직선 위에 마스트등 2개. 다만, 예인선의 선미로부터 끌려가고 있는 선박이나 물체의 뒤쪽 끝까지 측정한 예인선열의 길이가 200미터를 초과하면 같은 수직선 위에 마스트등 3개를 표시하여야 한다.
  ㉡ 현등 1쌍
  ㉢ 선미등 1개
  ㉣ 선미등의 위쪽에 수직선 위로 예선등 1개
  ㉤ 예인선열의 길이가 200미터를 초과하면 가장 잘 보이는 곳에 마름모꼴의 형상물 1개

② 다른 선박을 밀거나 옆에 붙여서 끌고 있는 동력선은 다음의 등화를 표시하여야 한다.
  ㉠ 앞쪽에 표시하는 마스트등을 대신하여 같은 수직선 위로 마스트등 2개
  ㉡ 현등 1쌍
  ㉢ 선미등 1개

③ 끌려가고 있는 선박이나 물체는 다음의 등화나 형상물을 표시하여야 한다.
  ㉠ 현등 1쌍
  ㉡ 선미등 1개
  ㉢ 예인선열의 길이가 200미터를 초과하면 가장 잘 보이는 곳에 마름모꼴의 형상물 1개

④ 2척 이상의 선박이 한 무리가 되어 밀려가거나 옆에 붙어서 끌려갈 경우에는 이를 1척의 선박으로 보고 다음의 등화를 표시하여야 한다.
  ㉠ 앞쪽으로 밀려가고 있는 선박의 앞쪽 끝에 현등 1쌍
  ㉡ 옆에 붙어서 끌려가고 있는 선박은 선미등 1개와 그의 앞쪽 끝에 현등 1쌍

⑤ 일부가 물에 잠겨 잘 보이지 아니하는 상태에서 끌려가고 있는 선박이나 물체 또는 끌려가고 있는 선박이나 물체의 혼합체는 다음의 등화나 형상물을 표시하여야 한다.
  ㉠ 폭 25미터 미만이면 앞쪽 끝과 뒤쪽 끝 또는 그 부근에 흰색 전주등 각 1개
  ㉡ 폭 25미터 이상이면 등화에 덧붙여 그 폭의 양쪽 끝이나 그 부근에 흰색 전주등 각 1개
  ㉢ 길이가 100미터를 초과하면 등화 사이의 거리가 100미터를 넘지 아니하도록 하는 흰색 전주등을 함께 표시

② 끌려가고 있는 맨 뒤쪽의 선박이나 물체의 뒤쪽 끝 또는 그 부근에 마름모꼴의 형상물 1개. 이 경우 예인선열의 길이가 200미터를 초과할 때에는 가장 잘 볼 수 있는 앞쪽 끝 부분에 마름모꼴의 형상물 1개를 함께 표시한다.

⑥ 끌려가고 있는 선박이나 물체에 ③ 또는 ⑤에 따른 등화나 형상물을 표시할 수 없는 경우에는 끌려가고 있는 선박이나 물체를 조명하거나 그 존재를 나타낼 수 있는 가능한 모든 조치를 취하여야 한다.

⑦ 통상적으로 예인작업에 종사하지 아니한 선박이 조난당한 선박이나 구조가 필요한 다른 선박을 끌고 있는 경우로서 ①이나 ②에 따른 등화를 표시할 수 없을 때에는 그 등화들을 표시하지 아니할 수 있다. 이 경우 끌고 있는 선박과 끌려가고 있는 선박 사이의 관계를 표시하기 위하여 끄는 데에 사용되는 줄을 탐조등으로 비추는 등 주의환기신호에 따른 가능한 모든 조치를 취하여야 한다.

⑧ 밀고 있는 선박과 밀려가고 있는 선박이 단단하게 연결되어 하나의 복합체를 이룬 경우에는 이를 1척의 동력선으로 보고 (4)를 적용한다.

(6) 항행 중인 범선 등

① 항행 중인 범선은 다음의 등화를 표시하여야 한다.
  ㉠ 현등 1쌍
  ㉡ 선미등 1개

② 항행 중인 길이 20미터 미만의 범선은 ①에 따른 등화를 대신하여 마스트의 꼭대기나 그 부근의 가장 잘 보이는 곳에 삼색등 1개를 표시할 수 있다.

③ 항행 중인 범선은 ①에 따른 등화에 덧붙여 마스트의 꼭대기나 그 부근의 가장 잘 보이는 곳에 전주등 2개를 수직선의 위아래에 표시할 수 있다. 이 경우 위쪽의 등화는 붉은색, 아래쪽의 등화는 녹색이어야 하며, 이 등화들은 ②에 따른 삼색등과 함께 표시하여서는 아니 된다.

④ 길이 7미터 미만의 범선은 될 수 있으면 ①이나 ②에 따른 등화를 표시하여야 한다. 다만, 이를 표시하지 아니할 경우에는 흰색 휴대용 전등이나 점화된 등을 즉시 사용할 수 있도록 준비하여 충돌을 방지할 수 있도록 충분한 기간 동안 이를 표시하여야 한다.

⑤ 노도선(櫓櫂船)은 이 조에 따른 범선의 등화를 표시할 수 있다. 다만, 이를 표시하지 아니하는 경우에는 ④의 단서에 따라야 한다.

⑥ 범선이 기관을 동시에 사용하여 진행하고 있는 경우에는 앞쪽의 가장 잘 보이는 곳에 원뿔꼴로 된 형상물 1개를 그 꼭대기가 아래로 향하도록 표시하여야 한다.

(7) 어 선

① 항망(桁網)이나 그 밖의 어구를 수중에서 끄는 트롤망어로에 종사하는 선박은 항행에 관계없이 다음의 등화나 형상물을 표시하여야 한다.
  ㉠ 수직선 위쪽에는 녹색, 그 아래쪽에는 흰색 전주등 각 1개 또는 수직선 위에 2개의 원뿔을 그 꼭대기에서 위아래로 결합한 형상물 1개
  ㉡ ㉠의 녹색 전주등보다 뒤쪽의 높은 위치에 마스트등 1개. 다만, 어로에 종사하는 길이 50미터 미만의 선박은 이를 표시하지 아니할 수 있다.
  ㉢ 대수속력이 있는 경우에는 ㉠과 ㉡에 따른 등화에 덧붙여 현등 1쌍과 선미등 1개

② 어로에 종사하는 선박 외에 어로에 종사하는 선박은 항행 여부에 관계없이 다음의 등화나 형상물을 표시하여야 한다.

　㉠ 수직선 위쪽에는 붉은색, 아래쪽에는 흰색 전주등 각 1개 또는 수직선 위에 두 개의 원뿔을 그 꼭대기에서 위아래로 결합한 형상물 1개

　㉡ 수평거리로 150미터가 넘는 어구를 선박 밖으로 내고 있는 경우에는 어구를 내고 있는 방향으로 흰색 전주등 1개 또는 꼭대기를 위로 한 원뿔꼴의 형상물 1개

　㉢ 대수속력이 있는 경우에는 ㉠과 ㉡에 따른 등화에 덧붙여 현등 1쌍과 선미등 1개

③ 트롤망어로와 선망어로(旋網漁撈)에 종사하고 있는 선박에는 ①과 ②에 따른 등화 외에 해양수산부령으로 정하는 추가신호를 표시하여야 한다.

④ 어로에 종사하고 있지 아니하는 선박은 이 조에 따른 등화나 형상물을 표시하여서는 아니 되며, 그 선박과 같은 길이의 선박이 표시하여야 할 등화나 형상물만을 표시하여야 한다.

(8) 조종불능선과 조종제한선

① 조종불능선은 다음의 등화나 형상물을 표시하여야 한다.

　㉠ 가장 잘 보이는 곳에 수직으로 붉은색 전주등 2개

　㉡ 가장 잘 보이는 곳에 수직으로 둥근꼴이나 그와 비슷한 형상물 2개

　㉢ 대수속력이 있는 경우에는 ㉠과 ㉡에 따른 등화에 덧붙여 현등 1쌍과 선미등 1개

② 조종제한선은 기뢰제거작업에 종사하고 있는 경우 외에는 다음의 등화나 형상물을 표시하여야 한다.

　㉠ 가장 잘 보이는 곳에 수직으로 위쪽과 아래쪽에는 붉은색 전주등, 가운데에는 흰색 전주등 각 1개

　㉡ 가장 잘 보이는 곳에 수직으로 위쪽과 아래쪽에는 둥근꼴, 가운데에는 마름모꼴의 형상물 각 1개

　㉢ 대수속력이 있는 경우에는 제1호에 따른 등화에 덧붙여 마스트등 1개, 현등 1쌍 및 선미등 1개

　㉣ 정박 중에는 ㉠과 ㉡에 따른 등화나 형상물에 덧붙여 해상교통안전법 제95조(정박선과 얹혀 있는 선박)에 따른 등화나 형상물

③ 동력선이 진로로부터 이탈능력을 매우 제한받는 예인작업에 종사하고 있는 경우에는 해상교통안전법 제89조 제1항에 따른 등화나 형상물에 덧붙여 제2항 제1호와 제2호에 따른 등화나 형상물을 표시하여야 한다.

④ 준설이나 수중작업에 종사하고 있는 선박이 조종능력을 제한받고 있는 경우에는 ②에 따른 등화나 형상물을 표시하여야 하며, 장애물이 있는 경우에는 이에 덧붙여 다음의 등화나 형상물을 표시하여야 한다.

　㉠ 장애물이 있는 쪽을 가리키는 뱃전에 수직으로 붉은색 전주등 2개나 둥근꼴의 형상물 2개

　㉡ 다른 선박이 통과할 수 있는 쪽을 가리키는 뱃전에 수직으로 녹색 전주등 2개나 마름모꼴의 형상물 2개

　㉢ 정박 중인 때에는 해상교통안전법 제95조에 따른 등화나 형상물을 대신하여 제1호와 제2호에 따른 등화나 형상물

⑤ 잠수작업에 종사하고 있는 선박이 그 크기로 인하여 ④에 따른 등화와 형상물을 표시할 수 없으면 다음의 표시를 하여야 한다.

　㉠ 가장 잘 보이는 곳에 수직으로 위쪽과 아래쪽에는 붉은색 전주등, 가운데에는 흰색 전주등 각 1개

　㉡ 국제해사기구가 정한 국제신호서(國際信號書) 에이(A) 기(旗)의 모사판(模寫版)을 1미터 이상의 높이로 하여 사방에서 볼 수 있도록 표시

⑥ 기뢰제거작업에 종사하고 있는 선박은 해당 선박에서 1천미터 이내로 접근하면 위험하다는 경고로서, 해상교통안전법 제88조에 따른 동력선에 관한 등화, 해상교통안전법 제95조에 따른 정박하고 있는 선박의 등화나 형상물에 덧붙여 녹색의 전주등 3개 또는 둥근꼴의 형상물 3개를 표시하여야 한다. 이 경우 이들 등화나 형상물 중에서 하나는 앞쪽 마스트의 꼭대기 부근에 표시하고, 다른 2개는 앞쪽 마스트의 가름대의 양쪽 끝에 1개씩 표시하여야 한다.

⑦ 길이 12미터 미만의 선박은 잠수작업에 종사하고 있는 경우 외에는 이 조에 따른 등화와 형상물을 표시하지 아니할 수 있다.

(9) 흘수제약선

흘수제약선은 해상교통안전법 제88조에 따른 동력선의 등화에 덧붙여 가장 잘 보이는 곳에 붉은색 전주등 3개를 수직으로 표시하거나 원통형의 형상물 1개를 표시할 수 있다.

(10) 도선선

① 도선업무에 종사하고 있는 선박은 다음의 등화나 형상물을 표시하여야 한다.
   ㉠ 마스트의 꼭대기나 그 부근에 수직선 위쪽에는 흰색 전주등, 아래쪽에는 붉은색 전주등 각 1개
   ㉡ 항행 중에는 ㉠에 따른 등화에 덧붙여 현등 1쌍과 선미등 1개
   ㉢ 정박 중에는 ㉠에 따른 등화에 덧붙여 제95조(정박선과 얹혀 있는 선박)에 따른 정박하고 있는 선박의 등화나 형상물

② 도선선이 도선업무에 종사하지 아니할 때에는 그 선박과 같은 길이의 선박이 표시하여야 할 등화나 형상물을 표시하여야 한다.

(11) 정박선과 얹혀 있는 선박

① 정박 중인 선박은 가장 잘 보이는 곳에 다음의 등화나 형상물을 표시하여야 한다.
   ㉠ 앞쪽에 흰색의 전주등 1개 또는 둥근꼴의 형상물 1개
   ㉡ 선미나 그 부근에 ㉠에 따른 등화보다 낮은 위치에 흰색 전주등 1개

② 길이 50미터 미만인 선박은 ①에 따른 등화를 대신하여 가장 잘 보이는 곳에 흰색 전주등 1개를 표시할 수 있다.

③ 정박 중인 선박은 갑판을 조명하기 위하여 작업등 또는 이와 비슷한 등화를 사용하여야 한다. 다만, 길이 100미터 미만의 선박은 이 등화들을 사용하지 아니할 수 있다.

④ 얹혀 있는 선박은 ①이나 ②에 따른 등화를 표시하여야 하며, 이에 덧붙여 가장 잘 보이는 곳에 다음의 등화나 형상물을 표시하여야 한다.
   ㉠ 수직으로 붉은색의 전주등 2개
   ㉡ 수직으로 둥근꼴의 형상물 3개

⑤ 길이 7미터 미만의 선박이 좁은 수로등 정박지 안 또는 그 부근과 다른 선박이 통상적으로 항행하는 수역이 아닌 장소에 정박하거나 얹혀 있는 경우에는 ①과 ②에 따른 등화나 형상물을 표시하지 아니할 수 있다.

⑥ 길이 12미터 미만의 선박이 얹혀 있는 경우에는 ④에 따른 등화나 형상물을 표시하지 아니할 수 있다.

(12) 수상항공기 및 수면비행선박

수상항공기 및 수면비행선박은 이 절에서 규정하는 특성을 가진 등화와 형상물을 표시할 수 없거나 규정된 위치에 표시할 수 없는 경우 그 특성과 위치에 관하여 될 수 있으면 이 절에서 규정하는 것과 비슷한 등화나 형상물을 표시하여야 한다.

5절 음향신호와 발광신호

(1) 기적의 종류

기적(汽笛)이란 다음의 구분에 따라 단음(短音)과 장음(長音)을 발할 수 있는 음향신호장치를 말한다.
① 단음 : 1초 정도 계속되는 고동소리
② 장음 : 4초부터 6초까지의 시간 동안 계속되는 고동소리

(2) 음향신호설비

① 길이 12미터 이상의 선박은 기적 1개를, 길이 20미터 이상의 선박은 기적 1개 및 호종(號鐘) 1개를 갖추어 두어야 하며, 길이 100미터 이상의 선박은 이에 덧붙여 호종과 혼동되지 아니하는 음조와 소리를 가진 징을 갖추어 두어야 한다. 다만, 호종과 징은 각각 그것과 음색이 같고 이 법에서 규정한 신호를 수동으로 행할 수 있는 다른 설비로 대체할 수 있다.
② 길이 12미터 미만의 선박은 ①에 따른 음향신호설비를 갖추어 두지 아니하여도 된다. 다만, 이들을 갖추어 두지 아니하는 경우에는 유효한 음향신호를 낼 수 있는 다른 기구를 갖추어 두어야 한다.
③ 선박이 갖추어 두어야 할 기적·호종 및 징의 기술적 기준과 기적의 위치 등에 관하여는 해양수산부장관이 정하여 고시한다.

(3) 조종신호와 경고신호

① 항행 중인 동력선이 서로 상대의 시계 안에 있는 경우에 이 법에 따라 그 침로를 변경하거나 그 기관을 후진하여 사용할 때에는 다음의 구분에 따라 기적신호를 행하여야 한다.
  ㉠ 침로를 오른쪽으로 변경하고 있는 경우 : 단음 1회
  ㉡ 침로를 왼쪽으로 변경하고 있는 경우 : 단음 2회
  ㉢ 기관을 후진하고 있는 경우 : 단음 3회
② 항행 중인 동력선은 다음의 구분에 따른 발광신호를 적절히 반복하여 ①에 따른 기적신호를 보충할 수 있다.
  ㉠ 침로를 오른쪽으로 변경하고 있는 경우 : 섬광 1회
  ㉡ 침로를 왼쪽으로 변경하고 있는 경우 : 섬광 2회
  ㉢ 기관을 후진하고 있는 경우 : 섬광 3회
③ 섬광의 지속시간 및 섬광과 섬광 사이의 간격은 1초 정도로 하되, 반복되는 신호 사이의 간격은 10초 이상으로 하며, 이 발광신호에 사용되는 등화는 적어도 5해리의 거리에서 볼 수 있는 흰색 전주등이어야 한다.

④ 선박이 좁은 수로등에서 서로 상대의 시계 안에 있는 경우 해상교통안전법 제74조 제5항에 따른 기적신호를 할 때에는 다음에 따라 행하여야 한다.
  ㉠ 다른 선박의 우현 쪽으로 앞지르기 하려는 경우에는 장음 2회와 단음 1회의 순서로 의사를 표시할 것
  ㉡ 다른 선박의 좌현 쪽으로 앞지르기 하려는 경우에는 장음 2회와 단음 2회의 순서로 의사를 표시할 것
  ㉢ 앞지르기 당하는 선박이 다른 선박의 앞지르기에 동의할 경우에는 장음 1회, 단음 1회의 순서로 2회에 걸쳐 동의의사를 표시할 것
⑤ 서로 상대의 시계 안에 있는 선박이 접근하고 있을 경우에는 하나의 선박이 다른 선박의 의도 또는 동작을 이해할 수 없거나 다른 선박이 충돌을 피하기 위하여 충분한 동작을 취하고 있는지 분명하지 아니한 경우에는 그 사실을 안 선박이 즉시 기적으로 단음을 5회 이상 재빨리 울려 그 사실을 표시하여야 한다. 이 경우 의문신호(疑問信號)는 5회 이상의 짧고 빠르게 섬광을 발하는 발광신호로써 보충할 수 있다.
⑥ 좁은 수로등의 굽은 부분이나 장애물 때문에 다른 선박을 볼 수 없는 수역에 접근하는 선박은 장음으로 1회의 기적신호를 울려야 한다. 이 경우 그 선박에 접근하고 있는 다른 선박이 굽은 부분의 부근이나 장애물의 뒤쪽에서 그 기적신호를 들은 경우에는 장음 1회의 기적신호를 울려 이에 응답하여야 한다.
⑦ 100미터 이상 거리를 두고 둘 이상의 기적을 갖추어 두고 있는 선박이 조종신호 및 경고신호를 울릴 때에는 그 중 하나만을 사용하여야 한다.

(4) 제한된 시계 안에서의 음향신호

① 시계가 제한된 수역이나 그 부근에 있는 모든 선박은 밤낮에 관계없이 다음에 따른 신호를 하여야 한다.
  ㉠ 항행 중인 동력선은 대수속력이 있는 경우에는 2분을 넘지 아니하는 간격으로 장음을 1회 울려야 한다.
  ㉡ 항행 중인 동력선은 정지하여 대수속력이 없는 경우에는 장음 사이의 간격을 2초 정도로 연속하여 장음을 2회 울리되, 2분을 넘지 아니하는 간격으로 울려야 한다.
  ㉢ 조종불능선, 조종제한선, 흘수제약선, 범선, 어로 작업을 하고 있는 선박 또는 다른 선박을 끌고 있거나 밀고 있는 선박은 ㉠와 ㉡에 따른 신호를 대신하여 2분을 넘지 아니하는 간격으로 연속하여 3회의 기적(장음 1회에 이어 단음 2회를 말한다)을 울려야 한다.
  ㉣ 끌려가고 있는 선박(2척 이상의 선박이 끌려가고 있는 경우에는 제일 뒤쪽의 선박)은 승무원이 있을 경우에는 2분을 넘지 아니하는 간격으로 연속하여 4회의 기적(장음 1회에 이어 단음 3회를 말한다)을 울려야 한다. 이 경우 신호는 될 수 있으면 끌고 있는 선박이 행하는 신호 직후에 울려야 한다.
  ㉤ 정박 중인 선박은 1분을 넘지 아니하는 간격으로 5초 정도 재빨리 호종을 울려야 한다. 다만, 정박하여 어로 작업을 하고 있거나 작업 중인 조종제한선은 ㉢에 따른 신호를 울려야 하고, 길이 100미터 이상의 선박은 호종을 선박의 앞쪽에서 울리되, 호종을 울린 직후에 뒤쪽에서 징을 5초 정도 재빨리 울려야 하며, 접근하여 오는 선박에 대하여 자기 선박의 위치와 충돌의 가능성을 경고할 필요가 있을 경우에는 이에 덧붙여 연속하여 3회(단음 1회, 장음 1회, 단음 1회) 기적을 울릴 수 있다.

ⓑ 얹혀 있는 선박 중 길이 100미터 미만의 선박은 1분을 넘지 아니하는 간격으로 재빨리 호종을 5초 정도 울림과 동시에 그 직전과 직후에 호종을 각각 3회 똑똑히 울려야 한다. 이 경우 그 선박은 이에 덧붙여 적절한 기적신호를 울릴 수 있다.

ⓢ 얹혀 있는 선박 중 길이 100미터 이상의 선박은 그 앞쪽에서 1분을 넘지 아니하는 간격으로 재빨리 호종을 5초 정도 울림과 동시에 그 직전과 직후에 호종을 각각 3회씩 똑똑히 울리고, 뒤쪽에서는 그 호종의 마지막 울림 직후에 재빨리 징을 5초 정도 울려야 한다. 이 경우 그 선박은 이에 덧붙여 알맞은 기적신호를 할 수 있다.

ⓞ 길이 12미터 미만의 선박은 ⓐ부터 ⓢ까지에 따른 신호를, 길이 12미터 이상 20미터 미만인 선박은 ⓑ부터 ⓢ까지에 따른 신호를 하지 아니할 수 있다. 다만, 그 신호를 하지 아니한 경우에는 2분을 넘지 아니하는 간격으로 다른 유효한 음향신호를 하여야 한다.

ⓩ 도선선이 도선업무를 하고 있는 경우에는 ⓐ, ⓛ 또는 ⓜ에 따른 신호에 덧붙여 단음 4회로 식별 신호를 할 수 있다.

② 밀고 있는 선박과 밀려가고 있는 선박이 단단하게 연결되어 하나의 복합체를 이룬 경우에는 이를 1척의 동력선으로 보고 ①을 적용한다.

(5) 주의환기신호

① 모든 선박은 다른 선박의 주의를 환기시키기 위하여 필요하면 이 법에서 정하는 다른 신호로 오인되지 아니하는 발광신호 또는 음향신호를 하거나 다른 선박에 지장을 주지 아니하는 방법으로 위험이 있는 방향에 탐조등을 비출 수 있다.

② 발광신호나 탐조등은 항행보조시설로 오인되지 아니하는 것이어야 하며, 스트로보등(燈)이나 그 밖의 강력한 빛이 점멸하거나 회전하는 등화를 사용하여서는 아니 된다.

③ 해상경비, 인명구조 및 불법어업단속 등 긴급업무에 종사하는 선박은 해양수산부령으로 정하는 등화를 표시하거나 사이렌을 사용할 수 있다. 다만, 긴급업무를 수행하지 아니할 때에는 이 등화와 사이렌을 작동하여서는 아니 된다.

④ ③에 따른 등화와 사이렌은 긴급업무에 종사하는 선박 외에는 표시하거나 사용하여서는 아니 된다.
[시행일 : 2024. 7. 26.] 제101조 제3항, 제101조 제4항

(6) 조난신호

① 선박이 조난을 당하여 구원을 요청하는 경우 국제해사기구가 정하는 신호를 하여야 한다.

② 선박은 ①에 따른 목적 외에 같은 항에 따른 신호 또는 이와 오인될 위험이 있는 신호를 하여서는 아니 된다.

6절 특수한 상황에서 선박의 항법 등

(1) 특수한 상황에서의 항법 등

① 선박, 선장, 선박소유자 또는 해원은 다른 선박과의 충돌 위험 등 모든 특수한 상황(관계 선박의 성능의 한계에 따른 사정을 포함한다)에 합당한 주의를 하여야 한다.

② ①에 따른 특수한 상황 등에서의 위험을 피하기 위하여 [1절]부터 [3절]까지에 따른 항법을 따르지 아니할 수 있다.

③ ②에도 불구하고 선박, 선장, 선박소유자 또는 해원은 이 법의 규정을 태만히 이행하거나 일반적인 선원에게 요구되는 통상적인 주의나 특수한 상황에 요구되는 주의를 게을리함으로써 발생한 결과에 대하여는 면책되지 아니한다.

(2) 등화 및 형상물의 설치와 표시에 관한 특례

선박의 구조나 그 운항의 성질상 이 장 [4절]에 따른 등화나 형상물을 설치 또는 표시할 수 없거나 표시할 필요가 없는 선박에 대하여는 해양수산부령으로 정하는 바에 따라 등화 및 형상물의 설치와 표시에 관한 특례를 정할 수 있다.

4 선박의 입항 및 출항 등에 관한 법률 (약칭 : 선박입출항법)

1. 총 칙

(1) 목 적

이 법은 무역항의 수상구역 등에서 선박의 입항·출항에 대한 지원과 선박운항의 안전 및 질서 유지에 필요한 사항을 규정함을 목적으로 한다.

(2) 용어 정의

① 무역항

국민경제와 공공의 이해에 밀접한 관계가 있고 주로 외항선이 입항·출항하는 항만을 말한다.

② 우선피항선

주로 무역항의 수상구역에서 운항하는 선박으로서 다른 선박의 진로를 피하여야 하는 다음에 해당하는 선박을 말한다.

㉠ 부 선

㉡ 주로 노와 삿대로 운전하는 선박

㉢ 예 선

㉣ 항만운송관련사업을 등록한 자가 소유한 선박

㉤ 해양환경관리업을 등록한 자가 소유한 선박 또는 해양폐기물관리업을 등록한 자가 소유하는 선박(폐기물해양배출업으로 등록한 선박은 제외한다)

㉥ ㉠부터 ㉤까지의 규정에 해당하지 아니하는 총톤수 20톤 미만의 선박

③ 정 박

선박이 해상에서 닻을 바다 밑바닥에 내려놓고 운항을 멈추는 것을 말한다.

④ 정박지

선박이 정박할 수 있는 장소를 말한다.

⑤ 정 류

선박이 해상에서 일시적으로 운항을 멈추는 것을 말한다.

⑥ 계 류

선박을 다른 시설에 붙들어 매어 놓는 것을 말한다.

⑦ 계 선

선박이 운항을 중지하고 정박하거나 계류하는 것을 말한다.

⑧ 항 로

선박의 출입 통로로 이용하기 위하여 지정·고시한 수로를 말한다.

⑨ 위험물

화재·폭발 등의 위험이 있거나 인체 또는 해양환경에 해를 끼치는 물질로서 해양수산부령으로 정하는 것을 말한다. 다만, 선박의 항행 또는 인명의 안전을 유지하기 위하여 해당 선박에서 사용하는 위험물은 제외한다.

⑩ 위험물취급자

위험물운송선박의 선장 및 위험물을 취급하는 사람을 말한다.

2. 항로 및 항법

(1) 항로 지정 및 준수

① 관리청은 무역항의 수상구역 등에서 선박교통의 안전을 위하여 필요한 경우에는 무역항과 무역항의 수상구역 밖의 수로를 항로로 지정·고시할 수 있다.

② 우선피항선 외의 선박은 무역항의 수상구역 등에 출입하는 경우 또는 무역항의 수상구역 등을 통과하는 경우에는 ①에 따라 지정·고시된 항로를 따라 항행하여야 한다. 다만, 해양사고를 피하기 위한 경우 등 해양수산부령으로 정하는 사유가 있는 경우에는 그러하지 아니하다.

(2) 항로에서의 정박 등 금지

선장은 항로에 선박을 정박 또는 정류시키거나 예인되는 선박 또는 부유물을 내버려두어서는 아니 된다.

(3) 항로에서의 항법

① 항로 밖에서 항로에 들어오거나 항로에서 항로 밖으로 나가는 선박은 항로를 항행하는 다른 선박의 진로를 피하여 항행할 것

② 항로에서 다른 선박과 나란히 항행하지 아니할 것

③ 항로에서 다른 선박과 마주칠 우려가 있는 경우에는 오른쪽으로 항행할 것

④ 항로에서 다른 선박을 추월하지 아니할 것

⑤ 위험물운송선박 또는 흘수제약선의 진로를 방해하지 아니할 것

⑥ 범선은 항로에서 지그재그(Zigzag)로 항행하지 아니할 것

(4) 불빛 및 기적 등의 제한

① 불빛의 제한

누구든지 무역항의 수상구역 등이나 무역항의 수상구역 부근에서 선박교통에 방해가 될 우려가 있는 강력한 불빛을 사용하여서는 아니 된다.

② 기적 등의 제한

선박은 무역항의 수상구역 등에서 특별한 사유 없이 기적이나 사이렌을 울려서는 아니 된다.

(5) 화재 경보

기적 또는 사이렌을 장치한 선박에 화재가 발생한 경우 그 선박은 화재를 알리는 경보로써 기적이나 사이렌을 장음(4~6초 동안 계속되는 울림)으로 적당한 간격을 두고 반복하여 5회 울려야 한다.

5 해양환경관리법

1. 총 칙

(1) 목 적

이 법은 선박, 해양시설, 해양공간 등 해양오염물질을 발생시키는 발생원을 관리하고, 기름 및 유해액체물질 등 해양오염물질의 배출을 규제하는 등 해양오염을 예방, 개선, 대응, 복원하는 데 필요한 사항을 정함으로써 국민의 건강과 재산을 보호하는 데 이바지함을 목적으로 한다.

(2) 용어 정의

① 해양오염

해양에 유입되거나 해양에서 발생되는 물질 또는 에너지로 인하여 해양환경에 해로운 결과를 미치거나 미칠 우려가 있는 상태를 말한다.

② 배 출

오염물질 등을 유출·투기하거나 오염물질 등이 누출·용출되는 것을 말한다. 다만, 해양오염의 감경·방지 또는 제거를 위한 학술목적의 조사·연구의 실시로 인한 유출·투기 또는 누출·용출을 제외한다.

③ 폐기물

해양에 배출되는 경우 그 상태로는 쓸 수 없게 되는 물질로서 해양환경에 해로운 결과를 미치거나 미칠 우려가 있는 물질(기름·유해액체물질 및 포장유해물질에 해당하는 물질을 제외한다)을 말한다.

④ 기 름

원유 및 석유제품(석유가스를 제외한다)과 이들을 함유하고 있는 액체상태의 유성혼합물(이하 "액상유성혼합물"이라 한다) 및 폐유를 말한다.

⑤ 선박평형수

선박의 중심을 잡기 위하여 선박에 실려 있는 물을 말한다.

⑥ 유해액체물질

해양환경에 해로운 결과를 미치거나 미칠 우려가 있는 액체물질(기름을 제외한다)과 그 물질이 함유된 혼합 액체물질로서 해양수산부령이 정하는 것을 말한다.

⑦ 포장유해물질

포장된 형태로 선박에 의하여 운송되는 유해물질 중 해양에 배출되는 경우 해양환경에 해로운 결과를 미치거나 미칠 우려가 있는 물질로서 해양수산부령이 정하는 것을 말한다.

⑧ 유해방오도료

생물체의 부착을 제한·방지하기 위하여 선박 또는 해양시설 등에 사용하는 도료(이하 "방오도료"라 한다) 중 유기주석 성분 등 생물체의 파괴작용을 하는 성분이 포함된 것으로서 해양수산부령이 정하는 것을 말한다.

⑨ 잔류성오염물질

해양에 유입되어 생물체에 농축되는 경우 장기간 지속적으로 급성·만성의 독성 또는 발암성을 야기하는 화학물질로서 해양수산부령으로 정하는 것을 말한다.

⑩ 오염물질

해양에 유입 또는 해양으로 배출되어 해양환경에 해로운 결과를 미치거나 미칠 우려가 있는 폐기물·기름·유해액체물질 및 포장유해물질을 말한다.

⑪ 선저폐수

선박의 밑바닥에 고인 액상유성혼합물을 말한다.

⑫ 선박에너지효율

선박이 화물운송과 관련하여 사용한 에너지량을 이산화탄소 발생비율로 나타낸 것을 말한다.

⑬ 선박에너지효율설계지수

선박의 건조 또는 개조 단계에서 사전적으로 계산된 선박의 에너지효율을 나타내는 지표로, 선박이 1톤의 화물을 1해리 운송할 때 배출할 것으로 예상되는 이산화탄소량을 제41조의2 제1항에서 해양수산부장관이 정하여 고시하는 방법에 따라 계산한 지표를 말한다.

2. 해양환경의 보전·관리를 위한 조치

(1) 환경관리해역의 지정·관리

해양수산부장관은 해양환경의 보전·관리를 위하여 필요하다고 인정되는 경우에는 다음의 구분에 따라 환경보전해역 및 특별관리해역(이하 "환경관리해역"이라 한다)을 지정·관리할 수 있다. 이 경우 중앙행정기관의 장 및 관할 시·도지사 등과 미리 협의하여야 한다.

① 환경보전해역

해양환경 및 생태계가 양호한 해역 중 해양환경기준의 유지를 위하여 지속적인 관리가 필요한 해역으로서 해양수산부장관이 정하여 고시하는 해역(해양오염에 직접 영향을 미치는 육지를 포함한다)

② 특별관리해역

해양환경기준의 유지가 곤란한 해역 또는 해양환경 및 생태계의 보전에 현저한 장애가 있거나 장애가 발생할 우려가 있는 해역으로서 해양수산부 장관이 정하여 고시하는 해역(해양오염에 직접 영향을 미치는 육지를 포함한다)

3. 해양오염방지를 위한 규제

(1) 통 칙

누구든지 선박으로부터 오염물질을 해양에 배출하여서는 아니 된다. 다만, 다음의 경우에는 그러하지 아니하다.

① 폐기물을 배출하는 경우

선박의 항해 및 정박 중 발생하는 폐기물을 배출하고자 하는 경우에는 해양수산부령이 정하는 해역에서 해양수산부령이 정하는 처리기준 및 방법에 따라 배출할 것

② 기름을 배출하는 경우
  ㉠ 선박에서 기름을 배출하는 경우에는 해양수산부령이 정하는 해역에서 해양수산부령이 정하는 배출기준 및 방법에 따라 배출할 것
  ㉡ 유조선에서 화물유가 섞인 선박평형수, 화물창의 세정수 및 선저폐수를 배출하는 경우에는 해양수산부령이 정하는 해역에서 해양수산부령이 정하는 배출기준 및 방법에 따라 배출할 것
  ㉢ 유조선에서 화물창의 선박평형수를 배출하는 경우에는 해양수산부령이 정하는 세정도에 적합하게 배출할 것

(2) 선박에서의 해양오염방지

① 폐기물오염방지설비의 설치
  선박의 소유자는 선박 안에서 발생하는 폐기물을 저장·처리하기 위한 설비를 설치하여야 한다.

② 기름오염방지설비의 설치
  선박의 소유자는 선박 안에서 발생하는 기름의 배출을 방지하기 위한 설비를 설치하거나 폐유저장을 위한 용기를 비치하여야 한다.

③ 유해액체물질오염방지설비의 설치
  선박의 소유자는 유해액체물질을 그 선박 안에서 저장·처리할 수 있는 설비 또는 유해액체물질에 의한 해양오염을 방지하기 위한 설비를 설치하여야 한다.

④ 선박오염물질기록부의 관리
  선박의 선장은 폐기물기록부, 기름기록부, 유해액체물질기록부를 최종기재 한 날부터 3년 동안 보존해야 한다.

(3) 오염물질(폐기물 제외)의 배출금지 제외

① 선박 또는 해양시설 등의 안전확보나 인명구조를 위한 부득이한 오염물질 배출
② 선박 또는 해양시설 등의 손상 등으로 인한 부득이한 오염물질 배출
③ 해저광물의 탐사 및 발굴작업의 과정에서 대기오염물질이 배출되는 경우
④ 대기오염방지설비의 예비검사 등을 위하여 해당 설비를 시운전하는 경우

1 내연기관 및 추진장치

1. 내연기관의 개요와 기초

(1) 내연기관과 외연기관

① 내연기관

연료(휘발유, 경유, 중유 등)를 기관 내부에서 연소시켜 발생한 고온·고압의 연소가스를 이용하여 동력을 얻는 기관이다. 예 가솔린기관, 디젤기관, 가스터빈

② 외연기관

보일러에서 연료를 연소시켜 발생시킨 고온·고압의 증기를 피스톤이나 로터에 작동시켜 동력을 얻는 기관이다. 예 증기기관

(2) 내연기관의 분류

① 동작방법에 의한 분류

㉠ 4행정 사이클 기관 : 4개의 행정(흡입 행정, 압축 행정, 작동 행정, 배기 행정)으로 1사이클을 완료하는 기관

㉡ 2행정 사이클 기관 : 2개의 행정(소기·압축 행정, 작동·배기 행정)으로 1사이클을 완료하는 기관

② 점화방법에 의한 분류

㉠ 불꽃점화기관 : 전지와 점화 코일 또는 자석을 사용하여 전기 불꽃을 방전시켜 실린더 내의 혼합가스에 점화시킴 예 가스기관, 가솔린기관

㉡ 압축점화기관 : 실린더 헤드에 따로 설치한 열구를 시동 시에 가열하여 이 열구열과 압축열을 이용하여 연료를 점화시킴

③ 피스톤 로드 유무에 의한 분류

㉠ 트렁크 피스톤형 기관 : 피스톤 로드가 없으며, 피스톤 핀에 의해 커넥팅 로드가 직접 피스톤에 연결되어 있음 예 중·소형기관

㉡ 크로스 헤드형 기관 : 피스톤과 커넥팅 로드 사이에 피스톤 로드와 크로스 헤드가 연결되어 있음 예 저속 대형 디젤기관

④ 연료 공급방법에 의한 분류

㉠ 기화기식 기관 : 기화기를 이용하여 연료와 공기를 실린더 밖에서 혼합하여 실린더 내에 흡입시켜 작동하는 기관 예 가솔린기관, 석유기관

㉡ 분사식 기관 : 연료를 실린더 내에 직접 분사시킴 예 디젤기관, 열구기관

(3) 내연기관의 기본 용어

① 실린더

피스톤을 안내하는 부분으로, 항상 고온·고압의 연소가스에 접촉한다. 피스톤의 고속 운동에 마멸되지 않도록 특수 주철을 사용한다.

② 실린더 헤드

실린더의 뚜껑 역할을 하는 부분으로, 실린더와 피스톤과 함께 연소실을 형성한다.

③ 피스톤

실린더 내에서 연소가스의 압력을 받아 고속으로 왕복 운동을 하는 동시에 그 힘을 커넥팅 로드에
전달한다.

④ 커넥팅 로드

연접봉이라고도 하며, 피스톤의 왕복 운동을 크랭크 축에 전달한다.

⑤ 크랭크 축

피스톤의 왕복 운동을 회전 운동으로 바꾸어 주고, 피스톤을 움직여 흡기, 압축 및 연소된 가스의
배출 등을 행하는 기관의 주축을 말한다.

⑥ 상사점

피스톤이 최상부에 있을 때 크랭크의 위치이다.

⑦ 하사점

피스톤이 최하부에 있을 때 크랭크의 위치이다.

⑧ 행 정

상사점과 하사점 사이의 거리이다. 피스톤의 1행정으로 크랭크 축은 180° 회전하므로 크랭크가 1회
전하는 사이에 피스톤은 1왕복, 2행정을 한다.

⑨ 압축 부피

피스톤이 상사점에 있을 때 피스톤 상부의 부피를 압축 부피나 연소실 부피 또는 간극 부피라 한다.

⑩ 행정 부피

피스톤이 행정 운동을 하여 움직인 부피이나. 즉, 실린더 내의 상사점과 하사점 사이의 부피를 행정
부피 또는 배기량이라 한다.

⑪ 실린더 부피

피스톤이 하사점에 있을 때 실린더 내의 모든 부피이다.

> 실린더 부피 = 행정 부피 + 압축 부피

⑫ 압축비

압축비가 클수록 압축압력은 높아지는데, 압축비를 크게 하려면 압축 부피를 작게 하거나 피스톤의
행정을 길게 해야 한다.

> 압축비 = 실린더 부피 ÷ 압축 부피 = (압축 부피 + 행정 부피) ÷ 압축 부피

ㄱ 디젤기관 : 13~23

ㄴ 열구기관 : 6~9

ㄷ 가솔린기관 : 4~6

⑬ 평균 유효 압력

연료가 연소하여 피스톤에 실제 유효하게 일을 한 압력으로, 지압기로 지압도를 찍어 구한다.

⑭ 피스톤 평균 속도

피스톤이 1초 동안 실린더 내를 움직인 거리이다.

$$\text{피스톤 평균 속도} = \frac{2 \times L \times N}{60}$$

(4) 내연기관의 기초 지식

① 체 적
- ㉠ 1배럴(Barrel) : 약 159L
- ㉡ 1드럼(Drum) : 약 200L

② 속 력
- ㉠ 1노트(Knot) : 1시간에 1해리를 항해하는 속력
- ㉡ 1해리 : 1,852m

③ 중량과 비중
- ㉠ 1톤 : 1,000kgf
- ㉡ 비중 : 어떤 물질의 무게와 그것과 같은 부피 4℃ 물의 무게와의 비
  - → 부피 × 비중 = 무게
  - 예 비중 0.9인 기름 1,000L의 무게
    - = 1,000L × 0.9kgf/L = 900kgf

④ 압 력
- ㉠ 표준 대기압(1atm) = 760mmHg
  - $= 1.033kgf/cm^2 = 1,013hPa$
- ㉡ 절대 압력 = 게이지 압력 + 대기압

⑤ 온 도
- ㉠ 섭씨온도 : 표준 대기압에서 물이 끓는점을 100℃, 어는점을 0℃로 정하고 그 사이를 100등분한 것
- ㉡ 화씨온도 : 표준 대기압에서 물이 끓는점을 212℉, 어는점을 32℉로 정하고 그 사이를 180등분한 것

⑥ 동 력
- ㉠ 1PS(불 마력) = 75kgf · m/s = 0.735kW
- ㉡ 1HP(영 마력) = 76kgf · m/s = 0.746kW

⑦ 열의 이동
- ㉠ 전도 : 서로 접촉되어 있는 물체 사이의 온도 이동 현상
- ㉡ 대류 : 밀도 차에 의한 온도 이동 현상
- ㉢ 복사 : 중간에 다른 물질을 통하지 않고 직접 이동하는 현상

⑧ 기체의 상태 변화
- ㉠ 정적 변화 : 기체의 부피는 일정, 압력이 변화하는 것
- ㉡ 정압 변화 : 기체의 압력은 일정, 부피가 변화하는 것
- ㉢ 등온 변화 : 기체의 온도는 일정하게 유지하면서 기체를 압축시키거나 팽창시킬 때 일어나는 상태 변화
- ㉣ 단열 변화 : 기체가 압축, 팽창될 때 외부에서 열의 출입이 전혀 없도록 하는 변화
- ㉤ 폴리트로픽 변화 : 등온 변화도 아니고, 단열 변화도 아닌 변화

2. 디젤기관

(1) 디젤기관의 작동원리

밀폐된 실린더 내에 피스톤으로 공기를 30~40kgf/cm 정도로 압축하면 공기 온도가 500~600℃ 정도로 급상승한다. 이때 연료를 안개 모양으로 분사, 기열·발화·연소시켜 발생한 폭발가스의 압력과 팽창에 의해 피스톤을 움직여 크랭크 축을 회전시킨다.

① 4행정 사이클 디젤기관의 구조와 작동

　　㉠ 흡입 행정(Suction Stroke) : 배기 밸브는 닫힌 상태에서 흡기 밸브만 열려서 피스톤이 상사점에서 하사점까지 움직이는 사이에 공기가 실린더 내에 흡입

　　㉡ 압축 행정(Compression Stroke) : 흡기 밸브가 닫히고(배기 밸브는 이미 닫혀 있다), 피스톤은 하사점에서 상사점까지 움직이는 사이에 실린더에 흡입된 공기는 압축되기 시작

　　㉢ 작동 행정(Working Stroke) : 피스톤이 상사점에 도달하기 전에 연료분사 밸브로부터 연료유가 실린더 내에 분사됨(흡·배기 밸브는 모두 닫혀 있다). 분사된 연료유는 고온의 압축 공기에 의해 발화·연소함. 이때, 연소가스의 높은 압력에 의해 피스톤이 하사점으로 움직이면서 크랭크를 회전시켜 일을 함

　　㉣ 배기 행정(Exhaust Stroke) : 배기 밸브가 열리면 실린더 내에서 팽창한 연소가스는 대기 중으로 급격히 방출됨. 이어서 피스톤이 올라오면 나머지 가스를 실린더 밖으로 밀어내고 상사점에 도달하여 처음의 상태로 되돌아감

② 2행정 사이클 디젤기관의 구조와 작동

　　㉠ 제1행정(소기 및 압축작용) : 피스톤이 하사점 부근에 있을 때 소기구와 배기구가 동시에 열려있게 되므로, 소기 펌프에 의해 미리 압축된 소기가 실린더 내에 들어와 배기를 밀어낸 후 가득 채워짐. 피스톤이 상사점으로 올라가면 피스톤에 의해서 소기구가 먼저 닫히고, 다음으로 배기구가 닫혀 공기(소기)를 압축

　　㉡ 제2행정(작동, 배기 분출 및 소기작용) : 피스톤이 상사점 부근에 도달하여 공기 온도는 500℃ 정도가 되고, 이때 연료가 분사된 후 자연 발화하여 피스톤을 밀어내리게 됨. 피스톤이 하사점 가까이 이르면 배기구가 열려 배기 분출이 되고, 다음으로 소기구가 열려 소기가 들어오고 계속 배기를 배출함

(2) 디젤기관의 구조

① 디젤기관의 고정부

　　㉠ 실린더 : 실린더 내부에서 피스톤이 상하 운동을 하며, 운전 중 연소에 의한 압력을 받고 고온에 접촉하여 높은 열응력을 받는 부분

　　㉡ 실린더 라이너 : 실린더가 받는 열응력을 줄이며, 워터 재킷의 청소와 부식을 방지함. 건식, 습식, 워터 재킷 라이너가 있음

　　㉢ 메인 베어링 : 기관베드 위에 있으면서 크랭크 암 양쪽의 크랭크 저널에 설치되어 크랭크 축을 지지하고, 크랭크 축에 전달되는 회전력을 받음

② 디젤기관의 왕복 운동부

    ㉠ 피스톤 : 실린더 내를 왕복 운동하여 새로운 공기를 흡입·압축한 다음, 연소가스에 의한 압력을 받아 커넥팅 로드를 거쳐 크랭크 축에 회전력을 전달

    ㉡ 피스톤 핀 : 트렁크 피스톤형 기관에서 커넥팅 로드와 피스톤을 연결하고, 피스톤에 작용하는 힘을 커넥팅 로드에 전하는 역할을 함

    ㉢ 피스톤 링 : 피스톤 상부에 있는 3~4개의 링으로 실린더 벽면에 있는 오일을 연소실에 들어가지 못하게 하는 오일링(Oil Ring)과 연소가스가 새지 못하게 하는 압축링(Compressing Ring)이 있음

    ㉣ 커넥팅 로드(= 연접봉) : 피스톤이 받는 폭발력을 크랭크 축에 전달하며, 피스톤의 왕복 운동을 크랭크 축의 회전 운동으로 바꿈

③ 디젤기관의 회전 운동부(80p 참조)

    ㉠ 크랭크 축 : 피스톤의 왕복 운동을 커넥팅 로드에 의해 회전 운동으로 바꾸어 동력을 전달

    ㉡ 크랭크 축의 구조

구 조	역 할
크랭크 저널	메인 베어링으로 지지되어 회전하는 부분이다.
크랭크 핀	크랭크 저널의 중심에서 크랭크 반지름만큼 떨어진 곳에 있으며, 저널과 평행하게 설치한다.
크랭크 암	크랭크 저널과 크랭크 핀을 연결한다.
평형추	크랭크 핀 반대쪽의 크랭크 암에 평형추를 설치하여 크랭크 회전력의 평형을 유지하고, 불평형 관성력에 의한 기관의 진동을 줄인다.

    ㉢ 플라이휠 : 크랭크 축의 회전력을 균일하게 해주며, 저속 회전을 가능하게 함. 기관의 시동을 쉽게 도와주며 밸브의 조정이 편리

(3) 디젤기관의 부속 장치

① 흡기 밸브와 배기 밸브

    ㉠ 흡기 밸브 : 흡입 행정 동안 공기와 연료의 혼합가스가 실린더 속으로 들어가도록 열리는 밸브

    ㉡ 배기 밸브 : 배기 행정 동안 연소된 배기가스가 실린더 밖으로 나가도록 열리는 밸브

② 밸브 구동 장치

    디젤기관 작동 시 흡입, 압축, 작동(폭발), 배기의 행정을 원활히 수행할 수 있도록 알맞은 시기에 캠과 캠축의 작동에 의해 열고 닫는 장치이다.

    ㉠ 캠 : 회전 운동을 왕복 운동으로 바꾸는 장치

    ㉡ 캠축 : 흡기 밸브나 배기 밸브를 개폐하기 위한 캠과 연료 펌프를 구동하기 위한 캠 등이 일체로 되어 있으며, 크랭크 축과 평행하게 기관 블록 옆 부분에 설치

③ 배기관 장치

    ㉠ 배기 다기관 : 실린더로부터 배출되는 배기가스를 모아 소음기 또는 과급기로 보내는 장치로, 배기 매니폴드라고 함

    ㉡ 소음기 : 실린더에서 배출되는 배기가스는 고온·고압이어서 그대로 대기 중에 방출하면 급격히 팽창하여 심한 폭음을 내므로 이것을 방지하기 위한 것이 소음기임

④ 과급기

    단위 시간 동안 실린더 내로 흡입되는 공기량을 증가시킴으로써 연료를 많이 연소시켜 기관의 출력을 증대시키는 일종의 송풍기이다.

⑤ 조속기

기관의 회전속도가 규정보다 증감했을 때 연료의 공급량을 자동적으로 조절하여 소요의 회전속도로 유지하게 하는 장치이다.

⑥ 공기 냉각기

실린더에 공급되는 공기를 냉각하여 연소실의 온도 상승을 억제하고, 공기 밀도를 증가시켜 출력 증대를 도모한다.

⑦ 시동장치

기관 외부의 힘으로 정지해 있는 기관의 크랭크 축을 돌려 피스톤이 공기를 흡입·압축하여 연료를 착화시킴으로써 연속적으로 운전을 가능하게 하는 장치이다.

3. 추진장치

(1) 클러치 및 감속장치

① 클러치

기관에서 발생한 동력을 추진기축으로 전달하거나 끊어주는 장치로, 마찰 클러치, 유체 클러치, 전자 클러치가 있다.

② 감속장치

기관의 회전수보다 추진기의 회전수를 낮게 하여 효율을 높이는 장치이다.

(2) 변속기

기관과 추진축 사이에 설치되어 기관의 회전력과 회전속도를 주행상태에 알맞게 바꾸어 구동바퀴에 전달한다.

(3) 역전장치

① 직접 역전장치

기관을 직접 역회전시키는 것으로, 캠축 이동식과 롤러 이동식이 있으며 주로 중·대형 기관에 사용한다.

② 간접 역전장치

기관의 회전방향을 일정하게 하고, 추진축의 회전방향만 바꾸어 준다.

(4) 축계장치

① 축 계

주기관으로부터 추진기에 이르기까지 동력을 전달하고, 추진기의 회전에 의하여 발생된 추력을 추력베어링을 통하여 선체에 전달하는 장치이다.

② 커플링

기관에서 축으로 또는 구동축에서 피동축으로, 축의 끝에서 접속하여 동력을 전달하는 축이다.

③ 중간축

추력축과 추진기축을 연결하는 것으로, 일체형, 끼워 맞춤식, 테이퍼식이 있다.

④ 추진기축

선체 후미 부분을 관통하여 안쪽은 중간축에 커플링으로 연결되고, 바깥쪽은 테이퍼에 의해 추진기에 조립한다.

⑤ 선미관

㉠ 추진기축이 선체를 관통하는 곳에 장비되는 것으로, 선내에 해수가 침입하는 것을 막고 추진기축에 대해서는 베어링 역할을 한다.

㉡ 리그넘바이티에는 많은 홈을 만들어 선외로부터 해수가 이 홈을 통해 들어와 윤활작용과 냉각작용을 한다. 선미관의 선수 쪽은 그리스 패킹을 넣은 스터핑 박스를 만들어 누수를 막는다.

(5) 프로펠러(추진기)

기관 동력으로 추진기를 회전시키면 선외의 물에 동력이 전달되고 물의 반동력으로 배가 추진되는데, 이 반동력을 추력(스러스트)이라 한다.

① 나선형 추진기의 용어

㉠ 피치 : 프로펠러가 1회전할 때 날개 위의 어떤 점이 축 방향으로 이동한 거리

㉡ 전연과 후연 : 전진 회전할 때 물을 절단하는 날을 전연, 그 반대쪽을 후연

㉢ 경사 : 15~20° 기울어져 있음

㉣ 압력면과 배면 : 프로펠러가 전진 회전할 때 물을 미는 압력이 생기는 면을 압력면, 후진 회전할 때 물을 미는 압력이 생기는 면을 배면

㉤ 보스비 : 날개가 고정되는 원통을 보스, 보스 지름의 날개 지름에 대한 비율을 보스비

㉥ 회전 방향 : 선미로부터 바라볼 때 전진 회전의 경우, 시계 방향으로 돌아가는 것을 우회전, 반대는 좌회전

㉦ 지름 : 프로펠러가 1회전할 때 날개의 끝이 그린 원의 지름

(6) 추진 축계와 추진기의 취급 및 관리

① 축계탐상법 5가지

㉠ 방사선 탐상법 : 감마선을 투과하여 축계의 내부 결함을 촬영

㉡ 초음파 탐상법 : 고주파의 초음파 펄스를 발사하여 내부에서 반사되는 음파를 조사하여 촬영

㉢ 전자기 탐상법 : 강철제에 강한 자석을 접촉하여 내부로 자속을 형성할 때 표면의 결함부에서 자속이 누설

㉣ 침투 탐상법 : 균열이 의심되는 표면에 적색의 침투액을 이용하여 내부 결함을 촬영

② 보조기기 및 전기장치

1. 선박보조기계의 개요

(1) 선박보조기계의 정의와 종류

① 선박보조기계

선박에서 사용되는 주기관 및 주보일러를 제외한 모든 기계를 말한다.

② 선박보조기계의 종류

    ㉠ 디젤 선박에 사용되는 보조기계

    ㉡ 증기 터빈선에 사용되는 보조기계

    ㉢ 주기관의 종류에 관계없이 사용되는 보조기계

    ㉣ 기관실 밖의 보조기계

③ 구동하는 방법에 따라 증기 구동, 전기 구동, 유압 구동으로 나눌 수 있다.

(2) 펌프

① 펌프의 분류

    ㉠ 원심펌프 : 케이싱 속의 회전차를 수중에서 고속으로 회전시켜 물이 원심력을 일으켜 얻은 속도 에너지를 압력에너지로 바꾸어 물을 흡입·송출

    ㉡ 축류펌프 : 관내에서 프로펠러형 회전차가 회전하면서 액체를 축 방향으로 유동시킴. 따라서 프로펠러 펌프라 부르기도 함

    ㉢ 왕복펌프 : 실린더 안의 피스톤이나 플런저가 왕복하면서 액체를 빨아들였다가 내보내는 펌프

    ㉣ 회전펌프 : 1개 또는 2개의 회전차가 케이싱 내에서 회전하면서 유체를 이송하는 펌프. 고속 회전을 할 수 있어서 무게와 부피가 작은 이점이 있으며, 중질 유류와 같이 점도가 높은 액체를 이송하는 데 적합

    ㉤ 제트펌프 : 노즐을 통해 유체를 분출함에 따라 발생하는 진공압을 이용하여 유체를 흡입·송출

장 점	• 운동부분이 없으므로 고장의 우려가 적음 • 형태가 작아서 설치공간이 작아도 됨 • 흙탕물, 오수 등을 이송하는 데 사용해도 지장이 없음
단 점	• 펌프의 효율이 너무 낮음(10~20% 정도)

(3) 유·공압 기계

각종 기계 및 장치의 자동화 및 제어용으로 널리 사용되고 있다.

① 장 점

    ㉠ 비교적 소형의 장치에서 큰 힘과 큰 동력을 얻을 수 있음

    ㉡ 속도, 회전속도, 힘, 토크를 정밀하고 신속하게 제어할 수 있음

    ㉢ 회전 운동과 직선 운동이 가능

    ㉣ 자동화가 용이하며, 전기·공기기기 등과 조합함으로써 원격 조작·집중 제어가 가능

    ㉤ 운동부분에 따라 윤활을 고려할 필요가 없음

② 단 점

    ㉠ 기름 누설문제가 발생 가능

    ㉡ 온도 변화에 따른 성능 변화가 발생

    ㉢ 동력전달효율이 높지 않음

    ㉣ 설치비용이 많이 발생

③ 구 성

유압동력원, 액추에이터, 액추에이터 제어부, 부속기기류

(4) 냉동, 냉매, 냉장

① 냉 동

물체 또는 특정한 장소로부터 열을 빼앗아 그 온도를 주위의 온도보다 낮은 상태로 유지하는 것

② 냉 매

냉동 사이클의 동작요소로서 저온의 물체에서 열을 빼앗아 고온의 물체에 열을 운반해주는 매체

③ 냉 장

식품의 신선도를 유지하면서 장기간 보존하는 방법

(5) 공기조화의 4요소

특정 장소의 공기 온도, 습도, 청정도, 기류속도

(6) 송풍기

① 용적식 송풍기

왕복식 공기 압축기와 같이 일정 용적 내에 흡입한 공기의 용적을 축소시켜 압력을 높인 다음 송출한다.

② 원심식 송풍기

원심펌프와 유사한 원리로 원심력을 이용하며, 고속 회전에 적합하고 송출이 연속적이다.

③ 축류 송풍기

송출 풍량의 방향이 축 방향이며, 큰 송풍량·낮은 송풍 압력의 환기덕에 통풍용으로 적합하고, 선박의 기관실·선창의 환기에 사용한다.

(7) 조타장치

① 조종장치

조타륜을 돌려 조타신호를 발생시키는 곳(브리지)으로부터 조타기에 이 신호를 전달하는 곳(조타기계)까지의 장치이다.

② 추종장치

타가 소요 각도만큼 돌아갔을 때 타를 그 위치에 고정시키는 장치이다.

③ 원동기

타를 움직이는 동력장치이다. 브리지에서 조타륜을 돌리면 신속·정확하게 작동해야 한다. 배가 만재 흘수 상태에서 연속 최대속력으로 항진 중에서 한쪽 현 최대 타각(35°)으로부터 반대쪽 현 최대 타각(35°)까지 70°의 전타를 30초 이내에 수행할 수 있는 용량을 갖추어야 한다.

④ 타장치

원동기의 기계적 에너지를 타로 전달하여 타를 원하는 방향으로 회전시키는 장치이다.

(8) 기타 보조기계

① 유수분리장치

기름과 물의 밀도 차에 의해 수중의 기름을 부력을 이용하여 분리하는 오염 방지 설비이다.

② 조수기

해수를 끓여 수증기가 증발하면 증발된 수증기를 다시 물로 응축시키는 장치이다.

③ 열교환기

서로 다른 온도에 있는 둘 또는 그 이상의 유체 사이에 열전달이 가능하도록 하는 장치이다.

2. 전기장치의 개요

(1) 기초 지식

① 전 류
  ㉠ 양전하를 가진 물질 A와 음전하를 가진 물질 B를 도선으로 연결하면 B에서 A로 전자가 이동
  ㉡ 전류는 전자의 흐름과 반대인 A에서 B로 흐른다. A쪽이 B쪽보다 전기적으로 전위가 높기 때문. 단위는 암페어(A), 기호는 I
  ㉢ 전류의 종류
    • 직류(DC) : 도체의 내부를 한쪽 방향으로만 흐르는 전류를 말하며, 전지로부터 나오는 전류는 크기 및 방향이 모두 일정하므로 직류
    • 교류(AC) : 시간에 따라 크기와 방향이 변하는 전류를 말하며, 가정용 전등은 크기와 방향이 주기적으로 변하므로 교류
② 전기저항
  ㉠ 도체에 흐르는 전류의 흐름을 방해하는 성질로, 간단히 저항이라고도 함. 단위는 옴(Ω), 기호는 R
  ㉡ 도체의 저항은 재질에 따라 다르며, 길이에 비례하고 단면적에 반비례
③ 전 위
  ㉠ 어떤 점 A로부터 다른 점 B까지 단위 전하를 운반하는 데 필요한 일을 점 A에 대한 점 B의 전위 또는 점 B와 점 A와의 전위차라고 함
  ㉡ 전위의 기준점은 보통 대지라고 하고, 대지와의 전위차를 그 점의 전위라고 함
④ 전 압
  ㉠ 어떤 점 A와 B 사이의 전위차를 말함. 단위는 볼트(V), 기호는 V
  ㉡ 관련 공식은 V = IR 또는 I = V/R 또는 R = V/I
⑤ 전 력
  ㉠ 전기회로에 전류가 흘러 단위시간에 하는 일을 말함. 단위는 와트(W), 기호는 W
  ㉡ 1V의 전위차 사이에 1A의 전류가 흘렀을 때의 전력은 1W

(2) 직류 발전기

① 구성요소
  계자, 전기자, 정류자, 브러시, 베어링 등으로 이루어져 있으며, 다음과 같은 역할을 한다.
  ㉠ 계자 : 자속을 만드는 부분으로, 계철과 자극으로 이루어져 있음
  ㉡ 전기자 : 기전력을 유도하는 도체와 그것을 지지하면서 계자와 함께 자기회로를 만듦
  ㉢ 정류자 : 교류 기전력을 직류로 바꾸어 주는 부분으로, 도전율이 높은 경인동을 사용하고 절연재로는 마이카(정류자편간 절연물)가 사용됨
  ㉣ 브러시 : 정류자면에 접촉하여 외부와 내부회로를 연결하는 부분으로, 정류를 양호하게 함. 탄소 브러시 또는 흑연 브러시가 주로 사용
  ㉤ 베어링 : 전기자를 지지

(3) 교류 발전기

① 현재 사용되고 있는 동기 발전기(교류 발전기)의 대부분은 회전 계자형 발전기이다.

② 구성요소

    ㉠ 회전자 : 회전부분으로, 자극(계자 철심, 계자 코일, 제동 권선 등으로 이루어짐), 회전자 계철, 스파이더, 주축 및 슬립 링 등으로 이루어져 있음

    ㉡ 고정자 : 정지하고 있는 부분으로, 고정자 틀, 전기자 철심, 고정자 코일 등으로 이루어져 있음

(4) 선박용 전지

선박에서의 축전지는 비상전등 및 비상통신을 위한 전원, 비상용 발전기 기동 시까지의 임시 전원, 보안용 전원 등으로 사용되는 중요한 설비이다.

① 전지(배터리)

    전지는 이온화 경향이 서로 다른 두 전극을 이루는 물질과 전해액 사이의 화학반응에 의해 전기를 발생시키는 장치이다. 일반적으로 양극과 음극으로 이루어진 전극과 전해액으로 이루어져 있다.

    ㉠ 1차 전지 : 충전에 의한 재생이 불가능한 전지로, 이동용과 휴대용 전원으로 많이 사용

    ㉡ 2차 전지 : 재생이 가능하여 충전해서 반복적으로 사용할 수 있는 전지

② 납축전지(선박에서 가장 널리 사용)

    ㉠ 납축전지

      • 전기에너지를 화학에너지로 바꾸어 저장하였다가 필요에 따라 다시 전기에너지로 바꾸어 사용하는 장치. 몇 번이고 충전하여 재사용할 수 있는 2차 전지

      • 전해액

        – 전지 내에서 극판의 작용물질과 결합하여 충·방전할 때 화학작용의 매개역할을 하며, 도체로서 음극에서 양극으로 전기를 통하게 함

        – 전해액은 비중 1.835~1.842 정도의 진한 황산과 증류수를 혼합하여 비중 1.2 내외로 하여 사용함

    ㉡ 납축전지의 특성

      전해액의 온도에 따라 축전지의 용량이 변함. 전해액의 온도가 올라가면 축전지의 용량은 늘어나고, 온도가 내려가면 적어짐. 이것은 황산의 분자 또는 이온 등의 이동이 온도가 내려감에 따라 감소하고, 묽은 황산의 비저항의 증가로 인한 전압 강하가 발생하기 때문

3 기관고장 시의 대책

현 상	원 인	대 책
폭발 시 비정상적 소음이 발생할 때	실린더 헤드 접합부에 가스 누출	• 실린더 헤드의 풀림을 점검, 필요시 개스킷 교환
	실린더 헤드의 배기 플랜지에서 가스 누출	• 개스킷 교환
	연료 밸브와 실린더 헤드의 기밀 불량	• 연료 밸브를 들어내어 실린더 헤드와의 기밀 상태 점검
	연료 밸브가 막혔거나 니들 밸브의 오염	• 연료 밸브를 교환
배기가스 색깔이 검은색일 때	공기 압력의 불충분	• 과급기 취급 설명서에 따라 과급기를 청소
	연료 밸브의 개방 압력이 부적당하거나 연료 분사 상태의 불량	• 연료 밸브 점검
	과부 운전을 하고 있음	• 기관의 부하를 줄임
기관의 진동이 심할 때	위험 회전수로 운전하고 있음	• 위험 회전수를 피해 운전
	기관이 노킹을 일으킴	• 노킹의 원인을 제거
	각 실린더의 최고 압력이 고르지 않음	• 각 실린더의 연료 분사 시기를 점검
	기관대 설치 볼트가 이완 또는 절손됨	• 점검 후 이완부는 재결합하고 절손된 것은 교체
	각 베어링의 틈새가 너무 큼	• 베어링 틈새를 적절히 조절
윤활유 온도가 상승할 때	윤활유의 온도 조절 밸브의 불량	• 온도 감지 부분의 고장을 점검하고 필요시 교체
	냉각수의 유량 부족	• 냉각수계를 점검
	기관 이상 발열	• 운동부 점검, 발열 원인 제거
기관이 급정지할 때	연료의 부족	• 연료계 및 연료 탱크 내의 연료의 양을 점검
	연료에 물이 혼입	• 연료 탱크에서 물 제거
	과속도 정지 장치의 작동	• 과속도 정지장치가 작동하는 원인을 조사하고, 재조정 • 정상 운전 상태에서 과속도 정지장치가 작동하면 기관의 상태에 이상이 있으므로, 기관을 재시동할 때 충분한 검사
	조속기에 이상이 있음	• 연료 조절장치에 이상이 있으면 연료 펌프의 래크를 정지 위치로 돌림
연료 분사를 멈추어도 소음이 멈추지 않을 때	로커암 지지 핀의 소착	• 기관을 즉시 정지 • 파손된 부품을 교환 • 파손된 부품이 실린더 내부에 떨어질 경우 피스톤, 커넥팅 로드, 과급기 터빈을 세심히 살펴봄
	흡배기 밸브의 파손이나 흡배기 밸브 가이드의 소착	
	밸브 스프링의 파손	
윤활유에 수분 흡입	실린더를 통한 물의 유입	• 실린더의 균열을 점검
	윤활유 냉각기 내의 누수	• 윤활유 냉각기를 점검
	응축에 의한 윤활유 내 소량의 물 유입	• 온도 조절 밸브가 정상적으로 작동하는지 점검
	실린더 헤드의 플러그를 통한 물의 유입	• 실린더 헤드 점검, 플러그 교환, 실린더 헤드의 수압 시험

4 연료유 수급

1. 연료유의 개요

(1) 연료유의 성질

① 비 중

부피가 같은 기름의 무게와 물의 무게와의 비율이다.

② 점 도

액체가 형태를 바꾸려고 할 때 분자 간의 마찰에 의하여 유동을 방해하려는 점성 작용의 대소를 표시하는 정도이다. 쉽게 끈적끈적한 정도를 의미한다.

③ 인화점

불을 가까이했을 때 불이 붙을 수 있도록 유증기를 발생시키는 최저 온도이다. 인화점이 낮을수록 화재의 위험이 높다.

④ 발화점

연료의 온도를 인화점보다 높게 하면 외부에서 불이 없어도 자연 발화하게 되는데, 이와 같이 자연 발화하는 연료의 최저 온도이다. 디젤기관의 연소과정과 관계가 깊다.

⑤ 응고점과 유동점

㉠ 응고점 : 기름의 온도를 점차 낮게 하면 유동하기 어렵게 되는데, 전혀 유동하지 않는 기름의 최고 온도

㉡ 유동점 : 응고된 기름에 열을 가하여 움직이기 시작할 때의 최저 온도. 유동점은 응고점보다 $2.5°C$ 높음

(2) 연료유의 조건

① 발열량이 높고, 연소성이 좋을 것
② 반응은 중성이고, 점도가 적당할 것
③ 응고점이 낮을 것($4°C$ 이하)
④ 회분, 수분, 유황분 등이 적을 것

(3) 연료분사 조건 4가지

① 무 화

연료유의 입자가 안개처럼 극히 미세화되는 상태

② 관 통

분사되는 연료가 압축된 공기 중을 뚫고 나가는 상태

③ 분 산

노즐로부터 연료유가 원뿔형으로 분사되어 퍼지는 상태

④ 분 포

실린더 내에 분사된 연료유가 공기와 균등하게 혼합된 상태

(4) 윤활유의 기능

기 능	역 할
윤활작용	상대운동을 하는 두 금속면 사이의 마찰면에 유막을 형성하여 운동 중인 두 금속면을 분리함으로써 마찰을 적게 하여 마멸을 줄이고, 융착을 방지하는 작용
냉각작용	마찰에 의해 생긴 열을 외부로 방산시켜 냉각하고, 열변형이나 융착 등이 일어나지 않도록 하는 작용
응력분산작용	마찰부는 일시적으로 압력이 집중되어 국부적으로 큰 충격을 받게 됨. 이와 같은 국부 압력을 윤활유 전체에 분산, 평균화시켜 파손을 방지하는 작용
기밀작용	실린더와 피스톤 사이에 유막을 형성하여 압축과 폭발 시 공기나 가스의 누출을 방지하는 작용
청정작용	활동면에 부착된 금속가루, 탄화물, 먼지 등의 이물질을 씻어내는 작용
방청작용	금속 표면에 수분이나 부식성 가스의 침투를 막고, 또 이를 제거함으로써 금속면에 녹이 스는 것을 방지하는 작용

빈출그림자료

[선체 각부 명칭]

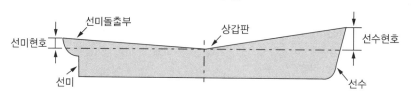

갑 판	갑판보 위에 설치하여 선체의 수밀을 유지(종강력재)
현 호	건현 갑판의 현측선의 휘어진 것으로 예비부력과 능파성을 향상시키고 미관을 좋게 함
선미돌출부	러더스톡의 후방으로 돌출된 부분
선 수	선체의 앞쪽
선 미	선체의 뒤쪽

[선체 각부 명칭]

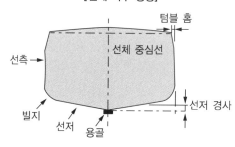

선체중심선	선폭의 가운데를 통하는 선수미 방향의 직선
선 측	선체의 측면
선 저	배의 밑바닥
빌 지	선저와 선측을 연결하는 만곡부
용 골	선체의 최하부의 중심선에 있는 종강력재(선체를 구성하는 기초)
선저경사	중앙 단면에서 선저의 경사도, 목선이나 단저선에 볼 수 있음(선저구배)
텀블 홈	상갑판 부근의 선측 상부가 안쪽으로 굽은 정도

[선박의 치수]

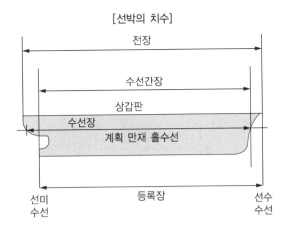

전 장	선수의 최전단에서부터 선미의 최후단까지의 수평거리
수선간장	계획 만재 흘수선상 선수재의 전면과 타주의 후면에 세운 수선 사이의 수평거리
수선장	계획 만재 흘수선상에서 물에 잠긴 선체의 선수재 전면부터 선미 후단까지의 수평거리
계획 만재 흘수선	최적의 운항 조건을 갖도록 선정된 흘수
등록장	상갑판 보(Beam)상의 선수재 전면부터 선미재 후면까지의 수평거리

[단저 구조]

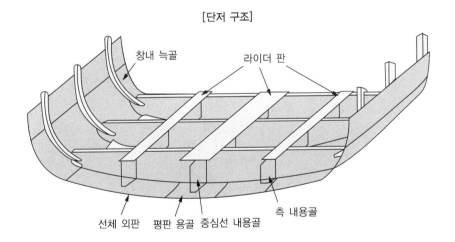

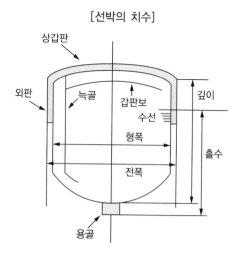

[선박의 치수]

외 판	선체의 외각을 이루는 판구조물로 수밀을 유지하고 부력을 형성
늑 골	선체의 좌우 선측을 구성하는 뼈대로서 용골에 직각으로 배치되고 갑판보와 늑판 양 끝이 연결되어 선체 횡강도의 주체가 됨
갑판보	갑판에 설치하는 대표적인 보(Beam)로 양 끝은 갑판보 브래킷을 이용하여 선측의 선창늑골에 연결
수 선	계획 만재 흘수선상의 물에 잠긴 선체의 선수재 전면으로부터 선미 후단까지의 수평선
형 폭	선체의 폭이 가장 넓은 부분의 늑골 외면부터 맞은편 늑골의 외면까지의 수평거리
전 폭	선체의 폭이 가장 넓은 부분의 외판 외면부터 맞은편 외판 외면까지의 수평거리
깊이(형심)	선체 길이의 중앙에서 용골 상면부터 건현 갑판의 현측 상면까지의 수직거리
흘 수	선체가 물에 잠긴 깊이

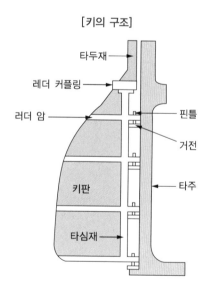

[키의 구조]

[마그네틱 컴퍼스의 구조]

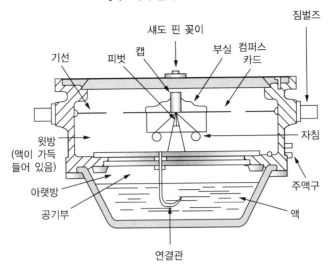

컴퍼스 카드	운모 또는 황동제 원판으로 표면에는 도료가 칠해져 있고, 테두리에 북을 0°로 하여 시계 방향으로 360등분된 방위 눈금이 정밀하게 새겨져 있음
부 실	컴퍼스 카드의 중심부에 위쪽 부분은 반구형이고, 아래쪽 부분은 원추형인 구리로 만든 부자로 그 속에 공기가 채워져 있어 카드와 자침의 무게를 가볍게 하는 역할을 함
자 침	2개의 봉자석으로 카드의 남북선과 평행하고 서로 대칭으로 부실 아래에 붙어 있음
캡	컴퍼스 카드 중심축 상에 있고 그 카드 무게의 받침점이 되며, 중앙에는 사파이어가 들어있어 마모를 방지할 수 있도록 되어 있음
피 벗	피벗 전체는 황동으로 되어있고, 그 끝은 백금과 이리듐의 합금으로 뾰족함
컴퍼스액	에틸알코올과 증류수를 약 35 : 65의 비율로 혼합한 액체로 비중이 약 0.95, 온도 −20 ∼ 60℃ 범위에서 점성 및 팽창 계수의 변화가 작음
기 선	볼 내벽의 카드와 동일한 면 안에 4개의 기선이 있으며 각각 선수, 선미, 좌우의 정횡 방향을 표시하고 있음
연결관	위, 아래의 방은 연결관으로 서로 통하고 있어 온도 변화에 따라 윗방의 액이 팽창, 수축하여도 아랫방의 공기부에서 자동적으로 조절함
주액구	윗방의 측면에 있고, 위쪽 방에 기포가 생겼을 때 사용하는 도구
짐벌즈	선박의 동요로 자기 컴퍼스 받침대가 기울어져도 볼을 항상 수평 상태로 유지하기 위한 것
유리 덮개와 섀도 핀 꽂이	볼 위쪽의 유리로 된 덮개로 그 중심에는 섀도 핀을 꼽는 핀 꽂이가 있음

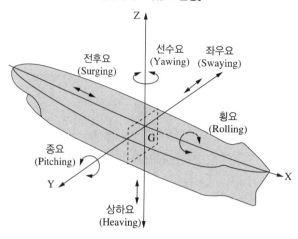

[선박의 6자유도 운동]

전후요	선박의 종방향, 즉 선수미 방향의 진동운동
좌우요	선박의 좌현과 우현방향의 진동운동
상하요	선박의 상하방향의 진동운동
횡 요	선박의 좌우현이 올라오고 내려가는 것을 반복하는 운동
종 요	선박의 선수미 방향으로 반복적으로 기우는 운동
선수요	선수미가 좌우 방향으로 반복적으로 움직이는 운동

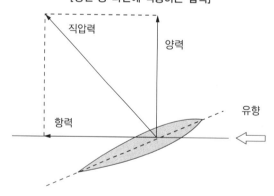

[항진 중 타판에 작용하는 압력]

항 력	타판에 작용하는 힘 중에서 선수미 방향의 분력. 힘의 방향은 선체후방이므로 전진선속을 감소시키는 저항력으로 작용
직압력	수류에 의하여 키에 작용하는 전체압력으로 키판에 직각으로 작용하는 힘
양 력	타판에 작용하는 힘 중에서 그 작용하는 방향이 정횡방향인 분력. 힘의 방향은 선미를 횡방향으로 미는 힘

[앵커 명칭]

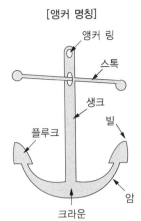

앵커 링	앵커의 케이블이나 로프를 다는 무거운 고리
스 톡	생크와 직각을 이루어 가로지르는 막대. 앵커가 거꾸로 되는 것을 방지
생 크	앵커의 몸체를 이루는 길고 곧은 막대
크라운	생크의 끝부분
암	크라운에서부터 구부러져 플루크로 끝나는 자루 부분
플루크	암의 끝에 있는 납작하고 뾰족한 부분
빌	플루크의 끝부분

[피스톤의 구조]

압축링	피스톤에서 받은 열을 실린더 벽으로 방출함
오일 스크레이퍼 링	실린더 벽면에 있는 오일을 연소실에 들어가지 못하게 함
피스톤 핀	트렁크 피스톤형 기관에서 커넥팅 로드와 피스톤을 연결하고, 피스톤에 작용하는 힘을 커넥팅 로드에 전하는 역할을 함

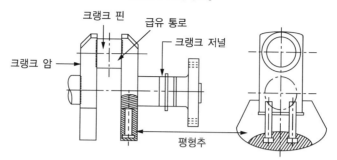

[크랭크 축의 구조]

크랭크 암	• 크랭크 저널과 크랭크 핀을 연결하는 부분 • 크랭크 핀 반대쪽으로 평형추(Balance Weight)를 설치하여 크랭크 회전력의 평형을 유지하고, 불평형 관성력에 의한 기관의 진동을 줄임
크랭크 핀	• 크랭크 저널의 중심에서 크랭크 반지름만큼 떨어진 곳에 있으며, 저널과 평행하게 설치되고 커넥 팅 로드 대단부와 연결됨
크랭크 저널	• 메인 베어링에 의해서 지지되는 회전축
평형추 (Balance Weight)	• 크랭크 축의 형상에 따른 불균형을 보정하여, 회전체의 평형을 이루기 위해 평형추를 설치함 • 평형추는 기관의 진동을 적게 하고 원활한 회전을 하도록 하며, 메인 베어링의 마찰을 감소시키는 역할을 함
급유 통로	• 오일 통로라고도 하며 윤활유가 이농하는 통로

PART 02

최근 5개년
기출복원문제

많이 보고 많이 겪고 많이 공부하는 것은 배움의 세 기둥이다.

– 벤자민 디즈라엘리 –

PART 02 2023년 제1회 기출복원문제

해설 399P

제1과목 항 해

01
자기 컴퍼스에서 선박의 동요로 비너클이 기울어져도 볼을 항상 수평으로 유지하기 위한 것은?

가. 자 침
나. 피 벗
사. 기 선
아. 짐벌즈

02
프리즘을 사용하여 목표물과 카드 눈금을 광학적으로 중첩시켜 방위를 읽을 수 있는 방위 측정 기구는?

가. 쌍안경
나. 방위경
사. 섀도 핀
아. 컴퍼지션 링

03
다음 중 대수속력을 측정할 수 있는 항해계기는?

가. 레이더
나. 자기 컴퍼스
사. 도플러 로그
아. 지피에스(GPS)

04
선수미선과 선박을 지나는 자오선이 이루는 각은?

가. 방 위
나. 침 로
사. 자 차
아. 편 차

05
자기 컴퍼스의 오차(Compass Error)에 대한 설명으로 옳은 것은?

가. 진자오선과 자기 자오선이 이루는 교각
나. 선내 나침의의 남북선과 진자오선이 이루는 교각
사. 자기 자오선과 선내 나침의의 남북선이 이루는 교각
아. 자기 자오선과 물표를 지나는 대권이 이루는 교각

06
선박자동식별장치(AIS)에서 확인할 수 없는 정보는?

가. 선 명
나. 선박의 흘수
사. 선원의 국적
아. 선박의 목적지

07

항해 중에 산봉우리, 섬 등 해도 상에 기재되어 있는 2개 이상의 고정된 뚜렷한 물표를 선정하여 거의 동시에 각각의 방위를 측정하여 선위를 구하는 방법은?

가. 수평협각법

나. 교차방위법

사. 추정위치법

아. 고도측정법

08

레이더를 활용하는 방법으로 옳지 않은 것은?

가. 야간에 연안항해 시 레이더 플로팅을 철저히 한다.

나. 대양항해 시 통상적으로 레이더를 이용하여 선위를 구한다.

사. 비나 안개 등으로 시계가 제한될 때 레이더 경계를 철저히 한다.

아. 원양에서 연안으로 접근 시 레이더로 실측 위치를 구하기 위해 노력한다.

09

레이더 화면에 그림과 같이 나타나는 원인은?

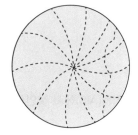

가. 물표의 간접 반사

나. 비나 눈 등에 의한 반사

사. 해면의 파도에 의한 반사

아. 다른 선박의 레이더 파에 의한 간섭

10

( )에 적합한 것은?

> ( )는 위치를 알고 있는 기준국의 수신기로 각 위성에서 발사한 전파가 기준국까지 도달하는 시간에 대한 보정량을 구한 후 이를 규정된 데이터 포맷에 따라 사용자의 수신기에 보내면, 사용자의 수신기에서는 이 보정량을 가감하여 보다 정확한 위치를 측정하는 방식이다.

가. 지피에스(GPS)

나. 로란 씨(Loran C)

사. 오메가(Omega)

아. 디지피에스(DGPS)

11

우리나라에서 발간하는 종이해도에 대한 설명으로 옳은 것은?

가. 수심 단위는 피트(Feet)를 사용한다.

나. 나침도의 바깥쪽에는 나침 방위권이 표시되어 있다.

사. 항로의 지도 및 안내서의 역할을 하는 수로서지이다.

아. 항박도는 항만, 정박지, 좁은 수로 등 좁은 구역을 상세히 표시한 평면도이다.

12

해도에 사용되는 특수한 기호와 약어는?

가. 해도도식

나. 해도 제목

사. 수로도지

아. 해도 목록

13

다음 해도도식의 의미는?

가. 암 암
나. 침 선
사. 간출암
아. 장애물

14

다음 중 항행통보가 제공하지 않는 정보는?

가. 수심의 변화
나. 조시 및 조고
사. 위험물의 위치
아. 항로표지의 신설 및 폐지

15

풍랑이나 조류 때문에 등부표를 설치하거나 관리하기가 어려운 모래 기둥이나 암초 등이 있는 위험한 지점으로부터 가까운 곳에 등대가 있는 경우, 그 등대에 강력한 투광기를 설치하여 그 구역을 비추어 위험을 표시하는 것은?

가. 도 등
나. 조사등
사. 지향등
아. 분호등

16

표체의 색상은 황색이며, 두표가 황색의 X자 모양인 항로표지는?

가. 방위표지
나. 측방표지
사. 특수표지
아. 안전수역표지

17

선박의 레이더에서 발사된 전파를 받은 때에만 응답전파를 발사하는 전파표지는?

가. 레이콘(Racon)
나. 레이마크(Ramark)
사. 무선방향탐지기(RDF)
아. 토킹 비컨(Talking Beacon)

18

점장도에 대한 설명으로 옳지 않은 것은?

가. 항정선이 직선으로 표시된다.
나. 경·위도에 의한 위치 표시는 직교 좌표이다.
사. 두 지점 간의 거리는 경도를 나타내는 눈금의 길이와 같다.
아. 두 지점 간 진방위는 두 지점의 연결선과 자오선과의 교각이다.

19

종이해도에서 찾을 수 없는 정보는?

가. 나침도
나. 간행연월일
사. 일출 시간
아. 해도의 축척

PART 02

20

등광은 꺼지지 않고 등색만 바뀌는 등화는?

가. 부동등

나. 섬광등

사. 명암등

아. 호광등

21

우리나라 부근에 존재하는 기단이 아닌 것은?

가. 적도기단

나. 시베리아기단

사. 북태평양기단

아. 오호츠크해기단

22

다음 설명이 의미하는 것은?

> 대기는 무게를 가지며 작용하는 압력은 지표면
> 에서 크고, 고도가 증가함에 따라 감소한다.

가. 습 도

나. 안 개

사. 기 온

아. 기 압

23

북반구에서 태풍의 피항방법에 대한 설명으로 옳
지 않은 것은?

가. 풍속이 증가하면 태풍의 중심에 접근 중이므
로 신속히 벗어나야 한다.

나. 풍향이 반시계방향으로 변하면 위험반원에 있
으므로 신속히 벗어나야 한다.

사. 중규모의 태풍이라도 중심 부근은 9~10미터
정도의 파도가 발생하므로 신속히 벗어나야
한다.

아. 풍향이 변하지 않고 폭풍우가 강해지고 있으
면 태풍의 진로상에 위치하므로 영향권을 신
속히 벗어나야 한다.

24

연안 수역의 항해계획을 수립할 때 고려하지 않아
도 되는 것은?

가. 선박의 조종 특성

나. 당직항해사의 면허급수

사. 선박통항관제업무(VTS)

아. 조타장치에 대한 신뢰성

25

2개의 식별 가능한 물표를 하나의 선으로 연결한
선으로 항해 계획을 수립할 때 해도의 해안이나
좁은 수로 부근의 물표에 표시하여 효과적으로 이
용할 수 있는 것은?

가. 유도선

나. 중시선

사. 방위선

아. 항해 중지선

20 아 21 가 22 아 23 나 24 나 25 나 정답

제2과목 운용

01

선측 상부가 바깥쪽으로 굽은 정도를 의미하는 명칭은?

가. 캠 버
나. 플레어
사. 텀블 홈
아. 선수현호

02

이중저의 용도가 아닌 것은?

가. 청수 탱크로 사용
나. 화물유 탱크로 사용
사. 연료유 탱크로 사용
아. 밸러스트 탱크로 사용

03

선체의 최하부 중심선에 있는 종강력재이며, 선체의 중심선을 따라 선수재에서 선미재까지의 종방향 힘을 구성하는 부분은?

가. 보
나. 용 골
사. 라이더
아. 브래킷

04

타주가 없는 선박에서 계획 만재흘수선상의 선수재 전면으로부터 타두 중심까지의 수평거리는?

가. 전 장
나. 등록장
사. 수선장
아. 수선간장

05

( )에 적합한 것은?

> 타(키)는 최대흘수 상태에서 전속 전진 시 한쪽 현타각 35도에서 다른쪽 현 타각 30도까지 돌아가는 데 ( )의 시간이 걸려야 한다.

가. 30초 이내
나. 35초 이내
사. 28초 이내
아. 25초 이내

06

강선의 부식을 방지하는 방법으로 옳지 않은 것은?

가. 아연판을 부착시켜 이온화 침식을 방지한다.
나. 페인트나 시멘트를 발라서 습기의 접촉을 차단한다.
사. 통풍을 차단하여 외기에 의한 습도 상승을 막는다.
아. 유조선에서는 탱크 내에 불활성 가스를 주입하여 부식을 방지한다.

07

전기화재의 소화에 적합하고, 분사 가스가 매우 낮은 온도이므로 사람을 향해서 분사하여서는 아니 되며, 반드시 손잡이를 잡고 분사하여 동상을 입지 않도록 주의하여야 하는 휴대용 소화기는?

가. 포말 소화기

나. 분말 소화기

사. 할론 소화기

아. 이산화탄소 소화기

08

시계가 양호한 주간에만 실시할 수 있으며, 자선의 상태를 장시간 계속적으로 표시하는 경우에 적합한 신호는?

가. 기류신호

나. 발광신호

사. 음향신호

아. 수기신호

09

다음 중 국제신호서에서 사용되는 조난신호는?

가. H기　　　　나. G기

사. B기　　　　아. NC기

10

본선이 침몰할 때 구명뗏목이 본선에서 이탈되어 자체 부력으로 부상하면서 규정 장력에 도달하면 끊어져 본선과 완전히 분리되도록 하는 장치는?

가. 구명줄(Life Line)

나. 위크링크(Weak Link)

사. 자동줄(Release Cord)

아. 자동이탈장치(Hydraulic Release Unit)

11

아래 그림의 심벌 표시가 있는 곳에 비치된 조난 신호 장치는?

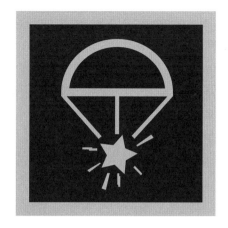

가. 신호 홍염

나. 구명줄 발사기

사. 발연부 신호

아. 로켓 낙하산 화염신호

12

초단파(VHF) 무선설비에서 '메이데이'라는 음성을 청취하였다면 이 신호는?

가. 안전신호

나. 긴급신호

사. 조난신호

아. 경보신호

13

사람이 물에 빠진 시간 및 위치가 불명확하거나, 제한시계, 어두운 밤 등으로 인하여 물에 빠진 사람을 확인할 수 없을 경우 그림과 같이 지나왔던 원래의 항적으로 돌아가고자 할 때 유효한 인명구조를 위한 조선법은?

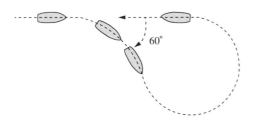

가. 반원 2선회법(Double Turn)

나. 샤르노브 턴(Scharnow Turn)

사. 윌리암슨 턴(Williamson Turn)

아. 싱글 턴 또는 앤더슨 턴(Single Turn or Anderson Turn)

14

잔잔한 바다에서 의식불명의 익수자를 발견하여 구조하려 할 때, 구조선의 안전한 접근방법은?

가. 익수자의 풍하 쪽에서 접근한다.

나. 익수자의 풍상 쪽에서 접근한다.

사. 구조선의 좌현 쪽에서 바람을 받으면서 접근한다.

아. 구조선의 우현 쪽에서 바람을 받으면서 접근한다.

15

천수효과(Shallow Water Effect)에 대한 설명으로 옳지 않은 것은?

가. 선회성이 좋아진다.

나. 트림의 변화가 생긴다.

사. 선박의 속력이 감소한다.

아. 선체 침하 현상이 발생한다.

16

선박이 항진 중 타각을 주었을 때, 수류에 의하여 타에 작용하는 힘 중 방향이 선체 후방인 분력은?

가. 양 력

나. 항 력

사. 마찰력

아. 직압력

17

전속으로 항행 중인 선박에서 전타하였을 때 나타나는 현상이 아닌 것은?

가. 횡경사

나. 선속의 증가

사. 선체회두

아. 선미 킥 현상

18

이론상 선박의 최대유효타각은?

가. 15도

나. 25도

사. 45도

아. 60도

19

다음 중 닻의 역할이 아닌 것은?

가. 침로 유지에 사용된다.

나. 좁은 수역에서 선회하는 경우에 이용된다.

사. 선박을 임의의 수면에 정지 또는 정박시킨다.

아. 선박의 속력을 급히 감소시키는 경우에 사용된다.

20

선박의 안정성에 대한 설명으로 옳지 않은 것은?

가. 배의 중심은 적하상태에 따라 이동한다.

나. 유동수로 인하여 복원력이 감소할 수 있다.

사. 배의 무게중심이 낮은 배를 보톰 헤비(Bottom Heavy) 상태라 한다.

아. 배의 무게중심이 높은 경우에는 파도를 옆에서 받고 조선하도록 한다.

21

황천항해에 대비하여 선체동요에 대한 준비조치로 옳지 않은 것은?

가. 닻 등을 철저히 고박한다.

나. 선내 이동 물체들을 고박한다.

사. 선체 외부의 개구부를 개방한다.

아. 각종 탱크의 자유표면(Free Surface)을 줄인다.

22

파도가 심한 해역에서 선속을 저하시키는 요인이 아닌 것은?

가. 바 람

나. 풍랑(Wave)

사. 수 온

아. 너울(Swell)

23

황천 중에 항행이 곤란할 때의 조선상의 조치로 풍랑을 선미 쿼터(Quarter)에서 받으면서 파랑에 쫓기는 자세로 항주하는 방법은?

가. 표주(Lie to)법

나. 거주(Heave to)법

사. 순주(Scudding)법

아. 진파기름(Storm oil)의 살포

24

해양에 오염물질이 배출되는 경우 방제조치로 옳지 않은 것은?

가. 오염물질의 배출 중지

나. 배출된 오염물질의 분산

사. 배출된 오염물질의 수거 및 처리

아. 배출된 오염물질의 제거 및 확산방지

25

시계가 제한된 경우의 조치로 옳지 않은 것은?

가. 무중신호를 울린다.

나. 안전속력으로 항해한다.

사. 전속으로 항해하여 안개지역을 빨리 벗어난다.

아. 레이더를 사용하고 거리범위를 자주 변경한다.

01

해사안전법상 '조종제한선'이 아닌 선박은?

가. 준설 작업을 하고 있는 선박
나. 항로표지를 부설하고 있는 선박
사. 주기관의 고장으로 인해 움직일 수 없는 선박
아. 항행 중 어획물을 옮겨 싣고 있는 어선

02

해사안전법의 목적으로 옳은 것은?

가. 해상에서의 인명구조
나. 우수한 해기사 양성과 해기인력 확보
사. 해양주권의 행사 및 국민의 해양권 확보
아. 해사안전 증진과 선박의 원활한 교통에 기여

03

해사안전법상 술에 취한 상태에서 조타기를 조작하거나 조작을 지시한 경우 적용되는 규정에 대한 설명으로 옳은 것은?

가. 해기사 면허가 취소되거나 정지될 수 있다.
나. 술에 취한 상태에서는 음주 측정요구에 따르지 않아도 된다.
사. 술에 취한 선장이 조타기 조작을 지시만 하는 경우에는 처벌할 수 없다.
아. 술에 취한 상태에서 조타기를 조작하여도 해양사고가 일어나지 않으면 처벌할 수 없다.

04

해사안전법상 충돌 위험의 판단에 대한 설명으로 옳지 않은 것은?

가. 선박은 다른 선박과 충돌할 위험이 있는지를 판단하기 위하여 당시의 상황에 알맞은 모든 수단을 활용하여야 한다.
나. 선박은 다른 선박과의 충돌 위험 여부를 판단하기 위하여 불충분한 레이더 정보나 그 밖의 불충분한 정보를 적극 활용하여야 한다.
사. 선박은 접근하여 오는 다른 선박의 나침방위에 뚜렷한 변화가 일어나지 아니하면 충돌할 위험성이 있다고 보고 필요한 조치를 취하여야 한다.
아. 레이더를 설치한 선박은 다른 선박과 충돌할 위험성 유무를 미리 파악하기 위하여 레이더를 이용하여 장거리 주사, 탐지된 물체에 대한 작도, 그 밖의 체계적인 관측을 하여야 한다.

05

해사안전법상 적절한 경계에 대한 설명으로 옳지 않은 것은?

가. 이용할 수 있는 모든 수단을 이용한다.
나. 청각을 이용하는 것이 가장 효과적이다.
사. 선박 주위의 상황을 파악하기 위함이다.
아. 다른 선박과 충돌할 위험성을 파악하기 위함이다.

06

해사안전법상 통항분리수역에서의 항법으로 옳지 않은 것은?

가. 통항로는 어떠한 경우에도 횡단할 수 없다.

나. 통항로의 출입구를 통하여 출입하는 것을 원칙으로 한다.

사. 통항로 안에서는 정하여진 진행방향으로 항행하여야 한다.

아. 분리선이나 분리대에서 될 수 있으면 떨어져서 항행하여야 한다.

07

해사안전법상 유지선이 충돌을 피하기 위한 협력동작을 하여야 할 시기로 옳은 것은?

가. 피항선이 적절한 동작을 취하고 있을 때

나. 먼 거리에서 충돌의 위험이 있다고 판단한 때

사. 자선의 조종만으로 조기의 피항동작을 취한 직후

아. 피항선의 동작만으로는 충돌을 피할 수 없다고 판단한 때

08

해사안전법상 선박이 '서로 시계 안에 있는 상태'를 옳게 정의한 것은?

가. 한 선박이 다른 선박을 횡단하는 상태

나. 한 선박이 다른 선박과 교신 중인 상태

사. 한 선박이 다른 선박을 눈으로 볼 수 있는 상태

아. 한 선박이 다른 선박을 레이더만으로 확인할 수 있는 상태

09

해사안전법상 2척의 동력선이 마주치는 상태로 볼 수 있는 경우가 아닌 것은?

가. 선수 방향에 있는 다른 선박의 선미등을 볼 수 있는 경우

나. 선수 방향에 있는 다른 선박과 마주치는 상태에 있는지가 분명하지 아니한 경우

사. 다른 선박을 선수 방향에서 볼 수 있는 경우, 낮에는 2척의 선박의 마스트가 선수에서 선미까지 일직선이 되거나 거의 일직선이 되는 경우

아. 다른 선박을 선수 방향에서 볼 수 있는 경우, 밤에는 2개의 마스트등을 일직선으로 또는 거의 일직선으로 볼 수 있거나 양쪽의 현등을 볼 수 있는 경우

10

해사안전법상 제한된 시계에서 충돌할 위험성이 없다고 판단한 경우 외에 자기 선박의 양쪽 현의 정횡 앞쪽에 있는 다른 선박의 무중신호를 듣고 취할 조치로 옳은 것을 〈보기〉에서 모두 고른 것은?

─┤보 기├─
ㄱ. 최대 속력으로 항행하면서 경계를 한다.
ㄴ. 우현 쪽으로 침로를 변경시키지 않는다.
ㄷ. 필요 시 자기 선박의 진행을 완전히 멈춘다.
ㄹ. 충돌할 위험성이 사라질 때까지 주의하여 항행하여야 한다.

가. ㄴ, ㄷ

나. ㄷ, ㄹ

사. ㄱ, ㄴ, ㄹ

아. ㄴ, ㄷ, ㄹ

11

해사안전법상 야간에 가장 잘 보이는 곳에 붉은색 전주등 3개를 수직으로 표시하고 있는 선박은?

가. 조종불능선

나. 흘수제약선

사. 어로에 종사하고 있는 선박

아. 피예인선을 예인 중인 예인선

12

해사안전법상 '섬광등'의 정의는?

가. 선수 쪽 225도에 걸치는 수평의 호를 비추는 등

나. 360도에 걸치는 수평의 호를 비추는 등화로 서, 일정한 간격으로 1분에 30회 이상 섬광을 발하는 등

사. 360도에 걸치는 수평의 호를 비추는 등화로 서, 일정한 간격으로 1분에 60회 이상 섬광을 발하는 등

아. 360도에 걸치는 수평의 호를 비추는 등화로 서, 일정한 간격으로 1분에 120회 이상 섬광을 발하는 등

13

해사안전법상 선미등이 비추는 수평의 호의 범위 와 등색은?

가. 135도, 흰색

나. 135도, 붉은색

사. 225도, 흰색

아. 225도, 붉은색

14

해사안전법상 항행 중인 길이 12미터 이상인 동력 선이 서로 상대의 시계 안에 있고, 침로를 왼쪽으로 변경하고 있는 경우 행하여야 하는 기적신호는?

가. 단음 1회

나. 단음 2회

사. 장음 1회

아. 장음 2회

15

해사안전법상 제한된 시계 안에서 정박하여 어로 작업을 하고 있거나 작업 중인 조종제한선을 제외 한 길이 20미터 이상 100미터 미만의 선박이 정 박 중 1분을 넘지 아니하는 간격으로 울려야 하는 음향신호는?

가. 단음 5회

나. 10초 정도의 긴 장음

사. 10초 정도의 호루라기

아. 5초 정도 재빨리 울리는 호종

16

선박의 입항 및 출항 등에 관한 법률상 무역항의 수상구역등에서 화재가 발생한 경우 기적이나 사 이렌을 갖춘 선박이 울리는 경보는?

가. 기적이나 사이렌으로 장음 5회를 적당한 간격 으로 반복

나. 기적이나 사이렌으로 장음 7회를 적당한 간격 으로 반복

사. 기적이나 사이렌으로 단음 5회를 적당한 간격 으로 반복

아. 기적이나 사이렌으로 단음 7회를 적당한 간격 으로 반복

17

선박의 입항 및 출항 등에 관한 법률상 무역항의 수상구역등에서 정박하거나 정류할 수 있는 경우가 아닌 것은?

가. 인명을 구조하는 경우

나. 해양사고를 피하기 위한 경우

사. 선용품을 보급받고 있는 경우

아. 선박의 고장으로 선박을 조종할 수 없는 경우

18

선박의 입항 및 출항 등에 관한 법률상 총톤수 5톤인 내항선이 무역항의 수상구역등을 출입할 때 하는 출입신고에 대한 내용으로 옳은 것은?

가. 내항선이므로 출입 신고를 하지 않아도 된다.

나. 출항 일시가 이미 정하여진 경우에도 입항 신고와 출항 신고는 동시에 할 수 없다.

사. 무역항의 수상구역등의 안으로 입항하는 경우 원칙적으로 입항하기 전에 입항 신고를 하여야 한다.

아. 무역항의 수상구역등의 밖으로 출항하는 경우 통상적으로 출항 직후 즉시 출항 신고를 하여야 한다.

19

선박의 입항 및 출항 등에 관한 법률상 우선피항선에 대한 규정으로 옳은 것은?

가. 우선피항선은 다른 선박의 항행에 방해가 될 우려가 있는 장소에 정박하거나, 정류하여서는 아니 된다.

나. 무역항의 수상구역등이나 무역항의 수상구역 부근에서 우선피항선은 다른 선박과 만나는 자세에 따라 유지선이 될 수 있다.

사. 총톤수 5톤 미만인 우선피항선이 무역항의 수상구역등에 출입하려는 경우에는 통상적으로 대통령령으로 정하는 바에 따라 관리청에 신고하여야 한다.

아. 우선피항선은 무역항의 수상구역등에 출입하는 경우 또는 무역항의 수상구역등을 통과하는 경우에는 관리청에서 지정·고시한 항로를 따라 항행하여야 한다.

20

( )에 적합한 것은?

선박의 입항 및 출항 등에 관한 법률상 항로에서 다른 선박과 마주칠 우려가 있는 경우에는 ( )으로 항행하여야 한다.

가. 왼 쪽

나. 오른쪽

사. 부두쪽

아. 중 앙

21

선박의 입항 및 출항 등에 관한 법률상 무역항의 수상구역등의 방파제 입구 등에서 입항하는 선박과 출항하는 선박이 서로 마주칠 우려가 있을 때의 항법은?

가. 입항하는 선박이 방파제 밖에서 출항하는 선박의 진로를 피하여야 한다.

나. 출항하는 선박은 방파제 안에서 입항하는 선박의 진로를 피하여야 한다.

사. 입항하는 선박이 방파제 입구를 좌현 쪽으로 접근하여 통과하여야 한다.

아. 출항하는 선박은 방파제 입구를 좌현 쪽으로 접근하여 통과하여야 한다.

22

다음 중 선박의 입항 및 출항 등에 관한 법률상 해양사고를 피하기 위한 경우 등 해양수산부령으로 정하는 사유가 아닌 경우 무역항의 수상구역등을 통과할 때 지정·고시된 항로를 따라 항행하여야 하는 선박은?

가. 예 선

나. 압항부선

사. 주로 삿대로 운전하는 선박

아. 예인선이 부선을 끌거나 밀고 있는 경우의 예인선 및 부선

23

해양환경관리법상 선박의 방제의무자에 해당하는 사람은?

가. 배출을 발견한 자

나. 지방해양수산청장

사. 배출된 오염물질이 적재되었던 선박의 선장

아. 배출된 오염물질이 적재되었던 선박의 기관장

24

해양환경관리법상 선박의 밑바닥에 고인 액상 유성혼합물은?

가. 석 유

나. 선저폐수

사. 폐기물

아. 잔류성 오염물질

25

해양환경관리법상 해양오염방지설비 등을 선박에 최초로 설치하여 항해에 사용하고자 할 때 받는 검사는?

가. 정기검사

나. 임시검사

사. 특별검사

아. 제조검사

PART 02

01

총톤수 10톤 정도의 소형선박에서 가장 많이 이용하는 디젤기관의 시동 방법은?

가. 사람의 힘에 의한 수동시동
나. 시동 기관에 의한 시동
사. 시동 전동기에 의한 시동
아. 압축 공기에 의한 시동

02

내연기관을 작동시키는 유체는?

가. 증 기
나. 공 기
사. 연료유
아. 연소가스

03

디젤기관의 압축비에 해당하는 것은?

가. (압축부피)/(실린더부피)
나. (실린더부피)/(압축부피)
사. (행정부피)/(압축부피)
아. (압축부피)/(행정부피)

04

4행정 사이클 디젤기관에서 실제로 동력을 발생시키는 행정은?

가. 흡입 행정
나. 압축 행정
사. 작동 행정
아. 배기 행정

05

동일한 디젤기관에서 크기가 가장 작은 것은?

가. 과급기
나. 연료분사밸브
사. 실린더 헤드
아. 실린더 라이너

06

소형기관에서 흡·배기 밸브의 운동에 대한 설명으로 옳은 것은?

가. 흡기 밸브는 스프링의 힘으로 열린다.
나. 흡기 밸브는 푸시로드에 의해 닫힌다.
사. 배기 밸브는 푸시로드에 의해 닫힌다.
아. 배기 밸브는 스프링의 힘으로 닫힌다.

07

디젤기관에서 오일 스크레이퍼 링에 대한 설명으로 옳은 것은?

가. 윤활유를 실린더 내벽에서 밑으로 긁어 내린다.
나. 피스톤의 열을 실린더에 전달한다.
사. 피스톤의 회전운동을 원활하게 한다.
아. 연소가스의 누설을 방지한다.

08

소형기관에서 피스톤과 연접봉을 연결하는 부품은?

가. 로크핀
나. 피스톤핀
사. 크랭크핀
아. 크로스헤드핀

01 사 02 아 03 나 04 사 05 나 06 아 07 가 08 나 정답

09

소형기관에서 크랭크 축의 구성 요소가 아닌 것은?

가. 크랭크 암

나. 크랭크 핀

사. 크랭크 저널

아. 크랭크 보스

10

운전중인 디젤기관의 실린더 헤드와 실린더 라이너 사이에서 배기가스가 누설하는 경우의 가장 적절한 조치 방법은?

가. 기관을 정지하여 구리개스킷을 교환한다.

나. 기관을 정지하여 구리개스킷을 1개 더 추가로 삽입한다.

사. 배기가스가 누설하지 않을 때까지 저속으로 운전한다.

아. 실린더 헤드와 실린더 라이너 사이의 죄임 너트를 약간 풀어준다.

11

디젤기관이 효율적으로 운전될 때의 배기가스 색깔은?

가. 회 색

나. 백 색

사. 흑 색

아. 무 색

12

디젤기관에서 디젤 노크를 방지하기 위한 방법으로 옳지 않은 것은?

가. 착화지연을 길게 한다.

나. 냉각수 온도를 높게 유지한다.

사. 착화성이 좋은 연료유를 사용한다.

아. 연소실 내 공기의 와류를 크게 한다.

13

디젤기관의 연료유관 계통에서 프라이밍이 완료된 상태는 어떻게 판단하는가?

가. 연료유의 불순물만 나올 때

나. 공기만 나올 때

사. 연료유만 나올 때

아. 연료유와 공기의 거품이 함께 나올 때

14

10노트로 항해하는 선박의 속력에 대한 설명으로 옳은 것은?

가. 1시간에 1마일을 항해하는 선박의 속력이다.

나. 1시간에 5마일을 항해하는 선박의 속력이다.

사. 10시간에 1마일을 항해하는 선박의 속력이다.

아. 10시간에 100마일을 항해하는 선박의 속력이다.

15

조타장치의 역할로 옳은 것은?

가. 선박의 진행 속도 조정

나. 선내 전원 공급

사. 선박의 진행 방향 조정

아. 디젤기관에 윤활유 공급

16

송출측에 공기실을 설치하는 펌프는?

가. 원심펌프

나. 축류펌프

사. 왕복펌프

아. 기어펌프

17

디젤기관의 냉각수 펌프로 가장 적당한 펌프는?

가. 기어펌프

나. 원심펌프

사. 이모펌프

아. 베인펌프

18

전동기의 기동반에 설치되는 표시등이 아닌 것은?

가. 전원등

나. 운전등

사. 경보등

아. 병렬등

19

전류의 흐름을 방해하는 성질인 저항의 단위는?

가. [V]

나. [A]

사. [Ω]

아. [kW]

20

교류 발전기 2대를 병렬운전할 경우 동기검정기로 판단할 수 있는 것은?

가. 두 발전기의 극수와 동기속도의 일치 여부

나. 두 발전기의 부하전류와 전압의 일치 여부

사. 두 발전기의 절연저항과 권선저항의 일치 여부

아. 두 발전기의 주파수와 위상의 일치 여부

21

운전중인 기관을 신속하게 정지시켜야 하는 경우는?

가. 시동용 배터리의 전압이 너무 낮을 때

나. 냉각수 온도가 너무 높을 때

사. 윤활유 온도가 규정값보다 낮을 때

아. 냉각수 압력이 규정값보다 높을 때

22

운전중인 디젤기관에서 어느 한 실린더의 배기 온도가 상승한 경우의 원인으로 가장 적절한 것은?

가. 과부하 운전

나. 조속기 고장

사. 배기 밸브의 누설

아. 흡입공기의 냉각 불량

23

소형 디젤기관에서 실린더 라이너가 너무 많이 마멸되었을 경우에 대한 설명으로 옳지 않은 것은?

가. 윤활유가 오손되기 쉽다.

나. 윤활유가 많이 소모된다.

사. 기관의 출력이 저하된다.

아. 연료유 소비량이 줄어든다.

16 사 17 나 18 아 19 사 20 아 21 나 22 사 23 아 정답

24

연료유의 비중이란?

가. 부피가 같은 연료유와 물의 무게 비이다.

나. 압력이 같은 연료유와 물의 무게 비이다.

사. 점도가 같은 연료유와 물의 무게 비이다.

아. 인화점이 같은 연료유와 물의 무게 비이다.

25

연료유의 점도에 대한 설명으로 옳은 것은?

가. 온도가 낮아질수록 점도는 높아진다.

나. 온도가 높아질수록 점도는 높아진다.

사. 대기 중 습도가 낮아질수록 점도는 높아진다.

아. 대기 중 습도가 높아질수록 점도는 높아진다.

PART 02

제1과목 항 해

01

자기 컴퍼스의 컴퍼스 카드에 부착되어 지북력을
갖게 하는 영구자석은?

가. 피 벗
나. 부 실
사. 자 침
아. 짐벌즈

02

기계식 자이로컴퍼스의 위도오차에 대한 설명으
로 옳지 않은 것은?

가. 위도가 높을수록 오차는 감소한다.
나. 적도에서는 오차가 생기지 않는다.
사. 북위도 지방에서는 편동오차가 된다.
아. 경사 제진식 자이로컴퍼스에만 있는 오차이다.

03

다음 중 레이더의 거짓상을 판독하기 위한 방법으
로 가장 적절한 것은?

가. 본선의 속력을 줄인다.
나. 레이더의 전원을 껐다가 다시 켠다.
사. 본선 침로를 약 10도 정도 좌우로 변침한다.
아. 레이더와 가장 가까운 항해계기의 전원을 끈다.

04

선체가 수평일 때에는 자차가 0°이더라도 선체가
기울어지면 다시 자차가 생길 수 있는데, 이때 생
기는 자차는?

가. 기 차
나. 경선차
사. 편 차
아. 컴퍼스 오차

05

자차 3°E, 편차 6°W일 때 나침의 오차(Compass
Error)는?

가. 3°E
나. 3°W
사. 9°E
아. 9°W

06

레이더를 이용하여 알 수 없는 정보는?

가. 본선과 다른 선박 사이의 거리
나. 본선 주위에 있는 부표의 존재 여부
사. 본선 주위에 있는 다른 선박의 선체 색깔
아. 안개가 끼었을 때 다른 선박의 존재 여부

01 사 02 가 03 사 04 나 05 나 06 사 정답

07

( )에 순서대로 적합한 것은?

> 해상에서 일반적으로 추측위치를 디알[DR]위치라고도 부르며, 선박의 ( )와 ( )의 두 가지 요소를 이용하여 구하게 된다.

가. 방위, 거리
나. 경도, 위도
사. 고도, 앙각
아. 침로, 속력

08

지축을 천구까지 연장한 선, 즉 천구의 회전대를 천의축이라고 하고, 천의 축이 천구와 만난 두 점을 무엇이라고 하는가?

가. 수직권
나. 천의 적도
사. 천의 극
아. 천의 자오선

09

레이더 화면을 12해리 거리 범위로 맞추어 놓은 상태에서 고정거리 눈금의 동심원과 동심원 사이 거리는?

가. 0.1해리
나. 0.5해리
사. 1.0해리
아. 2.0해리

10

다음 그림은 상대운동 표시방식 레이더 화면에서 본선 주변에 있는 4척의 선박을 플로팅한 것이다. 현재 상태에서 본선과 충돌할 가능성이 가장 큰 선박은?

가. A
나. B
사. C
아. D

11

노출암을 나타낸 다음의 해도도식에서 '4'가 의미하는 것은?

가. 수 심
나. 암초 높이
사. 파 고
아. 암초 크기

12

우리나라의 종이해도에서 주로 사용하는 수심의 단위는?

가. 미터(m)
나. 인치(inch)
사. 패덤(fm)
아. 킬로미터(km)

13

항로의 지도 및 안내서이며 해상에 있어서 기상, 해류, 조류 등의 여러 형상 및 항로의 상황 등을 상세히 기재한 수로서지는?

가. 등대표
나. 조석표
사. 천측력
아. 항로지

14

항로, 항행에 위험한 암초, 항행 금지 구역 등을 표시하는 지점에 고정 설치하여 선박의 좌초를 예방하고 항로를 지도하기 위하여 설치되는 광파(야간)표지는?

가. 등 선
나. 등 표
사. 도 등
아. 등부표

15

점등장치가 없고, 표지의 모양과 색깔로써 식별하는 표지는?

가. 전파표지
나. 형상(주간)표지
사. 광파(야간)표지
아. 음파(음향)표지

16

다음 중 시계가 나빠서 육지나 등화의 발견이 어려울 경우 사용하는 음파(음향)표지는?

가. 육 표
나. 등부표
사. 레이콘
아. 다이어폰

17

주로 하나의 항만, 어항, 좁은 수로 등 좁은 구역을 표시하는 해도에 많이 이용되는 도법은?

가. 평면도법
나. 점장도법
사. 대권도법
아. 다원추도법

18

연안항해 시 종이해도의 선택 방법으로 옳지 않은 것은?

가. 최신의 해도를 사용한다.
나. 완전히 개보된 것이 좋다.
사. 내용이 상세히 기록된 것이 좋다.
아. 대축척 해도보다 소축척 해도가 좋다.

19

다음 국제해상부표식의 종류 중 A, B 두 지역에 따라 등화의 색상이 다른 것은?

가. 측방표지
나. 특수표지
사. 방위표지
아. 고립장애(장해)표지

20

등질에 대한 설명으로 옳지 않은 것은?

가. 모스 부호등은 모스 부호를 빛으로 발하는 등이다.

나. 분호등은 3가지 등색을 바꾸어가며 계속 빛을 내는 등이다.

사. 섬광등은 빛을 비추는 시간이 꺼져 있는 시간보다 짧은 등이다.

아. 호광등은 색깔이 다른 종류의 빛을 교대로 내며, 그 사이에 등광은 꺼지는 일이 없는 등이다.

21

고기압에 대하여 옳게 설명한 것은?

가. 1기압보다 높은 것을 말한다.

나. 상승기류가 있어 날씨가 좋다.

사. 주위의 기압보다 높은 것을 말한다.

아. 바람은 저기압 중심에서 고기압 쪽으로 분다.

22

우리나라 부근의 고기압 중 아열대역에 동서로 길게 뻗쳐 있으며, 오랫동안 지속되는 키가 큰 고기압은?

가. 이동성 고기압

나. 시베리아 고기압

사. 북태평양 고기압

아. 오호츠크해 고기압

23

일기도의 종류와 내용을 나타내는 기호의 연결로 옳지 않은 것은?

가. A – 해석도

나. S – 지상자료

사. F – 예상도

아. U – 불명확한 자료

24

소형선박에서 통항계획의 수립은 누가 하여야 하는가?

가. 선 주

나. 선 장

사. 지방해양수산청장

아. 선박교통관제(VTS) 센터

25

선박의 항로지정제도(Ships' Routeing)에 관한 설명으로 옳지 않은 것은?

가. 국제해사기구(IMO)에서 지정할 수 있다.

나. 특정 화물을 운송하는 선박에 대해서도 사용을 권고할 수 있다.

사. 모든 선박 또는 일부 범위의 선박에 대하여 강제적으로 적용할 수 있다.

아. 국제해사기구에서 정한 항로지정방식은 해도에 표시되지 않을 수도 있다.

제2과목 운용

01
상갑판 아래의 공간을 선저에서 상갑판까지 종방향 또는 횡방향으로 선체를 구획하는 것은?

가. 갑 판
나. 격 벽
사. 외 판
아. 이중저

02
선박의 예비부력을 결정하는 요소로 선체가 침수되지 않은 부분의 수직거리를 의미하는 것은?

가. 흘 수
나. 깊 이
사. 수 심
아. 건 현

03
전진 또는 후진 시 배를 임의의 방향으로 회두시키고 일정한 침로를 유지하는 역할을 하는 설비는?

가. 타(키)
나. 닻
사. 양묘기
아. 주기관

04
선창 내에서 발생한 물이나 각종 오수들이 흘러 들어가서 모이는 곳은?

가. 해 치
나. 빌지 웰
사. 코퍼댐
아. 디프 탱크

05
조타장치에 대한 설명으로 옳지 않은 것은?

가. 자동 조타장치에서도 수동조타를 할 수 있다.
나. 동력 조타장치는 작은 힘으로 타의 회전이 가능하다.
사. 인력 조타장치는 소형선이니 범선 등에서 사용되어 왔다.
아. 동력 조타장치는 조타실의 조타륜이 타와 기계적으로 직접 연결되어 비상조타를 할 수 없다.

06
스톡 앵커의 각부 명칭을 나타낸 아래 그림에서 ㉠은?

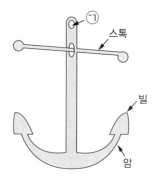

가. 생 크
나. 크라운
사. 플루크
아. 앵커 링

07

나일론 로프의 장점이 아닌 것은?

가. 열에 강하다.
나. 흡습성이 낮다.
사. 파단력이 크다.
아. 충격에 대한 흡수율이 좋다.

08

열전도율이 낮은 방수 물질로 만들어진 포대기 또는 옷으로 방수복을 착용하지 않은 사람이 입는 것은?

가. 보호복
나. 노출 보호복
사. 보온복
아. 작업용 구명조끼

09

초단파(VHF) 무선설비에서 디에스시(DSC)를 통한 조난 및 안전 통신 채널은?

가. 16   나. 21A
사. 70   아. 82

10

나일론 등과 같은 합성섬유로 된 포지를 고무로 가공하여 제작되며, 긴급 시에 탄산가스나 질소가스로 팽창시켜 사용하는 구명설비는?

가. 구명정
나. 구명부기
사. 구조정
아. 구명뗏목

11

손잡이를 잡고 불을 붙이면 붉은색의 불꽃을 1분 이상 내며, 10센티미터 깊이의 물속에 10초 동안 잠긴 후에도 계속 타는 팽창식 구명뗏목(Liferaft)의 의장품인 조난신호 용구는?

가. 신호 홍염
나. 자기 점화등
사. 발연부 신호
아. 로켓 낙하산 화염신호

12

붕대 감는 방법 중 같은 부위에 전폭으로 감는 방법으로 붕대 사용의 가장 기초가 되는 것은?

가. 나선대
나. 환행대
사. 사행대
아. 절전대

13

선박안전법상 평수구역을 항해구역으로 하는 선박이 갖추어야 하는 무선설비는?

가. 중파(MF) 무선설비
나. 초단파(VHF) 무선설비
사. 비상위치지시 무선표지(EPIRB)
아. 수색구조용 레이더 트랜스폰더(SART)

14

선박용 초단파(VHF) 무선설비의 최대 출력은?

가. 10W   나. 15W
사. 20W   아. 25W

15

선박 상호 간의 흡인 배척 작용에 대한 설명으로 옳지 않은 것은?

가. 고속으로 항과할수록 크게 나타난다.

나. 두 선박 사이의 거리가 가까울수록 크게 나타난다.

사. 선박이 추월할 때보다는 마주칠 때 영향이 크게 나타난다.

아. 선박의 크기가 다를 때에는 소형선박이 영향을 크게 받는다.

16

선체운동 중에서 선·수미선을 기준으로 좌·우 교대로 회전하려는 왕복운동은?

가. 종동요

나. 전후운동

사. 횡동요

아. 상하운동

17

운항 중인 선박에서 나타나는 타력의 종류가 아닌 것은?

가. 발동타력

나. 정지타력

사. 반전타력

아. 전속타력

18

고정피치 스크루 프로펠러 1개를 설치한 선박에서 후진 시 선체회두에 가장 큰 영향을 미치는 수류는?

가. 반 류

나. 배출류

사. 흡수류

아. 흡입류

19

복원력이 작은 선박을 조선할 때 적절한 조선 방법은?

가. 순차적으로 타각을 증가시킴

나. 전타 중 갑자기 타각을 감소시킴

사. 높은 속력으로 항행 중 대각도 전타

아. 전타 중 반대 현측으로 대각도 전타

20

좁은 수로를 항해할 때 유의할 사항으로 옳은 것은?

가. 침로를 변경할 때는 대각도로 한번에 변경하는 것이 좋다.

나. 선·수미선과 조류의 유선이 직각을 이루도록 조종하는 것이 좋다.

사. 언제든지 닻을 사용할 수 있도록 준비된 상태에서 항행하는 것이 좋다.

아. 조류는 순조 때에는 정침이 잘 되지만, 역조때에는 정침이 어려우므로 조종 시 유의하여야 한다.

15 사 16 사 17 아 18 나 19 가 20 사 정답

21

파장이 선박길이의 1~2배가 되고, 파랑을 선미로부터 받을 때 나타나기 쉬운 현상은?

가. 러칭(Lurching)

나. 슬래밍(Slamming)

사. 브로칭(Broaching)

아. 동조 횡동요(Synchronized Rolling)

22

복원력에 관한 내용으로 옳지 않은 것은?

가. 복원력의 크기는 배수량의 크기에 반비례한다.

나. 무게중심의 위치를 낮추는 것이 복원력을 크게 하는 가장 좋은 방법이다.

사. 황천항해 시 갑판에 올라온 해수가 즉시 배수되지 않으면 복원력이 감소될 수 있다.

아. 항해의 경과로 연료유와 청수 등의 소비, 유동수의 발생으로 인해 복원력이 감소될 수 있다.

23

다음 중 태풍을 피항하는 가장 안전한 방법은?

가. 가항반원으로 항해한다.

나. 위험반원의 반대쪽으로 항해한다.

사. 선미 쪽에서 바람을 받도록 항해한다.

아. 미리 태풍의 중심으로부터 최대한 멀리 떨어진다.

24

선박으로부터 해양오염물질이 배출된 경우 신고하여야 하는 사항이 아닌 것은?

가. 해면상태 및 기상상태

나. 사고 선박의 선박소유자

사. 배출된 오염물질의 추정량

아. 오염사고 발생일시, 장소 및 원인

25

전기장치에 의한 화재 원인이 아닌 것은?

가. 산화된 금속의 불똥

나. 과전류가 흐르는 낡은 전선

사. 절연이 충분치 않은 전동기

아. 불량한 전기접점 그리고 노출된 전구

PART 02

01

해사안전법상 '어로에 종사하고 있는 선박'이 아닌 것은?

가. 양승 중인 연승 어선

나. 투망 중인 안강망 어선

사. 양망 중인 저인망 어선

아. 어장 이동을 위해 항행하는 통발 어선

02

해사안전법상 침몰·좌초된 선박으로부터 유실된 물건 등 선박항행에 장애가 되는 물건은?

가. 침 선

나. 폐기물

사. 구조물

아. 항행장애물

03

해사안전법상 법에서 정하는 바가 없는 경우 충돌을 피하기 위한 동작이 아닌 것은?

가. 적극적인 동작

나. 충분한 시간적 여유를 가지는 동작

사. 선박을 적절하게 운용하는 관행에 따른 동작

아. 침로나 속력을 소폭으로 연속적으로 변경하는 동작

04

해사안전법상 2척의 동력선이 서로 시계 안에서 각 선박은 다른 선박을 선수 방향에서 볼 수 있는 경우로서, 밤에는 양쪽의 현등을 동시에 볼 수 있는 경우의 상태는?

가. 마주치는 상태

나. 횡단하는 상태

사. 통과하는 상태

아. 앞지르기 하는 상태

05

해사안전법상 안전한 속력을 결정할 때 고려할 사항이 아닌 것은?

가. 해상교통량의 밀도

나. 레이더의 특성 및 성능

사. 항해사의 야간 항해당직 경험

아. 선박의 정지거리·선회성능, 그 밖의 조종성능

06

해사안전법상 어로에 종사하고 있는 선박이 원칙적으로 진로를 피하지 않아도 되는 선박은?

가. 조종제한선

나. 조종불능선

사. 수상항공기

아. 흘수제약선

07

해사안전법상 제한된 시계에서 레이더만으로 다른 선박이 있는 것을 탐지한 선박의 피항동작이 침로를 변경하는 것만으로 이루어질 경우 선박이 취하여야 할 행위로 옳은 것은?(단, 앞지르기 당하고 있는 선박에 대한 경우는 제외함)

가. 자기 선박의 양쪽 현의 정횡에 있는 선박의 방향으로 침로를 변경하는 행위

나. 자기 선박의 양쪽 현의 정횡 뒤쪽에 있는 선박의 방향으로 침로를 변경하는 행위

사. 다른 선박이 자기 선박의 양쪽 현의 정횡 앞쪽에 있는 경우 우현 쪽으로 침로를 변경하는 행위

아. 다른 선박이 자기 선박의 양쪽 현의 정횡 앞쪽에 있는 경우 좌현 쪽으로 침로를 변경하는 행위

08

( )에 순서대로 적합한 것은?

> 해사안전법상 모든 선박은 시계가 제한된 그 당시의 ( )에 적합한 ( )으로 항행하여야 하며, ( )은 제한된 시계 안에 있는 경우 기관을 즉시 조작할 수 있도록 준비하고 있어야 한다.

가. 시정, 최소한의 속력, 동력선

나. 시정, 안전한 속력, 모든 선박

사. 사정과 조건, 안전한 속력, 동력선

아. 사정과 조건, 최소한의 속력, 모든 선박

09

해사안전법상 가장 잘 보이는 곳에 수직으로 붉은색 전주등 2개, 좌현에 붉은색 등, 우현에 녹색 등, 선미에 흰색 등을 켜고 있는 선박은?

가. 흘수제약선

나. 어로에 종사하고 있는 선박

사. 대수속력이 있는 조종제한선

아. 대수속력이 있는 조종불능선

PART 02

10

( )에 적합한 것은?

> 해사안전법상 섬광등은 360도에 걸치는 수평의 호를 비추는 등화로서, 일정한 간격으로 1분에 ( ) 섬광을 발하는 등이다.

가. 60회 이상

나. 120회 이상

사. 180회 이상

아. 240회 이상

11

해사안전법상 원칙적으로 통항분리수역의 연안통항대를 이용할 수 없는 선박은?

가. 길이 25미터인 범선

나. 길이 20미터인 선박

사. 어로에 종사하고 있는 선박

아. 인접한 항구로 입항하는 선박

12

해사안전법상 등화에 사용되는 등색이 아닌 것은?

가. 녹 색

나. 흰 색

사. 청 색

아. 붉은색

13

(   )에 적합한 것은?

> 해사안전법상 항행 중인 동력선이 (   )에 있는 경우에 그 침로를 변경하거나 그 기관을 후진하여 사용할 때에는 기적신호를 행하여야 한다.

가. 평수구역

나. 서로 상대의 시계 안

사. 제한된 시계

아. 무역항의 수상구역 안

14

해사안전법상 제한된 시계 안에서 2분을 넘지 아니하는 간격으로 장음 2회의 기적신호를 들었다면 그 기적을 울린 선박은?

가. 정박선

나. 조종제한선

사. 얹혀 있는 선박

아. 대수속력이 없는 항행 중인 동력선

15

(   )에 순서대로 적합한 것은?

> 해사안전법상 좁은 수로등의 굽은 부분에 접근하는 선박은 (   )의 기적신호를 울리고, 그 기적신호를 들은 다른 선박은 (   )의 기적신호를 울려 이에 응답하여야 한다.

가. 단음 1회, 단음 2회

나. 장음 1회, 단음 2회

사. 단음 1회, 단음 1회

아. 장음 1회, 장음 1회

16

선박의 입항 및 출항 등에 관한 법률상 무역항의 수상구역등에 출입하는 선박 중 출입 신고 면제 대상 선박이 아닌 것은?

가. 총톤수 10톤인 선박

나. 해양사고구조에 사용되는 선박

사. 국내항 간을 운항하는 동력요트

아. 도선선, 예선 등 선박의 출입을 지원하는 선박

17

선박의 입항 및 출항 등에 관한 법률상 무역항의 수상구역등에서 위험물운송선박이 아닌 선박이 불꽃이나 열이 발생하는 용접 등의 방법으로 기관실에서 수리작업을 하는 경우 관리청의 허가를 받아야 하는 선박의 크기 기준은?

가. 총톤수 20톤 이상

나. 총톤수 25톤 이상

사. 총톤수 50톤 이상

아. 총톤수 100톤 이상

12 사 13 나 14 아 15 아 16 가 17 가 정답

18

( )에 적합한 것은?

선박의 입항 및 출항 등에 관한 법률상 해양사고를 피하기 위한 경우 등이 아닌 경우 선장은 항로에 선박을 정박 또는 정류시키거나 예인되는 선박 또는 ( )을 내버려두어서는 아니 된다.

가. 쓰레기
나. 부유물
사. 배설물
아. 오염물질

19

선박의 입항 및 출항 등에 관한 법률상 선박이 무역항의 수상구역등에서 항로를 따라 항행 중 다른 선박과 마주칠 우려가 있는 경우 항법으로 옳은 것은?

가. 합의하여 항행할 것
나. 오른쪽으로 항행할 것
사. 항로를 빨리 벗어날 것
아. 최대 속력으로 증속할 것

20

( )에 적합한 것은?

선박의 입항 및 출항 등에 관한 법률상 관리청은 무역항의 수상구역등에서 선박교통의 안전을 위하여 필요한 경우에는 무역항과 무역항의 수상구역 밖의 ( )를 항로로 지정·고시할 수 있다.

가. 수 로
나. 일방통항로
사. 어 로
아. 통항분리대

21

( )에 순서대로 적합한 것은?

선박의 입항 및 출항 등에 관한 법률상 ( )은 ( )으로부터 선박 항행 최고속력의 지정을 요청받은 경우 특별한 사유가 없으면 무역항의 수상구역등에서 선박 항행 최고속력을 지정·고시하여야 한다.

가. 관리청, 해양경찰청장
나. 지정청, 해양경찰청장
사. 관리청, 지방해양수산청장
아. 지정청, 지방해양수산청장

22

( )에 적합한 것은?

선박의 입항 및 출항 등에 관한 법률상 ( ) 외의 선박은 무역항의 수상구역등에 출입하는 경우 또는 무역항의 수상구역등을 통과하는 경우에는 해양사고를 피하기 위한 경우 등 해양수산부령으로 정하는 사유가 있는 경우를 제외하고 지정·고시된 항로를 따라 항행하여야 한다.

가. 예인선
나. 우선피항선
사. 조종불능선
아. 흘수제약선

23

해양환경관리법의 적용 대상이 아닌 것은?

가. 영해 내의 방사성 물질

나. 영해 내의 대한민국선박

사. 영해 내의 대한민국선박 외의 선박

아. 배타적경제수역 내의 대한민국선박

24

해양환경관리법상 선박에서 발생하는 폐기물 배출에 대한 설명으로 옳지 않은 것은?

가. 플라스틱 그물은 해양에 배출할 수 없다.

나. 음식찌꺼기는 어떠한 상황에서도 배출할 수 없다.

사. 어업활동 중 폐사된 물고기는 해양에 배출할 수 있다.

아. 해양환경에 유해하지 않은 부유성 화물잔류물은 영해기선으로부터 25해리 이상에서 해양에 배출할 수 있다.

25

해양환경관리법상 소형선박에 비치하여야 하는 기관구역용 폐유저장용기에 관한 규정으로 옳지 않은 것은?

가. 용기는 2개 이상으로 나누어 비치할 수 있다.

나. 용기는 견고한 금속성 재질 또는 플라스틱 재질이어야 한다.

사. 총톤수 5톤 이상 10톤 미만의 선박은 30리터 저장용량의 용기를 비치하여야 한다.

아. 총톤수 10톤 이상 30톤 미만의 선박은 60리터 저장용량의 용기를 비치하여야 한다.

제4과목 **기 관**

01

내연기관의 거버너에 대한 설명으로 옳은 것은?

가. 기관의 회전 속도가 일정하게 되도록 연료유의 공급량을 조절한다.

나. 기관에 들어가는 연료유의 온도를 자동으로 조절한다.

사. 배기가스 온도가 고온이 되는 것을 방지한다.

아. 기관의 흡입 공기량을 자동으로 조절한다.

02

4행정 사이클 디젤기관의 압축행정에 대한 설명으로 옳은 것을 모두 고른 것은?

① 가장 일을 많이 하는 행정이다.
② 연소실 내부 공기의 온도가 상승한다.
③ 연소실 내부 공기의 압력이 내려간다.
④ 흡기 밸브와 배기 밸브가 모두 닫혀 있다.
⑤ 피스톤이 상사점에서 하사점으로 내려간다.

가. ②, ④

나. ②, ③, ④

사. ②, ③, ④, ⑤

아. ①, ②, ③, ④, ⑤

03

소형 내연기관에서 실린더 라이너가 너무 많이 마멸되었을 경우 일어나는 현상이 아닌 것은?

가. 연소가스가 샌다.

나. 출력이 낮아진다.

사. 냉각수의 누설이 많아진다.

아. 연료유의 소모량이 많아진다.

04

트렁크형 소형기관에서 커넥팅 로드의 역할로 옳은 것은?

가. 피스톤이 받은 힘을 크랭크 축에 전달한다.

나. 크랭크 축의 회전운동을 왕복운동으로 바꾼다.

사. 피스톤 로드가 받은 힘을 크랭크 축에 전달한다.

아. 피스톤이 받은 열을 실린더 라이너에 전달한다.

05

다음과 같은 습식 실린더 라이너에서 ④를 통과하는 유체는?

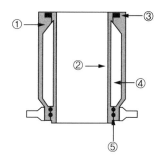

가. 윤활유

나. 청 수

사. 연료유

아. 공 기

06

소형기관의 운전 중 회전운동을 하는 부품이 아닌 것은?

가. 평형추

나. 피스톤

사. 크랭크 축

아. 플라이휠

07

크랭크 축 구조에 대한 설명으로 옳은 것을 모두 고른 것은?

① 크랭크 핀은 커넥팅 로드 대단부와 연결된다.

② 크랭크 핀은 크랭크 저널과 크랭크 암을 연결한다.

③ 크랭크 저널은 크랭크 암과 크랭크 핀을 연결한다.

④ 크랭크 저널은 메인 베어링에 의해 지지되는 축이다.

가. ①, ③

나. ①, ④

사. ②, ③

아. ②, ④

PART 02

08

디젤기관에서 각부 마멸량을 측정하는 부위와 공구가 옳게 짝지어진 것은?

가. 피스톤링 두께 – 내측 마이크로미터

나. 크랭크암 디플렉션 – 버니어 캘리퍼스

사. 흡기 및 배기 밸브 틈새 – 필러 게이지

아. 실린더 라이너 내경 – 외측 마이크로미터

09

선교에 설치되어 있는 주기관 연료 핸들의 역할은?

가. 연료공급펌프의 회전수를 조정한다.

나. 연료공급펌프의 압력을 조정한다.

사. 거버너의 연료량 설정값을 조정한다.

아. 거버너의 감도를 조정한다.

10

소형 디젤기관의 운전 중 윤활유 섬프탱크의 레벨이 비정상적으로 상승하는 주된 원인은?

가. 연료분사밸브에서 연료유가 누설된 경우
나. 배기 밸브에서 배기가스가 누설된 경우
사. 피스톤링의 마멸로 배기가스가 유입된 경우
아. 실린더 라이너의 누수로 인해 물이 유입된 경우

11

압축공기로 시동하는 디젤기관에서 시동이 되지 않는 경우의 원인이 아닌 것은?

가. 터닝기어가 연결되어 있는 경우
나. 시동공기의 압력이 너무 낮은 경우
사. 시동공기의 온도가 너무 낮은 경우
아. 시동공기 분배기가 고장이거나 차단된 경우

12

선박용 추진기관의 동력전달계통에 포함되지 않는 것은?

가. 감속기
나. 추진기
사. 과급기
아. 추진기축

13

소형선박에서 전진 및 후진을 하기 위해 필요하며, 기관에서 발생한 동력을 추진기축으로 전달하거나 끊어주는 장치는?

가. 클러치
나. 베어링
사. 샤프트
아. 크랭크

14

다음 그림과 같이 4개(1, 2, 3, 4)의 너트로 디젤기관의 실린더 헤드를 조립할 때 너트의 조임 순서로 가장 적절한 것은?

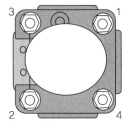

가. 1 → 2 → 3 → 4 → 2 → 1 → 4 → 3
나. 1 → 4 → 2 → 3 → 1 → 4 → 2 → 3
사. 1 → 3 → 2 → 4 → 1 → 3 → 2 → 4
아. 1 → 2 → 3 → 4 → 1 → 3 → 2 → 4

15

조타장치의 조종장치에 사용되는 방식이 아닌 것은?

가. 전기식
나. 공기식
사. 유압식
아. 기계식

16

다음 중 임펠러가 있는 펌프는?

가. 연료유 펌프
나. 해수 펌프
사. 윤활유 펌프
아. 연료분사 펌프

17

"윤활유 펌프는 주로 (   )를 사용한다."에서 (   )에 적합한 것은?

가. 플런저펌프
나. 기어펌프
사. 원심펌프
아. 분사펌프

18

변압기의 정격 용량을 나타내는 단위는?

가. [A]
나. [Ah]
사. [kW]
아. [kVA]

19

발전기의 기중차단기를 나타내는 것은?

가. ACB
나. NFB
사. OCR
아. MCCB

20

방전이 되면 다시 충전해서 계속 사용할 수 있는 전지는?

가. 1차 전지
나. 2차 전지
사. 3차 전지
아. 4차 전지

21

"정박중 기관을 조정하거나 검사, 수리 등을 할 때 운전 속도보다 훨씬 낮은 속도로 기관을 서서히 회전시키는 것을 (   )이라 한다."에서 (   )에 알맞은 것은?

가. 워 밍
나. 시 동
사. 터 닝
아. 운 전

22

디젤기관에서 연료분사밸브가 누설될 경우 발생하는 현상으로 옳은 것은?

가. 배기온도가 내려가고 검은색 배기가 발생한다.
나. 배기온도가 올라가고 검은색 배기가 발생한다.
사. 배기온도가 내려가고 흰색 배기가 발생한다.
아. 배기온도가 올라가고 흰색 배기가 발생한다.

23

디젤기관을 정비하는 목적이 아닌 것은?

가. 기관을 오래 동안 사용하기 위해

나. 기관의 정격 출력을 높이기 위해

사. 기관의 고장을 예방하기 위해

아. 기관의 운전효율이 낮아지는 것을 방지하기
　　위해

24

일정량의 연료유를 가열했을 때 그 값이 변하지
않는 것은?

가. 점 도

나. 부 피

사. 질 량

아. 온 도

25

연료유 탱크에 들어 있는 기름보다 비중이 더 큰
기름을 동일한 양으로 혼합한 경우 비중은 어떻게
변하는가?

가. 혼합비중은 비중이 더 큰 기름보다 더 커진다.

나. 혼합비중은 비중이 더 큰 기름과 동일하게 된다.

사. 혼합비중은 비중이 더 작은 기름보다 더 작아
　　진다.

아. 혼합비중은 비중이 작은 기름과 큰 기름의 중
　　간 정도로 된다.

2023년 제3회 기출복원문제

해설 430P

제1과목 항 해

01

자기 컴퍼스에서 선박의 동요로 비너클이 기울어져도 볼을 항상 수평으로 유지시켜 주는 장치는?

가. 피 벗

나. 섀도 핀

사. 짐벌즈

아. 컴퍼스 액

02

제진토크와 북탐토크가 동시에 일어나는 경사 제진식 자이로컴퍼스에만 있는 오차는?

가. 위도 오차

나. 경도 오차

사. 동요 오차

아. 가속도 오차

03

풍향풍속계에서 지시하는 풍향과 풍속에 대한 설명으로 옳지 않은 것은?

가. 풍향은 바람이 불어오는 방향을 말한다.

나. 풍향이 반시계 방향으로 변하면 풍향 반전이라 한다.

사. 풍속은 정시 관측 시각 전 15분간 풍속을 평균하여 구한다.

아. 어느 시간 내의 기록 중 가장 최대의 풍속을 순간 최대 풍속이라 한다.

04

음향 측심기의 용도가 아닌 것은?

가. 어군의 존재 파악

나. 해저의 저질 상태 파악

사. 선박의 속력과 항주 거리 측정

아. 수로 측량이 부정확한 곳의 수심 측정

05

자기 컴퍼스의 용도가 아닌 것은?

가. 선박의 침로 유지에 사용

나. 물표의 방위 측정에 사용

사. 다른 선박의 속력 측정에 사용

아. 다른 선박의 상대방위 변화 확인에 사용

06

전파항법 장치 중 위성을 이용하는 것은?

가. 데카(DECCA)

나. 지피에스(GPS)

사. 알디에프(RDF)

아. 로란 C(LORAN C)

07

출발지에서 도착지까지의 항정선상의 거리 또는 두 지점을 잇는 대권상의 호의 길이를 해리로 표시한 것은?

가. 항 정
나. 변 경
사. 소 권
아. 동서거

08

오차 삼각형이 생길 수 있는 선위 결정법은?

가. 4점방위법
나. 수심연측법
사. 양측방위법
아. 교차방위법

09

다음 그림은 상대운동 표시방식 레이더 화면에서 본선 주변에 있는 4척의 선박을 플로팅한 것이다. 현재 상태에서 본선과 충돌할 가능성이 가장 큰 선박은?

가. A
나. B
사. C
아. D

10

레이더를 작동하였을 때, 레이더 화면을 통하여 알 수 있는 정보가 아닌 것은?

가. 암초의 종류
나. 해안선의 윤곽
사. 선박의 존재 여부
아. 표류 중인 부피가 큰 장애물

11

(   )에 적합한 것은?

> (   )은 지구의 중심에 시점을 두고 지구 표면 위의 한 점에 접하는 평면에 지구 표면을 투영하는 방법이다.

가. 곡선도법
나. 대권도법
사. 점장도법
아. 평면도법

12

조석표에 대한 설명으로 옳지 않은 것은?

가. 조석 용어의 해설도 포함하고 있다.
나. 각 지역의 조석에 대하여 상세히 기술하고 있다.
사. 표준항 외의 항구에 대한 조시, 조고를 구할 수 있다.
아. 국립해양조사원은 외국항 조석표는 발행하지 않는다.

13

해도에 사용되는 기호와 약어를 수록한 수로도서지는?

가. 항로지

나. 항행통보

사. 해도도식

아. 국제신호서

14

선박이 지향등을 보면서 좁은 수로를 안전하게 통과하려고 할 때, 선박이 위치하여야 할 등화의 색상은?

가. 녹 색

나. 홍 색

사. 백 색

아. 청 색

15

황색의 'X' 모양 두표를 가진 표지는?

가. 방위표지

나. 안전수역표지

사. 특수표지

아. 고립장애(장해)표지

16

항만, 정박지, 좁은 수로 등의 좁은 구역을 상세히 그린 종이해도는?

가. 항양도

나. 항해도

사. 해안도

아. 항박도

17

해도상 두 지점간의 거리를 잴 때 기준 눈금은?

가. 위도의 눈금

나. 나침도의 눈금

사. 경도의 눈금

아. 거등권상의 눈금

18

해저의 지형이나 기복상태를 판단할 수 있도록 수심이 동일한 지점을 가는 실선으로 연결하여 나타낸 것은?

가. 등고선

나. 등압선

사. 등심선

아. 등온선

19

다음 등질 중 군섬광등은?(단, 색상은 고려하지 않고, 검은색으로 표시되지 않은 부분은 등광이 비추는 것을 나타냄)

가.

나.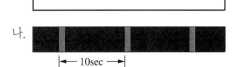

사.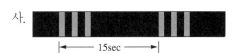

아.

20

다음 국제해상부표식의 종류 중 A와 B지역에 따라 등화의 색상이 다른 것은?

가. 측방표지

나. 특수표지

사. 방위표지

아. 고립장애(장해)표지

21

선박에서 온도계로 기온을 관측하는 방법으로 옳지 않은 것은?

가. 온도계가 직접 태양광선을 받도록 한다.

나. 통풍이 잘 되는 풍상측 장소를 선택한다.

사. 빗물이나 해수가 온도계에 직접 닿지 않도록 한다.

아. 체온이나 기타 열을 발생시키는 물질이 온도계에 영향을 주지 않도록 한다.

22

고기압에 관한 설명으로 옳은 것은?

가. 1기압보다 높은 것을 말한다.

나. 상승기류가 있어 날씨가 좋다.

사. 주위의 기압보다 높은 것을 말한다.

아. 바람은 저기압 중심에서 고기압 쪽으로 분다.

23

열대 저기압의 분류 중 'TD'가 의미하는 것은?

가. 태 풍

나. 열대 폭풍

사. 열대 저기압

아. 강한 열대 폭풍

24

좁은 수로를 통과할 때나 항만을 출입할 때 선위 측정을 자주 하거나 예정 침로를 계속 유지하기가 어려운 경우에 대비하여 미리 해도를 보고 위험을 피할 수 있도록 준비하여 둔 예방선은?

가. 중시선

나. 피험선

사. 방위선

아. 변침선

25

조류가 강한 좁은 수로를 통항하는 가장 좋은 시기는?

가. 강한 순조가 있을 때

나. 조류 시기와는 무관함

사. 게류 또는 조류가 약한 때

아. 타효가 좋은 강한 역조가 있을 때

01

갑판의 구조를 나타내는 그림에서 ②는?

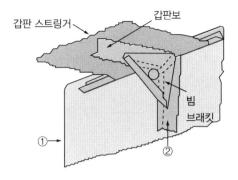

가. 용 골
나. 외 판
사. 늑 판
아. 늑 골

02

선저부의 중심선에 배치되어 배의 등뼈 역할을 하며, 선수미에 이르는 종강력재는?

가. 외 판
나. 용 골
사. 늑 골
아. 종통재

03

강선 선저부의 선체나 타판이 부식되는 것을 방지하기 위해 선체 외부에 부착하는 것은?

가. 동 판
나. 아연판
사. 주석판
아. 놋쇠판

04

선저판, 외판, 갑판 등에 둘러싸여 화물 적재에 이용되는 공간은?

가. 격 벽
나. 코퍼댐
사. 선 창
아. 밸러스트 탱크

05

선박안전법에 의하여 선체, 기관, 설비, 속구, 만재흘수선, 무선설비 등에 대하여 5년마다 실행하는 정밀검사는?

가. 임시검사
나. 중간검사
사. 정기검사
아. 특수선검사

06

선박이 항행하는 구역 내에서 선박의 안전상 허용된 최대의 흘수선은?

가. 선수흘수선
나. 만재흘수선
사. 평균흘수선
아. 선미흘수선

07

선박에서 사용되는 유류를 청정하는 방법이 아닌 것은?

가. 원심적 청정법

나. 여과기에 의한 청정법

사. 전기분해에 의한 청정법

아. 중력에 의한 분리 청정법

08

체온을 유지할 수 있도록 열전도율이 낮은 방수 물질로 만들어진 포대기 또는 옷을 의미하는 구명 설비는?

가. 방수복

나. 구명조끼

사. 보온복

아. 구명부환

09

조난선박으로부터 수신된 조난신호의 해상이동 업무식별번호(MMSI Number)에서 앞의 3자리가 '441'이라고 표시되어 있다면, 해당 조난선박의 국적은?

가. 한 국

나. 일 본

사. 중 국

아. 러시아

10

구명뗏목의 자동이탈장치가 작동되어야 하는 수심의 기준은?

가. 약 1미터

나. 약 4미터

사. 약 10미터

아. 약 30미터

11

406MHz의 조난주파수에 부호화된 메시지의 전송 이외에 121.5MHz의 호밍 주파수의 발신으로 구조선박 또는 항공기가 무선방향탐지기에 의하여 위치 탐색이 가능하여 수색과 구조 활동에 이용되는 설비는?

가. 비콘(Beacon)

나. 양방향 VHF 무선전화장치

사. 비상위치지시 무선표지(EPIRB)

아. 수색구조용 레이더 트랜스폰더(SART)

12

선박의 초단파(VHF) 무선설비에서 다른 선박과의 교신에 사용할 수 있는 채널에 대한 설명으로 옳은 것은?

가. 단신채널만 선박간 교신이 가능하다.

나. 복신채널만 선박간 교신이 가능하다.

사. 단신채널과 복신채널 모두 선박간 교신이 가능하다.

아. 단신채널과 복신채널 모두 선박간 교신이 불가능하다.

07 사 08 사 09 가 10 나 11 사 12 가 **정답**

13

선박안전법상 평수구역을 항해구역으로 하는 선박이 갖추어야 하는 무선설비는?

가. 중파(MF) 무선설비

나. 초단파(VHF) 무선설비

사. 비상위치지시 무선표지(EPIRB)

아. 수색구조용 레이더 트랜스폰더(SART)

14

선박용 초단파(VHF) 무선설비의 최대 출력은?

가. 10W

나. 15W

사. 20W

아. 25W

15

근접하여 운항하는 두 선박의 상호 간섭작용에 관한 설명으로 옳지 않은 것은?

가. 선속을 감속하면 영향이 줄어든다.

나. 두 선박 사이의 거리가 멀어지면 영향이 줄어든다.

사. 소형선은 선체가 작아 영향을 거의 받지 않는다.

아. 마주칠 때보다 추월할 때 상호 간섭작용이 오래 지속되어 위험하다.

16

다음 중 선박 조종에 미치는 영향이 가장 작은 요소는?

가. 바 람

나. 파 도

사. 조 류

아. 기 온

17

( )에 순서대로 적합한 것은?

단추진기 선박을 ( )으로 보아서, 전진할 때 스크루 프로펠러가 ( )으로 회전하면 우선회 스크루 프로펠러라고 한다.

가. 선미에서 선수방향, 왼쪽

나. 선수에서 선미방향, 오른쪽

사. 선수에서 선미방향, 시계방향

아. 선미에서 선수방향, 시계방향

18

( )에 순서대로 적합한 것은?

선속을 전속 전진상태에서 감속하면서 선회를 하면 선회경은 ( ), 정지상태에서 선속을 증가하면서 선회를 하면 선회경은 ( )

가. 감소하고, 감소한다.

나. 증가하고, 감소한다.

사. 감소하고, 증가한다.

아. 증가하고, 증가한다.

19

좁은 수로(항내 등)에서 조선 중 주의해야 할 사항으로 옳지 않은 것은?

가. 전후방, 좌우방향을 잘 감시하면서 운항해야 한다.

나. 속력은 조선에 필요한 정도로 저속 운항하고 과속 운항을 피해야 한다.

사. 다른 선박과 충돌의 위험이 있으면 침로를 유지하고 경고 신호를 울려야 한다.

아. 충돌의 위험이 있을 때는 조타, 기관조작, 투묘하여 정지시키는 등 조치를 취해야 한다.

20

강한 조류가 있을 경우 선박을 조종하는 방법으로 옳지 않은 것은?

가. 유향, 유속을 잘 알 수 있는 시간에 항행한다.

나. 가능한 한 선수를 유향에 직각 방향으로 향하게 한다.

사. 유속이 있을 때 계류작업을 할 경우 유속에 대등한 타력을 유지한다.

아. 조류가 흘러가는 쪽에 장애물이 있는 경우에는 충분한 공간을 두고 조종한다.

21

배의 운항 시 충분한 건현이 필요한 이유는?

가. 배의 속력을 줄이기 위해서

나. 배의 부력을 확보하기 위해서

사. 배의 조종성능을 알기 위해서

아. 항행 가능한 수심을 알기 위해서

22

히브 투(Heave to) 방법의 경우 선수로부터 좌우현 몇 도 정도 방향에서 풍랑을 받아야 하는가?

가. 5~10도

나. 10~15도

사. 25~35도

아. 45~50도

23

북반구에서 본선이 태풍의 진로상에 있다면 피항방법으로 옳은 것은?

가. 풍랑을 정선수에 받으며 피항한다.

나. 풍랑을 좌현 선미에 받으며 피항한다.

사. 풍랑을 좌현 선수에 받으며 피항한다.

아. 풍랑을 우현 선미에 받으며 최대 선속으로 피항한다.

24

연안에서 좌초 사고가 발생하여 인명피해가 발생하였거나 침몰위험에 처한 경우 구조요청을 하여야 하는 곳은?

가. 선 주

나. 관할 해양수산청

사. 대리점

아. 가까운 해양경찰서

25

선박간 충돌사고의 직접적인 원인이 아닌 것은?

가. 계류삭 정비 불량

나. 항해사의 선박 조종술 미숙

사. 항해장비의 불량과 운용 미숙

아. 승무원의 주의태만으로 인한 과실

01

〈보기〉에서 해사안전법상 교통안전특정해역이 설정된 구역을 모두 고른 것은?

┌─ 보기 ─┐
ㄱ. 동해구역
ㄴ. 부산구역
ㄷ. 여수구역
ㄹ. 목포구역
└──────┘

가. ㄴ
나. ㄴ, ㄷ
사. ㄴ, ㄷ, ㄹ
아. ㄱ, ㄴ, ㄷ, ㄹ

02

다음 중 해사안전법상 선박이 항행 중인 상태는?

가. 정박 상태
나. 얹혀 있는 상태
사. 고장으로 표류하고 있는 상태
아. 항만의 안벽 등 계류시설에 매어 놓은 상태

03

해사안전법상 '조종제한선'이 아닌 선박은?

가. 준설 작업을 하고 있는 선박
나. 항로표지를 부설하고 있는 선박
사. 기뢰제거 작업을 하고 있는 선박
아. 조타기 고장으로 수리 중인 선박

04

해사안전법상 선박의 항행안전에 필요한 항행보조시설을 〈보기〉에서 모두 고른 것은?

┌─ 보기 ─┐
ㄱ. 신 호
ㄴ. 해양관측 설비
ㄷ. 조 명
ㄹ. 항로표지
└──────┘

가. ㄱ, ㄴ, ㄷ
나. ㄱ, ㄷ, ㄹ
사. ㄴ, ㄷ, ㄹ
아. ㄱ, ㄴ, ㄹ

05

해사안전법상 항로를 지정하는 목적은?

가. 해양사고 방지를 위해
나. 항로 외의 구역을 개발하기 위해
사. 통항하는 선박들의 완벽한 통제를 위해
아. 항로 주변의 부가가치를 창출하기 위해

06

해사안전법상 국제항해에 종사하지 않는 여객선의 출항 통제권자는?

가. 시·도지사
나. 해양수산부장관
사. 해양경찰서장
아. 지방해양수산청장

07

해사안전법상 법에서 정하는 바가 없는 경우 충돌을 피하기 위한 동작이 아닌 것은?

가. 적극적인 동작

나. 충분한 시간적 여유를 가지는 동작

사. 선박을 적절하게 운용하는 관행에 따른 동작

아. 침로나 속력을 소폭으로 연속적으로 변경하는 동작

08

( )에 적합한 것은?

> 해사안전법상 통항분리수역에서 부득이한 사유로 통항로를 횡단하여야 하는 경우에는 그 통항로와 선수방향이 ( )에 가까운 각도로 횡단하여야 한다.

가. 직 각

나. 예 각

사. 둔 각

아. 소 각

09

( )에 순서대로 적합한 것은?

> 해사안전법상 선박은 접근하여 오는 다른 선박의 ( )에 뚜렷한 변화가 일어나지 아니하면 ( )이 있다고 보고 필요한 조치를 하여야 한다.

가. 나침방위, 통과할 가능성

나. 나침방위, 충돌할 위험성

사. 선수 방위, 통과할 가능성

아. 선수 방위, 충돌할 위험성

10

( )에 순서대로 적합한 것은?

> 해사안전법상 밤에는 다른 선박의 ( )만을 볼 수 있고 어느 쪽의 ( )도 볼 수 없는 위치에서 그 선박을 앞지르는 선박은 앞지르기 하는 배로 보고 필요한 조치를 취하여야 한다.

가. 선수등, 현등

나. 선수등, 전주등

사. 선미등, 현등

아. 선미등, 전주등

11

해사안전법상 서로 시계 안에 있는 2척의 동력선이 마주치는 상태로 충돌의 위험이 있을 때의 항법으로 옳은 것은?

가. 큰 배가 작은 배를 피한다.

나. 작은 배가 큰 배를 피한다.

사. 서로 좌현 쪽으로 변침하여 피한다.

아. 서로 우현 쪽으로 변침하여 피한다.

12

해사안전법상 충돌의 위험이 있는 2척의 동력선이 상대의 진로를 횡단하는 경우 피항선이 피항동작을 취하고 있지 아니하다고 판단되었을 때 침로와 속력을 유지하여야 하는 선박의 조치로 옳은 것은?

가. 피항 동작

나. 침로와 속력 계속 유지

사. 증속하여 피항선 선수 방향 횡단

아. 좌현 쪽에 있는 피항선을 향하여 침로를 왼쪽으로 변경

13

( )에 순서대로 적합한 것은?

> 해사안전법상 모든 선박은 시계가 제한된 그 당시의 ( )에 적합한 ( )으로 항행하여야 하며, ( )은 제한된 시계 안에 있는 경우 기관을 즉시 조작할 수 있도록 준비하고 있어야 한다.

가. 시정, 최소한의 속력, 동력선

나. 시정, 안전한 속력, 모든 선박

사. 사정과 조건, 안전한 속력, 동력선

아. 사정과 조건, 최소한의 속력, 모든 선박

14

해사안전법상 선수와 선미의 중심선상에 설치된 붉은색과 녹색의 두 부분으로 된 등화로서, 그 붉은색과 녹색 부분이 각각 현등의 붉은색 등 및 녹색 등과 같은 특성을 가진 등은?

가. 삼색등

나. 전주등

사. 선미등

아. 양색등

15

해사안전법상 단음은 몇 초 정도 계속되는 고동소리인가?

가. 1초

나. 2초

사. 4초

아. 6초

16

( )에 적합한 것은?

> 선박의 입항 및 출항 등에 관한 법률상 무역항의 수상구역등에서 예인선이 다른 선박을 끌고 항행할 경우, 예인선 선수로부터 피예인선 선미까지의 길이는 원칙적으로 ( )미터를 초과할 수 없다.

가. 50

나. 100

사. 150

아. 200

17

선박의 입항 및 출항 등에 관한 법률상 무역항의 수상구역등에서 선박수리 허가를 받아야 하는 선박 내 위험구역이 아닌 곳은?

가. 선 교

나. 축전지실

사. 코퍼댐

아. 페인트 창고

18

( )에 적합한 것은?

> 선박의 입항 및 출항 등에 관한 법률상 무역항의 수상구역등이나 무역항의 수상구역 밖 ( ) 이내의 수면에 선박의 안전운항을 해칠 우려가 있는 폐기물을 버려서는 아니 된다.

가. 10킬로미터

나. 15킬로미터

사. 20킬로미터

아. 25킬로미터

19

( )에 적합한 것은?

> 선박의 입항 및 출항 등에 관한 법률상 총톤수 ( ) 미만의 선박은 무역항의 수상구역에서 다른 선박의 진로를 피하여야 한다.

가. 20톤

나. 30톤

사. 50톤

아. 100톤

20

( )에 순서대로 적합한 것은?

> 선박의 입항 및 출항 등에 관한 법률상 우선피항선 외의 선박은 무역항의 수상구역등에 ( )하는 경우 또는 무역항의 수상구역등을 ( )하는 경우에는 원칙적으로 지정·고시된 항로를 따라 항행하여야 한다.

가. 입거, 우회

나. 입거, 통과

사. 출입, 통과

아. 출입, 우회

21

( )에 공통으로 적합한 것은?

> 선박의 입항 및 출항 등에 관한 법률상 선박이 무역항의 수상구역등에서 해안으로 길게 뻗어 나온 육지 부분, 부두, 방파제 등 인공시설물의 튀어나온 부분 또는 정박 중인 선박[이하 ( )이라 한다]을 오른쪽 뱃전에 두고 항행할 때에는 ( )에 접근하여 항행하고, ( )을 왼쪽 뱃전에 두고 항행할 때에는 멀리 떨어져서 항행하여야 한다.

가. 위험물

나. 항행장애물

사. 부두등

아. 항만구역등

22

( )에 적합하지 않은 것은?

> 선박의 입항 및 출항 등에 관한 법률상 해양수산부장관은 무역항의 수상구역등에 정박하는 ( )에 따른 정박구역 또는 정박지를 지정·고시할 수 있다.

가. 선박의 톤수

나. 선박의 종류

사. 선박의 국적

아. 적재물의 종류

23

해양환경관리법상 배출기준을 초과하는 오염물질이 해양에 배출된 경우 누구에게 신고하여야 하는가?

가. 환경부장관

나. 해양경찰청장 또는 해양경찰서장

사. 도지사 또는 관할 시장·군수·구청장

아. 해양수산부장관 또는 지방해양수산청장

24

해양환경관리법상 소형선박에 비치하여야 하는 기관구역용 폐유저장용기에 관한 규정으로 옳지 않은 것은?

가. 용기는 2개 이상으로 나누어 비치할 수 있다.

나. 용기는 견고한 금속성 재질 또는 플라스틱 재질이어야 한다.

사. 총톤수 5톤 이상 10톤 미만의 선박은 30리터 저장용량의 용기를 비치하여야 한다.

아. 총톤수 10톤 이상 30톤 미만의 선박은 60리터 저장용량의 용기를 비치하여야 한다.

25

해양환경관리법상 기름오염방제와 관련된 설비와 자재가 아닌 것은?

가. 유겔화제

나. 유처리제

사. 오일펜스

아. 유수분리기

01

디젤기관의 연료분사조건 중 분사되는 연료유가 극히 미세화되는 것을 무엇이라 하는가?

가. 무 화

나. 관 통

사. 분 산

아. 분 포

02

4행정 사이클 디젤기관의 흡·배기 밸브에서 밸브겹침을 두는 주된 이유는?

가. 윤활유의 소비량을 줄이기 위해

나. 흡기온도와 배기온도를 낮추기 위해

사. 진동을 줄이고 원활하게 회전시키기 위해

아. 흡기작용과 배기작용을 돕고 밸브와 연소실을 냉각시키기 위해

03

디젤기관에서 실린더 내의 연소압력이 피스톤에 작용하는 동력은?

가. 전달마력

나. 유효마력

사. 제동마력

아. 지시마력

04

선박용 디젤기관의 요구 조건이 아닌 것은?

가. 효율이 좋을 것
나. 고장이 적을 것
사. 시동이 용이할 것
아. 운전회전수가 가능한 한 높을 것

05

4행정 사이클 디젤기관에서 실린더 내의 압력이 가장 높은 행정은?

가. 흡입행정
나. 압축행정
사. 작동행정
아. 배기행정

06

디젤기관의 메인 베어링에 대한 설명으로 옳지 않은 것은?

가. 볼베어링이 많이 사용된다.
나. 윤활유가 공급되어 윤활시킨다.
사. 베어링 틈새가 너무 크면 윤활유가 누설이 많아진다.
아. 베어링 틈새가 너무 작으면 냉각이 불량해져서 열이 발생한다.

07

디젤기관에서 실린더 라이너와 실린더 헤드 사이의 개스킷 재료로 많이 사용되는 것은?

가. 구 리
나. 아 연
사. 고 무
아. 석 면

08

디젤기관에서 피스톤링을 피스톤에 조립할 경우의 주의사항으로 옳지 않은 것은?

가. 링의 상하면 방향이 바뀌지 않도록 조립한다.
나. 가장 아래에 있는 링부터 차례로 조립한다.
사. 링이 링 홈 안에서 잘 움직이는지를 확인한다.
아. 링의 절구틈이 모두 같은 방향이 되도록 조립한다.

09

디젤기관에서 플라이휠을 설치하는 주된 목적은?

가. 소음을 방지하기 위해
나. 과속도를 방지하기 위해
사. 회전을 균일하게 하기 위해
아. 고속회전을 가능하게 하기 위해

10

디젤기관에서 연료분사량을 조절하는 연료래크와 연결되는 것은?

가. 연료분사밸브
나. 연료분사펌프
사. 연료이송펌프
아. 연료가열기

11

디젤기관에서 과급기를 작동시키는 것은?

가. 흡입공기의 압력
나. 배기가스의 압력
사. 연료유의 분사 압력
아. 윤활유 펌프의 출구 압력

12

디젤기관에서 각부 마멸량을 측정하는 부위와 공구가 옳게 짝지어진 것은?

가. 피스톤링 두께 – 내측 마이크로미터
나. 크랭크암 디플렉션 – 버니어 캘리퍼스
사. 흡기 및 배기 밸브 틈새 – 필러 게이지
아. 실린더 라이너 내경 – 외측 마이크로미터

13

"프로펠러가 전진으로 회전하는 경우 물을 미는 압력이 생기는 면을 (　)이라 하고 후진할 때에 물을 미는 압력이 생기는 면을 (　)이라 한다."에서 (　)에 각각 순서대로 알맞은 것은?

가. 앞면, 뒷면
나. 뒷면, 앞면
사. 흡입면, 압력면
아. 뒷날면, 앞날면

14

프로펠러의 피치가 1[m]이고 매초 2회전 하는 선박이 1시간 동안 프로펠러에 의해 나아가는 거리는 몇 [km] 인가?

가. 0.36[km]
나. 0.72[km]
사. 3.6[km]
아. 7.2[km]

15

양묘기의 구성 요소가 아닌 것은?

가. 구동 전동기
나. 회전드럼
사. 제동장치
아. 데릭 포스트

16

기관실 바닥의 선저폐수를 배출하는 펌프는?

가. 청수펌프
나. 빌지펌프
사. 해수펌프
아. 유압펌프

17

운전중인 해수펌프에 대한 설명으로 옳은 것은?

가. 출구밸브를 조금 잠그면 송출압력이 올라간다.

나. 출구밸브를 조금 잠그면 송출압력이 내려간다.

사. 입구밸브를 조금 잠그면 송출량이 많아진다.

아. 입구밸브를 조금 잠그면 송출 유속이 커진다.

18

5[kW] 이하의 소형 유도전동기에 많이 이용되는 기동법은?

가. 직접 기동법

나. 간접 기동법

사. 기동 보상기법

아. 리액터 기동범

19

변압기의 역할은?

가. 전압의 변환

나. 전력의 변환

사. 압력의 변환

아. 저항의 변환

20

2[V] 단전지 6개를 연결하여 12[V]가 되게 하려면 어떻게 연결해야 하는가?

가. 2[V] 단전지 6개를 병렬 연결한다.

나. 2[V] 단전지 6개를 직렬 연결한다.

사. 2[V] 단전지 3개를 병렬 연결하여 나머지 3개와 직렬 연결한다.

아. 2[V] 단전지 2개를 병렬 연결하여 나머지 4개와 직렬 연결한다.

21

디젤기관의 시동 전동기에 대한 설명으로 옳은 것은?

가. 시동 전동기에 교류 전기를 공급한다.

나. 시동 전동기에 직류 전기를 공급한다.

사. 시동 전동기는 유도전동기이다.

아. 시동 전동기는 교류전동기이다.

22

1마력(PS)은 1초 동안에 얼마의 일을 하는가?

가. 25[kgf · m]

나. 50[kgf · m]

사. 75[kgf · m]

아. 102[kgf · m]

23

운전중인 디젤기관의 진동 원인이 아닌 것은?

가. 위험회전수로 운전되고 있을 때

나. 윤활유가 실린더 내에서 연소되고 있을 때

사. 각 실린더의 최고압력이 심하게 차이가 날 때

아. 여러 개의 기관베드 설치 볼트가 절손되었을 때

24

연료유의 점도에 대한 설명으로 옳은 것은?

가. 무거운 정도를 나타낸다.

나. 끈적임의 정도를 나타낸다.

사. 수분이 포함된 정도를 나타낸다.

아. 발열량이 큰 정도를 나타낸다.

25

연료유의 저장 시 연료유 성질 중 무엇이 낮으면 화재 위험이 높은가?

가. 인화점

나. 임계점

사. 유동점

아. 응고점

제1과목 항 해

01

자기 컴퍼스에서 SW의 나침 방위는?

가. 090도   나. 135도

사. 180도   아. 225도

02

( )에 적합한 것은?

> 자이로컴퍼스에서 지지부는 선체의 요동, 충격 등의 영향이 추종부에 거의 전달되지 않도록 ( ) 구조로 추종부를 지지하게 되며, 그 자체는 비너클에 지지되어 있다.

가. 짐 벌

나. 인버터

사. 로 터

아. 토 커

03

어느 선박과 다른 선박 상호간에 선박의 명세, 위치, 침로, 속력 등의 선박 관련 정보와 항해 안전 정보들을 VHF 주파수로 송신 및 수신하는 시스템은?

가. 지피에스(GPS)

나. 선박자동식별장치(AIS)

사. 전자해도표시장치(ECDIS)

아. 지피에스 플로터(GPS Plotter)

04

프리즘을 사용하여 목표물과 카드 눈금을 광학적으로 중첩시켜 방위를 읽을 수 있는 방위 측정 기구는?

가. 쌍안경

나. 방위경

사. 섀도 핀

아. 컴퍼지션 링

05

자기 컴퍼스의 용도가 아닌 것은?

가. 선박의 침로 유지에 사용

나. 물표의 방위 측정에 사용

사. 다른 선박의 속력 측정에 사용

아. 다른 선박의 상대방위 변화 확인에 사용

06

다음 중 지피에스(GPS)를 이용하여 얻을 수 있는 정보는?

가. 자기 선박의 위치

나. 자기 선박의 국적

사. 다른 선박의 존재 여부

아. 다른 선박과 충돌 위험성

07

용어에 관한 설명으로 옳은 것은?

가. 전위선은 추측위치와 추정위치의 교점이다.

나. 중시선은 교각이 90도인 두 물표를 연결한 선
이다.

사. 추측위치란 선박의 침로, 속력 및 풍압차를 고
려하여 예상한 위치이다.

아. 위치선은 관측을 실시한 시점에 선박이 그 선
위에 있다고 생각되는 특정한 선을 말한다.

08

45해리 떨어진 두 지점 사이를 대지속력 10노트
로 항해할 때 걸리는 시간은?(단, 외력은 없음)

가. 3시간

나. 3시간 30분

사. 4시간

아. 4시간 30분

09

선박 주위에 있는 높은 건물로 인해 레이더 화면
에 나타나는 거짓상은?

가. 맹목구간에 의한 거짓상

나. 간접 반사에 의한 거짓상

사. 다중 반사에 의한 거짓상

아. 거울면 반사에 의한 거짓상

10

작동 중인 레이더 화면에서 'A' 점은?

가. 섬

나. 자기 선박

사. 육 지

아. 다른 선박

11

해저의 기복 상태를 알기 위해 같은 수심인 장소
를 연결하는 가는 실선으로 나타낸 것은?

가. 등심선

나. 경계선

사. 위험선

아. 해안선

12

다음 중 항행통보가 제공하지 않는 정보는?

가. 수심의 변화

나. 조시 및 조고

사. 위험물의 위치

아. 항로표지의 신설 및 폐지

13

다음 중 등색이나 광력이 바뀌지 않고 일정하게 빛을 내는 야간(광파)표지는?

가. 명암등

나. 호광등

사. 부동등

아. 섬광등

14

풍랑이나 조류 때문에 등부표를 설치하거나 관리하기가 어려운 모래 기둥이나 암초 등이 있는 위험한 지점으로부터 가까운 곳에 등대가 있는 경우, 그 등대에 강력한 투광기를 설치하여 그 구역을 비추어 위험을 표시하는 것은?

가. 도 등

나. 조사등

사. 지향등

아. 분호등

15

레이더 트랜스폰더에 관한 설명으로 옳은 것은?

가. 음성신호를 방송하여 방위측정이 가능하다.

나. 송신 내용에 부호화된 식별신호 및 데이터가 들어있다.

사. 선박의 레이더 영상에 송신국의 방향이 숫자로 표시된다.

아. 좁은 수로 또는 항만에서 선박을 유도할 목적으로 사용한다.

16

점장도의 특징으로 옳지 않은 것은?

가. 항정선이 직선으로 표시된다.

나. 자오선은 남북 방향의 평행선이다.

사. 거등권은 동서 방향의 평행선이다.

아. 적도에서 남북으로 멀어질수록 면적이 축소되는 단점이 있다.

17

해도를 제작하는 데 이용되는 도법이 아닌 것은?

가. 평면도법

나. 점장도법

사. 반원도법

아. 대권도법

18

종이해도를 사용할 때 주의사항으로 옳은 것은?

가. 여백에 낙서를 해도 무방하다.

나. 연필 끝은 둥글게 깎아서 사용한다.

사. 반드시 해도의 소개정을 할 필요는 없다.

아. 가장 최근에 발행된 해도를 사용해야 한다.

19

해도상에 표시된 등부표의 등질 'Al.RG.10s20M'에 관한 설명으로 옳지 않은 것은?

가. 분호등이다.

나. 주기는 10초이다.

사. 광달거리는 20해리이다.

아. 적색과 녹색을 교대로 표시한다.

20

표지가 설치된 모든 주위가 가항수역임을 알려주는 항로표지로서 주로 수로의 중앙에 설치되는 항로표지는?

가.

두표 색깔 – 흑색

나.

두표 색깔 – 흑색

사.

두표 색깔 – 적색

아.

두표 색깔 – 황색

21

저기압의 특징에 관한 설명으로 옳지 않은 것은?

가. 저기압 내에서는 날씨가 맑다.
나. 주위로부터 바람이 불어 들어온다.
사. 중심 부근에서는 상승기류가 있다.
아. 중심으로 갈수록 기압경도가 커서 바람이 강해진다.

22

중심이 주위보다 따뜻하고 여름철 대륙 내에서 발생하는 저기압으로, 상층으로 갈수록 저기압성 순환이 줄어들면서 어느 고도 이상에서 사라지는 키가 작은 저기압은?

가. 전선 저기압
나. 한랭 저기압
사. 온난 저기압
아. 비전선 저기압

23

피험선에 관한 설명으로 옳은 것은?

가. 위험 구역을 표시하는 등심선이다.
나. 선박이 존재한다고 생각하는 특정한 선이다.
사. 항의 입구 등에서 자기 선박의 위치를 구할 때 사용한다.
아. 항해 중에 위험물에 접근하는 것을 쉽게 탐지할 수 있다.

24

한랭전선과 온난전선이 서로 겹쳐져 나타나는 전선은?

가. 한랭전선
나. 온난전선
사. 폐색전선
아. 정체전선

25

입항항로를 선정할 때 고려사항이 아닌 것은?

가. 항만관계 법규
나. 항만의 상황 및 지형
사. 묘박지의 수심, 저질
아. 선원의 교육훈련 상태

01

대형선박의 건조에 많이 사용되는 선체의 재료는?

가. 목 재
나. 플라스틱
사. 강 재
아. 알루미늄

02

갑판 개구 중에서 화물창에 화물을 적재 또는 양화하기 위한 개구는?

가. 탈출구
나. 해치(Hatch)
사. 승강구
아. 맨홀(Manhole)

03

트림의 종류가 아닌 것은?

가. 등흘수
나. 중앙트림
사. 선수트림
아. 선미트림

04

강선구조기준, 선박만재흘수선규정, 선박구획기준 및 선체 운동의 계산 등에 사용되는 길이는?

가. 전 장
나. 등록장
사. 수선장
아. 수선간장

05

(　　)에 적합한 것은?

> 타(키)는 최대흘수 상태에서 전속 전진 시 한쪽 현타각 35도에서 다른쪽 현 타각 30도까지 돌아가는 데 (　　)의 시간이 걸려야 한다.

가. 28초 이내
나. 30초 이내
사. 32초 이내
아. 35초 이내

06

조타장치에 관한 설명으로 옳지 않은 것은?

가. 자동 조타장치에서도 수동조타를 할 수 있다.
나. 동력 조타장치는 작은 힘으로 타의 회전이 가능하다.
사. 인력 조타장치는 소형선이나 범선 등에서 사용되어 왔다.
아. 동력 조타장치는 조타실의 조타륜이 타와 기계적으로 직접 연결되어 비상조타를 할 수 없다.

07

스톡 앵커의 각부 명칭을 나타낸 아래 그림에서
㉠은?

가. 생 크
나. 크라운
사. 앵커링
아. 플루크

08

체온을 유지할 수 있도록 열전도율이 낮은 방수
물질로 만들어진 포대기 또는 옷을 의미하는 구명
설비는?

가. 방수복
나. 구명조끼
사. 보온복
아. 구명부환

09

해상에서 사용되는 신호 중 시각에 의한 통신이
아닌 것은?

가. 수기신호
나. 기류신호
사. 기적신호
아. 발광신호

10

선박이 침몰하여 수면 아래 4미터 정도에 이르면 수
압에 의하여 선박에서 자동 이탈되어 조난자가 탈
수 있도록 압축가스에 의해 펼쳐지는 구명설비는?

가. 구명정
나. 구명뗏목
사. 구조정
아. 구명부기

11

다음 IMO 심벌과 같이 표시되는 장치는?

가. 신호 홍염
나. 구명줄 발사기
사. 줄사다리
아. 자기 발연 신호

12

선박 조난 시 구조를 기다릴 때 사람이 올라타지
않고 손으로 밧줄을 붙잡을 수 있도록 만든 구명
설비는?

가. 구명정
나. 구명조끼
사. 구명부기
아. 구명뗏목

13

선박이 침몰할 경우 자동으로 조난신호를 발신할 수 있는 무선설비는?

가. 레이더(Radar)

나. 초단파(VHF) 무선설비

사. 나브텍스(NAVTEX) 수신기

아. 비상위치지시 무선표지(EPIRB)

14

점화시켜 물에 던지면 해면 위에서 연기를 내는 조난신호장비로서, 방수 용기로 포장되어 잔잔한 해면에서 3분 이상 잘 보이는 색깔의 연기를 내는 것은?

가. 신호 홍염

나. 자기 점화등

사. 신호 거울

아. 발연부 신호

15

다음 중 선박 조종에 미치는 영향이 가장 작은 요소는?

가. 바 람

나. 파 도

사. 조 류

아. 기 온

16

근접하여 운항하는 두 선박의 상호 간섭작용에 관한 설명으로 옳지 않은 것은?

가. 선속을 감속하면 영향이 줄어든다.

나. 두 선박 사이의 거리가 멀어지면 영향이 줄어든다.

사. 소형선은 선체가 작아 영향을 거의 받지 않는다.

아. 마주칠 때보다 추월할 때 상호 간섭작용이 오래 지속되어 위험하다.

17

(   )에 순서대로 적합한 것은?

> 수심이 얕은 수역에서는 타의 효과가 나빠지고, 선체저항이 (   )하여 선회권이 (   )

가. 감소, 작아진다.

나. 감소, 커진다.

사. 증가, 작아진다.

아. 증가, 커진다.

18

복원력이 작은 선박을 조선할 때 적절한 조선 방법은?

가. 순차적으로 타각을 증가시킴

나. 전타 중 갑자기 타각을 감소시킴

사. 높은 속력으로 항행 중 대각도 전타

아. 전타 중 반대 현측으로 대각도 전타

19

익수자 구조를 위한 표준 윌리암슨 턴은 초기 침로에서 몇 도 선회하였을 때 반대방향으로 전타하여야 하는가?

가. 35도

나. 60도

사. 90도

아. 115도

20

좁은 수로를 항해할 때 유의사항으로 옳은 것은?

가. 침로를 변경할 때는 대각도로 한번에 변경하는 것이 좋다.

나. 선·수미선과 조류의 유선이 직각을 이루도록 조종하는 것이 좋다.

사. 언제든지 닻을 사용할 수 있도록 준비된 상태에서 항행하는 것이 좋다.

아. 조류는 순조 때에는 정침이 잘 되지만, 역조 때에는 정침이 어려우므로 조종 시 유의하여야 한다.

21

물에 빠진 사람을 구조하는 조선법이 아닌 것은?

가. 표준 턴

나. 샤르노브 턴

사. 싱글 턴

아. 윌리암슨 턴

22

황천항해를 대비하여 선박에 화물을 실을 때 주의사항으로 옳은 것은?

가. 선체의 중앙부에 화물을 많이 싣는다.

나. 선수부에 화물을 많이 싣는 것이 좋다.

사. 화물의 무게가 한 곳에 집중되지 않도록 한다.

아. 상갑판보다 높은 위치에 최대한으로 많은 화물을 싣는다.

23

황천 조선법인 히브 투(Heave to)의 장점으로 옳지 않은 것은?

가. 선체의 동요를 줄일 수 있다.

나. 풍랑에 대하여 일정한 자세를 취하기 쉽다.

사. 감속이 심하더라도 보침성에는 큰 영향이 없다.

아. 풍하측으로 표류가 일어나지 않아서 풍하측 여유수역이 없어도 선택할 수 있는 방법이다.

24

화재의 종류 중 전기화재가 속하는 것은?

가. A급 화재

나. B급 화재

사. C급 화재

아. D급 화재

25

기관손상 사고의 원인 중 인적과실이 아닌 것은?

가. 기관의 노후

나. 기기조작 미숙

사. 부적절한 취급

아. 일상적인 점검 소홀

01

다음 중 해사안전법상 선박이 항행 중인 상태는?

가. 정박 상태

나. 얹혀 있는 상태

사. 고장으로 표류하고 있는 상태

아. 항만의 안벽 등 계류시설에 매어 놓은 상태

02

(   )에 적합한 것은?

> 해사안전법상 고속여객선이란 시속 (   ) 이
> 상으로 항행하는 여객선을 말한다.

가. 10노트

나. 15노트

사. 20노트

아. 30노트

03

해사안전법상 항행장애물제거책임자가 항행장애물 발생과 관련하여 보고하여야 할 사항이 아닌 것은?

가. 선박의 명세에 관한 사항

나. 항행장애물의 위치에 관한 사항

사. 항행장애물이 발생한 수역을 관할하는 해양관청의 명칭

아. 선박소유자 및 선박운항자의 성명(명칭) 및 주소에 관한 사항

04

해사안전법상 술에 취한 상태를 판별하는 기준은?

가. 체 온

나. 걸음걸이

사. 혈중알코올농도

아. 실제 섭취한 알코올 양

05

해사안전법상 국제항해에 종사하지 않는 여객선의 출항 통제권자는?

가. 시·도지사

나. 해양수산부장관

사. 해양경찰서장

아. 지방해양수산청장

06

해사안전법상 안전한 속력을 결정할 때 고려할 사항이 아닌 것은?

가. 시계의 상태

나. 컴퍼스의 오차

사. 해상교통량의 밀도

아. 선박의 흘수와 수심과의 관계

07

해사안전법상 선박에서 하여야 하는 적절한 경계에 관한 설명으로 옳지 않은 것은?

가. 이용할 수 있는 모든 수단을 이용한다.

나. 청각을 이용하는 것이 가장 효과적이다.

사. 선박 주위의 상황을 파악하기 위함이다.

아. 다른 선박과 충돌할 위험성을 충분히 파악하기 위함이다.

08

해사안전법상 어로에 종사하고 있는 선박 중 항행 중인 선박이 원칙적으로 진로를 피하거나 통항을 방해하여서는 아니 되는 선박이 아닌 것은?

가. 조종제한선
나. 조종불능선
사. 수상항공기
아. 흘수제약선

09

해사안전법상 서로 시계 안에서 항행 중인 범선과 동력선이 마주치는 상태일 경우에 피항방법으로 옳은 것은?

가. 동력선만 침로를 변경한다.
나. 각각 우현 쪽으로 침로를 변경한다.
사. 각각 좌현 쪽으로 침로를 변경한다.
아. 좌현에 바람을 받고 있는 선박이 우현 쪽으로 침로를 변경한다.

10

(   )에 적합한 것은?

해사안전법상 선박이 서로 시계 안에 있을 때 2척의 동력선이 상대의 진로를 횡단하는 경우로서 충돌의 위험이 있을 때에는 다른 선박을 (   ) 쪽에 두고 있는 선박이 그 다른 선박의 진로를 피하여야 한다.

가. 선 수
나. 좌 현
사. 우 현
아. 선 미

11

해사안전법상 제한된 시계에서 레이더만으로 다른 선박이 있는 것을 탐지한 선박의 피항동작이 침로를 변경하는 것만으로 이루어질 경우 선박이 취하여야 할 행위로 옳은 것은?(단, 앞지르기 당하고 있는 선박의 경우는 제외한다)

가. 자기 선박의 양쪽 현의 정횡에 있는 선박의 방향으로 침로를 변경하는 행위
나. 자기 선박의 양쪽 현의 정횡 뒤쪽에 있는 선박의 방향으로 침로를 변경하는 행위
사. 다른 선박이 자기 선박의 양쪽 현의 정횡 앞쪽에 있는 경우 우현 쪽으로 침로를 변경하는 행위
아. 다른 선박이 자기 선박의 양쪽 현의 정횡 앞쪽에 있는 경우 좌현 쪽으로 침로를 변경하는 행위

12

해사안전법상 앞쪽에, 선미나 그 부근에 각각 흰색의 전주등 1개씩과 수직으로 붉은색 전주등 2개를 표시하고 있는 선박의 상태는?

가. 정박 중인 상태
나. 조종불능인 상태
사. 얹혀 있는 상태
아. 조종제한인 상태

13

해사안전법상 길이 12미터 이상인 어선이 투묘하여 정박하였을 때 낮 동안에 표시하여야 하는 것은?

가. 어선은 특별히 표시할 필요가 없다.
나. 잘 보이도록 황색기 1개를 표시하여야 한다.
사. 앞쪽에 둥근꼴의 형상물 1개를 표시하여야 한다.
아. 둥근꼴의 형상물 2개를 가장 잘 보이는 곳에 수직으로 표시하여야 한다.

PART 02

14

해사안전법상 선박의 등화에 사용되는 등색이 아닌 것은?

가. 녹 색

나. 흰 색

사. 청 색

아. 붉은색

15

선박의 입항 및 출항 등에 관한 법률상 총톤수 5톤인 내항선이 무역항의 수상구역등을 출입할 때 하는 출입 신고에 관한 내용으로 옳은 것은?

가. 내항선이므로 출입 신고를 하지 않아도 된다.

나. 출항 일시가 이미 정하여진 경우에도 입항 신고와 출항 신고는 동시에 할 수 없다.

사. 무역항의 수상구역등의 밖으로 출항하려는 경우 원칙적으로 출항 직후 출항 신고를 하여야 한다.

아. 무역항의 수상구역등의 안으로 입항하는 경우 원칙적으로 입항하기 전에 출입 신고를 하여야 한다.

16

해사안전법상 선미등이 비추는 수평의 호의 범위와 등색은?

가. 135도, 흰색

나. 135도, 붉은색

사. 225도, 흰색

아. 225도, 붉은색

17

(   )에 순서대로 적합한 것은?

> 선박의 입항 및 출항 등에 관한 법률상 무역항의 수상구역등에서 기적이나 사이렌을 갖춘 선박에 (   )이/가 발생한 경우, 이를 알리는 경보로 기적이나 사이렌을 (   )으로 (   ) 울려야 하고, 적당한 간격을 두고 반복하여야 한다.

가. 화재, 장음, 5회

나. 침몰, 장음, 5회

사. 화재, 단음, 5회

아. 침몰, 단음, 5회

18

선박의 입항 및 출항 등에 관한 법률상 무역항의 수상구역등에서 입항하는 선박이 방파제 입구에서 출항하는 선박과 마주칠 우려가 있는 경우의 항법에 관한 설명으로 옳은 것은?

가. 출항하는 선박은 입항하는 선박이 방파제를 통과한 후 통과한다.

나. 입항하는 선박은 방파제 밖에서 출항하는 선박의 진로를 피한다.

사. 입항하는 선박은 방파제 사이의 가운데 부분으로 먼저 통과한다.

아. 출항하는 선박은 방파제 입구를 왼쪽으로 접근하여 통과한다.

19

선박의 입항 및 출항 등에 관한 법률상 무역항의 수상구역등에서 예인선의 항법으로 옳지 않은 것은?

가. 예인선은 한꺼번에 3척 이상의 피예인선을 끌지 아니하여야 한다.

나. 원칙적으로 예인선의 선미로부터 피예인선의 선미까지 길이는 100미터를 초과하지 못한다.

사. 다른 선박의 출입을 보조하는 경우에 한하여 예인선의 선수로부터 피예인선의 선미까지의 길이는 200미터를 초과할 수 있다.

아. 지방해양수산청장 또는 시·도지사는 해당 무역항의 특수성 등을 고려하여 특히 필요한 경우에는 예인선의 항법을 조정할 수 있다.

20

선박의 입항 및 출항 등에 관한 법률상 선박이 무역항의 항로에서 다른 선박과 마주칠 우려가 있는 경우 항법으로 옳은 것은?

가. 항로의 중앙으로 항행한다.

나. 항로의 왼쪽으로 항행한다.

사. 항로를 횡단하여 항행한다.

아. 항로의 오른쪽으로 항행한다.

21

( )에 순서대로 적합한 것은?

> 선박의 입항 및 출항 등에 관한 법률상 ( )은 ( )으로부터 선박 항행 최고속력의 지정을 요청받은 경우 특별한 사유가 없으면 무역항의 수상구역등에서 선박 항행 최고속력을 지정·고시하여야 한다.

가. 관리청, 해양경찰청장

나. 지정청, 해양경찰청장

사. 관리청, 지방해양수산청장

아. 지정청, 지방해양수산청장

22

선박의 입항 및 출항 등에 관한 법률상 주로 무역항의 수상구역에서 운항하는 선박으로서, 다른 선박의 진로를 피하여야 하는 우선피항선이 아닌 것은?

가. 예 선

나. 총톤수 20톤인 여객선

사. 압항부선을 제외한 부선

아. 주로 노와 삿대로 운전하는 선박

23

해양환경관리법상 선박에서 발생하는 폐기물 배출에 관한 설명으로 옳지 않은 것은?

가. 플라스틱 재질의 합성어망은 해양에 배출이 금지된다.

나. 어업활동 중 폐사된 수산동식물은 해양에 배출이 가능하다.

사. 해양환경에 유해하지 않은 화물잔류물은 해양에 배출이 금지된다.

아. 분쇄 또는 연마되지 않은 음식찌꺼기는 영해기선으로부터 12해리 이상에서 배출이 가능하다.

24

해양환경관리법상 해양오염방지설비를 선박에 최초로 설치하는 때 받아야 하는 검사는?

가. 정기검사
나. 임시검사
사. 특별검사
아. 제조검사

25

해양환경관리법상 총톤수 25톤 미만의 선박에서 기름의 배출을 방지하기 위한 설비로 폐유저장을 위한 용기를 비치하지 아니한 경우 부과되는 과태료 기준은?

가. 100만원 이하
나. 300만원 이하
사. 500만원 이하
아. 1,000만원 이하

제4과목 **기 관**

01

디젤기관의 점화 방식은?

가. 전기점화
나. 불꽃점화
사. 소구점화
아. 압축점화

02

과급기에 대한 설명으로 옳은 것은?

가. 연소가스가 지나가는 고온부를 냉각시키는 장치이다.
나. 기관의 운동 부분에 마찰을 줄이기 위해 윤활유를 공급하는 장치이다.
사. 기관의 회전수를 일정하게 유지시키기 위해 연료분사량을 자동으로 조절하는 장치이다.
아. 기관의 연소에 필요한 공기를 대기압 이상으로 압축하여 밀도가 높은 공기를 실린더 내로 공급하는 장치이다.

03

4행정 사이클 기관의 작동 순서로 옳은 것은?

가. 흡입 → 압축 → 작동 → 배기
나. 흡입 → 작동 → 압축 → 배기
사. 흡입 → 배기 → 압축 → 작동
아. 흡입 → 압축 → 배기 → 작동

04

4행정 사이클 6실린더 기관에서는 운전 중 크랭크 각 몇 도마다 폭발이 일어나는가?

가. 60°

나. 90°

사. 120°

아. 180°

05

압축공기로 시동하는 소형기관에서 실린더 헤드를 분해할 경우의 준비사항이 아닌 것은?

가. 시동공기를 차단한다.

나. 연료유를 차단한다.

사. 냉각수를 차단하고 배출한다.

아. 공기압축기를 정지한다.

06

디젤기관에서 실린더 라이너의 마멸 원인이 아닌 것은?

가. 연접봉의 경사로 생긴 피스톤의 측압이 너무 클 때

나. 피스톤링의 장력이 너무 클 때

사. 흡입공기 압력이 너무 높을 때

아. 사용 윤활유의 품질이 부적당하거나 부족할 때

07

디젤기관의 메인 베어링에 대한 설명으로 옳지 않은 것은?

가. 크랭크 축을 지지한다.

나. 크랭크 축의 중심을 잡아준다.

사. 윤활유로 윤활시킨다.

아. 볼베어링을 주로 사용한다.

08

다음 그림과 같이 디젤기관의 실린더 헤드를 들어 올리기 위해 사용하는 공구 ①의 명칭은?

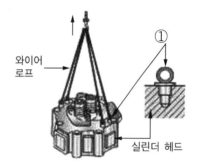

가. 인장 볼트

나. 아이 볼트

사. 타이 볼트

아. 스터드 볼트

09

소형기관의 운전 중 회전운동을 하는 부품이 아닌 것은?

가. 평형추

나. 피스톤

사. 크랭크 축

아. 플라이휠

10

동일한 운전 조건에서 연료유의 질이 나쁜 경우 디젤 주기관에 나타나는 증상으로 옳은 것은?

가. 배기온도가 내려가고 배기색이 검어진다.
나. 배기온도가 내려가고 배기색이 밝아진다.
사. 배기온도가 올라가고 배기색이 밝아진다.
아. 배기온도가 올라가고 배기색이 검어진다.

11

디젤기관의 운전 중 윤활유 계통에서 주의하여 관찰해야 하는 것은?

가. 기관의 입구 온도와 입구 압력
나. 기관의 출구 온도와 출구 압력
사. 기관의 입구 온도와 출구 압력
아. 기관의 출구 온도와 입구 압력

12

내연기관의 연료유에 대한 설명으로 옳지 않은 것은?

가. 발열량이 클수록 좋다.
나. 점도가 높을수록 좋다.
사. 유황분이 적을수록 좋다.
아. 물이 적게 함유되어 있을수록 좋다.

13

추진기의 회전속도가 어느 한도를 넘으면 추진기 배면의 압력이 낮아지며 물의 흐름이 표면으로부터 떨어져 기포가 발생하여 추진기 표면을 두드리는 현상은?

가. 슬립현상
나. 공동현상
사. 명음현상
아. 수격현상

14

프로펠러에 의한 선체 진동의 원인이 아닌 것은?

가. 프로펠러의 날개가 절손된 경우
나. 프로펠러이 날개수가 많은 경우
사. 프로펠러의 날개가 수면에 노출된 경우
아. 프로펠러의 날개가 휘어진 경우

15

갑판보기가 아닌 것은?

가. 양묘기
나. 계선기
사. 청정기
아. 양화기

16

낮은 곳에 있는 액체를 흡입하여 압력을 가한 후 높은 곳으로 이송하는 장치는?

가. 발전기
나. 보일러
사. 조수기
아. 펌 프

17

기관실의 연료유 펌프로 가장 적합한 것은?

가. 기어펌프
나. 왕복펌프
사. 축류펌프
아. 원심펌프

18

전동기의 운전 중 주의사항으로 옳지 않은 것은?

가. 발열되는 곳이 있는 지를 점검한다.
나. 이상한 소리, 냄새 등이 발생하는 지를 점검
 한다.
사. 전류계의 지시값에 주의한다.
아. 절연저항을 자주 측정한다.

19

교류발전기 2대를 병렬운전할 경우 동기검정기로
판단할 수 있는 것은?

가. 두 발전기의 극수와 동기속도의 일치 여부
나. 두 발전기의 부하전류와 전압의 일치 여부
사. 두 발전기의 절연저항과 권선저항의 일치 여부
아. 두 발전기의 주파수와 위상의 일치 여부

20

납축전지의 용량을 나타내는 단위는?

가. [Ah]
나. [A]
사. [V]
아. [kW]

21

( )에 적합한 것은?

> 선박에서 일정시간 항해 시 연료소비량은 선
> 박 속력의 ( )에 비례한다.

가. 제 곱
나. 세제곱
사. 네제곱
아. 다섯제곱

22

디젤기관을 장기간 정지할 경우의 주의사항으로
옳지 않은 것은?

가. 동파를 방지한다.
나. 부식을 방지한다.
사. 주기적으로 터닝을 시켜 준다.
아. 중요 부품은 분해하여 보관한다.

23

운전 중인 디젤기관에서 진동이 심한 경우의 원인
으로 옳은 것은?

가. 디젤 노킹이 발생할 때
나. 정격부하로 운전중일 때
사. 배기 밸브의 틈새가 작아졌을 때
아. 윤활유의 압력이 규정치보다 높아졌을 때

24

경유의 비중으로 옳은 것은?

가. 0.61~0.69

나. 0.71~0.79

사. 0.81~0.89

아. 0.91~0.99

25

15[℃] 비중이 0.9인 연료유 200리터의 무게는 몇 [kgf]인가?

가. 180[kgf]

나. 200[kgf]

사. 220[kgf]

아. 240[kgf]

제1과목 **항 해**

01

어느 지점을 지나는 진자오선과 자기 자오선이 이루는 교각으로 옳은 것은?

가. 자 차
나. 편 차
사. 풍압차
아. 유압차

02

자이로컴퍼스에서 선박의 속력이 빠르고 그 침로가 남북에 가까울수록, 또 위도가 높아질수록 커지는 오차로 옳은 것은?

가. 위도오차
나. 속도오차
사. 동요오차
아. 가속도오차

03

풍향에 대한 설명으로 옳지 않은 것은?

가. 풍향이란 바람이 불어가는 방향을 말한다.
나. 풍향이 시계방향으로 변하는 것을 풍향 순전이라 한다.
사. 풍향이 반시계방향으로 변하는 것을 풍향 반전이라 한다.
아. 보통 북(N)을 기준으로 시계방향으로 16방위로 나타내며, 해상에서는 32방위로 나타낼 때도 있다.

04

자기 컴퍼스의 자차계수 중 일반적으로 수정하지 않는 자차계수로 옳은 것은?

가. A, B 　　　　나. A, E
사. C, E 　　　　아. C, D

05

일반적으로 자기 컴퍼스의 유리가 파손되거나 기포가 생기지 않는 온도 범위로 옳은 것은?

가. 0~70℃ 　　　　나. −5~75℃
사. −20~50℃ 　　　　아. −40~30℃

06

다음 빈칸 안에 들어갈 말로 옳은 것은?

> 육상 송신국 또는 선박으로부터의 전파의 방위를 측정하여 위치선으로 활용하는 것으로 등대, 섬 등 육표의 시각 방위측정법에 비해 측정거리가 길고, 천후 또는 밤낮에 관계없이 위치측정이 가능한 장비는 (   )이다.

가. 알디에프(RDF)

나. 지피에스(GPS)

사. 로란(LORAN)

아. 데카(DECCA)

07

연안항해에서 많이 사용하는 방법으로 뚜렷한 물표 2개 또는 3개를 이용하여 선위를 구하는 방법으로 옳은 것은?

가. 3표양각법

나. 4점방위법

사. 교차방위법

아. 수심연측법

08

천의 극 중에서 관측자의 위도와 반대쪽에 있는 극으로 옳은 것은?

가. 동명극

나. 천의 북극

사. 이명극

아. 천의 남극

09

작동 중인 레이더 화면에서 A점이 나타내는 것으로 옳은 것은?

가. 섬

나. 육 지

사. 자기 선박

아. 다른 선박

10

위성항법장치(GPS)에서 오차가 발생하는 원인으로 옳지 않은 것은?

가. 위성 오차

나. 수신기 오차

사. 전파 지연 오차

아. 사이드 로브에 의한 오차

11

해도상에 표시된 해저 저질의 기호에 대한 의미로 옳지 않은 것은?

가. S – 자갈

나. M – 뻘

사. R – 암반

아. Co – 산호

12

우리나라에서 발간하는 종이해도에 대한 설명으로 옳은 것은?

가. 수심 단위는 피트(Feet)를 사용한다.

나. 나침도의 바깥쪽은 나침 방위권을 사용한다.

사. 항로의 지도 및 안내서의 역할을 하는 수로서지이다.

아. 항박도는 대축척 해도로 좁은 구역을 상세히 그린 평면도이다.

13

수로서지 중 특수서지로 옳지 않은 것은?

가. 등대표 　　　　　　나. 조석표

사. 천측력 　　　　　　아. 항로지

14

등부표에 대한 설명으로 옳지 않은 것은?

가. 강한 파랑이나 조류에 의해 유실되는 경우도 있다.

나. 항로의 입구, 폭 및 변침점 등을 표시하기 위해 설치한다.

사. 해저의 일정한 지점에 체인으로 연결되어 수면에 떠 있는 구조물이다.

아. 조류표에 기재되어 있으므로, 선박의 정확한 속력을 구하는 데 사용하면 좋다.

15

암초, 사주(모래톱) 등의 위치를 표시하기 위하여 그 위에 세워진 경계표이며, 여기에 등광을 설치하면 등표가 되는 항로표지로 옳은 것은?

가. 입 표 　　　　　　나. 부 표

사. 육 표 　　　　　　아. 도 표

16

전자력에 의해서 발음판을 진동시켜 소리를 내게 하는 음파(음향)표지로 옳은 것은?

가. 무 종 　　　　　　나. 다이어폰

사. 에어 사이렌 　　　　아. 다이어프램 폰

17

종이해도번호 앞에 F(에프)로 표기된 것으로 옳은 것은?

가. 해류도 　　　　　　나. 조류도

사. 해저 지형도 　　　　아. 어업용 해도

18

다음 중 가장 축척이 큰 종이해도로 옳은 것은?

가. 총 도

나. 항양도

사. 항해도

아. 항박도

19

해도상에 표시된 등대의 등질 'Fl.2s10m20M'에 대한 설명으로 옳지 않은 것은?

가. 섬광등이다.

나. 주기는 2초이다.

사. 등고는 10미터이다.

아. 광달거리는 20킬로미터이다.

20

다음 그림의 항로표지에 대한 설명으로 옳은 것은?(단, 두표의 모양만 고려함)

가. 표지의 동쪽에 가항수역이 있다.

나. 표지의 서쪽에 가항수역이 있다.

사. 표지의 남쪽에 가항수역이 있다.

아. 표지의 북쪽에 가항수역이 있다.

21

선박에서 주로 사용하는 습도계로 옳은 것은?

가. 자기 습도계

나. 모발 습도계

사. 건습구 습도계

아. 모발 자기 습도계

22

전선을 동반하는 저기압으로 기압경도가 큰 온대지방과 한대지방에서 생기며 일명 온대 저기압이라고도 부르는 것으로 옳은 것은?

가. 전선 저기압   나. 비전선 저기압

사. 한랭 저기압   아. 온난 저기압

23

일기도의 날씨 기호 중 '≡'가 의미하는 것으로 옳은 것은?

가. 눈   나. 비

사. 안 개   아. 우 박

24

항해계획을 수립할 때 고려해야 할 사항으로 옳지 않은 것은?

가. 경제적 항해

나. 항해일수의 단축

사. 항해할 수역의 상황

아. 선적항의 화물 준비 사항

25

다음 빈칸 안에 들어갈 말로 옳은 것은?

> 항정을 단축하고 항로표지나 자연의 목표를 충분히 이용할 수 있도록 육안에 접근한 항로를 선정하는 것이 원칙이지만, 지나치게 육안에 접근하는 것은 위험을 수반하기 때문에 항로를 선정할 때 (   )을/를 결정하는 것이 필요하다.

가. 피험선

나. 위치선

사. 중시선

아. 이안 거리

01

현호의 기능으로 옳지 않은 것은?

가. 선박의 능파성을 향상시킨다.

나. 선체가 부식되는 것을 방지한다.

사. 건현을 증가시키는 효과가 있다.

아. 갑판단이 일시에 수중에 잠기는 것을 방지한다.

02

다음 중 선박에 설치되어 있는 수밀 격벽의 종류로 옳지 않은 것은?

가. 선수 격벽

나. 기관실 격벽

사. 선미 격벽

아. 타기실 격벽

03

상갑판 보(Beam) 위의 선수재 전면으로부터 선미재 후면까지의 수평거리로 선박원부 및 선박국적증서에 기재되는 길이로 옳은 것은?

가. 전 장

나. 수선장

사. 등록장

아. 수선간장

04

타(Rudder)의 구조를 나타난 그림에서 ①이 나타내는 것으로 옳은 것은?

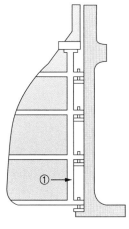

가. 타 판   나. 핀 틀

사. 거 전   아. 타심재

05

크레인식 하역장치의 구성요소로 옳지 않은 것은?

가. 카고 훅   나. 데릭 붐

사. 토핑 윈치   아. 선회 윈치

06

희석제(Thinner)에 대한 설명으로 옳지 않은 것은?

가. 인화성이 강하므로 화기에 유의하여야 한다.

나. 많은 양을 희석하면 도료의 점도가 높아진다.

사. 도료에 첨가하는 양은 최대 10% 이하가 좋다.

아. 도료의 성분을 균질하게 하여 도막을 매끄럽게 한다.

PART 02

07

다음 중 페인트를 칠하는 용구로 옳은 것은?

가. 철 솔　　　　나. 스크레이퍼

사. 그리스 건　　아. 스프레이 건

08

물이 스며들지 않아 수온이 낮은 물속에서 체온을 보호할 수 있는 것으로 2분 이내에 혼자서 착용 가능하여야 하는 것으로 옳은 것은?

가. 구명조끼　　나. 보온복

사. 방수복　　　아. 방화복

09

해상이동업무식별번호(MMSI)에 대한 설명으로 옳은 것은?

가. 5자리 숫자로 구성된다.

나. 9자리 숫자로 구성된다.

사. 국제 항해 선박에만 사용된다.

아. 국내 항해 선박에만 사용된다.

10

선박이 침몰하여 수면 아래 4미터 정도에 이르면 수압에 의하여 선박에서 자동 이탈되어 조난자가 탈 수 있도록 압축가스에 의해 펼쳐지는 구명설비로 옳은 것은?

가. 구명정　　　나. 구명뗏목

사. 구조정　　　아. 구명부기

11

〈보기〉에서 구명설비에 대한 설명과 구명설비의 명칭이 옳게 짝지어진 것은?

구명설비에 대한 명칭

ㄱ. 야간에 구명부환의 위치를 알려주는 등으로 구명부환과 함께 수면에 투하되면 자동으로 점등되는 설비

ㄴ. 자기 점화등과 같은 목적의 주간신호이며, 물에 들어가면 자동으로 오렌지색 연기를 내는 설비

ㄷ. 선박이 비상상황으로 침몰 등의 일을 당하게 되었을 때 자동적으로 본선으로부터 이탈 부유하며 사고지점을 포함한 선명 등의 정보를 자동적으로 발사하는 설비

ㄹ. 낮에 거울 또는 금속편에 의해 태양의 반사광을 보내는 것이며, 햇빛이 강한 날에 효과가 큼

구명설비의 명칭

A. 비상위치지시 무선표지(EPIRB)

B. 신호 홍염(Hand Flare)

C. 자기 점화등(Self-igniting Light)

D. 신호 거울(Daylight Signaling Mirror)

E. 자기 발연 신호(Self-activating Smoke Signal)

가. ㄱ - A　　　　나. ㄴ - E

사. ㄷ - B　　　　아. ㄹ - C

12

선박이 조난된 경우 조난을 표시하는 신호의 종류로 옳지 않은 것은?

가. 국제신호기 NC기 게양

나. 로켓을 이용한 낙하산 화염신호

사. 흰색 연기를 발하는 발연부 신호

아. 약 1분간의 간격으로 행하는 1회의 발포 기타 폭발에 의한 신호

13

고장으로 움직이지 못하는 조난선박에서 생존자를 구조하기 위하여 접근하는 구조선이 풍압에 의하여 조난선박보다 빠르게 밀리는 경우 조난선에 접근하는 방법으로 옳은 것은?

가. 조난선박의 풍상 쪽으로 접근한다.

나. 조난선박의 풍하 쪽으로 접근한다.

사. 조난선박의 정선미 쪽으로 접근한다.

아. 조난선박이 밀리는 속도의 3배로 접근한다.

14

본선 선명이 '동해호'일 때 본선에서 초단파(VHF) 무선설비를 이용하여 부산항 선박교통관제센터를 호출하는 방법으로 옳은 것은?

가. 부산항, 여기는 동해호, 감도 있습니까?

나. 동해호, 여기는 동해호, 감도 있습니까?

사. 부산브이티에스, 여기는 동해호, 감도 있습니까?

아. 동해호, 여기는 부산브이티에스, 감도 있습니까?

15

다음 빈칸 안에 들어갈 말로 옳은 것은?

> 전진 중인 선박에 어떤 타각을 주었을 때, 타에 대한 선체응답이 빠를 경우 ( )이 좋은 것이다.

가. 정지성　　　　　나. 선회성

사. 추종성　　　　　아. 침로안정성

16

선체운동 중에서 강한 횡방향의 파랑으로 인하여 선체가 좌현 및 우현 방향으로 이동하는 직선 왕복운동을 나타내는 말로 옳은 것은?

가. 종동요운동(Pitching)

나. 횡동요운동(Rolling)

사. 요잉(Yawing)

아. 스웨이(Sway)

17

우선회 고정피치 단추진기 선박의 흡입류와 배출류에 대한 설명으로 옳지 않은 것은?

가. 측압작용의 영향은 스크루 프로펠러가 수면 위에 노출되어 있을 때 뚜렷하게 나타난다.

나. 기관 전진 중 스크루 프로펠러가 수중에서 회전하면 앞쪽에서는 스크루 프로펠러에 빨려드는 흡입류가 있다.

사. 기관을 후진상태로 작동시키면 선체의 우현 쪽으로 흘러가는 배출류는 우현 선미 측벽에 부딪치면서 측압을 형성한다.

아. 기관을 전진상태로 작동하면 타(Rudder)의 하부에 작용하는 수류는 수면 부근에 위치한 상부에 작용하는 수류보다 강하여 선미를 좌현 쪽으로 밀게 된다.

18

다음 빈칸 안에 들어갈 말로 옳은 것은?

> 일반적으로 배수량을 가진 선박이 직진 중 전타를 하면 선체는 선회초기에 선회하려는 방향의 ( )으로 경사하고 후기에는 ( )으로 경사한다.

가. 안쪽, 안쪽　　　　나. 안쪽, 바깥쪽

사. 바깥쪽, 안쪽　　　아. 바깥쪽, 바깥쪽

19

수심이 얕은 수역에서 항해 중인 선박에 나타나는 현상으로 옳지 않은 것은?

가. 타효의 증가
나. 선체의 침하
사. 속력의 감소
아. 선회권 크기 증가

20

항해 중 선수 부근에서 사람이 선외로 추락한 경우 즉시 취하여야 하는 조치로 옳지 않은 것은?

가. 선외로 추락한 사람을 발견한 사람은 익수자에게 구명부환을 던져주어야 한다.
나. 선외로 추락한 사람이 시야에서 벗어나지 않도록 계속 주시한다.
사. 익수자가 발생한 반대 현측으로 즉시 전타한다.
아. 인명구조 조선법을 이용하여 익수자 위치로 되돌아간다.

21

황천항해에 대비하여 선창에 화물을 실을 때 주의 사항으로 옳지 않은 것은?

가. 먼저 양하할 화물부터 싣는다.
나. 선적 후 갑판 개구부의 폐쇄를 확인한다.
사. 화물의 이동에 대한 방지책을 세워야 한다.
아. 무거운 것은 밑에 실어 무게중심을 낮춘다.

22

선체가 횡동요(Rolling) 운동 중 옆에서 돌풍을 받는 경우 또는 파랑 중에서 대각도 조타를 시작하면 선체가 갑자기 큰 각도로 경사하게 되는 현상으로 옳은 것은?

가. 러칭(Lurching)
나. 레이싱(Racing)
사. 슬래밍(Slamming)
아. 브로칭 투(Broaching-to)

23

황천조선법인 순주(Scudding)의 장점으로 옳지 않은 것은?

가. 상당한 속력을 유지할 수 있다.
나. 선체가 받는 충격작용이 현저히 감소한다.
사. 보침성이 향상되어 브로칭 투 현상이 일어나지 않는다.
아. 가항반원에서 적극적으로 태풍권으로부터 탈출하는 데 유리하다.

24

해양사고가 발생하여 해양오염물질의 배출이 우려되는 선박에서 취할 조치로 옳지 않은 것은?

가. 사고 손상부위의 긴급 수리
나. 배출방지를 위해 필요한 조치
사. 오염물질을 다른 선박으로 옮겨 싣는 조치
아. 침수를 방지하기 위하여 오염물질을 선외 배출

25

충돌사고의 주요 원인인 경계 소홀로 옳지 않은 것은?

가. 당직 중 졸음
나. 선박조종술 미숙
사. 해도실에서 많은 시간 소비
아. 제한시계에서 레이더 미사용

01

해사안전법상 주의환기신호에 대한 설명으로 옳지 않은 것은?

가. 규정된 신호로 오인되지 아니하는 발광신호 또는 음향신호를 사용하여야 한다.

나. 다른 선박의 주의 환기를 위하여 해당 선박 방향으로 직접 탐조등을 비추어야 한다.

사. 발광신호를 사용할 경우 항행보조시설로 오인되지 아니하는 것이여야 한다.

아. 탐조등은 강력한 빛이 점멸하거나 회전하는 등화를 사용하여서는 안 된다.

02

해사안전법상 선박의 출항을 통제하는 목적으로 옳은 것은?

가. 국적선의 이익을 위해

나. 선박의 안전운항을 위해

사. 선박의 효율적 통제를 위해

아. 항만의 무리한 운영을 막기 위해

03

다음 빈칸 안에 들어갈 말로 옳은 것은?

해사안전법상 선박은 주위의 상황 및 다른 선박과 충돌할 수 있는 위험성을 충분히 파악할 수 있도록 (   ) 및 당시의 상황에 맞게 이용할 수 있는 모든 수단을 이용하여 항상 적절한 경계를 하여야 한다.

가. 시각 · 청각   나. 청각 · 후각

사. 후각 · 미각   아. 미각 · 촉각

04

해사안전법상 레이더가 설치되지 않은 선박에서 안전한 속력을 결정할 때 고려할 사항으로 옳은 것을 모두 고른 것은?

> ㄱ. 선박의 흘수와 수심과의 관계
> ㄴ. 레이더의 특성 및 성능
> ㄷ. 시계의 상태
> ㄹ. 해상교통량의 밀도
> ㅁ. 레이더로 탐지한 선박의 수 · 위치 및 동향

가. ㄱ, ㄴ, ㄷ   나. ㄱ, ㄷ, ㄹ

사. ㄴ, ㄷ, ㅁ   아. ㄴ, ㄹ, ㅁ

05

해사안전법상 2척의 범선이 서로 접근하여 충돌할 위험이 있는 경우 항행방법으로 옳지 않은 것은?

가. 각 범선이 다른 쪽 현에 바람을 받고 있는 경우에는 좌현에 바람을 받고 있는 범선이 다른 범선의 진로를 피하여야 한다.

나. 두 범선이 서로 같은 현에 바람을 받고 있는 경우에는 바람이 불어오는 쪽의 범선이 바람이 불어가는 쪽의 범선의 진로를 피하여야 한다.

사. 좌현에 바람을 받고 있는 범선은 바람이 불어오는 쪽에 있는 다른 범선이 바람을 좌우 어느 쪽에 받고 있는지 확인할 수 없는 때에는 그 범선의 진로를 피하여야 한다.

아. 바람이 불어오는 쪽에 있는 범선은 다른 범선이 바람을 좌우 어느 쪽에 받고 있는지 확인할 수 없을 때에는 조우자세에 따라 피항한다.

06

해사안전법상 서로 시계 안에서 범선과 동력선이 서로 마주치는 경우 항법으로 옳은 것은?

가. 각각 침로를 좌현 쪽으로 변경한다.

나. 동력선이 침로를 변경한다.

사. 각각 침로를 우현 쪽으로 변경한다.

아. 동력선은 침로를 우현 쪽으로, 범선은 침로를 바람이 불어가는 쪽으로 변경한다.

07

해사안전법상 제한된 시계에서 충돌할 위험성이 없다고 판단한 경우 외에 자기 선박의 양쪽 현의 정횡 앞쪽에 있는 다른 선박의 무중신호를 듣고 취할 조치로 옳은 것을 모두 고른 것은?

ㄱ. 최대 속력으로 항행하면서 경계를 한다.

ㄴ. 우현 쪽으로 침로를 변경시키지 않는다.

ㄷ. 필요 시 자기 선박의 진행을 완전히 멈춘다.

ㄹ. 충돌할 위험성이 사라질 때까지 주의하여 항행하여야 한다.

가. ㄴ, ㄷ

나. ㄷ, ㄹ

사. ㄱ, ㄴ, ㄹ

아. ㄴ, ㄷ, ㄹ

08

해사안전법상 제한된 시계에서 선박의 항법에 대한 설명으로 옳지 않은 것은?

가. 모든 선박은 시계가 제한된 그 당시의 사정과 조건에 적합한 안전한 속력으로 항행하여야 한다.

나. 레이더만으로 다른 선박이 있는 것을 탐지한 선박은 해당 선박과 얼마나 가까이 있는지 또는 충돌할 위험이 있는지를 판단하여야 한다.

사. 충돌할 위험성이 없다고 판단한 경우 외에는 자기 선박의 양쪽 현의 정횡 앞쪽에 있는 다른 선박에서 무중신호를 듣는 경우 침로를 유지하는 데에 필요한 최소한의 속력으로 줄여야 한다.

아. 레이더만으로 다른 선박이 있는 것을 탐지한 선박의 피항동작이 침로를 변경하는 것만으로 이루어질 경우 자기 선박의 양쪽 현의 정횡 또는 그곳으로부터 뒤쪽에 있는 선박 쪽으로 침로를 변경하여야 한다.

09

해사안전법상 등화에 사용되는 등색으로 옳지 않은 것은?

가. 붉은색　　　　나. 녹 색

사. 흰 색　　　　아. 청 색

10

해사안전법상 '삼색등'을 구성하는 색으로 옳지 않은 것은?

가. 흰 색　　　　나. 황 색

사. 녹 색　　　　아. 붉은색

11

해사안전법상 '섬광등'의 정의로 옳은 것은?

가. 선수 쪽 225°의 수평사광범위를 갖는 등

나. 360°에 걸치는 수평의 호를 비추는 등화로서 일정한 간격으로 1분에 30회 이상 섬광을 발하는 등

사. 360°에 걸치는 수평의 호를 비추는 등화로서 일정한 간격으로 1분에 60회 이상 섬광을 발하는 등

아. 360°에 걸치는 수평의 호를 비추는 등화로서 일정한 간격으로 1분에 120회 이상 섬광을 발하는 등

12

다음 빈칸 안에 들어갈 말로 순서대로 옳은 것은?

> 해사안전법상 주간에 항망(桁網)이나 그 밖의 어구를 수중에서 끄는 트롤망어로에 종사하는 선박 외에 어로에 종사하는 선박은 ( )로 ( )미터가 넘는 어구를 선박 밖으로 내고 있는 경우에는 ( )의 형상물 1개를 어로에 종사하는 선박의 형상물에 덧붙여 표시하여야 한다.

가. 수평거리, 150, 꼭대기를 위로 한 원뿔꼴

나. 수직거리, 150, 꼭대기를 아래로 한 원뿔꼴

사. 수평거리, 200, 꼭대기를 위로 한 원뿔꼴

아. 수직거리, 200, 꼭대기를 아래로 한 원뿔꼴

13

다음 빈칸 안에 들어갈 말로 옳은 것은?

> 해사안전법상 항행 중인 동력선이 ( )에 있는 경우에 그 침로를 변경하거나 그 기관을 후진하여 사용할 때에는 기적신호를 행하여야 한다.

가. 평수구역

나. 서로 상대의 시계 안

사. 제한된 시계

아. 무역항의 수상구역 안

14

다음 빈칸 안에 들어갈 말로 순서대로 옳은 것은?

> 해사안전법상 발광신호에 사용되는 섬광의 지속시간 및 섬광과 섬광 사이의 간격은 ( ) 정도로 하되, 반복되는 신호 사이의 간격은 ( ) 이상으로 한다.

가. 1초, 5초

나. 1초, 10초

사. 5초, 5초

아. 5초, 10초

15

해사안전법상 안개로 시계가 제한되었을 때 항행 중인 길이 12미터 이상인 동력선이 대수속력이 있는 경우 울려야 하는 음향신호로 옳은 것은?

가. 2분을 넘지 아니하는 간격으로 다음 4회

나. 2분을 넘지 아니하는 간격으로 장음 1회

사. 2분을 넘지 아니하는 간격으로 장음 1회에 이어 단음 3회

아. 2분을 넘지 아니하는 간격으로 단음 1회, 장음 1회, 단음 1회

16

선박의 입항 및 출항 등에 관한 법률상 무역항의 수상구역 등에서 화재가 발생한 경우 기적이나 사이렌을 갖춘 선박이 울리는 경보로 옳은 것은?

가. 기적이나 사이렌으로 장음 5회를 적당한 간격으로 반복

나. 기적이나 사이렌으로 장음 7회를 적당한 간격으로 반복

사. 기적이나 사이렌으로 단음 5회를 적당한 간격으로 반복

아. 기적이나 사이렌으로 단음 7회를 적당한 간격으로 반복

17

선박의 입항 및 출항 등에 관한 법률상 무역항의 수상구역 등에 출입하는 경우 출입신고를 서면으로 제출하여야 하는 선박으로 옳은 것은?

가. 예선 등 선박의 출입을 지원하는 선박

나. 피난을 위하여 긴급히 출항하여야 하는 선박

사. 연안수역을 항행하는 정기여객선으로서 항구에 출입하는 선박

아. 관공선, 군함, 해양경찰함정 등 공공의 목적으로 운영하는 선박

18

선박의 입항 및 출항 등에 관한 법률상 우선피항선에 대한 규정으로 옳은 것은?

가. 우선피항선은 다른 선박의 항행에 방해가 될 우려가 있는 장소에 정박하거나, 정류하여서는 안 된다.

나. 무역항의 수상구역 등이나 무역항의 수상구역 부근에서 우선피항선은 다른 선박과 만나는 자세에 따라 유지선이 될 수 있다.

사. 총톤수 5톤 미만인 우선피항선이 무역항의 수상구역 등에 출입하려는 경우에는 대통령령으로 정하는 바에 따라 관리청에 신고하여야 한다.

아. 우선피항선은 무역항의 수상구역 등에 출입하는 경우 또는 무역항의 수상구역 등을 통과하는 경우에는 관리청에서 지정·고시한 항로를 따라 항행하여야 한다.

19

선박의 입항 및 출항 등에 관한 법률상 무역항의 수상구역 등에서 항행 중인 동력선이 서로 상대의 시계 안에 있는 경우 침로를 우현으로 변경하는 선박이 울려야 하는 음향신호로 옳은 것은?

가. 단음 1회　　　나. 단음 2회

사. 단음 3회　　　아. 장음 1회

20

다음 빈칸 안에 들어갈 말로 옳지 않은 것은?

선박의 입항 및 출항 등에 관한 법률상 선박이 무역항의 수상구역 등에서 (　　)[이하 부두등이라 한다]을 오른쪽 뱃전에 두고 항행할 때에는 부두등에 접근하여 항행하고, 부두등을 왼쪽 뱃전에 두고 항행할 때에는 멀리 떨어져서 항행하여야 한다.

가. 정박 중인 선박

나. 항행 중인 동력선

사. 해안으로 길게 뻗어 나온 육지 부분

아. 부두, 방파제 등 인공시설물의 튀어나온 부분

21

선박의 입항 및 출항 등에 관한 법률상 무역항의 수상구역 등에서 그림과 같이 항로 밖에 있던 선박이 항로 안으로 들어오려고 할 때, 항로를 따라 항행하고 있는 선박과의 관계에 대한 설명으로 옳은 것은?

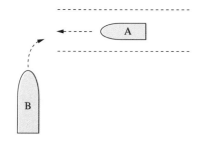

가. A선은 항로의 우측으로 진로를 피하여야 한다.

나. B선은 A선의 진로를 피하여 항행하여야 한다.

사. B선은 A선과 우현 대 우현으로 통과하여야 한다.

아. A선은 B선이 항로에 안전하게 진입할 수 있게 대기하여야 한다.

22

선박의 입항 및 출항 등에 관한 법률상 우선피항선으로 옳지 않은 것은?

가. 예 선

나. 수면비행선박

사. 주로 삿대로 운전하는 선박

아. 주로 노로 운전하는 선박

23

다음 중 해양환경관리법상 해양에서 배출할 수 있는 것으로 옳은 것은?

가. 합성로프

나. 어획한 물고기

사. 합성어망

아. 플라스틱 쓰레기봉투

24

해양환경관리법상 오염물질의 배출이 허용되는 예외적인 경우로 옳지 않은 것은?

가. 선박이 항해 중일 때 배출하는 경우

나. 인명구조를 위하여 불가피하게 배출하는 경우

사. 선박의 안전 확보를 위하여 부득이하게 배출하는 경우

아. 선박의 손상으로 인하여 가능한 한 조치를 취한 후에도 배출될 경우

25

해양환경관리법상 유조선에서 화물창 안의 화물 잔류물 또는 화물창 세정수를 한 곳에 모으기 위한 탱크로 옳은 것은?

가. 화물 탱크(Cargo Tank)

나. 혼합물탱크(Slop Tank)

사. 평형수탱크(Ballast Tank)

아. 분리평형수탱크(Segregated Ballast Tank)

01

실린더 부피가 1,200cm^{3}이고 압축부피가 100cm^{3}인 내연기관의 압축비로 옳은 것은?

가. 11   나. 12
사. 13   아. 14

02

4행정 사이클 디젤기관에서 흡기 밸브와 배기 밸브가 거의 모든 기간에 닫혀있는 행정으로 옳은 것은?

가. 흡입행정과 압축행정
나. 흡입행정과 배기행정
사. 압축행정과 작동행정
아. 작동행정과 배기행정

03

직렬형 디젤기관에서 실린더가 6개인 경우 메인 베어링의 최소 개수로 옳은 것은?

가. 5개   나. 6개
사. 7개   아. 8개

04

소형기관에서 흡·배기 밸브의 운동에 대한 설명으로 옳은 것은?

가. 흡기 밸브는 스프링의 힘으로 열린다.
나. 흡기 밸브는 푸시로드에 의해 닫힌다.
사. 배기 밸브는 푸시로드에 의해 닫힌다.
아. 배기 밸브는 스프링의 힘으로 닫힌다.

05

내연기관에서 피스톤 링의 주된 역할로 옳지 않은 것은?

가. 피스톤과 실린더 라이너 사이의 기밀을 유지한다.
나. 피스톤에서 받은 열을 실린더 라이너로 전달한다.
사. 실린더 내벽의 윤활유를 고르게 분포시킨다.
아. 실린더 라이너의 마멸을 방지한다.

06

소형기관의 피스톤 재질에 대한 설명으로 옳지 않은 것은?

가. 무게가 무거운 것이 좋다.
나. 강도가 큰 것이 좋다.
사. 열전도가 잘 되는 것이 좋다.
아. 마멸에 잘 견디는 것이 좋다.

07

다음 그림과 같은 크랭크 축에서 커넥팅 로드가 연결되는 부분으로 옳은 것은?

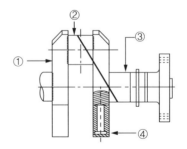

가. ①
나. ②
사. ③
아. ④

08

디젤기관에 설치되어 있는 평형추에 대한 설명으로 옳지 않은 것은?

가. 기관의 진동을 방지한다.

나. 크랭크 축의 회전력을 균일하게 해준다.

사. 메인 베어링의 마찰을 감소시킨다.

아. 프로펠러의 균열을 방지한다.

09

운전중인 디젤기관이 갑자기 정지되었을 경우 그 원인으로 옳지 않은 것은?

가. 과속도 장치의 작동

나. 연료유 여과기의 막힘

사. 시동밸브의 누설

아. 조속기의 고장

10

디젤기관에서 시동용 압축공기의 최고압력으로 옳은 것은?

가. 약 10kgf/cm^2

나. 약 20kgf/cm^2

사. 약 30kgf/cm^2

아. 약 40kgf/cm^2

11

디젤기관을 완전히 정지한 후의 조치사항으로 옳지 않은 것은?

가. 시동공기 계통의 밸브를 잠근다.

나. 인디케이터 콕을 열고 기관을 터닝시킨다.

사. 윤활유펌프를 약 20분 이상 운전시킨 후 정지한다.

아. 냉각 청수의 입·출구 밸브를 열어 냉각수를 모두 배출시킨다.

12

디젤기관의 운전 중 점검사항으로 옳지 않은 것은?

가. 배기가스 온도

나. 윤활유 압력

사. 피스톤링 마멸량

아. 기관의 회전수

13

소형 선박의 추진 축계에 포함되는 것으로만 짝지어진 것은?

가. 캠축과 추력축

나. 캠축과 중간축

사. 캠축과 프로펠러축

아. 추력축과 프로펠러축

14

프로펠러의 피치가 1m이고 매초 2회전하는 선박이 1시간 동안 프로펠러에 의해 나아가는 거리로 옳은 것은?

가. 0.36km

나. 0.72km

사. 3.6km

아. 7.2km

15

유압장치에 대한 설명으로 옳지 않은 것은?

가. 유압펌프의 흡입측에 자석식 필터를 많이 사용한다.

나. 작동유는 유압유를 사용한다.

사. 작동유의 온도가 낮아지면 점도도 낮아진다.

아. 작동유 중의 공기를 배출하기 위한 플러그를 설치한다.

16

기관실 펌프의 기동전 점검사항에 대한 설명으로 옳지 않은 것은?

가. 입·출구 밸브의 개폐상태를 확인한다.

나. 에어벤트 콕을 이용하여 공기를 배출한다.

사. 기동반 전류계가 정격전류값을 가르키는지 확인한다.

아. 손으로 축을 돌리면서 각부의 이상 유무를 확인한다.

17

전기용어에 대한 설명으로 옳지 않은 것은?

가. 전류의 단위는 암페어이다.

나. 저항의 단위는 옴이다.

사. 전력의 단위는 헤르츠이다.

아. 전압의 단위는 볼트이다.

18

다음과 같은 원심펌프 단면에서 ㉠과 ㉡의 명칭으로 옳은 것은?

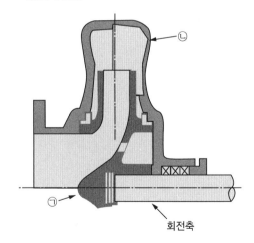

가. ㉠은 회전차이고 ㉡은 케이싱이다.

나. ㉠은 회전차이고 ㉡은 슈라우드이다.

사. ㉠은 케이싱이고 ㉡은 회전차이다.

아. ㉠은 케이싱이고 ㉡은 슈라우드이다.

19

아날로그 멀티테스터의 사용 시 주의사항으로 옳지 않은 것은?

가. 저항을 측정할 경우에는 영점을 조정한 후 측정한다.

나. 전압을 측정할 경우에는 교류와 직류를 구분하여 측정한다.

사. 리드선의 검은색 리드봉은 -단자에, 빨간색 리드봉은 +단자에 꽂아 사용한다.

아. 전압을 측정할 경우에는 낮은 측정 레인지에서부터 점차 높은 레인지로 올려가면서 측정한다.

20

액 보충 방식 납축전지의 점검 및 관리 방법으로 옳지 않은 것은?

가. 전해액의 액위가 적정한지를 점검한다.

나. 전선을 분리하여 전해액을 점검한 후 다시 단자에 연결한다.

사. 전해액을 보충할 때 증류수를 전극판의 약간 위까지 보충한다.

아. 과방전이 발생하지 않도록 주의한다.

21

디젤기관의 실린더 헤드를 분해하여 체인블록으로 들어올릴 때 필요한 볼트로 옳은 것은?

가. 타이 볼트

나. 아이 볼트

사. 인장 볼트

아. 스터드 볼트

22

운전 중인 디젤기관의 진동 원인으로 옳지 않은 것은?

가. 위험회전수로 운전하고 있을 때

나. 윤활유가 실린더 내에서 연소하고 있을 때

사. 메인 베어링의 틈새가 너무 클 때

아. 크랭크핀 베어링의 틈새가 너무 클 때

23

디젤기관에서 크랭크암 개폐에 대한 설명으로 옳지 않은 것은?

가. 선박이 물 위에 떠 있을 때 계측한다.

나. 다이얼식 마이크로미터로 계측한다.

사. 각 실린더마다 정해진 여러 곳을 계측한다.

아. 개폐가 심할수록 유연성이 좋으므로 기관의 효율이 높아진다.

24

일정량의 연료유를 가열했을 때 그 값이 변하지 않는 것으로 옳은 것은?

가. 점 도   나. 부 피

사. 질 량   아. 온 도

25

1드럼은 몇 리터인가?

가. 5리터   나. 20리터

사. 100리터   아. 200리터

정답 19 아 20 나 21 나 22 나 23 아 24 사 25 아

PART 02 2022년 제2회 기출복원문제

해설 475P

제1과목 항 해

01

자기 컴퍼스에서 선박의 동요로 비너클이 기울어져도 볼을 항상 수평으로 유지시켜 주는 장치로 옳은 것은?

가. 피 벗　　　　나. 컴퍼스 액

사. 짐벌즈　　　　아. 섀도 핀

02

경사제진식 자이로컴퍼스에만 있는 오차로 옳은 것은?

가. 위도오차　　　나. 속도오차

사. 동요오차　　　아. 가속도오차

03

음향측심기의 용도로 옳지 않은 것은?

가. 어군의 존재 파악

나. 해저의 저질 상태 파악

사. 선박의 속력과 항주 거리 측정

아. 수로 측량이 부정확한 곳의 수심 측정

04

다음 중 자차계수 D가 최대가 되는 침로로 옳은 것은?

가. 000°　　　　나. 090°

사. 225°　　　　아. 270°

05

자기 컴퍼스에서 섀도 핀에 의한 방위 측정 시 주의사항으로 옳지 않은 것은?

가. 핀의 지름이 크면 오차가 생기기 쉽다.

나. 핀이 휘어져 있으면 오차가 생기기 쉽다.

사. 선박의 위도가 크게 변하면 오차가 생기기 쉽다.

아. 볼(Bowl)이 경사된 채로 방위를 측정하면 오차가 생기기 쉽다.

06

레이더를 이용하여 얻을 수 있는 것으로 옳지 않은 것은?

가. 본선의 위치

나. 물표의 방위

사. 물표의 표고차

아. 본선과 다른 선박 사이의 거리

01 사　02 가　03 사　04 사　05 사　06 사　정답

07

다음 빈칸에 들어갈 말로 옳은 것은?

> 생소한 해역을 처음 항해할 때에는 수로지, 항로지, 해도 등에 ( )가 설정되어 있으면 특별한 이유가 없는 한 그 항로를 따르도록 한다.

가. 추천항로
나. 우회항로
사. 평행항로
아. 심흘수 전용항로

08

다음 빈칸에 들어갈 말로 순서대로 옳은 것은?

> 국제협정에 의하여 ( )을 기준경도로 정하여 서경 쪽에서 동경 쪽으로 통과할 때에는 1일을 ( ).

가. 본초자오선, 늦춘다
나. 본초자오선, 건너뛴다
사. 날짜변경선, 늦춘다
아. 날짜변경선, 건너뛴다

09

상대운동 표시방식의 알파(ARPA) 레이더 화면에서 나타난 'A' 선박의 벡터가 다음 그림과 같이 표시되었을 때, 이에 대한 설명으로 옳은 것은?

가. 본선과 침로가 비슷하다.
나. 본선과 속력이 비슷하다.
사. 본선의 크기와 비슷하다.
아. 본선과 충돌의 위험이 있다.

10

레이더의 수신 장치 구성요소로 옳지 않은 것은?

가. 증폭장치
나. 펄스변조기
사. 국부발진기
아. 주파수변환기

11

노출암을 나타낸 해도도식에서 '4'가 의미하는 것으로 옳은 것은?

가. 수 심
나. 암초 높이
사. 파 고
아. 암초 크기

12

다음 빈칸에 들어갈 말로 옳은 것은?

> 해도상에 기재된 건물, 항만시설물, 등부표, 수중 장애물, 조류, 해류, 해안선의 형태, 등고선, 연안 지형 등의 기호 및 약어가 수록된 수로서지는 ( )이다.

가. 해류도
나. 조류도
사. 해도목록
아. 해도도식

13

조석표에 대한 설명으로 옳지 않은 것은?

가. 조석 용어의 해설도 포함하고 있다.

나. 각 지역의 조석에 대하여 상세히 기술하고 있다.

사. 표준항 외의 항구에 대한 조시, 조고를 구할 수 있다.

아. 국립해양조사원은 외국항 조석표는 발행하지 않는다.

14

등색이나 등력이 바뀌지 않고 일정하게 계속 빛을 내는 등으로 옳은 것은?

가. 부동등

나. 섬광등

사. 호광등

아. 명암등

15

〈보기〉에서 설명하는 형상(주간)표지로 옳은 것은?

> 선박에 암초, 얕은 여울 등의 존재를 알리고 항로를 표시하기 위하여 바다 위에 뜨게 한 구조물로 빛을 비추지 않는다.

가. 도 표

나. 부 표

사. 육 표

아. 입 표

16

레이콘에 대한 설명으로 옳지 않은 것은?

가. 레이마크 비콘이라고도 한다.

나. 레이더에서 발사된 전파를 받을 때에만 응답한다.

사. 레이콘의 신호로 표준신호와 모스 부호가 이용된다.

아. 레이더 화면상에 일정 형태의 신호가 나타날 수 있도록 전파를 발사한다.

17

연안항해에 사용되는 종이해도의 축척에 대한 설명으로 옳은 것은?

가. 최신 해도이면 축척은 관계없다.

나. 사용 가능한 대축척 해도를 사용한다.

사. 총도를 사용하여 넓은 범위를 관측한다.

아. 1:50,000인 해도가 1:150,000인 해도보다 소축척 해도이다.

18

종이해도를 사용할 때 주의사항으로 옳은 것은?

가. 여백에 낙서를 해도 무방하다.

나. 연필 끝은 둥글게 깎아서 사용한다.

사. 반드시 해도의 소개정을 할 필요는 없다.

아. 가장 최근에 발행된 해도를 사용해야 한다.

19

정해진 등질이 반복되는 시간으로 옳은 것은?

가. 등 색　　　　　　나. 섬광등
사. 주 기　　　　　　아. 점등시간

20

항로의 좌우측 한계를 표시하기 위하여 설치된 표지로 옳은 것은?

가. 특수표지　　　　나. 고립장해표지
사. 측방표지　　　　아. 안전수역표지

21

오호츠크해기단에 대한 설명으로 옳지 않은 것은?

가. 한랭하고 습윤하다.
나. 해양성 열대기단이다.
사. 오호츠크해가 발원지이다.
아. 오호츠크해기단은 늦봄부터 발생하기 시작한다.

22

저기압의 일반적인 특징으로 옳지 않은 것은?

가. 저기압은 중심으로 갈수록 기압이 낮아진다.
나. 저기압에서는 중심에 접근할수록 기압경도가
　　커지므로 바람도 강하다.
사. 저기압 역내에서는 하층의 발산기류를 보충하
　　기 위하여 하강기류가 일어난다.
아. 북반구에서 저기압 주위의 대기는 반시계방향
　　으로 회전하고 하층에서는 대기의 수렴이 있다.

23

현재부터 1~3일 후까지의 전선과 기압계의 이동 상태에 따른 일기 상황을 예보하는 것으로 옳은 것은?

가. 수치예보
나. 실황예보
사. 단기예보
아. 단시간예보

24

항해계획을 수립할 때 구별하는 지역별 항로의 종류로 옳지 않은 것은?

가. 원양 항로
나. 왕복 항로
사. 근해 항로
아. 연안 항로

25

항해계획에 따라 안전한 항해를 수행하고, 안전을 확인하는 방법으로 옳지 않은 것은?

가. 레이더를 이용한다.
나. 중시선을 이용한다.
사. 음향측심기를 이용한다.
아. 선박의 평균속력을 계산한다.

01

파랑 중에 항행하는 선박의 선수부와 선미부를 파랑에 의한 큰 충격을 예방하기 위해 견고히 보강한 구조의 명칭으로 옳은 것은?

가. 팬팅(Panting) 구조
나. 이중선체(Double Hull) 구조
사. 이중저(Double Bottom) 구조
아. 구상형 선수(Bulbous Bow) 구조

02

선체의 외형에 따른 명칭 그림에서 ①의 명칭으로 옳은 것은?

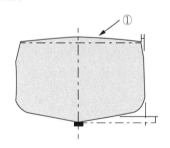

가. 캠 버   나. 플레어
사. 텀블 홈   아. 선수현호

03

선박의 트림에 대한 설명으로 옳은 것은?

가. 선수흘수와 선미흘수의 곱
나. 선수흘수와 선미흘수의 비
사. 선수흘수와 선미흘수의 차
아. 선수흘수와 선미흘수의 합

04

각 흘수선상의 물에 잠긴 선체의 선수재 전면에서 선미 후단까지의 수평거리로 옳은 것은?

가. 전 장
나. 등록장
사. 수선장
아. 수선간장

05

타(키)의 구조 그림에서 ①의 명칭으로 옳은 것은?

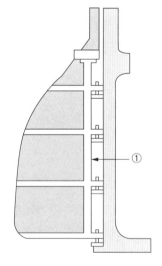

가. 타 판
나. 타 주
사. 거 전
아. 타심재

06

스톡 앵커의 구조 그림에서 ①의 명칭으로 옳은 것은?

가. 암
나. 빌
사. 생 크
아. 스 톡

07

다음 소화장치 중 화재가 발생하면 자동으로 작동하여 물을 분사하는 장치로 옳은 것은?

가. 고정식 포말 소화장치
나. 자동 스프링클러 장치
사. 고정식 분말 소화장치
아. 고정식 이산화탄소 소화장치

08

열전도율이 낮은 방수 물질로 만들어진 포대기 또는 옷으로 방수복을 착용하지 않은 사람이 입는 것은?

가. 보호복
나. 노출 보호복
사. 보온복
아. 작업용 구명조끼

09

수신된 조난신호의 내용 중 '05:30 UTC'라고 표시된 시각을 우리나라 시각으로 나타낸 것으로 옳은 것은?

가. 05시 30분
나. 14시 30분
사. 15시 30분
아. 17시 30분

10

나일론 등과 같은 합성섬유로 된 포지를 고무로 가공하여 제작되며, 긴급 시에 탄산가스나 질소가스로 팽창시켜 사용하는 구명설비로 옳은 것은?

가. 구명정   나. 구조정
사. 구명부기   아. 구명뗏목

11

자기 점화등과 같은 목적으로 구명부환과 함께 수면에 투하되면 자동으로 오렌지색 연기를 내는 것으로 옳은 것은?

가. 신호 홍염
나. 자기 발연 신호
사. 신호 거울
아. 로켓 낙하산 화염신호

12

해상에서 사용하는 조난신호로 옳지 않은 것은?

가. 국제신호기 'SOS' 게양
나. 좌우로 벌린 팔을 천천히 위아래로 반복함
사. 비상위치지시 무선표지(EPIRB)에 의한 신호
아. 수색구조용 레이더 트랜스폰더(SART)의 사용

13

지혈의 방법으로 옳지 않은 것은?

가. 환부를 압박한다.

나. 환부를 안정시킨다.

사. 환부를 온열시킨다.

아. 환부를 심장부위보다 높게 올린다.

14

초단파(VHF) 무선설비를 사용하는 방법으로 옳지 않은 것은?

가. 볼륨을 적절히 조절한다.

나. 항해 중에는 16번 채널을 청취한다.

사. 묘박 중에는 필요할 때만 켜서 사용한다.

아. 관제구역에서는 지정된 관제통신 채널을 청취한다.

15

타판에서 생기는 항력의 작용 방향으로 옳은 것은?

가. 우현 방향

나. 좌현 방향

사. 선수미선 방향

아. 타판의 직각 방향

16

선박의 조종성을 판별하는 성능으로 옳지 않은 것은?

가. 복원성   나. 선회성

사. 추종성   아. 침로안정성

17

다음 중 닻의 역할로 옳지 않은 것은?

가. 침로 유지에 사용된다.

나. 좁은 수역에서 선회하는 경우에 이용된다.

사. 선박을 임의의 수면에 정지 또는 정박시킨다.

아. 선박의 속력을 급히 감소시키는 경우에 사용된다.

18

우선회 고정피치 단추진기를 설치한 선박에서 흡입류와 배출류에 대한 내용으로 옳지 않은 것은?

가. 횡압력의 영향은 스크루 프로펠러가 수면 위에 노출되어 있을 때 뚜렷하게 나타난다.

나. 기관 진진 중 스크루 프로펠러가 수중에서 회전하면 앞쪽에서는 스크루 프로펠러에 빨려드는 흡입류가 있다.

사. 기관을 전진상태로 작동하면 타의 하부에 작용하는 수류는 수면 부근에 위치한 상부에 작용하는 수류보다 강하여 선미를 좌현 쪽으로 밀게 된다.

아. 기관을 후진상태로 작동시키면 선체의 우현 쪽으로 흘러가는 배출류는 우현 선미 측벽에 부딪치면서 측압을 형성하며, 이 측압작용은 현저하게 커서 선미를 우현 쪽으로 밀게되므로 선수는 좌현 쪽으로 회두한다.

19

복원성이 작은 선박을 조선할 때 적절한 조선 방법으로 옳은 것은?

가. 순차적으로 타각을 높임

나. 큰 속력으로 대각도 전타

사. 전타 중 갑자기 타각을 줄임

아. 전타 중 반대 현측으로 대각도 전타

20

물에 빠진 사람을 구조하는 조선법으로 옳지 않은 것은?

가. 표준 턴
나. 샤르노브 턴
사. 싱글 턴
아. 윌리암슨 턴

21

복원력에 관한 내용으로 옳지 않은 것은?

가. 복원력의 크기는 배수량의 크기에 반비례한다.
나. 무게중심의 위치를 낮추는 것이 복원력을 크게 하는 가장 좋은 방법이다.
사. 황천항해 시 갑판에 올라온 해수가 즉시 배수되지 않으면 복원력이 감소될 수 있다.
아. 항해의 경과로 연료유와 청수 등의 소비, 유동수의 발생으로 인해 복원력이 감소할 수 있다.

22

배의 길이와 파장의 길이가 거의 같고 파랑을 선미로부터 받을 때 나타나기 쉬운 현상으로 옳은 것은?

가. 러칭(Lurching)
나. 슬래밍(Slamming)
사. 브로칭(Broaching)
아. 동조 횡동요(Synchronized Rolling)

23

황천 중에 항행이 곤란할 때 기관을 정지하고 선체를 풍하 측으로 표류하도록 하는 방법으로서 소형선에서 선수를 풍랑 쪽으로 세우기 위하여 해묘(Sea Anchor)를 사용하는 방법으로 옳은 것은?

가. 라이 투(Lie to)
나. 스커딩(Scudding)
사. 히브 투(Heave to)
아. 스톰 오일(Storm Oil)의 살포

24

해상에서 선박과 인명의 안전에 관한 언어적 장해가 있을 때의 신호방법과 수단을 규정하는 신호서로 옳은 것은?

가. 국제신호서
나. 선박신호서
사. 해상신호서
아. 항공신호서

25

전기장치에 의한 화재 원인으로 옳지 않은 것은?

가. 산화된 금속의 불똥
나. 과전류가 흐르는 전선
사. 절연이 충분치 않은 전동기
아. 불량한 전기접점 그리고 노출된 전구

01

빈칸에 들어갈 말로 옳은 것은?

> 해사안전법상 통항분리수역을 항행하는 경우
> 에 선박이 부득이한 사유로 통항로를 횡단하
> 여야 하는 경우 그 통항로와 선수방향이
> (　　)에 가까운 각도로 횡단하여야 한다.

가. 둔 각
나. 직 각
사. 예 각
아. 평 형

02

해사안전법상 선박의 항행안전에 필요한 항행보
조시설로 옳은 것을 〈보기〉에서 모두 고른 것은?

> ㄱ. 신 호
> ㄴ. 해양관측 설비
> ㄷ. 조 명
> ㄹ. 항로표지

가. ㄱ, ㄴ, ㄷ
나. ㄱ, ㄷ, ㄹ
사. ㄴ, ㄷ, ㄹ
아. ㄱ, ㄴ, ㄹ

03

해사안전법상 안전한 속력을 결정할 때 고려할 사
항으로 옳지 않은 것은?

가. 해상교통량의 밀도
나. 레이더의 특성 및 성능
사. 항해사의 야간 항해당직 경험
아. 선박의 정지거리·선회성능, 그 밖의 조종성능

04

해사안전법상 충돌 위험의 판단에 대한 설명으로
옳지 않은 것은?

가. 선박은 다른 선박과 충돌할 위험이 있는지를
　　판단하기 위하여 당시의 상황에 알맞은 모든
　　수단을 활용하여야 한다.
나. 선박은 다른 선박과의 충돌 위험 여부를 판단
　　하기 위하여 불충분한 레이더 정보나 그 밖의
　　불충분한 정보를 적극 활용하여야 한다.
사. 선박은 접근하여 오는 다른 선박의 나침방위
　　에 뚜렷한 변화가 일어나지 아니하면 충돌할
　　위험성이 있다고 보고 필요한 조치를 취하여
　　야 한다.
아. 레이더를 설치한 선박은 다른 선박과 충돌할
　　위험성 유무를 미리 파악하기 위하여 레이더
　　를 이용하여 장거리 주사, 탐지된 물체에 대한
　　작도, 그 밖의 체계적인 관측을 하여야 한다.

05

빈칸에 들어갈 말로 순서대로 옳은 것은?

> 해사안전법상 밤에는 다른 선박의 ( )만을 볼 수 있고 어느 쪽의 ( )도 볼 수 없는 위치에서 그 선박을 앞지르는 선박은 앞지르기 하는 배로 보고 필요한 조치를 취하여야 한다.

가. 선수등, 현등
나. 선수등, 전주등
사. 선미등, 현등
아. 선미등, 전주등

06

해사안전법상 항행 중인 범선이 진로를 피하지 않아도 되는 선박으로 옳은 것은?

가. 조종제한선
나. 조종불능선
사. 수상항공기
아. 어로에 종사하고 있는 선박

07

해사안전법상 제한된 시계에서 충돌할 위험성이 없다고 판단한 경우 외에 자기 선박의 양쪽 현의 정횡 앞쪽에 있는 다른 선박의 무중신호를 듣고 취할 조치로 옳은 것을 〈보기〉에서 모두 고른 것은?

> ㄱ. 최대 속력으로 항행하면서 경계를 한다.
> ㄴ. 우현 쪽으로 침로를 변경시키지 않는다.
> ㄷ. 필요 시 자기 선박의 진행을 완전히 멈춘다.
> ㄹ. 충돌할 위험성이 사라질 때까지 주의하여 항행하여야 한다.

가. ㄴ, ㄷ
나. ㄷ, ㄹ
사. ㄱ, ㄴ, ㄹ
아. ㄴ, ㄷ, ㄹ

08

빈칸 안에 들어갈 말로 순서대로 옳은 것은?

> 해사안전법상 제한된 시계에서 레이더만으로 다른 선박이 있는 것을 탐지한 선박은 ( )과 얼마나 가까이 있는지 또는 ( )이 있는지를 판단하여야 한사. 이 경우 해당 선박과 매우 가까이 있거나 그 선박과 충돌할 위험이 있다고 판단한 경우에는 충분한 시간적 여유를 두고 ( )을 취하여야 한다.

가. 해당 선박, 충돌할 위험, 피항동작
나. 해당 선박, 충돌할 위험, 피항협력동작
사. 다른 선박, 근접상태의 상황, 피항동작
아. 다른 선박, 근접상태의 상황, 피항협력동작

09

해사안전법상 선미등과 같은 특성을 가진 황색 등으로 옳은 것은?

가. 현 등
나. 전주등
사. 예선등
아. 마스트등

PART 02

10

해사안전법상 예인선열의 길이가 200미터를 초과하면, 예인작업에 종사하는 동력선이 표시하여야 하는 형상물로 옳은 것은?

가. 마름모꼴 형상물 1개
나. 마름모꼴 형상물 2개
사. 마름모꼴 형상물 3개
아. 마름모꼴 형상물 4개

11

해사안전법상 동력선이 다른 선박을 끌고 있는 경우 예선등을 표시하여야 하는 곳으로 옳은 것은?

가. 선 수
나. 선 미
사. 선 교
아. 마스트

12

해사안전법상 도선업무에 종사하고 있는 선박이 항행 중 표시하여야 하는 등화로 옳은 것은?

가. 마스트의 꼭대기나 그 부근에 수직선 위쪽에는 붉은색 전주등, 아래쪽에는 흰색 전주등 각 1개
나. 마스트의 꼭대기나 그 부근에 수직선 위쪽에는 흰색 전주등, 아래쪽에는 붉은색 전주등 각 1개
사. 현등 1쌍과 선미등 1개, 마스트의 꼭대기나 그 부근에 수직선 위쪽에는 흰색 전주등, 아래쪽에는 붉은색 전주등 각 1개
아. 현등 1쌍과 선미등 1개, 마스트의 꼭대기나 그 부근에 수직선 위쪽에는 붉은색 전주등, 아래쪽에는 흰색 전주등 각 1개

13

해사안전법상 선박이 좁은 수로 등에서 서로 상대의 시계 안에 있는 상태에서 다른 선박의 좌현 쪽으로 앞지르기 하려는 경우 행하여야 하는 기적신호로 옳은 것은?

가. 장음, 장음, 단음
나. 장음, 장음, 단음, 단음
사. 장음, 단음, 장음, 단음
아. 단음, 장음, 단음, 장음

14

해사안전법상 단음은 몇 초 정도 계속되는 고동소리인가?

가. 1초
나. 2초
사. 4초
아. 6초

15

해사안전법상 안개로 시계가 제한되었을 때 항행 중인 길이 12미터 이상인 동력선이 대수속력이 있는 경우 울려야 하는 음향신호로 옳은 것은?

가. 2분을 넘지 아니하는 간격으로 단음 4회
나. 2분을 넘지 아니하는 간격으로 장음 1회
사. 2분을 넘지 아니하는 간격으로 장음 1회에 이어 단음 3회
아. 2분을 넘지 아니하는 간격으로 단음 1회, 장음 1회, 단음 1회

16

선박의 입항 및 출항 등에 관한 법률상 정박의 제한 및 방법에 대한 규정으로 옳지 않은 것은?

가. 안벽 부근 수역에 인명을 구조하는 경우 정박할 수 있다.

나. 좁은 수로 입구의 부근 수역에서 허가받은 공사를 하는 경우 정박할 수 있다.

사. 정박하는 선박은 안전에 필요한 조치를 취한 후에는 예비용 닻을 고정할 수 있다.

아. 선박의 고장으로 선박을 조종할 수 없는 경우 부두 부근 수역에 정박할 수 있다.

17

선박의 입항 및 출항 등에 관한 법률상 무역항의 수상구역 등에서 위험물운송선박이 아닌 선박이 불꽃이나 열이 발생하는 용접 등의 방법으로 기관실에서 수리작업을 하는 경우 관리청의 허가를 받아야 하는 선박의 크기 기준으로 옳은 것은?

가. 총톤수 20톤 이상

나. 총톤수 25톤 이상

사. 총톤수 50톤 이상

아. 총톤수 100톤 이상

18

빈칸에 들어갈 말로 옳지 않은 것은?

> 선박의 입항 및 출항 등에 관한 법률상 관리청은 무역항의 수상구역 등에서 선박교통의 안전을 위하여 필요하다고 인정하여 항로 또는 구역을 지정한 경우에는 (   )을/를 정하여 공고하여야 한다.

가. 제한기간

나. 관할 해양경찰서

사. 금지기간

아. 항로 또는 구역의 위치

19

선박의 입항 및 출항 등에 관한 법률상 무역항의 수상구역 등에서 수로를 보전하기 위한 내용으로 옳은 것은?

가. 장애물을 제거하는 데 드는 비용은 국가에서 부담하여야 한다.

나. 무역항의 수상구역 밖 5킬로미터 이상의 수면에는 폐기물을 버릴 수 있다.

사. 흩어지기 쉬운 석탄, 돌, 벽돌 등을 하역할 경우에 수면에 떨어지는 것을 방지하기 위한 필요한 조치를 하여야 한다.

아. 해양사고 등의 재난으로 인하여 다른 선박의 항행이나 무역항의 안전을 해칠 우려가 있는 경우 해양경찰서장은 항로표지를 설치하는 등 필요한 조치를 하여야 한다.

20

선박의 입항 및 출항 등에 관한 법률상 항로에서의 항법으로 옳은 것은?

가. 항로 밖에 있는 선박은 항로에 들어오지 아니할 것

나. 항로 밖에서 항로에 들어오는 선박은 장음 10회의 기적을 울릴 것

사. 항로 밖에서 항로에 들어오는 선박은 항로를 항행하는 다른 선박의 진로를 피하여 항행할 것

아. 항로 밖으로 나가는 선박은 일단 정지했다가 다른 선박이 항로에 없을 때 항로 밖으로 나갈 것

21

빈칸에 들어갈 말로 순서대로 옳은 것은?

선박의 입항 및 출항 등에 관한 법률상 항로 상의 모든 선박은 항로를 항행하는 ( ) 또 는 ( )의 진로를 방해하지 아니하여야 한 다. 다만, 항만운송관련사업을 등록한 자가 소유한 급유선은 제외한다.

가. 어선, 범선

나. 흘수제약선, 범선

사. 위험물운송선박, 대형선

아. 위험물운송선박, 흘수제약선

22

다음 중 선박의 입항 및 출항 등에 관한 법률상 우선피항선으로 옳지 않은 것은?

가. 예 선

나. 총톤수 20톤 미만인 어선

사. 주로 노와 삿대로 운전하는 선박

아. 예인선에 결합되어 운항하는 압항부선

23

해양환경관리법상 선박에서 배출기준을 초과하 는 오염물질이 해양에 배출된 경우 방제조치에 대 한 설명으로 옳지 않은 것은?

가. 오염물질을 배출한 선박의 선장은 현장에서 가급적 빨리 대피한다.

나. 오염물질을 배출한 선박의 선장은 오염물질의 배출방지 조치를 하여야 한다.

사. 오염물질을 배출한 선박의 선장은 배출된 오 염물질을 수거 및 처리를 하여야 한다.

아. 오염물질을 배출한 선박의 선장은 배출된 오염 물질의 확산방지를 위한 조치를 하여야 한다.

24

빈칸에 들어갈 말로 순서대로 옳은 것은?

해양환경관리법령상 음식찌꺼기는 항해 중에 ( )으로부터 최소한 ( )의 해역에 버릴 수 있다. 다만, 분쇄기 또는 연마기를 통하여 25mm 이하의 개구를 가진 스크린을 통과할 수 있도록 분쇄되거나 연마된 음식찌꺼기의 경우 ( )으로부터 ( )의 해역에 버릴 수 있다.

가. 항만, 10해리 이상, 항만, 5해리 이상

나. 항만, 12해리 이상, 항만, 3해리 이상

사. 영해기선, 10해리 이상, 영해기선, 5해리 이상

아. 영해기선, 12해리 이상, 영해기선, 3해리 이상

25

해양환경관리법상 소형선박에 비치하여야 하는 기관구역용 폐유저장용기에 관한 규정으로 옳지 않은 것은?

가. 용기는 2개 이상으로 나누어 비치 가능

나. 용기의 재질은 견고한 금속성 플라스틱 재질 일 것

사. 총톤수 5톤 이상 10톤 미만의 선박은 30리터 저장용량의 용기 비치

아. 총톤수 10톤 이상 30톤 미만의 선박은 60리터 저장용량의 용기 비치

01

실린더 부피가 1,200cm^{3}이고 압축부피가 100cm^{3}인 내연기관의 압축비로 옳은 것은?

가. 11
나. 12
사. 13
아. 14

02

소형선박의 4행정 사이클 디젤기관에서 흡기밸브와 배기 밸브를 닫는 힘으로 옳은 것은?

가. 연료유 압력
나. 압축공기 압력
사. 연소가스 압력
아. 스프링 장력

03

소형 디젤기관에서 실린더 라이너의 심한 마멸에 의한 영향으로 옳지 않은 것은?

가. 압축 불량
나. 불완전 연소
사. 착화 시기가 빨라짐
아. 연소가스가 크랭크실로 누설

04

다음과 같은 습식 라이너에 대한 설명으로 옳지 않은 것은?

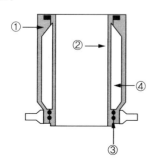

가. ①은 실린더 블록이다.
나. ②는 실린더 헤드이다.
사. ③은 냉각수 누설을 방지하는 오링이다.
아. ④는 냉각수가 통과하는 통로이다.

05

트렁크형 피스톤 디젤기관의 구성 부품으로 옳지 않은 것은?

가. 피스톤핀
나. 피스톤 로드
사. 커넥팅 로드
아. 크랭크핀

06

디젤기관에서 피스톤 링의 장력에 대한 설명으로 옳은 것은?

가. 피스톤 링이 새 것일 때 장력이 가장 크다.
나. 기관의 사용시간이 증가할수록 장력은 커진다.
사. 피스톤 링의 절구틈이 커질수록 장력은 커진다.
아. 피스톤 링의 장력이 커질수록 링의 마멸은 줄어든다.

07

내연기관에서 크랭크 축의 역할로 옳은 것은?

가. 피스톤의 회전운동을 크랭크 축의 회전운동으로 바꾼다.
나. 피스톤의 왕복운동을 크랭크 축의 회전운동으로 바꾼다.
사. 피스톤의 회전운동을 크랭크 축의 왕복운동으로 바꾼다.
아. 피스톤의 왕복운동을 크랭크 축의 왕복운동으로 바꾼다.

08

디젤기관의 플라이휠에 대한 설명으로 옳지 않은 것은?

가. 기관의 시동을 쉽게 한다.

나. 저속 회전을 가능하게 한다.

사. 윤활유의 소비량을 증가시킨다.

아. 크랭크 축의 회전력을 균일하게 한다.

09

내연기관의 연료유에 대한 설명으로 옳지 않은 것은?

가. 발열량이 클수록 좋다.

나. 유황분이 적을수록 좋다.

사. 물이 적게 함유되어 있을수록 좋다.

아. 점도가 높을수록 좋다.

10

디젤기관에서 시동용 압축공기의 최고압력으로 옳은 것은?

가. 약 10kgf/cm^2

나. 약 20kgf/cm^2

사. 약 30kgf/cm^2

아. 약 40kgf/cm^2

11

디젤기관에서 연료분사밸브의 분사압력이 정상값보다 낮아진 경우 나타나는 현상으로 옳지 않은 것은?

가. 연료분사시기가 빨라진다.

나. 무화의 상태가 나빠진다.

사. 압축압력이 낮아진다.

아. 불완전연소가 발생한다.

12

소형 디젤기관에서 윤활유가 공급되는 부품으로 옳지 않은 것은?

가. 피스톤핀

나. 연료분사펌프

사. 크랭크핀 베어링

아. 메인 베어링

13

소형선박에 설치되는 축으로 옳지 않은 것은?

가. 캠 축

나. 스러스트축

사. 프로펠러축

아. 크로스헤드축

14

나선형 추진기 날개 한 개가 절손되었을 때 일어나는 현상으로 옳은 것은?

가. 출력이 높아진다.

나. 진동이 증가한다.

사. 속력이 높아진다.

아. 추진기 효율이 증가한다.

15

양묘기에서 회전축에 동력이 차단되었을 때 회전축의 회전을 억제하는 장치로 옳은 것은?

가. 클러치

나. 체인드럼

사. 워핑드럼

아. 마찰브레이크

16

기관실 바닥에 고인 물이나 해수펌프에서 누설한 물을 배출하는 전용 펌프로 옳은 것은?

가. 빌지펌프

나. 잡용수펌프

사. 슬러지펌프

아. 위생수펌프

17

선박에서 발생되는 선저폐수를 물과 기름으로 분리시키는 장치로 옳은 것은?

가. 청정장치

나. 분뇨처리장치

사. 폐유소각장치

아. 기름여과장치

18

전동기의 기동반에 설치되는 표시등으로 옳지 않은 것은?

가. 전원등

나. 운전등

사. 경보등

아. 병렬등

19

선박에서 많이 사용되는 유도전동기의 명판에서 직접 알 수 있는 것으로 옳지 않은 것은?

가. 전동기의 출력

나. 전동기의 회전수

사. 공급 전압

아. 전동기의 절연저항

20

방전이 되면 다시 충전해서 계속 사용할 수 있는 전지로 옳은 것은?

가. 1차 전지
나. 2차 전지
사. 3차 전지
아. 4차 전지

21

표준 대기압을 나타낸 것으로 옳지 않은 것은?

가. 760mmHg
나. 1,013bar
사. 1.0332kgf/cm^2
아. 3,000hPa

22

운전중인 디젤기관이 갑자기 정지되는 경우로 옳지 않은 것은?

가. 윤활유의 압력이 너무 낮은 경우
나. 기관의 회전수가 과속도 설정값에 도달한 경우
사. 연료유가 공급되지 않는 경우
아. 냉각수 온도가 너무 낮은 경우

23

디젤기관에서 크랭크암 개폐에 대한 설명으로 옳지 않은 것은?

가. 선박이 물 위에 떠 있을 때 계측한다.
나. 다이얼식 마이크로미터로 계측한다.
사. 각 실린더마다 정해진 여러 곳을 계측한다.
아. 개폐가 심할수록 유연성이 좋으므로 기관의 효율이 높아진다.

24

연료유에 대한 설명으로 가장 옳은 것은?

가. 온도가 낮을수록 부피가 더 커진다.
나. 온도가 높을수록 부피가 더 커진다.
사. 대기 중 습도가 낮을수록 부피가 더 커진다.
아. 대기 중 습도가 높을수록 부피가 더 커진다.

25

연료유 서비스 탱크에 설치되어 있는 것으로 옳지 않은 것은?

가. 안전 밸브
나. 드레인 밸브
사. 에어 벤트
아. 레벨 게이지

PART 02 2022년 제3회 기출복원문제

해설 490P

제1과목 항 해

01

자기 컴퍼스에서 0도와 180도를 연결하는 선과 평행하게 자석이 부착되어 있는 원형판으로 옳은 것은?

가. 볼
나. 기 선
사. 부 실
아. 컴퍼스 카드

02

빈칸에 들어갈 말로 옳은 것은?

> 자이로컴퍼스에서 지지부는 선체의 요동, 충격 등의 영향이 추종부에 거의 전달되지 않도록 (　)구조로 추종부를 지지하게 되며, 그 자체는 비너클에 지지되어 있다.

가. 짐 벌
나. 인버터
사. 로 터
아. 토 커

03

수심이 얕은 곳에서 수심을 측정하거나 투묘할 때 배의 진행 방향 및 타력 또는 정박 중 닻의 끌림을 알기 위한 기기로 옳은 것은?

가. 핸드 레드
나. 사운딩 자
사. 트랜스듀서
아. 풍향풍속계

04

전자식 선속계가 표시하는 속력으로 옳은 것은?

가. 대수속력
나. 대지속력
사. 대공속력
아. 평균속력

05

다음 중 자기 컴퍼스의 자차가 가장 크게 변하는 경우로 옳은 것은?

가. 선체가 경사할 경우
나. 적화물을 이동할 경우
사. 선수 방위가 바뀔 경우
아. 선체가 약한 충격을 받을 경우

06

선박자동식별장치(AIS)에서 확인할 수 있는 정보로 옳지 않은 것은?

가. 선 명
나. 선박의 흘수
사. 선원의 국적
아. 선박의 목적지

정답 01 아 02 가 03 가 04 가 05 사 06 사

07

다음 용어에 대한 설명으로 옳은 것은?

가. 전위선은 추측위치와 추정위치의 교점이다.

나. 중시선은 교각이 90도인 두 물표를 연결한 선
이다.

사. 추측위치란 선박의 침로, 속력 및 풍압차를 고
려하여 예상한 위치이다.

아. 위치선은 관측을 실시한 시점에 선박이 그 선
위에 있다고 생각되는 특정한 선을 말한다.

08

45해리 떨어진 두 지점 사이를 대지속력 10노트
로 항해할 때 걸리는 시간으로 옳은 것은?(단, 외
력은 없음)

가. 3시간

나. 3시간 30분

사. 4시간

아. 4시간 30분

09

다음 〈보기〉는 상대운동 표시방식 레이더 화면에
서 본선 주변에 있는 4척의 선박을 플로팅한 것이
다. 현재 상태에서 본선과 충돌할 가능성이 가장
큰 선박으로 옳은 것은?

가. A 　　　　나. B

사. C 　　　　아. D

10

여러 개의 천체 고도를 동시에 측정하여 선위를
얻을 수 있는 시기로 옳은 것은?

가. 박명시 　　　　나. 표준시

사. 일출시 　　　　아. 정오시

11

우리나라 해도상 수심의 단위로 옳은 것은?

가. 미터(m) 　　　　나. 인치(inch)

사. 패덤(fm) 　　　　아. 킬로미터(km)

12

항로, 암초, 항행금지구역 등을 표시하는 지점에
고정으로 설치하여 선박의 좌초를 예방하고 항로
의 안내를 위해 설치하는 광파(야간)표지로 옳은
것은?

가. 등 대 　　　　나. 등 선

사. 등 주 　　　　아. 등 표

13

레이더 트랜스폰더에 대한 설명으로 옳은 것은?

가. 음성신호를 방송하여 방위측정이 가능하다.

나. 송신 내용에 부호화된 식별신호 및 데이터가
들어있다.

사. 선박의 레이더 영상에 송신국의 방향이 숫자
로 표시된다.

아. 좁은 수로 또는 항만에서 선박을 유도할 목적
으로 사용한다.

14

등질에 대한 설명으로 옳지 않은 것은?

가. 모스 부호등은 모스 부호를 빛으로 발하는 등
이다.

나. 분호등은 3가지 등색을 바꾸어가며 계속 빛을
내는 등이다.

사. 섬광등은 빛을 비추는 시간이 꺼져있는 시간
보다 짧은 등이다.

아. 호광등은 색깔이 다른 종류의 빛을 교대로 내
며, 그 사이에 등광은 꺼지는 일이 없는 등이다.

15

다음 〈보기〉의 항로표지에 대한 설명으로 옳은 것
은?(단, 두표의 모양으로 구분)

가. 표지의 동쪽에 가항수역이 있다.

나. 표지의 서쪽에 가항수역이 있다.

사. 표지의 남쪽에 가항수역이 있다.

아. 표지의 북쪽에 가항수역이 있다.

16

다음 〈보기〉에서 설명하는 것으로 옳은 것은?

해도상에 기재된 건물, 항만 시설물, 등부표,
해안선의 형태 등의 기호 및 약어를 수록하고
있다.

가. 해류도   나. 해도 도식

사. 조류도   아. 해저 지형도

17

점장도의 특징으로 옳지 않은 것은?

가. 항정선이 직선으로 표시된다.

나. 자오선은 남북 방향의 평행선이다.

사. 거등권은 동서 방향의 평행선이다.

아. 적도에서 남북으로 멀어질수록 면적이 축소되
는 단점이 있다.

18

항행통보에 의해 항해사가 직접 해도를 수정하는
것으로 옳은 것은?

가. 개 판

나. 재 판

사. 보 도

아. 소개정

19

종이해도 위에 표시되어 있는 등질 중 'Fl(3)20s'
의 의미로 옳은 것은?

가. 군섬광으로 3초간 발광하고 20초간 쉰다.

나. 군섬광으로 20초간 발광하고 3초간 쉰다.

사. 군섬광으로 3초에 20회 이하로 섬광을 반복한다.

아. 군섬광으로 20초 간격으로 연속적인 3번의 섬
광을 반복한다.

20

장해물을 중심으로 하여 주위를 4개의 상한으로 나누고, 그들 상한에 각각 북, 동, 남 서라는 이름을 붙인 후, 그 각각의 상한에 설치된 표지로 옳은 것은?

가. 방위표지
나. 고립장해표지
사. 측방표지
아. 안전수역표지

21

풍속을 관측할 때 몇 분간의 풍속을 평균하는가?

가. 5분
나. 10분
사. 15분
아. 20분

22

중심이 주위보다 따뜻하고, 여름철 내륙 내에서 발생하는 저기압으로, 상층으로 갈수록 저기압성 순환이 줄어들면서 어느 고도 이상에서 사라지는 키가 작은 저기압으로 옳은 것은?

가. 전선 저기압
나. 한랭 저기압
사. 온난 저기압
아. 비전선 저기압

23

한랭전선과 온난전선이 서로 겹쳐져 나타나는 전선으로 옳은 것은?

가. 한랭전선
나. 온난전선
사. 폐색전선
아. 정체전선

24

피험선에 대한 설명으로 옳은 것은?

가. 위험 구역을 표시하는 등심선이다.
나. 선박이 존재한다고 생각하는 특정한 선이다.
사. 항의 입구 등에서 자선의 위치를 구할 때 사용한다.
아. 항해 중에 위험물에 접근하는 것을 쉽게 탐지할 수 있다.

25

입항 항로를 선정할 때 고려사항으로 옳지 않은 것은?

가. 항만관계 법규
나. 묘박지의 수심, 저질
사. 항만의 상황 및 지형
아. 선원의 교육훈련 상태

제2과목 운 용

01

선체 각부의 명칭을 나타낸 아래 그림에서 ㉠이 나타내는 것으로 옳은 것은?

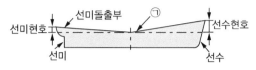

가. 선수현호

나. 선미현호

사. 상갑판

아. 용 골

02

대형 선박의 건조에 많이 사용되는 선체의 재료로 옳은 것은?

가. 목 재

나. 플라스틱

사. 철 재

아. 알루미늄

03

크레인식 하역장치의 구성요소로 옳지 않은 것은?

가. 카고 훅

나. 토핑 윈치

사. 데릭 붐

아. 선회 윈치

04

강선구조기준, 선박만재흘수선규정, 선박구획기준 및 선체 운동의 계산 등에 사용되는 길이로 옳은 것은?

가. 전 장

나. 등록장

사. 수선장

아. 수선간장

05

동력 조타장치의 제어장치 중 주로 소형선에 사용되는 방식으로 옳은 것은?

가. 기계식

나. 유압식

사. 전기식

아. 전동 유압식

06

다음 중 합성 섬유로프로 옳지 않은 것은?

가. 마닐라 로프

나. 폴리프로필렌 로프

사. 나일론 로프

아. 폴리에틸렌 로프

07

열분해 작용 시 유독가스가 발생하므로, 선박에 비치하지 않는 소화기로 옳은 것은?

가. 포말 소화기

나. 분말 소화기

사. 할론 소화기

아. 이산화탄소 소화기

08

체온을 유지할 수 있도록 열전도율이 낮은 방수 물질로 만들어진 포대기 또는 옷을 의미하는 구명 설비로 옳은 것은?

가. 방수복   나. 구명조끼

사. 보온복   아. 구명부환

09

국제신호기를 이용하여 혼돈의 염려가 있는 방위신호를 할 때 최상부에 게양하는 기류로 옳은 것은?

가. A기   나. B기

사. C기   아. D기

10

퇴선 시 여러 사람이 붙들고 떠 있을 수 있는 부체로 옳은 것은?

가. 페인터   나. 구명부기

사. 구명줄   아. 부양성 구조고리

11

비상위치지시 무선표지(EPIRB)로 조난신호가 잘못 발신되었을 때 연락하여야 하는 곳으로 옳은 것은?

가. 회 사

나. 서울무선전신국

사. 주변 선박

아. 수색구조조종본부

12

선박이 침몰할 경우 자동으로 조난신호를 발신할 수 있는 무선설비로 옳은 것은?

가. 레이더(Radar)

나. NAVTEX 수신기

사. 초단파(VHF) 무선설비

아. 비상위치지시 무선표지(EPIRB)

13

불을 붙여 물에 던지면 해면 위에서 연기를 내는 조난신호 장비로서, 방수 용기로 포장되어 잔잔한 해면에서 3분 이상 잘 보이는 색깔의 연기를 내는 것으로 옳은 것은?

가. 신호 홍염

나. 자기 점화등

사. 신호 거울

아. 발연부 신호

14

초단파(VHF) 무선설비의 조난경보 버튼을 눌렀을 때 발신되는 조난신호의 내용으로 옳은 것은?

가. 조난의 종류, 선명, 위치, 시각

나. 조난의 종류, 선명, 위치, 거리

사. 조난의 종류, 해상이동업무식별번호(MMSI Number), 위치, 시각

아. 조난의 종류, 해상이동업무식별번호(MMSI Number), 위치, 거리

15

선박의 침로안정성에 대한 설명으로 옳지 않은 것은?

가. 방향안정성이라고도 한다.

나. 선박의 항행 거리와는 관계가 없다.

사. 선박이 정해진 항로를 직진하는 성질을 말한다.

아. 침로에서 벗어났을 때 곧바로 침로에 복귀하는 것을 침로안정성이 좋다고 한다.

16

선체운동 중에서 선수미선을 중심으로 좌·우현으로 교대로 횡경사를 일으키는 운동으로 옳은 것은?

가. 종동요

나. 횡동요

사. 전후운동

아. 상하운동

17

다음 빈칸에 들어갈 말로 순서대로 옳은 것은?

> 타각을 크게 하면 할수록 타에 작용하는 압력이 커져서 선회 우력은 (   ) 선회권은 (   ).

가. 커지고, 커진다

나. 작아지고, 커진다

사. 커지고, 작아진다

아. 작아지고, 작아진다

18

좁은 수로를 항해할 때 유의할 사항으로 옳지 않은 것은?

가. 통항시기는 게류 때나 조류가 약한 때를 택하고, 만곡이 급한 수로는 순조 시 통항하여야 한다.

나. 좁은 수로의 만곡부에서 유속은 일반적으로 만곡의 외측에서 강하고 내측에서는 약한 특징이 있다.

사. 좁은 수로에서의 유속은 일반적으로 수로 중앙부가 강하고, 육안에 가까울수록 약한 특징이 있다.

아. 좁은 수로는 수로의 폭이 좁고, 조류나 해류가 강하며, 굴곡이 심하여 선박의 조종이 어렵고, 항행할 때에는 철저한 경계를 수행하면서 통항하여야 한다.

19

다음 중 선박 조종에 미치는 영향이 가장 작은 요소로 옳은 것은?

가. 바 람   나. 파 도

사. 조 류   아. 기 온

20

선박의 충돌 시 더 큰 손상을 예방하기 위해 취해야 할 조치사항으로 옳지 않은 것은?

가. 가능한 한 빨리 전진속력을 줄이기 위해 기관을 정지한다.

나. 승객과 선원의 상해와 선박과 화물의 손상에 대해 조사한다.

사. 전복이나 침몰의 위험이 있더라도 임의 좌주를 시켜서는 안 된다.

아. 침수가 발생하는 경우, 침수구역 배출을 보함한 침수 방지를 위한 대응조치를 취한다.

21

접 · 이안 시 닻을 사용하는 목적으로 옳지 않은 것은?

가. 선회 보조 수단

나. 전진속력의 제어

사. 추진기관의 출력 증가

아. 후진 시 선수의 회두 방지

22

황천항해를 대비하여 선박에 화물을 실을 때 주의사항으로 옳은 것은?

가. 선체의 중앙부에 화물을 많이 싣는다.

나. 선수부에 화물을 많이 싣는 것이 좋다.

사. 화물의 무게 분포가 한 곳에 집중되지 않도록 한다.

아. 상갑판보다 높은 위치에 최대한으로 많은 화물을 싣는다.

23

황천항해 중 선수 2~3점(Point)에서 파랑을 받으면서 조타가 가능한 최소의 속력으로 전진하는 방법으로 옳은 것은?

가. 표주(Lie to)법

나. 순주(Scudding)법

사. 거주(Heave to)법

아. 진파기름(Storm Oil)의 살포

24

정박 중 선내 순찰의 목적으로 옳지 않은 것은?

가. 각종 설비의 이상 유무 확인

나. 선내 각부의 화재위험 여부 확인

사. 정박등을 포함한 각종 등화 및 형상물 확인

아. 선내 불빛이 외부로 새어 나가는지 여부 확인

25

화재의 종류 중 전기화재가 속하는 것으로 옳은 것은?

가. A급 화재

나. B급 화재

사. C급 화재

아. D급 화재

01

다음 〈보기〉에서 해사안전법상 피항선의 피항조치를 위한 방법으로 옳은 것을 모두 고른 것은?

> ㄱ. 잦은 변침
> ㄴ. 조기 변침
> ㄷ. 소각도 변침
> ㄹ. 대각도 변침

가. ㄱ, ㄴ   나. ㄱ, ㄹ

사. ㄴ, ㄷ   아. ㄴ, ㄹ

02

해사안전법상 안전한 속력을 결정할 때 고려할 사항으로 옳지 않은 것은?

가. 시계의 상태

나. 컴퍼스의 오차

사. 해상교통량의 밀도

아. 선박의 흘수와 수심과의 관계

03

해사안전법상 서로 시계 안에서 2척의 동력선이 마주치게 되어 충돌의 위험이 있는 경우에 대한 설명으로 옳지 않은 것은?

가. 두 선박은 서로 대등한 피항 의무를 가진다.

나. 우현 대 우현으로 지나갈 수 있도록 변침한다.

사. 낮에는 2척의 선박의 마스트가 선수에서 선미까지 일직선이 되거나 거의 일직선이 되는 경우이다.

아. 밤에는 2개의 마스트등을 일직선 또는 거의 일직선으로 볼 수 있거나 양쪽의 현등을 볼 수 있는 경우이다.

04

해사안전법상 제한된 시계에서 레이더만으로 다른 선박이 있는 것을 탐지한 선박의 피항동작이 침로를 변경하는 것만으로 이루어질 경우 선박이 취하여야 할 행위로 옳은 것은?

가. 자기 선박의 양쪽 현의 정횡에 있는 선박의 방향으로 침로를 변경하는 행위

나. 자기 선박의 양쪽 현의 정횡 뒤쪽에 있는 선박의 방향으로 침로를 변경하는 행위

사. 다른 선박이 자기 선박의 양쪽 현의 정횡 앞쪽에 있는 경우 우현 쪽으로 침로를 변경하는 행위

아. 다른 선박이 자기 선박의 양쪽 현의 정횡 앞쪽에 있는 경우 좌현 쪽으로 침로를 변경하는 행위(앞지르기 당하고 있는 선박에 대한 경우는 제외)

05

해사안전법상 선수, 선미에 각각 흰색의 전주등 1개씩과 수직선상에 붉은색 전주등 2개를 표시하고 있는 선박의 상태로 옳은 것은?

가. 정박선

나. 조종불능선

사. 얹혀 있는 선박

아. 어로에 종사하고 있는 선박

06

해사안전법상 선미등의 수평사광범위와 등색으로 옳은 것은?

가. 135도, 붉은색

나. 225도, 붉은색

사. 135도, 흰색

아. 225도, 흰색

07

해사안전법상 장음과 단음에 대한 설명으로 옳은 것은?

가. 단음 – 1초 정도 계속되는 고동소리
나. 단음 – 3초 정도 계속되는 고동소리
사. 장음 – 8초 정도 계속되는 고동소리
아. 장음 – 10초 정도 계속되는 고동소리

08

해사안전법상 선박 A가 좁은 수로의 굽은 부분으로 인하여 다른 선박을 볼 수 없는 수역에 접근하면서 장음 1회의 기적을 울렸다면 선박 A가 울린 음향신호로 옳은 것은?

가. 조종신호   나. 경고신호
사. 조난신호   아. 응답신호

09

해사안전법상 조종제한선으로 옳지 않은 것은?

가. 수중작업에 종사하고 있는 선박
나. 기뢰제거작업에 종사하고 있는 선박
사. 항공기의 발착작업에 종사하고 있는 선박
아. 흘수로 인하여 진로이탈 능력이 제약받고 있는 선박

10

다음 빈칸에 들어갈 말로 순서대로 옳은 것은?

> 해사안전법상 밤에는 다른 선박의 (   )만을 볼 수 있고 어느 쪽의 (   )도 볼 수 없는 위치에서 그 선박을 앞지르는 선박은 앞지르기 하는 배로 보고 필요한 조치를 취하여야 한다.

가. 선수등, 현등
나. 선수등, 전주등
사. 선미등, 현등
아. 선미등, 전주등

11

해사안전법상 길이 12미터 이상인 어선이 투묘하여 정박하였을 때 낮 동안에 표기하는 것으로 옳은 것은?

가. 어선은 특별히 표시할 필요가 없다.
나. 잘 보이도록 황색기 1개를 표시하여야 한다.
사. 앞쪽에 둥근꼴의 형상물 1개를 표시하여야 한다.
아. 둥근꼴의 형상물 2개를 가장 잘 보이는 곳에 표시하여야 한다.

12

해사안전법상 현등 1쌍 대신에 양색등으로 표시할 수 있는 선박의 길이 기준으로 옳은 것은?

가. 길이 12미터 미만
나. 길이 20미터 미만
사. 길이 24미터 미만
아. 길이 45미터 미만

13

해사안전법상 2척의 범선이 서로 접근하여 충돌할 위험이 있고, 각 범선이 다른쪽 현에 바람을 받고 있는 경우의 항법으로 옳은 것은?

가. 대형 범선이 소형 범선을 피항한다.
나. 우현에서 바람을 받는 범선이 피항선이다.
사. 좌현에 바람을 받고 있는 범선이 다른 범선의 진로를 피한다.
아. 바람이 불어오는 쪽의 범선이 바람이 불어가는 쪽의 범선의 진로를 피한다.

14

해사안전법상 등화에 사용되는 등색으로 옳지 않은 것은?

가. 붉은색

나. 녹 색

사. 흰 색

아. 청 색

15

선박의 입항 및 출항 등에 관한 법률상 총톤수 5톤인 내항선이 무역항의 수상구역 등을 출입할 때 하는 출입신고에 대한 내용으로 옳은 것은?

가. 내항선이므로 출입 신고를 하지 않아도 된다.

나. 출항 일시가 이미 정하여진 경우에도 입항 신고와 출항 신고는 동시에 할 수 없다.

사. 무역항의 수상구역 등의 안으로 입항하는 경우 통상적으로 입항하기 전에 입항 신고를 하여야 한다.

아. 무역항의 수상구역 등의 밖으로 출항하는 경우 통상적으로 출항 직후 즉시 출항 신고를 하여야 한다.

16

해사안전법상 안개 속에서 2분을 넘지 아니하는 간격으로 장음 1회의 기적을 들었을 때 기적을 울린 선박으로 옳은 것은?

가. 조종불능선

나. 피예인선을 예인 중인 예인선

사. 대수속력이 있는 항행 중인 동력선

아. 대수속력이 없는 항행 중인 동력선

17

무역항의 수상구역 등에서 선박의 입항·출항에 대한 지원과 선박운항의 안전 및 질서 유지에 필요한 사항을 규정할 목적으로 만들어진 법으로 옳은 것은?

가. 선박안전법

나. 해사안전법

사. 선박교통관제에 관한 법률

아. 선박의 입항 및 출항 등에 관한 법률

18

선박의 입항 및 출항 등에 관한 법률상 무역항의 수상구역 등에서 정박하거나 정류하지 못하도록 하는 장소로 옳지 않은 것은?

가. 하 천

나. 잔교 부근 수역

사. 좁은 수로

아. 수심이 깊은 곳

19

선박의 입항 및 출항 등에 관한 법률상 무역항의 수상구역 등에서 입항하는 선박이 방파제 입구에서 출항하는 선박과 마주칠 우려가 있는 경우의 항법에 대한 설명으로 옳은 것은?

가. 출항선은 입항선이 방파제를 통과한 후 통과한다.

나. 입항선은 방파제 밖에서 출항선의 진로를 피한다.

사. 입항선은 방파제 사이의 가운데 부분으로 먼저 통과한다.

아. 출항선은 방파제 입구를 왼쪽으로 접근하여 통과한다.

20

다음 빈칸 안에 들어갈 말로 순서대로 옳은 것은?

> 선박의 입항 및 출항 등에 관한 법률상 ( )
> 은 ( )으로부터 최고속력의 지정을 요청받
> 은 경우 특별한 사유가 없으면 무역항의 수상
> 구역 등에서 선박 항행 최고속력을 지정·고
> 시하여야 한다.

가. 관리청, 해양경찰청장
나. 지정청, 해양경찰청장
사. 관리청, 지방해양수산청장
아. 지정청, 지방해양수산청장

21

선박의 입항 및 출항 등에 관한 법률상 무역항의
수상구역 등에서 항행 중인 동력선이 서로 상대의
시계 안에 있는 경우 침로를 우현으로 변경하는
선박이 울려야 하는 음향신호로 옳은 것은?

가. 단음 1회
나. 단음 2회
사. 단음 3회
아. 장음 1회

22

선박의 입항 및 출항 등에 관한 법률상 항로의 정
의로 옳은 것은?

가. 선박이 가장 빨리 갈 수 있는 길을 말한다.
나. 선박이 일시적으로 이용하는 뱃길을 말한다.
사. 선박이 가장 안전하게 갈 수 있는 길을 말한다.
아. 선박의 출입 통로로 이용하기 위하여 지정·
    고시한 수로를 말한다.

23

해양환경관리법상 선박에서 발생하는 폐기물 배
출에 대한 설명으로 옳지 않은 것은?

가. 폐사된 어획물은 해양에 배출이 가능하다.
나. 플라스틱 재질의 폐기물은 해양에 배출이 금
    지된다.
사. 해양환경에 유해하지 않은 화물잔류물은 해양
    에 배출이 금지된다.
아. 분쇄 또는 연마되지 않은 음식찌꺼기는 영해기
    선으로부터 12해리 이상에서 배출이 가능하다.

24

해양환경관리법상 유조선에서 화물창 안의 화물
잔류물 또는 화물창 세정수를 한 곳에 모으기 위
한 탱크로 옳은 것은?

가. 화물탱크(Cargo Tank)
나. 혼합물탱크(Slop Tank)
사. 평형수탱크(Ballast Tank)
아. 분리평형수탱크(Segregated Ballast Tank)

25

해양환경관리법상 방제의무자의 방제조치로 옳
지 않은 것은?

가. 확산 방지 및 제거
나. 오염물질의 배출 방지
사. 오염물질의 수거 및 처리
아. 오염물질을 배출한 원인 조사

20 가   21 가   22 아   23 사   24 나   25 아   정답

제4과목 기 관

01

과급기에 대한 설명으로 옳은 것은?

가. 기관의 운동 부분에 마찰을 줄이기 위해 윤활유를 공급하는 장치이다.

나. 연소가스가 지나가는 고온부를 냉각시키는 장치이다.

사. 기관의 회전수를 일정하게 유지시키기 위해 연료분사량을 자동으로 조절하는 장치이다.

아. 기관의 연소에 필요한 공기를 대기압 이상으로 압축하여 밀도가 높은 공기를 실린더 내로 공급하는 장치이다.

02

4행정 사이클 6실린더 기관에서는 운전 중 크랭크 각 몇 도마다 폭발이 일어나는가?

가. 60°

나. 90°

사. 120°

아. 180°

03

소형 디젤기관에서 실린더 라이너의 심한 마멸에 의한 영향으로 옳지 않은 것은?

가. 압축 불량

나. 불완전 연소

사. 착화 시기가 빨라짐

아. 연소가스가 크랭크실로 누설

04

디젤기관의 운전 중 윤활유 계통에서 주의해서 관찰해야 하는 것으로 옳은 것은?

가. 기관의 입구 온도와 기관의 입구 압력

나. 기관의 출구 온도와 기관의 출구 압력

사. 기관의 입구 온도와 기관의 출구 압력

아. 기관의 출구 온도와 기관의 입구 압력

05

디젤기관에서 실린더 라이너에 윤활유를 공급하는 주된 이유로 옳은 것은?

가. 불완전 연소를 방지하기 위해

나. 연소가스의 누설을 방지하기 위해

사. 피스톤의 균열 발생을 방지하기 위해

아. 실린더 라이너의 마멸을 방지하기 위해

06

4행정 사이클 기관의 작동 순서로 옳은 것은?

가. 흡입 → 압축 → 작동 → 배기

나. 흡입 → 작동 → 압축 → 배기

사. 흡입 → 배기 → 압축 → 작동

아. 흡입 → 압축 → 배기 → 작동

07

다음 빈칸 안에 들어갈 말로 옳은 것은?

> 디젤기관에서 실린더 헤드는 다른 말로 (   )
> (이)라고도 한다.

가. 피스톤　　　　　나. 연접봉

사. 실린더 커버　　　아. 실린더 블록

08

운전 중인 디젤기관의 연료유 사용량을 나타내는
계기로 옳은 것은?

가. 회전계

나. 온도계

사. 압력계

아. 유량계

09

실린더부피가 1,200cm³이고 압축부피가 100cm³
인 내연기관의 압축비로 옳은 것은?

가. 11

나. 12

사. 13

아. 14

10

디젤기관에서 피스톤링의 역할에 대한 설명으로
옳지 않은 것은?

가. 피스톤과 연접봉을 서로 연결시킨다.

나. 피스톤과 실린더 라이너 사이의 기밀을 유지
한다.

사. 피스톤의 열을 실린더 벽으로 전달하여 피스
톤을 냉각시킨다.

아. 피스톤과 실린더 라이너 사이에 유막을 형성
하여 마찰을 감소시킨다.

11

내연기관의 연료유에 대한 설명으로 옳지 않은 것은?

가. 발열량이 클수록 좋다.

나. 점도가 높을수록 좋다.

사. 유황분이 적을수록 좋다.

아. 물이 적게 함유되어 있을수록 좋다.

12

선박이 항해 중에 받는 마찰 저항과 관련이 있는
것으로 옳지 않은 것은?

가. 선박의 속도

나. 선체 표면의 거칠기

사. 선체와 물의 접촉 면적

아. 사용되고 있는 연료유의 종류

07 사　08 아　09 나　10 가　11 나　12 아　**정답**

13

추진기의 회전속도가 어느 한도를 넘으면 추진기 배면의 압력이 낮아지며 물의 흐름이 표면으로부터 떨어져 기포가 발생하여 추진기 표면을 두드리는 현상으로 옳은 것은?

가. 슬립현상

나. 공동현상

사. 명음현상

아. 수격현상

14

선박용 추진기관의 동력전달계통에 포함되는 것으로 옳지 않은 것은?

가. 감속기

나. 추진기

사. 과급기

아. 추진기축

15

선박용 납축전지의 충전법으로 옳지 않은 것은?

가. 간헐충전

나. 균등충전

사. 급속충전

아. 부동충전

16

전동기의 기동반에 설치되는 표시등으로 옳지 않은 것은?

가. 전원등

나. 운전등

사. 경보등

아. 병렬등

17

낮은 곳에 있는 액체를 흡입하여 압력을 가한 후 높은 곳으로 이송하는 장치로 옳은 것은?

가. 발전기

나. 보일러

사. 조수기

아. 펌 프

18

기관실의 연료유 펌프로 가장 적합한 것은?

가. 기어 펌프

나. 왕복 펌프

사. 축류 펌프

아. 원심 펌프

PART 02

19

전동기의 운전 중 주의사항으로 옳지 않은 것은?

가. 발열되는 곳이 있는지 점검한다.

나. 이상한 소리, 냄새 등이 발생하는지 점검한다.

사. 전류계의 지시값에 주의한다.

아. 절연저항을 자주 측정한다.

20

해수펌프에 설치되지 않는 것으로 옳은 것은?

가. 흡입관　　　　나. 압력계

사. 감속기　　　　아. 축봉장치

21

운전중인 디젤 주기관에서 윤활유펌프의 압력에 대한 설명으로 옳은 것은?

가. 기관의 속도가 증가하면 압력을 더 높여준다.

나. 배기온도가 올라가면 압력을 더 높여준다.

사. 부하에 관계없이 압력을 일정하게 유지한다.

아. 운전마력이 커지면 압력을 더 낮춘다.

22

디젤기관에서 흡·배기 밸브의 틈새를 조정할 경우 주의사항으로 옳은 것은?

가. 피스톤이 압축행정의 상사점에 있을 때 조정한다.

나. 틈새는 규정치보다 약간 크게 조정한다.

사. 틈새는 규정치보다 약간 작게 조정한다.

아. 피스톤이 배기행정의 상사점에 있을 때 조정한다.

23

운전중인 디젤기관에서 진동이 심한 경우의 원인으로 옳은 것은?

가. 디젤 노킹이 발생할 때

나. 정격부하로 운전중일 때

사. 배기 밸브의 틈새가 작아졌을 때

아. 윤활유의 압력이 규정치보다 높아졌을 때

24

연료유의 비중을 뜻하는 말로 옳은 것은?

가. 부피가 같은 연료유와 물의 무게 비이다.

나. 압력이 같은 연료유와 물의 무게 비이다.

사. 점도가 같은 연료유와 물의 무게 비이다.

아. 인화점이 같은 연료유와 물의 무게 비이다.

25

연료유의 끈적끈적한 성질의 정도를 나타내는 용어로 옳은 것은?

가. 점 도

나. 비 중

사. 밀 도

아. 융 점

제1과목 항 해

01

자기 컴퍼스의 카드 자체가 15도 정도의 경사에도 자유로이 경사할 수 있게 카드의 중심이 되며, 부실의 밑 부분에 원뿔형으로 움푹 파인 부분으로 옳은 것은?

가. 캡

나. 피 벗

사. 기 선

아. 짐벌즈

02

경사제진식 자이로컴퍼스에만 있는 오차로 옳은 것은?

가. 위도 오차

나. 속도 오차

사. 동요 오차

아. 가속도 오차

03

선박에서 속력과 항주거리를 측정하는 계기로 옳은 것은?

가. 나침의

나. 선속계

사. 측심기

아. 핸드 레드

04

기계식 자이로컴퍼스를 사용하고자 할 때에는 몇 시간 전에 기동하여야 하는가?

가. 사용 직전

나. 약 30분 전

사. 약 1시간 전

아. 약 4시간 전

05

지구 자기장의 복각이 0°가 되는 지점을 연결한 선으로 옳은 것은?

가. 지자극

나. 자기적도

사. 지방자기

아. 북회귀선

06

선박자동식별장치(AIS)에서 확인할 수 있는 정보로 옳지 않은 것은?

가. 선 명

나. 선박의 흘수

사. 선원의 국적

아. 선박의 목적지

07

항해 중에 산봉우리, 섬 등 해도 상에 기재되어 있는 2개 이상의 고정된 뚜렷한 물표를 선정하여 거의 동시에 각각의 방위를 측정하여 선위를 구하는 방법으로 옳은 것은?

가. 수평협각법

나. 교차방위법

사. 추정위치법

아. 고도측정법

08

실제의 태양을 기준으로 측정하는 시간은?

가. 평 시

나. 항성시

사. 태음시

아. 태양시

09

선박 주위에 있는 높은 건물로 인해 레이더 화면에 나타나는 거짓상으로 옳은 것은?

가. 맹목구간에 의한 거짓상

나. 간접 반사에 의한 거짓상

사. 다중 반사에 의한 거짓상

아. 거울면 반사에 의한 거짓상

10

작동 중인 레이더 화면에서 'A'점이 나타내는 것으로 옳은 것은?

가. 섬　　　　　나. 자기 선박

사. 육 지　　　　아. 다른 선박

11

다음 중 해도에 표시되는 높이나 깊이의 기준면이 다른 것은?

가. 수 심

나. 등 대

사. 세 암

아. 암 암

12

해도상에 표시된 해저 저질의 기호에 대한 의미로 옳지 않은 것은?

가. S – 자갈

나. M – 뻘

사. R – 암반

아. Co – 산호

13

해도에 사용되는 특수한 기호와 약어로 옳은 것은?

가. 해도도식   나. 해도 제목

사. 수로도지   아. 해도 목록

14

다음 중 항행통보가 제공하는 정보로 옳지 않은 것은?

가. 수심의 변화

나. 조시 및 조고

사. 위험물의 위치

아. 항로표지의 신설 및 폐지

15

등부표에 대한 설명으로 옳지 않은 것은?

가. 강한 파랑이나 조류에 의해 유실되는 경우도 있다.

나. 항로의 입구, 폭 및 변침점 등을 표시하기 위해 설치한다.

사. 해저의 일정한 지점에 체인으로 연결되어 수면에 떠 있는 구조물이다.

아. 조류표에 기재되어 있으므로, 선박의 정확한 속력을 구하는 데 사용하면 좋다.

16

전자력에 의해서 발음판을 진동시켜 소리를 내게 하는 음파(음향)표지로 옳은 것은?

가. 무 종   나. 에어 사이렌

사. 다이어폰   아. 다이어프램 폰

17

등대의 등색으로 사용하지 않는 색은?

가. 백 색   나. 적 색

사. 녹 색   아. 보라색

18

항만 내의 좁은 구역을 상세하게 표시하는 대축척 해도로 옳은 것은?

가. 총 도

나. 항양도

사. 항해도

아. 항박도

19

종이해도에서 찾을 수 있는 정보로 옳지 않은 것은?

가. 나침도

나. 간행연월일

사. 일출 시간

아. 해도의 축척

20

해저의 지형이나 기복상태를 판단할 수 있도록 수심이 동일한 지점을 가는 실선으로 연결하여 나타낸 것으로 옳은 것은?

가. 등고선

나. 등압선

사. 등심선

아. 등온선

21

다음 중 제한된 시계로 옳지 않은 것은?

가. 폭설이 내릴 때

나. 폭우가 쏟아질 때

사. 교통의 밀도가 높을 때

아. 안개로 다른 선박이 보이지 않을 때

22

시베리아 고기압과 같이 겨울철에 발달하는 한랭 고기압으로 옳은 것은?

가. 온난 고기압

나. 지형성 고기압

사. 이동성 고기압

아. 대륙성 고기압

23

기압 1,013밀리바는 몇 헥토파스칼인가?

가. 1 헥토파스칼

나. 76 헥토파스칼

사. 760 헥토파스칼

아. 1,013 헥토파스칼

24

〈보기〉에서 항해계획을 수립하는 순서로 옳은 것은?

> ⊙ 가장 적합한 항로를 선정하고, 소축적 종 이해도에 선정한 항로를 기입한다.
> ⓛ 수립한 계획이 적절한가를 검토한다.
> ⓒ 상세한 항해일정을 구하여 출·입항 시각 을 결정한다.
> ⓔ 대축척 종이해도에 항로를 기입한다.

가. ⊙ → ⓛ → ⓒ → ⓔ

나. ⊙ → ⓒ → ⓔ → ⓛ

사. ⊙ → ⓛ → ⓔ → ⓒ

아. ⊙ → ⓔ → ⓒ → ⓛ

25

선박의 항로지정제도(Ship's Routeing)에 관한 설명으로 옳지 않은 것은?

가. 국제해사기구(IMO)에서 지정할 수 있다.

나. 특정 화물을 운송하는 선박에 대해서도 사용 을 권고할 수 있다.

사. 모든 선박 또는 일부 범위의 선박에 대하여 강 제적으로 적용할 수 있다.

아. 국제해사기구에서 정한 항로지정방식은 해도 에 표시되지 않을 수도 있다.

01

갑판 개구 중에서 화물창에 화물을 적재 또는 양화하기 위한 개구로 옳은 것은?

가. 탈출구
나. 해치(Hatch)
사. 승강구
아. 맨홀(Manhole)

02

선체의 명칭을 나타낸 아래 그림에서 ㉠이 나타내는 것으로 옳은 것은?

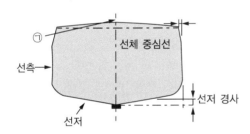

가. 용 골
나. 빌 지
사. 캠 버
아. 팀블 홈

03

트림의 종류로 옳지 않은 것은?

가. 등홀수
나. 중앙트림
사. 선수트림
아. 선미트림

04

빈칸 안에 들어갈 말로 옳은 것은?

공선항해 시 화물선에서 적절한 흘수를 확보하기 위해 일반적으로 (   )을/를 싣는다.

가. 목 재
나. 컨테이너
사. 석 탄
아. 선박평형수

05

타주를 가진 선박에서 계획만재흘수선상의 선수재 전면으로부터 타주 후면까지의 수평거리로 옳은 것은?

가. 전 장
나. 등록장
사. 수선장
아. 수선간장

06

여객이나 화물을 운송하기 위하여 쓰이는 용적을 나타내는 톤수로 옳은 것은?

가. 순톤수
나. 배수톤수
사. 총톤수
아. 재화중량톤수

07

희석제(Thinner)에 대한 설명으로 옳지 않은 것은?

가. 인화성이 강하므로 화기에 유의하여야 한다.

나. 도료에 첨가하는 양은 최대 10% 이하가 좋다.

사. 도료의 성분을 균질하게 하여 도막을 매끄럽게 한다.

아. 도료에 많은 양을 사용하면 도료의 점도가 높아진다.

08

체온을 유지할 수 있도록 열전도율이 낮은 방수물질로 만들어진 포대기 또는 옷을 의미하는 구명설비로 옳은 것은?

가. 방수복   나. 구명조끼

사. 보온복   아. 구명부환

09

선박에서 선장이 직접 조타를 하고 있을 때, "선수 우현 쪽으로 사람이 떨어졌다!"라는 외침을 들은 경우 선장이 즉시 취하여야 할 조치로 옳은 것은?

가. 타 중앙   나. 우현 전타

사. 좌현 전타   아. 후진 기관 사용

10

선박이 침몰하여 수면 아래 4미터 정도에 이르면 수압에 의하여 선박에서 자동 이탈되어 조난자가 탈 수 있도록 압축가스에 의해 펼쳐지는 구명설비로 옳은 것은?

가. 구명정   나. 구명뗏목

사. 구조정   아. 구명부기

11

허상이동업무식별번호(MMSI Number)에 대한 설명으로 옳지 않은 것은?

가. 9자리 숫자로 구성된다.

나. 소형선박에는 부여되지 않는다.

사. 초단파(VHF) 무선설비에도 입력되어 있다.

아. 우리나라 선박은 440 또는 441로 시작된다.

12

다음 조난신호 중 수면상 가장 멀리서 볼 수 있는 것으로 옳은 것은?

가. 기류신호

나. 발연부 신호

사. 신호 홍염

아. 로켓 낙하산 화염신호

07 아 08 사 09 나 10 나 11 나 12 아 정답

13

선박용 초단파(VHF) 무선설비의 최대 출력으로
옳은 것은?

가. 10W 나. 15W

사. 20W 아. 25W

14

평수구역을 항해하는 총톤수 2톤 이상의 선박에 반
드시 설치하여야 하는 무선통신 설비로 옳은 것은?

가. 위성통신설비

나. 초단파(VHF) 무선설비

사. 중단파(MF/HF) 무선설비

아. 수색구조용 레이더 트랜스폰더(SART)

15

다음 중 선박 조종에 미치는 영향이 가장 작은 요
소는?

가. 바 람 나. 파 도

사. 조 류 아. 기 온

16

빈칸 안에 들어갈 말로 옳은 것은?

> 우회전 고정피치 스크루 프로펠러 1개가 설치
> 되어 있는 선박이 타가 우 타각이고, 정지상
> 태에서 후진할 때 후진속력이 커지면 흡입류
> 의 영향이 커지므로 선박은 (   )한다.

가. 직 진 나. 좌회두

사. 우회두 아. 물속으로 하강

17

빈칸 안에 들어갈 말로 순서대로 옳은 것은?

> 수심이 얕은 수역에서는 타의 효과가 나빠지
> 고, 선체 저항이 (   )하여 선회권이 (   ).

가. 감소, 작아진다

나. 감소, 커진다

사. 증가, 작아진다

아. 증가, 커진다

18

다음 중 정박지로 가장 좋은 저질은?

가. 뻘

나. 자 갈

사. 모 래

아. 조개껍질

19

접·이안 시 계선줄을 이용하는 목적으로 옳지 않
은 것은?

가. 접안 시 선용품 선적

나. 선박의 전진속력 제어

사. 접안 시 선박과 부두 사이 거리 조절

아. 이안 시 선미가 부두로부터 떨어지도록 작용

정답 13 아 14 나 15 아 16 나 17 아 18 가 19 가

20

전속 전진 중인 선박이 선회 중 나타나는 일반적인 현상으로 옳지 않은 것은?

가. 선속이 감소한다.

나. 횡경사가 발생한다.

사. 선미 킥이 발생한다.

아. 선회 가속도가 감소하다가 증가한다.

21

협수로를 항해할 때 유의할 사항으로 옳은 것은?

가. 침로를 변경할 때는 대각도로 한 번에 변경하는 것이 좋다.

나. 선·수미선과 조류의 유선이 직각을 이루도록 조종하는 것이 좋다.

사. 언제든지 닻을 사용할 수 있도록 준비된 상태에서 항행하는 것이 좋다.

아. 조류는 순조 때에는 정침이 잘 되지만, 역조 때에는 정침이 어려우므로 조종 시 유의하여야 한다.

22

황천항해를 대비하여 선박에 화물을 실을 때 주의사항으로 옳은 것은?

가. 선체의 중앙부에 화물을 많이 싣는다.

나. 선수부에 화물을 많이 싣는 것이 좋다.

사. 화물의 무게 분포가 한 곳에 집중되지 않도록 한다.

아. 상갑판보다 높은 위치에 최대한으로 많은 화물을 싣는다.

23

파도가 심한 해역에서 선속을 저하시키는 요인으로 옳지 않은 것은?

가. 바 람

나. 풍랑(Wave)

사. 수 온

아. 너울(Swell)

24

선박의 침몰 방지를 위하여 선체를 해안에 고의적으로 얹히는 것은?

가. 전 복

나. 접 촉

사. 충 돌

아. 임의 좌주

25

기관손상 사고의 원인 중 인적과실로 옳지 않은 것은?

가. 기관의 노후

나. 기기조작 미숙

사. 부적절한 취급

아. 일상적인 점검 소홀

제3과목 법 규

01

빈칸 안에 들어갈 말로 옳은 것은?

> 해사안전법상 고속여객선이란 시속 (   ) 이
> 상으로 항행하는 여객선을 말한다.

가. 10노트

나. 15노트

사. 20노트

아. 30노트

02

해사안전법상 '조종제한선'으로 옳지 않은 것은?

가. 준설 작업을 하고 있는 선박

나. 항로표지를 부설하고 있는 선박

사. 주기관이 고장나 움직일 수 없는 선박

아. 항행 중 어획물을 옮겨 싣고 있는 어선

03

해사안전법상 고속여객선이 교통안전특정해역을
항행하려는 경우 항행안전을 확보하기 위하여 필
요 시 해양경찰서장이 선장에게 명할 수 있는 것
으로 옳은 것은?

가. 속력의 제한

나. 입항의 금지

사. 선장의 변경

아. 앞지르기의 지시

04

해사안전법상 떠다니거나 침몰하여 다른 선박의
안전 운항 및 해상교통질서에 지장을 주는 것으로
옳은 것은?

가. 침 선

나. 항행장애물

사. 기름띠

아. 부유성 산화물

05

해사안전법상 다른 선박과 충돌을 피하기 위한 선
박의 동작에 대한 설명으로 옳지 않은 것은?

가. 침로나 속력을 변경할 때에는 소폭으로 연속
   적으로 변경하여야 한다.

나. 필요하면 속력을 줄이거나 기관의 작동을 정
   지하거나 후진하여 선박의 진행을 완전히 멈
   추어야 한다.

사. 피항동작을 취할 때에는 그 동작의 효과를 다
   른 선박이 완전히 통과할 때까지 주의 깊게 확
   인하여야 한다.

아. 침로를 변경할 경우에는 될 수 있으면 충분한
   시간적 여유를 두고 다른 선박이 그 변경을 쉽
   게 알아볼 수 있도록 충분히 크게 변경하여야
   한다.

06

해사안전법상 안전한 속력을 결정할 때 고려하여
야 할 사항으로 옳지 않은 것은?

가. 시계의 상태

나. 선박 설비의 구조

사. 선박의 조종 성능

아. 해상교통량의 밀도

07

해사안전법상 술에 취한 상태를 판별하는 기준으로 옳은 것은?

가. 체 온

나. 걸음걸이

사. 혈중알코올농도

아. 실제 섭취한 알코올 양

08

빈칸 안에 들어갈 말로 옳은 것은?

> 해사안전법상 2척의 동력선이 상대의 진로를 횡단하는 경우로서 충돌의 위험이 있을 때에는 다른 선박을 ( )쪽에 두고 있는 선박이 그 다른 선박의 진로를 피하여야 한다.

가. 선 수   나. 좌 현

사. 우 현   아. 선 미

09

해사안전법상 제한된 시계에서 충돌할 위험성이 없다고 판단한 경우 외에 자기 선박의 양쪽 현의 정횡 앞쪽에 있는 다른 선박의 무중신호를 듣고 취할 조치로 옳은 것을 〈보기〉에서 모두 고른 것은?

> ㉠ 최대 속력으로 항행하면서 경계를 한다.
> ㉡ 우현 쪽으로 침로를 변경시키지 않는다.
> ㉢ 필요 시 자기 선박의 진행을 완전히 멈춘다.
> ㉣ 충돌할 위험성이 사라질 때까지 주의하여 항행하여야 한다.

가. ㉡, ㉢

나. ㉢, ㉣

사. ㉠, ㉡, ㉣

아. ㉡, ㉢, ㉣

10

해사안전법상 항행 중인 동력선의 등화에 덧붙여 가장 잘 보이는 곳에 붉은색 전주등 3개를 수직으로 표시하거나 원통형의 형상물 1개를 표시할 수 있는 선박으로 옳은 것은?

가. 도선선

나. 흘수제약선

사. 좌초선

아. 조종불능선

11

해사안전법상 삼색등을 구성하는 색으로 옳지 않은 것은?

가. 흰 색

나. 황 색

사. 녹 색

아. 붉은색

12

해사안전법상 정박 중인 길이 7미터 이상인 선박이 표시하여야 하는 형상물로 옳은 것은?

가. 둥근꼴 형상물

나. 원뿔꼴 형상물

사. 원통형 형상물

아. 마름모꼴 형상물

13

해사안전법상 '섬광등'의 정의로 옳은 것은?

가. 선수 쪽 225°의 수평사광범위를 갖는 등

나. 360°에 걸치는 수평의 호를 비추는 등화로서 일정한 간격으로 1분에 30회 이상 섬광을 발하는 등

사. 360°에 걸치는 수평의 호를 비추는 등화로서 일정한 간격으로 1분에 60회 이상 섬광을 발하는 등

아. 360°에 걸치는 수평의 호를 비추는 등화로서 일정한 간격으로 1분에 120회 이상 섬광을 발하는 등

14

해사안전법상 장음은 얼마 동안 계속되는 고동소리인가?

가. 약 1초

나. 약 2초

사. 2~3초

아. 4~6초

15

해사안전법상 제한된 시계 안에서 항행 중인 동력선이 대수속력이 있는 경우에는 2분을 넘지 아니하는 간격으로 장음을 1회 울려야 하는데 이와 같은 음향신호를 하지 아니할 수 있는 선박의 크기 기준으로 옳은 것은?

가. 길이 12미터 미만

나. 길이 15미터 미만

사. 길이 20미터 미만

아. 길이 50미터 미만

16

무역항의 수상구역 등에서 선박의 입항·출항에 대한 지원과 선박운항의 안전 및 질서 유지에 필요한 사항을 규정할 목적으로 만들어진 법으로 옳은 것은?

가. 선박안전법

나. 해사안전법

사. 선박교통관제에 관한 법률

아. 선박의 입항 및 출항 등에 관한 법률

17

빈칸 안에 들어갈 말로 옳은 것은?

> 선박의 입항 및 출항 등에 관한 법률상 무역항의 수상구역 등에서 해양사고를 피하기 위한 경우 등 해양수산부령으로 정하는 사유로 선박을 정박지가 아닌 곳에 정박한 선장은 즉시 그 사실을 (   )에게/에게 신고하여야 한다.

가. 관리청

나. 환경부장관

사. 해양경찰청

아. 해양수산부장관

18

선박의 입항 및 출항 등에 관한 법률상 선박이 해상에서 일시적으로 운항을 멈추는 것으로 옳은 것은?

가. 정 박

나. 정 류

사. 계 류

아. 계 선

19

선박의 입항 및 출항 등에 관한 법률상 무역항의 수상구역 등에서 선박을 예인하고자 할 때 한꺼번에 몇 척 이상의 피예인선을 끌지 못하는가?

가. 1척
나. 2척
사. 3척
아. 4척

20

선박의 입항 및 출항 등에 관한 법률상 방파제 입구 등에서 입·출항하는 두 척의 선박이 마주칠 우려가 있을 때의 항법으로 옳은 것은?

가. 입항하는 선박이 방파제 밖에서 출항하는 선박의 진로를 피하여야 한다.
나. 출항하는 선박은 방파제 안에서 입항하는 선박의 진로를 피하여야 한다.
사. 입항하는 선박이 방파제 입구를 우현 쪽으로 접근하여 통과하여야 한다.
아. 출항하는 선박은 방파제 입구를 좌현 쪽으로 접근하여 통과하여야 한다.

21

빈칸 안에 들어갈 말로 옳지 않은 것은?

선박의 입항 및 출항 등에 관한 법률상 무역항의 수상구역 등에 정박하는 (   )에 따른 정박구역 또는 정박지를 지정·고시할 수 있다.

가. 선박의 톤수
나. 선박의 종류
사. 선박의 국적
아. 적재물의 종류

22

다음 중 선박의 입항 및 출항 등에 관한 법률상 우선피항선으로 옳지 않은 것은?

가. 예 선
나. 총톤수 20톤 미만인 어선
사. 주로 노와 삿대로 운전하는 선박
아. 예인선에 결합되어 운항하는 압항부선

23

해양환경관리법상 유해액체물질기록부는 최종 기재를 한 날부터 몇 년간 보존하여야 하는가?

가. 1년
나. 2년
사. 3년
아. 5년

24

해양환경관리법상 폐기물로 옳지 않은 것은?

가. 도자기
나. 플라스틱류
사. 폐유압유
아. 음식 쓰레기

25

해양환경관리법상 오염물질이 배출된 경우 오염을 방지하기 위한 조치로 옳지 않은 것은?

가. 기름오염방지설비의 가동
나. 오염물질의 추가 배출방지
사. 배출된 오염물질의 수거 및 처리
아. 배출된 오염물질의 확산방지 및 제거

01

1kW는 약 몇 kgf · m/s인가?

가. 75 kgf · m/s

나. 76 kgf · m/s

사. 102 kgf · m/s

아. 735 kgf · m/s

02

소형기관에서 피스톤링의 마멸 정도를 계측하는 공구로 가장 옳은 것은?

가. 다이얼 게이지

나. 한계 게이지

사. 내경 마이크로미터

아. 외경 마이크로미터

03

디젤기관에서 오일링의 주된 역할로 옳은 것은?

가. 윤활유를 실린더 내벽에서 밑으로 긁어 내린다.

나. 피스톤의 열을 실린더에 전달한다.

사. 피스톤의 회전운동을 원활하게 한다.

아. 연소가스의 누설을 방지한다.

04

디젤기관의 운전 중 냉각수 계통에서 가장 주의해서 관찰해야 하는 것으로 옳은 것은?

가. 기관의 입구 온도와 기관의 입구 압력

나. 기관의 출구 압력과 기관의 출구 온도

사. 기관의 입구 온도와 기관의 출구 압력

아. 기관의 입구 압력과 기관의 출구 온도

05

추진 축계장치에서 추력베어링의 주된 역할로 옳은 것은?

가. 축의 진동을 방지한다.

나. 축의 마멸을 방지한다.

사. 프로펠러의 추력을 선체에 전달한다.

아. 선체의 추력을 프로펠러에 전달한다.

06

실린더부피가 1,200cm^{3}이고 압축부피가 100cm^{3}인 내연기관의 압축비로 옳은 것은?

가. 11

나. 12

사. 13

아. 14

07

디젤기관의 메인 베어링에 대한 설명으로 옳지 않은 것은?

가. 크랭크 축을 지지한다.

나. 크랭크 축의 중심을 잡아준다.

사. 윤활유로 윤활시킨다.

아. 볼베어링을 주로 사용한다.

08

디젤기관에서 플라이휠의 역할에 대한 설명으로 옳지 않은 것은?

가. 회전력을 균일하게 한다.

나. 회전력의 변동을 작게 한다.

사. 기관의 시동을 쉽게 한다.

아. 기관의 출력을 증가시킨다.

PART 02

09

소형기관에서 윤활유를 오래 사용했을 경우에 나타나는 현상으로 옳지 않은 것은?

가. 색상이 검게 변한다.

나. 점도가 증가한다.

사. 침전물이 증가한다.

아. 혼입수분이 감소한다.

10

소형 디젤기관에서 실린더 라이너의 심한 마멸에 의한 영향으로 옳지 않은 것은?

가. 압축 불량

나. 불완전 연소

사. 착화 시기가 빨라짐

아. 연소가스가 크랭크실로 누설

11

디젤기관에서 연료분사량을 조절하는 연료래크와 연결되는 것으로 옳은 것은?

가. 연료분사밸브

나. 연료분사펌프

사. 연료이송펌프

아. 연료가열기

12

디젤기관에서 과급기를 설치하는 이유로 옳지 않은 것은?

가. 기관에 더 많은 공기를 공급하기 위해

나. 기관의 출력을 더 높이기 위해

사. 기관의 급기온도를 더 높이기 위해

아. 기관이 더 많은 일을 하게 하기 위해

13

선박의 축계장치에서 추력축의 설치 위치에 대한 설명으로 옳지 않은 것은?

가. 캠축의 선수 측에 설치한다.

나. 크랭크 축의 선수 측에 설치한다.

사. 프로펠러축의 선수 측에 설치한다.

아. 프로펠러축의 선미 측에 설치한다.

14

프로펠러에 의한 선체 진동의 원인으로 옳지 않은 것은?

가. 프로펠러의 날개가 절손된 경우

나. 프로펠러의 날개수가 많은 경우

사. 프로펠러의 날개가 수면에 노출된 경우

아. 프로펠러의 날개가 휘어진 경우

15

선박 보조기계에 대한 설명으로 옳은 것은?

가. 갑판기계를 제외한 기관실의 모든 기계를 말한다.

나. 주기관을 제외한 선내의 모든 기계를 말한다.

사. 직접 배를 움직이는 기계를 말한다.

아. 기관실 밖에 설치된 기계를 말한다.

16

2V 단전지 6개를 연결하여 12V가 되게 하려면 어떻게 연결해야 하는가?

가. 2V 단전지 6개를 병렬 연결한다.

나. 2V 단전지 6개를 직렬 연결한다.

사. 2V 단전지 3개를 병렬 연결하여 나머지 3개와 직렬 연결한다.

아. 2V 단전지 2개를 병렬 연결하여 나머지 4개와 직렬 연결한다.

17

양묘기의 구성 요소로 옳지 않은 것은?

가. 구동 전동기
나. 회전드럼
사. 제동장치
아. 데릭 포스트

18

원심펌프에서 송출되는 액체가 흡입측으로 역류하는 것을 방지하기 위해 설치하는 부품으로 옳은 것은?

가. 회전차
나. 베어링
사. 마우스 링
아. 글랜드패킹

19

납축전지의 용량을 나타내는 단위로 옳은 것은?

가. Ah
나. A
사. V
아. kW

20

선박용 납축전지에서 양극의 표시로 옳지 않은 것은?

가. +
나. P
사. N
아. 적 색

21

디젤기관을 장기간 정지할 경우의 주의사항으로 옳지 않은 것은?

가. 동파를 방지한다.
나. 부식을 방지한다.
사. 주기적으로 터닝을 시켜준다.
아. 중요 부품은 분해하여 보관한다.

22

디젤기관의 윤활유에 물이 다량 섞이면 운전 중 윤활유 압력은 어떻게 변하는가?

가. 압력이 평소보다 올라간다.
나. 압력이 평소보다 내려간다.
사. 압력이 0으로 된다.
아. 압력이 진공으로 된다.

23

전기시동을 하는 소형 디젤기관에서 시동이 되지 않는 원인으로 옳지 않은 것은?

가. 시동용 전동기의 고장
나. 시동용 배터리의 방전
사. 시동용 공기분배 밸브의 고장
아. 시동용 배터리와 전동기 사이의 전선 불량

24

15℃ 비중이 0.9인 연료유 200리터의 무게는 몇 kgf인가?

가. 180kgf
나. 200kgf
사. 220kgf
아. 240kgf

25

탱크에 들어있는 연료유보다 비중이 큰 이물질은 어떻게 되는가?

가. 위로 뜬다.
나. 아래로 가라앉는다.
사. 기름과 균일하게 혼합된다.
아. 탱크의 옆면에 부착된다.

제1과목 **항 해**

01

자기 컴퍼스에서 선박의 동요로 비너클이 기울어져도 볼을 항상 수평으로 유지하기 위한 장치로 옳은 것은?

가. 자 침
나. 피 벗
사. 짐벌즈
아. 윗방 연결관

02

자이로컴퍼스에서 동요오차 발생을 예방하기 위하여 NS축상에 부착되어 있는 것으로 옳은 것은?

가. 보정추
나. 적분기
사. 오차 수정기
아. 추종 전동기

03

수심이 얕은 곳에서 수심을 측정하거나 투묘할 때 배의 진행 방향 및 타력 또는 정박 중 닻의 끌림을 알기 위한 기기로 옳은 것은?

가. 핸드 레드
나. 사운딩 자
사. 트랜스듀서
아. 풍향풍속계

04

선박에서 사용하는 항해기기 중 선체자기의 영향을 받는 것으로 옳은 것은?

가. 위성컴퍼스
나. 자기컴퍼스
사. 자이로컴퍼스
아. 광자기 자이로컴퍼스

05

해도상의 나침도에 표시된 부분과 자차표가 〈보기〉와 같을 때, 진침로 045°로 항해한다면 자기컴퍼스는 몇 도에 정침해야 하는가?(단, 항해하는 시점은 2017년임)

나침도의 편차 표시	자차표	
	000°	0°
	045°	2°E
	090°	3°E
	135°	2°E
6° 50'W 2007(1'W)	180°	0°
	225°	2°W
	270°	3°W
	315°	2°W

가. 040°
나. 045°
사. 049°
아. 050°

06

두 물표를 이용하여 교차방위법으로 선위 결정 시 가장 정확한 선위를 얻을 수 있는 상호간의 각도로 옳은 것은?

가. 30°

나. 60°

사. 90°

아. 120°

07

작동 중인 레이더 화면에서 'A'점이 나타내는 것으로 옳은 것은?

가. 섬

나. 육 지

사. 본 선

아. 다른 선박

08

전파의 특성으로 옳지 않은 것은?

가. 직진성

나. 등속성

사. 반사성

아. 회전성

09

분점에서 90° 떨어진 황도 위의 점으로 옳은 것은?

가. 시 점

나. 지 점

사. 동 점

아. 서 점

10

상대운동 표시방식 레이더 화면상에서 어떤 선박의 움직임이 다음과 같다면, 침로와 속력을 일정하게 유지하며 항행하는 본선과의 관계로 옳은 것은?

- 시간이 지날수록 본선과의 거리가 가까워지고 있다.
- 시간이 지나도 관측한 상대선의 방위가 변화하지 않고 있다.

가. 본선을 추월할 것이다.

나. 본선 선수를 횡단할 것이다.

사. 본선과 충돌의 위험이 있을 것이다.

아. 본선의 우현으로 안전하게 지나갈 것이다.

11

조석에 따라 수면 위로 보였다가 수면 아래로 잠겼다가 하는 바위로 옳은 것은?

가. 세 암

나. 암 암

사. 간출암

아. 노출암

PART 02

12

우리나라 해도상에 표시된 수심의 측정기준으로 옳은 것은?

가. 대조면

나. 평균수면

사. 기본수준면

아. 약최고고조면

13

해상에 있어서의 기상, 해류, 조류 등의 여러 현상과 도선사, 검역, 항로표지 등의 일반기사 및 항로의 상황, 연안의 지형, 항만의 시설 등이 기재되어 있는 수로서지로 옳은 것은?

가. 등대표

나. 조석표

사. 천측력

아. 항로지

14

빈칸에 들어갈 말로 옳은 것은?

> 등고는 ( )에서 등화 중심까지의 높이를 말한다.

가. 평균고조면

나. 약최고고조면

사. 평균수면

아. 기본수준면

15

황색의 'X' 모양 두표를 가진 표지로 옳은 것은?

가. 방위표지

나. 특수표지

사. 안전수역표지

아. 고립장해표지

16

안개, 눈 또는 비 등으로 시계가 나빠서 육지나 등화를 발견하기 어려울 때 부근을 항해하는 선박에게 항로표지의 위치를 알리거나 경고할 목적으로 설치한 표지로 옳은 것은?

가. 형상(주간)표지

나. 특수신호표지

사. 음파(음향)표지

아. 광파(야간)표지

17

해도번호 앞에 'F(에프)'로 표기된 것으로 옳은 것은?

가. 해류도

나. 조류도

사. 해저 지형도

아. 어업용 해도

18

해도상에 표시된 $\xrightarrow{2.5\text{kn}}$ 의 조류로 옳은 것은?

가. 와 류

나. 창조류

사. 급조류

아. 낙조류

19

해도상에 표시된 등대의 등질 'Fl.2s10m20M'에 대한 설명으로 옳지 않은 것은?

가. 섬광등이다.

나. 주기는 2초이다.

사. 등고는 10미터이다.

아. 광달거리는 20킬로미터이다.

20

표지의 동쪽에 가항수역이 있음을 나타내는 표지로 옳은 것은?(단, 두표의 형상으로만 판단함)

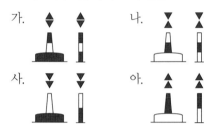

21

대기의 혼탁한 정도를 나타낸 것이며, 정상적인 육안으로 멀리 떨어진 목표물을 인식할 수 있는 최대 거리로 옳은 것은?

가. 강 수   나. 시 정

사. 강우량   아. 풍력계급

22

저기압의 특성에 대한 설명으로 옳지 않은 것은?

가. 하강기류로 인해 대기가 불안정하다.

나. 날씨가 흐리거나, 비나 눈이 내리는 경우가 많다.

사. 구름이 발달하고 전선이 형성되기 쉽다.

아. 북반구에서 중심을 향하여 반시계방향으로 바람이 불어 들어간다.

23

태풍 중심 위치에 대한 기호의 의미를 연결한 것으로 옳지 않은 것은?

가. PSN GOOD – 위치는 정확

나. PSN FAIR – 위치는 거의 정확

사. PSN POOR – 위치는 아주 정확

아. PSN SUSPECTED – 위치에 의문이 있음

24

선박위치확인제도(Vessel Monitoring System ; VMS)의 역할로 옳지 않은 것은?

가. 통항 선박의 감시

나. 수색구조에 활용

사. 육상과의 통신

아. 해양오염방지에 기여

25

선박의 항로지정제도(Ships' Routeing)에 관한 설명으로 옳지 않은 것은?

가. 국제해사기구(IMO)에서 지정할 수 있다.

나. 모든 선박 또는 일부 범위의 선박에 대하여 강제적으로 적용할 수 있다.

사. 특정 화물을 운송하는 선박에 대해서도 사용을 권고할 수 있다.

아. 국제해사기구에서 정한 항로지정방식은 해도에 표시되지 않을 수도 있다.

01

다음 선체 횡단면 그림에서 ㉠에 들어갈 말로 옳은 것은?

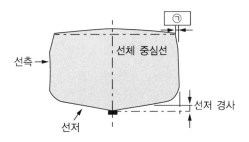

가. 용 골
나. 빌 지
사. 캠 버
아. 텀블 홈

02

타주를 가진 선박에서 계획만재흘수선상의 선수재 전면으로부터 타주 후면까지의 수평거리로 옳은 것은?

가. 전 장
나. 등록장
사. 수선장
아. 수선간장

03

선체의 제일 넓은 부분에 있어서 양현 늑골의 외면에서 외면까지의 수평거리로 옳은 것은?

가. 전 폭
나. 형 폭
사. 건 현
아. 갑 판

04

다음 타의 구조에 관한 그림에서 ⑧에 들어갈 말로 옳은 것은?

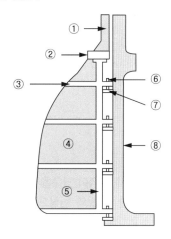

가. 타 판
나. 핀 틀
사. 거 전
아. 타 주

05

선수의 방위가 주어진 침로에서 벗어나면 자동적으로 편각을 검출하여 편각이 없어지도록 직접 키를 제어하여 침로를 유지하는 장치로 옳은 것은?

가. 양묘기
나. 오토파일럿
사. 비상조타장치
아. 사이드 스러스터

06

섬유로프 취급 시 주의사항으로 옳지 않은 것은?

가. 항상 건조한 상태로 보관한다.
나. 산성이나 알칼리성 물질에 접촉하지 않도록 한다.
사. 로프에 기름이 스며들면 강해지므로 그대로 둔다.
아. 마찰이 심한 곳에는 캔버스를 감아서 보호한다.

07

닻의 구성품으로 옳지 않은 것은?

가. Stock(스톡)

나. End Link(엔드 링크)

사. Crown(크라운)

아. Anchor Ring(앵커 링)

08

체온을 유지할 수 있도록 열전도율이 낮은 방수 물질로 만들어진 포대기 또는 옷을 의미하는 구명 설비로 옳은 것은?

가. 구명조끼

나. 구명부기

사. 방수복

아. 보온복

09

수신된 조난신호의 내용 중에서 시각이 '05:30 UTC'라고 표시되었다면, 우리나라 시각으로 옳은 것은?

가. 한국시각 05시 30분

나. 한국시각 14시 30분

사. 한국시각 15시 30분

아. 한국시각 17시 30분

10

팽창식 구명뗏목에 대한 설명으로 옳지 않은 것은?

가. 모든 해상에서 30일 동안 떠 있어도 견딜 수 있도록 제작되어야 한다.

나. 선박이 침몰할 때 자동으로 이탈되어 조난자가 탈 수 있다.

사. 구명정에 비해 항해 능력은 떨어지지만 손쉽게 강하할 수 있다.

아. 수압이탈장치의 작동 수심 기준은 수면 아래 10미터이다.

PART 02

11

선박이 침몰할 경우 자동으로 조난신호를 발신할 수 있는 무선설비로 옳은 것은?

가. 레이더(Radar)

나. NAVTEX 수신기

사. 초단파(VHF) 무선설비

아. 비상위치지시 무선표지(EPIRB)

12

다음 중 선박이 조난을 당하였을 경우에 조난의 사실과 원조의 필요성을 알리는 조난신호로 옳지 않은 것은?

가. 국제 신호기 'B'기의 게양

나. 무중 신호 기구에 의해 계속되는 음향신호

사. 1분간 1회의 발포 또는 기타 폭발에 의한 신호

아. 좌우로 벌린 팔을 천천히 올렸다 내렸다 하는 신호

13

잔잔한 바다에서 의식불명의 익수자를 발견하여 구조하려 할 때, 구조선의 안전한 접근방법으로 옳은 것은?

가. 익수자의 풍하에서 접근한다.
나. 익수자의 풍상에서 접근한다.
사. 구조선의 좌현 쪽에서 바람을 받으면서 접근한다.
아. 구조선의 우현 쪽에서 바람을 받으면서 접근한다.

14

초단파(VHF) 무선설비의 최대 출력으로 옳은 것은?

가. 10W
나. 15W
사. 20W
아. 25W

15

전타를 시작한 최초의 위치에서 최종 선회지름의 중심까지의 거리를 원침로상에서 잰 거리로 옳은 것은?

가. 킥
나. 리 치
사. 선회경
아. 신침로거리

16

선박 조종에 영향을 주는 요소로 옳지 않은 것은?

가. 바 람
나. 파 도
사. 조 류
아. 기 온

17

닻의 역할로 옳지 않은 것은?

가. 침로 유지에 사용된다.
나. 좁은 수역에서 선회하는 경우에 이용된다.
사. 선박을 임의의 수면에 정지 또는 정박시킨다.
아. 선박의 속력을 급히 감소시키는 경우에 사용된다.

18

선박 후진 시 선수회두에 가장 큰 영향을 끼치는 수류로 옳은 것은?

가. 반 류
나. 흡입류
사. 배출류
아. 추적류

19

스크루 프로펠러가 회전할 때 물속에 깊이 잠긴 날개에 걸리는 반작용력이 수면 부근의 날개에 걸리는 반작용력보다 크게 되어 그 힘의 크기 차이로 발생하는 것으로 옳은 것은?

가. 측압작용
나. 횡압력
사. 종압력
아. 역압력

20

물에 빠진 익수자를 구조하는 조선법으로 옳지 않은 것은?

가. 샤르노브 턴

나. 표준 턴

사. 앤더슨 턴

아. 윌리암슨 턴

21

선박에서 최대 한도까지 화물을 적재한 상태로 옳은 것은?

가. 공선 상태

나. 만재 상태

사. 경하 상태

아. 선미트림 상태

22

황천 묘박 중 발생할 수 있는 사고로 옳지 않은 것은?

가. 주묘(Dragging of Anchor)

나. 묘쇄의 절단

사. 좌 초

아. 방충재(Fender) 손상

23

선체 횡동요(Rolling) 운동으로 발생하는 위험으로 옳지 않은 것은?

가. 선체 전복이 발생할 수 있다.

나. 화물의 이동을 가져올 수 있다.

사. 유동수가 있는 경우 복원력 감소를 가져온다.

아. 슬래밍(Slamming)의 원인이 된다.

24

빈칸에 들어갈 말로 옳은 것은?

> 항해 중 선박의 우현으로 사람이 물에 빠졌을 때 당직항해사는 즉시 기관을 정지하고 타는 (   )해야 한다.

가. 우현 전타

나. 좌현 전타

사. 중앙 위치

아. 자동조타

25

전기장치에 의한 화재 예방조치로 옳지 않은 것은?

가. 전선이나 접점은 단단히 고정한다.

나. 전기장치는 유자격자가 관리하도록 한다.

사. 배전반과 축전지 등의 접속단자는 풀리지 않도록 하여야 한다.

아. 모든 전기장치는 규정용량 이상으로 부하를 걸어 사용해야 한다.

01

해사안전법상 서로 다른 방향으로 진행하는 통항로를 나누는 일정한 폭의 수역을 나타내는 말로 옳은 것은?

가. 통항로　　　　　나. 분리대
사. 참조선　　　　　아. 연안통항대

02

해사안전법상 항로에서 금지되는 행위를 〈보기〉에서 모두 고른 것은?

┌ 보 기 ┐

ㄱ. 선박의 방치
ㄴ. 어구의 설치
ㄷ. 침로의 변경
ㄹ. 항로를 따라 항행

가. ㄱ, ㄴ　　　　　나. ㄴ, ㄹ
사. ㄱ, ㄷ, ㄹ　　　아. ㄱ, ㄴ, ㄹ

03

빈칸에 들어갈 말로 순서대로 옳은 것은?

해사안전법상 선박은 접근하여 오는 다른 선박의 (　　)에 뚜렷한 변화가 일어나지 아니하면 (　　)이 있다고 보고 필요한 조치를 하여야 한다.

가. 선수방위, 통과할 가능성
나. 선수방위, 충돌할 위험성
사. 나침방위, 통과할 가능성
아. 나침방위, 충돌할 위험성

04

해사안전법상 '경계'의 방법으로 옳지 않은 것은?

가. 다른 선박의 기적소리에 귀를 기울인다.
나. 다른 선박의 등화를 보고 그 선박의 운항상태를 확인한다.
사. 레이더 장거리 주사를 통하여 다른 선박을 식별한다.
아. 시계가 좋을 때는 갑판에서 일을 하면서 경계를 한다.

05

해사안전법상 유지선이 동작 규정에 대한 설명으로 옳지 않은 것은?

가. 유지선이 충돌을 피하기 위한 동작을 할 경우 피항선은 진로를 피하여야 할 의무가 면제된다.
나. 2척의 선박 중 1척의 선박이 다른 선박의 진로를 피하여야 할 경우 다른 선박은 그 침로와 속력을 유지하여야 한다.
사. 유지선은 피항선이 적절한 피항동작을 취하고 있지 아니하다고 판단하면 스스로의 조종만으로 피항선과 충돌하지 아니하도록 조치를 취할 수 있다.
아. 유지선은 피항선과 매우 가깝게 접근하여 해당 피항선의 동작만으로 충돌을 피할 수 없다고 판단하는 경우에는 충돌을 피하기 위하여 충분한 협력을 하여야 한다.

06

해사안전법상 마주치는 상태로 옳지 않은 것은?

가. 선수 방향에 있는 다른 선박과 밤에는 2개의 마스트등을 일직선으로 또는 거의 일직선으로 볼 수 있거나 양쪽의 현등을 볼 수 있는 경우

나. 선수 방향에 있는 다른 선박과 낮에는 2척의 선박의 마스트가 선수에서 선미까지 일직선이 되거나 거의 일직선이 되는 경우

사. 선수 방향에 있는 다른 선박과 마주치는 상태에 있는지가 분명하지 아니한 경우

아. 선수 방향에 있는 다른 선박의 선미등을 볼 수 있는 경우

07

해사안전법상 선박의 등화 및 형상물에 관한 규정에 대한 설명으로 옳지 않은 것은?

가. 형상물은 낮 동안에는 표시한다.

나. 낮이라도 제한된 시계에서는 등화를 표시하여야 한다.

사. 등화의 표시 시간은 해지는 시각부터 해뜨는 시각까지이다.

아. 다른 선박이 주위에 없을 때에는 등화를 표시하지 않아도 된다.

08

해사안전법상 동력선이 시계가 제한된 수역을 항행할 때의 항법으로 옳은 것은?

가. 가급적 속력 증가

나. 기관 즉시 조작 준비

사. 후진 기관 사용 금지

아. 레이더만으로 다른 선박이 있는 것을 탐지하고 변침만으로 피항동작을 할 경우 선수방향에 있는 선박을 좌현 변침으로 충돌 회피

09

해사안전법상 예인선열의 길이가 200미터를 초과하는 경우, 예인작업에 종사하는 동력선이 표시하여야 하는 형상물로 옳은 것은?

가. 마름모꼴 형상물 1개

나. 마름모꼴 형상물 2개

사. 마름모꼴 형상물 3개

아. 마름모꼴 형상물 4개

10

빈칸에 들어갈 말로 옳은 것은?

> 해사안전법상 노도선은 (   )의 등화를 표시할 수 있다.

가. 항행 중인 어선

나. 항행 중인 범선

사. 흘수제약선

아. 항행 중인 예인선

11

해사안전법상 얹혀 있는 길이 12미터 이상의 선박이 낮에 수직으로 표시하는 형상물로 옳은 것은?

가. 둥근꼴 형상물 1개

나. 둥근꼴 형상물 2개

사. 둥근꼴 형상물 3개

아. 둥근꼴 형상물 4개

12

빈칸에 들어갈 말로 옳은 것은?

> 해사안전법상 항행 중인 동력선이 (　　)에 있는 경우에 그 침로를 변경하거나 그 기관을 후진하여 사용할 때에는 기적신호를 행하여야 한다.

가. 평수구역
나. 서로 상대의 시계 안
사. 제한된 시계
아. 무역항의 수상구역 안

13

해사안전법상 통항분리수역에서의 항법으로 옳지 않은 것은?

가. 통항로는 어떠한 경우에도 횡단할 수 없다.
나. 통항로 안에서는 정하여진 진행방향으로 항행하여야 한다.
사. 통항로의 출입구를 통하여 출입하는 것을 원칙으로 한다.
아. 분리선이나 분리대에서 될 수 있으면 떨어져서 항행하여야 한다.

14

빈칸에 들어갈 말로 옳은 것은?

> 해사안전법상 제한된 시계 안에서 항행 중인 동력선은 정지하여 대수속력이 없는 경우에는 (　　)을 넘지 아니하는 간격으로 장음을 (　　) 울려야 한다.

가. 1분, 1회　　　　나. 2분, 2회
사. 1분, 2회　　　　아. 2분, 1회

15

해사안전법상 등화에 사용되는 등색으로 옳지 않은 것은?

가. 붉은색
나. 녹 색
사. 흰 색
아. 청 색

16

선박의 입항 및 출항 등에 관한 법률상 무역항의 수상구역 등에 출입하려는 경우 출입 신고를 하여야 하는 선박으로 옳은 것은?

가. 예 선
나. 총톤수 5톤인 선박
사. 도선선
아. 해양사고구조에 사용되는 선박

17

빈칸에 들어갈 말로 순서대로 옳은 것은?

> 선박의 입항 및 출항 등에 관한 법률상 무역항의 수상구역 등에 정박하는 선박은 지체 없이 예비용 (　　)을/를 내릴 수 있도록 고정장치를 해제하고, 동력선은 즉시 운항할 수 있도록 (　　)의 상태를 유지하는 등 안전에 필요한 조치를 취하여야 한다.

가. 닻, 기관
나. 조타장치, 기관
사. 닻, 조타장치
아. 기관, 항해장비

18

선박의 입항 및 출항 등에 관한 법률상 무역항의 수상구역 등에서 화재가 발생한 경우 기적이나 사이렌을 갖춘 선박이 울리는 경보로 옳은 것은?

가. 기적 또는 사이렌으로 장음 5회를 적당한 간격으로 반복

나. 기적 또는 사이렌으로 장음 7회를 적당한 간격으로 반복

사. 기적 또는 사이렌으로 단음 5회를 적당한 간격으로 반복

아. 기적 또는 사이렌으로 단음 7회를 적당한 간격으로 반복

19

선박의 입항 및 출항 등에 관한 법률상 항로에서 다른 선박과 마주칠 우려가 있는 경우의 항법으로 옳은 것은?

가. 항로의 중앙으로 항행한다.

나. 항로의 왼쪽으로 항행한다.

사. 항로의 오른쪽으로 항행한다.

아. 다른 선박을 오른쪽에 두는 선박이 항로를 벗어나 항행한다.

20

빈칸에 들어갈 말로 순서대로 옳은 것은?

> 선박의 입항 및 출항 등에 관한 법률상 ( )은/는 ( )으로부터/로부터 최고 속력의 지정을 요청받은 경우 특별한 사유가 없으면 무역항의 수상구역 등에서 선박 항행 최고속력을 지정·고시하여야 한다.

가. 해양경찰서장, 시·도지사

나. 지방해양수산청장, 시·도지사

사. 시·도지사, 해양수산부장관

아. 관리청, 해양경찰청장

21

해양환경관리법상 해양오염방지를 위한 선박검사의 종류로 옳지 않은 것은?

가. 정기검사

나. 중간검사

사. 특별검사

아. 임시검사

22

해양환경관리법상 해양에서 배출할 수 있는 것으로 옳은 것은?

가. 합성로프

나. 어획한 물고기

사. 합성어망

아. 플라스틱 쓰레기봉투

23

선박의 입항 및 출항 등에 관한 법률상 무역항의 수상구역 등에서 위험물운송선박이 아닌 선박이 불꽃이나 열이 발생하는 용접 등의 방법으로 수리하려고 하는 경우 해양수산부장관의 허가를 받아야 하는 선박의 최저 톤수로 옳은 것은?

가. 총톤수 20톤

나. 총톤수 30톤

사. 총톤수 40톤

아. 총톤수 100톤

24

선박의 입항 및 출항 등에 관한 법률상 주로 무역항의 수상구역에서 운항하는 선박으로서 다른 선박의 진로를 피하여야 하는 우선피항선으로 옳지 않은 것은?

가. 압항부선을 제외한 부선

나. 예 선

사. 총톤수 20톤인 여객선

아. 주로 노와 삿대로 운전하는 선박

25

해양환경관리법상 기관실에서 발생한 선저폐수의 관리와 처리에 대한 설명으로 옳지 않은 것은?

가. 어장으로부터 먼 바다에서 그대로 배출할 수 있다.

나. 선내에 비치되어 있는 저장 용기에 저장한다.

사. 입항하여 육상에 양륙 처리한다.

아. 누수 및 누유가 발생하지 않도록 기관실 관리를 철저히 한다.

01

회전수가 1,200rpm인 디젤기관에서 크랭크 축이 1회전하는 동안 걸리는 시간으로 옳은 것은?

가. (1/20)초

나. (1/3)초

사. 2초

아. 20초

02

4행정 사이클 디젤기관에서 흡·배기 밸브의 밸브겹침에 대한 설명으로 옳은 것은?

가. 상사점 부근에서 흡·배기 밸브가 동시에 열려있는 기간이다.

나. 상사점 부근에서 흡·배기 밸브가 동시에 닫혀있는 기간이다.

사. 하사점 부근에서 흡·배기 밸브가 동시에 열려있는 기간이다.

아. 하사점 부근에서 흡·배기 밸브가 동시에 닫혀있는 기간이다.

03

소형 디젤기관에서 실린더 라이너의 심한 마멸에 의한 영향으로 옳지 않은 것은?

가. 압축불량

나. 불완전 연소

사. 연소가스가 크랭크실로 누설

아. 착화 시기가 빨라짐

04

소형 디젤기관에서 피스톤과 연접봉을 연결시키는 부품으로 옳은 것은?

가. 피스톤 핀
나. 크랭크 핀
사. 크랭크 핀 볼트
아. 크랭크 암

05

디젤기관의 운전 중 움직이지 않는 부품으로 옳은 것은?

가. 실린더 헤드
나. 피스톤
사. 연접봉
아. 플라이휠

06

디젤기관의 피스톤 링 재료로 주철을 사용하는 이유로 옳은 것은?

가. 기관의 출력을 증가시켜 주기 때문에
나. 연료유의 소모량을 줄여주기 때문에
사. 고온에서 탄력을 증가시켜 주기 때문에
아. 윤활유의 유막 형성을 좋게 하기 때문에

07

디젤기관의 구성 부품으로 옳지 않은 것은?

가. 점화 플러그
나. 플라이휠
사. 크랭크 축
아. 커넥팅 로드

08

디젤기관에서 크랭크 축의 구성 요소로 옳지 않은 것은?

가. 크랭크 핀
나. 크랭크 핀 베어링
사. 크랭크 암
아. 크랭크 저널

09

디젤기관의 운전 중 배기색이 검은색으로 되는 원인으로 옳지 않은 것은?

가. 공기량이 충분하지 않을 때
나. 기관이 과부하로 운전될 때
사. 연료에 수분이 혼입되었을 때
아. 연료 분사 상태가 불량할 때

10

디젤기관에서 시동용 압축공기의 최고압력으로 옳은 것은?

가. $10 \text{kgf}/\text{cm}^2$
나. $20 \text{kgf}/\text{cm}^2$
사. $30 \text{kgf}/\text{cm}^2$
아. $40 \text{kgf}/\text{cm}^2$

11

디젤기관이 과열된 경우 수냉각 계통의 점검 대상으로 옳지 않은 것은?

가. 냉각수의 양
나. 냉각수의 온도
사. 공기 여과기
아. 냉각수 펌프

PART 02

12

소형기관에 사용되는 윤활유에 혼입될 우려가 가장 적은 것은?

가. 윤활유 냉각기에서 누설된 수분

나. 연소불량으로 발생한 카본

사. 연료유에 혼입된 수분

아. 운동부에서 발생한 금속가루

13

나선형 프로펠러에서 지름으로 옳은 것은?

가. 날개 끝이 그리는 원의 지름

나. 날개 끝이 그리는 원의 반지름

사. 날개의 가장 두꺼운 부분이 그리는 원의 지름

아. 날개의 가장 두꺼운 부분이 그리는 원의 반지름

14

닻을 감아올리는 데 사용하는 갑판기기로 옳은 것은?

가. 조타기

나. 양묘기

사. 계선기

아. 양화기

15

추진기가 설치되는 축으로 옳은 것은?

가. 추력축

나. 크랭크 축

사. 캠 축

아. 프로펠러축

16

원심펌프에서 축이 케이싱을 관통하는 곳에 기밀 유지를 위해 설치하는 것으로 옳은 것은?

가. 오일링

나. 구리패킹

사. 피스톤링

아. 글랜드패킹

17

기관의 축에 의해 구동되는 연료유 펌프에 대한 설명으로 옳은 것은?

가. 기어가 있고 축봉장치도 있다.

나. 기어가 있고 축봉장치는 없다.

사. 임펠러가 있고 죽봉장치도 있다.

아. 임펠러가 있고 축봉장치는 없다.

18

부하 변동이 있는 교류 발전기에서 항상 일정하게 유지되는 값으로 옳은 것은?

가. 여자전류

나. 전 압

사. 부하전류

아. 부하전력

19

변압기의 역할로 옳은 것은?

가. 전압의 변환

나. 전력의 변환

사. 압력의 변환

아. 저항의 변환

20

납축전지의 구성 요소로 옳지 않은 것은?

가. 극 판
나. 충전판
사. 격리판
아. 전해액

21

디젤기관의 실린더 헤드를 분해하여 체인블록으로 들어 올릴 때 필요한 볼트로 옳은 것은?

가. 타이 볼트
나. 아이 볼트
사. 인장 볼트
아. 스터드 볼트

22

디젤기관에서 흡·배기 밸브의 틈새를 조정할 경우 주의사항으로 옳은 것은?

가. 피스톤이 압축 행정의 상사점에 있을 때 조정한다.
나. 틈새는 규정치보다 약간 크게 조정한다.
사. 틈새는 규정치보다 약간 작게 조정한다.
아. 피스톤이 배기 행정의 상사점에 있을 때 조정한다.

23

4행정 사이클 디젤기관에서 배기 밸브의 밸브 틈새가 규정값보다 작게 되면 발생하는 현상으로 옳은 것은?

가. 배기 밸브가 빨리 열린다.
나. 배기 밸브가 늦게 열린다.
사. 흡기 밸브가 빨리 열린다.
아. 흡기 밸브가 늦게 열린다.

24

연료유의 점도에 대한 설명으로 옳은 것은?

가. 온도가 낮아질수록 점도는 높아진다.
나. 온도가 높아질수록 점도는 높아진다.
사. 대기 중 습도가 낮아질수록 점도는 높아진다.
아. 대기 중 습도가 높아질수록 점도는 높아진다.

25

연료유 저장탱크에 연결되어 있는 관으로 옳지 않은 것은?

가. 측심관
나. 빌지관
사. 주입관
아. 공기배출관

제1과목 **항 해**

01

자기 컴퍼스에서 컴퍼스 주변에 있는 일시 자기의 수평력을 조정하기 위하여 부착되는 것으로 옳은 것은?

가. 경사계

나. 플린더즈 바

사. 상한차 수정구

아. 경선차 수정자석

02

자이로컴퍼스에서 동요오차 발생을 예방하기 위하여 NS축상에 부착되어 있는 것으로 옳은 것은?

가. 보정추

나. 적분기

사. 오차 수정기

아. 추종 전동기

03

전자식 선속계가 표시하는 속력으로 옳은 것은?

가. 대수속력

나. 대지속력

사. 대공속력

아. 평균속력

04

다음 중 자기 컴퍼스의 자차가 가장 크게 변하는 경우로 옳은 것은?

가. 선체가 경사할 경우

나. 선수 방위가 바뀔 경우

사. 적화물을 이동할 경우

아. 선체가 약한 충격을 받을 경우

05

섀도핀에 의한 방위 측정 시 주의사항에 대한 설명으로 옳지 않은 것은?

가. 핀의 지름이 크면 오차가 생기기 쉽다.

나. 핀이 휘어져 있으면 오차가 생기기 쉽다.

사. 선박의 위도가 크게 변하면 오차가 생기기 쉽다.

아. 볼이 경사된 채로 방위를 측정하면 오차가 생기기 쉽다.

06

지피에스(GPS)를 이용하여 얻을 수 있는 것으로 옳은 것은?

가. 본선의 위치

나. 본선의 항적

사. 타선의 존재 여부

아. 상대선과의 충돌 위험성

01 사 02 가 03 가 04 나 05 사 06 가 **정답**

07

10노트의 속력으로 45분 항해하였을 때 항주한 거리로 옳은 것은?

가. 2.5해리

나. 5해리

사. 7.5해리

아. 10해리

08

여러 개의 천체 고도를 동시에 측정하여 선위를 얻을 수 있는 시기로 옳은 것은?

가. 박명시

나. 표준시

사. 일출시

아. 정오시

09

지피에스(GPS)에 대한 설명으로 옳은 것은?

가. 정지위성을 사용한다.

나. 같은 의사 잡음 코드를 사용한다.

사. 위성마다 서로 다른 PN코드를 사용한다.

아. 위성마다 서로 다른 반송 주파수를 사용한다.

10

종이해도에서 'S'로 표시되는 해저 저질로 옳은 것은?

가. 뻘

나. 자 갈

사. 조개껍질

아. 모 래

11

선박용 레이더에서 마이크로파를 생성하는 장치로 옳은 것은?

가. 펄스 변조기(Pulse Modulator)

나. 트리거 전압발생기(Trigger Generator)

사. 듀플렉서(Duplexer)

아. 마그네트론(Magnetron)

12

다음 중 해도에 표시되는 높이의 기준면이 다른 것은?

가. 산의 높이

나. 섬의 높이

사. 등대의 높이

아. 간출암의 높이

13

다음 수로서지 중 계산에 이용되는 것으로 옳지 않은 것은?

가. 천측력

나. 항로지

사. 천측계산표

아. 해상거리표

14

항로, 항행에 위험한 암초, 항행 금지 구역 등을 표시하는 지점에 고정 설치하여 선박의 좌초를 예방하고 항로를 지도하기 위하여 설치하는 광파(야간)표지로 옳은 것은?

가. 등 선
나. 등 표
사. 도 등
아. 등부표

15

좁은 수로의 항로를 표시하기 위하여 항로의 연장선 위에 앞뒤로 2개 이상의 표지를 설치하여 선박을 인도하는 형상(주간)표지로 옳은 것은?

가. 도 표
나. 부 표
사. 육 표
아. 입 표

16

레이더 트랜스폰더에 대한 설명으로 옳은 것은?

가. 음성신호를 방송하여 방위측정이 가능하다.
나. 송신 내용에 부호화된 식별신호 및 데이터가 들어있다.
사. 좁은 수로 또는 항만에서 선박을 유도할 목적으로 사용한다.
아. 선박의 레이더 영상에 송신국의 방향이 숫자로 표시된다.

17

해도의 축척(Scale)에 대한 설명으로 옳지 않은 것은?

가. 두 지점 사이의 실제 거리와 해도에서 이에 대응하는 두 지점 사이의 길이의 비를 축척이라 한다.
나. 작은 지역을 상세하게 표시한 해도를 소축척 해도라 한다.
사. 1 : 50,000 축척의 해도에서 해도상 거리가 4센티미터이면 실제거리는 2킬로미터이다.
아. 대축척 해도가 소축척 해도보다 지형, 지물이 더 상세하게 나타난다.

18

종이해도에 대한 설명으로 옳은 것은?

가. 해도는 매년 개정되어 발행된다.
나. 해도는 외국 것일수록 좋다.
사. 해도번호가 같아도 내용은 다르다.
아. 해도에서는 해도용 연필을 사용하는 것이 좋다.

19

중심이 주위보다 따뜻하고, 여름철 대륙 내에서 발생하는 저기압으로, 상층으로 갈수록 저기압성 순환이 줄어들면서 어느 고도 이상에서 사라지는 키가 작은 저기압으로 옳은 것은?

가. 전선 저기압
나. 비전선 저기압
사. 한랭 저기압
아. 온난 저기압

20

등질에 대한 설명으로 옳지 않은 것은?

가. 섬광등은 빛을 비추는 시간이 꺼져 있는 시간
　　보다 짧은 등이다.

나. 호광등은 색깔이 다른 종류의 빛을 교대로 내
　　며, 그 사이에 등광은 꺼지는 일이 없는 등이다.

사. 분호등은 3가지 등색을 바꾸어가며 계속 빛을
　　내는 등이다.

아. 모스 부호등은 모스 부호를 빛으로 발하는 등
　　이다.

21

다음 그림의 항로표지에 대한 설명으로 옳은 것은?

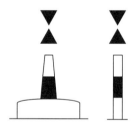

가. 표지의 동쪽에 가항수역이 있다.

나. 표지의 서쪽에 가항수역이 있다.

사. 표지의 남쪽에 가항수역이 있다.

아. 표지의 북쪽에 가항수역이 있다.

22

보통 적설량 10센티미터의 눈은 몇 센티미터의 강
우량에 해당하는가?

가. 약 1센티미터

나. 약 2센티미터

사. 약 3센티미터

아. 약 5센티미터

23

찬 공기가 따뜻한 공기쪽으로 가서 그 밑으로 쐐
기처럼 파고 들어가 따뜻한 공기를 강제적으로 상
승시킬 때 만들어지는 전선으로 옳은 것은?

가. 한랭전선

나. 온난전선

사. 폐색전선

아. 정체전선

24

항해계획을 수립할 때 구별하는 지역별 항로의 종
류로 옳지 않은 것은?

가. 원양 항로

나. 왕복 항로

사. 근해 항로

아. 연안 항로

25

항해계획을 수립할 때 고려해야 할 사항으로 옳지
않은 것은?

가. 경제적 항해

나. 항해일수의 단축

사. 항해할 수역의 상황

아. 선적항의 화물 준비 사항

01

기관실과 일반선창이 접하는 장소 사이에 설치하는 이중수밀격벽으로 방화벽의 역할을 하는 것으로 옳은 것은?

가. 해 치
나. 코퍼댐
사. 디프 탱크
아. 빌지 용골

02

크레인식 하역장치의 구성요소로 옳지 않은 것은?

가. 카고 훅
나. 데릭 붐
사. 토핑 윈치
아. 선회 윈치

03

타주가 없는 선박의 경우 계획 만재흘수선상의 선수재 전면으로부터 타두 중심까지의 수평거리로 옳은 것은?

가. 전 장
나. 등록장
사. 수선장
아. 수선간장

04

타의 구조에서 ㉠으로 옳은 것은?

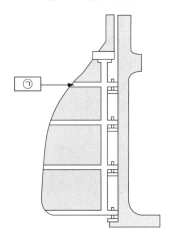

가. 타 판
나. 핀 틀
사. 거 전
아. 러더암

05

다음 중 합성 섬유 로프로 옳지 않은 것은?

가. 마닐라 로프
나. 폴리프로필렌 로프
사. 나일론 로프
아. 폴리에틸렌 로프

06

스톡앵커의 각부 명칭을 나타낸 아래의 그림에서 ㉠으로 옳은 것은?

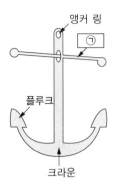

앵커 링
㉠
플루크
크라운

가. 암   나. 섕 크
사. 빌   아. 스 톡

07

강선의 선체 외판을 도장하는 목적으로 옳지 않은 것은?

가. 장 식   나. 방 식
사. 방 염   아. 방 오

08

보온복(Thermal Protective Aids)에 대한 설명으로 옳지 않은 것은?

가. 구명동의 위에 착용하여 전신을 덮을 수 있어야 한다.

나. 낮은 열 전도성을 가진 방수물질로 만들어진 포대기 또는 옷이다.

사. 구명정이나 구조정에서는 혼자 착용이 불가능하므로 퇴선 시 착용한다.

아. 만약 수영을 하는 데 지장이 있다면, 착용자가 2분 이내에 수중에서 벗어버릴 수 있어야 한다.

09

국제신호기를 이용하여 혼돈의 염려가 있는 방위신호를 할 때 최상부에 게양하는 기류로 옳은 것은?

가. A기

나. B기

사. C기

아. D기

10

잔잔한 바다에서 의식불명의 익수자를 발견하여 구조하려 할 때, 구조선의 안전한 접근방법으로 옳은 것은?

가. 익수자의 풍하에서 접근한다.

나. 익수자의 풍상에서 접근한다.

사. 구조선의 좌현 쪽에서 바람을 받으면서 접근한다.

아. 구조선의 우현 쪽에서 바람을 받으면서 접근한다.

11

퇴선 시 여러 사람이 붙들고 떠 있을 수 있는 부체로 옳은 것은?

가. 구명조끼

나. 구명줄

사. 구명부기

아. 방수복

12

팽창식 구명뗏목에 대한 설명으로 옳지 않은 것은?

가. 모든 해상에서 30일 동안 떠 있어도 견딜 수
있도록 제작되어야 한다.

나. 선박이 침몰할 때 자동으로 이탈되어 조난자
가 탈 수 있다.

사. 구명정에 비해 항해 능력은 떨어지지만 손쉽
게 강하할 수 있다.

아. 수압이탈장치의 작동 수심 기준은 수면 아래
10미터이다.

13

다음 그림과 같이 표시되는 장지로 옳은 것은?

가. 구명줄 발사기

나. 구조정

사. 줄사다리

아. 자기 발연 신호

14

초단파(VHF) 무선설비의 최대 출력으로 옳은 것은?

가. 10W

나. 15W

사. 20W

아. 25W

15

선체운동을 나타낸 그림에서 ⑩으로 옳은 것은?

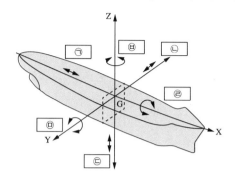

가. 종동요

나. 횡동요

사. 선수동요

아. 좌우동요

16

선박 조종에 영향을 주는 요소로 옳지 않은 것은?

가. 바 람

나. 파 도

사. 조 류

아. 기 온

17

**선박의 충돌 시 더 큰 손상을 예방하기 위해 취해
야 할 조치사항으로 옳지 않은 것은?**

가. 가능한 한 빨리 전진속력을 줄이기 위해 기관
을 정지한다.

나. 전복이나 침몰의 위험이 있더라도 임의 좌주
를 시켜서는 아니 된다.

사. 승객과 선원의 상해와 선박과 화물의 손상에
대해 조사한다.

아. 침수가 발생하는 경우, 침수구역 배출을 포함
한 침수 방지를 위한 대응조치를 취한다.

18

물에 빠진 익수자를 구조하는 조선법으로 옳지 않은 것은?

가. 샤르노브 턴

나. 표준 턴

사. 앤더슨 턴

아. 윌리암슨 턴

19

빈칸에 들어갈 말로 순서대로 옳은 것은?

> 우선회 고정피치 스크루 프로펠러 1개가 장착된 선박이 정지상태에서 전진할 때, 타가 중앙이면 추진기가 회전을 시작하는 초기에는 횡압력이 커서 선수가 (　　　)하고, 전진속력이 증가하면 배출류가 강해져서 선수가 (　　　)하려는 경향이 있다.

가. 우회두, 우회두

나. 우회두, 좌회두

사. 좌회두, 좌회두

아. 좌회두, 우회두

20

스크루 프로펠러로 추진되는 선박을 조종할 때 천수의 영향에 대한 대책으로 옳지 않은 것은?

가. 가능하면 흘수를 얕게 조정한다.

나. 천수역을 고속으로 통과한다.

사. 천수역 통항에 필요한 여유수심을 확보한다.

아. 가능한 한 고조 상태일 때 천수역을 통과한다.

21

선박의 안정성에 대한 설명으로 옳지 않은 것은?

가. 배의 중심은 적하상태에 따라 이동한다.

나. 유동수로 인하여 복원력이 감소할 수 있다.

사. 배의 무게중심이 낮은 배를 보톰 헤비(Bottom Heavy) 상태라 한다.

아. 배의 무게중심이 높은 경우에는 파도를 옆에서 받고 조선하도록 한다.

22

황천 중에 항행이 곤란할 때의 조선상의 조치로서 선수를 풍랑쪽으로 향하게 하여 조타가 가능한 최소의 속력으로 전진하는 방법으로 옳은 것은?

가. 표주(Lie to)법

나. 순주(Scudding)법

사. 거주(Heave to)법

아. 진파기름(Storm Oil)의 살포

23

다음 중 태풍으로부터 피항하는 가장 좋은 방법은?

가. 가항반원으로 항해한다.

나. 선미 쪽에서 바람을 받도록 항해한다.

사. 위험반원의 반대쪽으로 항해한다.

아. 미리 태풍의 중심으로부터 최대한 멀리 떨어진다.

24

화재의 종류 중 전기화재가 속하는 것은?

가. A급 화재

나. B급 화재

사. C급 화재

아. D급 화재

25

정박 중 선내 순찰의 목적으로 옳지 않은 것은?

가. 선내 각부의 화재위험 여부 확인

나. 선내 불빛이 외부로 새어 나가는지 여부 확인

사. 정박등을 포함한 각종 등화 및 형상물 확인

아. 각종 설비의 이상 유무 확인

제3과목 **법 규**

01

해사안전법상 선미등의 수평사광범위와 등색으로 옳은 것은?

가. 135°, 붉은색

나. 225°, 붉은색

사. 135°, 흰색

아. 225°, 흰색

02

빈칸에 들어갈 말로 옳은 것은?

> 해사안전법상 (　　　)에서는 어망 또는 그 밖에 선박의 통항에 영향을 주는 어구 등을 설치하거나 양식업을 하여서는 아니 된다.

가. 연해구역

나. 교통안전특정해역

사. 통항분리수역

아. 무역항의 수상구역

03

해사안전법상 해양경찰청 소속 경찰공무원의 음주측정에 대한 설명으로 옳지 않은 것은?

가. 술에 취한 상태의 기준은 혈중알코올농도 0.01퍼센트 이상으로 한다.

나. 다른 선박의 안전운항을 해칠 우려가 있는 경우 측정할 수 있다.

사. 술에 취한 상태에서 조타기를 조작할 것을 지시하였을 경우 측정할 수 있다.

아. 측정결과에 불복하는 경우 동의를 받아 혈액채취 등의 방법으로 다시 측정할 수 있다.

04

빈칸에 들어갈 말로 옳은 것은?

> 해사안전법상 선박은 주위의 상황 및 다른 선
> 박과 충돌할 수 있는 위험성을 충분히 파악할
> 수 있도록 (   ) 및 당시의 상황에 맞게 이
> 용할 수 있는 모든 수단을 이용하여 항상 적
> 절한 경계를 하여야 한다.

가. 시각 · 청각
나. 청각 · 후각
사. 후각 · 미각
아. 미각 · 촉각

05

해사안전법상 '안전한 속력'을 결정할 때 고려하
여야 할 사항으로 옳지 않은 것은?

가. 선박의 흘수와 수심과의 관계
나. 본선의 조종성능
사. 해상교통량의 밀도
아. 활용 가능한 경계원의 수

06

해사안전법상 2척의 범선이 서로 접근하여 충돌
할 위험이 있는 경우, 각 범선이 다른 쪽 현에 바
람을 받고 있을 때의 항행방법으로 옳은 것은?

가. 대형 범선이 소형 범선을 피한다.
나. 바람이 불어오는 쪽의 범선이 바람이 불어가
는 쪽의 범선의 진로를 피한다.
사. 우현에서 바람을 받는 범선이 피항선이다.
아. 좌현에 바람을 받고 있는 범선이 다른 범선의
진로를 피한다.

07

빈칸에 들어갈 말로 순서대로 옳은 것은?

> 해사안전법상 밤에는 다른 선박의 (   )만
> 을 볼 수 있고 어느 쪽의 (   )도 볼 수 없
> 는 위치에서 그 선박을 앞지르는 선박은 추월
> 선으로 보고 필요한 조치를 취하여야 한다.

가. 선수등, 현등
나. 선수등, 전주등
사. 선미등, 현등
아. 선미등, 전주등

08

해사안전법상 등화에 사용되는 등색으로 옳지 않
은 것은?

가. 붉은색
나. 녹 색
사. 흰 색
아. 청 색

09

해사안전법상 항행 중인 길이 20미터 미만의 범
선이 현등과 선미등을 대신하여 표시할 수 있는
등화로 옳은 것은?

가. 양색등
나. 삼색등
사. 섬광등
아. 흰색 전주등

10

해사안전법상 제한된 시계에서 레이더만으로 자선의 양쪽 현의 정횡 앞쪽에 충돌위험이 있는 다른 선박을 발견하였을 때 취할 수 있는 사항으로 옳지 않은 것은?(단, 추월당하고 있는 선박에 대한 경우는 제외한다)

가. 무중신호의 취명 유지

나. 안전한 속력의 유지

사. 동력선은 기관을 즉시 조작할 수 있도록 준비

아. 침로 변경만으로 피항동작을 할 경우 좌현 변침

11

해사안전법상 항행장애물에 해당하지 않는 것은?

가. 침몰이 임박한 선박

나. 좌초가 충분히 예견되는 선박

사. 선박으로부터 수역에 떨어진 물건

아. 정박지에 묘박 중인 선박

12

해사안전법상 '섬광등'의 정의로 옳은 것은?

가. 선수쪽 225°의 수평사광범위를 갖는 등

나. 선미쪽 135°의 수평사광범위를 갖는 등

사. 360°에 걸치는 수평의 호를 비추는 등화로서 일정한 간격으로 1분에 120회 이상 섬광을 발하는 등

아. 360°에 걸치는 수평의 호를 비추는 등화로서 일정한 간격으로 1분에 60회 이상 섬광을 발하는 등

13

해사안전법상 안개 속에서 2분을 넘지 아니하는 간격으로 장음 1회의 기적을 들었을 때 기적을 울린 선박은?

가. 조종불능선

나. 피예인선을 예인 중인 예인선

사. 대수속력이 있는 항행 중인 동력선

아. 대수속력이 없는 항행 중인 동력선

14

해사안전법상 항행 중인 동력선이 서로 상대의 시계 안에 있는 경우 울려야 하는 기적 신호로 옳지 않은 것은?

가. 침로를 오른쪽으로 변경하고 있는 선박의 경우 단음 1회

나. 침로를 왼쪽으로 변경하고 있는 선박의 경우 단음 2회

사. 기관을 후진하고 있는 선박의 경우 단음 3회

아. 좁은 수로 등의 장애물 때문에 다른 선박을 볼수 없는 수역에 접근하는 선박의 경우 장음 2회

15

해사안전법상 장음과 단음에 대한 설명으로 옳은 것은?

가. 단음 – 1초 정도 계속되는 고동소리

나. 단음 – 3초 정도 계속되는 고동소리

사. 장음 – 8초 정도 계속되는 고동소리

아. 장음 – 10초 정도 계속되는 고동소리

16

빈칸에 들어갈 말로 순서대로 옳은 것은?

> 선박의 입항 및 출항 등에 관한 법률상 누구
> 든지 무역항의 수상구역 등이나 무역항의 수
> 상구역 밖 (   ) 이내의 수면에 선박의 안
> 전운항을 해칠 우려가 있는 (   )을 버려서
> 는 아니 된다.

가. 5킬로미터, 장애물

나. 10킬로미터, 폐기물

사. 10킬로미터, 장애물

아. 5킬로미터, 폐기물

17

선박의 입항 및 출항 등에 관한 법률상 무역항의
수상구역 등에서 위험물 취급자의 안전관리에
대한 설명으로 옳은 것을 〈보기〉에서 모두 고른
것은?

> ┤보 기├
> ㉠ 위험물 취급에 관한 안전관리자를 배치
>   한다.
> ㉡ 위험표지 및 출입통제시설을 설치한다.
> ㉢ 선박과 육상간의 통신수단을 확보한다.
> ㉣ 위험물의 종류에 상관없이 기본적인 소화
>   장비를 비치한다.

가. ㉠, ㉢

나. ㉡, ㉣

사. ㉠, ㉡, ㉢

아. ㉠, ㉢, ㉣

18

빈칸에 들어갈 말로 옳은 것은?

> 선박의 입항 및 출항 등에 관한 법률상 선박
> 의 고장이나 그 밖의 사유로 선박을 조종할
> 수 없는 경우 선박을 항로에 정박시키거나 정
> 류시키려는 선박의 선장은 해사안전법에 따
> 른 (   ) 표시를 하여야 한다

가. 추월선

나. 정박선

사. 조종불능선

아. 조종제한선

19

선박의 입항 및 출항 등에 관한 법률상 빈칸에 들
어갈 말로 순서대로 옳은 것은?

> 무역항의 수상구역 등에 정박하는 선박은 지
> 체 없이 (   )을 내릴 수 있도록 (   )를
> 해제하고, (   )은 즉시 운항할 수 있도록
> 기관의 상태를 유지하는 등 안전에 필요한 조
> 치를 하여야 한다.

가. 예비용 닻, 닻 고정장치, 동력선

나. 투묘용 닻, 닻 고정장치, 모든 선박

사. 예비용 닻, 윈드라스, 모든 선박

아. 투묘용 닻, 윈드라스, 동력선

20

다음 중 선박의 입항 및 출항 등에 관한 법률상 해양사고를 피하기 위한 경우 등 해양수산부령으로 정하는 사유가 아닌 경우 무역항의 수상구역 등을 통과할 때 지정·고시된 항로를 따라 항행하여야 하는 선박으로 옳은 것은?

가. 예선

나. 압항부선

사. 주로 삿대로 운전하는 선박

아. 예인선이 부선을 끌거나 밀고 있는 경우의 예인선 및 부선

21

빈칸에 들어갈 말로 순서대로 옳은 것은?

> 선박의 입항 및 출항 등에 관한 법률상 ( )은/는 ( )(으)로부터 최고속력의 지정을 요청받은 경우 특별한 사유가 없으면 무역항의 수상구역 등에서 선박 항행 최고속력을 지정·고시하여야 한다.

가. 해양경찰서장, 시·도지사

나. 지방해양수산청장, 시·도지사

사. 시·도지사, 해양수산부장관

아. 관리청, 해양경찰청장

22

해양환경관리법상 분뇨오염방지설비로 옳지 않은 것은?

가. 분뇨처리장치

나. 분뇨마쇄소독장치

사. 분뇨저장탱크

아. 대변용설비

23

선박의 입항 및 출항 등에 관한 법률상 무역항의 수상구역 등에 출입하는 경우에 항로를 따라 항행하지 않아도 되는 선박으로 옳은 것은?

가. 우선피항선

나. 총톤수 20톤 이상의 병원선

사. 총톤수 20톤 이상의 여객선

아. 총톤수 20톤 이상의 실습선

24

해양환경관리법상 배출기준을 초과하는 오염물질이 해양에 배출된 경우 누구에게 신고하여야 하는가?

가. 환경부장관

나. 해양경찰청장

사. 지방해양수산청장

아. 관할 시장·군수·구청장

25

해양환경관리법상 선박에서 배출할 수 있는 오염물질의 배출 방법으로 옳지 않은 것은?

가. 빗물이 섞인 폐유를 전량 육상에 양륙한다.

나. 정박 중 발생한 음식찌꺼기를 선박이 출항 후 즉시 투기한다.

사. 저장용기에 선저 폐수를 저장해서 육상에 양륙한다.

아. 플라스틱 용기를 분류해서 저장한 후 육상에 양륙한다.

01

4행정 사이클 기관의 작동 순서로 옳은 것은?

가. 흡입 → 압축 → 작동 → 배기
나. 흡입 → 작동 → 압축 → 배기
사. 흡입 → 배기 → 압축 → 작동
아. 흡입 → 압축 → 배기 → 작동

02

선박용 디젤기관의 요구 조건으로 옳지 않은 것은?

가. 효율이 좋을 것
나. 고장이 적을 것
사. 시동이 용이할 것
아. 운전회전수가 가능한 한 높을 것

03

소형 디젤기관에서 실린더 라이너의 심한 마멸에 의한 영향으로 옳지 않은 것은?

가. 압축불량
나. 불완전 연소
사. 연소가스가 크랭크실로 누설
아. 착화 시기가 빨라짐

04

빈칸에 들어갈 말로 옳은 것은?

실린더 헤드는 다른 말로 (   )라고도 한다.

가. 피스톤
나. 연접봉
사. 실린더 커버
아. 실린더 블록

05

소형기관에서 윤활유가 공급되는 곳으로 옳은 것은?

가. 피스톤 핀
나. 연료분사밸브
사. 공기냉각기
아. 시동공기밸브

06

소형기관의 피스톤 재질에 대한 설명으로 옳지 않은 것은?

가. 무게가 무거운 것이 좋다.
나. 강도가 큰 것이 좋다.
사. 열전도가 잘 되는 것이 좋다.
아. 마멸에 잘 견디는 것이 좋다.

07

다음 그림과 같이 디젤기관의 크랭크 축에서 커넥팅 로드가 연결되는 곳으로 옳은 것은?

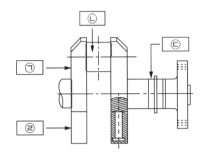

가. ㉠

나. ㉡

사. ㉢

아. ㉣

08

소형기관에서 크랭크 축의 구성 요소로 옳지 않은 것은?

가. 크랭크 암

나. 크랭크 핀

사. 크랭크 저널

아. 크랭크 보스

09

디젤기관의 운전 중 검은색 배기가 발생되는 경우로 옳은 것은?

가. 연료분사밸브에 이상이 있을 경우

나. 냉각수 온도가 규정치보다 조금 높을 경우

사. 윤활유 압력이 규정치보다 조금 높을 경우

아. 윤활유 온도가 규정치보다 조금 낮을 경우

10

운전 중인 디젤기관의 연료유 사용량을 나타내는 계기로 옳은 것은?

가. 회전계

나. 온도계

사. 압력계

아. 유량계

11

동일 운전조건에서 연료유의 질이 나쁘면 디젤 주기관에 나타나는 증상으로 옳은 것은?

가. 배기온도가 내려가고 기관의 출력이 올라간다.

나. 연료필터가 잘 막히고 기관의 출력이 떨어진다.

사. 연료필터가 잘 막히고 냉각수 온도가 떨어진다.

아. 배기온도가 내려가고 회전속도가 증가한다.

12

소형기관에서 윤활유에 혼입될 우려가 가장 적은 것은?

가. 윤활유 냉각기에서 누설된 수분

나. 연소불량으로 발생한 카본

사. 연료유에 혼입된 수분

아. 운동부에서 발생된 금속가루

13

스크루 프로펠러의 추력을 받는 것으로 옳은 것은?

가. 메인 베어링

나. 스러스트 베어링

사. 중간축 베어링

아. 크랭크핀 베어링

14

앵커를 감아 올리는 데 사용하는 장치로 옳은 것은?

가. 양화기

나. 조타기

사. 양묘기

아. 크레인

15

1시간에 1,852미터를 항해하는 선박은 10시간 동안 몇 해리를 항해하는가?

가. 1해리

나. 2해리

사. 5해리

아. 10해리

16

원심펌프의 부속품으로 옳은 것은?

가. 평기어

나. 임펠러

사. 피스톤

아. 배기 밸브

17

기관실의 연료유 펌프로 가장 적합한 것은?

가. 기어펌프

나. 왕복펌프

사. 축류펌프

아. 원심펌프

18

전동기의 운전 중 주의사항으로 옳지 않은 것은?

가. 발열되는 곳이 있는지를 점검한다.

나. 이상한 소리, 냄새 등이 발생하는지를 점검한다.

사. 전류계의 지시치에 주의한다.

아. 절연저항을 자주 측정한다.

19

220V 교류 발전기에 대한 설명으로 옳은 것은?

가. 회전속도가 일정해야 한다.

나. 원동기의 출력이 일정해야 한다.

사. 부하전류가 일정해야 한다.

아. 부하전력이 일정해야 한다.

20

납축전지의 구성 요소로 옳지 않은 것은?

가. 극 판

나. 충전판

사. 격리판

아. 전해액

21

디젤기관의 시동용 공기탱크의 압력으로 가장 옳은 것은?

가. 10~15bar

나. 15~20bar

사. 20~25bar

아. 25~30bar

22

항해 중 디젤 주기관이 비상정지되는 경우로 옳은 것은?

가. 윤활유 압력이 너무 낮을 때

나. 급기온도가 너무 낮을 때

사. 윤활유 압력이 너무 높을 때

아. 급기온도가 너무 높을 때

23

운전 중인 디젤 주기관에서 윤활유 펌프의 압력에 대한 설명으로 옳은 것은?

가. 속도가 증가하면 압력을 더 높여준다.

나. 배기온도가 올라가면 압력을 더 높여 준다.

사. 부하에 관계없이 압력을 일정하게 유지한다.

아. 운전마력이 커지면 압력을 더 낮춘다.

24

연료유의 끈적끈적한 성질의 정도를 나타내는 말로 옳은 것은?

가. 점 도

나. 비 중

사. 밀 도

아. 융 점

25

연료유 수급 중 주의사항으로 옳지 않은 것은?

가. 수급 탱크의 수급량을 자주 계측한다.

나. 수급 호수 연결부에서 누유 여부를 점검한다.

사. 적절한 압력으로 공급되는지의 여부를 확인한다.

아. 휴대식 소화기와 오염방제자재를 비치한다.

2021년 제3회 기출복원문제

해설 547P

제1과목 항 해

01

자기 컴퍼스 볼의 구조에 대한 아래 그림에서 ㉠으로 옳은 것은?

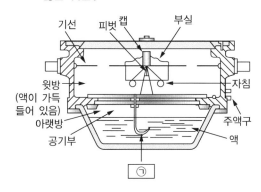

가. 짐벌즈

나. 섀도 핀 꽂이

사. 연결관

아. 컴퍼스 카드

02

경사제진식 자이로컴퍼스에만 있는 오차로 옳은 것은?

가. 위도오차

나. 속도오차

사. 동요오차

아. 가속도오차

03

수심을 측정할 뿐만 아니라 개략적인 해저의 형상이나 어군의 존재를 파악하기 위한 계기로 옳은 것은?

가. 나침의

나. 선속계

사. 음향측심기

아. 핸드 레드

04

자북이 진북의 왼쪽에 있을 때의 오차로 옳은 것은?

가. 편서편차

나. 편동자차

사. 편동편차

아. 지방자기

05

지구 자기장의 복각이 0°가 되는 지점을 연결한 선으로 옳은 것은?

가. 지자극

나. 자기적도

사. 지방자기

아. 북회귀선

06

선박자동식별장치(AIS)에서 확인할 수 없는 정보로 옳은 것은?

가. 선 명
나. 선박의 흘수
사. 선박의 목적지
아. 선원의 국적

07

항해 중에 산봉우리, 섬 등 해도 상에 기재되어 있는 2개 이상의 고정된 뚜렷한 물표를 선정하여 거의 동시에 각각의 방위를 측정하여 선위를 구하는 방법으로 옳은 것은?

가. 수평협각법
나. 교차방위법
사. 추정위치법
아. 고도측정법

08

실제의 태양을 기준으로 측정하는 시간은?

가. 시태양시
나. 항성시
사. 평 시
아. 태음시

09

레이더의 수신 장치 구성요소로 옳지 않은 것은?

가. 증폭장치
나. 펄스변조기
사. 국부발진기
아. 주파수변환기

10

작동 중인 레이더 화면에서 'A'점으로 옳은 것은?

가. 섬
나. 육 지
사. 본 선
아. 다른 선박

11

해도상에 표시된 해저 저질의 기호에 대한 의미로 옳지 않은 것은?

가. S - 자갈
나. M - 뻘
사. R - 암반
아. Co - 산호

12

종이해도에 사용되는 특수한 기호와 약어로 옳은 것은?

가. 해도 목록
나. 해도 제목
사. 수로도지
아. 해도도식

13

조석표와 관련된 용어의 설명으로 옳지 않은 것은?

가. 조석은 해면의 주기적 승강 운동을 말한다.

나. 고조는 조석으로 인하여 해면이 높아진 상태를 말한다.

사. 게류는 저조시에서 고조시까지 흐르는 조류를 말한다.

아. 대조승은 대조에 있어서의 고조의 평균 조고를 말한다.

14

등대의 등색으로 옳지 않은 것은?

가. 백 색

나. 적 색

사. 녹 색

아. 자 색

15

항로표지의 일반적인 분류로 옳은 것은?

가. 광파(야간)표지, 물표표지, 음파(음향)표지, 안개표지, 특수신호표지

나. 광파(야간)표지, 안개표지, 전파표지, 음파(음향)표지, 특수신호표지

사. 광파(야간)표지, 형상(주간)표지, 전파표지, 음파(음향)표지, 특수신호표지

아. 광파(야간)표지, 형상(주간)표지, 물표표지, 음파(음향)표지, 특수신호표지

16

부표의 꼭대기에 종을 달아 파랑에 의한 흔들림을 이용하여 종을 울리는 장치는?

가. 취명 부표

나. 타종 부표

사. 다이어폰

아. 에어 사이렌

17

용도에 따른 종이해도의 종류로 옳지 않은 것은?

가. 총 도

나. 항양도

사. 항해도

아. 평면도

18

종이해도에서 찾을 수 있는 정보로 옳지 않은 것은?

가. 해도의 축척

나. 간행연월일

사. 나침도

아. 일출 시간

19

일기도의 날씨 기호 중 '≡'의 의미로 옳은 것은?

가. 눈

나. 비

사. 안 개

아. 우 박

20

등질에 대한 설명으로 옳지 않은 것은?

가. 섬광등은 빛을 비추는 시간이 꺼져 있는 시간 보다 짧은 등이다.

나. 호광등은 색깔이 다른 종류의 빛을 교대로 내며, 그 사이에 등광은 꺼지는 일이 없는 등이다.

사. 분호등은 3가지 등색을 바꾸어가며 계속 빛을 내는 등이다.

아. 모스 부호등은 모스 부호를 빛으로 발하는 등이다.

21

국제해상부표시스템(IALA Maritime Buoyage System)에서 A방식과 B방식을 이용하는 지역에서 서로 다르게 사용되는 항로표지는?

가. 측방표지

나. 방위표지

사. 안전수역표지

아. 고립장해표지

22

태풍의 진로에 대한 설명으로 옳지 않은 것은?

가. 다양한 요인에 의해 태풍의 진로가 결정된다.

나. 한랭고기압을 왼쪽으로 보고 그 가장자리를 따라 진행한다.

사. 보통 열대해역에서 발생하여 북서로 진행하며, 북위 20~25도에서 북동으로 방향을 바꾼다.

아. 북태평양에서 7월에서 9월 사이에 발생한 태풍은 우리나라와 일본 부근을 지나가는 경우가 많다.

23

시베리아기단에 대한 설명으로 옳지 않은 것은?

가. 바이칼호를 중심으로 하는 시베리아 대륙 일대를 발원지로 한다.

나. 한랭건조한 것이 특징인 대륙성 한대기단이다.

사. 겨울철 우리나라의 날씨를 지배하는 대표적 기단이기도 하다.

아. 시베리아기단의 영향을 받으면 일반적으로 날씨는 흐리다.

24

항해계획을 수립할 때 구별하는 지역별 항로의 종류로 옳지 않은 것은?

가. 원양 항로

나. 왕복 항로

사. 근해 항로

아. 연안 항로

25

항해계획 수립 시 종이해도의 준비와 관련된 내용으로 옳지 않은 것은?

가. 항해하고자 하는 지역의 해도를 함께 모아서 사용하는 순서대로 정확히 정리한다.

나. 항해하는 지역에 인접한 곳에 해당하는 대축척 해도와 중축척 해도를 준비한다.

사. 가장 최근에 간행된 해도를 항행통보로 소개정하여 준비한다.

아. 항해에 반드시 필요하지 않더라도 국립해양조사원에서 발간된 모든 해도를 구입하여 소개정하여 언제라도 사용할 수 있도록 준비한다.

01

전진 또는 후진 시에 배를 임의의 방향으로 회두시키고 일정한 침로를 유지하는 역할을 하는 설비로 옳은 것은?

가. 키(타)
나. 닻
사. 양묘기
아. 주기관

02

선체의 명칭을 나타낸 그림에서 ㉠으로 옳은 것은?

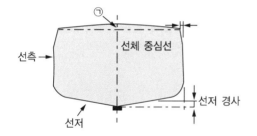

가. 용 골
나. 빌 지
사. 캠 버
아. 텀블 홈

03

선체의 좌우 선측을 구성하는 뼈대로서 용골에 직각으로 배치되고, 갑판보와 늑판에 양쪽 끝이 연결되어 선체 횡강도의 주체가 되는 것은?

가. 늑 골
나. 기 둥
사. 거 더
아. 브래킷

04

타주를 가진 선박에서 계획만재흘수선상의 선수재 전면으로부터 타주 후면까지의 수평거리로 옳은 것은?

가. 전 장
나. 등록장
사. 수선장
아. 수선간장

05

키의 구조와 각부 명칭을 나타낸 그림에서 ㉠으로 옳은 것은?

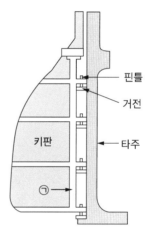

가. 타두재
나. 러더 암
사. 타심재
아. 러더 커플링

06

나일론 로프의 장점으로 옳지 않은 것은?

가. 열에 강하다.
나. 흡습성이 낮다.
사. 파단력이 크다.
아. 충격에 대한 흡수율이 좋다.

07

희석제(Thinner)에 대한 설명으로 옳지 않은 것은?

가. 많은 양을 희석하면 도료의 점도가 높아진다.

나. 인화성이 강하므로 화기에 유의하여야 한다.

사. 도료에 첨가하는 양은 최대 10% 이하가 좋다.

아. 도료의 성분을 균질하게 하여 도막을 매끄럽게 한다.

08

체온을 유지할 수 있도록 열전도율이 낮은 방수 물질로 만들어진 포대기 또는 옷을 의미하는 구명설비로 옳은 것은?

가. 구명조끼

나. 발연부 신호

사. 방수복

아. 보온복

09

선박용 초단파(VHF) 무선설비의 최대 출력으로 옳은 것은?

가. 10W

나. 15W

사. 20W

아. 25W

10

해상에서 사용되는 신호 중 시각에 의한 통신으로 옳지 않은 것은?

가. 수기신호

나. 기류신호

사. 기적신호

아. 발광신호

11

구명정에 비하여 항해능력은 떨어지지만 손쉽게 강하시킬 수 있고 선박의 침몰 시 자동으로 이탈되어 조난자가 탈 수 있는 장점이 있는 구명설비로 옳은 것은?

가. 구조정

나. 구명부기

사. 구명뗏목

아. 구명부환

12

선박의 비상위치지시 무선표지(EPIRB)에서 발사된 조난신호가 위성을 거쳐서 전달되는 곳으로 옳은 것은?

가. 해경 함정

나. 조난선박 소유회사

사. 주변 선박

아. 수색구조조정본부

07 가 08 아 09 아 10 사 11 사 12 아 정답

13

자기 점화등과 같은 목적으로 구명부환과 함께 수면에 투하되면 자동으로 오렌지색 연기를 내는 것으로 옳은 것은?

가. 신호 홍염

나. 자기 발연 신호

사. 신호 거울

아. 로켓 낙하산 화염신호

14

소형선박에서 선장이 직접 조타를 하고 있을 때, "선수 우현 쪽으로 사람이 떨어졌다."라는 외침을 들은 경우 선장이 즉시 취하여야 할 조치로 옳은 것은?

가. 우현 전타

나. 엔진 후진

사. 좌현 전타

아. 타 중앙

15

지엠(GM)이 작은 선박이 선회 중 나타나는 현상과 그 조치사항으로 옳지 않은 것은?

가. 선속이 빠를수록 경사가 커진다.

나. 타각을 크게 할수록 경사가 커진다.

사. 내방경사보다 외방경사가 크게 나타난다.

아. 경사가 커지면 즉시 타를 반대로 돌린다.

16

선박 조종에 영향을 주는 요소로 옳지 않은 것은?

가. 바 람

나. 파 도

사. 조 류

아. 기 온

17

접·이안 시 계선줄을 이용하는 목적으로 옳지 않은 것은?

가. 선박의 전진속력 제어

나. 접안 시 선용품 선적

사. 이안 시 선미가 떨어지도록 작용

아. 선박이 부두에 가까워지도록 작용

18

물에 빠진 사람을 구조하는 조선법으로 옳지 않은 것은?

가. 표준 턴

나. 샤르노브 턴

사. 싱글 턴

아. 윌리암슨 턴

19

접·이안 조종에 대한 설명으로 옳은 것은?

가. 닻은 사용하지 않으므로 단단히 고박한다.

나. 이안 시는 일반적으로 선미를 먼저 뗀다.

사. 부두 접근 속력은 고속의 전진 타력이 필요하다.

아. 하역작업을 위하여 최소한의 인원만을 입·출항 부서에 배치한다.

20

닻의 역할로 옳지 않은 것은?

가. 침로 유지에 사용된다.

나. 좁은 수역에서 선회하는 경우에 이용된다.

사. 선박을 임의의 수면에 정지 또는 정박시킨다.

아. 선박의 속력을 급히 감소시키는 경우에 사용된다.

21

선체 횡동요(Rolling) 운동으로 발생하는 위험으로 옳지 않은 것은?

가. 선체 전복이 발생할 수 있다.

나. 화물의 이동을 가져올 수 있다.

사. 슬래밍(Slamming)의 원인이 된다.

아. 유동수가 있는 경우 복원력 감소를 가져온다.

22

황천항해에 대비하여 선창에 화물을 실을 때 주의 사항으로 옳지 않은 것은?

가. 먼저 양하할 화물부터 싣는다.

나. 갑판 개구부의 폐쇄를 확인한다.

사. 화물의 이동에 대한 방지책을 세워야 한다.

아. 무거운 것은 밑에 실어 무게중심을 낮춘다.

23

황천항해 조선법의 하나인 스커딩(Scudding)에 대한 설명으로 옳지 않은 것은?

가. 파에 의한 선수부의 충격작용이 가장 심하다.

나. 브로칭(Broaching) 현상이 일어날 수 있다.

사. 선미추파에 의하여 해수가 선미갑판을 덮칠 수 있다.

아. 침로 유지가 어려워진다.

24

초기에 화재 진압을 하지 못하면 화재 현장 진입이 어렵고 화재진압이 가장 어려운 곳은?

가. 갑판 창고

나. 기관실

사. 선미 창고

아. 조타실

25

기관손상 사고의 원인 중 인적과실로 옳지 않은 것은?

가. 기관의 노후

나. 기기조작 미숙

사. 부적절한 취급

아. 일상적인 점검 소홀

01

해사안전법상 '조종제한선'으로 옳지 않은 것은?

가. 주기관이 고장나 움직일 수 없는 선박
나. 항로표지를 부설하고 있는 선박
사. 준설 작업을 하고 있는 선박
아. 항행 중 어획물을 옮겨 싣고 있는 어선

02

해사안전법상 항로표지가 설치되는 수역으로 옳은 것은?

가. 항행상 위험한 수역
나. 수심이 매우 깊은 수역
사. 어장이 형성되어 있는 수역
아. 선박의 교통량이 아주 적은 수역

03

빈칸에 들어갈 말로 옳은 것은?

> 해사안전법상 선박은 주위의 상황 및 다른 선박과 충돌할 수 있는 위험성을 충분히 파악할 수 있도록 (   ) 및 당시의 상황에 맞게 이용할 수 있는 모든 수단을 이용하여 항상 적절한 경계를 하여야 한다.

가. 시각·청각
나. 청각·후각
사. 후각·미각
아. 미각·촉각

04

해사안전법상 다른 선박과 충돌을 피하기 위한 선박의 동작에 대한 설명으로 옳지 않은 것은?

가. 침로나 속력을 변경할 때에는 소폭으로 연속적으로 변경하여야 한다.
나. 피항동작을 취할 때에는 그 동작의 효과를 다른 선박이 완전히 통과할 때까지 주의 깊게 확인하여야 한다.
사. 필요하면 속력을 줄이거나 기관의 작동을 정지하거나 후진하여 선박의 진행을 완전히 멈추어야 한다.
아. 침로를 변경할 경우에는 될 수 있으면 충분한 시간적 여유를 두고 다른 선박이 그 변경을 쉽게 알아볼 수 있도록 충분히 크게 변경하여야 한다.

05

해사안전법상 선박이 다른 선박을 선수 방향에서 볼 수 있는 경우로서 밤에는 양쪽의 현등을 볼 수 있는 경우의 상태로 옳은 것은?

가. 추 월
나. 안전한 상태
사. 마주치는 상태
아. 횡단하는 상태

06

빈칸에 들어갈 말로 순서대로 옳은 것은?

> 해사안전법상 횡단하는 상태에서 충돌의 위험이 있을 때 유지선은 피항선이 적절한 조치를 취하고 있지 아니하다고 판단하면 침로와 속력을 유지하여야 함에도 불구하고 스스로의 조종만으로 피항선과 충돌하지 아니하도록 조치를 취할 수 있다. 이 경우 (   )은 부득이하다고 판단하는 경우 외에는 (   ) 쪽에 있는 선박을 향하여 침로를 (   )으로 변경하여서는 아니 된다.

가. 피항선, 다른 선박의 좌현, 오른쪽
나. 피항선, 자기 선박의 우현, 왼쪽
사. 유지선, 자기 선박의 좌현, 왼쪽
아. 유지선, 다른 선박의 좌현, 오른쪽

07

해사안전법상 길이 12미터 이상인 '엎혀 있는 선박'이 가장 잘 보이는 곳에 표시하여야 하는 형상물로 옳은 것은?

가. 수직으로 원통형 형상물 2개
나. 수직으로 원통형 형상물 3개
사. 수직으로 둥근꼴 형상물 2개
아. 수직으로 둥근꼴 형상물 3개

08

해사안전법상 제한된 시계에서 길이 12미터 이상인 선박이 레이더만으로 자선의 양쪽 현의 정횡 앞쪽에 충돌할 위험이 있는 다른 선박을 발견하였을 때 취할 수 있는 조치로 옳지 않은 것은?(단, 추월당하고 있는 선박에 대한 경우는 제외한다)

가. 무중신호의 취명 유지
나. 안전한 속력의 유지
사. 동력선은 기관을 즉시 조작할 수 있도록 준비
아. 침로 변경만으로 피항동작을 할 경우 좌현 변침

09

해사안전법상 제한된 시계에서 충돌할 위험성이 없다고 판단한 경우 외에 자기 선박의 양쪽 현의 정횡 앞쪽에 있는 다른 선박의 무중신호를 들었을 경우의 조치로 옳은 것을 〈보기〉에서 모두 고른 것은?

> ┤보 기├
> ㉠ 최대 속력으로 항행하면서 경계를 한다.
> ㉡ 우현 쪽으로 침로를 변경시키지 않는다.
> ㉢ 필요 시 자기 선박의 진행을 완전히 멈춘다.
> ㉣ 충돌할 위험성이 사라질 때까지 주의하여 항행하여야 한다.

가. ㉡, ㉢
나. ㉢, ㉣
사. ㉠, ㉡, ㉣
아. ㉡, ㉢, ㉣

10

해사안전법상 '삼색등'을 구성하는 색으로 옳지 않은 것은?

가. 흰 색

나. 황 색

사. 녹 색

아. 붉은색

11

해사안전법상 형상물의 색깔로 옳은 것은?

가. 흑 색

나. 흰 색

사. 황 색

아. 붉은색

12

해사안전법상 도선업무에 종사하고 있는 선박이 항행 중 표시하여야 하는 등화로 옳은 것은?

가. 마스트의 꼭대기나 그 부근에 수직선 위쪽에 는 붉은색 전주등, 아래쪽에는 흰색 전주등 각 1개

나. 마스트의 꼭대기나 그 부근에 수직선 위쪽에 는 흰색 전주등, 아래쪽에는 붉은색 전주등 각 1개

사. 현등 1쌍과 선미등 1개, 마스트의 꼭대기나 그 부근에 수직선 위쪽에는 흰색 전주등, 아래쪽 에는 붉은색 전주등 각 1개

아. 현등 1쌍과 선미등 1개, 마스트의 꼭대기나 그 부근에 수직선 위쪽에는 붉은색 전주등, 아래 쪽에는 흰색 전주등 각 1개

13

해사안전법상 장음의 취명시간 기준으로 옳은 것은?

가. 약 1초

나. 약 2초

사. 2~3초

아. 4~6초

14

해사안전법상 제한된 시계 안에서 어로 작업을 하고 있는 길이 12미터 이상인 선박이 2분을 넘지 아니하는 간격으로 연속하여 울려야 하는 기적으로 옳은 것은?

가. 장음 1회, 단음 1회

나. 장음 2회, 단음 1회

사. 장음 1회, 단음 2회

아. 장음 3회

15

해사안전법상 항행 중인 길이 12미터 이상인 동력 선이 서로 상대의 시계 안에 있고 침로를 왼쪽으로 변경하고 있는 경우 행하여야 하는 기적신호로 옳은 것은?

가. 단음 1회

나. 단음 2회

사. 장음 1회

아. 장음 2회

16

선박의 입항 및 출항 등에 관한 법률상 정박의 제한 및 방법에 대한 규정으로 옳지 않은 것은?

가. 안벽 부근 수역에 인명을 구조하는 경우 정박할 수 있다.

나. 좁은 수로 입구의 부근 수역에서 허가받은 공사를 하는 경우 정박할 수 있다.

사. 정박하는 선박은 안전에 필요한 조치를 취한 후에는 예비용 닻을 고정할 수 있다.

아. 선박의 고장으로 선박을 조종할 수 없는 경우 부두 부근 수역에서 정박할 수 있다.

17

선박의 입항 및 출항 등에 관한 법률상 무역항의 수상구역 등에 출입하는 선박 중 출입 신고 면제 대상 선박으로 옳지 않은 것은?

가. 해양사고의 구조에 사용되는 선박

나. 총톤수 10톤인 선박

사. 도선선, 예선 등 선박의 출입을 지원하는 선박

아. 국내항 간을 운항하는 동력요트

18

빈칸에 들어갈 말로 옳은 것은?

> 선박의 입항 및 출항 등에 관한 법률상 무역항의 수상구역 등에서는 해양사고를 피하기 위한 경우 등 해양수산부령으로 정하는 사유로 선박을 정박지가 아닌 곳에 정박한 선장은 즉시 그 사실을 (   )에게 신고하여야 한다.

가. 환경부장관

나. 해양수산부장관

사. 관리청

아. 해양경찰청

19

선박의 입항 및 출항 등에 관한 법률상 무역항의 수상구역 등에서 예인선의 항법으로 옳지 않은 것은?

가. 예인선은 한꺼번에 3척 이상의 피예인선을 끌지 아니하여야 한다.

나. 원칙적으로 예인선의 선미로부터 피예인선의 선미까지 길이는 200미터를 초과하지 못한다.

사. 다른 선박의 입항과 출항을 보조하는 경우 예인삭의 길이가 200미터를 초과하여도 된다.

아. 관리청은 무역항의 특수성 등을 고려하여 필요한 경우 예인선의 항법을 조정할 수 있다.

20

선박의 입항 및 출항 등에 관한 법률상 방파제 입구 등에서 입·출항하는 두 척의 선박이 마주칠 우려가 있을 때의 항법으로 옳은 것은?

가. 입항선은 방파제 밖에서 출항선의 진로를 피한다.

나. 입항선은 방파제 입구를 우현 쪽으로 접근하여 통과한다.

사. 출항선은 방파제 입구를 좌현 쪽으로 접근하여 통과한다.

아. 출항선은 방파제 안에서 입항선의 진로를 피한다.

21

빈칸에 들어갈 말로 순서대로 옳은 것은?

> 선박의 입항 및 출항 등에 관한 법률상 (   ) 은/는 (   )(으)로부터 최고속력의 지정을 요청받은 경우 특별한 사유가 없으면 무역항 의 수상구역 등에서 선박 항행 최고속력을 지 정·고시하여야 한다.

가. 해양경찰서장, 시·도지사
나. 지방해양수산청장, 시·도지사
사. 시·도지사, 해양수산부장관
아. 관리청, 해양경찰청장

22

선박의 입항 및 출항 등에 관한 법률상 주로 무역 항의 수상구역에서 운항하는 선박으로서 다른 선 박의 진로를 피하여야 하는 선박으로 옳지 않은 것은?

가. 자력항행능력이 없어 다른 선박에 의하여 끌 리거나 밀려서 항행되는 부선
나. 해양환경관리업을 등록한 자가 소유한 선박
사. 항만운송관련사업을 등록한 자가 소유한 선박
아. 예인선에 결합되어 운항하는 압항부선

23

해양환경관리법상 배출기준을 초과하는 오염물 질이 해양에 배출되거나 배출될 우려가 있다고 예 상되는 경우 신고의 의무가 없는 사람은?

가. 배출될 우려가 있는 오염물질이 적재된 선박 의 선장
나. 오염물질의 배출원인이 되는 행위를 한 자
사. 배출된 오염물질을 발견한 자
아. 오염물질 처리업자

24

해양환경관리법상 유해액체물질기록부는 최종 기재를 한 날부터 몇 년간 보존하여야 하는가?

가. 1년
나. 2년
사. 3년
아. 5년

25

해양환경관리법상 분뇨오염방지설비를 갖추어야 하는 선박의 선박검사증서 또는 어선검사증서상 최대승선인원 기준으로 옳은 것은?

가. 10명 이상
나. 16명 이상
사. 20명 이상
아. 24명 이상

01

실린더 부피가 1,200cm³이고, 압축부피가 100cm³인 내연기관의 압축비로 옳은 것은?

가. 11
나. 12
사. 13
아. 14

02

동일 기관에서 가장 큰 값을 가지는 마력으로 옳은 것은?

가. 지시마력
나. 제동마력
사. 전달마력
아. 유효마력

03

소형 디젤기관에서 실린더 라이너의 심한 마멸에 의한 영향으로 옳지 않은 것은?

가. 압축 불량
나. 불완전 연소
사. 연소가스가 크랭크실로 누설
아. 착화 시기가 빨라짐

04

디젤기관의 메인 베어링에 대한 설명으로 옳지 않은 것은?

가. 크랭크 축을 지지한다.
나. 크랭크 축의 중심을 잡아준다.
사. 윤활유로 윤활시킨다.
아. 볼베어링을 주로 사용한다.

05

선박용 추진기관의 동력전달계통에 포함되지 않는 것은?

가. 감속기
나. 추진기축
사. 추진기
아. 과급기

06

디젤기관에서 플라이휠의 역할에 대한 설명으로 옳지 않은 것은?

가. 회전력을 균일하게 한다.
나. 회전력의 변동을 작게 한다.
사. 기관의 시동을 쉽게 한다.
아. 기관의 출력을 증가시킨다.

07

소형기관에서 다음 그림과 같은 부품의 명칭으로 옳은 것은?

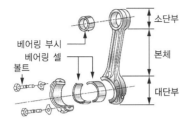

가. 푸시 로드
나. 크로스 헤드
사. 커넥팅 로드
아. 피스톤 로드

08

내연기관에서 피스톤 링의 주된 역할로 옳지 않은 것은?

가. 피스톤과 실린더 라이너 사이의 기밀을 유지한다.
나. 피스톤에서 받은 열을 실린더 라이너로 전달한다.
사. 실린더 내벽의 윤활유를 고르게 분포시킨다.
아. 실린더 라이너의 마멸을 방지한다.

09

다음 그림에서 내부로 관통하는 통로 ㉠의 주된 용도로 옳은 것은?

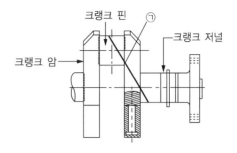

가. 냉각수 통로
나. 연료유 통로
사. 윤활유 통로
아. 공기 배출 통로

10

디젤기관의 운전 중 진동이 심해지는 원인으로 옳지 않은 것은?

가. 기관대의 설치 볼트가 여러 개 절손되었을 때
나. 윤활유 압력이 높을 때
사. 노킹현상이 심할 때
아. 기관이 위험회전수로 운전될 때

11

디젤기관에서 실린더 라이너에 윤활유를 공급하는 주된 이유는?

가. 불완전 연소를 방지하기 위해
나. 연소가스의 누설을 방지하기 위해
사. 피스톤의 균열 발생을 방지하기 위해
아. 실린더 라이너의 마멸을 방지하기 위해

12

소형 가솔린기관의 윤활유 계통에 설치되는 것으로 옳지 않은 것은?

가. 오일 팬   나. 오일 펌프

사. 오일 여과기   아. 오일 가열기

13

소형기관에서 윤활유를 오래 사용했을 경우에 나타나는 현상으로 옳지 않은 것은?

가. 색상이 검게 변한다.

나. 점도가 증가한다.

사. 침전물이 증가한다.

아. 혼입수분이 감소한다.

14

양묘기의 구성 요소로 옳지 않은 것은?

가. 구동 전동기   나. 회전드럼

사. 제동장치   아. 플라이휠

15

가변피치 프로펠러에 대한 설명으로 가장 옳은 것은?

가. 선박의 속도 변경은 프로펠러의 피치조정으로만 행한다.

나. 선박의 속도 변경은 프로펠러의 피치와 기관의 회전수를 조정하여 행한다.

사. 기관의 회전수 변경은 프로펠러의 피치를 조정하여 행한다.

아. 선박을 후진해야 하는 경우 기관을 반대방향으로 회전시켜야 한다.

16

원심펌프에서 송출되는 액체가 흡입측으로 역류하는 것을 방지하기 위해 설치하는 부품으로 옳은 것은?

가. 회전차

나. 베어링

사. 마우스링

아. 글랜드패킹

17

기관실에서 가장 아래쪽에 있는 것은?

가. 킹스톤 밸브

나. 과급기

사. 윤활유 냉각기

아. 공기 냉각기

18

기관실의 220V, AC 발전기에 해당하는 것은?

가. 직류 분권발전기

나. 직류 복권발전기

사. 동기발전기

아. 유도발전기

19

납축전지의 방전종지전압은 전지 1개당 약 몇 V
인가?

가. 2.5V

나. 2.2V

사. 1.8V

아. 1V

20

납축전지의 용량을 나타내는 단위로 옳은 것은?

가. Ah

나. A

사. V

아. kW

21

1마력(PS)이란 1초 동안에 얼마의 일을 하는 것
인가?

가. 25kgf · m

나. 50kgf · m

사. 75kgf · m

아. 102kgf · m

22

디젤기관의 윤활유에 물이 다량 섞이면 운전 중
윤활유 압력은 어떻게 변하는가?

가. 압력이 평소보다 올라간다.

나. 압력이 평소보다 내려간다.

사. 압력이 0으로 된다.

아. 압력이 진공으로 된다.

23

디젤기관을 장기간 정지할 경우의 주의사항으로
옳지 않은 것은?

가. 동파를 방지한다.

나. 부식을 방지한다.

사. 주기적으로 터닝을 시켜준다.

아. 중요 부품은 분해하여 보관한다.

24

연료유의 비중이란?

가. 부피가 같은 연료유와 물의 무게 비이다.

나. 압력이 같은 연료유와 물의 무게 비이다.

사. 점도가 같은 연료유와 물의 무게 비이다.

아. 인화점이 같은 연료유와 물의 무게 비이다.

25

연료유 1,000cc는 몇 리터 인가?

가. 1L

나. 10L

사. 100L

아. 1,000L

PART 02

제1과목 **항 해**

01

자기 컴퍼스에 영향을 주는 선체 일시 자기 중 수직 분력을 조정하기 위한 일시 자석으로 옳은 것은?

가. 경사계
나. 상한차 수정구
사. 플린더즈 바
아. 경선차 수정자석

02

기계식 자이로컴퍼스에서 동요오차 발생을 예방하기 위하여 NS축상에 부착되어 있는 것으로 옳은 것은?

가. 보정추
나. 적분기
사. 오차 수정기
아. 추종 전동기

03

선체 경사 시 생기는 자차로 옳은 것은?

가. 지방자기
나. 경선차
사. 선체자기
아. 반원차

04

해상에서 자차 수정 작업 시 계양하는 기류 신호로 옳은 것은?

가. Q기
나. NC기
사. VE기
아. OQ기

05

선박자동식별장치의 정적정보로 옳지 않은 것은?

가. 선 명
나. 선박의 속력
사. 호출부호
아. 아이엠오(IMO) 번호

06

전파를 이용하여 선박의 위치를 구할 수 있는 항해계기로 옳지 않은 것은?

가. 로란(LORAN)
나. 지피에스(GPS)
사. 레이더(RADAR)
아. 자동조타장치(Auto-pilot)

01 사 02 가 03 나 04 아 05 나 06 아 정답

07

일반적으로 레이더와 컴퍼스를 이용하여 구한 선위 중 정확도가 가장 낮은 것은?

가. 레이더로 둘 이상 물표의 거리를 이용하여 구한 선위

나. 레이더로 구한 물표의 거리와 컴퍼스로 측정한 방위를 이용하여 구한 선위

사. 레이더로 한 물표에 대한 방위와 거리를 측정하여 구한 선위

아. 레이더로 둘 이상의 물표에 대한 방위를 측정하여 구한 선위

08

상대운동 표시방식 레이더 화면상에서 어떤 선박의 움직임이 다음과 같다면, 침로와 속력을 일정하게 유지하며 항행하는 본선과의 관계로 옳은 것은?

- 시간이 갈수록 본선과의 거리가 가까워지고 있음
- 시간이 지나도 관측한 상대선의 방위가 변하지 않음

가. 본선을 추월할 것이다.

나. 본선 선수를 횡단할 것이다.

사. 본선과 충돌의 위험이 있을 것이다.

아. 본선의 우현으로 안전하게 지나갈 것이다.

09

오차 삼각형이 생길 수 있는 선위 결정법으로 옳은 것은?

가. 수심연측법

나. 4점방위법

사. 양측방위법

아. 교차방위법

10

레이더 화면에 그림과 같이 나타나는 원인으로 옳은 것은?

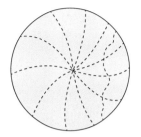

가. 물표의 간접 반사

나. 비나 눈 등에 의한 반사

사. 해면의 파도에 의한 반사

아. 다른 선박의 레이더 파에 의한 간섭

11

우리나라에서 발간하는 종이 해도에 대한 설명으로 옳은 것은?

가. 수심 단위는 피트(Feet)를 사용한다.

나. 나침도의 바깥쪽은 나침 방위권을 사용한다.

사. 항로의 지도 및 안내서의 역할을 하는 수로서지이다.

아. 항박도는 대축척 해도로 좁은 구역을 상세히 표시한 평면도이다.

12

수로도지를 정정할 목적으로 항해자에게 제공되는 항행통보의 간행주기로 옳은 것은?

가. 1일

나. 1주일

사. 2주일

아. 1개월

13

다음 중 조석표에 기재되는 내용으로 옳지 않은 것은?

가. 조 고 나. 조 시

사. 개정수 아. 박명시

14

다음 중 해저의 저질과 관련된 약어로 옳지 않은 것은?

가. M 나. R

사. S 아. Mo

15

〈보기〉에서 설명하는 형상(주간) 표지로 옳은 것은?

┤보 기├

선박에 암초, 얕은 여울 등의 존재를 알리고 항로를 표시하기 위하여 바다 위에 떠 있는 구조물로서 빛을 비추지 않는다.

가. 도 표 나. 부 표

사. 육 표 아. 입 표

16

레이콘에 대한 설명으로 옳지 않은 것은?

가. 레이마크 비콘이라도고 한다.

나. 레이더에서 발사된 전파를 받을 때에만 응답한다.

사. 레이더 화면상에 일정 형태의 신호가 나타날 수 있도록 전파를 발사한다.

아. 레이콘의 신호로 표준신호와 모스 부호가 이용된다.

17

점장도의 특징으로 옳지 않은 것은?

가. 항정선이 직선으로 표시된다.

나. 자오선은 남북 방향의 평행선이다.

사. 거등권은 동서 방향의 평행선이다.

아. 적도에서 남북으로 멀어질수록 면적이 축소되는 단점이 있다.

18

다음 등질 중 군섬광등으로 옳은 것은?

19

서로 다른 지역을 다른 색깔로 비추는 등화로 옳은 것은?

가. 호광등

나. 분호등

사. 섬광등

아. 군섬광등

20

수로도지에 등재되지 않은 새롭게 발견한 위험물, 즉 모래톱, 암초 등과 같은 자연적인 장애물과 침몰·좌초 선박과 같은 인위적 장애물들을 표시하기 위하여 사용하는 항로표지로 옳은 것은?(단, 두표의 모양으로 선택)

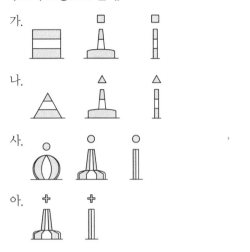

21

조석이 발생하는 원인으로 옳은 것은?

가. 지구가 태양 주위를 공전하기 때문에

나. 지구 각 지점의 기온 차이 때문에

사. 바다에서 불어오는 바람 때문에

아. 지구 각 지점에 대한 태양과 달의 인력차 때문에

22

빈칸에 들어갈 말로 옳은 것은?

> 우리나라와 일본에서는 일반적으로 세계기상기구(WMO)에서 분류한 중심풍속이 17m/s 이상인 (   )부터 태풍이라고 부른다.

가. T
나. TD
사. TS
아. STS

23

태풍 진로예보도에 관한 설명으로 옳지 않은 것은?

가. 72시간의 예보도 실시한다.

나. 폭풍역이 외측의 실선에 의한 원으로 표시된다.

사. 진로 예보의 오차 원이 점선의 원으로 표시된다.

아. 우리나라의 경우 예보시간에 점선의 원 안에 50%의 확률로 도달한다.

24

연안항로 선정에 관한 설명으로 옳지 않은 것은?

가. 연안에서 뚜렷한 물표가 없는 해안을 항해하는 경우 해안선과 평행한 항로를 선정하는 것이 좋다.

나. 항로지, 해도 등에 추천항로가 설정되어 있으면, 특별한 이유가 없는 한 그 항로를 따르는 것이 좋다.

사. 복잡한 해역이나 위험물이 많은 연안을 항해할 경우에는 최단항로를 항해하는 것이 좋다.

아. 야간의 경우 조류나 바람이 심할 때는 해안선과 평행한 항로보다 바다 쪽으로 벗어나는 항로를 선정하는 것이 좋다.

25

통항계획 수립에 관한 설명으로 옳지 않은 것은?

가. 소형선에서는 선장이 직접 통항계획을 수립한다.

나. 도선 구역에서의 통항계획 수립은 도선사가 한다.

사. 계획 수립 전에 필요한 모든 것을 한 장소에 모으고 내용을 검토하는 것이 필요하다.

아. 통항계획의 수립에는 공식적인 항해용 해도 및 서적들을 사용하여야 한다.

01

선체의 가장 넓은 부분에 있어서 양현 외판의 외면에서 외면까지의 수평거리로 옳은 것은?

가. 전 폭
나. 전 장
사. 건 현
아. 갑 판

02

여객이나 화물을 운송하기 위하여 쓰이는 용적을 나타내는 톤수로 옳은 것은?

가. 총톤수
나. 순톤수
사. 배수톤수
아. 재화중량톤수

03

타의 구조에서 ㉠은 무엇인가?

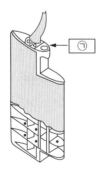

가. 타 판
나. 핀 틀
사. 거 전
아. 타심재

04

선박 외판을 도장할 때 해조류 부착에 따른 오손을 방지하기 위해 칠하는 도료의 명칭으로 옳은 것은?

가. 광명단
나. 방오 도료
사. 수중 도료
아. 방청 도료

05

다음 중 합성 섬유 로프로 옳지 않은 것은?

가. 마닐라 로프
나. 폴리프로필렌 로프
사. 나일론 로프
아. 폴리에틸렌 로프

06

다음 중 페인트를 칠하는 용구로 옳은 것은?

가. 철 솔
나. 스크레이퍼
사. 그리스 건
아. 스프레이 건

07

선체에 페인트를 칠하기에 가장 좋은 때로 옳은 것은?

가. 따뜻하고 습도가 낮을 때
나. 서늘하고 습도가 낮을 때
사. 따뜻하고 습도가 높을 때
아. 서늘하고 습도가 높을 때

01 가   02 나   03 아   04 나   05 가   06 아   07 가   정답

08

열전도율이 낮은 방수 물질로 만들어진 포대기 또는 옷으로 방수복을 착용하지 않은 사람이 입는 것으로 옳은 것은?

가. 보호복

나. 작업용 구명조끼

사. 보온복

아. 노출 보호복

09

해상이동업무식별번호(MMSI Number)에 대한 설명으로 옳지 않은 것은?

가. 9자리 숫자로 구성된다.

나. 소형선박에는 부여되지 않는다.

사. 초단파(VHF) 무선설비에도 입력되어 있다.

아. 우리나라 선박은 440 또는 441로 시작된다.

10

구명정에 비하여 항해능력은 떨어지지만 손쉽게 강하시킬 수 있고 선박의 침몰 시 자동으로 이탈되어 조난자가 탈 수 있는 구명설비로 옳은 것은?

가. 구조정

나. 구명부기

사. 구명뗏목

아. 고속구조정

11

다음 그림과 같이 표시되는 장치로 옳은 것은?

가. 신호 홍염

나. 구명줄 발사기

사. 줄사다리

아. 자기 발연 신호

12

GMDSS 해역별 무선설비 탑재요건에서 A1해역을 항해하는 선박이 탑재하지 않아도 되는 장비로 옳은 것은?

가. 중파(MF) 무선설비

나. 초단파(VHF) 무선설비

사. 수색구조용 레이더 트랜스폰더(SART)

아. 비상위치지시 무선표지(EPIRB)

13

잔잔한 바다에서 의식불명의 익수자를 발견하여 구조하려 할 때, 구조선의 안전한 접근방법으로 옳은 것은?

가. 익수자의 풍하에서 접근한다.

나. 익수자의 풍상에서 접근한다.

사. 구조선의 좌현 쪽에서 바람을 받으면서 접근한다.

아. 구조선의 우현 쪽에서 바람을 받으면서 접근한다.

14

선박용 초단파(VHF) 무선설비의 최대 출력으로 옳은 것은?

가. 10W
나. 15W
사. 20W
아. 25W

15

타판에 작용하는 힘 중에서 작용하는 방향이 선수 미선 방향인 분력으로 옳은 것은?

가. 항 력
나. 양 력
사. 마찰력
아. 직압력

16

근접하여 운항하는 두 선박의 상호 간섭작용에 대한 설명으로 옳지 않은 것은?

가. 선속을 감속하면 영향이 줄어든다.
나. 두 선박 사이의 거리가 멀어지면 영향이 줄어든다.
사. 소형선은 선체가 작아 영향을 거의 받지 않는다.
아. 마주칠 때보다 추월할 때 상호 간섭작용이 오래 지속되어 위험하다.

17

선박의 복원력에 관한 내용으로 옳지 않은 것은?

가. 복원력의 크기는 배수량의 크기에 비례한다.
나. 황천항해 시 갑판에 올라온 해수가 즉시 배수되지 않으면 복원력이 감소될 수 있다.
사. 항해의 경과로 연료유와 청수 등의 소비, 유동수의 발생으로 인해 복원력이 감소될 수 있다.
아. 겨울철 항해 중 갑판상에 있는 구조물에 얼음이 얼면 배수량의 증가로 인하여 복원력이 좋아진다.

18

선박 후진 시 선수회두에 가장 큰 영향을 끼치는 수류로 옳은 것은?

가. 반 류
나. 흡입류
사. 배출류
아. 추적류

19

협수로를 항행할 때 유의할 사항으로 옳지 않은 것은?

가. 통상 시기는 조류가 강한 때를 택하고, 만곡이 급한 수로는 역조 시 통항을 피한다.
나. 협수로의 만곡부에서 유속은 일반적으로 만곡의 외측에서 강하고 내측에서는 약한 특징이 있다.
사. 협수로에서의 유속은 일반적으로 수로 중앙부가 강하고, 육안에 가까울수록 약한 특징이 있다.
아. 협수로는 수로의 폭이 좁고 조류나 해류가 강하며, 굴곡이 심하여 선박의 조종이 어렵고, 항행할 때에는 철저한 경계를 수행하면서 통항하여야 한다.

20

물에 빠진 사람을 구조하는 조선법으로 옳지 않은 것은?

가. 표준 턴

나. 샤르노브 턴

사. 싱글 턴

아. 윌리암슨 턴

21

선박이 물에 떠 있는 상태에서 외부로부터 힘을 받아서 경사할 때, 저항 또는 외력을 제거하면 원래의 상태로 되돌아오려고 하는 힘으로 옳은 것은?

가. 중 력

나. 복원력

사. 구심력

아. 원심력

22

파도가 심한 해역에서 선속을 저하시키는 요인으로 옳지 않은 것은?

가. 바 람

나. 풍랑(Wave)

사. 기 압

아. 너울(Swell)

23

황천항해 중 선박조종법으로 옳지 않은 것은?

가. 라이 투(Lie to)

나. 히브 투(Heave to)

사. 서징(Surging)

아. 스커딩(Scudding)

24

충돌사고의 주요 원인인 경계소홀로 옳지 않은 것은?

가. 당직 중 졸음

나. 선박조종술 미숙

사. 해도실에서 많은 시간 소비

아. 제한시계에서 레이더 미사용

25

정박 중 선내 순찰의 목적으로 옳지 않은 것은?

가. 각종 설비의 이상 유무 확인

나. 선내 각부의 화재위험 여부 확인

사. 정박등을 포함한 각종 등화 및 형상물 확인

아. 선내 불빛이 외부로 새어 나가는지 여부 확인

01

빈칸에 들어갈 말로 옳은 것은?

> 해사안전법상 2척의 동력선이 상대의 진로를
> 횡단하는 경우로서 충돌의 위험이 있을 때에
> 는 다른 선박을 ( ) 쪽에 두고 있는 선박
> 이 그 다른 선박의 진로를 피하여야 한다.

가. 좌 현
나. 우 현
사. 정 횡
아. 정 면

02

해사안전법상 선박의 항행안전에 필요한 항로표
지·신호·조명 등 항행보조시설을 설치하고 관
리·운영하여야 하는 주체로 옳은 것은?

가. 선 장
나. 해양경찰청장
사. 선박소유자
아. 해양수산부장관

03

해사안전법상 선박의 출항을 통제하는 목적으로
옳은 것은?

가. 국적선의 이익을 위해
나. 선박의 효율적 통제를 위해
사. 항만의 무리한 운영을 막으려고
아. 선박의 안전운항에 지장을 줄 우려가 있어서

04

해사안전법상 연안통항대를 따라 항행하여도 되
는 선박으로 옳지 않은 것은?

가. 범 선
나. 길이 30미터인 선박
사. 급박한 위험을 피하기 위한 선박
아. 연안통항대 안에 있는 해양시설에 출입하는
선박

05

빈칸에 들어갈 말로 옳은 것은?

> 해사안전법상 2척의 범선이 서로 접근하여
> 충돌할 위험이 있는 경우, 각 범선이 다른 쪽
> 현에 바람을 받고 있는 경우에는 ( )에
> 바람을 받고 있는 범선이 다른 범선의 진로를
> 피하여야 한다.

가. 선 수
나. 우 현
사. 좌 현
아. 선 미

06

해사안전법상 항행 중인 동력선이 진로를 피하지
않아도 되는 선박으로 옳은 것은?

가. 조종제한선
나. 조종불능선
사. 수상항공기
아. 어로에 종사하고 있는 선박

07

해사안전법상 서로 시계 안에 있는 2척의 동력선이 마주치는 상태로 충돌의 위험이 있을 때의 항법으로 옳은 것은?

가. 큰 배가 작은 배를 피한다.
나. 작은 배가 큰 배를 피한다.
사. 서로 좌현 쪽으로 변침하여 피한다.
아. 서로 우현 쪽으로 변침하여 피한다.

08

해사안전법상 2척의 동력선이 상대의 진로를 횡단하는 경우로서 충돌의 위험이 있을 때 부득이한 경우를 제외하고 유지선이 취할 조치로 옳지 않은 것은?

가. 피항 협력 동작
나. 침로와 속력의 유지
사. 피항 동작
아. 침로를 왼쪽으로 변경

09

해사안전법상 선박이 다른 선박을 선수 방향에서 볼 수 있는 경우로서 밤에는 양쪽의 현등을 볼 수 있는 경우의 상태를 나타내는 말로 옳은 것은?

가. 안전한 상태
나. 앞지르기 하는 상태
사. 마주치는 상태
아. 횡단하는 상태

10

해사안전법상 선박의 등화에 대한 설명으로 옳지 않은 것은?

가. 해지는 시각부터 해뜨는 시각까지 항행 시에는 항상 등화를 표시하여야 한다.
나. 해뜨는 시각부터 해지는 시각까지도 제한된 시계에서는 등화를 표시하여야 한다.
사. 현등의 색깔은 좌현은 녹색 등, 우현은 붉은색 등이다.
아. 해지는 시각부터 해뜨는 시각까지 접근하여 오는 선박의 진행 방향은 등화를 관찰하여 알 수 있다.

11

빈칸에 들어갈 말로 순서대로 옳은 것은?

> 해사안전법상 제한된 시계에서 레이더만으로 다른 선박이 있는 것을 탐지한 선박은 (   )과 얼마나 가까이 있는지 또는 (   )이 있는지를 판단하여야 한다. 이 경우 해당 선박과 매우 가까이 있거나 그 선박과 충돌할 위험이 있다고 판단한 경우에는 충분한 시각적 여유를 두고 (   )을 취하여야 한다.

가. 해당 선박, 충돌할 위험, 피항동작
나. 해당 선박, 충돌할 위험, 피항협력동작
사. 다른 선박, 근접상태의 상황, 피항동작
아. 다른 선박, 근접상태의 상황, 피항협력동작

12

해사안전법상 선미등의 수평사광범위와 등색으로 옳은 것은?

가. 135°, 붉은색　　　나. 225°, 붉은색
사. 135°, 흰색　　　　아. 225°, 흰색

13

해사안전법상 '삼색등'의 등색으로 옳지 않은 것은?

가. 녹 색

나. 황 색

사. 흰 색

아. 붉은색

14

해사안전법상 시계가 제한된 수역에서 2분을 넘지 아니하는 간격으로 장음 2회의 기적신호를 들었다면 그 기적을 울린 선박으로 옳은 것은?

가. 정박선

나. 조종제한선

사. 얹혀 있는 선박

아. 대수속력이 없는 항행 중인 동력선

15

해사안전법상 항행 중인 동력선이 서로 상대의 시계 안에 있는 경우 울려야 하는 기적신호로 옳지 않은 것은?

가. 침로를 오른쪽으로 변경하고 있는 선박의 경우 단음 1회

나. 침로를 왼쪽으로 변경하고 있는 선박의 경우 단음 2회

사. 기관을 후진하고 있는 선박의 경우 단음 3회

아. 좁은 수로 등의 장애물 때문에 다른 선박을 볼 수 없는 수역에 접근하는 선박의 경우 장음 2회

16

선박의 입항 및 출항 등에 관한 법률상 무역항의 수상구역 등에서 정박지를 지정하는 기준으로 옳지 않은 것은?

가. 선박의 종류

나. 선박의 국적

사. 선박의 톤수

아. 적재물의 종류

17

빈칸에 들어갈 말로 옳은 것은?

> 선박의 입항 및 출항 등에 관한 법률상 ( )를 피하기 위한 경우 등 해양수산부령으로 정하는 사유로 선박을 항로에 정박시키거나 정류시키려는 자는 그 사실을 관리청에 신고하여야 한다.

가. 선박나포

나. 해양사고

사. 오염물질 배수

아. 위험물질 방치

18

빈칸에 들어갈 말로 옳지 않은 것은?

> 선박의 입항 및 출항 등에 관한 법률상 관리청은 무역항의 수상구역 등에서 선박교통의 안전을 위하여 필요하다고 인정하여 항로 또는 구역을 지정한 경우에는 ( )을/를 정하여 공고하여야 한다.

가. 제한기간

나. 관할 해양경찰서

사. 금지기간

아. 항로 또는 구역의 위치

19

빈칸에 들어갈 말로 옳은 것은?

> 선박의 입항 및 출항 등에 관한 법률상 우선피항선은 무역항의 수상구역에서 운항하는 선박으로서 다른 선박의 진로를 피하여야 하는 선박이며, (   )은 우선피항선이다.

가. 압항부선

나. 길이 20미터인 선박

사. 총톤수 25톤인 선박

아. 예인선이 부선을 끌거나 밀고 있는 경우의 예인선 및 부선

20

빈칸에 들어갈 말로 순서대로 옳은 것은?

> 선박의 입항 및 출항 등에 관한 법률상 (   )은 (   )으로부터 최고속력의 지정을 요청받은 경우 특별한 사유가 없으면 무역항의 수상구역 등에서 선박 항행 최고속력을 지정·고시하여야 한다.

가. 지정청, 해양경찰청장

나. 지정청, 지방해양수산청장

사. 관리청, 해양경찰청장

아. 관리청, 지방해양수산청장

21

빈칸에 들어갈 말로 옳지 않은 것은?

> 선박의 입항 및 출항 등에 관한 법률상 선박이 무역항의 수상구역 등에서 (   )[이하 부두 등이라 한다]을 오른쪽 뱃전에 두고 항행할 때에는 부두 등에 접근하여 항행하고, 부두 등을 왼쪽 뱃전에 두고 항행할 때에는 멀리 떨어져서 항행하여야 한다.

가. 정박 중인 선박

나. 항행 중인 동력선

사. 해안으로 길게 뻗어 나온 육지 부분

아. 부두, 방파제 등 인공시설물의 튀어나온 부분

22

선박의 입항 및 출항 등에 관한 법률상 항법에 대한 규정으로 옳은 것은?

가. 항로에서 선박 상호간의 거리는 1해리 이상 유지하여야 한다.

나. 무역항의 수상구역 등에서 속력을 3노트 이하로 유지하여야 된다.

사. 범선은 무역항의 수상구역 등에서 돛을 최대로 늘려 항행하여야 된다.

아. 모든 선박은 항로를 항행하는 흘수제약선의 진로를 방해하지 않아야 한다.

23

해양환경관리법상 선박에서 해양에 언제라도 배출이 가능한 물질로 옳은 것은?

가. 식 수

나. 선저폐수

사. 합성어망

아. 선박 주기관 윤활유

24

해양환경관리법상 오염물질이 배출된 경우 오염을 방지하기 위한 조치로 옳지 않은 것은?

가. 오염물질의 배출방지

나. 배출된 오염물질의 확산방지 및 제거

사. 배출된 오염물질의 수거 및 처리

아. 기름오염방지설비의 가동

25

해양환경관리법상 분뇨오염방지설비를 갖추어야 하는 선박의 선박검사증서 또는 어선검사증서상 최대승선인원 기준으로 옳은 것은?(단, 다른 법률에서 정한 경우는 제외함)

가. 10명 이상

나. 16명 이상

사. 20명 이상

아. 24명 이상

제4과목 기 관

01

4행정 사이클 디젤기관에서 흡·배기 밸브의 밸브겹침에 대한 설명으로 옳은 것은?

가. 상사점 부근에서 흡·배기 밸브가 동시에 열려있는 기간이다.

나. 상사점 부근에서 흡·배기 밸브가 동시에 닫혀있는 기간이다.

사. 하사점 부근에서 흡·배기 밸브가 동시에 열려있는 기간이다.

아. 하사점 부근에서 흡·배기 밸브가 동시에 닫혀있는 기간이다.

02

직렬형 디젤기관에서 실린더가 6개인 경우 메인 베어링의 최소 개수로 옳은 것은?

가. 5개

나. 6개

사. 7개

아. 8개

03

디젤기관의 실린더 라이너가 마멸된 경우에 발생하는 현상으로 옳은 것은?

가. 실린더 내 압축공기가 누설된다.

나. 피스톤에 작용하는 압력이 증가한다.

사. 최고 폭발압력이 상승한다.

아. 간접 역전장치의 사용이 곤란하게 된다.

04

4행정 사이클 디젤기관의 실린더 헤드에 설치되는 밸브로 옳지 않은 것은?

가. 흡기 밸브

나. 연료 분사 밸브

사. 시동 공기 분배 밸브

아. 배기 밸브

05

실린더 헤드에서 발생할 수 있는 고장에 대한 설명으로 옳지 않은 것은?

가. 각부의 온도차로 균열이 발생한다.

나. 헤드의 너트 풀림으로 배기가스가 누설한다.

사. 냉각수 통로의 부식으로 냉각수가 누설한다.

아. 흡입공기 온도 상승으로 배기가스가 누설한다.

06

디젤기관에서 피스톤링을 피스톤에 조립할 경우의 주의사항으로 옳지 않은 것은?

가. 링의 상하면 방향이 바뀌지 않도록 조립한다.

나. 가장 아래에 있는 링부터 차례로 조립한다.

사. 링이 링 홈 안에서 잘 움직이는지를 확인한다.

아. 링의 절구 틈이 모두 같은 방향이 되도록 조립한다.

07

디젤기관의 피스톤링 재료로 주철을 사용하는 이유로 옳은 것은?

가. 기관의 출력을 증가시켜 주기 때문에

나. 연료유의 소모량을 줄여 주기 때문에

사. 고온에서 탄력을 증가시켜 주기 때문에

아. 윤활유의 유막 형성을 좋게 하기 때문에

08

다음 그림과 같은 크랭크 축에서 ㉠의 명칭으로 옳은 것은?

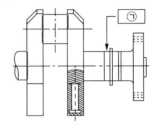

가. 평형추   나. 크랭크 핀

사. 크랭크 암   아. 크랭크 저널

09

소형기관에서 플라이휠의 구성 요소로 옳지 않은 것은?

가. 림   나. 암

사. 핀   아. 보 스

10

내연기관의 연료유에 대한 설명으로 옳지 않은 것은?

가. 발열량이 클수록 좋다.

나. 유황분이 적을수록 좋다.

사. 물이 적게 함유되어 있을수록 좋다.

아. 점도가 높을수록 좋다.

PART 02

11

소형기관의 시동 직후 운전상태를 파악하기 위해 점검해야 할 사항으로 옳지 않은 것은?

가. 계기류의 지침

나. 배기색

사. 진동의 발생 여부

아. 윤활유의 점도

12

소형기관에서 크랭크 축으로부터의 회전수를 낮추어 추진장치에 전달해주는 장치로 옳은 것은?

가. 조속장치

나. 과급장치

사. 감속장치

아. 가속장치

13

프로펠러에 의한 속도와 배의 속도와의 차이를 나타내는 말로 옳은 것은?

가. 서 징

나. 피 치

사. 슬 립

아. 경 사

14

스크루 프로펠러로만 짝지어진 것으로 옳은 것은?

가. 고정피치 프로펠러 – 가변피치 프로펠러

나. 분사 프로펠러 – 가변피치 프로펠러

사. 분사 프로펠러 – 고정피치 프로펠러

아. 고정피치 프로펠러 – 외차 프로펠러

15

다음 그림과 같은 무어링 윈치에서 ㉠, ㉡, ㉢의 명칭으로 옳은 것은?

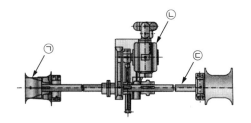

	㉠	㉡	㉢
가.	워핑드럼	유압모터	수평축
나.	워핑드럼	수평축	유압모터
사.	유압모터	워핑드럼	수평축
아.	유압모터	수평축	워핑드럼

16

기어펌프에서 송출압력이 설정값 이상으로 상승하면 송출측 유체를 흡입측으로 되돌려 보내는 밸브로 옳은 것은?

가. 릴리프 밸브

나. 송출 밸브

사. 흡입 밸브

아. 나비 밸브

17

해수펌프의 구성품으로 옳지 않은 것은?

가. 축봉장치

나. 임펠러

사. 케이싱

아. 제동장치

18

선내에서 주로 사용되는 교류전원의 주파수로 옳은 것은?

가. 30Hz 나. 90Hz
사. 60Hz 아. 120Hz

19

전동기 기동반에서 빼낸 퓨즈의 정상여부를 멀티테스터로 확인하는 방법으로 옳은 것은?

가. 멀티테스터의 선택스위치를 저항 레인지에 놓고 저항을 측정해서 확인한다.
나. 멀티테스터의 선택스위치를 전압 레인지에 놓고 전압을 측정해서 확인한다.
사. 멀티테스터의 선택스위치를 전류 레인지에 놓고 전류를 측정해서 확인한다.
아. 멀티테스터의 선택스위치를 전력 레인지에 놓고 전력을 측정해서 확인한다.

20

납축전지의 구성 요소로 옳지 않은 것은?

가. 극 판 나. 충전판
사. 격리판 아. 전해액

21

기관의 출력을 나타내는 단위로 옳은 것은?

가. bar 나. rpm
사. kW 아. MPa

22

운전 중인 디젤기관이 갑자기 정지되는 경우로 옳지 않은 것은?

가. 윤활유의 압력이 너무 낮은 경우
나. 기관의 회전수가 과속도 설정값에 도달된 경우
사. 연료유가 공급되지 않는 경우
아. 냉각수 온도가 너무 낮은 경우

23

디젤기관에서 크랭크암 개폐에 대한 설명으로 옳지 않은 것은?

가. 선박이 물 위에 떠 있을 때 계측한다.
나. 다이얼식 마이크로미터로 계측한다.
사. 각 실린더마다 정해진 여러 곳을 계측한다.
아. 개폐가 심할수록 유연성이 좋으므로 기관의 효율이 높아진다.

24

선박용 연료유에 대한 일반적인 설명으로 옳지 않은 것은?

가. 경유가 중유보다 비중이 낮다.
나. 경유가 중유보다 점도가 낮다.
사. 경유가 중유보다 유동점이 낮다.
아. 경유가 중유보다 발열량이 높다.

25

연료유의 부피 단위로 옳은 것은?

가. kℓ 나. kg
사. MPa 아. cSt

PART 02

PART 02 2020년 제2회 기출복원문제

해설 576P

※ 2020년 제1회 시험은 코로나-19 사태로 인해 시행되지 않았습니다.

제1과목 항 해

01
자기 컴퍼스에서 0°와 180°를 연결하는 선과 평행하게 자석이 부착되어 있는 원형판은?

가. 볼
나. 기 선
사. 짐벌즈
아. 컴퍼스 카드

02
기계식 자이로컴퍼스를 사용할 때 최소한 몇 시간 전에 작동시켜야 하는가?

가. 1시간　　나. 2시간
사. 3시간　　아. 4시간

03
풍향풍속계에서 지시하는 풍향과 풍속에 대한 설명으로 옳지 않은 것은?

가. 풍향은 바람이 불어오는 방향을 말한다.
나. 풍향이 반시계 방향으로 변하면 풍향 반전이라 한다.
사. 풍속은 정시 관측 시각 전 15분간 풍속을 평균하여 구한다.
아. 어느 시간 내의 기록 중 가장 최대의 풍속을 순간 최대 풍속이라 한다.

04
강선의 선체자기가 자기 컴퍼스에 영향을 주어 발생되며, 자기 컴퍼스의 북(나북)이 자북과 이루는 차이는?

가. 경 차
나. 자 차
사. 편 차
아. 컴퍼스 오차

05
자기 컴퍼스의 유리가 파손되거나 기포가 생기지 않는 온도 범위는?

가. 0~70℃
나. −5~75℃
사. −20~50℃
아. −40~30℃

06
인공위성을 이용하여 선위를 구하는 장치는?

가. 지피에스(GPS)
나. 로란(LORAN)
사. 레이더(RADAR)
아. 데카(DECCA)

01 아　02 아　03 사　04 나　05 사　06 가　정답

07

용어에 대한 설명으로 옳은 것은?

가. 전위선은 추측위치와 추정위치의 교점이다.

나. 중시선은 두 물표의 교각이 90°일 때의 직선이다.

사. 추측위치란 선박의 침로, 속력 및 풍압차를 고려하여 예상한 위치이다.

아. 위치선은 관측을 실시한 시점에 선박이 그 선위에 있다고 생각되는 특정한 선을 말한다.

08

지축을 천구까지 연장한 선 즉 천구의 회전대를 천의 축이라고 할 때, 천의 축이 천구와 만난 두 점을 무엇이라고 하는가?

가. 천의 적도

나. 천의 자오선

사. 천의 극

아. 수직권

09

레이더 화면에 그림과 같은 것이 나타나는 원인은?

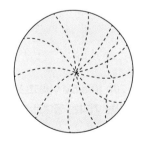

가. 물표의 간접 반사

나. 비나 눈 등에 의한 반사

사. 해면의 파도에 의한 반사

아. 다른 선박의 레이더 파에 의한 간섭

10

그림에서 빗금 친 영역에 있는 선박이나 물체는 본선 레이더 화면에 어떻게 나타나는가?

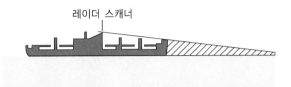

가. 나타나지 않는다.

나. 희미하게 나타난다.

사. 선명하게 나타난다.

아. 거짓상이 나타난다.

11

우리나라 해도상 수심의 단위는?

가. 미터(m)

나. 센티미터(cm)

사. 패덤(fm)

아. 킬로미터(km)

12

등대표에 대한 설명으로 옳지 않은 것은?

가. 항로표지의 이력표와 같은 것이다.

나. 해도에 표시되지 않은 항로표지는 기재하지 않는다.

사. 미국, 영국, 일본 등에서도 등대표를 발간하기 때문에 필요에 따라 이동하면 된다.

아. 우리나라 등대표는 동해안 → 남해안 → 서해안을 따라 일련번호를 부여하여 설명하고 있다.

13

항로, 암초, 항행금지구역 등을 표시하는 지점에 고정으로 설치하여 선박의 좌초를 예방하고 항로의 안내를 위해 설치하는 광파표지(야간표지)는?

가. 등 대　　　　나. 등 선
사. 등 주　　　　아. 등 표

14

특수표지에 대한 설명으로 옳지 않은 것은?

가. 두표는 1개의 황색구를 사용한다.
나. 등화는 황색을 사용한다.
사. 표지의 색상은 황색이다.
아. 해당하는 수로도지에 기재되어 있는 공사구역, 토사채취장 등이 있음을 표시한다.

15

선박의 레이더에서 발사된 전파를 받은 때에만 응답전파를 발사하는 전파표지는?

가. 레이콘(Racon)
나. 레이마크(Ramark)
사. 토킹 비컨(Talking Beacon)
아. 무선방향탐지기(RDF)

16

연안 항해에 사용되며, 연안의 상황이 상세하게 표시된 해도는?

가. 항양도　　　　나. 항해도
사. 해안도　　　　아. 항박도

17

해도의 관리에 대한 사항으로 옳지 않은 것은?

가. 해도를 서랍에 넣을 때는 구겨지지 않도록 주의한다.
나. 해도는 발행 기관별 번호 순서로 정리하고, 항해 중에는 사용할 것과 사용한 것을 분리하여 정리하면 편리하다.
사. 해도를 운반할 때는 여러 번 접어서 이동한다.
아. 해도에 사용하는 연필은 2B나 4B연필을 사용한다.

18

등질에 대한 설명으로 옳지 않은 것은?

가. 섬광등은 빛을 비추는 시간이 꺼져 있는 시간보다 짧은 등이다.
나. 호광등은 색깔이 다른 종류의 빛을 교대로 내며, 그 사이에 등광은 꺼지는 일이 없는 등이다.
사. 부동등은 고정되어 있어 위치를 움직일 수 없는 등이다.
아. 모스 부호등은 모스부호를 빛으로 발하는 등이다.

19

해도상에 'Fl. 20s 10m 5M'이라고 표시된 등대의 불빛을 볼 수 있는 거리는 등대로부터 대략 몇 해리인가?

가. 5해리
나. 10해리
사. 15해리
아. 20해리

20

다음과 같은 두표를 가진 국제해상부표식의 항로 표지는?

가. 방위표지
나. 특수표지
사. 고립장해표지
아. 안전수역표지

21

해수의 연직방향 운동은?

가. 조 석
나. 조 차
사. 정 조
아. 창 조

22

야간에 육지의 복사냉각으로 형성되는 소규모의 고기압은?

가. 대륙성 고기압
나. 한랭 고기압
사. 이동성 고기압
아. 지형성 고기압

23

중심이 주위보다 따뜻한 저기압으로, 상층으로 갈 수록 저기압성 순환이 줄어들면서 어느 고도 이상 에서 사라지는 것은?

가. 전선 저기압
나. 비전선 저기압
사. 한랭 저기압
아. 온난 저기압

24

연안 항로 선정에 관한 설명으로 옳지 않은 것은?

가. 연안에서 뚜렷한 물표가 없는 해안을 항해하 는 경우 해안선과 평행한 항로를 선정하는 것 이 좋다.
나. 항로지·해도 등에 추천항로가 설정되어 있으 면, 특별한 이유가 없는 한 그 항로를 따르는 것이 좋다.
사. 복잡한 해역이나 위험물이 많은 연안을 항해 할 경우에는 최단항로로 항해하는 것이 좋다.
아. 야간의 경우 조류나 바람이 심할 때는 해안선 과 평행한 항로보다 바다 쪽으로 벗어난 항로 를 선정하는 것이 좋다.

25

피험선에 대한 설명으로 옳은 것은?

가. 위험 구역을 표시하는 등심선이다.
나. 선박이 존재한다고 생각하는 특정한 선이다.
사. 항만의 입구 등에서 자선의 위치를 구할 때 사 용한다.
아. 항해 중에 위험물에 접근하는 것을 쉽게 탐지 할 수 있다.

01

선체 각부의 명칭을 나타낸 아래 그림에서 ㉠은?

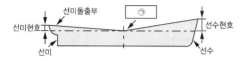

가. 선수현호
나. 선미현호
사. 상갑판
아. 용 골

02

선저판, 외판, 갑판 등에 둘러싸여 화물적재에 이용되는 공간은?

가. 격 벽
나. 선 창
사. 코퍼댐
아. 밸러스트 탱크

03

상갑판 보(Beam) 위의 선수재 전면으로부터 선미재 후면까지의 수평거리로 선박원부에 등록되고 선박국적 증서에 기재되는 길이는?

가. 전 장
나. 수선장
사. 등록장
아. 수선간장

04

키의 구조와 각부 명칭을 나타낸 아래 그림에서 ㉠은 무엇인가?

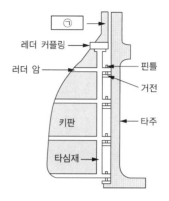

가. 타두재
나. 러더암
사. 타심재
아. 러더 커플링

05

조타장치 취급 시의 주의사항으로 옳지 않은 것은?

가. 유압펌프 및 전동기의 작동 시 소음을 확인한다.
나. 항상 모든 유압펌프가 작동되고 있는지 확인한다.
사. 수동조타 및 자동조타의 변환을 위한 장치가 정상적으로 작동하는지 확인한다.
아. 작동부에서 그리스의 주입이 필요한 곳에 일정 간격으로 주입되었는지 확인한다.

06

앵커 체인의 섀클 명칭이 아닌 것은?

가. 스톡(Stock)
나. 엔드 링크(End Link)
사. 커먼 링크(Common Link)
아. 조이닝 섀클(Joining Shackle)

07

고정식 소화장치 중에서 화재가 발생하면 자동으로 작동하여 물을 분사하는 장치는?

가. 고정식 포말 소화장치

나. 자동 스프링클러 장치

사. 고정식 분말소화 장치

아. 고정식 이산화탄소 소화장치

08

체온을 유지할 수 있도록 열전도율이 작은 방수 물질로 만들어진 포대기 또는 옷을 의미하는 구명 설비는?

가. 구명 동의　　　　나. 구명 부기

사. 방수복　　　　　　아. 보온복

09

해상에서 사용되는 신호 중 시각에 의한 통신이 아닌 것은?

가. 수기신호　　　　나. 기류신호

사. 기적신호　　　　아. 발광신호

10

불을 붙여 물에 던지면 해면 위에서 연기를 내는 조난 신호장비로서 방수 용기로 포장되어 잔잔한 해면에서 3분 이상 잘 보이는 색깔의 연기를 내는 것은?

가. 신호 홍염

나. 신호 거울

사. 자기 점화등

아. 발연부 신호

11

사람이 물에 빠진 시간 및 위치가 불명확하거나, 협시계, 어두운 밤 등으로 인하여 물에 빠진 사람을 확인할 수 없을 때, 그림과 같이 지나왔던 원래의 항적으로 돌아가고자 할 때 유효한 인명구조를 위한 조선법은?

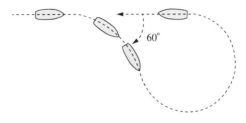

가. 반원 2선회법(Double Turn)

나. 샤르노브 턴(Scharnow Turn)

사. 윌리암슨 턴(Williamson Turn)

아. 싱글 턴 또는 앤더슨 턴(Single Turn or Anderson Turn)

12

팽창식 구명뗏목에 대한 설명으로 옳지 않은 것은?

가. 모든 해상에서 30일 동안 떠 있어도 견딜 수 있도록 제작되어야 한다.

나. 선박이 침몰할 때 자동으로 이탈되어 조난자가 탈 수 있다.

사. 구명정에 비해 항해 능력은 떨어지지만 손쉽게 강하할 수 있다.

아. 수압이탈장치의 작동 수심 기준은 수면 아래 10미터이다.

13

초단파(VHF) 무선설비로 타 선박을 호출할 때의 호출절차에 대한 설명으로 옳은 것은?

가. 상대선 선명, 여기는 본선 선명 순으로 호출한다.

나. 상대선 선명, 여기는 상대선 선명 순으로 호출한다.

사. 본선 선명, 여기는 상대선 선명 순으로 호출한다.

아. 본선 선명, 여기는 본선 선명 순으로 호출한다.

14

선박이 항진 중에 타각을 주었을 때, 타판의 표면에 작용하는 물의 점성에 의해 발생하는 힘은?

가. 양 력　　　　나. 항 력

사. 마찰력　　　　아. 직압력

15

선체운동 중에서 선수 및 선미가 상하로 교대로 회전하는 종경사 운동은?

가. 종동요(Pitching)

나. 횡동요(Rolling)

사. 선수 동요(Yawing)

아. 선체 좌우이동(Swaying)

16

선체의 뚱뚱한 정도를 나타내는 것은?

가. 등록장

나. 의장수

사. 방형계수

아. 배수톤수

17

선박이 선회 중 나타나는 일반적인 현상으로 옳지 않은 것은?

가. 선속이 감소한다.

나. 횡경사가 발생한다.

사. 선회 가속도가 감소한다.

아. 선미 킥이 발생한다.

18

접ㆍ이안 시 닻을 사용하는 목적이 아닌 것은?

가. 전진속력의 제어

나. 후진 시 선수가 회두 방지

사. 선회 보조 수단

아. 추진기관의 보조

19

협수로 항해에 관한 설명으로 옳지 않은 것은?

가. 통항시기는 게류 때나 조류가 약한 때를 택하고, 만곡이 급한 수로는 순조 시 통항을 피한다.

나. 협수로 만곡부에서의 유속은 일반적으로 만곡의 외측에서 강하고 내측에서는 약한 특징이 있다.

사. 협수로에서의 유속은 일반적으로 수로 중앙부가 약하고, 육지에 가까울수록 강한 특징이 있다.

아. 협수로는 수로의 폭이 좁고, 조류나 해류가 강하며, 굴곡이 심하여 선박의 조종이 어렵고, 항행할 때에는 철저한 경계를 수행하면서 통항하여야 한다.

20

비상위치지시 무선표지(EPIRB)의 수압이탈장치가 작동되는 수압은?

가. 수심 0.1~1미터 사이의 수압

나. 수심 1.5~4미터 사이의 수압

사. 수심 5~6.5미터 사이의 수압

아. 수심 10~15미터 사이의 수압

21

황천에 대비하여 탱크 내의 기름이나 물을 가득 채우거나 비우는 이유가 아닌 것은?

가. 유체 이동에 의한 선체 손상을 막는다.

나. 탱크 내 자유표면효과로 인한 복원력 감소를 줄인다.

사. 선저 밸러스트 탱크를 가득 채우면 복원성이 좋아진다.

아. 기름 탱크를 가득 채우면 연료유로 사용하기 쉽기 때문이다.

22

황천 항해 중 고정피치 스크루 프로펠러의 공회전(Racing)을 줄이는 방법이 아닌 것은?

가. 선미트림을 증가시킨다.

나. 기관의 회전수를 증가시킨다.

사. 침로를 변경하여 피칭(Pitching)을 줄인다.

아. 선속을 줄인다.

23

황천 중 선박이 선수파를 받고 고속 항주할 때 선수 선저부에 강한 선수파의 충격으로 급격한 선체 진동을 유발하는 현상은?

가. Slamming(슬래밍)

나. Scudding(스커딩)

사. Broaching to(브로칭 투)

아. Pooping Down(푸핑 다운)

24

선박의 침몰 방지를 위하여 선체를 해안에 고의적으로 얹히는 것은?

가. 좌 초

나. 접 촉

사. 임의 좌주

아. 충 돌

25

정박 중 선내 순찰의 목적이 아닌 것은?

가. 선내 각부의 화재위험 여부 확인

나. 선내 불빛이 외부로 새어 나가는지의 여부 확인

사. 정박등을 포함한 각종 등화 및 형상물 확인

아. 각종 설비의 이상 유무 확인

01

해사안전법상 조종제한선이 아닌 것은?

가. 기뢰제거작업에 종사하고 있는 선박
나. 수중작업에 종사하고 있는 선박
사. 흘수로 인하여 제약받고 있는 선박
아. 항공기의 발착작업에 종사하고 있는 선박

02

해사안전법상 선박교통관제구역에 신입하기 전 통신기기 관리에 대한 설명으로 옳은 것은?

가. 조난채널은 관제통신 채널을 대신한다.
나. 진입 전 호출응답용 관제통신 채널을 청취한다.
사. 관제통신 채널 청취만으로는 항만 교통상황을 알기 어렵다.
아. 선박교통관제사는 선박이 호출하기 전에는 어떠한 말도 하지 않는다.

03

해사안전법상 충돌을 피하거나 상황을 판단하기 위한 시간적 여유를 얻기 위한 조치는?

가. 소각도 변침
나. 레이더 작동
사. 상대선 호출
아. 속력을 줄임

04

해사안전법상 '적절한 경계'에 대한 설명으로 옳지 않은 것은?

가. 이용할 수 있는 모든 수단을 이용한다.
나. 청각을 이용하는 것이 가장 효과적이다.
사. 선박 주위의 상황을 파악하기 위함이다.
아. 다른 선박과 충돌할 위험성을 파악하기 위함이다.

05

해사안전법상 2척의 동력선이 충돌의 위험이 있는 상태에서 서로 상대선의 양쪽의 현등을 동시에 보면서 접근하고 있는 상태는?

가. 마주치는 상태
나. 횡단하는 상태
사. 앞지르기 하는 상태
아. 통과하는 상태

06

빈칸에 들어갈 말로 순서대로 적합한 것은?

> 해사안전법상 밤에는 다른 선박의 (   )만을 볼 수 있고 어느 쪽의 (   )도 볼 수 없는 위치에서 그 선박을 앞지르는 선박은 앞지르기 하는 배 보고 필요한 조치를 취하여야 한다.

가. 선수등, 현등
나. 선수등, 전주등
사. 선미등, 현등
아. 선미등, 전주등

07

해사안전법상 제한된 시계에서 레이더만으로 다른 선박이 있는 것을 탐지한 선박의 피항동작이 침로를 변경하는 것만으로 이루어질 경우 선박이 취할 행위로 옳은 것은?

가. 다른 선박이 자기 선박의 양쪽 현의 정횡 앞쪽에 있는 경우 좌현 쪽으로 침로를 변경하는 행위

나. 자기 선박의 양쪽 현의 정횡에 있는 선박의 방향으로 침로를 변경하는 행위

사. 자기 선박의 양쪽 현의 정횡 뒤쪽에 있는 선박의 방향으로 침로를 변경하는 행위

아. 다른 선박이 자기 선박의 양쪽 현의 정횡 앞쪽에 있는 경우 우현 쪽으로 침로를 변경하는 행위

08

빈칸에 들어갈 말로 순서대로 적합한 것은?

해사안전법상 모든 선박은 시계가 제한된 그 당시의 (   )에 적합한 (   )으로 항행하여야 하며, (   )은 제한된 시계 안에 있는 경우 기관을 즉시 조작할 수 있도록 준비하고 있어야 한다.

가. 시정, 안전한 속력, 모든 선박

나. 시정, 최소한의 속력, 동력선

사. 사정과 조건, 안전한 속력, 동력선

아. 사정과 조건, 최소한의 속력, 모든 선박

09

해사안전법상 길이 12미터 이상의 어선이 정박하였을 때 주간에 표시하는 것은?

가. 어선은 특별히 표시할 필요가 없다.

나. 앞쪽에 둥근꼴의 형상물 1개를 표시하여야 한다.

사. 둥근꼴의 형상물 2개를 가장 잘 보이는 곳에 표시하여야 한다.

아. 잘 보이도록 황색기 1개를 표시하여야 한다.

10

해사안전법상 '얹혀 있는 선박'의 주간 형상물은?

가. 가장 잘 보이는 곳에 수직으로 원통형 형상물 2개

나. 가장 잘 보이는 곳에 수직으로 원통형 형상물 3개

사. 가장 잘 보이는 곳에 수직으로 둥근꼴 형상물 2개

아. 가장 잘 보이는 곳에 수직으로 둥근꼴 형상물 3개

11

해사안전법상 현등 1쌍 대신에 양색등으로 표시할 수 있는 선박의 길이 기준은?

가. 길이 12미터 미만

나. 길이 20미터 미만

사. 길이 24미터 미만

아. 길이 45미터 미만

12

해사안전법상 '섬광등'의 정의는?

가. 선수쪽 225°의 수평사광범위를 갖는 등

나. 선미쪽 135°의 수평사광범위를 갖는 등

사. 360°에 걸치는 수평의 호를 비추는 등화로서
   일정한 간격으로 1분에 120회 이상 섬광을 발
   하는 등

아. 360°에 걸치는 수평의 호를 비추는 등화로서
   일정한 간격으로 1분에 60회 이상 섬광을 발하
   는 등

13

해사안전법상 항행 중인 동력선이 서로 상대의 시
계 안에 있는 경우 울려야 하는 기적 신호로 옳지
않은 것은?

가. 침로를 오른쪽으로 변경하고 있는 선박의 경
   우 단음 1회

나. 침로를 왼쪽으로 변경하고 있는 선박의 경우
   단음 2회

사. 기관을 후진하고 있는 선박의 경우 단음 3회

아. 좁은 수로 등의 장애물 때문에 다른 선박을 볼
   수 없는 수역에 접근하고 있는 선박의 경우 장
   음 2회

14

해사안전법상 서로 시계 안에 있는 선박이 접근하
고 있을 경우, 다른 선박의 동작을 이해할 수 없을
때 울리는 의문신호는?

가. 장음 5회 이상으로 표시

나. 단음 5회 이상으로 표시

사. 장음 5회, 단음 1회의 순으로 표시

아. 단음 5회, 장음 1회의 순으로 표시

15

해사안전법상 안개로 시계가 제한되었을 때 항행
중인 동력선이 대수속력이 있는 경우 울려야 하는
신호는?

가. 장음 1회, 단음 3회의 순으로 표시

나. 단음 1회, 장음 1회, 단음 1회의 순으로 표시

사. 2분을 넘지 아니하는 간격으로 장음 1회 표시

아. 2분을 넘지 아니하는 간격으로 장음 2회 표시

16

선박의 입항 및 출항 등에 관한 법률상 무역항의
수상구역 등에서 위험물을 적재한 총톤수 25톤의
선박이 수리를 할 경우, 반드시 허가를 받고 시행
하여야 하는 작업은?

가. 갑판 청소

나. 평형수의 이동

사. 연료의 수급

아. 기관실 용접 작업

17

선박의 입항 및 출항 등에 관한 법률상 무역항의
수상구역 등에 출입하는 경우 출입신고를 서면으
로 제출하여야 하는 선박은?

가. 예선 등 선박의 출입을 지원하는 선박

나. 피난을 위하여 긴급히 출항하여야 하는 선박

사. 연안수역을 항행하는 정기여객선으로서 항구
   에 출입하는 선박

아. 관공선, 군함, 해양경찰함정 등 공공의 목적으
   로 운영하는 선박

18

선박의 입항 및 출항 등에 관한 법률상 총톤수 5톤인 내항선이 무역항의 수상구역 등을 출입할 때, 출입신고에 대한 설명으로 옳은 것은?

가. 내항선이므로 출입신고를 하지 않아도 된다.

나. 무역항의 수상구역 등의 안으로 입항하는 경우 통상적으로 입항하기 전에 입항신고를 하여야 한다.

사. 무역항의 수상구역 등의 밖으로 출항하는 경우 통상적으로 출항 직후 즉시 출항신고를 하여야 한다.

아. 입항신고와 출항신고는 동시에 할 수 있다.

19

선박의 입항 및 출항 등에 관한 법률상 항로의 정의는?

가. 선박이 가장 빨리 갈 수 있는 길을 말한다.

나. 선박이 가장 안전하게 갈 수 있는 길을 말한다.

사. 선박이 일시적으로 이용하는 뱃길을 말한다.

아. 선박의 출입 통로로 이용하기 위하여 지정·고시한 수로를 말한다.

20

선박의 입항 및 출항 등에 관한 법률상 무역항의 수상구역 등이나 무역항의 수상구역 부근에서 선박의 속력제한에 대한 설명으로 옳은 것은?

가. 화물선은 최고 속력으로 항행하여야 한다.

나. 범선은 돛의 수를 늘려서 항행하여야 한다.

사. 고속여객선은 최저 속력으로 항행하여야 한다.

아. 다른 선박에 위험을 주지 않을 정도의 속력으로 항행하여야 한다.

21

선박의 입항 및 출항 등에 관한 법률상 항로에서의 항법으로 옳은 것은?

가. 항로 밖에 있는 선박은 항로에 들어오지 아니할 것

나. 항로 밖에서 항로에 들어오는 선박은 장음 10회의 기적을 울릴 것

사. 항로를 벗어나는 선박은 일단 정지했다가 다른 선박이 항로에 없을 때 항로를 벗어날 것

아. 항로 밖에서 항로로 들어오는 선박은 항로를 항행하는 다른 선박의 진로를 피하여 항행할 것

22

빈칸에 들어갈 말로 적합한 것은?

> 선박의 입항 및 출항 등에 관한 법률상 ( ) 외의 선박은 무역항의 수상구역 등에 출입하는 경우 또는 무역항의 수상구역 등을 통과하는 경우에는 지정·고시된 항로를 따라 항행하여야 한다.

가. 예인선

나. 우선피항선

사. 조종불능선

아. 흘수제약선

23

해양환경관리법상 기름이 배출된 경우 선박에서 시급하게 조치할 사항으로 옳지 않은 것은?

가. 배출된 기름의 제거

나. 배출된 기름의 확산 방지

사. 배출 방지를 위한 응급 조치

아. 배출된 기름이 해수와 잘 희석되도록 조치

24

해양환경관리법상 선박에서 발생하는 폐기물 배출에 대한 설명으로 옳지 않은 것은?

가. 폐사된 어획물은 해양에 배출이 가능하다.

나. 플라스틱 재질의 폐기물은 해양에 배출이 금지된다.

사. 해양환경에 유해하지 않은 화물잔류물은 해양에 배출이 금지된다.

아. 분쇄 또는 연마되지 않은 음식찌꺼기는 영해기선으로부터 12해리 이상에서 배출이 가능하다.

25

해양환경관리법상 유조선에서 화물창 안의 화물잔류물 또는 화물창 세정수를 한 곳에 모으기 위한 탱크는?

가. 혼합물 탱크(슬롭 탱크)

나. 밸러스트 탱크

사. 화물창 탱크

아. 분리 밸러스트 탱크

제4과목 기 관

01

과급기에 대한 설명으로 옳은 것은?

가. 기관의 운동 부분에 마찰을 줄이기 위해 윤활유를 공급하는 장치이다.

나. 연소가스가 지나가는 고온부를 냉각시키는 장치이다.

사. 기관의 회전수를 일정하게 유지시키기 위해 연료분사량을 자동으로 조절하는 장치이다.

아. 기관의 실린더 내로 공급되는 공기의 압력을 높여 실린더 내에 공급하는 장치이다.

02

4행정 사이클 디젤기관에서 실제로 동력을 발생시키는 행정은?

가. 흡입행정

나. 압축행정

사. 작동행정

아. 배기행정

03

디젤기관에서 실린더 라이너의 심한 마멸에 의한 영향이 아닌 것은?

가. 압축불량

나. 불완전 연소

사. 연소가스가 크랭크실로 누설

아. 폭발 시기가 빨라짐

23 아 24 사 25 가 / 01 아 02 사 03 아 정답

04

디젤기관의 압축비에 대한 설명으로 옳은 것을 모두 고른 것은?

> ㄱ. 압축비는 10보다 크다.
> ㄴ. 실린더부피를 압축부피로 나눈 값이다.
> ㄷ. 압축비가 클수록 압축압력은 높아진다.

가. ㄱ, ㄴ　　　　　나. ㄱ, ㄷ
사. ㄴ, ㄷ　　　　　아. ㄱ, ㄴ, ㄷ

05

4행정 사이클 6실린더 기관에서 폭발이 일어나는 크랭크 각도는?

가. 60°　　　　　나. 90°
사. 120°　　　　　아. 180°

06

다음 그림과 같은 4행정 사이클 디젤기관의 밸브 구동장치에서 가, 나, 다의 명칭을 순서대로 옳게 나타낸 것은?

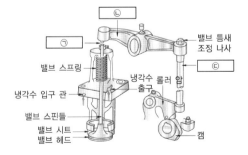

가. 밸브 틈새, 밸브 레버, 푸시 로드
나. 밸브 레버, 밸브 틈새, 푸시 로드
사. 푸시 로드, 밸브 레버, 밸브 틈새
아. 밸브 틈새, 푸시 로드, 밸브 레버

07

소형 디젤기관에서 윤활유가 공급되는 곳은?

가. 피스톤 핀
나. 연료분사밸브
사. 공기냉각기
아. 시동공기밸브

08

소형기관에서 피스톤링의 절구틈에 대한 설명으로 옳은 것은?

가. 기관의 운전시간이 많을수록 절구틈은 커진다.
나. 기관의 운전시간이 많을수록 절구틈은 작아진다.
사. 절구틈이 커질수록 기관의 효율이 좋아진다.
아. 절구틈이 작을수록 연소가스 누설이 많아진다.

09

다음 그림에서 (1)과 (2)의 명칭으로 옳은 것은?

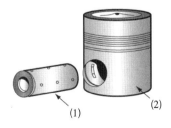

가. 피스톤핀과 피스톤
나. 크랭크 핀과 피스톤
사. 피스톤핀과 크랭크 핀
아. 크랭크 축과 피스톤

10

다음 그림과 같은 크랭크 축에서 커넥팅 로드가 연결되는 부분은?

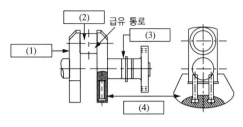

가. (1)　　　　　나. (2)
사. (3)　　　　　아. (4)

11

디젤기관의 운전 중 윤활유 계통에서 주의해서 관찰해야 하는 것은?

가. 기관의 입구 온도와 기관의 입구 압력
나. 기관의 출구 온도와 기관의 출구 압력
사. 기관의 입구 온도와 기관의 출구 압력
아. 기관의 출구 온도와 기관의 입구 압력

12

디젤기관에서 실린더 라이너에 윤활유를 공급하는 주된 이유는?

가. 불완전 연소를 방지하기 위해
나. 연소가스의 누설을 방지하기 위해
사. 피스톤의 균열 발생을 방지하기 위해
아. 실린더 라이너의 마멸을 방지하기 위해

13

추진기의 회전속도가 어느 한도를 넘으면 추진기 배면의 압력이 낮아지며 물의 흐름이 표면으로부터 떨어져 기포가 발생하여 추진기 표면을 두드리는 현상은?

가. 슬립현상
나. 공동현상
사. 명음현상
아. 수격현상

14

추진기와 선체 사이의 거리를 크게 하기 위해 프로펠러 날개가 축의 중심선에 대해 선미 방향으로 약간 기울어져 있는 것을 무엇이라 하는가?

가. 피 치　　　　　나. 보 스
사. 경 사　　　　　아. 와 류

15

전동유압식 조타장치의 유압펌프로 이용될 수 있는 펌프는?

가. 원심펌프
나. 축류펌프
사. 제트펌프
아. 기어펌프

16

양묘기의 설명으로 옳은 것은?

가. 치차와 제동장치가 없다.
나. 치차는 있으나 제동장치는 없다.
사. 치차는 없으나 제동장치는 있다.
아. 치차와 제동장치 모두 있다.

17

캡스턴의 정비사항이 아닌 것은?

가. 그리스 니플을 통해 그리스를 주입한다.
나. 마모된 부시를 교환한다.
사. 마모된 체인을 교환한다.
아. 구멍이 막힌 그리스 니플을 교환한다.

18

해수펌프에 설치되지 않는 것은?

가. 흡입관
나. 압력계
사. 감속기
아. 축봉장치

19

증기 압축식 냉동장치의 사이클 과정을 옳게 나타낸 것은?

가. 압축기 → 응축기 → 팽창밸브 → 증발기
나. 압축기 → 팽창밸브 → 응축기 → 증발기
사. 압축기 → 증발기 → 응축기 → 팽창밸브
아. 압축기 → 증발기 → 팽창밸브 → 응축기

20

납축전지의 관리방법으로 옳지 않은 것은?

가. 충전할 때는 완전히 충전시킨다.
나. 방전시킬 때는 완전히 방전시킨다.
사. 전해액을 보충할 때에는 비중을 맞춘다.
아. 전해액 보충 시에는 증류수로 보충한다.

21

압력을 표시하는 단위는?

가. [W]
나. [N]
사. [kcal]
아. [MPa]

22

과급기가 있는 디젤 주기관의 설명으로 옳지 않은 것은?

가. 공기 냉각기가 필요하다.
나. 연료유 응축기가 필요하다.
사. 윤활유 냉각기가 필요하다.
아. 청수 냉각기가 필요하다.

23

디젤기관에서 흡·배기 밸브의 틈새를 조정할 경우 주의사항으로 옳은 것은?

가. 피스톤이 압축행정의 상사점에 있을 때 조정한다.
나. 틈새는 규정치보다 약간 크게 조정한다.
사. 틈새는 규정치보다 약간 작게 조정한다.
아. 피스톤이 상사점보다 30° 지난 위치에서 조정한다.

24

연료유관 내에서 기름이 흐를 때 유동에 가장 큰 영향을 미치는 것은?

가. 발열량
나. 점 도
사. 비 중
아. 세탄가

25

연료유 수급 시 주의사항으로 옳지 않은 것은?

가. 연료유 수급 중 선박의 흘수 변화에 주의한다.
나. 수급 초기에는 압력을 최대로 높여서 수급한다.
사. 주기적으로 측심하여 수급량을 계산한다.
아. 주기적으로 누유되는 곳이 있는지를 점검한다.

PART 02 · 2020년 제3회 기출복원문제

해설 592P

제1과목 항 해

01

자기 컴퍼스의 플린더즈(퍼멀로이) 바의 역할은?

가. 경선차 수정을 위한 것

나. 일시자기의 수평분력을 조정하기 위한 것

사. 선체 일시자기 중 수직분력을 조정하기 위한 것

아. 선박의 동요로 비너클이 기울어져도 볼(Bowl)을 항상 수평으로 유지하기 위한 것

02

자이로컴퍼스에서 컴퍼스 카드가 부착되어 있는 부분은?

가. 주동부

나. 추종부

사. 지지부

아. 전원부

03

수심이 얕은 곳에서 수심을 측정하거나 투묘할 때 배의 진행 방향 및 타력 또는 정박 중 닻의 끌림을 알기 위한 기기는?

가. 핸드 레드

나. 사운딩 자

사. 트랜스듀서

아. 풍향풍속계

04

선수미선과 선박을 지나는 자오선이 이루는 각은?

가. 방 위

나. 침 로

사. 자 차

아. 편 차

05

자침방위가 069°이고, 그 지점의 편차가 9°E일 때 진방위는?

가. 060°

나. 069°

사. 070°

아. 078°

06

전자해도 표시장치(ECDIS)의 기능이 아닌 것은?

가. 자동으로 선박의 속력을 유지한다.

나. 선박의 항해와 관련된 주요 정보들을 나타낸다.

사. 자동조타장치와 연동하면 조타장치를 제어할 수 있다.

아. 자동 레이더 플로팅 장치와 연동하여 충돌위험 선박을 표시할 수 있다.

07

교차방위법 사용 시 물표 선정 방법으로 옳지 않은 것은?

가. 고정 물표를 선정할 것
나. 2개보다 3개를 선정할 것
사. 물표 사이의 교각은 150°~300°일 것
아. 해도상 위치가 명확한 물표를 선정할 것

08

관측자와 지구 중심을 지나는 직선이 천구와 만나는 두 점 중에서 관측자의 발 아래쪽에서 만나는 점은?

가. 천 정
나. 천 저
사. 천의 북극
아. 천의 남극

09

위성항법장치(GPS)에서 오차가 발생하는 원인이 아닌 것은?

가. 수신기 오차
나. 위성 궤도 오차
사. 전파 지연 오차
아. 사이드 로브에 의한 오차

10

S밴드 레이더에 비해 X밴드 레이더가 가지는 장점으로 옳지 않은 것은?

가. 화면이 보다 선명하다.
나. 방위와 거리 측정이 정확하다.
사. 소형 물표 탐지에 유리하다.
아. 원거리 물표 탐지에 유리하다.

11

노출암을 나타낸 해도도식에서 '4'가 의미하는 것은?

가. 수 심
나. 암초 높이
사. 파 고
아. 암초 크기

PART 02

12

다음 중 해도에 표시되는 높이나 깊이의 기준면이 다른 것은?

가. 수 심
나. 등 대
사. 간출암
아. 세 암

13

조석표에 대한 설명으로 옳지 않은 것은?

가. 조석 용어의 해설도 포함하고 있다.
나. 각 지역의 조석 및 조류에 대해 상세히 기술하고 있다.
사. 표준항 이외의 항구에 대한 조시, 조고를 구할 수 있다.
아. 국립해양조사원은 외국항 조석표는 발행하지 않는다.

14

항로표지 중 광파(야간)표지에 대한 설명으로 옳지 않은 것은?

가. 등화에 이용되는 색깔은 백색, 적색, 녹색, 황색이다.

나. 등대의 높이는 기본수준면에서 등화 중심까지의 높이를 미터로 표시한다.

사. 등색이나 등력이 바뀌지 않고 일정하게 계속 빛을 내는 등을 부동등이라 한다.

아. 통항이 곤란한 좁은 수로, 항만 입구에 설치하여 중시선에 의하여 선박을 인도하는 등을 도등이라 한다.

15

암초나 침선의 존재를 알리는 고립장애표지(Isolated Danger Marks)의 표체 색깔은?

가. 흑색 바탕에 가운데 적색 띠

나. 적색 바탕에 가운데 흑색 띠

사. 흑색 바탕에 가운데 백색 띠

아. 백색 바탕에 가운데 흑색 띠

16

레이더 작동 중 화면상에 일정 형태의 레이콘 신호가 나타나게 하는 항로표지는?

가. 신호표지

나. 음파(음향)표지

사. 광파(야간)표지

아. 전파표지

17

해도상에 표시되어 있으며, 바깥쪽은 진북을 가리키는 진방위권, 안쪽은 자기 컴퍼스가 가리키는 나침방위권을 각각 표시한 것으로 지자기에 따른 자침 편차와 1년간의 변화량인 연차가 함께 기재되어 있는 것은?

가. 측지계

나. 경위도

사. 나침도

아. 축 척

18

항만, 정박지. 좁은 수로 등의 좁은 구역을 상세히 그린 해도는?

가. 항양도

나. 항해도

사. 해안도

아. 항박도

19

해도상에 'Fl. 20s 10m 5M'이라고 표시된 등대의 불빛을 볼 수 있는 거리는 등대로부터 대략 몇 해리인가?

가. 5해리

나. 10해리

사. 15해리

아. 20해리

20

우리나라 측방표지 중 수로의 우측 한계를 나타내는 부표의 색깔은?

가. 녹 색

나. 적 색

사. 흑 색

아. 황 색

21

조석에 의하여 생기는 해수의 주기적인 수평방향의 유동은?

가. 게 류

나. 와 류

사. 조 류

아. 취송류

22

중심이 주위보다 따뜻하고, 여름철 대륙 내에서 발생하는 저기압으로, 상층으로 갈수록 저기압성 순환이 줄어들면서 어느 고도 이상에서 사라지는 키가 작은 저기압은?

가. 전선 저기압

나. 비전선 저기압

사. 한랭 저기압

아. 온난 저기압

23

1미터마다의 등파고선, 탁월파향 등이 표시되어 선박의 항행 안전 및 경제적 운항에 도움이 되는 해황도는?

가. 지상 해석도

나. 등압면 해석도

사. 외양 파랑 해석도

아. 지상기압·강수량·바람 예상도

24

어느 기준 수심보다 더 얕은 위험구역을 표시하는 등심선은?

가. 변침선　　　　　나. 등고선

사. 경계선　　　　　아. 중시선

25

〈보기〉에서 종이 해도에 항해계획을 수립하는 순서를 옳게 나타낸 것은?

┤보 기├

ㄱ. 소축척 해도 상에 선정한 항로를 작도하고, 대략적인 항정을 구한다.

ㄴ. 수립한 계획이 적절한지를 검토한다.

ㄷ. 대축척 해도에 항로를 작도하고, 정확한 항적을 구하여 예정 항행 계획표를 작성한다.

ㄹ. 각종 항로지 등을 이용하여 항행 해역을 조사하고 가장 적합한 항로를 선정한다.

가. ㄱ → ㄹ → ㄷ → ㄴ

나. ㄱ → ㄴ → ㄹ → ㄷ

사. ㄹ → ㄱ → ㄴ → ㄷ

아. ㄹ → ㄴ → ㄱ → ㄷ

01

그림과 같이 선수를 측면에서 바라본 형상을 나타내는 명칭은?

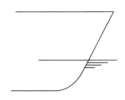

가. 직립형
나. 경사형
사. 구상형
아. 클리퍼형

02

선저판, 외판, 갑판 등에 둘러싸여 화물 적재에 이용되는 공간은?

가. 격 벽
나. 선 창
사. 코퍼댐
아. 밸러스트 탱크

03

다음 중 선박의 주요 치수가 아닌 것은?

가. 폭
나. 길 이
사. 깊 이
아. 두 께

04

전기화재의 소화에 적합하고, 분사 가스가 매우 낮은 온도이므로 사람을 향해서 분사하여서는 아니 되며 반드시 손잡이를 잡고 분사하여 동상을 입지 않도록 주의해야 하는 휴대용 소화기는?

가. 폼 소화기
나. 분말 소화기
사. 할론 소화기
아. 이산화탄소 소화기

05

목조 갑판의 틈 메우기에 쓰이는 황백색의 반 고체는?

가. 흑 연   나. 타 르
사. 퍼 티   아. 시멘트

06

타의 구조에서 ②는 무엇인가?

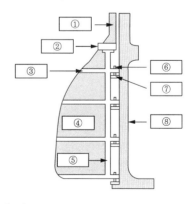

가. 타 판
나. 핀 틀
사. 거 전
아. 러더 커플링

07

일반적으로 섬유 로프의 무게는 어떻게 나타내는가?

가. 1미터의 무게

나. 1사리의 무게

사. 10미터의 무게

아. 1발의 무게

08

수중의 생존자가 구조될 때까지 잡고 떠 있게 하는 것으로, 자기 점화등·발연부 신호와 함께 바다에 던지는 것은?

가. 구조정　　　　나. 구명뗏목

사. 방수복　　　　아. 구명부환

09

국제 기류신호 'G'기는 무슨 의미인가?

가. 사람이 물에 빠졌다.

나. 나는 위험물을 하역 중 또는 운송 중이다.

사. 나는 도선사를 요청한다.

아. 나를 피하라, 나는 조종이 자유롭지 않다.

10

끝부분이 이산화탄소 용기 커터장치에 연결되어 구명뗏목을 팽창시키는 역할을 하는 장치는?

가. 구명줄

나. 자동줄

사. 자동이탈장치

아. 스케이트

11

다음 중 조난신호가 아닌 것은?

가. 약 1분간을 넘지 아니하는 간격의 총포 신호

나. 발연부 신호

사. 로켓 낙하산 화염신호

아. 지피에스 신호

12

자기 점화등과 같은 목적의 주간 신호이며, 물에 들어가면 자동으로 오렌지색 연기를 내는 장비는?

가. 신호 홍염

나. 로켓 낙하산 화염신호

사. 발연부 신호

아. 신호 거울

13

해양사고 시 구조선의 운용에 관한 설명으로 옳은 것은?

가. 구조선은 조난선의 풍상측에서 접근하되 바람에 의해 압류될 것을 고려해야 한다.

나. 구조선은 조난선의 풍상측에 대기하다가 구조한 구명정이 구조선의 풍상측에 오면 사람을 옮겨 태운다.

사. 구조선은 풍상측의 구명정을 내려서 구명정을 조난선 풍상측 선체 중앙부에 접근하여 계선줄을 연결한다.

아. 구조건의 풍상측에 밧줄, 카고네트, 그물 등을 여러 군데 매달고 조난자의 풍상측에서 표류시켜 표류자를 끌어올린다.

PART 02

14

가까운 거리의 선박이나 연안국에 조난통신을 송신할 경우 가장 유용한 통신장비는?

가. 중파(MF) 무선설비
나. 단파(HF) 무선설비
사. 초단파(VHF) 무선설비
아. 위성통신설비

15

천수효과(Shallow Water Effect)에 대한 설명으로 옳지 않은 것은?

가. 선회성이 좋아진다.
나. 트림의 변화가 생긴다.
사. 선박의 속력이 감소한다.
아. 선체 침하 현상이 생긴다.

16

우선회 고정피치 단추진기 선박의 흡입류와 배출류에 대한 설명으로 옳지 않은 것은?

가. 측압작용의 영향은 스크루 프로펠러가 수면 위에 노출되어 있을 때 뚜렷하게 나타난다.
나. 기관 전진 중 스크루 프로펠러가 수중에서 회전하면 앞쪽에서는 스크루 프로펠러에 빨려드는 흡입류가 있다.
사. 기관을 전진상태로 작동하면 키의 하부에 작용하는 수류는 수면 부근에 위치한 상부에 작용하는 수류보다 강하며 선미를 좌현 쪽으로 밀게 된다.
아. 기관을 후진상태로 작동시키면 선체의 우현 쪽으로 흘러가는 배출류는 우현 선미 측벽에 부딪치면서 측압을 형성한다.

17

선체의 이동 중 선수미 방향의 왕복운동은?

가. 부상(Float)
나. 서지(Surge)
사. 횡표류(Drift)
아. 스웨이(Sway)

18

빈칸에 들어갈 말로 순서대로 적합한 것은?

> 타각을 크게 하면 할수록 타에 작용하는 압력이 커져서 선회 우력은 (   ) 선회권은 (   )

가. 커지고, 커진다.
나. 작아지고, 커진다.
사. 커지고, 작아진다.
아. 작아지고, 작아진다.

19

스크루 프로펠러로 추진되는 선박을 조종할 때 천수의 영향에 대한 대책으로 옳지 않은 것은?

가. 가능하면 흘수를 얕게 조정한다.
나. 천수역을 고속으로 통과한다.
사. 천수역 통항에 필요한 여유수심을 확보한다.
아. 가능한 고조 시에 천수역을 통과한다.

20

좁은 수로를 항해할 때 유의사항으로 옳지 않은
것은?

가. 순조 때에는 타효가 나빠진다.

나. 변침할 때는 소각도로 여러 차례 변침하는 것
이 좋다.

사. 선수미선과 조류의 유선이 직각을 이루도록
조종하는 것이 좋다.

아. 언제든지 닻을 사용할 수 있도록 준비된 상태
에서 항행하는 것이 좋다.

21

항해 중 황천에 대비하여 선박의 복원력을 증가시
키기 위한 방법이 아닌 것은?

가. 비어 있는 선저 밸러스트 탱크를 채운다.

나. 하나의 탱크에 가득 찬 청수를 2개의 탱크에
나누어 절반 정도씩 싣는다.

사. 탱크의 중간 정도 차 있는 연료유는 다른 탱크
로 옮기고 비운다.

아. 갑판상 선외 배출구가 막힌 곳이 없도록 확인
한다.

22

파도가 심한 해역에서 선속을 저하시키는 요인이
아닌 것은?

가. 바 람

나. 풍랑(Wave)

사. 기 압

아. 너울(Swell)

23

선수부 좌우현의 급격한 요잉(Yawing) 현상과 타
효 상실 등으로 선체가 선미파에 가로눕게 되어
발생하는 대각도 횡경사 현상은?

가. 슬래밍(Slamming)

나. 히브 투(Heave to)

사. 브로칭 투(Broaching to)

아. 푸핑 다운(Pooping Down)

24

다음 해저의 저질 중 임의 좌주를 시킬 때 가장
적합하지 않은 것은?

가. 뻘

나. 모 래

사. 자 갈

아. 모래와 자갈이 섞인 곳

25

열 작업(Hot Work) 시 화재예방을 위한 방법으로
옳지 않은 것은?

가. 작업 장소는 통풍이 잘 되도록 한다.

나. 가스 토치용 가스용기는 항상 수평으로 유지
한다.

사. 적합한 휴대용 소화기를 작업장소에 배치한다.

아. 작업장 주변의 가연성 물질은 반드시 미리 옮
긴다.

PART 02

01

해사안전법상 서로 다른 방향으로 진행하는 통항로를 나누는 일정한 폭의 수역은?

가. 통항로
나. 분리대
사. 참조선
아. 연안통항대

02

해사안전법상 선박의 출항을 통제하는 목적은?

가. 국적선의 이익을 위해
나. 선박의 효율적 통제를 위해
사. 항만의 무리한 운영을 막으려고
아. 선박의 안전운항에 지장을 줄 우려 때문에

03

해사안전법상 안전한 속력을 결정할 때 고려할 사항이 아닌 것은?

가. 해상교통량의 밀도
나. 레이더의 특성 및 성능
사. 항해사의 야간 항해당직 경험
아. 선박의 정지거리·선회성능, 그 밖의 조종
　　성능

04

해사안전법상 마주치는 상태가 아닌 경우는?

가. 선수 방향에 있는 다른 선박과 밤에는 2개의 마스트등을 일직선으로 또는 거의 일직선으로 볼 수 있거나 양쪽의 현등을 볼 수 있는 경우
나. 선수 방향에 있는 다른 선박과 낮에는 2척의 선박의 마스트가 선수에서 선미까지 일직선이 되거나 거의 일직선이 되는 경우
사. 선수 방향에 있는 다른 선박과 마주치는 상태에 있는지가 분명하지 아니한 경우
아. 선수 방향에 있는 다른 선박의 선미등을 볼 수 있는 경우

05

해사안전법상 충돌 위험의 판단에 대한 설명으로 옳지 않은 것은?

가. 다른 선박과 충돌할 위험이 있는지를 판단하기 위하여 당시의 상황에 알맞은 모든 수단을 활용하여야 한다.
나. 불충분한 레이더 정보라도 다른 선박과의 충돌 위험 여부 판단에 적극 활용한다.
사. 선박은 접근하여 오는 다른 선박의 나침방위에 뚜렷한 변화가 일어나지 아니하면 충돌할 위험성이 있다고 보고 필요한 조치를 취하여야 한다.
아. 레이더를 설치한 선박은 다른 선박과 충돌할 위험성 유무를 미리 파악하기 위하여 레이더를 이용하여 장거리 주사, 탐지된 물체에 대한 작도, 그 밖의 체계적인 관측을 하여야 한다.

정답　01 나　02 아　03 사　04 아　05 나

06

빈칸에 들어갈 말로 순서대로 적합한 것은?

> 해사안전법상 서로 시계 안에서 2척의 동력
> 선이 마주치거나 거의 마주치게 되어 충돌의
> 위험이 있을 때에는 각 동력선은 서로 다른
> 선박의 (   ) 쪽을 지나갈 수 있도록 침로
> 를 (   ) 쪽으로 변경하여야 한다.

가. 우현, 우현

나. 좌현, 우현

사. 우현, 좌현

아. 좌현, 좌현

07

해사안전법상 선박의 등화에 대한 설명으로 옳지
않은 것은?

가. 야간 항행 시에는 항상 등화를 표시하여야
　　한다.

나. 주간에도 제한된 시계에서는 등화를 표시하여
　　야 한다.

사. 현등의 색깔은 좌현은 녹색 등, 우현은 붉은색
　　등이다.

아. 야간에 접근하여 오는 선박의 진행 방향은 등
　　화를 관찰하여 알 수 있다.

08

해사안전법상 제한된 시계에서 레이더만으로 다
른 선박이 있는 것을 탐지한 선박의 피항동작이
침로를 변경하는 것만으로 이루어질 경우 선박이
취하여야 할 행위로 옳은 것은?

가. 다른 선박이 자기 선박의 양쪽 현의 정횡 앞
　　쪽에 있는 경우 좌현 쪽으로 침로를 변경하는
　　행위

나. 자기 선박의 양쪽 현의 정횡에 있는 선박의 방
　　향으로 침로를 변경하는 행위

사. 자기 선박의 양쪽 현의 정횡 뒤쪽에 있는 선박
　　의 방향으로 침로를 변경하는 행위

아. 다른 선박이 자기 선박의 양쪽 현의 정횡 앞
　　쪽에 있는 경우 우현 쪽으로 침로를 변경하는
　　행위

09

해사안전법상 정선수 방향에서 양쪽 현으로 각각
112.5°에 걸치는 수평의 호를 비추는 등화는?

가. 현 등　　　　　　　나. 전주등

사. 선미등　　　　　　　아. 예선등

10

빈칸에 들어갈 말로 적합한 것은?

> 해사안전법상 길이 12미터 미만의 동력선은
> 항행 중인 동력선에 따른 등화를 대신하여
> (   ) 1개와 현등 1쌍을 표시할 수 있다.

가. 황색 전주등

나. 흰색 전주등

사. 붉은색 전주등

아. 녹색 전주등

11

해사안전법상 조종불능선과 조종제한선의 등화에 대한 설명으로 옳지 않은 것은?

가. 조종불능선은 가장 잘 보이는 곳에 수직으로 붉은색 전주등 2개를 표시하여야 한다.

나. 조종불능선이 대수속력이 있는 경우 가장 잘 보이는 곳에 수직으로 붉은색 전주등 2개, 현등과 선미등을 표시하여야 한다.

사. 조종제한선은 가장 잘 보이는 곳에 수직으로 위쪽과 아래쪽에는 붉은색 전주등, 가운데에는 흰색 전주등 각 1개를 표시하여야 한다.

아. 조종제한선이 정박 중에는 붉은색 전주등 1개를 추가하여 표시하여야 한다.

12

해사안전법상 장음과 단음에 대한 설명으로 옳은 것은?

가. 단음 – 1초 정도 계속되는 고동소리
나. 단음 – 3초 정도 계속되는 고동소리
사. 장음 – 8초 정도 계속되는 고동소리
아. 장음 – 10초 정도 계속되는 고동소리

13

빈칸에 들어갈 말로 순서대로 적합한 것은?

> 해사안전법상 (   )이 (   )에 종사하지 아니할 때에는 그 선박과 (   )의 선박이 표시하여야 할 등화나 형상물을 표시하여야 한다.

가. 예인선, 예선업무, 같은 톤수
나. 예인선, 도선업무, 같은 길이
사. 도선선, 예선업무, 같은 톤수
아. 도선선, 도선업무, 같은 길이

14

해사안전법상 서로 상대의 시계 안에 있는 선박이 접근하고 있을 경우, 하나의 선박이 다른 선박의 의도 또는 동작을 이해할 수 없을 때 울리는 기적 신호는?

가. 장음 5회 이상
나. 장음 3회 이상
사. 단음 5회 이상
아. 단음 3회 이상

15

빈칸에 들어갈 말로 순서대로 적합한 것은?

> 해사안전법상 좁은 수로 등의 굽은 부분에 접근하는 선박은 (   )의 기적 신호를 울리고, 그 기적신호를 들은 선박은 (   )의 기적 신호를 울려 이에 응답하여야 한다.

가. 단음 1회, 단음 2회
나. 장음 1회, 단음 2회
사. 단음 1회, 단음 1회
아. 장음 1회, 장음 1회

11 아 12 가 13 아 14 사 15 아 정답

16

선박의 입항 및 출항 등에 관한 법률상 총톤수 5톤인 내항선이 무역항의 수상구역 등을 출입할 때, 출입신고에 대한 설명으로 옳은 것은?

가. 내항선이므로 출입신고를 하지 않아도 된다.

나. 무역항의 수상구역 등의 안으로 입항하는 경우 통상적으로 입항하기 전에 입항신고를 하여야 한다.

사. 무역항의 수상구역 등의 밖으로 출항하는 경우 통상적으로 출항 직후 즉시 출항신고를 하여야 한다.

아. 출항 일시가 이미 정하여진 경우에도 입항신고와 출항신고는 동시에 할 수 없다.

17

선박의 입항 및 출항 등에 관한 법률상 방파제 부근에서 입·출항 선박이 마주칠 우려가 있는 경우 항법에 대한 설명으로 옳은 것은?

가. 소형선이 대형선의 진로를 피한다.

나. 방파제 입구에는 동시에 진입해도 상관없다.

사. 입항하는 선박은 방파제 밖에서 출항하는 선박의 진로를 피한다.

아. 선속이 빠른 선박이 선속이 느린 선박의 진로를 피한다.

18

선박의 입항 및 출항 등에 관한 법률상 선박이 해상에서 일시적으로 운항을 멈추는 것은?

가. 정 박
나. 정 류
사. 계 류
아. 계 선

19

선박의 입항 및 출항 등에 관한 법률상 무역항의 수상구역 등에서 주위에 선박이 있는 경우 우현으로 변침하면서 울릴 수 있는 음향신호는?

가. 단음 1회
나. 단음 2회
사. 단음 3회
아. 장음 1회

20

선박의 입항 및 출항 등에 관한 법률상 무역항의 수상구역 등에서 그림과 같이 항로 밖에 있던 선박이 항로 안으로 들어오려고 할 때, 항로를 따라 항행하고 있는 선박과의 관계에 대한 설명으로 옳은 것은?

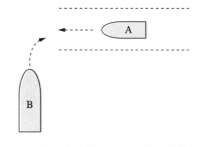

가. A선은 항로의 우측으로 진로를 피하여야 한다.

나. A선은 B선이 항로에 안전하게 진입할 수 있게 대기하여야 한다.

사. B선은 A선의 진로를 피하여 항행하여야 한다.

아. B선은 A선과 우현 대 우현으로 통과하여야 한다.

21

빈칸에 들어갈 말로 순서대로 적합한 것은?

> 선박의 입항 및 출항 등에 관한 법률상 우선 피항선 외의 선박은 무역항의 수상구역 등에 ( )하는 경우 또는 무역항의 수상구역 등을 ( )하는 경우에는 지정·고시된 항로를 따라 항행하여야 한다.

가. 입항, 통항
나. 출항, 통과
사. 출입, 통과
아. 출입, 항행

22

선박의 입항 및 출항 등에 관한 법률상 주로 무역항의 수상구역에서 운항하는 선박으로서 다른 선박의 진로를 피하여야 하는 선박이 아닌 것은?

가. 자력항행능력이 없어 다른 선박에 의하여 끌리거나 밀려서 항행되는 부선
나. 해양환경관리업을 등록한 자가 소유한 선박
사. 항만운송관련사업을 등록한 자가 소유한 선박
아. 예인선에 결합되어 운항하는 압항부선

23

해양환경관리법상 선박의 밑바닥에 고인 액상유성혼합물은?

가. 윤활유
나. 선저 폐수
사. 선저 유류
아. 선저 세정수

24

빈칸에 들어갈 말로 적합한 것은?

> 해양환경관리법상 선박에서의 오염물질인 기름이 배출되었을 때 신고해야 하는 기준은 배출된 기름 중 유분이 100만분의 1,000 이상이고 유분 총량이 ( )이다.

가. 20리터 이상
나. 50리터 이상
사. 100리터 이상
아. 200리터 이상

25

해양환경관리법상 소형선박에 비치해야 하는 기관구역용 폐유저장용기에 관한 규정으로 옳지 않은 것은?

가. 총톤수 5톤 이상 10톤 미만의 선박은 30리터 저장용량의 용기 비치
나. 총톤수 10톤 이상 30톤 미만의 선박은 60리터 저장용량의 용기 비치
사. 용기의 재질은 견고한 금속성 또는 플라스틱 재질일 것
아. 용기는 2개 이상으로 나누어 비치 가능

21 사 22 아 23 나 24 사 25 가 정답

제4과목 기 관

01

디젤기관에서 실린더 라이너의 마멸이 가장 심한 곳은?

가. 상사점 부위

나. 하사점 부위

사. 상사점과 하사점 중간 부위

아. 실린더 헤드와 접촉되는 부위

02

내연기관을 작동시키는 작동 유체는?

가. 증 기

나. 공 기

사. 연료유

아. 연소가스

03

소형 내연기관에서 메인 베어링의 주된 발열 원인으로 옳지 않은 것은?

가. 윤활유 색깔이 검은 경우

나. 윤활유 공급이 부족한 경우

사. 윤활유 펌프가 고장난 경우

아. 윤활유 여과기가 막힌 경우

04

다음 그림과 같은 4행정 사이클 디젤기관의 밸브 구동장치에서 ①, ②, ③의 명칭을 순서대로 옳게 나타낸 것은?

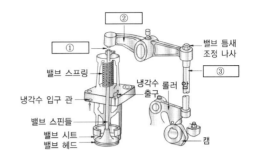

가. 밸브틈새, 밸브레버, 푸시로드

나. 밸브레버, 밸브틈새, 푸시로드

사. 푸시로드, 밸브레버, 밸브틈새

아. 밸브틈새, 푸시로드, 밸브레버

05

트렁크형 소형기관에서 피스톤과 연접봉을 연결하는 부품은?

가. 로크핀

나. 피스톤핀

사. 크랭크핀

아. 크로스헤드핀

06

소형기관의 피스톤 재질에 대한 설명으로 옳지 않은 것은?

가. 무게가 무거운 것이 좋다.

나. 강도가 큰 것이 좋다.

사. 열전도가 잘 되는 것이 좋다.

아. 마멸에 잘 견디는 것이 좋다.

07

디젤기관에서 크랭크 축의 구성 요소가 아닌 것은?

가. 크랭크 핀

나. 크랭크 핀 베어링

사. 크랭크 암

아. 크랭크 저널

08

디젤기관에서 피스톤링에 대한 설명으로 옳지 않은 것은?

가. 피스톤링은 적절한 절구 틈을 가져야 한다.

나. 피스톤링에는 압축링과 오일링이 있다.

사. 오일링보다 압축링의 수가 더 많다.

아. 오일링이 압축링보다 연소실에 더 가까이 설치된다.

09

디젤기관의 운전 중 진동이 심해지는 원인으로 옳지 않은 것은?

가. 기관대의 설치 볼트가 여러 개 절손되었을 때

나. 윤활유 압력이 높을 때

사. 노킹현상이 심할 때

아. 기관이 위험회전수로 운전될 때

10

디젤기관에서 운전 중에 확인해야 하는 사항이 아닌 것은?

가. 윤활유의 압력과 온도

나. 배기가스의 색깔과 온도

사. 기관의 진동 여부

아. 크랭크실 내부의 검사

11

소형기관에 설치된 시동용 전동기에 대한 설명으로 옳지 않은 것은?

가. 주로 교류 전동기가 사용된다.

나. 축전지로부터 전원을 공급 받는다.

사. 기관에 회전력을 주어 기관을 시동한다.

아. 전기적 에너지를 기계적 에너지로 바꾼다.

12

연료유에 수분과 불순물이 많이 섞였을 때 디젤기관에 나타나는 현상이 아닌 것은?

가. 연료필터가 잘 막힌다.

나. 시동이 잘 걸리지 않는다.

사. 배기에 수증기가 생긴다.

아. 급기에 물이 많이 발생한다.

13

프로펠러축이 선체를 관통하는 부분에 설치되어 프로펠러축을 지지하며 해수가 선내로 들어오는 것을 방지하는 장치는?

가. 선수관 장치

나. 선미관 장치

사. 스러스트 장치

아. 감속 장치

14

갑판보기가 아닌 것은?

가. 양묘장치

나. 계선장치

사. 하역용 크레인

아. 청정장치

15

변압기의 정격 용량을 나타내는 단위는?

가. [A]

나. [Ah]

사. [kW]

아. [kVA]

16

다음 그림과 같이 우회전하는 프로펠러 날개에서
①, ②, ③ 각각의 명칭을 순서대로 옳게 나타낸
것은?

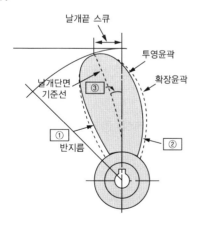

가. 앞날, 뒷날, 스큐

나. 뒷날, 앞날, 스큐

사. 앞면, 뒷면, 피치

아. 뒷면, 앞면, 피치

17

송출측에 공기실을 설치하는 펌프는?

가. 원심펌프

나. 축류펌프

사. 왕복펌프

아. 기어펌프

18

원심펌프의 운전 중 심한 진동이나 이상음이 발생
하는 경우의 원인으로 옳지 않은 것은?

가. 베어링이 심하게 손상된 경우

나. 축이 심하게 변형된 경우

사. 흡입되는 유체의 온도가 낮은 경우

아. 축의 중심이 일치하지 않는 경우

19

전기회로에서 멀티테스터로 직접 측정할 수 없는
것은?

가. 저 항

나. 직류전압

사. 교류전압

아. 전 력

20

납축전지의 충전 시 증가하는 것끼리만 짝지어진 것은?

가. 전압과 비중

나. 전압과 전류

사. 비중과 전류

아. 비중과 저항

21

볼트나 너트를 풀고 조이기 위한 렌치나 스패너의 일반적인 사용 방법으로 옳은 것은?

가. 풀거나 조일 때 가능한 한 자기 앞쪽으로 당기 는 방향으로 힘을 준다.

나. 풀거나 조일 때 미는 방향으로 힘을 준다.

사. 당길 때나 밀 때에는 자기 체중을 실어서 힘을 준다.

아. 쉽게 풀거나 조이기 위해 렌치나 스패너에 파 이프를 끼워서 힘을 준다.

22

운전중인 디젤기관에서 모든 실린더의 배기 온도 가 상승한 경우의 원인이 아닌 것은?

가. 과부하 운전

나. 조속기 고장

사. 과급기 고장

아. 저부하 운전

23

축과 핸들, 벨트 풀리, 기어 등의 회전체를 고정시 키는 데에 주로 사용되는 결합용 기계 재료는?

가. 너 트

나. 커플링

사. 키

아. 니 플

24

디젤기관에 사용되는 연료유에 대한 설명으로 옳 은 것은?

가. 착화성이 클수록 좋다.

나. 비중이 클수록 좋다.

사. 점도가 클수록 좋다.

아. 침전물이 많을수록 좋다.

25

탱크에 저장된 연료유 양의 측심에 대한 설명으로 옳지 않은 것은?

가. 주기적으로 탱크를 측심하여 양을 계산한다.

나. 한 탱크를 2~3회 측심하여 평균치로 계산 한다.

사. 측심관의 총 깊이를 확인한 후 측심자로 측심 한다.

아. 정확한 측심을 위해 측심관 뚜껑은 항상 열어 둔다.

PART 02 · 2020년 제4회 기출복원문제

해설 608P

제1과목 항 해

01

자기 컴퍼스의 카드 자체가 15° 정도 경사에도 자유로이 경사할 수 있게 카드의 중심이 되며, 부실의 밑부분에 원뿔형으로 움푹 파인 부분은?

가. 캡
나. 피 벗
사. 기 선
아. 짐벌즈

02

자기 컴퍼스에서 컴퍼스 주변에 있는 일시 자기의 수평력을 조정하기 위하여 부착되는 것은?

가. 경사계
나. 플린더즈 바
사. 상한차 수정구
아. 경선차 수정자석

03

선박에서 속력과 항주거리를 측정하는 계기는?

가. 나침의
나. 선속계
사. 측심기
아. 핸드 레드

04

음파의 수중 전달 속력이 1,500미터/초일 때 음향측심기에서 음파를 발사하여 수신한 시간이 0.4초라면 수심은?

가. 75미터
나. 150미터
사. 300미터
아. 450미터

05

수심이 얕은 곳에서 수심을 측정하거나 투묘할 때 배의 진행 방향 및 타력 또는 정박 중 닻의 끌림을 알기 위한 기기는?

가. 핸드 레드
나. 사운딩 자
사. 트랜스듀서
아. 풍향풍속계

06

우리나라에서 지방자기에 의한 편차가 가장 큰 곳은?

가. 거문도 부근
나. 욕지도 부근
사. 청산도 부근
아. 신지도 부근

07

항해 중에 산봉우리, 섬 등 해도 상에 기재되어 있는 2개 이상의 고정된 뚜렷한 물표를 선정하여 거의 동시에 각각의 방위를 측정하여 선위를 구하는 방법은?

가. 수평협각법

나. 교차방위법

사. 추정위치법

아. 고도측정법

08

항로지에 대한 설명으로 옳지 않은 것은?

가. 해도에 표현할 수 없는 사항을 설명하는 안내서이다.

나. 항로의 상황, 연안의 지형, 항만의 시설 등이 기재되어 있다.

사. 국립해양조사원에서는 외국 항만에 대한 항로지는 발행하지 않는다.

아. 항로지는 총기, 연안기, 항만기로 크게 3편으로 나누어 기술하고 있다.

09

여러 개의 천체 고도를 동시에 측정하여 선위를 얻을 수 있는 시기는?

가. 박명시

나. 표준시

사. 일출시

아. 정오시

10

다음 〈보기〉에서 설명하는 장치로 옳은 것은?

┤보 기├

이 시스템은 선박과 선박 간 그리고 선박과 선박교통관제(VTS) 센터 사이에 선박의 선명, 위치, 침로, 속력 등의 선박 관련 정보와 항해 안전 정보 등을 자동으로 교환함으로써 선박 상호간의 충돌을 예방하고, 선박의 교통량이 많은 해역에서는 선박교통관리에 효과적으로 이용될 수 있다.

가. 지피에스(GPS) 수신기

나. 전자해도 표시장치(ECDIS)

사. 선박자동식별장치(AIS)

아. 자동 레이더 플로팅 장치(ARPA)

11

다음 중 해도에 표시되는 높이나 깊이의 기준면이 다른 것은?

가. 수 심

나. 등 대

사. 간출암

아. 세 암

12

주로 등대나 다른 항로표지에 부설되어 있으며, 시계가 불량할 때 이용되는 항로표지는?

가. 광파(야간)표지

나. 형상(주간)표지

사. 음파(음향)표지

아. 전파표지

13

다음 중 항행통보가 제공하지 않는 정보는?

가. 수심의 변화

나. 조시 및 조고

사. 위험물의 위치

아. 항로표지의 신설 및 폐지

14

등부표에 대한 설명으로 옳지 않은 것은?

가. 항로의 입구, 폭 및 변침점 등을 표시하기 위해
　 설치한다.

나. 해저의 일정한 지점에 체인으로 연결되어 떠
　 있는 구조물이다.

사. 조석표에 기재되어 있으므로, 선박의 정확한
　 속력을 구하는 데 사용하면 좋다.

아. 강한 파랑이나 조류에 의해 유실되는 경우도
　 있다.

15

전자력에 의해서 발음판을 진동시켜 소리를 내게
하는 음파(음향)표지는?

가. 무 종

나. 다이어폰

사. 에어 사이렌

아. 다이어프램 폰

16

점장도에 대한 설명으로 옳지 않은 것은?

가. 항정선이 직선으로 표시된다.

나. 경위도에 의한 위치표시는 직교좌표이다.

사. 두 지점 간 방위는 두 지점의 연결선과 거등권
　 과의 교각이다.

아. 두 지점 간 거리를 잴 수 있다.

17

다음 해도 중 가장 소축척 해도는?

가. 항박도　　　　나. 해안도

사. 항해도　　　　아. 항양도

18

등화에 이용되는 등색이 아닌 것은?

가. 흰 색　　　　나. 붉은색

사. 녹 색　　　　아. 보라색

19

동방위표지에 관한 설명으로 옳은 것은?

가. 동방위표지의 남쪽으로 항해하면 안전하다.

나. 동방위표지의 서쪽으로 항해하는 것은 위험
　 하다.

사. 동방위표지는 표지의 동쪽에 암초, 천소, 침선
　 등의 장애물이 있음을 뜻한다.

아. 동방위표지는 동쪽에서 해류가 흘러오는 것을
　 뜻한다.

PART 02

20

항행하는 수로의 좌우측 한계를 표시하기 위하여 설치된 표지는?

가. 특수표지

나. 측방표지

사. 고립장해표지

아. 안전수역표지

21

기압 1,013밀리바는 몇 헥토파스칼인가?

가. 1헥토파스칼

나. 76헥토파스칼

사. 760헥토파스칼

아. 1,013헥토파스칼

22

파랑해석도에서 얻을 수 있는 정보가 아닌 것은?

가. 이슬점

나. 전선의 위치

사. 탁월파향

아. 혼란파 발생 해역

23

서고동저형 기압배치와 일기에 대한 설명으로 옳지 않은 것은?

가. 삼한사온현상을 가져온다.

나. 북서계절풍이 강하게 분다.

사. 여름철의 대표적인 기압배치이다.

아. 시베리아대륙에는 광대한 고기압이 존재한다.

24

선박의 항로지정제도(Ship's Routeing)에 관한 설명으로 옳지 않은 것은?

가. 국제해사기구(IMO)에서 지정할 수 있다.

나. 모든 선박 또는 일부 범위의 선박에 대하여 강제적으로 적용할 수 있다.

사. 특정 화물을 운송하는 선박에 대해서도 사용을 권고할 수 있다.

아. 국제해사기구에서 정한 항로지정방식은 해도에 표시되지 않을 수도 있다.

25

통항분리수역의 육지 쪽 경계선과 해안 사이의 수역은?

가. 분리대

나. 통항로

사. 연안통항대

아. 경계 수역

01

단저구조선박의 선저부구조 명칭을 나타낸 아래 그림에서 ㉠은?

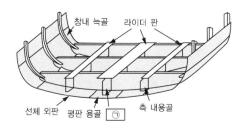

가. 늑 골
나. 늑 판
사. 내저판
아. 중심선 킬슨

02

선박의 정선미에서 선수를 향해서 보았을 때, 왼쪽을 무엇이라고 하는가?

가. 양 현 　　　　나. 건 현
사. 우 현 　　　　아. 좌 현

03

갑판 개구 중에서 화물창에 적재 또는 양하하기 위한 개구는?

가. 탈출구
나. 승강구
사. 해치(Hatch)
아. 맨홀(Manhole)

04

빈칸에 들어갈 말로 적합한 것은?

> 공선항해 시 화물선에서 적절한 흘수를 확보하기 위하여 일반적으로 (　　　)을/를 싣는다.

가. 목 재
나. 석 탄
사. 밸러스트
아. 컨테이너

05

여객이나 화물을 운송하기 위하여 쓰이는 용적을 나타내는 톤수는?

가. 총톤수
나. 순톤수
사. 배수톤수
아. 재화중량톤수

06

기동성이 요구되는 군함, 여객선 등에서 사용되는 추진기로서 추진기관을 역전하지 않고 날개의 각도를 변화시켜 전후진 방향을 바꿀 수 있는 추진기는?

가. 외륜 추진기
나. 직렬 추진기
사. 고정피치 프로펠러
아. 가변피치 프로펠러

07

선박이 침몰하여 수면 아래 4미터 정도에 이르면 수압에 의하여 선박에서 자동 이탈되어 조난자가 탈 수 있도록 압축가스에 의해 펼쳐지는 구명설비는?

가. 구명정
나. 구명뗏목
사. 구명부기
아. 구명부환

08

아래 그림에서 ㉠의 명칭으로 옳은 것은?

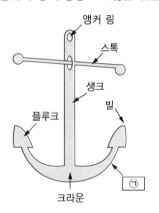

가. 암　　　　　　나. 빌
사. 생크　　　　　아. 스톡

09

체온을 유지할 수 있도록 열전도율이 낮은 방수물질로 만들어진 포대기 또는 옷을 의미하는 구명설비는?

가. 구명조끼
나. 구명부기
사. 방수복
아. 보온복

10

평수구역을 항해하는 총톤수 2톤 이상의 소형선박에 반드시 설치해야 하는 무선통신 설비는?

가. 초단파(VHF) 무선설비
나. 중단파(MF/HF) 무선설비
사. 위성통신설비
아. 수색구조용 레이더 트랜스폰더(SART)

11

소형선박에서 선장이 직접 조타를 하고 있을 때, "우현 쪽으로 사람이 떨어졌다." 라는 외침을 들은 경우 선장이 즉시 취하여야 할 조치로 옳은 것은?

가. 우현 전타
나. 엔진 후진
사. 좌현 전타
아. 타 중앙

12

조난신호를 위한 구명뗏목의 의장품이 아닌 것은?

가. 신호용 호각
나. 응급의료구
사. 신호 홍염
아. 신호 거울

13

다음 조난신호 중 수면상 가장 멀리서 볼 수 있는 것은?

가. 신호 홍염

나. 기류신호

사. 발연부 신호

아. 로켓 낙하산 화염신호

14

GMDSS의 항행구역 구분에서 육상에 있는 초단파(VHF) 무선설비 해안국의 통신범위 내의 해역은?

가. A1 해역

나. A2 해역

사. A3 해역

아. A4 해역

15

선체운동을 나타낸 그림에서 ㉠은?

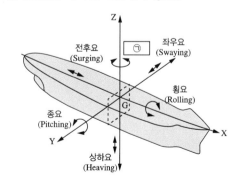

가. 종동요

나. 횡동요

사. 선수동요

아. 전후동요

16

빈칸에 들어갈 말로 적합한 것은?

> 우회전 고정피치 스크루 프로펠러 한 개가 장착되어 있는 선박이 타가 우 타각이고, 정지 상태에서 후진할 때, 후진속력이 커지면 흡입류의 영향이 커지므로 선수는 (　　　)한다.

가. 좌회두

나. 우회두

사. 물속으로 하강

아. 직 진

17

선박이 선회 중 나타나는 일반적인 현상으로 옳지 않은 것은?

가. 선속이 감소한다.

나. 횡경사가 발생한다.

사. 선회 가속도가 감소한다.

아. 선미 킥이 발생한다.

18

협수로를 항해할 때 유의할 사항으로 옳은 것은?

가. 변침할 때는 대각도로 한번에 변침하는 것이 좋다.

나. 선·수미선과 조류의 유선이 직각을 이루도록 조종하는 것이 좋다.

사. 언제든지 닻을 사용할 수 있도록 준비된 상태에서 항행하는 것이 좋다.

아. 조류는 순조 때에는 정침이 잘 되지만, 역조 때에는 정침이 어려우므로 조종 시 유의하여야 한다.

19

접·이안 시 닻을 사용하는 목적이 아닌 것은?

가. 전진속력의 제어
나. 후진 시 선수의 회두 방지
사. 선회 보조 수단
아. 추진기관의 보조

20

전속전진 중에 최대 타각으로 전타하였을 때 발생하는 현상이 아닌 것은?

가. 키 저항력의 감소
나. 추진기 효율의 감소
사. 선회 원심력의 증가
아. 선체경사로 인한 선체저항의 증가

21

다음 중 정박지로서 가장 좋은 저질은?

가. 뻘
나. 자 갈
사. 모 래
아. 조개껍질

22

황천 항해 중 선박조종법이 아닌 것은?

가. 라이 투(Lie to)
나. 히브 투(Heave to)
사. 서징(Surging)
아. 스커딩(Scudding)

23

선체 횡동요(Rolling) 운동으로 발생하는 위험이 아닌 것은?

가. 러칭(Lurching)이 발생할 수 있다.
나. 화물의 이동을 가져올 수 있다.
사. 유동수가 있는 경우 복원력 감소를 가져온다.
아. 슬래밍(Slamming)의 원인이 된다.

24

선박의 침몰 방지를 위하여 선체를 해안에 고의적으로 얹히는 것은?

가. 좌 초
나. 접 촉
사. 임의 좌주
아. 충 돌

25

국제신호서상 등화 및 음향신호에 이용되는 것은?

가. 문자기
나. 모스 부호
사. 숫자기
아. 무선전화

19 아 20 가 21 가 22 사 23 아 24 사 25 나 정답

제3과목 **법 규**

01

해사안전법상 원유 20,000킬로리터를 실은 유조선이 항행하다 유조선통항금지해역에서 선박으로부터 인명구조 요청을 받은 경우 적절한 조치는?

가. 인명구조에 임한다.

나. 인명구조 요청을 거절한다.

사. 정선하여 상황을 지켜본다.

아. 가능한 빨리 유조선통항금지해역을 벗어난다.

02

빈칸에 들어갈 말로 적합한 것은?

> 해사안전법상 고속여객선이란 속력 (   ) 이상으로 항행하는 여객선을 말한다.

가. 10노트

나. 15노트

사. 20노트

아. 30노트

03

해사안전법상 허가 없이 해양시설 부근 해역의 보호수역에 입역할 수 있는 선박은?

가. 외국적 선박

나. 항행 중인 유조선

사. 어로에 종사하고 있는 선박

아. 인명을 구조하는 선박

04

해사안전법상 떠다니거나 침몰하여 다른 선박의 안전운항 및 해상교통질서에 지장을 주는 것은?

가. 침 선

나. 항행장애물

사. 기름띠

아. 부유성 산화물

05

해사안전법상 술에 취한 상태를 판별하는 기준은?

가. 체 온

나. 걸음걸이

사. 혈중알코올농도

아. 실제 섭취한 알코올 양

06

빈칸에 들어갈 말로 순서대로 적합한 것은?

> 해사안전법상 선박은 접근하여 오는 다른 선박의 (   )에 뚜렷한 변화가 일어나지 아니하면 (   )이 있다고 보고 필요한 조치를 하여야 한다.

가. 선수 방위, 통과할 가능성

나. 선수 방위, 충돌할 위험성

사. 나침방위, 통과할 가능성

아. 나침방위, 충돌할 위험성

07

빈칸에 들어갈 말로 적합한 것은?

> 해사안전법상 길이 20미터 미만의 선박이나 ( )은 좁은 수로 등의 안쪽에서만 안전하게 항행할 수 있는 다른 선박의 통행을 방해하여서는 아니 된다.

가. 어 선
나. 범 선
사. 소형선
아. 작업선

08

빈칸에 들어갈 말로 순서대로 적합한 것은?

> 해사안전법상 횡단하는 상태에서 충돌의 위험이 있을 때 유지선은 피항선이 적절한 조치를 취하고 있지 아니하다고 판단하면 침로와 속력을 유지하여야 함에도 불구하고 스스로의 조종만으로 피항선과 충돌하지 아니하도록 조치를 취할 수 있다. 이 경우 ( )은 부득이하다고 판단하는 경우 외에는 ( ) 쪽에 있는 선박을 향하여 침로를 ( )으로 변경하여서는 아니 된다.

가. 피항선, 다른 선박의 좌현, 오른쪽
나. 피항선, 자기 선박의 우현, 왼쪽
사. 유지선, 자기 선박의 좌현, 왼쪽
아. 유지선, 다른 선박의 좌현, 오른쪽

09

해사안전법상 통항분리제도(TSS)가 설정된 수역에서의 항행 원칙으로 옳지 않은 것은?

가. 통항로 안에서는 정하여진 진행방향으로 항행한다.
나. 통항로의 출입구를 통하여 출입하는 것이 원칙이다.
사. 부득이한 사유로 통항로를 횡단하여야 하는 경우에는 선수방향이 통항로를 작은 각도로 횡단하여야 한다.
아. 통항분리수역에서 어로에 종사하고 있는 선박은 통항로를 따라 항행하는 다른 선박의 항행을 방해하여서는 아니 된다.

10

빈칸에 들어갈 말로 적합한 것은?

> 해사안전법상 2척의 범선이 서로 접근하여 충돌할 위험이 있는 경우, 각 범선이 다른 쪽 현에 바람을 받고 있는 경우에는 ( )에 바람을 받고 있는 범선이 다른 범선의 진로를 피하여야 한다.

가. 선 수
나. 우 현
사. 좌 현
아. 선 미

11

해사안전법상 국제항해에 종사하지 않는 여객선에 대한 출항통제권자는?

가. 시·도지사
나. 해양경찰서장
사. 지방해양수산청장
아. 해양수산부장관

12

해사안전법상 동력선의 등화에 덧붙여 붉은색 전주등 3개를 수직으로 표시하거나 원통형 형상물 1개를 표시하는 선박은?

가. 도선선
나. 흘수제약선
사. 좌초선
아. 조종불능선

13

해사안전법상 '섬광등'의 정의는?

가. 선수쪽 225°의 수평사광범위를 갖는 등
나. 선미쪽 135°의 수평사광범위를 갖는 등
사. 360°에 걸치는 수평의 호를 비추는 등화로서 일정한 간격으로 1분에 120회 이상 섬광을 발하는 등
아. 360°에 걸치는 수평의 호를 비추는 등화로서 일정한 간격으로 1분에 60회 이상 섬광을 발하는 등

14

해사안전법상 제한된 시계 안에서 항행 중인 동력선이 대수속력이 있는 경우에는 2분을 넘지 아니하는 간격으로 장음을 1회 울려야 하는데 이와 같은 음향신호를 하지 아니할 수 있는 선박의 크기 기준은?

가. 길이 12미터 미만
나. 길이 15미터 미만
사. 길이 20미터 미만
아. 길이 50미터 미만

15

해사안전법상 장음과 단음에 대한 설명으로 옳은 것은?

가. 단음 - 1초 정도 계속되는 고동소리
나. 단음 - 3초 정도 계속되는 고동소리
사. 장음 - 8초 정도 계속되는 고동소리
아. 장음 - 10초 정도 계속되는 고동소리

16

빈칸에 공통으로 들어갈 말로 적합한 것은?

> 선박의 입항 및 출항 등에 관한 법률상 해양사고를 피하기 위한 경우 등 (   )령으로 정하는 사유로 선박을 항로에 정박시키거나 정류시키려는 자는 그 사실을 (   )장관에게 신고하여야 한다.

가. 환경부
나. 외교부
사. 해양수산부
아. 행정안전부

17

선박의 입항 및 출항 등에 관한 법률상 항로의 정의는?

가. 선박이 가장 빨리 갈 수 있는 길을 말한다.

나. 선박이 가장 안전하게 갈 수 있는 길을 말한다.

사. 선박이 일시적으로 이용하는 뱃길을 말한다.

아. 선박의 출입 통로로 이용하기 위하여 지정·고시한 수로를 말한다.

18

선박의 입항 및 출항 등에 관한 법률상 무역항에 출입하려고 할 때 출입신고를 하여야 하는 선박은?

가. 군 함

나. 해양경찰함정

사. 모래를 적재한 압항부선

아. 해양사고구조에 사용되는 선박

19

빈칸에 들어갈 말로 적합하지 않은 것은?

> 선박의 입항 및 출항 등에 관한 법률상 해양수산부장관이 무역항의 수상구역 등에서 선박교통의 안전을 위하여 필요하다고 인정하여 항로 또는 구역을 지정한 경우에는 ( )을/를 정하여 공고하여야 한다.

가. 관할 해양경찰서

나. 항로 또는 구역의 위치

사. 제한 기간

아. 금지 기간

20

선박의 입항 및 출항 등에 관한 법률상 무역항의 항로에서 정박이나 정류가 허용되는 경우는?

가. 어선이 조업 중일 경우

나. 선박 조종이 불가능한 경우

사. 실습선이 해양훈련 중일 경우

아. 여객선이 입항시간을 맞추려 할 경우

21

빈칸에 들어갈 말로 순서대로 적합한 것은?

> 선박의 입항 및 출항 등에 관한 법률상 ( )은/는 ( )로부터/으로부터 최고속력의 지정을 요구받은 경우 특별한 사유가 없으면 무역항의 수상구역 등에서 선박 항행 최고속력을 지정·고시하여야 한다.

가. 해양경찰서장, 시·도지사

나. 지방해양수산청장, 시·도지사

사. 시·도지사, 해양수산부장관

아. 해양수산부장관, 해양경찰청장

22

선박의 입항 및 출항 등에 관한 법률상 무역항의 수상구역 등에서 항로에서 추월에 대한 설명으로 옳은 것은?

가. 추월 신호를 울리면 추월할 수 있다.

나. 타선의 좌현쪽으로만 추월하여야 한다.

사. 항로에서는 어떤 경우든 추월하여서는 아니된다.

아. 눈으로 피추월선을 볼 수 있고 안전하게 추월할 수 있다고 판단되면 「해사안전법」에 따른 방법으로 추월할 수 있다.

23

해양환경관리법상 폐기물이 아닌 것은?

가. 맥주병

나. 음식찌꺼기

사. 폐 유압유

아. 플라스틱병

24

해양환경관리법상 규정을 준수하여 해상에 배출할 수 있는 폐기물이 아닌 것은?

가. 선박 안에서 발생한 음식찌꺼기

나. 선박 안에서 발생한 화장실 오수

사. 수산업법에 따른 어업활동 중 혼획된 수산동식물

아. 선박 안에서 발생한 해양환경에 유해하지 않은 화물잔류물

25

해양환경관리법상 분뇨오염방지설비를 설치해야 하는 선박이 아닌 것은?

가. 총톤수 400톤 이상의 화물선

나. 선박검사증서상 최대승선인원이 14명인 부선

사. 선박검사증서상 최대승선 여객이 20명인 여객선

아. 어선검사증서상 최대승선인원이 17명인 어선

01

1[kW]는 약 몇 [kgf · m/s]인가?

가. 75[kgf · m/s]

나. 76[kgf · m/s]

사. 102[kgf · m/s]

아. 735[kgf · m/s]

02

소형기관에서 피스톤링의 마멸 정도를 계측하는 공구로 가장 적합한 것은?

가. 다이얼 게이지

나. 한계 게이지

사. 내경 마이크로미터

아. 외경 마이크로미터

03

디젤기관에서 오일링의 주된 역할은?

가. 윤활유를 실린더 내벽에서 밑으로 긁어 내린다.

나. 피스톤의 열을 실린더에 전달한다.

사. 피스톤의 회전운동을 원활하게 한다.

아. 연소가스의 누설을 방지한다.

04

디젤기관의 크랭크 축에 대한 설명으로 옳지 않은 것은?

가. 피스톤의 왕복운동을 회전운동으로 바꾼다.

나. 기관의 회전 중심축이다.

사. 저널, 핀 및 암으로 구성된다.

아. 피스톤링의 힘이 전달된다.

05

디젤기관의 운전 중 냉각수 계통에서 가장 주의해서 관찰해야 하는 것은?

가. 기관의 입구 온도와 기관의 입구 압력
나. 기관의 출구 압력과 기관의 출구 온도
사. 기관의 입구 온도와 기관의 출구 압력
아. 기관의 입구 압력과 기관의 출구 온도

06

크랭크핀 반대쪽의 크랭크암 연장 부분에 설치하여 기관의 진동을 적게 하고 원활한 회전을 도와주는 것은?

가. 평형추
나. 플라이휠
사. 크로스헤드
아. 크랭크저널

07

디젤기관에서 과급기를 작동시키는 것은?

가. 흡입공기의 압력
나. 연소가스의 압력
사. 연료유의 분사 압력
아. 윤활유 펌프의 출구 압력

08

디젤기관에서 실린더 라이너에 윤활유를 공급하는 주된 이유는?

가. 불완전 연소를 방지하기 위해
나. 연소가스의 누설을 방지하기 위해
사. 피스톤의 균열 발생을 방지하기 위해
아. 실린더 라이너의 마멸을 방지하기 위해

09

내연기관의 연료유가 갖추어야 할 조건이 아닌 것은?

가. 발열량이 클 것
나. 유황분이 적을 것
사. 물이 함유되어 있지 않을 것
아. 점도가 높을 것

10

디젤기관의 시동이 잘 걸리기 위한 조건으로 가장 적합한 것은?

가. 공기압축이 잘 되고 연료유가 잘 착화되어야 한다.
나. 공기압축이 잘 되고 윤활유 펌프 압력이 높아야 한다.
사. 윤활유 펌프 압력이 높고 연료유가 잘 착화되어야 한다.
아. 윤활유 펌프 압력이 높고 냉각수 온도가 높아야 한다.

11

해수 윤활식 선미관에서 리그넘바이티의 주된 역할은?

가. 베어링 역할
나. 전기 절연 역할
사. 선체강도 보강 역할
아. 누설 방지 역할

05 아 06 가 07 나 08 아 09 아 10 가 11 가 정답

12

추진 축계장치에서 추력 베어링의 주된 역할은?

가. 축의 진동을 방지한다.

나. 축의 마멸을 방지한다.

사. 프로펠러의 추력을 선체에 전달한다.

아. 선체의 추력을 프로펠러에 전달한다

13

소형 선박에서 사용하는 클러치의 종류가 아닌 것은?

가. 마찰 클러치

나. 공기 클러치

사. 유체 클러치

아. 전자 클러치

14

선박이 항해 중에 받는 마찰저항과 관련이 없는 것은?

가. 선박의 속도

나. 선체 표면의 거칠기

사. 선체와 물의 접촉 면적

아. 사용되고 있는 연료유의 종류

15

양묘기에서 체인 드럼의 축은 주로 무엇에 의해 지지되는가?

가. 황동 부시

나. 볼베어링

사. 롤러베어링

아. 화이트메탈

16

정상 항해 중 연속으로 운전되지 않는 것은?

가. 냉각해수 펌프

나. 주기관 윤활유 펌프

사. 공기압축기

아. 주기관 연료유 펌프

17

갑판 보조기계에 대한 설명으로 옳은 것은?

가. 갑판기계를 제외한 기관실의 모든 기계를 말한다.

나. 주기관을 제외한 선내의 모든 기계를 말한다.

사. 직접 배를 움직이는 기계를 말한다.

아. 기관실 밖에 설치된 기계를 말한다.

18

내부에 전기가 흐르지 않는 것은?

가. 그리스 건

나. 멀티테스터

사. 메 거

아. 작업등

19

3상 유도전동기의 구성요소로만 옳게 짝지어진 것은?

가. 회전자와 정류자

나. 전기자와 브러시

사. 고정자와 회전자

아. 전기자와 정류자

PART 02

20

2[V] 단전지 6개를 연결하여 12[V]가 되게 하려면 어떻게 연결해야 하는가?

가. 2[V] 단전지 6개를 병렬 연결한다.

나. 2[V] 단전지 6개를 직렬 연결한다.

사. 2[V] 단전지 3개를 병렬 연결하여 나머지 3개와 직렬 연결한다.

아. 2[V] 단전지 2개를 병렬 연결하여 나머지 4개와 직렬 연결한다.

21

빈칸에 들어갈 말로 적합한 것은?

> 선박에서 일정시간 항해 시 연료소비량은 선박 속력의 ( )에 비례한다.

가. 제 곱

나. 세제곱

사. 네제곱

아. 다섯제곱

22

서로 접촉되어 있는 고체에서 온도가 높은 곳으로부터 낮은 곳으로 열이 이동하는 전열현상을 무엇이라 하는가?

가. 전 도

나. 대 류

사. 복 사

아. 가 열

23

디젤기관을 장기간 정지할 경우의 주의사항으로 옳지 않은 것은?

가. 동파를 방지한다.

나. 부식을 방지한다.

사. 주기적으로 터닝을 시켜 준다.

아. 중요 부품은 분해아여 보관한다.

24

연료유 탱크에 들어있는 연료유보다 비중이 큰 이물질은 어떻게 되는가?

가. 위로 뜬다.

나. 아래로 가라 앉는다.

사. 기름과 균일하게 혼합된다.

아. 탱크의 옆면에 부착된다.

25

15[℃] 비중이 0.9인 연료유 200리터의 무게는 몇 [kgf]인가?

가. 180 [kgf]

나. 200 [kgf]

사. 220 [kgf]

아. 240 [kgf]

2019년 제1회 기출복원문제

제1과목 항 해

01

자기 컴퍼스에서 SW의 나침 방위는?

가. 90°   나. 135°

사. 180°   아. 225°

02

선박과 선박 간, 선박과 연안기지국 간의 항해 관련 데이터통신을 위한 장치는?

가. 항해기록장치

나. 선박자동식별장치

사. 전자해도표시장치

아. 선박보안경보장치

03

자기 컴퍼스와 비교하여 자이로컴퍼스가 가지고 있는 장점으로 옳지 않은 것은?

가. 자차가 없다.

나. 지북력이 강하다.

사. 진북을 구하기 위하여 편차를 고려할 필요가 없다.

아. 방위를 전기 신호로 바꾸기 어려워 다른 기기와의 간섭이 적다.

04

자이로컴퍼스의 위도오차에 대한 설명으로 옳지 않은 것은?

가. 경사 제진식 자이로컴퍼스에만 있는 오차이다.

나. 적도에서는 오차가 생기지 않는다.

사. 북위도 지방에서는 편동오차가 된다.

아. 위도가 높을수록 오차는 감소한다.

05

전자식 선속계가 표시하는 속력은?

가. 대수속력

나. 대지속력

사. 대공속력

아. 평균속력

06

풍향에 대한 설명으로 옳지 않은 것은?

가. 풍향이란 바람이 불어가는 방향을 말한다.

나. 풍향이 반시계방향으로 변하는 것을 풍향 반전이라 한다.

사. 풍향이 시계방향으로 변하는 것을 풍향 순전이라 한다.

아. 보통 북에서 시계방향으로 16방위로 나타내며, 해상에서는 32방위로 나타낼 때도 있다.

07

레이콘에 대한 설명으로 옳지 않은 것은?

가. 레이마크 비콘이라고도 한다.

나. 레이더에서 발사된 전파를 받을 때에만 응답
한다.

사. 레이더 화면상에 일정 형태의 신호가 나타날
수 있도록 전파를 발사한다.

아. 레이콘의 신호로 표준 신호와 모스 부호가 이
용된다.

08

한 나라 또는 한 지방에서 특정한 자오선을 표준
자오선으로 정하고, 이를 기준으로 정한 평시는?

가. 세계시

나. 지방표준시

사. 항성시

아. 태양시

09

레이더의 전파가 자선과 물표 사이를 2회 이상 왕
복하여 하나의 물표가 화면상에 여러 개로 나타나
는 현상은?

가. 간접반사에 의한 거짓상

나. 다중반사에 의한 거짓상

사. 맹목구간에 의한 거짓상

아. 거울면 반사에 의한 거짓상

10

다음 중 레이더의 해면 반사 억제기에 대한 설명
으로 옳지 않은 것은?

가. 전체 화면에 영향을 끼친다.

나. 자선 주위의 반사파 수신 감도를 떨어뜨린다.

사. 과하게 사용하면 작은 물표가 화면에 나타나
지 않는다.

아. 자선 주위의 해면반사에 의한 방해 현상이 나
타나면 사용한다.

11

위도 45°에서 지리위도 2분에 대한 자오선의 길
이와 같은 것은?

가. 0.5해리

나. 1해리

사. 2해리

아. 10해리

12

점장도에 대한 설명으로 옳지 않은 것은?

가. 항정선이 곡선으로 표시된다.

나. 경위도에 의한 위치표시는 직교좌표이다.

사. 두 지점 간 방위는 두 지점의 연결선과 자오선
과의 교각이다.

아. 두 지점 간 거리는 위도를 나타내는 눈금의 길
이와 같다.

13

높이가 거의 일정하여 해도상의 등질에 등고를 표시하지 않는 항로표지는?

가. 등 대 　　　　나. 등 표

사. 등 선 　　　　아. 등부표

14

해도상에 표시된 수심의 측정기준은?

가. 대조면

나. 평균 수면

사. 기본수준면

아. 약최고고조면

15

다음 중 해도에 표시되는 높이나 수심의 기준면이 다른 것은?

가. 산의 높이

나. 섬의 높이

사. 등대의 높이

아. 간출암의 높이

16

선박의 통항이 곤란한 좁은 수로, 항구, 만의 입구 등에서 선박에게 안전한 항로를 알려주기 위하여 항로 연장선상의 육지에 설치한 분호등은?

가. 도 등 　　　　나. 조사등

사. 지향등 　　　　아. 임시등

17

다음 중 수로도서지에 대한 설명으로 옳은 것은?

가. 수로도서지는 매년 발행되므로 따로 개정할 필요가 없다.

나. 거리표에는 항구와 항구 사이의 거리를 킬로미터(km)로 표시한다.

사. 국제신호서에는 해도상의 여러 가지 특수 기호와 약어가 수록되어 있다.

아. 수로도서지 목록은 해도 및 수서지의 목록으로 색인도와 함께 번호별로 분류되어 있다.

18

모르는 지역을 항해하는 항해자에게 그 지역에 대한 예비지식을 상세하게 제공하기 위하여 해도와 함께 사용되는 수로서지는?

가. 등대표

나. 조석표

사. 천측력

아. 항로지

19

고립장애표지의 등질은?

가. Fl(2)

나. Fl(4) Y

사. Qk Fl(3) 10s

아. Qk Fl(9) 10s

PART 02

20

장해물을 중심으로 하여 주위를 4개의 상한으로 나누고, 그들 상한에 각각 북·동·남·서라는 이름을 붙이고, 그 각각의 상한에 설치된 항로표지는?

가. 방위표지
나. 측방표지
사. 고립장애표지
아. 안전수역표지

21

항해 중 안개가 끼어 앞이 보이지 않을 때 본선의 행동으로 옳은 것은?

가. 안전한 속력으로 항행하며 수단과 방법을 다해 소리를 내어서 근처를 항행하는 선박에게 알린다.
나. 다른 배는 모두 레이더를 가지고 있으므로 우리 배를 피할 것으로 보고 계속 항행한다.
사. 최고의 속력으로 빨리 항구에 입항한다.
아. 컴퍼스를 이용하여 선위를 구한다.

22

수증기량을 변화시키지 않고 공기를 냉각시킬 때에 포화에 이르는 온도, 즉 현재의 수증기압을 포화 수증기압으로 하는 온도는?

가. 상대온도
나. 절대온도
사. 자기온도
아. 이슬점 온도

23

지상해석도상 해상경보의 기호와 내용이 잘못 연결된 것은?

가. FOG[W] − 안개경보
나. [GW] − 강풍경보
사. [SW] − 폭설경보
아. [TW] − 태풍경보

24

정박선 근처를 항행할 때의 주의사항으로 옳지 않은 것은?

가. 가능한 한 정박선 뒤쪽으로 지나간다.
나. 야간에는 정박등이 켜져 있는 정박선의 선수 쪽으로 지나가도록 한다.
사. 시계가 제한되어 있을 때에는 정박선의 무중 신호에 유의하여 항행한다.
아. 정박선의 풍상 측으로 항행할 경우에는 충분한 거리와 적당한 속력을 유지하여야 한다.

25

선박의 위치를 구하는 위치선 중 가장 정확도가 높은 것은?

가. 물표의 나침방위에 의한 위치선
나. 중시선에 의한 위치선
사. 천체 관측에 의한 위치선
아. 수심에 의한 위치선

20 가 21 가 22 아 23 사 24 나 25 나 정답

제2과목 운 용

01

선수에서 선미에 이르는 건현 갑판의 현측선이 휘어진 것은?

가. 우 현
나. 현 호
사. 선체 중앙
아. 선미 돌출부

02

와이어 로프의 취급에 대한 설명으로 옳지 않은 것은?

가. 사리를 옮길 때 나무판 위에서 굴리면 안 된다.
나. 급격한 압착은 킹크와 거의 같은 피해를 주기 때문에 피하도록 한다.
사. 녹이 슬지 않도록 백납과 그리스의 혼합액을 발라 두는 것이 좋다.
아. 사용하지 않을 때는 와이어 릴에 감고 캔버스 덮개를 덮어둔다.

03

보와 갑판 또는 내저판 사이에 견고하게 고착되어 보를 지지함으로써 갑판 위의 하중을 분담하는 부재로, 보의 보강, 선체의 횡강재 및 진동을 억제하는 역할을 하는 것은?

가. 늑 골
나. 기 둥
사. 용 골
아. 브래킷

04

상갑판 아래의 공간을 선저에서 상갑판까지 종방향 또는 횡방향으로 나누는 부재는?

가. 늑 골
나. 격 벽
사. 종통재
아. 갑판하 거더

05

선체에 고정적으로 부속된 모든 돌출물을 포함하여 선수의 최전단으로부터 선미의 최후단까지의 수평거리는?

가. 전 장
나. 등록장
사. 수선장
아. 수선간장

06

아래 그림에서 ㉠은?

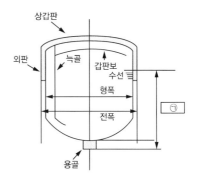

가. 전 심
나. 깊 이
사. 흘 수
아. 건 현

07

단저구조 선박의 그림에서 ③은?

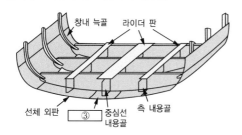

가. 늑 판
나. 늑 골
사. 평판 용골
아. 선저 외판

08

물이 스며들지 않아 수온이 낮은 물속에서 체온을 보호할 수 있는 것으로 2분 이내에 혼자서 착용 가능하여야 하는 것은?

가. 구명동의
나. 구명부환
사. 방수복
아. 방화복

09

불을 붙여 물에 던지면 해면 위에서 연기를 내는 것으로 잔잔한 해면에서 3분 이상의 시간 동안 눈에 잘 보이는 색깔의 연기를 분출하는 것은?

가. 신호 홍염
나. 발연부 신호
사. 자기 점화등
아. 로켓 낙하산 화염 신호

10

전기화재의 소화에 적합하고 분사 가스가 매우 낮은 온도이므로 사람을 향해서 분사하여서는 안 되며 반드시 손잡이를 잡고 분사하여 동상을 입지 않도록 주의해야 하는 소화기는?

가. 폼 소화기
나. 분말 소화기
사. 수 소화기
아. 이산화탄소 소화기

11

조난경부 신호를 보내기 위한 VHF 무선전화의 채널 설정 방법으로 옳은 것은?

가. 무선전화의 채널은 반드시 09번에 맞추어야 한다.
나. 무선전화의 채널은 반드시 16번에 맞추어야 한다.
사. 무선전화의 채널은 반드시 70번에 맞추어야 한다.
아. 무선전화의 채널은 특별히 맞출 필요가 없다.

12

수신된 조난신호의 내용 중 해상이동업무식별부호에서 앞의 3자리가 '441'이라고 표시된 조난 선박의 국적은?

가. 한 국
나. 일 본
사. 중 국
아. 러시아

07 사 08 사 09 나 10 아 11 아 12 가 정답

13

수신된 조난신호의 내용 중에서 시각이 '05:30 UTC'라고 표시되었다면, 조난이 발생한 때의 우리나라 시각은?

가. 한국시각 05시 30분
나. 한국시각 14시 30분
사. 한국시각 15시 30분
아. 한국시각 17시 30분

14

선박에서 잠수부가 물속에서 프로펠러를 수리하고 있을 때 게양하는 기는?

가. A기   나. B기
사. G기   아. L기

15

다음 중 닻이 끌릴 가능성이 가장 작은 경우는?

가. 파주력이 클 때
나. 저질이 부적합할 때
사. 파주상태가 불량할 때
아. 묘쇄의 신출량이 적을 때

16

타판에서 생기는 항력의 작용 방향은?

가. 우현 방향
나. 좌현 방향
사. 타판의 직각 방향
아. 선수미선 방향

17

선박이 정해진 침로를 따라 직진하는 성질은?

가. 정지성   나. 선회성
사. 추종성   아. 침로안정성

18

좁은 수로를 항행할 때 유의할 사항으로 옳지 않은 것은?

가. 통항시기는 게류 때나 조류가 약한 때를 택하고, 만곡이 급한 수로는 순조 시 통항하여야 한다.
나. 좁은 수로의 만곡부에서 유속은 일반적으로 만곡의 외측에서 강하고 내측에서는 약한 특징이 있다.
사. 좁은 수로에서의 유속은 일반적으로 수로 중앙부가 강하고, 육안에 가까울수록 약한 특징이 있다.
아. 좁은 수로는 수로의 폭이 좁고, 조류나 해류가 강하며, 굴곡이 심하여 선박의 조종이 어렵고, 항행할 때에는 철저한 경계를 수행하면서 통항하여야 한다.

19

우선회 가변피치 스크루 프로펠러 1개가 장착된 선박이 타가 중앙이고 정지상태에서 기관을 후진 상태로 작동시키면 일어나는 현상은?

가. 배출류가 선미를 좌현으로 밀기 때문에 선수는 우현으로 회두한다.
나. 배출류가 선미를 좌현으로 밀기 때문에 선수는 좌현으로 회두한다.
사. 배출류가 선미를 우현으로 밀기 때문에 선수는 좌현으로 회두한다.
아. 배출류가 선미를 우현으로 밀기 때문에 선수는 우현으로 회두한다.

20

선체회두가 90도 된 곳까지 원침로에서 직각방향으로 잰 거리는?

가. 킥

나. 리 치

사. 선회종거

아. 선회횡거

21

빈칸에 순서대로 적합한 것은?

> (   )는 선체의 뚱뚱한 정도를 나타내는 계수로서, 이 값이 큰 비대형의 선박은 이 값이 작은 홀쭉한 선박보다 선회권이 (   )

가. 방형계수, 작아진다.

나. 방형계수, 커진다.

사. 파주계수, 작아진다.

아. 파주계수, 커진다.

22

황천 항해방법 중 풍랑을 선미 쿼터(Quarter)에서 받으며, 파에 쫓기는 자세로 항주하는 방법은?

가. 히브 투(Heave to)

나. 스커딩(Scuddinig)

사. 라이 투(Lie to)

아. 러칭(Lurching)

23

황천 속에서 기관이 정지하게 되면 선체는 일반적으로 어떤 자세가 되는가?

가. 선수가 파랑이 오는 방향으로 향하게 된다.

나. 선미가 파랑이 오는 방향으로 향하게 된다.

사. 선수미선이 파랑의 진행 방향과 직각이 된다.

아. 선수미선이 파랑의 진행 방향과 약 45° 정도로 된다.

24

선박 간 충돌사고가 발생하였을 때의 조치사항으로 옳지 않은 것은?

가. 자선과 타선의 인명 구조에 임한다.

나. 자선과 타선에 급박한 위험이 있는지 판단한다.

사. 상대선의 항해 당직자가 누구인지 파악한다.

아. 퇴선 시에는 중요 서류를 반드시 지참한다.

25

흡연으로 인한 선박 화재발생을 예방하기 위한 조치로 옳지 않은 것은?

가. 흡연구역 및 금연구역을 정하고 철저히 준수한다.

나. 담뱃불을 끌 때에는 선외에 버린다.

사. 침대에서는 금연한다.

아. 불연성 재떨이를 사용하고 담뱃불을 물로 끈다.

01

해사안전법상 제한된 시계에서 레이더만으로 자선의 양쪽현의 정횡 앞쪽에 충돌위험이 있는 다른 선박을 발견하였을 때 취할 수 있는 사항으로 옳지 않은 것은?(단, 앞지르기의 경우는 제외한다)

가. 침로 변경만으로 피항동작을 할 경우 좌현 변침
나. 안전한 속력의 유지
사. 기관 사용의 준비
아. 무중 신호의 취명

02

해사안전법상 항로에서 금지되는 행위를 〈보기〉에서 모두 고른 것은?

┌─ 보 기 ─┐
ㄱ. 선박의 방치
ㄴ. 어구의 설치
ㄷ. 침로의 변경
ㄹ. 항로를 따라 항행

가. ㄱ, ㄴ
나. ㄱ, ㄷ
사. ㄱ, ㄴ, ㄷ
아. ㄱ, ㄴ, ㄷ, ㄹ

03

해사안전법상 법에서 정하는 바가 없는 경우, 충돌을 피하기 위한 동작으로 옳지 않은 것은?

가. 적극적인 동작
나. 적절한 운용술에 입각한 동작
사. 충분한 시간적 여유를 가지는 동작
아. 침로나 속력을 소폭으로 연속적으로 변경하는 동작

04

해사안전법상 항로를 지정하는 목적은?

가. 해양사고의 방지
나. 선박들의 완벽한 통제
사. 항로 외 구역의 개발
아. 항로 주변 부가가치의 창출

05

선박교통관제에 관한 법률상 선박교통관제구역 내에서 항행 중인 다른 선박의 동정을 파악하기 위해 가장 적절한 방법은?

가. 대리점에 연락하여 확인한다.
나. 선박교통관제센터에 정보제공을 요청한다.
사. 다른 선박의 동정을 파악할 필요는 없다.
아. GPS수신기를 이용하여 움직임을 자세히 관찰한다.

06

해사안전법상 두 동력선 간 마주치는 상태에서의 항법에 대한 설명으로 옳지 않은 것은?

가. 우현 대 우현으로 지나간다.
나. 두 선박은 서로 대등한 피항 의무를 가진다.
사. 상대선박이 맞은편 약 6° 이내의 방향에서 접근하는 경우 마주치는 상태로 본다.
아. 야간에는 2개의 마스트등을 일직선 또는 거의 일직선으로 볼 수 있거나 양 현등을 볼 수 있는 경우이다.

07

해사안전법상 해양사고가 일어난 경우의 조치에 대한 설명으로 옳지 않은 것은?

가. 해양사고의 발생 사실과 조치 사실을 지체 없이 해양경찰서장이나 지방해양수산청장에게 신고하여야 한다.

나. 해양경찰서장은 선박의 안전을 위해 취해진 조치가 적당하지 않다고 인정하는 경우에는 직접 조치할 수 있다.

사. 해양경찰서장은 해양사고가 일어난 선박이 위험하게 될 우려가 있는 경우 필요하면 구역을 정하여 다른 선박에 대하여 이동·항행제한 또는 조업정지를 명할 수 있다.

아. 선장이나 선박소유자는 해양사고가 일어난 선박이 위험하게 되거나 다른 선박의 항행안전에 위험을 줄 우려가 있는 경우에는 위험을 방지하기 위하여 신속하게 필요한 조치를 취하여야 한다.

08

해사안전법상 교통안전특정해역의 안전을 위해 고속여객선의 운항을 제한할 수 있는 조치는?

가. 속력의 제한
나. 앞지르기의 지시
사. 입항의 금지
아. 선장의 변경

09

해사안전법상 항행장애물을 발생시켰을 경우의 조치로 옳은 것을 〈보기〉에서 모두 고른 것은?

┌─ 보기 ─────────────────────┐
│ ㄱ. 항행장애물 방치   │
│ ㄴ. 항행장애물 표시   │
│ ㄷ. 항행장애물 제거   │
│ ㄹ. 해양수산부장관에게 보고   │
└────────────────────────────┘

가. ㄴ, ㄹ
나. ㄴ, ㄷ
사. ㄴ, ㄷ, ㄹ
아. ㄱ, ㄴ, ㄷ, ㄹ

10

해사안전법상 마스트등을 그 불빛이 정선수 방향으로부터 양쪽 현의 정횡으로부터 뒤쪽 몇 도까지 비출 수 있는 흰색등을 말하는가?

가. 22.5°
나. 120°
사. 180°
아. 225°

11

해사안전법상 선미등과 같은 특성을 가진 황색등은?

가. 양색등
나. 전주등
사. 예선등
아. 마스트등

12

해사안전법상 충분히 넓은 수역에서 충돌을 피하기 위한 가장 효과적인 동작은?

가. 기관 후진
나. 신호계양
사. 속력 변경
아. 침로 변경

13

해사안전법상 항행 중인 동력선이 야간에 표시해야 할 등화로 옳지 않은 것은?

가. 선폭등
나. 현 등
사. 마스트등
아. 선미등

14

해사안전법상 거대선이란?

가. 폭 30미터 이상의 선박
나. 길이 200미터 이상의 선박
사. 만재흘수 8미터 이상의 선박
아. 총톤수 20,000톤 이상의 선박

15

해사안전법상 '안전한 속력'으로 항행해야 하는 경우로 옳은 것을 〈보기〉에서 모두 고른 것은?

┌─ 보 기 ─┐

ㄱ. 수심이 얕은 구역을 항행할 경우
ㄴ. 어로에 종사하는 선박이 밀집하여 있을 경우
ㄷ. 해무로 인하여 시정이 제한되었을 경우
ㄹ. 해양사고로 인한 항행장애물이 근접하였을 경우

가. ㄱ, ㄴ
나. ㄱ, ㄷ
사. ㄱ, ㄴ, ㄷ
아. ㄱ, ㄴ, ㄷ, ㄹ

16

선박의 입항 및 출항 등에 관한 법률상 동력선이 무역항의 방파제 입구 부근에서 다른 선박과 마주칠 우려가 있을 때의 항법으로 옳은 것은?

가. 입항선은 방파제 입구를 우현 측으로 접근하여 먼저 통과한다.
나. 출항선은 방파제 안에서 입항선의 진로를 피한다.
사. 입항선은 방파제 밖에서 출항선의 진로를 피한다.
아. 출항선은 방파제 입구를 좌현 측으로 접근하여 통과한다.

17

선박의 입항 및 출항 등에 관한 법률상 무역항의 수상구역 등에서 수로를 보전하기 위한 내용으로 옳은 것은?

가. 무역항의 수상구역 밖 5킬로미터 이상의 수면에는 폐기물을 버릴 수 있다.
나. 흩어지기 쉬운 석탄, 돌, 벽돌 등을 하역할 경우에 수면에 떨어지는 것을 방지해야 한다.
사. 해양사고 등의 재난으로 인하여 다른 선박의 항행이나 무역항의 안전을 해칠 우려가 있는 경우 해양경찰서장은 항로표지를 설치하는 등 필요한 조치를 하여야 한다.
아. 항행 장애물을 제거하는 데 드는 비용은 국가에서 부담하여야 한다.

18

빈칸에 순서대로 적합한 것은?

> 선박의 입항 및 출항 등에 관한 법률상 무역항의 수상구역 등에서 기적이나 사이렌을 갖춘 선박에 (   )(이)가 발생한 경우, 이를 알리는 경보로 기적이나 사이렌으로 (   )를 적당한 간격을 두고 반복하여 울려야 한다.

가. 화재, 장음 5회

나. 침수, 단음 5회

사. 충돌, 장음 2회·단음 3회

아. 전복, 장음 3회·단음 2회

19

빈칸에 적합한 것은?

> 선박의 입항 및 출항 등에 관한 법률상 총톤수 (   )톤 이상의 선박을 무역항의 수상구역 등에 계선하려는 자는 해양수산부령으로 정하는 바에 따라 관리청에 신고하여야 한다.

가. 10

나. 20

사. 30

아. 40

20

선박의 입항 및 출항 등에 관한 법률상 항로에 관한 설명으로 옳은 것은?

가. 무역항의 수상구역 등에서는 지정된 항로가 없다.

나. 대형 선박만 항로를 따라 항행하여야 한다.

사. 위험물운반선은 지정된 항로를 따르지 않아도 된다.

아. 무역항의 수상구역 등에 출입하는 선박은 원칙적으로 지정된 항로를 따라 항행하여야 한다.

21

선박의 입항 및 출항 등에 관한 법률상 항로에서 정박이 허용되지 않는 경우는?

가. 인명을 구조하는 경우

나. 어로 작업에 종사하는 경우

사. 해양사고를 피하기 위한 경우

아. 선박 고장으로 선박을 조종할 수 없는 경우

22

선박의 입항 및 출항 등에 관한 법률상 무역항의 항로를 따라 항행 중인 선박의 항법에 대한 설명으로 옳은 것은?

가. 범선은 지그재그로 항행하여야 한다.

나. 범선은 돛을 크게 펼치고 항행하여야 한다.

사. 항로를 항행하는 위험물운송선박의 진로를 방해하지 않아야 한다.

아. 항로를 항행하는 선박은 밖에서 항로에 진입하는 선박을 피하여야 한다.

23

해양환경관리법상 피예인선의 기름기록부 보관 장소는?

가. 피예인선의 선내
나. 선박 소유자의 사무실
사. 지방해양수산청
아. 예인선의 선내

24

해양환경관리법상 폐기물기록부의 보존기간은 최종 기재한 날로부터 몇 년간인가?

가. 1년
나. 2년
사. 3년
아. 4년

25

해양환경관리법상 기름오염방제에 관한 설명으로 옳지 않은 것은?

가. 방제의무는 기름을 유출한 선박의 선장에게 있다.
나. 오일펜스를 유출된 현장에 설치하여 확산을 방지한다.
사. 자재는 반드시 형식 승인을 득한 것을 사용한다.
아. 기름을 배출한 선박의 소유자와 선장은 정부의 명령에 따라서 방제조치를 취할 필요는 없다.

01

디젤기관에서 재킷 냉각 청수의 온도는 어디의 온도를 기준으로 조절하는가?

가. 기관의 입구 온도
나. 기관의 출구 온도
사. 냉각 청수펌프의 입구 온도
아. 냉각 청수펌프의 출구 온도

02

디젤기관에서 과급기를 설치하는 주된 목적은?

가. 출력증가
나. 시동용이
사. 진동방지
아. 윤활유 소비량 감소

03

소형 디젤기관에서 피스톤과 연접봉을 연결시키는 부품은?

가. 피스톤 핀
나. 크랭크 핀
사. 크랭크 핀 볼트
아. 크랭크 암

04

내연기관의 피스톤 링에 대한 설명으로 옳지 않은 것은?

가. 열전도가 좋아야 한다.

나. 기밀 유지를 위해 절구틈이 커야 한다.

사. 실린더 라이너 내벽과의 접촉이 좋아야 한다.

아. 압축링은 위쪽에 오일링은 아래쪽에 설치되어야 한다.

05

디젤기관의 냉각 청수 계통에서 팽창탱크의 역할이 아닌 것은?

가. 계통 내의 공기 분리

나. 냉각수 온도의 자동 조절

사. 계통 내 부족한 냉각수의 보충

아. 냉각수의 온도 변화에 따른 부피 변화 흡수

06

소형기관에 사용되는 윤활유에 혼입될 우려가 가장 적은 것은?

가. 윤활유 냉각기에서 누설된 수분

나. 연소불량으로 발생한 카본

사. 연료유에 혼입된 수분

아. 기계운동부분에서 마모된 금속가루

07

소형기관에서 흡·배기 밸브의 운동에 대한 설명으로 옳은 것은?

가. 흡기 밸브는 스프링의 힘으로 열린다.

나. 흡기 밸브는 푸시로드에 의해 닫힌다.

사. 배기 밸브는 푸시로드에 의해 닫힌다.

아. 배기 밸브는 스프링의 힘으로 닫힌다.

08

디젤기관의 실린더 헤드에서 발생할 수 있는 고장이 아닌 것은?

가. 배기 밸브 스프링의 절손

나. 실린더 헤드의 부식으로 인한 냉각수 누설

사. 윤활유 공급 부족으로 인한 메인베어링의 손상

아. 연료분사밸브 고정 너트의 풀림

09

소형 내연기관에서 실린더 라이너가 너무 많이 마멸되었을 경우 일어나는 현상이 아닌 것은?

가. 연소가스가 샌다.

나. 출력이 낮아진다.

사. 냉각수의 누설이 많아진다.

아. 연료유의 소모량이 많아진다.

10

운전 중인 소형기관의 윤활유 계통에서 점검해야 할 사항이 아닌 것은?

가. 윤활유 펌프의 운전 상태

나. 윤활유의 기관 입구 온도

사. 윤활유의 기관 출구 온도

아. 윤활유 펌프의 출구 압력

11

소형기관의 시동 직후에 점검해야 할 사항이 아닌 것은?

가. 피스톤 링의 절구틈이 적절한지의 여부
나. 이상음이 발생하는 곳이 있는지의 여부
사. 연소가스가 누설되는 곳이 있는지의 여부
아. 윤활유 압력이 정상적으로 올라가는지의 여부

12

소형 디젤기관의 운전 중 점검해야 할 사항이 아닌 것은?

가. 배기색
나. 이상음의 발생 여부
사. 질소산화물의 배출량
아. 냉각수 계통의 누수 여부

13

나선형 프로펠러가 1회전할 때 날개 위의 어떤 점이 축방향으로 이동하는 거리를 무엇이라 하는가?

가. 경 사
나. 간 극
사. 피 치
아. 슬 립

14

선미에서 프로펠러 부근에 아연판을 붙이는 주된 이유는?

가. 선체 부식 방지
나. 선체 효율 증가
사. 기관 출력 증가
아. 선체 마찰 저항 감소

15

납축전지의 구성 요소가 아닌 것은?

가. 극 판
나. 충전판
사. 격리판
아. 전해액

16

양묘기의 구성 부품이 아닌 것은?

가. 치 차
나. 클러치
사. 브레이크 라이닝
아. 건조기

17

유압장치에 대한 설명으로 옳지 않은 것은?

가. 유압펌프의 흡입측에 자석식 필터를 많이 사용한다.
나. 작동유는 유압유를 사용한다.
사. 작동유의 온도가 낮아지면 점도도 낮아진다.
아. 작동유 중의 공기를 빼기 위한 플러그를 설치한다.

18

원심펌프의 송출량을 조절하는 방법으로 가장 적절한 것은?

가. 흡입 밸브로 조절한다.
나. 송출 밸브로 조절한다.
사. 바이패스 밸브로 조절한다.
아. 릴리프 밸브로 조절한다.

19

전동기로 구동되는 원심펌프에서 과부하 운전의 원인으로 옳지 않은 것은?

가. 흡입관에 공기가 차 있다.

나. 베어링이 많이 손상되어 있다.

사. 축의 중심이 맞지 않다.

아. 글랜드 패킹이 과도하게 조여 있다.

20

변압기의 명판에 기재된 전력은?

가. 유효전력

나. 피상전력

사. 무효전력

아. 직류전력

21

항해 중 디젤 주기관의 배기온도가 너무 높을 때의 조치로 옳은 것은?

가. 윤활유 압력을 더 낮춘다.

나. 연료유 압력을 더 낮춘다.

사. 운전속도를 더 낮춘다.

아. 냉각수 온도를 더 낮춘다.

22

전류의 단위는?

가. 볼트[V]

나. 암페어[A]

사. 암페어시[Ah]

아. 옴[Ω]

23

디젤기관에서 실린더 라이너의 마멸량을 계측하는 공구는?

가. 틈새 게이지

나. 서피스 게이지

사. 내경 마이크로미터

아. 외경 마이크로미터

24

가솔린기관에 적합한 연료유는?

가. 경 유

나. A중유

사. 휘발유

아. C중유

25

중유와 경유에 대한 설명으로 옳지 않은 것은?

가. 경유의 비중은 0.81 ~ 0.89 정도이다.

나. 경유는 중유에 비해 가격이 저렴하다.

사. 중유의 비중은 0.91 ~ 0.99 정도이다.

아. 경유는 점도가 낮아 가열하지 않고 사용할 수 있다.

PART 02 2019년 제2회 기출복원문제

해설 637P

제1과목 항 해

01

지구자기장의 복각이 0°가 되는 지점을 연결한 선은?

가. 지자극
나. 자기적도
사. 지방자기
아. 북회귀선

02

자기 컴퍼스 볼의 구조에 대한 아래 그림에서 ㉠은?

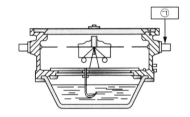

가. 짐벌즈
나. 섀도 핀 꽂이
사. 컴퍼스 카드
아. 연결관

03

선체가 수평일 때는 자차가 0°라 하더라도 선체가 기울어지면 다시 자차가 생기는데 이때 생기는 자차는?

가. 기 차
나. 편 차
사. 경선차
아. 수직오차

04

자차가 3°E, 편차가 6°W일 때 나침의 오차는?

가. 3°E
나. 3°W
사. 9°E
아. 9°W

05

항해 중 지면에 대한 상대 운동이 변함으로써 평행을 잃게 되어 자이로컴퍼스에 생기는 오차는?

가. 동요오차
나. 위도오차
사. 경도오차
아. 속도오차

06

프리즘을 사용하여 목표물과 카드 눈금을 광학적으로 중첩시켜 방위를 읽을 수 있는 방위 측정 기구는?

가. 쌍안경
나. 방위경
사. 섀도 핀
아. 컴퍼지션 링

07

교차방위법의 위치선 작도방법과 주의사항으로 옳지 않은 것은?

가. 방위 측정은 신속, 정확해야 한다.

나. 방위 변화가 늦은 물표부터 빠른 물표 순으로 측정한다.

사. 선수미 방향의 물표보다 정횡 방향의 물표를 먼저 측정한다.

아. 해도에 위치선을 기입한 뒤에는 관측시간을 같이 기입해두어야 한다.

08

레이더에서 한 물표의 영상이 거의 같은 거리에 서로 다른 방향으로 두 개 나타나는 현상은?

가. 간접반사에 의한 거짓상

나. 다중반사에 의한 거짓상

사. 맹목구간에 의한 거짓상

아. 거울면 반사에 의한 거짓상

09

한 나라 또는 한 지방에서 특정한 자오선을 표준 자오선으로 정하고, 이를 기준으로 정한 평시는?

가. 세계시

나. 지방표준시

사. 항성시

아. 태양시

10

다음 중 선박용 레이더에서 마이크로파를 생성하는 장치는?

가. 펄스변조기

나. 트리거전압발생기

사. 듀플렉서(Duplexer)

아. 마그네트론(Magnetron)

11

해도를 제작법에 따라 분류할 때, 항해 시 가장 많이 사용하는 해도는?

가. 대권도   나. 투영도

사. 평면도   아. 점장도

12

방위표지 중 원추형 두 개의 정점이 중앙에서 마주하는 두표를 표시하는 것은?

가. 동방위 표지

나. 서방위 표지

사. 남방위 표지

아. 북방위 표지

13

해상에 있어서의 기상, 해류, 조류 등의 여러 현상과 도선사, 검역, 항로표지 등의 일반기사 및 항로의 상황, 연안의 지형, 항만의 시설 등이 기재되어 있는 수로서지는?

가. 등대표

나. 조석표

사. 천측력

아. 항로지

14

해도에 사용되는 기호와 약어를 수록한 수로도서지는?

가. 항로지

나. 항행통보

사. 해도도식

아. 국제신호서

15

수로도서지를 정정할 목적으로 항해사에게 제공되는 항행통보의 간행주기는?

가. 1일

나. 1주

사. 2주

아. 1월

16

등부표에 대한 설명으로 옳지 않은 것은?

가. 항로의 입구, 폭 및 변침점 등을 표시하기 위해 설치한다.

나. 해저의 일정한 지점에 체인으로 연결되어 떠 있는 구조물이다.

사. 조석표에 기재되어 있으므로, 선박의 정확한 속력을 구하는 데 사용하면 좋다.

아. 강한 파랑이나 조류에 의해 유실되는 경우도 있다.

17

다음 중 부동등의 해도도식은?

가. F

나. Q

사. Fl R 10s

아. Oc G 10s

18

육상에 설치된 간단한 기둥 형태의 표지로서 여기에 등광을 함께 설치하면 등주라고 불리는 표지는?

가. 입 표

나. 부 표

사. 육 표

아. 도 표

19

선박의 레이더 영상에 송신국의 방향이 밝은 선으로 나타나도록 전파를 발사하는 표지는?

가. 레이콘

나. 레이마크

사. 유도 비컨

아. 레이더 리플렉터

20

가스의 압력 또는 기계 장치로 종을 쳐서 소리를 내는 음향 표지는?

가. 무 종
나. 다이어폰
사. 취명부표
아. 에어 사이렌

21

찬 공기가 따뜻한 공기 쪽으로 가서 그 밑으로 쐐기처럼 파고들어 따뜻한 공기를 강제적으로 상승시킬 때 만들어지는 전선은?

가. 한랭전선
나. 온난전선
사. 폐색전선
아. 정체전선

22

일기도상의 다음 기호가 의미하는 것은?

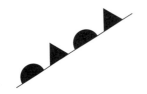

가. 한랭전선
나. 온난전선
사. 폐색전선
아. 정체전선

23

고기압과 저기압의 이동과 관련된 기호의 연결이 옳지 않은 것은?

가. UKN – 불 명
나. ⇒ – 이동 방향
사. SLW – 천천히 이동 중
아. STNR – 천천히 회전 중

24

항해계획을 수립하는 순서로 옳은 것은?

┤보 기├

① 소축척 해도 상에 선정한 항로를 기입한다.
② 수립한 계획이 적절한가를 검토한다.
③ 상세한 항행일정을 구하여 출·입항 시각을 결정한다.
④ 대축척 해도에 항로를 기입한다.

가. ① → ② → ③ → ④
나. ① → ③ → ④ → ②
사. ① → ② → ④ → ③
아. ① → ④ → ③ → ②

25

입항항로를 선정할 때 고려사항이 아닌 것은?

가. 항만관계 법규
나. 묘박지의 수심, 저질
사. 항만의 상황 및 지형
아. 선원의 교육훈련 상태

01

연돌, 키, 마스트, 추진기 등을 제외한 선박의 주된 부분은?

가. 현 호　　　　나. 캠 버
사. 빌 지　　　　아. 선 체

02

스톡 앵커의 각부 명칭을 나타낸 아래 그림에서 ㉠은?

가. 생 크
나. 크라운
사. 앵커링
아. 플루크

03

안벽계류 및 입거할 때 필요한 선박의 길이는?

가. 전 장
나. 등록장
사. 수선장
아. 수선간장

04

타의 구조에서 ①은?

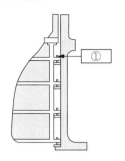

가. 타 판
나. 핀 틀
사. 거 전
아. 타두재

05

키의 실제 회전량을 표시해 주는 장치로 조타위치에서 잘 보이는 곳에 설치되어 있는 것은?

가. 경사계
나. 타각 지시기
사. 선회율 지시기
아. 회전수 지시기

06

일반적으로 섬유 로프의 무게는 어떻게 나타내는가?

가. 1미터의 무게
나. 1사리의 무게
사. 10미터의 무게
아. 1발의 무게

07

현호의 기능이 아닌 것은?

가. 예비부력의 향상

나. 선체 부식 방지

사. 능파성 향상

아. 미관상 좋음

08

아래 그림의 구명설비는?

가. 구명조끼

나. 구명부환

사. 구명부기

아. 구명뗏목

09

조난 시 퇴선하여 구조선이나 인근의 선박, 조난
선박의 구명정, 구명뗏목과의 통신을 하기 위해
준비된 것으로 500톤 이하의 경우 2대를 갖추어
야 하는 것은?

가. Beacon

나. EPIRB

사. SART

아. 2-way VHF 무선전화

10

잔잔한 바다에서 의식불명의 익수자를 발견하여
구조하려 할 때, 안전한 접근방법은?

가. 익수자의 풍하에서 접근한다.

나. 익수자의 풍상에서 접근한다.

사. 구조선의 좌현 쪽에서 바람을 받으면서 접근
한다.

아. 구조선의 우현 쪽에서 바람을 받으면서 접근
한다.

11

야간에 구명부환의 위치를 알려 주는 것으로 구명
부환과 함께 수면에 투하되면 자동으로 점등되는
것은?

가. 신호 홍염

나. 발연부 신호

사. 자기 점화등

아. 로켓 낙하산 화염 신호

12

선박이 조난을 당한 경우에 조난선과 구조선 또는
육상 간에 연결용 줄을 보내는 데 사용되며 230m
이상의 줄을 보낼 수 있는 것은?

가. 신호 거울

나. 자기 점화등

사. 구명줄 발사기

아. 자기 발연 신호

13

다음 중 무선전화에 의한 PAN PAN 3회와 관계있는 것은?

가. 경고통신　　　　나. 긴급통신

사. 안전통신　　　　아. 조난통신

14

국제신호서상 등화 신호 및 음향 신호의 규칙으로 옳지 않은 것은?

가. 단부의 길이를 1 기준단위로 한다.

나. 장부는 기준단위의 3배(3단위)로 한다.

사. 등화신호의 표준 속도는 1분간 70자로 한다.

아. 한 부호에서 장부 또는 단부의 간격은 1 기준 단위로 한다.

15

선박의 조종성을 나타내는 요소 중 어선에서 일반 화물선보다 중요시 하는 성능은?

가. 정지성　　　　나. 선회성

사. 추종성　　　　아. 침로안정성

16

빈칸에 순서대로 적합한 것은?

> 일반적으로 컨테이너선과 같이 방형계수가 작은 선박은 (　　　)이 양호한 반면에 (　　　)이 좋지 않다.

가. 추종성 및 선회성, 침로안정성

나. 선회성 및 침로안정성, 추종성

사. 침로안정성 및 추종성, 선회성

아. 정지성 및 선회성, 침로안정성

17

빈칸에 적합한 것은?

> 선체는 선회 초기에 원침로로부터 타각을 준 반대쪽으로 약간 벗어나는데, 이러한 원침로상에서 횡방향으로 벗어난 거리를 (　　　)(이)라고 한다.

가. 횡 거

나. 종 거

사. 킥(Kick)

아. 신침로거리

18

빈칸에 순서대로 적합한 것은?

> 일반적으로 직진 중인 배수량을 가진 선박에서 전타를 하면 선체는 선회초기에 선회하려는 방향의 (　　　)으로 경사하고 후기에는 (　　　)으로 경사한다.

가. 안쪽, 안쪽

나. 안쪽, 바깥쪽

사. 바깥쪽, 안쪽

아. 바깥쪽, 바깥쪽

19

선박이 항진 중 타각을 줄 때 타판에 작용하는 선수미 방향의 분력은?

가. 양 력

나. 항 력

사. 마찰력

아. 직압력

20

빈칸에 순서대로 적합한 것은?

> 우선회 고정피치 스크루 프로펠러 한 개가 장착되어 있는 선박이 정지상태에서 후진할 때, 타가 중앙이면 횡압력과 배출류의 측압작용이 선미를 ( )으로 밀기 때문에 선수는 ( )한다.

가. 우현쪽, 우회두

나. 우현쪽, 좌회두

사. 좌현쪽, 우회두

아. 좌현쪽, 좌회두

21

좁은 수로를 항해할 때 유의사항으로 옳지 않은 것은?

가. 변침할 때는 소각도로 여러 차례 변침하는 것이 좋다.

나. 선수미선과 조류의 유선이 직각을 이루도록 조종하는 것이 좋다.

사. 언제든지 닻을 사용할 수 있도록 준비된 상태에서 항행하는 것이 좋다.

아. 역조 때에는 정침이 잘 되나, 순조 때에는 정침이 어려우므로 조종 시 유의하여야 한다.

22

북반구에서 태풍이 접근할 때 풍향이 오른쪽으로 변화를 하는 경우 피항하는 안전한 방법은?

가. 풍랑을 우현 선수에서 받도록 한다.

나. 풍랑을 좌현 선수에서 받도록 한다.

사. 풍랑을 우현 선미에서 받도록 한다.

아. 풍랑을 좌현 선미에서 받도록 한다.

23

파랑 중에서 항해할 때 선체의 대각도 횡경사(Lurching)를 발생시키는 경우가 아닌 것은?

가. 적화물 또는 유동수의 이동이 있을 경우

나. 횡요 운동 때 횡방향으로 돌풍을 받을 경우

사. 파랑 중에 대각도 변침을 할 경우

아. 선박의 복원력이 클 경우

24

선박 간 충돌사고의 직접적인 원인이 아닌 것은?

가. 승무원의 주의태만으로 인한 과실

나. 항해사의 적절한 운용술의 미숙

사. 계류색 정비 불량

아. 항해장비의 불량과 운용 미숙

25

선박의 전복사고를 방지하기 위한 방법으로 옳지 않은 것은?

가. 중량물을 가급적 선체 하부에 적재한다.

나. 이동 물체는 단단히 고박한다.

사. 개구부를 완전히 폐쇄한다.

아. 어망을 끌면서 정횡파를 받도록 조종한다.

01

해사안전법상 조타기가 고장나서 다른 선박의 진로를 피할 수 없는 선박이 표시해야 하는 것은?

가. 흰색의 기를 달아야 한다.

나. 밤에는 가장 잘 보이는 곳에 수직으로 붉은색 전주등 2개를 달아야 한다.

사. 낮에는 가장 잘 보이는 곳에 수직으로 둥근꼴 이나 그와 비슷한 형상물 1개를 달아야 한다.

아. 밤에는 가장 잘 보이는 곳에 수직으로 흰색 전주등 2개를 달아야 한다.

02

해사안전법상 선수와 선미의 중심선상에 설치된 붉은색·녹색·흰색으로 구성된 등으로서 그 붉은색·녹색·흰색의 부분이 각각 현등의 붉은색 등과 녹색 등 및 선미등과 같은 특성을 가진 등은?

가. 삼색등

나. 전주등

사. 선미등

아. 양색등

03

해사안전법상 섬광등의 1분당 섬광 발하 기준은?

가. 60회 이상

나. 120회 이상

사. 180회 이상

아. 240회 이상

04

빈칸에 순서대로 적합한 것은?

> 해사안전법상 범선이 기관을 동시에 사용하여 진행하고 있는 경우에는 앞쪽의 가장 잘 보이는 곳에 (   )를 그 꼭대기가 (   )로 향하도록 표시하여야 한다.

가. 원뿔꼴로 된 형상물 2개, 아래

나. 원뿔꼴로 된 형상물 1개, 아래

사. 원뿔꼴로 된 형상물 2개, 위

아. 원뿔꼴로 된 형상물 1개, 위

05

해사안전법상 항행 중인 동력선이 침로를 오른쪽으로 변경하고 있는 경우 조종신호는?

가. 단음 1회   나. 단음 2회

사. 장음 1회   아. 장음 2회

06

해사안전법상 선박의 항행안전을 확보하기 위하여 한쪽 방향으로만 항행할 수 있도록 되어 있는 일정한 범위의 수역은?

가. 연안통항대   나. 통항로

사. 분리선   아. 분리대

07

해사안전법상 어로에 종사하고 있는 선박이 피해야 하는 선박은?

가. 항행 중인 범선

나. 수상항공기

사. 조종불능선

아. 수면비행선박

08

해사안전법상 선박이 다른 선박과 충돌할 위험이 있는지를 판단하는 방법으로 옳은 것은?

가. 접근 선박 크기는 고려하지 않는다.

나. 타선이 신호를 발하고 있는지 살핀다.

사. 접근 선박의 거리와 컴퍼스 방위의 변화를 관찰한다.

아. 접근 선박의 마스트와 마스트 사이의 거리를 관찰한다.

09

해사안전법상 교통안전특정해역의 안전을 위해 고속여객선의 운항을 제한할 수 있는 조치는?

가. 속력의 제한

나. 앞지르기의 지시

사. 입항의 금지

아. 선장의 변경

10

해사안전법상 항행장애물을 발생시켰을 경우 조치로 옳은 것을 〈보기〉에서 모두 고른 것은?

┌─ 보 기 ─
│ ㄱ. 항행장애물 방치
│ ㄴ. 항행장애물 표시
│ ㄷ. 항행장애물 제거
│ ㄹ. 해양수산부장관에게 보고
└─

가. ㄴ, ㄹ

나. ㄴ, ㄷ

사. ㄴ, ㄷ, ㄹ

아. ㄱ, ㄴ, ㄷ, ㄹ

11

해사안전법상 항로에서 할 수 있는 행위는?

가. 선박의 방치

나. 어망의 투기

사. 어구의 설치

아. 해양경찰청장이 허가한 체육활동

12

해사안전법상 안전한 속력을 결정할 때 고려사항이 아닌 것은?

가. 해상교통량의 밀도

나. 레이더의 특성 및 성능

사. 항해사의 야간항해당직 경험

아. 선박의 정지거리·선회성능, 그 밖의 조종성능

13

해사안전법상 트롤망 어로에 종사하는 선박 외에 어로에 종사하는 선박이 수평거리로 몇 미터가 넘는 어구를 선박 밖으로 내고 있는 경우에 어구를 내고 있는 방향으로 흰색 전주등 1개를 표기하여야 하는가?

가. 50미터   나. 75미터

사. 100미터   아. 150미터

14

빈칸에 적합한 것은?

┌─
│ 해사안전법상 노도선은 (   )의 등화를 표시할 수 있다.
└─

가. 항행 중인 어선

나. 항행 중인 범선

사. 항행 중인 예인선

아. 흘수제약선

15

해사안전법상 전주등은 몇 도에 걸치는 수평의 호를 비추는가?

가. 112.5°

나. 135°

사. 225°

아. 360°

16

선박의 입항 및 출항 등에 관한 법률상 무역항의 수상구역 등에서의 어로 행위에 대한 설명으로 옳은 것은?

가. 어느 경우든 어로 작업은 금지되어 있다.

나. 어느 장소에서나 어로 작업이 가능하다.

사. 선박교통에 방해될 우려가 있는 장소에 어구를 설치해서는 아니 된다.

아. 강력한 등화를 사용하는 어로 행위 외에는 모두 가능하다.

17

선박의 입항 및 출항 등에 관한 법률상 무역항의 수상구역 등에서 예인선이 다른 선박을 끌고 항행하는 경우의 항법으로 옳지 않은 것은?

가. 한꺼번에 3척 이상의 피예인선을 끌지 못한다.

나. 지방해양수산청장은 무역항의 특수성을 고려하여 필요한 경우 예인선의 항법을 조정할 수 있다.

사. 다른 선박의 진로를 피하여야 한다.

아. 예인선의 선수로부터 피예인선 선미까지의 길이가 100m를 초과하지 못한다.

18

선박의 입항 및 출항 등에 관한 법률상 벌칙 조항에 대한 설명으로 옳은 것은?

가. 정박구역이 아닌 구역에 정박한 자는 500만원 이하의 벌금에 처한다.

나. 지정·고시한 항로를 따라 항행하지 아니한 자는 300만원 이하의 벌금에 처한다.

사. 허가를 받지 않고 공사 또는 작업을 한 자는 500만원 이하의 벌금에 처한다.

아. 허가를 받지 않고 무역항의 수상구역 등에 출입한 경우 2년 이하의 징역 및 2천만원 이하의 벌금에 처한다.

19

선박의 입항 및 출항 등에 관한 법률상 무역항에 출입하려고 할 때 출입신고를 하지 아니할 수 있는 선박이 아닌 것은?

가. 군 함

나. 해양경찰함정

사. 모래를 적재한 압항부선

아. 해양사고구조에 사용되는 선박

20

선박의 입항 및 출항 등에 관한 법률상 무역항의 수상구역 등에 입항하는 선박이 방파제 입구 등에서 출항하는 선박과 마주칠 우려가 있는 경우 항법으로 옳은 것은?

가. 입항중인 여객선은 출항선보다 먼저 입항해야 한다.

나. 항상 입항선박이 먼저 통과해야 한다.

사. 총톤수가 큰 선박이 먼저 통과해야 한다.

아. 출항선박이 먼저 통과한 후 입항선박이 나중에 통과한다.

21

선박의 입항 및 출항 등에 관한 법률상 무역항의 항로에서의 항법으로 옳지 않은 것은?

가. 다른 선박과 나란히 항행하지 아니할 것

나. 범선은 항로에서 지그재그로 항행하지 아니 할 것

사. 다른 선박을 어떠한 경우에도 추월하지 아니 할 것

아. 항로를 항행하는 위험물운송선박의 진로를 방 해하지 아니할 것

22

빈칸에 순서대로 적합한 것은?

> 선박의 입항 및 출항 등에 관한 법률상 (   )은 선박이 빠른 속도로 항행하여 다른 선박의 안전 운항에 지장을 초래할 우려가 있 다고 인정하는 무역항의 수상구역 등에 대하 여는 (   )에게 무역항의 수상구역 등에서 의 선박 항행 최고 속력을 지정할 것을 요청 할 수 있다.

가. 시장, 항만공사 사장

나. 항만공사 사장, 해양경찰청장

사. 해양경찰청장, 관리청

아. 해양수산부장관, 해양경찰청장

23

해양환경관리법상 '오염물질'이 아닌 것은?

가. 폐기물

나. 기 름

사. 오존층 파괴물질

아. 유해액체물질

24

해양환경관리법상 선박에서 배출되는 기름의 확 산을 막기 위해 해상에 울타리를 치듯이 막는 방 제자재는?

가. 유흡착제

나. 오일펜스

사. 유겔화제

아. 기름방지매트

25

해양환경관리법상 기름이 배출된 경우 선박에서 시급하게 조치할 사항으로 옳지 않은 것은?

가. 배출된 기름의 제거

나. 배출된 기름의 확산 방지

사. 배출 방지를 위한 응급조치

아. 배출된 기름이 해수와 잘 희석되도록 조치

01

4행정 사이클 6실린더 기관은 크랭크 각도 몇 도마다 폭발이 일어나는가?

가. 60°
나. 90°
사. 120°
아. 180°

02

디젤기관의 연료유 계통에 포함되지 않는 것은?

가. 저장탱크
나. 여과기
사. 연료펌프
아. 응축기

03

행정부피가 1,100[cm³]이고 압축부피가 100[cm³]인 내연기관의 압축비는 얼마인가?

가. 10
나. 11
사. 12
아. 13

04

디젤기관에서 실린더 내의 연소압력이 피스톤에 작용하여 발생하는 동력은?

가. 전달마력
나. 유효마력
사. 제동마력
아. 지시마력

05

다음과 같은 4행정 사이클 기관의 밸브 구동장치에서 ㉠, ㉡, ㉢의 명칭을 순서대로 옳게 나타낸 것은?

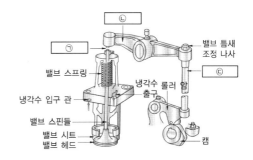

가. 밸브 틈새, 밸브 레버, 푸시 로드
나. 밸브 레버, 밸브 틈새, 푸시 로드
사. 푸시 로드, 밸브 레버, 밸브 틈새
아. 밸브 틈새, 푸시 로드, 밸브 레버

06

소형기관에서 연소실의 구성요소가 아닌 것은?

가. 피스톤
나. 기관 베드
사. 실린더 헤드
아. 실린더 라이더

07

기관에서 크랭크 축의 평형을 이루기 위해 크랭크 암의 크랭크 핀 반대쪽에 설치하는 것은?

가. 평형 추
나. 평형 공
사. 플라이휠
아. 평형 디스크

08

디젤기관의 구성 부품이 아닌 것은?

가. 점화 플러그
나. 플라이휠
사. 크랭크 축
아. 커넥팅 로드

09

소형기관의 시동 직후에 점검해야 할 사항이 아닌 것은?

가. 피스톤 링의 절구틈이 적정한지의 여부
나. 이상음이 발생하는 곳이 있는지의 여부
사. 연소가스가 누설되는 곳이 있는지의 여부
아. 윤활유 압력이 정상적으로 올라가는지의 여부

10

운전 중인 소형 디젤기관에서 이상음이 발생하는 경우의 원인으로 옳은 것은?

가. 저부하로 운전하는 경우
나. 디젤노킹이 발생하는 경우
사. 연료유의 분사압력이 높은 경우
아. 실린더 헤드에서 냉각수가 새는 경우

11

디젤기관의 운전 중 냉각수 계통에서 주의해서 관찰해야 하는 것은?

가. 기관의 입구 온도와 기관의 입구 압력
나. 기관의 출구 온도와 기관의 출구 압력
사. 기관의 입구 온도와 기관의 출구 압력
아. 기관의 입구 압력과 기관의 출구 온도

12

디젤기관에 사용되는 윤활유 펌프에 대한 설명으로 옳지 않은 것은?

가. 기어펌프가 많이 사용된다.
나. 출구에 압력계가 있다.
사. 입구 압력보다 출구 압력이 높다.
아. 윤활유의 온도를 낮추는 역할을 한다.

13

소형 디젤기관에서 과급기를 운전하는 작동 유체는?

가. 흡입공기의 압력
나. 연소가스의 압력
사. 연료유의 분사 압력
아. 윤활유 펌프의 출구 압력

14

추진 축계장치에서 추력베어링의 주된 역할은?

가. 축의 진동을 방지한다.
나. 축의 마멸을 방지한다.
사. 프로펠러의 추력을 선체에 전달한다.
아. 선체의 추력을 프로펠러에 전달한다.

15

조타장치가 제어하는 것은?

가. 타의 하중
나. 타의 회전각도
사. 타의 기동력
아. 타와 프로펠러의 간격

16

왕복펌프에 공기실을 설치하는 주된 목적은?

가. 발생되는 공기를 모아 제거시키기 위해
나. 송출유량을 균일하게 하기 위해
사. 펌프의 발열을 방지하기 위해
아. 공기의 유입이나 액체의 누설을 막기 위해

17

일반적으로 소형기관에서 기관에 의해 직접 구동되는 펌프가 아닌 것은?

가. 연료유 펌프
나. 냉각청수 펌프
사. 윤활유 펌프
아. 빌지 펌프

18

원심펌프로 이송하기에 가장 적합한 액체는?

가. 빌 지
나. 청 수
사. 연료유
아. 윤활유

19

원심펌프의 운전 중 심한 진동이나 이상음이 발생하는 경우의 원인으로 옳지 않은 것은?

가. 베어링이 심하게 손상된 경우
나. 축이 심하게 변형된 경우
사. 흡입되는 유체의 온도가 낮은 경우
아. 축의 중심이 일치하지 않는 경우

20

5kW 이하의 소형 유도전동기에 많이 이용되는 기동법은?

가. 직접 기동법
나. 간접 기동법
사. 기동 보상기법
아. 리액터 기동법

21

과급기가 있는 디젤 주기관에서 과급기의 위치는?

가. 기관보다 약간 높은 곳에 위치한다.

나. 기관의 중간 높이에 위치한다.

사. 기관보다 약간 낮은 곳에 위치한다.

아. 공기냉각기 바로 아래쪽에 위치한다.

22

빈칸에 적합한 것은?

> 선박에서 일정시간 항해 시 연료소비량은 선박 속력의 (   )에 비례한다.

가. 제 곱

나. 세제곱

사. 네제곱

아. 다섯제곱

23

운전 중인 디젤기관에서 어느 한 실린더의 최고압력이 다른 실린더에 비해 낮은 경우의 원인으로 옳지 않은 것은?

가. 해당 실린더의 배기 밸브가 누설했을 때

나. 해당 실린더의 피스톤링을 신환했을 때

사. 해당 실린더의 연료분사밸브가 막혔을 때

아. 해당 실린더의 실린더 라이너의 마멸이 심할 때

24

연료유의 점도에 대한 설명으로 옳은 것은?

가. 온도가 낮아질수록 점도는 높아진다.

나. 온도가 높아질수록 점도는 높아진다.

사. 대기 중 습도가 낮아질수록 점도는 높아진다.

아. 대기 중 습도가 높아질수록 점도는 높아진다.

25

디젤기관의 운전 중 연료유에 이물질이 많이 섞여 있을 때 나타나는 현상으로 옳은 것은?

가. 연료유 필터가 잘 막힌다.

나. 윤활유 압력이 떨어진다.

사. 윤활유 압력이 상승한다.

아. 연료유 관에 누설이 심해진다.

제1과목 **항 해**

01

자기 컴퍼스 볼의 구조에 대한 아래 그림에서 ㉠은?

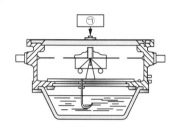

가. 짐벌즈
나. 섀도 핀 꽂이
사. 컴퍼스 카드
아. 연결관

02

자기 컴퍼스에서 선박의 동요로 비너클이 기울어져도 볼을 항상 수평으로 유지시켜 주는 장치는?

가. 피 벗　　　　나. 컴퍼스 액
사. 짐벌즈　　　　아. 섀도 핀

03

해상에서 자차 수정 작업 시 게양하는 기류 신호는?

가. Q기　　　　나. NC기
사. VE기　　　　아. OQ기

04

자동 조타장치에서 선박이 설정 침로에서 벗어날 때 그 침로를 되돌리기 위하여 사용하는 타는?

가. 복원타
나. 제동타
사. 수동타
아. 평형타

05

프리자이로스코프를 경사지게 하더라도 로터 축이 처음 지시했던 방향을 그대로 유지하려고 하는 특성은?

가. 세차운동성
나. 경사운동성
사. 방향보존성
아. 침로안전성

06

조류가 정선미 쪽에서 정선수 쪽으로 2노트로 흘러갈 때 대지속력이 10노트이면 대수속력은?

가. 6노트
나. 8노트
사. 10노트
아. 12노트

07

지피에스(GPS)와 디지피에스(DGPS)에 대한 설명으로 옳지 않은 것은?

가. 디지피에스(DGPS)는 지피에스(GPS)의 위치 오차를 줄이기 위해서 위치보정 기준국을 이용한다.

나. 지피에스(GPS)는 위성으로부터 오는 전파를 사용한다.

사. 지피에스(GPS)와 디지피에스(DGPS)는 서로 다른 위성을 사용한다.

아. 대표적인 위성항법장치이다.

08

선박의 레이너에서 발사된 전파를 받은 때에만 응답전파를 발사하는 전파표지는?

가. 레이콘(Racon)

나. 레이마크(Raymark)

사. 토킹 비컨(Talking Beacon)

아. 무선방향탐지기(RDF)

09

레이더 화면에 그림과 같이 나타나는 원인은?

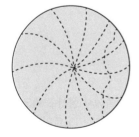

가. 물표의 간접 반사

나. 비나 눈 등에 의한 반사

사. 해면의 파도에 의한 반사

아. 타선박의 레이더 파에 의한 간섭 효과

10

일반적으로 레이더와 컴퍼스를 이용하여 구한 선위 중 정확도가 가장 낮은 것은?

가. 레이더로 둘 이상 물표의 거리를 이용하여 구한 선위

나. 레이더로 구한 물표의 거리와 컴퍼스로 측정한 방위를 이용하여 구한 선위

사. 레이더로 한 물표에 대한 방위와 거리를 측정하여 구한 선위

아. 레이더로 둘 이상의 물표에 대한 방위를 측정하여 구한 선위

11

우리나라 해도상 수심의 단위는?

가. 미터(m)

나. 센티미터(cm)

사. 킬로미터(km)

아. 패덤(fathom)

12

빈칸에 적합한 것은?

> 등고는 (   )에서 등화 중심까지의 높이를 말한다.

가. 평균고조면

나. 약최고고조면

사. 평균수면

아. 기본수준면

13

수로도서지를 정정할 목적으로 항해사에게 제공되는 항행 통보의 간행주기는?

가. 1일

나. 1주

사. 2주

아. 1월

14

해도에 사용되는 기호와 약어를 수록한 수로도서지는?

가. 항로지

나. 항행통보

사. 해도도식

아. 국제신호서

15

동방위표지에 관한 설명으로 옳은 것은?

가. 동방위표지의 남쪽으로 항해하면 안전하다.

나. 동방위표지의 서쪽으로 항해하는 것은 위험하다.

사. 동방위표지는 표지의 동측에 암초, 천소, 침선 등의 장애물이 있음을 뜻한다.

아. 동방위표지는 동쪽에서 해류가 흘러오는 것을 뜻한다.

16

등대의 등색으로 사용하지 않는 색은?

가. 백 색

나. 적 색

사. 녹 색

아. 자 색

17

등화의 중시선을 이용하여 선박을 인도하는 광파표지는?

가. 도 등

나. 부 등

사. 부동등

아. 섬광등

18

형상표지의 종류가 아닌 것은?

가. 부 표

나. 입 표

사. 도 표

아. 등 주

19

고립장애표지에 대한 설명으로 옳지 않은 것은?

가. 두표는 3개의 흑구를 수직으로 부착한다.

나. 등화는 백색을 사용하며 2회의 섬광등이다.

사. 색상은 검은 색 바탕에 1개 또는 그 이상의 적색 띠를 둘러 표시한다.

아. 암초나 침선 등 고립된 장해물의 위에 설치 또는 계류하는 표지로서 이 표지의 주위가 가항수역이다.

20

안개, 눈 또는 비 등으로 시계가 나빠서 육지나 등화를 발견하기 어려울 때 부근을 항해하는 선박에게 항로표지의 위치를 알리거나 경고할 목적으로 설치된 표지는?

가. 형상표지

나. 특수신호표지

사. 음향표지

아. 광파표지

21

해상에서 풍향은 일반적으로 몇 방위로 관측하는가?

가. 4방위

나. 8방위

사. 16방위

아. 32방위

22

날씨기호에 대한 연결이 옳지 않은 것은?

가. * – 눈

나. ● – 비

사. ≡ – 안 개

아. ▲ – 소나기성 강우

23

현재 일기의 자세한 해설과 현재로부터 2시간 후까지의 예보는?

가. 수치예보

나. 실황예보

사. 종관적 예보

아. 통계적 예보

24

변침 물표로서 가장 정확도가 낮은 것은?

가. 등부표

나. 등 대

사. 입 표

아. 해도에 표시된 굴뚝

25

정박선 주위를 항해할 때 주의하여야 할 사항으로 옳지 않은 것은?

가. 충분한 거리를 유지한다.

나. 최대한 빠른 속력으로 지나간다.

사. 바람이나 조류가 있는 경우 풍하 측으로 통항한다.

아. 정박선의 선수 방향으로 접근하여 지나가지 않는다.

01

선박안전법에 의하여 선체, 기관, 설비, 속구, 만재흘수선, 무선설비 등에 대하여 5년마다 실행하는 정밀검사는?

가. 임시검사

나. 중간검사

사. 특수선검사

아. 정기검사

02

구명설비 중에서 체온을 유지할 수 있도록 열전도율이 낮은 방수물질로 만들어진 포대기 또는 옷은?

가. 방수복   나. 보온복

사. 잠수복   아. 방화복

03

타의 구조에서 ①은?

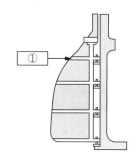

가. 타 판   나. 핀 틀

사. 거 전   아. 러더 암

04

선체에 페인트칠을 하기에 가장 좋은 때는?

가. 따뜻하고 습도가 낮을 때

나. 서늘하고 습도가 낮을 때

사. 따뜻하고 습도가 높을 때

아. 서늘하고 습도가 높을 때

05

와이어 로프와 비교한 섬유 로프의 성질에 대한 설명으로 옳지 않은 것은?

가. 물에 젖으면 강도가 변화한다.

나. 열에 약하지만 가볍고 취급이 간편하다.

사. 땋은 섬유 로프는 킹크가 잘 일어나지 않는다.

아. 선박에서는 습기에 강한 식물성 섬유 로프가 주로 사용된다.

06

조타장치 취급 시 주의사항으로 옳지 않은 것은?

가. 조타기에 과부하가 걸리는지 점검한다.

나. 작동부에 그리스가 들어가지 않도록 점검한다.

사. 유압 계통은 유량이 적정한지 점검한다.

아. 작동 중 이상한 소음이 발생하는지 점검한다.

07

선박에서 선체나 설비 등의 부식을 방지하기 위한 방법으로 옳지 않은 것은?

가. 방청용 페인트를 칠해서 습기의 접촉을 차단한다.

나. 아연 또는 주석 도금을 한 파이프를 사용한다.

사. 아연으로 제작된 타판을 사용한다.

아. 선체 외판에 아연판을 붙여 이온화 경향에 의한 부식을 막는다.

08

구명뗏목 본체와 적재대의 링에 고정되어 구명뗏목과 본선의 연결 상태를 유지하는 것은?

가. 연결줄(Painter)

나. 자동줄(Release Cord)

사. 자동이탈장치(Hydraulic Release Unit)

아. 위크링크(Weak Link)

09

선박 조난 시 구조를 기다릴 때 사람이 올라타지 않고 손으로 밧줄을 붙잡을 수 있도록 만든 인명구조장비는?

가. 구명정

나. 구명부환

사. 구명부기

아. 구명뗏목

10

자기 점화등과 같은 목적으로 구명부환과 함께 수면에 투하되면 자동으로 오렌지색 연기를 내는 것은?

가. 신호홍염

나. EPIRB

사. 자기 발연 신호

아. 로켓 낙하산 화염 신호

11

아래 그림과 같은 심벌이 표시된 곳에 보관된 구명설비는?

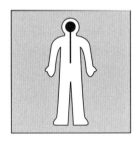

가. 구명조끼

나. 방수복

사. 구명부환

아. 노출 보호복

12

본선 선명이 '동해호'일 때 상대 선박 '서해호'를 호출하는 방법으로 옳은 것은?

가. 동해호, 여기는 서해호, 감도 있습니까?

나. 동해호, 여기는 서해호, VHF 있습니까?

사. 서해호, 여기는 동해호, 감도 있습니까?

아. 서해호, 여기는 동해호, VHF 있습니까?

13

초단파무선설비(VHF)의 최대 출력은?

가. 10W 나. 15W
사. 20W 아. 25W

14

우리나라 연해구역을 항해하는 총톤수 10톤인 소형선박에 반드시 설치해야 하는 무선통신 설비는?

가. 초단파무선설비(VHF) 및 EPIRB
나. 중단파무선설비(MF/HF) 및 EPIRB
사. 초단파무선설비(VHF) 및 SART
아. 중단파무선설비(MF/HF) 및 SART

15

선체의 뚱뚱한 정도를 나타내는 것은?

가. 등록장 나. 의장수
사. 방형계수 아. 배수톤수

16

선박의 조종에 관한 설명으로 옳지 않은 것은?

가. 키의 역할은 선박의 양호한 조종성을 확보하는 것이다.
나. 침로안정성은 선박이 정해진 침로를 따라 직진하는 성질을 말한다.
사. 복원성은 조타에 대한 선체 회두의 추종이 빠른지 또는 늦은지를 나타내는 것이다.
아. 선회성은 일정한 타각을 주었을 때 선박이 어떤 각속도로 움직이는지를 나타낸 것이다.

17

전속으로 항행 중인 선박에서 타를 사용하여 전타하였을 때 나타나는 현상이 아닌 것은?

가. 횡 경사
나. 선체회두
사. 선미 킥 현상
아. 선속의 증가

18

항해 중 타판에 작용하는 힘과 관련된 아래 그림에서 ①은?

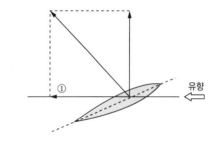

가. 양 력 나. 항 력
사. 마찰력 아. 직압력

19

빈칸에 순서대로 적합한 것은?

> 선박이 수심이 깊은 해역에서 항주 시에는 선수와 선미 부근의 수중압력이 ( ), 선체 중앙 부근의 수중압력이 ( ) 수압분포가 이루어진다.

가. 낮아지고, 낮아지는
나. 낮아지고, 높아지는
사. 높아지고, 낮아지는
아. 높아지고, 높아지는

20

수역은 충분하지만 수심이 얕은 해역에서 항주 시에 나타나는 현상이 아닌 것은?

가. 선체 침하
나. 보침성 향상
사. 속력 감소
아. 선회성 저하

21

선박의 선회권에서 선체가 원침로로부터 180도 회두된 곳까지 원침로에서 직각 방향으로 잰 거리는?

가. 킥
나. 리 치
사. 선회경
아. 선회횡거

22

묘박 중 황천 준비작업이 아닌 것은?

가. 기관사용 준비
나. 빈 밸러스트 탱크의 주수로 흘수 증가
사. 충분한 길이의 앵커 체인을 인출
아. 앵커 부이(Anchor Buoy) 준비

23

황천 항해에 대비하여 갑판 상의 배수구를 청소하는 이유는?

가. 복원력 감소를 방지하기 위하여
나. 선박의 트림을 조정하기 위하여
사. 선박의 선회성을 증대시키기 위하여
아. 프로펠러 공회전을 방지하기 위하여

24

연소 후 재가 남지 않는 가연성 액체의 화재는?

가. A급 화재
나. B급 화재
사. C급 화재
아. D급 화재

25

기관손상 사고의 원인 중 인적과실이 아닌 것은?

가. 기관의 노후
나. 기기조작 미숙
사. 부적절한 취급
아. 일상적인 점검 소홀

20 나 21 사 22 아 23 가 24 나 25 가 정답

01

해사안전법상 선수, 선미에 각각 흰색의 전주등 1개씩과 수직선상에 붉은색 전주등 2개를 표시하고 있는 선박은 어떤 상태의 선박인가?

가. 정박선

나. 조종불능선

사. 얹혀 있는 선박

아. 어로에 종사하고 있는 선박

02

해사안전법상 안개로 시계가 제한되었을 때 항행 중인 동력선이 대수속력이 있는 경우 울려야 하는 신호는?

가. 장음 1회 단음 3회

나. 단음 1회 장음 1회 단음 1회

사. 2분을 넘지 않는 간격으로 장음 1회

아. 2분을 넘지 않는 간격으로 장음 2회

03

해사안전법상 안전한 속력을 결정할 때 고려할 사항이 아닌 것은?

가. 시계의 상태

나. 컴퍼스의 오차

사. 해상교통량의 밀도

아. 선박의 흘수와 수심과의 관계

04

해사안전법상 장음과 단음에 대한 설명으로 옳은 것은?

가. 단음 – 1초 정도 계속되는 고동소리

나. 단음 – 3초 정도 계속되는 고동소리

사. 장음 – 8초 정도 계속되는 고동소리

아. 장음 – 10초 정도 계속되는 고동소리

05

빈칸에 적합한 것은?

> 해사안전법상 (   )은 될 수 있으면 미리 동작을 크게 취하여 다른 선박으로부터 충분히 멀리 떨어져야 한다.

가. 제한선

나. 유지선

사. 불능선

아. 피항선

06

빈칸에 적합한 것은?

> 해사안전법상 길이 12미터 미만의 동력선은 항행 중인 동력선에 따른 등화를 대신하여 (   ) 1개와 현등 1쌍을 표시할 수 있다.

가. 황색 전주등

나. 흰색 전주등

사. 붉은색 전주등

아. 녹색 전주등

07

해사안전법상 항행장애물의 처리에 관한 설명으로 옳지 않은 것은?

가. 항행장애물 제거책임자는 항행장애물을 제거하여야 한다.

나. 항행장애물 제거책임자는 항행장애물을 발생시킨 선박의 기관장이다.

사. 항행장애물 제거책임자는 항행장애물이 다른 선박의 항행안전을 저해할 우려가 있을 경우 항행장애물에 위험성을 나타내는 표시를 하여야 한다.

아. 항행장애물 제거책임자는 항행장애물이 외국의 배타적 경제수역에서 발생되었을 경우 그 해역을 관할하는 외국 정부에 지체 없이 보고하여야 한다.

08

해사안전법상 선박의 등화 및 형상물에 관한 규정에 대한 설명으로 옳지 않은 것은?

가. 형상물은 주간에 표시한다.

나. 낮이라도 제한된 시계에서는 등화를 표시할 수 있다.

사. 등화의 표시 시간은 일몰 시부터 일출 시까지이다.

아. 다른 선박이 주위에 없을 때에는 등화를 켜지 않아도 된다.

09

해사안전법상 항행장애물에 해당하는 것은?

가. 적 조

나. 암 초

사. 운항 중인 선박

아. 선박에서 떨어져 떠다니는 자재

10

해사안전법상 정박 중인 선박이 표시하여야 하는 형상물은?

가. 둥근꼴 형상물

나. 원뿔꼴 형상물

사. 원통형 형상물

아. 마름모꼴 형상물

11

해사안전법상 '두 선박이 서로 시계 안에 있다'의 의미는?

가. 다른 선박을 눈으로 볼 수 있는 상태이다.

나. 양쪽 선박에서 음파를 감지할 수 있는 상태이다.

사. 초단파무선설비(VHF)로 통화할 수 있는 상태이다.

아. 레이더를 이용하여 선박을 확인할 수 있는 상태이다.

12

해사안전법상 서로 시계 안에 있는 2척의 동력선이 마주치는 상태로 충돌의 위험이 있을 때의 항법으로 옳은 것은?

가. 큰 배가 작은 배를 피한다.

나. 작은 배가 큰 배를 피한다.

사. 서로 좌현 변침하여 피한다.

아. 서로 우현 변침하여 피한다.

13

해사안전법상 항행 중인 길이 20미터 미만의 범선이 현등과 선미등을 대신하여 표시할 수 있는 등화는?

가. 양색등   나. 삼색등

사. 흰색 전주등   아. 섬광등

14

해사안전법상 '조종제한선'이 표시하는 등화는?

가. 수직으로 붉은색 전주등 2개

나. 수직으로 위쪽에서부터 흰색, 붉은색 전주등

사. 수직으로 위쪽에서부터 붉은색, 흰색, 붉은색 전주등

아. 수직으로 위쪽에서부터 흰색, 붉은색, 흰색 전주등

15

해사안전법상 서로 시계 안에 있는 선박이 접근하고 있을 경우, 하나의 선박이 다른 선박의 의도 또는 동작을 이해할 수 없을 때 울리는 기적신호는?

가. 장음 5회 이상

나. 장음 3회 이상

사. 단음 5회 이상

아. 단음 3회 이상

16

선박의 입항 및 출항 등에 관한 법률상 선박이 해상에서 일시적으로 운항을 멈추는 것은?

가. 정 박   나. 정 류

사. 계 류   아. 계 선

17

빈칸에 적합한 것은?

> 선박의 입항 및 출항 등에 관한 법률상 무역항의 수상구역 등에서 예인선이 다른 선박을 끌고 항행할 경우, 예인선 선수로부터 피예인선 선미까지의 길이는 원칙적으로 (　　　)미터를 초과할 수 없다.

가. 50   나. 100

사. 150   아. 200

18

선박의 입항 및 출항 등에 관한 법률상 무역항의 정의는?

가. 외국 국적 선박만 출입할 수 있는 항으로 연안에 접해있는 항을 말한다.

나. 대한민국 국적의 선박만 출입할 수 있는 항으로 연안에 접해있는 항을 말한다.

사. 주로 국내항 간을 운항하는 선박이 입·출항하는 항만으로서 항만법에 따라 지정된 항을 말한다.

아. 국민경제와 공공의 이해에 밀접한 관계가 있고 주로 외항선이 입·출항하는 항만으로 항만법에 따라 지정된 항만을 말한다.

19

선박의 입항 및 출항 등에 관한 법률상 무역항의 항로에서의 항법으로 옳지 않은 것은?

가. 다른 선박과 나란히 항행하지 아니할 것

나. 범선은 항로에서 지그재그로 항행하지 아니할 것

사. 다른 선박을 어떠한 경우에도 추월하지 아니할 것

아. 항로를 항행하는 위험물운송선박의 진로를 방해하지 아니할 것

20

선박의 입항 및 출항 등에 관한 법률상 주로 무역항의 수상구역에서 운항하는 선박으로서 다른 선박의 진로를 피하여야 하는 우선피항선이 아닌 것은?

가. 부 선
나. 예 선
사. 총톤수 20톤인 여객선
아. 주로 노와 삿대로 운전하는 선박

21

선박의 입항 및 출항 등에 관한 법률상 무역항의 수상구역 등에 입항하는 선박이 방파제 입구 등에서 출항하는 선박과 마주칠 우려가 있을 때 항법으로 옳은 것은?

가. 입항선은 방파제 밖에서 출항선의 진로를 피한다.
나. 출항선은 방파제 안에서 입항선의 진로를 피한다.
사. 입항선은 방파제 입구를 좌현 측으로 접근하여 통과한다.
아. 출항선은 방파제 입구를 좌현 측으로 접근하여 통과한다.

22

선박의 입항 및 출항 등에 관한 법률상 항로의 정의는?

가. 선박이 가장 빨리 갈 수 있는 길을 말한다.
나. 선박이 가장 안전하게 갈 수 있는 길을 말한다.
사. 선박이 일시적으로 이용하는 뱃길을 말한다.
아. 선박의 출입 통로로 이용하기 위하여 지정·고시한 수로를 말한다.

23

해양환경관리법상 폐기물이 아닌 것은?

가. 맥주병
나. 음식찌꺼기
사. 폐 유압유
아. 플라스틱병

24

해양환경관리법상 기관실에서 발생한 선저 폐수의 관리와 처리에 대한 설명으로 옳지 않은 것은?

가. 어장으로부터 먼 바다에서 배출할 수 있다.
나. 선내 비치되어 있는 저장 용기에 저장한다.
사. 입항하여 육상에 양륙 처리한다.
아. 누수 및 누유가 발생하지 않도록 기관실 관리를 철저히 한다.

25

빈칸에 적합한 것은?

> 해양환경관리법령상 음식찌꺼기는 항해 중에 영해기선으로부터 최소한 (   ) 이상의 해역에 버릴 수 있다. 다만, 분쇄기 또는 연마기를 통하여 25mm 이하의 개구를 가진 스크린을 통과할 수 있도록 분쇄되거나 연마된 음식찌꺼기의 경우 영해기선으로부터 3해리 이상의 해역에 버릴 수 있다.

가. 5해리
나. 6해리
사. 10해리
아. 12해리

제4과목 기 관

01
총톤수 10톤 정도의 소형선박에서 가장 많이 이용하는 디젤기관의 시동 방법은?

가. 사람의 힘에 의한 수동시동
나. 시동 기관에 의한 시동
사. 시동 전동기에 의한 시동
아. 압축 공기에 의한 시동

02
4행정 사이클 디젤기관의 실린더 헤드에 설치되는 밸브가 아닌 것은?

가. 흡기 밸브
나. 배기 밸브
사. 연료분사 밸브
아. 시동 공기 분배 밸브

03
소형기관에서 연소실의 구성요소가 아닌 것은?

가. 피스톤
나. 기관 베드
사. 실린더 헤드
아. 실린더 라이너

04
소형기관에서 크랭크 축으로부터 회전수를 낮추어 추진장치에 전달해주는 장치는?

가. 조속장치　　나. 과급장치
사. 감속장치　　아. 가속장치

05
4행정 사이클 디젤기관에서 왕복운동 시 이동거리가 가장 큰 것은?

가. 흡기 밸브용 푸시로드
나. 피스톤
사. 배기 밸브의 밸브봉
아. 연료분사펌프의 플런저

06
소형 디젤기관에서 윤활유가 공급되는 곳은?

가. 피스톤 핀
나. 연료분사 밸브
사. 공기냉각기
아. 시동공기 밸브

07
소형기관에서 사용되는 부동액에 대한 설명으로 옳은 것은?

가. 기관의 시동용 배터리에 들어가는 용액이다.
나. 기관의 냉각수가 얼지 않도록 냉각수의 어는 온도를 낮추는 용액이다.
사. 기관의 윤활유가 얼지 않도록 윤활유의 어는 온도를 낮추는 용액이다.
아. 기관의 연료유가 얼지 않도록 연료유의 어는 온도를 낮추는 용액이다.

08

소형기관의 시동 직후에 점검해야 할 사항이 아닌 것은?

가. 피스톤링의 절구틈이 적정한지의 여부

나. 이상음이 발생하는 곳이 있는지의 여부

사. 연소가스가 누설되는 곳이 있는지의 여부

아. 윤활유 압력이 정상적으로 올라가는지의 여부

09

소형 디젤기관에서 과급기를 작동시키는 것은?

가. 흡입공기의 압력

나. 연소가스의 압력

사. 연료유의 분사 압력

아. 윤활유 펌프의 출구 압력

10

디젤기관의 운전 중 냉각수 계통에서 가장 주의해서 관찰해야 하는 것은?

가. 기관의 입구 온도와 기관의 입구 압력

나. 기관의 출구 온도와 기관의 출구 압력

사. 기관의 입구 온도와 기관의 출구 압력

아. 기관의 입구 압력과 기관의 출구 온도

11

소형기관의 시동 전에 점검해야 할 사항이 아닌 것은?

가. 연료유가 충분하게 있는지를 점검한다.

나. 기관을 터닝해서 잘 돌아가는지를 점검한다.

사. 윤활유의 비중과 점도가 정상인지를 점검한다.

아. 시동공기 또는 시동전동기 계통에 이상이 있는지를 점검한다.

12

소형 디젤기관의 윤활유 계통에서 여과기의 설치 위치는?

가. 기관의 입구와 출구

나. 윤활유 펌프의 입구와 출구

사. 윤활유 냉각기의 입구와 출구

아. 3방향 온도 조절밸브의 입구와 출구

13

소형선박에서 사용하는 클러치의 종류가 아닌 것은?

가. 마찰 클러치

나. 공기 클러치

사. 유체 클러치

아. 전자 클러치

14

실린더가 6개인 디젤 주기관에서 크랭크 핀과 메인베어링의 최소 개수는?

가. 크랭크 핀 6개, 메인베어링 6개
나. 크랭크 핀 6개, 메인베어링 7개
사. 크랭크 핀 7개, 메인베어링 6개
아. 크랭크 핀 7개, 메인베어링 7개

15

전류의 흐름을 방해하는 성질인 저항의 단위는?

가. [V] 　　　　나. [A]
사. [Ω] 　　　　아. [kW]

16

유도전동기의 부하에 대한 설명으로 옳지 않은 것은?

가. 정상 운전 시보다 기동 시의 부하가 더 크다.
나. 부하의 대소는 전류계로 판단한다.
사. 부하가 증가하면 전동기의 회전수는 올라간다.
아. 부하가 감소하면 전동기의 온도는 내려간다.

17

납축전지의 전해액 구성 성분으로 옳은 것은?

가. 진한 황산 + 증류수
나. 묽은 염산 + 증류수
사. 진한 질산 + 증류수
아. 묽은 초산 + 증류수

18

왕복펌프에 공기실을 설치하는 주된 목적은?

가. 발생되는 공기를 모아 제거시키기 위해
나. 송출유량을 균일하게 하기 위해
사. 펌프의 발열을 방지하기 위해
아. 공기의 유입이나 액체의 누설을 막기 위해

19

전동기로 구동되는 원심펌프의 기동방법으로 가장 적절한 것은?

가. 흡입밸브와 송출밸브를 모두 잠그고 펌프를 기동시킨 다음 송출밸브를 먼저 열고 흡입밸브를 서서히 연다.
나. 흡입밸브와 송출밸브를 모두 잠그고 펌프를 기동시킨 다음 흡입밸브를 먼저 열고 송출밸브를 서서히 연다.
사. 흡입밸브는 잠그고 송출밸브를 연 후 펌프를 기동시킨 다음 흡입밸브를 서서히 연다.
아. 흡입밸브를 열고 송출밸브를 잠근 후 펌프를 기동시킨 다음 송출밸브를 서서히 연다.

20

펌프가 해수를 실제로 흡입할 수 있는 최대 높이는?

가. 1~2(m)
나. 6~7(m)
사. 14~15(m)
아. 21~22(m)

PART 02

21

디젤기관의 시동 전동기에 대한 설명으로 옳은 것은?

가. 시동 전동기에 교류 전기를 공급한다.

나. 시동 전동기에 직류 전기를 공급한다.

사. 시동 전동기는 유도전동기이다.

아. 시동 전동기는 교류전동기이다.

22

디젤기관의 피스톤링 마멸량을 계측할 때 가장 적절한 측정공구는?

가. 틈새 게이지

나. 버니어 캘리퍼스

사. 내경 마이크로미터

아. 외경 마이크로미터

23

소형 디젤기관의 분해작업 시 피스톤을 들어올리기 전에 행하는 작업이 아닌 것은?

가. 연료유를 차단한다.

나. 실린더 헤드를 들어 올린다.

사. 냉각수의 드레인을 배출시킨다.

아. 피스톤과 커넥팅 로드를 분리시킨다.

24

연료유에 대한 설명으로 옳지 않은 것은?

가. 연료유에 불순물이 많을수록 가격이 더 저렴해진다.

나. 연료유에 불순물이 많을수록 비중이 더 높아진다.

사. 연료유에 불순물이 많을수록 점도가 더 높아진다.

아. 연료유에 불순물이 많을수록 착화성이 더 좋아진다.

25

연료유의 저장 시 무엇이 낮으면 화재위험이 높은가?

가. 인화점

나. 임계점

사. 유동점

아. 응고점

2019년 제4회 기출복원문제

제1과목 항 해

01

빈칸에 적합한 것은?

> 선박에서 속력과 (   )(을)를 측정하는 계기를 선속계라 한다.

가. 수 심
나. 높 이
사. 방 위
아. 항행거리

02

자기 컴퍼스의 캡에 꽉 끼어 카드를 지지하는 것은?

가. 자 침
나. 피 벗
사. 기 선
아. 짐벌즈

03

나침의 오차(Compass Error, C.E.)에 대한 설명으로 옳은 것은?

가. 자기 자오선과 선내 나침의의 남북선이 이루는 교각
나. 자기 자오선과 물표를 지나는 대권이 이루는 교각
사. 진자오선과 자기 자오선이 이루는 교각
아. 선내 나침의의 남북선과 진자오선이 이루는 교각

04

음파의 수중 전달 속력이 1,500m/s일 때 음향측심기에서 음파를 발사하여 수신한 시간이 0.4초라면 수심은?

가. 75미터
나. 150미터
사. 300미터
아. 450미터

05

조류가 정선미 쪽에서 정선수 쪽으로 2노트로 흘러갈 때 대지속력이 10노트이면 대수속력은?

가. 6노트
나. 8노트
사. 10노트
아. 12노트

06

풍향 풍속계에서 지시하는 풍향과 풍속에 대한 설명으로 옳지 않은 것은?

가. 풍향은 바람이 불어오는 방향을 말한다.
나. 풍향이 반시계 방향으로 변하면 풍향 반전이라 한다.
사. 풍속은 정시 관측 시각 전 15분간 풍속을 평균하여 구한다.
아. 어느 시간 내의 기록 중 가장 최대의 풍속을 순간 최대 풍속이라 한다.

07

다음 중 물표의 동시관측에 의하여 선위를 구하는 방법은?

가. 선수 배각법

나. 4점 방위법

사. 양측 방위법

아. 교차 방위법

08

자침방위에 대한 설명으로 옳은 것은?

가. 선수 방향을 기준으로 한 방위

나. 물표와 관측자를 지나는 대권이 진자오선과 이루는 교각

사. 물표와 관측자를 지나는 대권이 자기 자오선과 이루는 교각

아. 물표와 관측자를 지나는 대권이 선내 자기 컴퍼스의 남북선과 이루는 교각

09

레이더 화면에 그림과 같은 것이 나타나는 원인은?

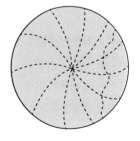

가. 물표의 간접 반사

나. 비나 눈 등에 의한 반사

사. 해면의 파도에 의한 반사

아. 다른 선박의 레이더 파에 의한 간섭 효과

10

거리를 측정하는 데 이용되는 전파의 특성은?

가. 포물선으로 이동하는 성질

나. 일정한 속도로 이동하는 성질

사. 물체의 표면에 흡수되는 성질

아. 공기 중에서 굴절되는 성질

11

점장도에 대한 설명으로 옳지 않은 것은?

가. 항정선이 직선으로 표시된다.

나. 경·위도에 의한 위치 표시는 직교 좌표이다.

사. 두 지점 간 진방위는 두 지점의 연결선과 자오선의 교각이다.

아. 두 지점 간의 거리는 경도를 나타내는 눈금의 길이와 같다.

12

일반적으로 해상에서 측심한 수치를 해도상의 수심과 비교한 것으로 옳은 것은?

가. 해도의 수심보다 측정한 수심이 더 얕다.

나. 해도의 수심과 같거나 측정한 수심이 더 깊다.

사. 측정한 수심과 해도의 수심은 항상 같다.

아. 측정한 수심이 주간에는 더 깊고 야간에는 더 얕다.

13

두표는 2개의 흑구를 수직으로 부착하고, 표체의 색상은 검은색 바탕에 적색띠를 둘러 표시하는 항로표지는?

가. 특수표지

나. 방위표지

사. 안전수역표지

아. 고립장애표지

14

수로도지를 정정할 목적으로 항해자에게 제공되는 항행 통보의 간행주기는?

가. 1일

나. 1주

사. 2주

아. 1월

15

등광은 꺼지지 않고 등색만 바뀌는 등화는?

가. 부동등

나. 섬광등

사. 명암등

아. 호광등

16

수로도지에 등재되지 않은 새롭게 발견된 위험물, 즉 모래톱, 암초 등과 같은 자연적인 장애물과 침몰·좌초 선박과 같은 인위적 장애물들을 표시하기 위하여 사용하는 항로표지는?(단, 두표의 모양으로 선택)

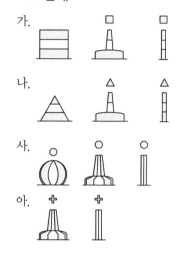

17

좁은 수로의 항로를 표시하기 위하여 항로의 연장선 위에 앞뒤로 2개 이상의 육표로 된 것으로 선박을 인도하는 것은?

가. 입 표   나. 부 표

사. 육 표   아. 도 표

18

부표의 꼭대기에 종을 달아 파랑에 의한 흔들림을 이용하여 종을 울리게 한 부표는?

가. 취명 부표

나. 타종 부표

사. 전파 부표

아. 풍랑 부표

19

선박 레이더에서 발사된 전파를 받을 때에만 응답하여 레이더 화면상에 일정 형태의 신호가 나타날 수 있도록 전파를 발사하는 표지는?

가. 레이콘　　　　나. 레이마크
사. 유도 비컨　　　아. 레이더 리플렉터

20

전파의 반사가 잘 되게 하기 위한 장치로서 부표, 등표 등에 설치하는 경금속으로 된 반사판은?

가. 레이콘
나. 레이더 리플렉터
사. 레이마크
아. 레이더 트랜스폰더

21

기압경도가 클수록 일기도의 등압선 간격은?

가. 넓 다.
나. 좁 다.
사. 일정하다.
아. 계절 및 지역에 따라 다르다.

22

태풍의 진로에 대한 설명으로 옳지 않은 것은?

가. 열대해역에서 발생하여 북서로 진행하며, 북위 30~40°에서 북동으로 방향을 바꾼다.
나. 가끔 우리나라와 일본을 통과하기도 한다.
사. 대체로 북태평양 고기압의 영향으로 포물선을 그리면서 북상한다.
아. 다양한 요인에 의해 태풍의 진로가 결정된다.

23

날씨 기호에 대한 연결이 옳지 않은 것은?

가. * – 눈
나. ● – 비
사. ≡ – 안 개
아. ▲ – 소나기성 강우

24

통항로를 결정할 때 고려할 요소가 아닌 것은?

가. 선박의 흘수
나. 선박의 위치보고시스템 규칙
사. 승무원 수
아. 선박 추진기관에 대한 신뢰성

25

선저 여유 수심(Under-keel Clearance)이 충분하지 않은 수역에 대한 항해 계획을 수립할 때 고려할 요소가 아닌 것은?

가. 본선의 최대 흘수
나. 선박의 속력
사. 조석을 고려한 여유 수심
아. 본선의 엔진 출력

01

선저판, 외판, 갑판 등에 둘러싸여 화물적재에 이용되는 공간은?

가. 격 벽

나. 선 창

사. 코퍼댐

아. 밸러스트 탱크

02

희석제(Thinner)에 대한 설명으로 옳지 않은 것은?

가. 많이 넣으면 도료의 점도가 높아진다.

나. 인화성이 강하므로 화기에 유의해야 한다.

사. 도료에 첨가하는 양은 최대 10% 이하가 좋다.

아. 도료의 성분을 균질하게 하여 도막을 매끄럽게 한다.

03

동력 조타장치의 제어장치 중 주로 소형선에 사용되는 방식은?

가. 기계식

나. 유압식

사. 전기식

아. 전동 유압식

04

선체에 페인트를 칠하기에 가장 좋은 때는?

가. 따뜻하고 습도가 낮을 때

나. 서늘하고 습도가 낮을 때

사. 따뜻하고 습도가 높을 때

아. 서늘하고 습도가 높을 때

05

와이어 로프와 비교한 섬유 로프의 성질에 대한 설명으로 옳지 않은 것은?

가. 물에 젖으면 강도가 변화한다.

나. 열에 약하지만 가볍고 취급이 간편하다.

사. 땋은 섬유 로프는 킹크가 잘 일어나지 않는다.

아. 선박에서는 습기에 강한 식물성 섬유 로프가 주로 사용된다.

06

선박에서 선체나 설비 등의 부식을 방지하기 위한 방법으로 옳지 않은 것은?

가. 방청용 페인트를 칠해서 습기의 접촉을 차단한다.

나. 아연 또는 주석 도금을 한 파이프를 사용한다.

사. 아연으로 제작 된 타판을 사용한다.

아. 선체 외판에 아연판을 붙여 이온화 경향에 의한 부식을 막는다.

07

휴대식 이산화탄소 소화기의 사용 순서로 옳은 것은?

> ① 안전핀을 뽑는다.
> ② 불이 난 곳으로 뿜는다.
> ③ 손잡이를 강하게 움켜쥔다.
> ④ 방출혼(노즐)을 뽑아 불이 난 곳으로 향한다.

가. ① → ④ → ② → ③

나. ① → ④ → ③ → ②

사. ② → ① → ④ → ③

아. ② → ① → ③ → ④

08

아래 그림의 구명설비는?

가. 구명동의
나. 구명부환
사. 구명부기
아. 구명줄 발사기

09

자기점화등과 같은 목적의 주간 신호이며 물에 들어가면 자동으로 오렌지색 연기를 발생시키는 것은?

가. 자기점화등
나. 발연부신호
사. 자기발연신호
아. 로켓낙하산 화염신호

10

자기점화등과 자기발연신호와 함께 구성되어 수중의 생존자가 구조될 때까지 잡고 떠 있게 하는 것은?

가. 구명뗏목
나. 구명부환
사. 구조정
아. 방수복

11

지혈의 방법으로 옳지 않은 것은?

가. 환부를 압박한다.
나. 환부를 안정시킨다.
사. 환부를 온열시킨다.
아. 환부를 심장부위보다 높게 올린다.

12

비상위치지시용 무선표지설비(EPIRB)에 대한 설명으로 옳지 않은 것은?

가. 선박이 침몰할 때 떠올라서 조난신호를 발신한다.
나. 위성으로 조난신호를 발신한다.
사. 자동작동 또는 수동작동 모두 가능하다.
아. 선교 안에 설치되어 있어야 한다.

13

본선 선명이 '동해호'일 때 상대 선박 '서해호'를 호출하는 방법으로 옳은 것은?

가. 동해호, 여기는 서해호, 감도 있습니까?
나. 동해호, 여기는 서해호, VHF 있습니까?
사. 서해호, 여기는 동해호, 감도 있습니까?
아. 서해호, 여기는 동해호, VHF 있습니까?

14

연안 항해에서 선박 상호 간에 교신을 위한 단거리 통신용 무선설비는?

가. 초단파무선설비(VHF)
나. 중단파무선설비(MF/HF)
사. 인말새트(Inmarsat) 위성통신 설비
아. 레이더 트랜스폰더(SART)

15

선회권의 크기에 대한 내용으로 옳은 것은?

가. 프로펠러가 수면 상에 드러난 공선 상태에 비해 만재상태일 때가 크다.

나. 선미트림 상태에 비해 선수트림 상태일 때가 크다.

사. 작은 타각 사용에 비해 큰 타각 사용 시 크다.

아. 깊은 수심에서보다 얕은 수심에서 크다.

16

선박 상호 간의 흡인 배척 작용에 대한 설명으로 옳지 않은 것은?

가. 두 선박 간의 거리가 가까울수록 크게 나타난다.

나. 고속으로 항해할수록 크게 나타난다.

사. 선박이 추월할 때보다는 마주칠 때 영향이 크게 나타난다.

아. 선박의 크기가 다를 때에는 소형선박이 영향을 크게 받는다.

17

선박의 충돌 시 더 큰 손상을 예방하기 위해 취해야 할 조치사항으로 옳지 않은 것은?

가. 가능한 한 빨리 전진속력을 줄이기 위해 기관을 정지한다.

나. 전복이나 침몰의 위험이 있더라도 좌초를 시켜서는 안 된다.

사. 승객과 선원의 상해와 선박과 화물 손상에 대해 조사한다.

아. 침수가 발생하는 경우, 침수구역 배출을 포함한 침수 방지를 위한 대응조치를 취한다.

18

선박의 조종에 관한 설명으로 옳은 것은?

가. 프로펠러의 역할은 선박의 양호한 조종성을 확보하는 것이다.

나. 침로안정성은 선박이 정해진 침로를 따라 직진하는 성질을 말한다.

사. 선회성은 조타에 대한 선체 회두의 추종이 빠른지 또는 늦은지를 나타내는 것이다.

아. 추종성은 일정한 타각을 주었을 때 선박이 어떤 각속도로 움직이는지를 나타낸 것이다.

19

전속으로 항행 중인 선박에서 타를 사용하여 전타하였을 때 나타나는 현상이 아닌 것은?

가. 횡 경사 　　　나. 선체회두

사. 선미 킥 현상 　　아. 선속의 증가

20

우선회 고정피치 단추진기의 흡입류와 배출류에 대한 설명으로 옳지 않은 것은?

가. 횡압력의 영향은 스크루 프로펠러가 수면 위에 노출되어 있을 때 뚜렷하게 나타난다.

나. 기관 전진 중 스크루 프로펠러가 수중에서 회전하면 앞쪽에서는 스크루 프로펠러에 빨려드는 흡입류가 있다.

사. 기관을 전진상태로 작동하면 키의 하부에 작용하는 수류는 수면 부근에 위치한 상부에 작용하는 수류보다 강하며 선미를 좌현 쪽으로 밀게 된다.

아. 기관을 후진상태로 작동시키면 선체의 우현 쪽으로 흘러가는 배출류는 우현 선미 측벽에 부딪치면서 측압을 형성하며, 이 측압작용은 현저하게 커서 선미를 우현 쪽으로 밀게 되므로 선수는 좌현 쪽으로 회두한다.

21

협수로를 항해할 때 유의할 사항으로 옳지 않은 것은?

가. 통항시기는 계류 때나 조류가 약한 때를 택하고, 만곡이 급한 수로는 순조 시 통항을 피한다.

나. 협수로의 만곡부에서 유속은 일반적으로 만곡의 내측에서 강하고 외측에서는 약한 특징이 있다.

사. 협수로에서의 유속은 일반적으로 수로 중앙부가 강하고, 육안에 가까울수록 약한 특징이 있다.

아. 협수로는 수로의 폭이 좁고, 조류나 해류가 강하며, 굴곡이 심하여 선박의 조종이 어렵기에 항행할 때에는 철저한 경계를 수행하면서 통항하여야 한다.

22

화물선에서 복원성을 증가시키기 위한 방법이 아닌 것은?

가. 선체의 길이 방향으로 갑판 화물을 배치한다.

나. 선저부의 탱크에 평형수를 적재한다.

사. 가능하면 높은 곳의 중량물을 아래쪽으로 옮긴다.

아. 연료유나 청수를 무게중심 아래에 위치한 탱크에 공급받는다.

23

황천 항해에 대비하여 갑판 상의 배수구를 청소하는 이유는?

가. 복원력 감소를 방지하기 위해

나. 선박의 트림을 조정하기 위해

사. 선박의 선회성을 증대시키기 위해

아. 프로펠러 공회전을 방지하기 위해

24

선박 간 충돌 시 일반적인 대처방법으로 옳지 않은 것은?

가. 충돌 직후에는 즉시 기관을 정지한다.

나. 충돌 직후 기관을 후진하여 두 선박을 분리한다.

사. 급박한 위험이 있을 경우 구조를 요청한다.

아. 충돌 후 침몰이 예상될 경우 사람을 먼저 대피시킨다.

25

자력으로 이초(Refloating)할 경우 주의사항으로 옳지 않은 것은?

가. 고조가 되기 직전에 이초를 시도한다.

나. 암초에 얹혔을 때에는 얹힌 부분의 흘수를 줄인다.

사. 모래에 얹혔을 때에는 얹힌 부분의 상부에 밸러스트를 적재하여 흘수를 증가시킨다.

아. 모래에 얹혔을 때에는 모래가 냉각수로 흡입되어 기관 고장을 일으키기 쉬우므로 주의한다.

01

해사안전법상 '조종제한선'이 아닌 것은?

가. 기뢰 제거 작업에 종사하고 있는 선박
나. 항공기의 발착 작업에 종사하고 있는 선박
사. 어로에 종사하고 있는 선박
아. 준설·측량 또는 수중 작업에 종사하고 있는 선박

02

빈칸에 순서대로 적합한 것은?

> 해사안전법상 선박은 접근하여 오는 다른 선박의 나침방위에 뚜렷한 변화가 있더라도 (   ) 또는 (   )에 종사하고 있는 선박에 접근거나, 가까이 있는 다른 선박에 접근하는 경우에는 충돌을 방지하기 위하여 필요한 조치를 하여야 한다.

가. 소형선, 어로작업
나. 소형선, 예인작업
사. 거대선, 어로작업
아. 거대선, 예인작업

03

해사안전법상 조타기가 고장이 나서 다른 선박의 진로를 피할 수 없는 선박이 행하여야 하는 조치는?

가. 흰색의 기를 표시하여야 한다.
나. 밤에는 가장 잘 보이는 곳에 수직으로 붉은색 전주등 2개를 표시하여야 한다.
사. 낮에는 가장 잘 보이는 곳에 수직으로 둥근꼴이나 그와 비슷한 형상물 1개를 표시하여야 한다.
아. 밤에는 가장 잘 보이는 곳에 수직으로 흰색 전주등 2개를 표시하여야 한다.

04

해사안전법상 장음의 취명시간 기준은?

가. 약 1초
나. 2~3초
사. 3~4초
아. 4~6초

05

해사안전법상 선박이 통항하는 항로, 속력 및 그밖에 선박 운항에 관한 사항을 지정하는 제도는?

가. 선박교통관제제도
나. 통항분리제도
사. 항로지정제도
아. 해상교통안전진단제도

06

해사안전법상 선박의 항행안전에 필요한 항행보조시설을 〈보기〉에서 모두 고른 것은?

| 보 기 |

ㄱ. 신호 설비
ㄴ. 해양관측 설비
ㄷ. 조명 설비
ㄹ. 항로표지

가. ㄱ
나. ㄷ, ㄹ
사. ㄱ, ㄷ, ㄹ
아. ㄱ, ㄴ, ㄷ, ㄹ

07

해사안전법상 항행장애물 보고 시 포함되어야 하는 사항을 〈보기〉에서 모두 고른 것은?

| 보 기 |

ㄱ. 항행장애물의 크기
ㄴ. 항행장애물의 상태
ㄷ. 항행장애물의 가치

가. ㄴ
나. ㄱ, ㄴ
사. ㄴ, ㄷ
아. ㄱ, ㄴ, ㄷ

08

해사안전법상 선박의 출항을 통제하는 목적은?

가. 국적선의 이익을 위해
나. 선박의 효율적 통제를 위해
사. 항만의 무리한 운영을 견제하기 위해
아. 선박의 안전운항에 지장을 줄 우려 때문에

09

해사안전법의 목적으로 옳은 것은?

가. 해상에서의 인명구조
나. 해사안전 증진과 선박의 원활한 교통에 기여
사. 우수한 해기사 양성과 해기인력 확보
아. 해양주권의 행사 및 국민의 해양권 확보

10

해사안전법상 '두 선박이 서로 시계 안에 있다'의 의미는?

가. 다른 선박을 눈으로 볼 수 있는 상태이다.
나. 양쪽 선박에서 음파를 감지할 수 있는 상태이다.
사. 초단파무선설비(VHF)로 통화할 수 있는 상태이다.
아. 레이더를 이용하여 선박을 확인할 수 있는 상태이다.

11

해사안전법상 '안전한 속력'을 결정할 때 고려해야 할 사항이 아닌 것은?

가. 선박의 흘수와 수심과의 관계
나. 본선의 조종성능
사. 해상교통량의 밀도
아. 활용 가능한 경계원의 수

12

해사안전법상 제한된 시계 안에서 어로에 종사하고 있는 선박이 2분을 넘지 아니하는 간격으로 연속하여 울려야 하는 기적 신호는?

가. 장음 1회, 단음 1회

나. 장음 2회, 단음 1회

사. 장음 1회, 단음 2회

아. 장음 3회

13

빈칸에 순서대로 적합한 것은?

> 해사안전법상 횡단하는 상태에서 충돌의 위험이 있을 때 유지선은 피항선이 적절한 조치를 취하고 있지 아니하다고 판단하면 침로와 속력을 유지하여야 함에도 불구하고 스스로의 조종만으로 피항선과 충돌하지 아니하도록 조치를 취할 수 있다. 이 경우 (   )은 부득이하다고 판단하는 경우 외에는 (   ) 쪽에 있는 선박을 향하여 침로를 (   )으로 변경하여서는 아니 된다.

가. 피항선, 다른 선박의 좌현, 오른쪽

나. 피항선, 자기 선박의 우현, 왼쪽

사. 유지선, 자기 선박의 좌현, 왼쪽

아. 유지선, 다른 선박의 좌현, 오른쪽

14

해사안전법상 2척의 동력선이 충돌의 위험성이 있는 상태에서 서로 상대선의 양쪽의 현등을 동시에 보면서 접근하고 있는 상태는?

가. 마주치는 상태

나. 횡단하는 상태

사. 앞지르기 하는 상태

아. 통과하는 상태

15

해사안전법상 국제항해에 종사하지 않는 여객선에 대한 출항통제권자는?

가. 시·도지사

나. 해양경찰서장

사. 지방해양수산청장

아. 해양수산부장관

16

선박의 입항 및 출항 등에 관한 법률 상 무역항의 수상구역 등에서 정박하거나 정류하지 못하도록 하는 장소가 아닌 것은?

가. 하 천

나. 잔교 부근 수역

사. 좁은 수로

아. 수심이 깊은 곳

17

빈칸에 적합한 것은?

> 선박의 입항 및 출항 등에 관한 법률 상 무역항의 수상구역 등에서 다른 선박을 예인할 때 예인선의 선수로부터 피예인선의 선미까지의 길이는 원칙적으로 (   )를 초과할 수 없다.

가. 100미터

나. 200미터

사. 300미터

아. 400미터

18

선박의 입항 및 출항 등에 관한 법률상 방파제 부근에서 입·출항 선박이 마주칠 우려가 있는 경우 항법에 대한 설명으로 옳은 것은?

가. 소형선이 대형선의 진로를 피한다.

나. 방파제에 동시에 진입해도 상관없다.

사. 입항하는 선박이 방파제 밖에서 출항하는 선박의 진로를 피한다.

아. 선속이 빠른 선박이 선속이 느린 선박의 진로를 피한다.

19

선박의 입항 및 출항 등에 관한 법률상 무역항의 수상구역 등에서 위험물을 적재한 총톤수 25톤의 선박이 수리를 할 경우, 반드시 허가를 받고 시행하여야 하는 작업은?

가. 갑판 청소

나. 평형수의 이동

사. 연료의 수급

아. 기관실 용접 작업

20

빈칸에 순서대로 적합한 것은?

> 선박의 입항 및 출항 등에 관한 법률상 (   )은 선박이 빠른 속도로 항행하여 다른 선박의 안전 운항에 지장을 초래할 우려가 있다고 인정하는 무역항의 수상구역 등에 대하여는 (   )에게 무역항의 수상구역 등에서의 선박 항행 최고속력을 지정할 것을 요청할 수 있다.

가. 시장, 항만공사 사장

나. 항만공사 사장, 해양경찰청장

사. 해양경찰청장, 관리청

아. 해양수산부장관, 해양경찰청장

21

선박의 입항 및 출항 등에 관한 법률상 무역항의 항로를 따라 항행 중인 선박이 고장으로 인해 조종이 불가능하여 항로에서 정박하였을 때 선장은 누구에게 이 사실을 신고하여야 하는가?

가. 지방자치단체장

나. 해양경찰청장

사. 해양경찰서장

아. 관리청

22

선박의 입항 및 출항 등에 관한 법률상 항로에서 특수한 상황을 제외하고, 일반적인 항법으로 옳지 않은 것은?

가. 항로에서 다른 선박과 마주칠 우려가 있는 경우에는 좌측항행

나. 항로에서 나란히 항행 금지

사. 항로에서 원칙적으로 추월금지

아. 항로에서 항로 밖으로 나가는 선박은 항로를 항행하는 선박의 진로 방해 금지

23

다음 중 해양환경관리법상 선박으로부터 해양에 오염물질이 배출되었을 경우 신고의 의무가 없는 사람은?

가. 배출된 오염물질이 적재된 선박의 선장

나. 방제 전문가

사. 배출행위를 한 선원

아. 오염물질을 발견한 선원

24

해양환경관리법상 기관실에서 발생한 선저폐수의 관리와 처리에 대한 설명으로 옳지 않은 것은?

가. 어장으로부터 먼 바다에서 그대로 배출할 수 있다.

나. 선내에 비치되어 있는 저장 용기에 저장한다.

사. 입항하여 육상에 양륙 처리한다.

아. 누수 및 누유가 발생하지 않도록 기관실 관리를 철저히 한다.

25

해양환경관리법상 선박에서의 오염물질인 기름 배출 시 신고해야 하는 농도와 양에 대한 기준은?

가. 유분이 100만분의 100 이상이고 유분총량이 50리터 이상

나. 유분이 100만분의 100 이상이고 유분총량이 100리터 이상

사. 유분이 100만분의 1,000 이상이고 유분총량이 50리터 이상

아. 유분이 100만분의 1,000 이상이고 유분총량이 100리터 이상

제4과목   기 관

01

압축공기로 시동하는 4행정 사이클 디젤기관에서 어떠한 크랭크 각도에서도 시동될 수 있으려면 최소 몇 기통 이상이어야 하는가?

가. 2기통

나. 4기통

사. 6기통

아. 8기통

02

내연기관의 연료유가 갖추어야 할 조건이 아닌 것은?

가. 발열량이 클 것

나. 유황분이 적을 것

사. 물이 함유되어 있지 않을 것

아. 점도가 높을 것

03

4행정 사이클 디젤기관의 실린더 헤드에 설치되는 밸브가 아닌 것은?

가. 흡기 밸브

나. 배기 밸브

사. 연료분사 밸브

아. 시동공기 분배 밸브

04

디젤기관의 메인베어링에 대한 설명으로 옳지 않은 것은?

가. 크랭크 축을 지지한다.

나. 크랭크 축의 중심을 잡아준다.

사. 윤활유로 윤활시킨다.

아. 볼베어링을 주로 사용한다.

05

압축공기로 시동하는 소형기관에서 실린더 헤드를 분해할 경우 준비사항이 아닌 것은?

가. 시동공기를 차단한다.

나. 연료유를 차단한다.

사. 냉각수를 배출한다.

아. 공기압축기를 정지한다.

06

소형기관에서 연소실의 구성요소가 아닌 것은?

가. 피스톤

나. 기관 베드

사. 실린더 헤드

아. 실린더 라이너

07

소형기관에서 피스톤링의 절구틈에 대한 설명으로 옳은 것은?

가. 기관의 운전시간이 많을수록 절구틈은 커진다.

나. 기관의 운전시간이 많을수록 절구틈은 작아진다.

사. 절구틈이 커질수록 기관의 효율이 좋아진다.

아. 절구틈이 작을수록 연소가스 누설이 많아진다.

08

소형기관의 운전 중 회전운동을 하는 부품이 아닌 것은?

가. 평형추

나. 피스톤

사. 크랭크 축

아. 플라이휠

09

다음 그림과 같은 디젤기관의 크랭크 축에서 커넥팅 로드가 연결되는 곳은?

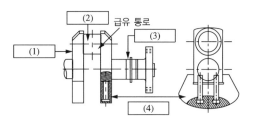

가. (1)　　　　나. (2)

사. (3)　　　　아. (4)

10

소형선박에서 시동용 전동기가 회전하지 않는 경우의 원인이 아닌 것은?

가. 시동용 전동기가 고장 난 경우

나. 축전지가 완전 방전된 경우

사. 시동공기압력이 너무 낮은 경우

아. 축전지의 전압이 너무 낮은 경우

11

소형기관에 설치된 시동용 전동기에 대한 설명으로 옳지 않은 것은?

가. 주로 교류 전동기가 사용된다.

나. 축전지로부터 전원을 공급 받는다.

사. 기관에 회전력을 주어 기관을 시동한다.

아. 전기적 에너지를 기계적 에너지로 바꾼다.

12

직렬형 디젤기관에서 실린더가 6개인 경우 메인 베어링의 최소 개수는?

가. 5개   나. 6개

사. 7개   아. 8개

13

기관의 동력전달장치 중 직접역전방식에 대한 설명으로 옳은 것은?

가. 기관을 저속으로 운전하면서 기관의 회전방향을 바꾸어 준다.

나. 기관의 회전방향을 그대로 두고 프로펠러의 회전방향을 바꾼다.

사. 기관의 회전방향을 바꾸기 위해서는 기관을 정지하여 역회전시켜야 한다.

아. 기관의 회전방향과 프로펠러의 회전방향을 그대로 두고 선박의 속력을 낮추어 바꾼다.

14

선박이 추진할 때 가장 효율이 좋은 경우는?

가. 선미의 흘수가 선수의 흘수보다 클 때

나. 선수의 흘수가 선미의 흘수보다 클 때

사. 선수의 흘수와 선미의 흘수가 같을 때

아. 선수의 흘수가 선미의 흘수보다 같거나 클 때

15

낮은 곳에 있는 액체를 흡입하여 압력을 가한 후 높은 곳으로 이송하는 장치는?

가. 발전기

나. 보일러

사. 조수기

아. 펌프

16

전동기로 구동되는 원심펌프의 기동방법으로 가장 적절한 것은?

가. 흡입 밸브와 송출 밸브를 모두 잠그고 펌프를 기동시킨 다음 송출 밸브를 먼저 열고 흡입 밸브를 서서히 연다.

나. 흡입 밸브와 송출 밸브를 모두 잠그고 펌프를 기동시킨 다음 흡입 밸브를 먼저 열고 송출 밸브를 서서히 연다.

사. 흡입 밸브는 잠그고 송출 밸브를 연 후 펌프를 기동시킨 다음 흡입 밸브를 서서히 연다.

아. 흡입 밸브를 열고 송출 밸브를 잠근 후 펌프를 기동시킨 다음 송출 밸브를 서서히 연다.

17

기관실의 빌지 펌프로 가장 많이 사용되는 펌프는?

가. 제트 펌프

나. 원심 펌프

사. 왕복 펌프

아. 축류 펌프

18

발전기의 기중차단기를 나타내는 것은?

가. ACB
나. NFB
사. OCR
아. MCCB

19

납축전지가 완전 충전상태일 때 20℃에서의 우리 나라 표준 비중은?

가. 1.22
나. 1.24
사. 1.26
아. 1.28

20

2V 단전지 6개를 연결하여 12V가 되게 하려면 어떻게 연결해야 하는가?

가. 2V 단전지 6개를 병렬 연결한다.
나. 2V 단전지 6개를 직렬 연결한다.
사. 2V 단전지 3개를 병렬 연결하여 나머지 3개와 직렬 연결한다.
아. 2V 단전지 2개를 병렬 연결하여 나머지 4개와 직렬 연결한다.

21

디젤기관의 흡·배기 밸브 틈새를 조정할 때 필요한 것은?

가. 필러 게이지
나. 다이얼 게이지
사. 내경 마이크로미터
아. 버니어캘리퍼스

22

디젤기관의 흡·배기 밸브의 틈새를 조정할 경우 주의사항으로 옳은 것은?

가. 피스톤이 상사점에 있을 때 조정한다.
나. 틈새는 규정치보다 약간 크게 조정한다.
사. 틈새는 규정치보다 약간 작게 조정한다.
아. 피스톤이 상사점보다 30° 지난 위치에서 조정한다.

23

소형 디젤기관의 피스톤 링에 대한 설명으로 옳지 않은 것은?

가. 적절한 장력을 가져야 한다.
나. 압축 링과 오일 링으로 나누어진다.
사. 압축 링의 수가 오일 링의 수보다 더 많다.
아. 피스톤의 위쪽에 오일 링, 아래쪽에 압축 링이 설치된다.

24

경유와 중유를 서로 비교한 설명으로 옳은 것은?

가. 중유에 비해 경유의 비중이 더 작고 점도도 더 작다.
나. 중유에 비해 경유의 비중이 더 작고 점도는 더 크다.
사. 중유에 비해 경유의 비중이 더 크고 점도는 더 작다.
아. 중유에 비해 경유의 비중이 더 크고 점도도 더 작다.

25

비중이 0.8인 경유 200L와 비중이 0.85인 경유 100L를 혼합하였을 경우의 혼합비중은 약 얼마인가?

가. 0.80
나. 0.82
사. 0.83
아. 0.85

배우기만 하고 생각하지 않으면 얻는 것이 없고,

생각만 하고 배우지 않으면 위태롭다.

– 공자 –

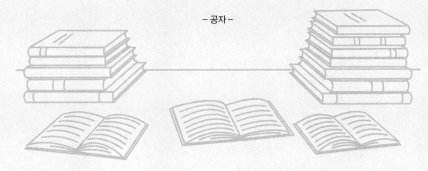

우리가 해야할 일은 끊임없이 호기심을 갖고
새로운 생각을 시험해보고 새로운 인상을 받는 것이다.

－ 월터 페이터 －

PART 03

기출복원문제
정답 및 해설

인생이란 결코 공평하지 않다. 이 사실에 익숙해져라.

– 빌 게이츠 –

PART 03 | 2023년 제1회 정답 및 해설

제1과목 항 해

01	02	03	04	05	06	07	08	09	10
아	나	사	나	나	사	나	나	아	아
11	12	13	14	15	16	17	18	19	20
아	가	아	나	나	사	가	사	사	아
21	22	23	24	25					
가	아	나	나	나					

01 짐벌즈 또는 짐벌 링이라고 한다. 구조는 안팎의 두 개 링(Ring)으로 되어 있으며, 안쪽의 링은 볼의 상부 외측의 양 끝에 있는 나이프 에지(Knife Edge)를 지지하고 있고, 또 안쪽 링은 이 나이프 에지와 직각인 곳에 있는 똑같은 모양의 나이프 에지로 바깥 링에 지지되어 있다.

02 방위경

나침반에 장치하여 천체나 목표물의 방위를 측정할 때 사용하는 항해계기이다. 삼각형의 스탠드(Stand)와 원통형의 페디스털(Pedestal), 스탠드의 중앙에 세워진 섀도핀(Shadow Pin), 프리즘으로 구성된다.

03 도플러 선속계는 도플러 효과를 기초로 한 선속계이다. 항해 중인 선박의 밑바닥에서 해저를 향하여 발사된 음파와 이것이 해저에서 반사되어 수신된 음파에는 주파수 차가 생기는데, 이를 도플러 주파수라 하며, 여기에 선박 속도에 비례한다는 원리를 이용한 것이 도플러 선속계이다. 도플러 선속계는 대지속력과 대수속력을 모두 측정할 수 있다.

04 침로는 기준이 되는 자오선에 따라 진침로, 시침로, 자침로, 나침로로 구분한다. 방위란 어느 기준선과 관측자 및 물표를 지나는 대권이 이루는 교각을 말한다. 자차는 선체, 선내 철기류등의 영향을 받아 지자극을 방향을 가리키지 않고 자기 자오선과 약간의 교각을 이루는 방향을 가리키는데, 이 교각을 자차라 한다. 편차는 어느 지점을 지나는 진자오선과 자기 자오선이 이루는 교각을 말한다.

05 컴퍼스 오차는 선내 나침의의 남북선과 진자오선이 이루는 교각을 말하는데, 자차와 편차의 부호가 같으면 합하고, 다르면 차를 구한 것과 같다.

06 선박자동식별장치(AIS)의 정적정보는 IMO 식별번호(MMSI), 호출부호(Call Sign), 선박의 명칭, 선박의 길이 및 폭, 선박의 종류, 적재화물, 안테나 위치 등이 포함되고, 동적정보는 GPS로부터의 위치정보를 자동으로 입력하여 투묘 중에는 매 3분마다 항해 중에는 속력에 따라 매 2~12초 간격으로 이루어진다. 흘수, 목적지 및 도착예정시각, 항해계획, 충돌예방을 위한 간단한 단문의 통신 기능 등이 포함된다.

07 **교차방위법에서 물표 선정의 주의 사항**
• 해도상 위치가 명확하고 뚜렷한 물표를 선정한다. 부표와 같이 떠다니는 물표를 선정해서는 안 된다.
• 먼 물표보다는 적당히 가까운 물표를 선정한다.
• 본선을 기준으로 물표 사이의 각도는 30~150°인 것을 선정하고, 두 물표일 때는 90°, 세 물표일 때는 60° 정도가 가장 좋다.
• 2개보다 3개 이상의 물표를 선정하는 것이 좋다.

08 대양항해 시에는 레이더에 나타나는 물표를 선정하기 어렵기 때문에, 레이더를 이용하여 선위를 구하기가 어렵다.

09 부근에 있는 다른 선박이 자선과 같은 주파수대의 레이더를 사용하고 있을 때에는 타선박의 레이더파가 수신되어 스크린의 전면에 걸쳐 눈발과 같은 영상이 나타나며, 때로는 두 선박의 펄스 반복 주파수의 차에 의하여, 원형 또는 나선형의 모양이 되어 나타나기도 한다.

10 디지피에스(DGPS)는 이미 위치가 정확히 측정된 지점에 기준국(Reference Station) GPS 수신기를 설치하여 관측 가능한 모든 위성을 모니터링하고, 관측에 의한 위치와 이미 알고 있는 기준국의 위치를 비교하여 각 위성의 거리 오차 보정값(Range Correction)을 산출하여 이를 라디오 비컨을 통하여 방송한다. 그러면 사용자용 수신기(이동국)에서는 오차 보정량을 수신하여 측정 오차를 개선한다.

11 수심의 단위는 미터(m)를 사용하며, 나침도의 바깥쪽에는 진방위권이 표시되어 있다. 항로의 지도 및 안내서의 역할을 하는 수로서지는 항로지이다.

12 해도에 사용되는 특수한 기호와 약어를 '해도도식'이라고 한다.

13 **해도도식**

④ D(3)	노출암	Wk	선체의 일부가 노출된 침선
③ ◘ 3 *(3) ◎ *	간출암	(마스트) 마스트 Wk	마스트만 노출된 침선
⁂ ⊕	세 암	Wk	침선의 구기호 항해에 위험한 침선
+ ⊕	암 암	⑮ Wk	수심이 확실한 침선
			위험하지 않은 침선

14 암초나 침선 등 위험물의 발견, 수심의 변화, 항로표지의 신설, 폐지 등과 같이 직접 항해 및 정박에 영향을 주는 사항들을 항해자에게 통보하여 주의를 환기시키고, 아울러 수로도지를 정정할 목적으로 발행하는 소책자를 항행 통보(NM ; Notices to Mariners)라고 한다.

15 • 도등 : 통항이 곤란한 좁은 수로, 항만 입구 등에서 항로의 연장선 위에 높고 낮은 2~3개의 등화를 앞뒤로 설치하여 중시선에 의하여 선박을 인도하는 등이다.
- 지향등 : 선박의 통항이 곤란한 좁은 수로, 항구, 만 입구 등에서 선박에게 안전한 항로를 알려 주기 위하여 항로 연장선상의 육지에 설치한 분호등을 말한다. 녹색, 적색, 백색의 3가지 등질이 있으며 백색광이 안전구역이다.
- 분호등 : 한 가지 이상의 색깔을 비추는 등화는, 호광등과 분호등의 두 가지이다. 그러나 분호등은 호광등처럼 등광의 색상이 바뀌는 것은 아니고, 서로 다른 지역을 다른 색상으로 비추는 등화를 말한다.

16 **특수표지**

특수표지는 공사 구역 등 특별한 시설이 있음을 나타내는 표지로 두표는 황색으로 된 X자 모양의 형상물이며, 표지 및 등화의 색상 역시 황색을 사용한다.

17 토킹 비컨(Talking Beacon)은 선박의 레이더에서 발사한 전파를 받은 때에만 응답 신호를 내며, 음성 신호를 "003", "006"과 같이 3°마다 방송하므로 수신되는 숫자가 바로 표지국으로부터의 진방위로서 가장 간단하고 정확하게 방위 측정이 가능하다.

18 거리를 측정할 때에는 두 지점간의 직선의 길이를 측정하는데, 단위는 마일이므로 위도 눈금의 몇 분에 해당하는가를 보면 곧 거리를 알 수 있다.

19 종이해도에서는 일출 시간을 알 수 없다.

20 호광등은 색깔이 다른 종류의 빛을 교대로 내며, 그 사이에 등광은 꺼지는 일이 없이 계속 빛을 낸다.

21 적도기단은 적도 지방에서 발생하는 기단이다.

22 기압이 낮은 곳은 그 위치에서 수직으로 볼 때 쌓여 있는 공기층의 무게가 적고, 기압이 높은 곳은 반대로 그 위치에서 쌓여 있는 공기층의 무게가 많다. 같은 이유로 지표면에서 고도가 높아질수록 그 지점에 쌓여 있는 공기층의 무게가 줄어들기 때문에 기압은 낮아진다.

23 풍향이 시계방향으로 변하면 위험반원에 있으므로 신속히 벗어나야 한다.

24 연안 수역의 항해계획 수립 시 당직 항해사의 면허급수는 고려하지 않아도 된다. 항해사의 면허 급수는 최초 승선 시 선박의 톤수와 관련이 깊다.

25 중시선이란 두 물표가 일직선상에 겹쳐 보일 때 이들 물표를 연결하는 선을 말하며, 중시선은 그 자체가 위치선이 된다. 즉 정체를 알고 있는 두 물표가 서로 겹쳐 보일 때, 해도상에서 두 물표를 연결하는 직선을 그으면 위치선이 된다.

01	02	03	04	05	06	07	08	09	10
나	나	나	아	사	사	아	가	아	나
11	12	13	14	15	16	17	18	19	20
아	사	사	나	가	나	나	사	가	아
21	22	23	24	25					
사	사	사	나	사					

01 플레어는 폴 아웃(Fall out)이라고도 한다. 상갑판 선측의 상부가 바깥쪽으로 굽은 정도를 말하며 텀블 홈과는 반대이다. 안벽 계류 시 손상될 경우가 많으므로, 최근에는 대부분 수직현(垂直舷)으로 한다.

02 **이중저 구조의 장점**
- 좌초 등으로 선저부의 손상을 입어도 내저판에 의해 일차로 선내의 침수를 방지하여 화물과 선박의 안전을 기할 수 있다.
- 선저부의 구조가 견고하므로 호깅(Hogging) 및 새깅(Sagging) 상태에도 잘 견딘다.
- 이중저의 내부가 구획되어 있으므로 선박 평형수(Ballast), 연료 및 청수 탱크로 사용할 수 있다.
- 선박 평형수 탱크의 주·배수로 인하여 공선 시 복원성과 추진 효율을 향상시킬 수 있고, 선박의 횡경사와 트림 등을 조절할 수 있다.

03 **방형 용골과 평판 용골**

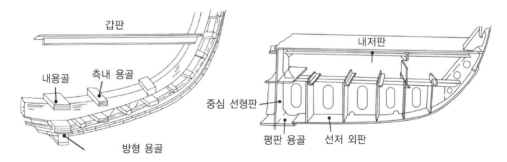

04 수선간장은 계획 만재흘수선상의 선수재의 전면으로부터 타주를 가진 선박은 타주 후면까지, 타주가 없는 선박은 타두재 중심까지의 수평 거리로써, 강선구조규정, 선박만재흘수선 규정, 선박 구획 기준 그리고 선체 운동의 계산 등에 사용하는 길이이다.

05 SOLAS 협약 및 선박 설비기준에서는 주 조타 장치에 대해 '계획만재흘수에서 최대항해속력으로 전진하는 경우 타를 한쪽 35°로부터 반대쪽 35°까지 조작할 수 있는 것으로서, 한 쪽 35°에서 반대 쪽 30°까지 28초 이내에 조작할 수 있는 것이어야 한다.'라고 규정하고 있다.

06 일반 화물선에서는 건조한 공기의 강제 통풍에 의하여 화물창 내의 습도를 줄여서, 화물의 변질을 방지하고 방식의 효과도 얻을 수 있다.

07 이산화탄소를 압축·액화한 소화기이다. 주로 질식 작용으로 소화하고, 액화된 이산화탄소가 기화하면서 냉각 작용도 한다. 질식의 우려가 있기 때문에 지하 및 일반 가정에서는 비치 및 사용이 금지되어 있다.

08 기류신호는 국제 신호서에 정해진 시각 신호의 하나로 문자기 26매, 숫자기 10매, 대표기 3매, 회답기 1매 모두 40매의 깃발로 짝을 맞추어 배와 배 사이 또는 배와 육지 사이에 교환하는 신호이다.

09 NC기 : 본선은 조난 당했다.

NC기

10 위크링크(Weak Link)는 일정한 크기의 장력(2.2±0.4kN)이 가해지면 절단되는 링크이다. 이 링크는 구명 뗏목을 수동으로 투하하는 경우는 특별히 문제가 없으나, 본선이 침몰하여 자동 팽창되었을 경우 해상의 생존자가 구명뗏목에 도달할 때까지의 시간을 지연시키는 역할도 한다.

11 그림의 심벌 표시는 로켓 낙하산 화염신호로 공중에 발사되면 낙하산이 퍼져 천천히 떨어지면서 불꽃을 낸다. 로켓은 수직으로 쏘아 올릴 때 고도 300m 이상 올라가야 하며, 화염신호는 초당 5m 이하의 속도로 낙하해야 한다. 연소 시간은 40초 이상이다.

12 • 안전신호 : 시큐러티(SECURITY)
　　• 긴급신호 : 판-판(PAN-PAN)
　　• 조난신호 : 메이데이(MAYDAY)

13 인명구조를 위한 조선법

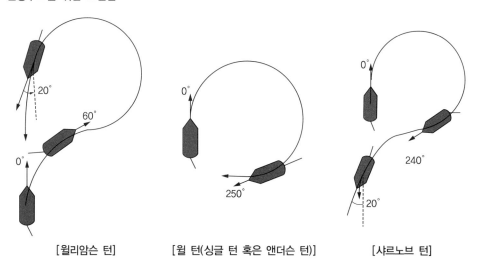

[윌리암슨 턴]　　　　[윌 턴(싱글 턴 혹은 앤더슨 턴)]　　　　[샤르노브 턴]

14 의식불명의 익수자를 발견하였을 때 구조선은 익수자의 풍상 쪽으로 접근하여 익수자와 구조선의 충돌을 막아야 한다.

15 수심이 얕은 수역에서는 타의 효과가 좋지 않기 때문에 선회성이 나빠진다.

16 항력은 타판에 작용하는 힘 중에서 그 방향이 유향과 같은 방향의 분력을 말한다. 이 힘의 방향은 선체 후방이므로, 전진 속력을 감소시키는 저항력으로 작용한다.

17 타 중앙 상태로 직진 항진하는 상태에서 일정한 타각을 주면, 선체는 타에 작용하는 압력에 의하여 원침로 선상에서 바깥쪽으로 밀리면서 타각을 준 쪽으로 회두를 시작하고, 회두가 빨라지면서 전진 속력은 차츰 떨어지게 된다.

18 선박은 이론상 45도의 타각이 가능하지만, 실제 35도 가량이 유효타각이다.

19 선박의 침로 유지에 영향을 주는 것은 타이다.

20 배의 무게 중심이 높은 경우에 파도를 옆에서 받으면 복원성을 상실하여 전복될 수 있다.

21 항내에서 적화를 시작할 때부터 항해 중의 황천을 예상하여 화물들이 이동하지 않도록 고정시켜야 한다. 예상대로 항해 중에 황천이 접근하면 화물의 고박 상태를 확인하고, 선내의 이동물, 구명정 등을 단단히 고정시켜 둔다. 탱크 내의 기름이나 물은 채우거나 비워서 이동에 의한 선체 손상과 복원력 감소를 방지한 다. 선체의 개구부를 밀폐하고 현측 사다리를 고정하고 배수구를 청소해 둔다. 어선 등에서는 갑판 상에 구명줄을 매어서 횡동요가 심해졌을 때의 보행이 가능하도록 대비한다.

22 파도가 심한 해역에서 선속을 저하시키는 것은 바람, 풍랑, 너울이다.

23 순주(Scudding)법은 풍랑을 선미 쿼터(Quarter)에서 받으면서 파랑에 쫓기는 자세로 항주하는 방법이다. 이 방법은 선체가 받는 충격 작용이 현저히 감소하고 상당한 속력을 유지할 수 있으므로, 적극적으로 태풍 권으로부터 탈출하는 데 유리한 방법이다.

24 배출된 오염물질을 분산시키는 것은 적절한 방제조치에 해당하지 않는다.

25 시계가 제한된 해역에서는 전속으로 항해하지 않고 안전속력으로 항해해야 한다.

01	02	03	04	05	06	07	08	09	10
사	아	가	나	나	가	아	사	가	나
11	12	13	14	15	16	17	18	19	20
나	아	가	나	아	가	사	사	가	나
21	22	23	24	25					
가	나	사	나	가					

01 조종제한선이란 다음의 작업과 그 밖에 선박의 조종성능을 제한하는 작업에 종사하고 있어 다른 선박의 진로를 피할 수 없는 선박을 말한다(해상교통안전법 제2조 제11호).
- 항로표지, 해저전선 또는 해저파이프라인의 부설·보수·인양 작업
- 준설·측량 또는 수중 작업
- 항행 중 보급, 사람 또는 화물의 이송 작업
- 항공기의 발착작업
- 기뢰제거작업
- 진로에서 벗어날 수 있는 능력에 제한을 많이 받는 예인작업

02
- 해사안전법(現 해상교통안전법)의 목적 : 선박의 안전운항을 위한 안전관리체계를 확립하여 선박항행과 관련된 모든 위험과 장해를 제거함으로써 <u>해사안전 증진과 선박의 원활한 교통에 이바지함</u>을 목적으로 한다.

> 해사안전관리에 관한 기본법인 「해사안전법」의 기본법적 지위를 명확하게 하기 위해 「해사안전법」을 전부개정하여 「해사안전기본법」으로 제명을 변경하고, 해상교통관리시책, 해사안전관리 전문인력 양성, 해사안전산업 진흥 등을 신설하는 한편, 종전 「해사안전법」에 포함되어 있는 해사안전관리를 위한 각종 규제사항 및 국제협약에 따른 사항에 대해서는 별도의 법률을 제정하는 등 현행 제도의 운영상 나타난 일부 미비점을 개선·보완하였다.

- 해사안전기본법의 목적 : 해사안전 정책과 제도에 관한 기본적 사항을 규정함으로써 해양사고의 방지 및 원활한 교통을 확보하고, 국민의 생명·신체 및 재산의 보호에 이바지함을 목적으로 한다.
- 해상교통안전법의 목적 : 수역 안전관리, 해상교통 안전관리, 선박·사업장의 안전관리 및 선박의 항법 등 선박의 안전운항을 위한 안전관리체계에 관한 사항을 규정함으로써 선박항행과 관련된 모든 위험과 장해를 제거하고 <u>해사안전 증진과 선박의 원활한 교통에 이바지함</u>을 목적으로 한다.

03 **해기사 면허의 취소 및 정지 요청(해상교통안전법 제42조)**
해양경찰청장은 「선박직원법」 제4조에 따른 해기사 면허를 받은 자가 다음의 어느 하나에 해당하는 경우 해양수산부장관에게 해당 해기사 면허를 취소하거나 1년의 범위에서 해기사 면허의 효력을 정지할 것을 요청할 수 있다.
- 술에 취한 상태에서 운항을 하기 위하여 조타기를 조작하거나 그 조작을 지시한 경우
- 술에 취한 상태에서 조타기를 조작하거나 조작할 것을 지시하였다고 인정할 만한 상당한 이유가 있음에도 불구하고 해양경찰청 소속 경찰공무원의 측정 요구에 따르지 아니한 경우
- 약물·환각물질의 영향으로 인하여 정상적으로 조타기를 조작하거나 그 조작을 지시하지 못할 우려가 있는 상태에서 조타기를 조작하거나 그 조작을 지시한 경우

PART 03

04　충돌 위험(해상교통안전법 제72조)

- 선박은 다른 선박과 충돌할 위험이 있는지를 판단하기 위하여 당시의 상황에 알맞은 모든 수단을 활용하여야 한다. 이 경우 의심스럽다면 충돌의 위험이 있다고 보아야 한다.
- 레이더를 설치한 선박은 다른 선박과 충돌할 위험성 유무를 미리 파악하기 위하여 레이더를 이용하여 장거리 주사(走査), 탐지된 물체에 대한 작도(作圖), 그 밖의 체계적인 관측을 하여야 한다.
- 선박은 불충분한 레이더 정보나 그 밖의 불충분한 정보에 의존하여 다른 선박과의 충돌 위험성 여부를 판단하여서는 아니 된다.
- 선박은 접근하여 오는 다른 선박의 나침방위에 뚜렷한 변화가 일어나지 아니하면 충돌할 위험성이 있다고 보고 필요한 조치를 하여야 한다. 접근하여 오는 다른 선박의 나침방위에 뚜렷한 변화가 있더라도 거대선 또는 예인작업에 종사하고 있는 선박에 접근하거나, 가까이 있는 다른 선박에 접근하는 경우에는 충돌을 방지하기 위하여 필요한 조치를 하여야 한다.

05　경계(해상교통안전법 제70조)

선박은 주위의 상황 및 다른 선박과 충돌할 수 있는 위험성을 충분히 파악할 수 있도록 시각·청각 및 당시의 상황에 맞게 이용할 수 있는 모든 수단을 이용하여 항상 적절한 경계를 하여야 한다.

06　선박은 통항로를 횡단하여서는 아니 된다. 다만, 부득이한 사유로 그 통항로를 횡단하여야 하는 경우에는 그 통항로와 선수방향이 직각에 가까운 각도로 횡단하여야 한다(해상교통안전법 제75조 제3항).

07　유지선의 동작(해상교통안전법 제82조)

① 2척의 선박 중 1척의 선박이 다른 선박의 진로를 피하여야 할 경우 다른 선박은 그 침로와 속력을 유지하여야 한다.

② 제1항에 따라 침로와 속력을 유지하여야 하는 선박은 피항선이 이 법에 따른 적절한 조치를 취하고 있지 아니하다고 판단하면, 제1항에도 불구하고 스스로의 조종만으로 피항선과 충돌하지 아니하도록 조치를 취할 수 있다. 이 경우 유지선은 부득이하다고 판단하는 경우 외에는 자기 선박의 좌현 쪽에 있는 선박을 향하여 침로를 왼쪽으로 변경하여서는 아니 된다.

③ 유지선은 피항선과 매우 가깝게 접근하여 해당 피항선의 동작만으로는 충돌을 피할 수 없다고 판단하는 경우에는 제1항에도 불구하고 충돌을 피하기 위하여 충분한 협력을 하여야 한다.

④ 제2항 및 제3항은 피항선에게 진로를 피하여야 할 의무를 면제하지 아니한다.

08　선박이 서로 시계 안에 있는 상태는 선박에서 다른 선박을 눈으로 볼 수 있는 상태를 말한다(해상교통안전법 제76조 참조).

09　마주치는 상태(해상교통안전법 제79조)

- 2척의 동력선이 마주치거나 거의 마주치게 되어 충돌의 위험이 있을 때에는 각 동력선은 서로 다른 선박의 좌현 쪽을 지나갈 수 있도록 침로를 우현 쪽으로 변경하여야 한다.
- 선박은 다른 선박을 선수 방향에서 볼 수 있는 경우로서 다음의 어느 하나에 해당하면 마주치는 상태에 있다고 보아야 한다.
  - 밤에는 2개의 마스트등을 일직선으로 또는 거의 일직선으로 볼 수 있거나 양쪽의 현등을 볼 수 있는 경우
  - 낮에는 2척의 선박의 마스트가 선수에서 선미까지 일직선이 되거나 거의 일직선이 되는 경우
- 선박은 마주치는 상태에 있는지가 분명하지 아니한 경우에는 마주치는 상태에 있다고 보고 필요한 조치를 취하여야 한다.

10 충돌할 위험성이 없다고 판단한 경우 외에는 다음의 어느 하나에 해당하는 경우 모든 선박은 자기 배의 침로를 유지하는 데에 필요한 최소한으로 속력을 줄여야 한다. 이 경우 필요하다고 인정되면 자기 선박의 진행을 완전히 멈추어야 하며, 어떠한 경우에도 충돌할 위험성이 사라질 때까지 주의하여 항행하여야 한다(해상교통안전법 제84조 제6항).
- 자기 선박의 양쪽 현의 정횡 앞쪽에 있는 다른 선박에서 무중신호(霧中信號)를 듣는 경우
- 자기 선박의 양쪽 현의 정횡으로부터 앞쪽에 있는 다른 선박과 매우 근접한 것을 피할 수 없는 경우

11
- 흘수제약선은 동력선의 등화에 덧붙여 가장 잘 보이는 곳에 붉은색 전주등 3개를 수직으로 표시하거나 원통형의 형상물 1개를 표시할 수 있다(해상교통안전법 제93조).
- 조종불능선은 다음의 등화나 형상물을 표시하여야 한다(해상교통안전법 제92조 제1항).
  - 가장 잘 보이는 곳에 수직으로 붉은색 전주등 2개
  - 가장 잘 보이는 곳에 수직으로 둥근꼴이나 그와 비슷한 형상물 2개
  - 대수속력이 있는 경우에는 제1호와 제2호에 따른 등화에 덧붙여 현등 1쌍과 선미등 1개

12 등화의 종류(해상교통안전법 제86조)
- 마스트등 : 선수와 선미의 중심선상에 설치되어 225도에 걸치는 수평의 호(弧)를 비추되, 그 불빛이 정선수 방향에서 양쪽 현의 정횡으로부터 뒤쪽 22.5도까지 비출 수 있는 흰색 등
- 현등 : 정선수 방향에서 양쪽 현으로 각각 112.5도에 걸치는 수평의 호를 비추는 등화로서, 그 불빛이 정선수 방향에서 좌현 정횡으로부터 뒤쪽 22.5도까지 비출 수 있도록 좌현에 설치된 붉은색 등과 그 불빛이 정선수 방향에서 우현 정횡으로부터 뒤쪽 22.5도까지 비출 수 있도록 우현에 설치된 녹색 등
- 선미등 : 135도에 걸치는 수평의 호를 비추는 흰색 등으로서, 그 불빛이 정선미 방향으로부터 양쪽 현의 67.5도까지 비출 수 있도록 선미 부분 가까이에 설치된 등
- 예선등 : 선미등과 같은 특성을 가진 황색 등
- 전주등 : 360도에 걸치는 수평의 호를 비추는 등화. 다만, 섬광등(閃光燈)은 제외한다.
- 섬광등 : 360도에 걸치는 수평의 호를 비추는 등화로서, 일정한 간격으로 1분에 120회 이상 섬광을 발하는 등
- 양색등 : 선수와 선미의 중심선상에 설치된 붉은색과 녹색의 두 부분으로 된 등화로서, 그 붉은색과 녹색 부분이 각각 현등의 붉은색 등 및 녹색 등과 같은 특성을 가진 등
- 삼색등 : 선수와 선미의 중심선상에 설치된 붉은색·녹색·흰색으로 구성된 등으로서, 그 붉은색·녹색·흰색의 부분이 각각 현등의 붉은색 등과 녹색 등 및 선미등과 같은 특성을 가진 등

13 선미등은 135도에 걸치는 수평의 호를 비추는 흰색 등으로서, 그 불빛이 정선미 방향으로부터 양쪽 현의 67.5도까지 비출 수 있도록 선미 부분 가까이에 설치된 등이다(해상교통안전법 제86조 제3호 참조).

14 조종신호와 경고신호(해상교통안전법 제99조 제1항)
항행 중인 동력선이 서로 상대의 시계 안에 있는 경우에 이 법에 따라 그 침로를 변경하거나 그 기관을 후진하여 사용할 때에는 다음의 구분에 따라 기적신호를 행하여야 한다.
- 침로를 오른쪽으로 변경하고 있는 경우 : 단음 1회
- 침로를 왼쪽으로 변경하고 있는 경우 : 단음 2회
- 기관을 후진하고 있는 경우 : 단음 3회

15 제한된 시계 안에서의 음향신호(해상교통안전법 제100조 제1항 제5호 참조)
정박 중인 선박은 1분을 넘지 아니하는 간격으로 5초 정도 재빨리 호종을 울려야 한다. 다만, 정박하여 어로 작업을 하고 있거나 작업 중인 조종제한선은 2분을 넘지 아니하는 간격으로 연속하여 3회의 기적(장음 1회에 이어 단음 2회를 말한다)을 울려야 하고, 길이 100미터 이상의 선박은 호종을 선박의 앞쪽에서 울리되, 호종을 울린 직후에 뒤쪽에서 징을 5초 정도 재빨리 울려야 하며, 접근하여 오는 선박에 대하여 자기 선박의 위치와 충돌의 가능성을 경고할 필요가 있을 경우에는 이에 덧붙여 연속하여 3회(단음 1회, 장음 1회, 단음 1회) 기적을 울릴 수 있다.

16 화재시 경보 방법(선박의 입항 및 출항 등에 관한 법률 시행규칙 제29조)
화재를 알리는 경보는 기적(汽笛)이나 사이렌을 장음(4초에서 6초까지의 시간 동안 계속되는 울림을 말한다)으로 5회 울려야 한다. 경보는 적당한 간격을 두고 반복하여야 한다.

17 정박의 제한 및 방법(선박의 입항 및 출항 등에 관한 법률 제6조 참조)
① 선박은 무역항의 수상구역등에서 다음의 장소에는 정박하거나 정류하지 못한다.
  • 부두·잔교(棧橋)·안벽(岸壁)·계선부표·돌핀 및 선거(船渠)의 부근 수역
  • 하천, 운하 및 그 밖의 좁은 수로와 계류장(繫留場) 입구의 부근 수역
② 제1항에도 불구하고 다음의 경우에는 제1항의 각 장소에 정박하거나 정류할 수 있다.
  • 「해양사고의 조사 및 심판에 관한 법률」에 따른 해양사고를 피하기 위한 경우
  • 선박의 고장이나 그 밖의 사유로 선박을 조종할 수 없는 경우
  • 인명을 구조하거나 급박한 위험이 있는 선박을 구조하는 경우
  • 허가를 받은 공사 또는 작업에 사용하는 경우

18 무역항의 수상구역등에 출입하려는 선박의 선장은 대통령령으로 정하는 바에 따라 관리청에 신고하여야 한다. 다만, 다음의 선박은 출입 신고를 하지 아니할 수 있다(선박의 입항 및 출항 등에 관한 법률 제4조 제1항).
• 총톤수 5톤 미만의 선박
• 해양사고구조에 사용되는 선박
• 「수상레저안전법」에 따른 수상레저기구 중 국내항 간을 운항하는 모터보트 및 동력요트
• 그 밖에 공공목적이나 항만 운영의 효율성을 위하여 해양수산부령으로 정하는 선박

19 정박지의 사용(선박의 입항 및 출항 등에 관한 법률 제5조)
• 관리청은 무역항의 수상구역등에 정박하는 선박의 종류·톤수·흘수 또는 적재물의 종류에 따른 정박구역 또는 정박지를 지정·고시할 수 있다.
• 무역항의 수상구역등에 정박하려는 선박(우선피항선은 제외한다)은 정박구역 또는 정박지에 정박하여야 한다. 다만, 해양사고를 피하기 위한 경우 등 해양수산부령으로 정하는 사유가 있는 경우에는 그러하지 아니하다.
• 우선피항선은 다른 선박의 항행에 방해가 될 우려가 있는 장소에 정박하거나 정류하여서는 아니 된다.
• 정박구역 또는 정박지가 아닌 곳에 정박한 선박의 선장은 즉시 그 사실을 관리청에 신고하여야 한다.

20 항로에서의 항법(선박의 입항 및 출항 등에 관한 법률 제12조 제1항)

모든 선박은 항로에서 다음의 항법에 따라 항행하여야 한다.

- 항로 밖에서 항로에 들어오거나 항로에서 항로 밖으로 나가는 선박은 항로를 항행하는 다른 선박의 진로를 피하여 항행할 것
- 항로에서 다른 선박과 나란히 항행하지 아니할 것
- 항로에서 다른 선박과 마주칠 우려가 있는 경우에는 오른쪽으로 항행할 것
- 항로에서 다른 선박을 추월하지 아니할 것. 다만, 추월하려는 선박을 눈으로 볼 수 있고 안전하게 추월할 수 있다고 판단되는 경우에는 「해상교통안전법」 제74조 제5항 및 제78조에 따른 방법으로 추월할 것
- 항로를 항행하는 위험물운송선박 또는 흘수제약선의 진로를 방해하지 아니할 것
- 범선은 항로에서 지그재그(zigzag)로 항행하지 아니할 것

21 방파제 부근에서의 항법(선박의 입항 및 출항 등에 관한 법률 제13조)

무역항의 수상구역등에 입항하는 선박이 방파제 입구 등에서 출항하는 선박과 마주칠 우려가 있는 경우에는 방파제 밖에서 출항하는 선박의 진로를 피하여야 한다.

22 우선피항선이란 주로 무역항의 수상구역에서 운항하는 선박으로서, 다른 선박의 진로를 피하여야 하는 다음의 선박을 말한다(선박의 입항 및 출항 등에 관한 법률 제2조 제5호).

- 부선(예인선이 부선을 끌거나 밀고 있는 경우의 예인선 및 부선을 포함하되, 예인선에 결합되어 운항하는 압항부선은 제외한다)
- 주로 노와 삿대로 운전하는 선박
- 예 선
- 「항만운송사업법」에 따라 항만운송관련사업을 등록한 자가 소유한 선박
- 「해양환경관리법」에 따라 해양환경관리업을 등록한 자가 소유한 선박 또는 「해양폐기물 및 해양오염퇴적물 관리법」에 따라 해양폐기물관리업을 등록한 자가 소유한 선박(폐기물해양배출업으로 등록한 선박은 제외한다)
- 위의 규정에 해당하지 아니하는 총톤수 20톤 미만의 선박

23 방제의무자(해양환경관리법 제63조, 제64조 참조)

- 배출되거나 배출될 우려가 있는 오염물질이 적재된 선박의 선장 또는 해양시설의 관리자. 이 경우 해당 선박 또는 해양시설에서 오염물질의 배출원인이 되는 행위를 한 자가 신고하는 경우에는 그러하지 아니하다.
- 오염물질의 배출원인이 되는 행위를 한 자

24 선저폐수는 선박의 밑바닥에 고인 액상 유성혼합물을 말한다(해양환경관리법 제2조 제18호).

25 정기검사(해양환경관리법 제49조 제1항)

폐기물오염방지설비·기름오염방지설비·유해액체물질오염방지설비 및 대기오염방지설비(이하 "해양오염방지설비"라 한다)를 설치하거나 규정에 따른 선체 및 화물창을 설치·유지하여야 하는 선박(이하 "검사대상선박"이라 한다)의 소유자가 해양오염방지설비, 선체 및 화물창(이하 "해양오염방지설비등"이라 한다)을 선박에 최초로 설치하여 항해에 사용하려는 때 또는 규정에 따른 유효기간이 만료한 때에는 해양수산부령이 정하는 바에 따라 해양수산부장관의 검사(이하 "정기검사"라 한다)를 받아야 한다.

01	02	03	04	05	06	07	08	09	10
사	아	나	사	나	아	가	나	아	가
11	12	13	14	15	16	17	18	19	20
아	가	사	아	사	사	나	아	사	아
21	22	23	24	25					
나	사	아	가	가					

01 소형선박에서 가장 많이 이용하는 디젤기관의 시동 방법은 시동 전동기에 의한 시동이다. 시동 전동기는 전기적 에너지를 기계적 에너지로 바꾸어 회전력을 발생시키는 장치로, 시동 전동기의 회전력으로 크랭크 축을 회전시켜 기관을 최초로 구동하는 장치이다.

02 내연기관은 기관의 내부에서 연소가 이루어지며 이때 발생된 연소가스를 이용하여 동력을 얻는다.

03 압축비 = 실린더부피 / 압축부피
압축비가 클수록 압축압력은 높아지는데, 압축비를 크게 하려면 압축부피를 작게 하거나 피스톤의 행정을 길게 해야 한다.

04 작동(폭발)행정
흡기 밸브와 배기 밸브가 닫혀 있는 상태에서 피스톤이 상사점에 도달하기 바로 직전에 연료분사밸브로부터 연료유가 실린더 내에 분사되기 시작하고, 분사된 연료유는 고온의 압축 공기에 의해 발화되어 연소한다. 이때 발생한 연소가스의 높은 압력이 피스톤을 하사점까지 움직이게 하고, 커넥팅 로드를 통해 크랭크 축을 회전시켜 동력을 발생하는 행정이다.

05 • 과급기 : 연소에 필요한 공기를 대기압 이상의 압력으로 압축하여, 밀도가 높은 공기를 실린더 내에 공급하여 연료를 완전 연소시킴으로써 평균 유효 압력을 높여 기관의 출력을 증대시키는 장치이다.
• 연료분사밸브 : 연료분사밸브는 보통 연료밸브라고 하며, 실린더 헤드에 설치되어 연료분사펌프에서 송출되는 연료유를 실린더 내에 분사시킨다. 일반적으로 소형기관에는 1실린더에 1개, 대형기관에서는 1실린더에 2개 또는 3개를 설치하기도 한다.
• 실린더 헤드 : 실린더 커버(Cylinder Cover)라고도 하며, 실린더 라이너와 피스톤과 더불어 연소실을 형성하고 각종 밸브가 설치된다.
• 실린더 라이너 : 실린더가 피스톤과의 마찰로 마모되는 것을 방지하기 위해 주철이나 알루미늄의 블록을 원통형으로 깎아 만들어 실린더 안쪽에 끼워서 설치한다.

06 소형선박의 디젤기관에서 흡기 및 배기 밸브는 밸브 스프링의 힘에 의해 닫힌다.

07 피스톤 링의 역할
피스톤과 실린더 라이너 사이의 기밀을 유지하고, 피스톤에서 받은 열을 실린더 라이너로 전달한다. 또한, 실린더 내벽의 윤활유를 고르게 분포시킨다. 연소가스가 새지 않도록 기밀을 유지하는 압축링과 실린더 라이너 내벽의 윤활유가 연소실로 들어가지 못하도록 긁어내리고 윤활유를 라이너 내벽에 고르게 칠해지도록 하는 오일 스크레이퍼 링이 있다.

08 커넥팅 로드(Connecting Rod, 연접봉)

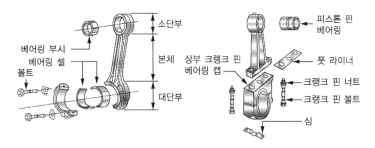

[트렁크형 기관의 커넥팅 로드]

커넥팅 로드(Connecting Rod, 연접봉)는 피스톤이 받는 폭발력을 크랭크 축에 전하고, 피스톤의 왕복 운동을 크랭크의 회전 운동으로 바꾸는 역할을 한다. 트렁크형 기관에서는 피스톤과 크랭크를 직접 연결하고, 크로스 헤드형 기관에서는 크로스 헤드와 크랭크를 연결한다. 피스톤과 커넥팅 로드를 연결하는 것은 피스톤 핀이다.

09 크랭크 축의 구조

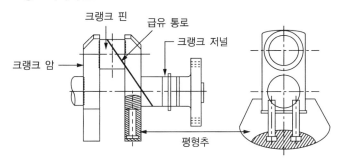

- 크랭크 암 : 크랭크 저널과 크랭크 핀을 연결하는 부분이다. 크랭크 핀 반대쪽으로 평형추(Balance Weight)를 설치하여 크랭크 회전력의 평형을 유지하고, 불평형 관성력에 의한 기관의 진동을 줄인다.
- 크랭크 핀 : 크랭크 저널의 중심에서 크랭크 반지름만큼 떨어진 곳에 있으며, 저널과 평행하게 설치되고 커넥팅 로드 대단부와 연결된다.
- 크랭크 저널 : 메인 베어링에 의해서 지지되는 회전축이다.
- 평형추 : 크랭크 축의 형상에 따른 불균형을 보정하여, 회전체의 평형을 이루기 위해 평형추(Balance Weight)를 설치한다. 평형추는 기관의 진동을 적게 하고, 원활한 회전을 하도록 하며, 메인 베어링의 마찰을 감소시키는 역할을 한다.

10 운전중인 디젤기관의 실린더 헤드와 실린더 라이너 사이에서 배기가스가 누설하는 경우에는 기관을 정지하여 구리개스킷을 교환한다.

11
- 무색 : 디젤기관이 효율적으로 운전될 때
- 청백색 : 윤활유가 연소실에 섞여 들어가 연소될 때
- 백색 : 연료에 수분이 혼입된 경우

배기가스 온도상승과 검은색 배기발생의 원인
- 흡입 공기 압력이 부족할 때
- 연료분사 상태가 불량할 때
- 과부하 운전을 했을 때
- 질이 나쁜 연료유를 사용할 때

12 디젤 노크 방지 방법
- 세탄가가 높아 착화성이 좋은 연료를 사용해야 한다.
- 압축 압력, 압축비, 흡기 온도, 흡기 압력을 증가시킨다.
- 착화 전에 연료 분사량을 적게 하고 분사 시기를 조절하여 상사점 근처에서 연소를 시작하도록 한다.
- 부하를 증가시키거나 냉각수 온도를 높게 하여 연소실 온도를 상승시키고, 연소실 안의 와류를 증가시킨다.

13 프라이밍은 수동 펌프로 연료 공급관 내에 기름을 가득 채워 펌프나 관 내에 남아 있는 공기를 배출하는 작업으로, 연료유만 나올 때 프라이밍이 완료된 상태라고 판단한다.

14 속력 = 이동한 거리 / 이동에 걸린 시간
10노트 = 100마일 / 10시간

15 조타장치(Steering Gear)
선박의 침로(Course) 및 속력을 조정하는 장치로서, 타기(Rudder)와 추진기, 속력을 조정하는 장치로 구성되어 있다.

16 왕복펌프에서 공기실의 역할은 송출되는 유량의 변동을 일정하게 유지하는 것이다.

17 원심펌프는 케이싱 속의 회전차를 수중에서 고속으로 회전시켜 물이 원심력을 일으켜 얻은 속도에너지를 압력에너지로 바꾸어 물을 흡입 송출한다.
※ 윤활유 펌프에 주로 사용하는 펌프는 기어 펌프(Gear Pump), 트로코이드 펌프(Trochoid Pump), 이모 펌프(IMO Pump) 등이 사용된다.

18
- 전원등 : 전원을 표시하는 등
- 운전등 : 전동기의 운전 상태를 표시하는 등
- 경보등 : 전동기의 이상 운전시 경보를 표시하는 등

19 저항(R)
전류의 흐름을 방해하는 소자로서 전류의 흐름에 따라 에너지가 열로 손실되는 특징을 가지고 있는 소자를 말한다. 일반적으로는 회로 내에서 전류, 전압을 변화시키는 역할을 하며, 저항의 단위는 옴[Ω]이다.

20 동기검정기는 2개의 현상이 같은 순간에 일어나는지 검출하는 장치로 주파수의 차이, 위상각의 차이를 보여주는 역할을 한다. 교류 발전기 2대를 병렬운전 할 경우 동기검정기로 두 발전기의 주파수와 위상의 일치 여부를 판단할 수 있다.

21 운전 중인 기관을 신속하게 정지시켜야 하는 경우
- 시동용 배터리의 전압이 너무 높을 때
- 연료 분사를 멈추어도 소음이 멈추지 않을 때
- 냉각수의 온도가 너무 높을 때
- 윤활유의 온도가 규정값보다 높을 때

22 배기 온도의 상승 원인
- 연료 분사량이 너무 많을 때
- 과부하 운전
- 배기 밸브 누설
- 배기 밸브가 너무 빨리 열릴 때

23 실린더 라이너의 마멸 원인
- 라이너 재료가 부적당한 경우
- 커넥팅 로드(연접봉) 경사에 의해 측압이 생길 경우
- 실린더 윤활유의 부적당 또는 사용량 과부족의 경우
- 사용 연료유 및 윤활유가 부적당한 경우
- 순환 냉각수가 부족 또는 불량한 경우
- 피스톤 링의 장력이 과대하거나 내면이 불량한 경우
- 과부하 운전 또는 최고 압력이 너무 높은 경우
- 기관의 사동 횟수가 많은 경우

실린더 라이너가 마멸되었을 경우 나타나는 현상
- 연소가스가 누설된다.
- 윤활유가 많이 소모되고, 오손되기 쉽다.
- 기관의 출력이 저하되며, 연료유의 소모량이 많아진다.

24 연료유의 성질
- 비중 : 부피가 같은 기름의 무게와 물의 무게와의 비율이다.
- 점도 : 액체가 형태를 바꾸려고 할 때 분자 간에 마찰에 의하여 유동을 방해하려는 점성 작용의 대소를 표시하는 정도이다. 쉽게 끈적끈적한 정도를 말한다.
- 인화점 : 불을 가까이 했을 때 불이 붙을 수 있도록 유증기를 발생시키는 최저 온도이다. 인화점이 낮을수록 화재의 위험이 높다.
- 발화점 : 연료의 온도를 인화점보다 높게 하면 외부에서 불이 없어도 자연 발화하게 되는데, 이와 같이 자연 발화하는 연료의 최저 온도를 말한다. 디젤기관의 연소 과정과 관계가 깊다.

25 점도는 액체가 형태를 바꾸려고 할 때 분자 간에 마찰에 의하여 유동을 방해하려는 점성 작용의 대소를 표시하는 정도이다. 쉽게 끈적끈적한 정도를 말한다. 온도가 낮아질수록 점도는 높아지고, 온도가 높아질수록 점도는 낮아진다.

PART 03 2023년 제2회 정답 및 해설

제1과목 항 해

01	02	03	04	05	06	07	08	09	10
사	가	사	나	나	사	아	사	아	가
11	12	13	14	15	16	17	18	19	20
나	가	아	나	나	아	가	아	가	나
21	22	23	24	25					
사	사	아	나	아					

01 자침은 좀처럼 자력이 감소되지 않는 영구자석이 사용된다. 부실 아랫부분의 양쪽에 고정되어 있는 놋쇠로 된 관 속에 밀봉되어 있다. 이 자석은 카드의 남북선과 평행이어야 한다.

02 위도오차는 제신 세자 운동과 시북 세차 운동이 동시에 일어나는 경사 제진식 제품에만 있는 오차로, 적도 지방에서는 오차가 생기지 않으나 그 밖의 지방에서는 오차가 생긴다. 북위도 지방에서는 편동오차, 남위도 지방에서는 편서오차가 되며, 위도가 높을수록 오차는 증가한다.

03 레이더의 거짓상은 대부분 반사파가 반복적으로 수신되어 화면상에 나타나기 때문에 반사되는 각도에 변화를 주면 거짓상의 여부를 판독할 수 있다. 따라서 반사파의 각도 변화를 위해서는 변침하여야 한다.

04 자차 계수의 크기를 결정하거나 수정하는 데는 선체가 수평 상태로 있어야 한다. 그런데 선체가 수평일 때는 자차가 0°라 하더라도 선체가 기울어지면 다시 자차가 생기는 수가 있는데, 이때 생기는 자차를 경선차(Heeling Error)라고 한다. 경선차가 있을 때 선체가 동요하면 컴퍼스 카드가 심하게 진동한다.

05 나침의 오차는 부호가 같으면 더해주고 부호가 다르면 빼준 뒤 숫자가 큰 부호를 붙인다. 따라서 나침의 오차는 3°W이다.

06 레이더 수신기의 반사파로는 선박의 선체 색깔을 알 수 없다.

07 가장 최근에 얻은 실측 위치를 기준으로 그 후에 조타한 진침로와 항행 거리에 의하여 선위를 결정하는 것을 선위의 추측(Dead Reckoning)이라 하고, 이와 같이 하여 결정된 선위를 추측 위치(DR위치, DRP)라고 한다.

08 지축을 무한히 연장하여 천구와 만나는 점을 천의 극이라고 하고, 천의 극 중 지구의 북극쪽에 있는 것을 천의 북극, 지구의 남극쪽에 있는 것을 천의 남극이라고 한다.

09 동심원이 6개이므로, 동심원과 동심원 사이의 거리는 2해리이다.

10 화면에서 중앙이 본선이며, A선박의 상대운동선 방향이 일정 시간 후에 본선과 가장 가까워짐을 알 수 있다.

11 노출암의 높이가 4m임을 의미한다.

12 우리나라의 종이해도에서 사용하는 수심의 단위는 미터(m)이다.

13 항로지(Sailing Directions)는 해도에서는 표현할 수 없는 사항에 대하여 상세하게 설명하는 안내서로서, 해상에 있어서의 기상, 해류, 조류 등의 여러 현상과 도선사, 검역, 항로표지 등의 일반 기사 및 항로의 상황, 연안의 지형, 항만의 시설 등이 기재되어 있다. 이것은 모르는 지역을 항해하는 항해자에게 그 지역에 대한 예비 지식을 상세하게 주기 때문에 해도와 함께 매우 중요한 것이다.

14 등 표

15 주간표지(주표)는 점등장치가 없는 표지로, 그 모양과 색깔로써 식별하므로 형상표지라고도 한다. 주간에 선박의 위치를 결정할 때에 이용되며 암초, 침선 등을 표시하여 항로를 유도하는 역할을 한다.

16 육표는 주간표지이며, 등부표는 야간표지, 레이콘은 전파표지이다.

17 평면도는 지구 표면의 좁은 한 구역을 평면으로 간주하고 그린, 축척이 큰 해도이다. 따라서, 거리나 방위의 오차는 대단히 작으므로 실용상 무시해도 된다. 또한, 해도의 어느 부분에서나 주어진 척도로 거리를 잴 수 있으므로, 주로 항박도(Harbour Chart)에 많이 이용되고 있다.

18 연안항해 시는 소축척 해도보다 축척이 큰 대축척 해도를 사용해야 한다.

19 국제해상부표식에서는 측방표지 및 등화의 색상이 서로 반대가 되어 있는 것으로 B방식은 우리나라를 비롯한 일본, 미국, 카리브해 지역, 남북 아메리카, 필리핀 인근 동남아시아 지역에서, A방식은 유럽, 아프리카, 인도양 연안 지역에서 적용되고 있다.

20 분호등은 호광등처럼 등광의 색상이 바뀌는 것은 아니고, 서로 다른 지역을 다른 색상으로 비추는 등화를 말한다.

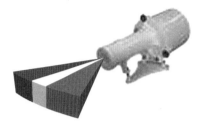

21 고기압은 주위보다 상대적으로 기압이 높은 곳을 말하며, 고기압권 안에서는 하강기류가 있어서 날씨가 맑다.

22 북태평양에서 발원한 해양성 아열대 기단으로 한반도에는 주로 여름철에 영향을 미치며 고온다습한 특성을 가진다. 북태평양기단은 한반도의 한여름 기후에 영향을 미친다. 북태평양기단이 영향을 미치는 기간은 상대적으로 짧아서 대체로 장마가 끝난 7월 하순부터 늦장마가 시작되기 전인 8월 중순까지이다. 북태평양기단이 한반도에 영향을 미치고 있을 때는 남고북저 형태의 기압배치가 나타난다.

23 기호 U는 상공의 기상 및 대기상태를 표현할 때 쓰인다.

24 소형선박에서 통항계획의 수립은 선장이 해야 한다.

25 해상교통안전법 제2조 용어 정의에 의하면, "항로지정제도"란 선박이 통항하는 항로, 속력 및 그 밖에 선박 운항에 관한 사항을 지정하는 제도를 말하며, "통항분리제도"란 선박의 충돌을 방지하기 위하여 통항로를 설정하거나 그 밖의 적절한 방법으로 한쪽 방향으로만 항행할 수 있도록 항로를 분리하는 제도를 말한다.

01	02	03	04	05	06	07	08	09	10
나	아	가	나	아	아	가	사	사	아
11	12	13	14	15	16	17	18	19	20
가	나	나	아	사	사	아	나	가	사
21	22	23	24	25					
사	가	아	나	가					

01 배 안을 구획하는 칸막이는 목적에 따라 수밀·유밀·비수밀 격벽이 있고, 배치에 따라 횡격벽·종(통)격벽·위벽·부분 격벽 등으로 구분한다.

02 선박이 안전하게 항행하기 위해서는 어느 정도의 예비부력을 가져야 한다. 예비부력은 선체가 침수되지 않은 부분의 수직거리로써 결정되는데 이것을 건현이라고 한다.

03 타(키)는 배를 원하는 방향으로 회전시키고 침로를 일정하게 유지하는 장치이다. 선수 미 동형선과 같은 특수한 경우를 제외하면, 타(키)는 일반적으로 선미에 설치되는 선미타가 대부분이다.

04 선박 안에 고이는 오수를 빌지(Bilge)라 하는데, 수선 아래에 고인 빌지를 바로 선외로 배출시킬 수 없으므로, 각 구역에 설치된 빌지 웰(Bilge Well)에 모아 빌지 펌프로 배출한다. 빌지 관 끝의 흡입구에는 로즈박스를 부착하여, 빌지 펌프를 작동시킬 때 먼지나 쓰레기가 흡입되지 않도록 한다.

05 선박의 자동 조타장치가 어떠한 방식으로 사용해도 작동하지 않을 때, 타기실에서 조타기를 직접 조작하는 것 혹은 조타기 자체가 고장이 났을 때에 가타(Jury Rudder)를 사용하는 것이다. 자동 조타장치의 조타방식에는 자동조타, 수동조타, 레버조타 혹은 NFU조타가 있는데, 이들 모두의 작동이 실패했을 때 실시하는 것이 비상조타이다.

06 스톡 앵커

07 나일론 로프는 열에 약하다.

08 바닷물에서 체온을 유지하기 위한 옷은 보온복이다.

09 디에스시(DSC)를 통한 조난 및 안전 통신 채널은 70번이다.

10 구명뗏목은 구명정과 같은 용도로서, 구명정에 비하여 항해 능력은 떨어지지만 손쉽게 강하시킬 수 있으며, 선박의 침몰시 자동으로 이탈되어 조난자가 탈 수 있는 상태가 되는 장점이 있다.

11 • 자기 점화등 : 야간에 구명부환의 위치를 알려 주는 등으로, 구명부환과 함께 수면에 투하되면 자동으로 점등된다.
   • 발연부 신호 : 자기 점화등과 같은 목적의 주간 신호이며, 물 위에 부유할 경우 연기(오렌지색)는 15분간 이상 연속 발할 수 있어야 한다.
   • 로켓 낙하산 화염신호 : 공중에 발사되면 낙하산이 퍼져 천천히 떨어지면서 불꽃을 낸다. 로켓은 수직으로 쏘아 올릴 때 고도 300m 이상 올라가야 하며, 화염신호는 초당 5m 이하의 속도로 낙하하여야 하고, 40초 이상의 연소시간을 가져야 한다.

12 환행대는 보통 환행대란 덧 감는 방법으로 시작과 끝맺음을 할 때에는 두 번 덧 감는다.

13 평수구역이란 선박의 항행의 안전을 위하여 바다를 네 개의 구역으로 나눈 것 중의 하나로, 호수, 하천 및 항내의 수역과 같이 평온한 수역을 말한다.

14 선박용 초단파(VHF)무선설비의 최대 출력은 25W이다.

15 두 선박이 마주칠 때에는 추월할 때에 비하여 훨씬 짧은 시간에 두 선박이 통과하게 되어서 작용할 시간이 짧아 흡인 배척 작용은 추월할 때가 더 크게 나타난다.

16 선박의 6자유도 운동

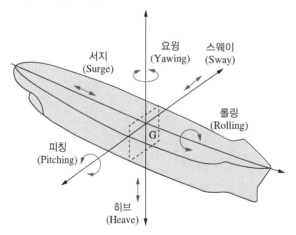

선박의 6자유도 운동 중 회전운동은 롤링(횡동요), 피칭(종동요), 요잉(선수동요)이 있다.

17
- 발동타력 : 정지 중인 선박에서 기관을 전진 전속으로 발동하고 나서 실제로 전속이 될 때까지의 타력(이동한 거리)을 말한다.
- 정지타력 : 전진 중인 선박에 기관을 정지했을 때 실제로 선체가 정지할 때까지의 타력을 말한다. 선속이 2노트 정도로 감소되면 정지한 것으로 본다.
- 반전타력 : 전속으로 전진 중에 후진 전속(Full Astern)을 걸어서 선체가 정지할 때까지의 타력을 말한다. 충돌 예방과 관련된 중요한 타력이다.

18 측압작용

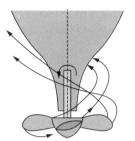

후진 시 고정 피치 추진기는 좌회전하므로 추진기의 하부 날개가 아래쪽에서 위쪽으로 회전하면서 배출한 수류는 선미 우측 선체에 직각 방향으로 작용하는데 비해, 상부 날개가 위쪽에서 아래쪽으로 회전하면서 배출한 수류는 선미 좌현 선체를 따라 흐르고, 일부는 용골 밑으로 빠지므로, 우현측의 압력은 좌현측보다 매우 커서 선미를 좌현쪽으로 강하게 밀게 된다. 이 현상을 배출류의 측압작용이라고 한다.

19 선박은 파도와 바람과 같은 외력을 받으면 한 쪽으로 경사를 일으키게 되는데, 그 경사에 저항하여 선박을 원래의 상태로 되돌리려는 성질을 가지고 있다. 이 성질을 복원성이라고 하고, 복원성을 나타내는 물리적인 양을 복원우력 혹은 복원력이라고 한다. 복원력이 작은 선박에서 대각도 전타는 선박이 전복될 수 있다.

20
- 침로를 변경할 때는 소각도로 여러 차례 변침하는 것이 좋다.
- 선・수미선과 조류의 유선이 일치가 되도록 조종하는 것이 좋다.
- 조류는 역조 때에는 정침이 잘 되지만, 순조 때에는 정침이 어려우므로 조종 시 유의하여야 한다.

21 선박이 파도를 선미로부터 받으면서 항주할 때에 선체 중앙이 파도의 파정이나 파저에 위치하면 급격한 선수동요에 의해 선체는 파도와 평행하게 놓이는 수가 있으며, 이러한 현상을 브로칭(Broaching)이라 부른다.

22 복원력의 크기는 배수량의 크기에 비례한다.

23 태풍 피항의 가장 안전한 방법은 사전에 태풍의 진로를 파악하여 태풍의 진로로부터 미리 벗어나는 것이 가장 안전하다.

24 선박으로부터 오염물질이 배출된 경우에는 신속한 방제를 위해서 오염사고 발생일시, 장소 및 원인, 해면 상태, 기상상태 및 배출된 오염물질의 추정량 등을 신고해야 한다.

25 전기장치에 의한 화재의 원인으로는 절연이 충분하지 않은 전동기, 과전류가 흐르는 낡은 전선, 불량한 전기접점 그리고 노출된 전구 등은 사용 중 과열되어 주위에 열을 발산하고, 이러한 열에 의해 인접한 가연성 물질이 화재 또는 폭발을 일으킬 수 있다.

01	02	03	04	05	06	07	08	09	10
아	아	아	가	사	사	사	사	아	나
11	12	13	14	15	16	17	18	19	20
나	사	나	아	아	가	가	나	나	가
21	22	23	24	25					
가	나	가	나	사					

01 "어로에 종사하고 있는 선박"이란 그물, 낚싯줄, 트롤망, 그 밖에 조종성능을 제한하는 어구(漁具)를 사용하여 어로(漁撈) 작업을 하고 있는 선박을 말한다(해상교통안전법 제2조 제9호).

02 "항행장애물"이란 선박으로부터 떨어진 물건, 침몰·좌초된 선박 또는 이로부터 유실된 물건 등 해양수산부령으로 정하는 것으로서 선박항행에 장애가 되는 물건을 말한다(해상교통안전법 제2조 제15호).

03 충돌을 피하기 위한 동작(해상교통안전법 제73조)
   • 선박은 해상교통안전법에 따른 항법에 따라 다른 선박과 충돌을 피하기 위한 동작을 취하되, 이 법에서 정하는 바가 없는 경우에는 될 수 있으면 <u>충분한 시간적 여유를 두고 적극적으로 조치</u>하여 <u>선박을 적절하게 운용하는 관행에 따라야 한다.</u>
   • 선박은 다른 선박과 충돌을 피하기 위하여 침로(針路)나 속력을 변경할 때에는 될 수 있으면 다른 선박이 그 변경을 쉽게 알아볼 수 있도록 충분히 크게 변경하여야 하며, <u>침로나 속력을 소폭으로 연속적으로 변경하여서는 아니 된다.</u>
   • 선박은 넓은 수역에서 충돌을 피하기 위하여 침로를 변경하는 경우에는 적절한 시기에 큰 각도로 침로를 변경하여야 하며, 그에 따라 다른 선박에 접근하지 아니하도록 하여야 한다.
   • 선박은 다른 선박과의 충돌을 피하기 위하여 동작을 취할 때에는 다른 선박과의 사이에 안전한 거리를 두고 통과할 수 있도록 그 동작을 취하여야 한다. 이 경우 그 동작의 효과를 다른 선박이 완전히 통과할 때까지 주의 깊게 확인하여야 한다.
   • 선박은 다른 선박과의 충돌을 피하거나 상황을 판단하기 위한 시간적 여유를 얻기 위하여 필요하면 속력을 줄이거나 기관의 작동을 정지하거나 후진하여 선박의 진행을 완전히 멈추어야 한다.

04 마주치는 상태(해상교통안전법 제79조)
   • 2척의 동력선이 마주치거나 거의 마주치게 되어 충돌의 위험이 있을 때에는 각 동력선은 서로 다른 선박의 좌현 쪽을 지나갈 수 있도록 침로를 우현(右舷) 쪽으로 변경하여야 한다.
   • 선박은 다른 선박을 선수(船首) 방향에서 볼 수 있는 경우로서, 다음의 어느 하나에 해당하면 마주치는 상태에 있다고 보아야 한다.
      – 밤에는 2개의 마스트등을 일직선으로 또는 거의 일직선으로 볼 수 있거나 양쪽의 현등을 볼 수 있는 경우
      – 낮에는 2척의 선박의 마스트가 선수에서 선미(船尾)까지 일직선이 되거나 거의 일직선이 되는 경우
   • 선박은 마주치는 상태에 있는지가 분명하지 아니한 경우에는 마주치는 상태에 있다고 보고 필요한 조치를 취하여야 한다.

05 안전한 속력(해상교통안전법 제71조)
- 선박은 다른 선박과의 충돌을 피하기 위하여 적절하고 효과적인 동작을 취하거나 당시의 상황에 알맞은 거리에서 선박을 멈출 수 있도록 항상 안전한 속력으로 항행하여야 한다.
- 안전한 속력을 결정할 때에는 다음(레이더를 사용하고 있지 아니한 선박의 경우에는 제1호부터 제6호까지)의 사항을 고려하여야 한다.
  1. 시계의 상태
  2. 해상교통량의 밀도
  3. 선박의 정지거리·선회성능, 그 밖의 조종성능
  4. 야간의 경우에는 항해에 지장을 주는 불빛의 유무
  5. 바람·해면 및 조류의 상태와 항해상 위험의 근접상태
  6. 선박의 흘수와 수심과의 관계
  7. 레이더의 특성 및 성능
  8. 해면상태·기상, 그 밖의 장애요인이 레이더 탐지에 미치는 영향
  9. 레이더로 탐지한 선박의 수·위치 및 동향

06 선박 사이의 책무(해상교통안전법 제83조 참조)
- 어로에 종사하고 있는 선박 중 항행 중인 선박은 될 수 있으면 다음에 따른 선박의 진로를 피하여야 한다(제4항).
  - 조종불능선
  - 조종제한선
- 조종불능선이나 조종제한선이 아닌 선박은 부득이하다고 인정하는 경우 외에는 제93조에 따른 등화나 형상물(붉은색 전주등 3개를 수직으로 표시하거나 원통형의 형상물 1개)을 표시하고 있는 흘수제약선의 통항을 방해하여서는 아니 된다(제5항).
- 수상항공기는 될 수 있으면 모든 선박으로부터 충분히 떨어져서 선박의 통항을 방해하지 아니하도록 하되, 충돌할 위험이 있는 경우에는 이 법에서 정하는 바에 따라야 한다(제7항).

07 제한된 시계에서 선박의 항법(해상교통안전법 제84조 참조)
- 레이더만으로 다른 선박이 있는 것을 탐지한 선박은 해당 선박과 얼마나 가까이 있는지 또는 충돌할 위험이 있는지를 판단하여야 한다. 이 경우 해당 선박과 매우 가까이 있거나 그 선박과 충돌할 위험이 있다고 판단한 경우에는 충분한 시간적 여유를 두고 피항동작을 취하여야 한다(제4항).
- 제4항에 따른 피항동작이 침로의 변경을 수반하는 경우에는 될 수 있으면, 다음의 동작은 피하여야 한다(제5항).
  - 다른 선박이 자기 선박의 양쪽 현의 정횡 앞쪽에 있는 경우 좌현 쪽으로 침로를 변경하는 행위(앞지르기 당하고 있는 선박에 대한 경우는 제외한다)
  - 자기 선박의 양쪽 현의 정횡 또는 그곳으로부터 뒤쪽에 있는 선박의 방향으로 침로를 변경하는 행위

08 모든 선박은 시계가 제한된 그 당시의 사정과 조건에 적합한 안전한 속력으로 항행하여야 하며, 동력선은 제한된 시계 안에 있는 경우 기관을 즉시 조작할 수 있도록 준비하고 있어야 한다(해상교통안전법 제84조 제2항).

09 조종불능선은 다음의 등화나 형상물을 표시하여야 한다(해상교통안전법 제92조 제1항).
1. 가장 잘 보이는 곳에 수직으로 붉은색 전주등 2개
2. 가장 잘 보이는 곳에 수직으로 둥근꼴이나 그와 비슷한 형상물 2개
3. 대수속력이 있는 경우에는 제1호와 제2호에 따른 등화에 덧붙여 현등 1쌍과 선미등 1개

10 섬광등은 360도에 걸치는 수평의 호를 비추는 등화로서, 일정한 간격으로 1분에 120회 이상 섬광을 발하는 등이다(해상교통안전법 제86조 제6호).

11 선박은 연안통항대에 인접한 통항분리수역의 통항로를 안전하게 통과할 수 있는 경우에는 연안통항대를 따라 항행하여서는 아니 된다. 다만, 다음의 선박의 경우에는 연안통항대를 따라 항행할 수 있다(해상교통안전법 제75조 제4항).
- 길이 20미터 미만의 선박
- 범 선
- 어로에 종사하고 있는 선박
- 인접한 항구로 입항·출항하는 선박
- 연안통항대 안에 있는 해양시설 또는 도선사의 승하선 장소에 출입하는 선박
- 급박한 위험을 피하기 위한 선박

12 선박의 등화에 사용되는 등색은 녹색, 흰색, 붉은색, 황색이다.

13 항행 중인 동력선이 서로 상대의 시계 안에 있는 경우에 이 법에 따라 그 침로를 변경하거나 그 기관을 후진하여 사용할 때에는 다음의 구분에 따라 기적신호를 행하여야 한다(해상교통안전법 제99조 제1항).
- 침로를 오른쪽으로 변경하고 있는 경우 : 단음 1회
- 침로를 왼쪽으로 변경하고 있는 경우 : 단음 2회
- 기관을 후진하고 있는 경우 : 단음 3회

14 항행 중인 동력선은 정지하여 대수속력이 없는 경우에는 장음 사이의 간격을 2초 정도로 연속하여 장음을 2회 울리되, 2분을 넘지 아니하는 간격으로 울려야 한다(해상교통안전법 제100조 제1항 제2호).

15 좁은 수로등의 굽은 부분이나 장애물 때문에 다른 선박을 볼 수 없는 수역에 접근하는 선박은 장음으로 1회의 기적신호를 울려야 한다. 이 경우 그 선박에 접근하고 있는 다른 선박이 굽은 부분의 부근이나 장애물의 뒤쪽에서 그 기적신호를 들은 경우에는 장음 1회의 기적신호를 울려 이에 응답하여야 한다(해상교통안전법 제99조 제6항).

16 출입 신고(선박의 입항 및 출항 등에 관한 법률 제4조 제1항)
무역항의 수상구역등에 출입하려는 선박의 선장(이하 이 조에서 "선장"이라 한다)은 대통령령으로 정하는 바에 따라 관리청에 신고하여야 한다. 다만, 다음의 선박은 출입 신고를 하지 아니할 수 있다.
- 총톤수 5톤 미만의 선박
- 해양사고구조에 사용되는 선박
- 「수상레저안전법」에 따른 수상레저기구 중 국내항 간을 운항하는 모터보트 및 동력요트
- 그 밖에 공공목적이나 항만 운영의 효율성을 위하여 해양수산부령으로 정하는 선박

17 선박 수리의 허가(선박의 입항 및 출항 등에 관한 법률 제37조 제1항)

선장은 무역항의 수상구역등에서 다음의 선박을 불꽃이나 열이 발생하는 용접 등의 방법으로 수리하려는 경우 해양수산부령으로 정하는 바에 따라 관리청의 허가를 받아야 한다. 다만, 제2호의 선박은 기관실, 연료탱크, 그 밖에 해양수산부령으로 정하는 선박 내 위험구역에서 수리작업을 하는 경우에만 허가를 받아야 한다.

1. 위험물을 저장·운송하는 선박과 위험물을 하역한 후에도 인화성 물질 또는 폭발성 가스가 남아 있어 화재 또는 폭발의 위험이 있는 선박(이하 "위험물운송선박"이라 한다)
2. 총톤수 20톤 이상의 선박(위험물운송선박은 제외한다)

18 선박의 입항 및 출항 등에 관한 법률상 해양사고를 피하기 위한 경우 등이 아닌 경우 선장은 항로에 선박을 정박 또는 정류시키거나 예인되는 선박 또는 부유물을 내버려두어서는 아니 된다(선박의 입항 및 출항 등에 관한 법률 제11조 제1항 참조).

19 항로에서의 항법(선박의 입항 및 출항 등에 관한 법률 제12조 제1항)

모든 선박은 항로에서 다음의 항법에 따라 항행하여야 한다.

- 항로 밖에서 항로에 들어오거나 항로에서 항로 밖으로 나가는 선박은 항로를 항행하는 다른 선박의 진로를 피하여 항행할 것
- 항로에서 다른 선박과 나란히 항행하지 아니할 것
- <u>항로에서 다른 선박과 마주칠 우려가 있는 경우에는 오른쪽으로 항행할 것</u>
- 항로에서 다른 선박을 추월하지 아니할 것. 다만, 추월하려는 선박을 눈으로 볼 수 있고 안전하게 추월할 수 있다고 판단되는 경우에는 「해상교통안전법」 제74조 제5항 및 제78조에 따른 방법으로 추월할 것
- 항로를 항행하는 위험물운송선박 또는 흘수제약선의 진로를 방해하지 아니할 것
- 범선은 항로에서 지그재그(zigzag)로 항행하지 아니할 것

20 관리청은 무역항의 수상구역등에서 선박교통의 안전을 위하여 필요한 경우에는 무역항과 무역항의 수상구역 밖의 수로를 항로로 지정·고시할 수 있다(선박의 입항 및 출항 등에 관한 법률 제10조 제1항).

21 속력 등의 제한(선박의 입항 및 출항 등에 관한 법률 제17조)

- 선박이 무역항의 수상구역등이나 무역항의 수상구역 부근을 항행할 때에는 다른 선박에 위험을 주지 아니할 정도의 속력으로 항행하여야 한다.
- 해양경찰청장은 선박이 빠른 속도로 항행하여 다른 선박의 안전 운항에 지장을 초래할 우려가 있다고 인정하는 무역항의 수상구역등에 대하여는 관리청에 무역항의 수상구역등에서의 선박 항행 최고속력을 지정할 것을 요청할 수 있다.
- <u>관리청은 제2항에 따른 요청을 받은 경우 특별한 사유가 없으면 무역항의 수상구역등에서 선박 항행 최고속력을 지정·고시하여야 한다.</u> 이 경우 선박은 고시된 항행 최고속력의 범위에서 항행하여야 한다.

22 항로 지정 및 준수(선박의 입항 및 출항 등에 관한 법률 제10조)

- 관리청은 무역항의 수상구역등에서 선박교통의 안전을 위하여 필요한 경우에는 무역항과 무역항의 수상구역 밖의 수로를 항로로 지정·고시할 수 있다.
- 우선피항선 외의 선박은 무역항의 수상구역등에 출입하는 경우 또는 무역항의 수상구역등을 통과하는 경우에는 제1항에 따라 지정·고시된 항로를 따라 항행하여야 한다. 다만, 해양사고를 피하기 위한 경우 등 해양수산부령으로 정하는 사유가 있는 경우에는 그러하지 아니하다.

PART 03

23 해양환경관리법의 적용범위(해양환경관리법 제3조)
- 이 법은 다음의 해역·수역·구역 및 선박·해양시설 등에서의 해양환경관리에 관하여 적용한다. 다만, 방사성물질과 관련한 해양환경관리(연구·학술 또는 정책수립 목적 등을 위한 조사는 제외한다) 및 해양오염방지에 대하여는 「원자력안전법」이 정하는 바에 따른다.
  - 「영해 및 접속수역법」에 따른 영해 및 대통령령이 정하는 해역
  - 「배타적 경제수역 및 대륙붕에 관한 법률」 제2조에 따른 배타적 경제수역
  - 제15조의 규정에 따른 환경관리해역
  - 「해저광물자원개발법」 제3조의 규정에 따라 지정된 해저광구
- 제1항의 해역·수역·구역 밖에서 「선박법」 제2조의 규정에 따른 대한민국 선박(이하 "대한민국선박"이라 한다)에 의하여 행하여진 해양오염의 방지에 관하여는 이 법을 적용한다.
- 대한민국선박 외의 선박(이하 "외국선박"이라 한다)이 제1항의 해역·수역·구역 안에서 항해 또는 정박하고 있는 경우에는 이 법을 적용한다.

24 선박 안에서 발생하는 폐기물의 처리(선박에서의 오염방지에 관한 규칙 별표3 참조)
다음 폐기물을 제외하고 모든 폐기물은 해양에 배출할 수 없다.
- 음식 찌꺼기
- 해양환경에 유해하지 않은 화물 잔류물
- 선박 내 거주구역에서 목욕, 설거지 등으로 발생하는 중수
- 「수산업법」에 따른 어업활동 중 혼획된 수산동식물 또는 어업활동으로 인하여 선박으로 유입된 지연기원물질

25 폐유저장용기의 비치기준(선박에서의 오염방지에 관한 규칙 별표7 참조)
- 기관구역용 폐유저장용기

대상선박	저장용량(단위 : ℓ)
총톤수 5톤 이상 10톤 미만의 선박	20
총톤수 10톤 이상 30톤 미만의 선박	60
총톤수 30톤 이상 50톤 미만의 선박	100
총톤수 50톤 이상 100톤 미만으로서 유조선이 아닌 선박	200

- 폐유저장용기는 2개 이상으로 나누어 비치할 수 있다.
- 폐유저장용기는 견고한 금속성 재질 또는 플라스틱 재질로서 폐유가 새지 아니하도록 제작되어야 하고, 해당 용기의 표면에는 선명 치 선박번호를 기재하고 그 내용물이 폐유임을 표시하여야 한다.
- 폐유저장용기 대신에 소형선박용 기름여과장치를 설치할 수 있다.

01	02	03	04	05	06	07	08	09	10
가	가	사	가	나	나	나	사	사	아
11	12	13	14	15	16	17	18	19	20
사	사	가	가	나	나	나	아	가	나
21	22	23	24	25					
사	나	나	사	아					

01 조속 장치(Governor, 거버너)는 여러 가지 원인에 의해 기관에 부가되는 부하가 변동하더라도 연료 공급량을 가감하여 기관의 회전 속도를 언제나 원하는 속도로 유지하기 위한 장치이다.

02 압축 행정(Compression Stroke)
흡입 행정 중에 열려 있던 흡기 밸브도 닫혀 실린더 내부는 밀폐가 되고, 피스톤이 하사점에서 상사점까지 움직이는 동안에 흡입된 공기는 압축되기 시작한다. 압축 공기의 압력은 약 3~4MPa, 온도는 약 500~600℃ 정도가 되어 연료가 자연발화 할 수 있는 온도를 조성하는 행정이다.

03 실린더 라이너의 마멸 원인
• 라이너 재료가 부적당한 경우
• 커넥팅 로드(연접봉) 경사에 의해 측압이 생길 경우
• 실린더 윤활유의 부적당 또는 사용량 과부족의 경우
• 사용 연료유 및 윤활유가 부적당한 경우
• 순환 냉각수가 부족 또는 불량한 경우
• 피스톤 링의 장력이 과대하거나 내면이 불량한 경우
• 과부하 운전 또는 최고 압력이 너무 높은 경우
• 기관의 사동 횟수가 많은 경우

실린더 라이너가 마멸되었을 경우 나타나는 현상
• 연소가스가 누설된다.
• 윤활유가 많이 소모되고, 오손되기 쉽다.
• 기관의 출력이 저하되며, 연료유의 소모량이 많아진다.

04 커넥팅 로드(Connecting Rod)

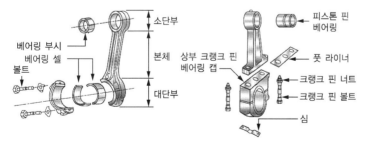

[트렁크형 기관의 커넥팅 로드]

커넥팅 로드는 피스톤이 받는 폭발력을 크랭크 축에 전하고, 피스톤의 왕복운동을 크랭크의 회전운동으로 바꾸는 역할을 한다. 트렁크 피스톤형 기관에서는 피스톤과 크랭크를 직접 연결하고, 크로스헤드형 기관에서는 크로스헤드와 크랭크를 연결한다.

05 • 습식 라이너란 냉각수(청수)와 직접 접촉되는 형태의 실린더 라이너이다. 두께는 5~8mm로, 상부에는 플랜지를 설치하여 실린더 블록에 고정하고 하부에는 2~3개의 실링을 설치하여 냉각수(청수)의 누출을 방지한다.
• 실린더 라이너에는 직접 냉각수에 접촉하지 않고 실린더 블록을 거쳐서 냉각하는 건식 라이너와 라이너의 바깥 둘레가 물 재킷으로 되어 냉각수(청수)와 접촉하는 습식 라이너가 있다.

06 • 디젤기관의 회전운동부 : 평형추, 크랭크 축, 플라이휠
• 디젤기관의 왕복운동부 : 피스톤, 피스톤 링, 피스톤 핀, 피스톤 로드, 크로스 헤드, 커넥팅 로드
• 디젤기관의 고정부 : 실린더, 실린더 헤드, 실린더 블록, 기관 베드, 프레임, 메인 베어링

07 크랭크 축의 구조

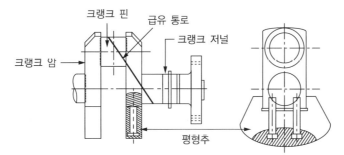

• 크랭크 암 : 크랭크 저널과 크랭크 핀을 연결하는 부분이다. 크랭크 핀 반대쪽으로 평형추(Balance Weight)를 설치하여 크랭크 회전력의 평형을 유지하고, 불평형 관성력에 의한 기관의 진동을 줄인다.
• 크랭크 핀 : 크랭크 저널의 중심에서 크랭크 반지름만큼 떨어진 곳에 있으며, 저널과 평행하게 설치되고 커넥팅 로드 대단부와 연결된다.
• 크랭크 저널 : 크랭크 저널: 메인 베어링에 의해서 지지되는 회전축이다.
• 평형추 : 크랭크 축의 형상에 따른 불균형을 보정하여, 회전체의 평형을 이루기 위해 평형추(Balance Weight)를 설치한다. 평형추는 기관의 진동을 적게 하고, 원활한 회전을 하도록 하며, 메인 베어링의 마찰을 감소시키는 역할을 한다.

08 • 피스톤링 두께 – 버니어 캘리퍼스
• 크랭크 암 디플렉션 – 다이얼 게이지
• 흡기 및 배기 밸브 틈새 – 필러 게이지(= 간극 게이지, 틈새 게이지)
• 실린더 라이너 내경 – 보어 게이지

09 선교에 설치되어 있는 주기관 연료 핸들은 조속 장치(Governor, 거버너)의 연료량 설정값을 조정한다. 조속 장치(Governor, 거버너)는 여러 가지 원인에 의해 기관에 부가되는 부하가 변동하더라도 연료 공급량을 가감하여 기관의 회전 속도를 언제나 원하는 속도로 유지하기 위한 장치이다.

10 윤활유 섬프탱크의 레벨이 비정상적으로 상승할 경우 원인과 대책

원 인	대 책
윤활유 냉각기의 누수	• 냉각 튜브가 파공된 곳을 점검하고, 필요하면 수압 시험을 하여 파공된 튜브에 플러깅(Plugging)을 실시한다.
실린더 내부를 통한 물의 유입	• 실린더 라이너의 균열을 확인한다.
실린더 라이너의 누수	• 워터 재킷의 오링을 새 것으로 교환한다.
실린더 헤드를 통한 물의 유입	• 실린더 헤드의 균열 유무를 점검한다. • 예비품의 실린더 헤드를 교환한다.
배기 밸브의 냉각수 연결 부위로부터의 누수	• 배기 밸브와 실린더 헤드의 냉각수 연결 부위에 오링을 새 것으로 교환한다.

11 압축공기로 시동하는 디젤기관에서 시동이 되지 않는 경우의 원인과 대책

원 인	대 책
시동 공기 탱크의 압력 저하	• 공기 압축기를 운전하여 탱크 압력을 3MPa까지 올린다.
터닝 기어의 인터록(Inter Lock)장치 작동	• 터닝 기어를 플라이휠에서 이탈시켜 인터록 장치를 해지한다.
시동 공비 분배기의 조정 불량	• 타이밍 마크를 점검한다.
실린더 헤드의 시동 공기 밸브의 결함	• 결함이 있는 밸브를 찾아 교체하거나 분해 점검한다.

12 선박의 축계장치

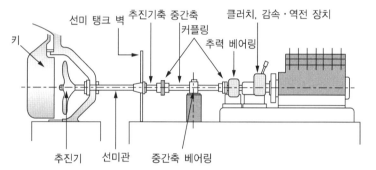

선박의 축계장치(동력전달계통)는 추력축과 추력 베어링, 중간축, 중간 베어링, 추진기축, 선미관, 감속·역전장치, 추진기로 구성되며, 가장 뒤쪽에 설치된 축은 추진기축이다. 추력 베어링(Thrust Bearing)은 선체에 부착되어 있으며, 추력 칼라의 앞과 뒤에 설치되어 프로펠러로부터 전달되어 오는 추력을 추력 칼라에서 받아 선체에 전달하여 선박을 추진시키는 역할을 한다.

13 클러치는 디젤기관의 동력을 잠시 끊거나 이어주는 축이음 장치로, 축과 축을 접속 및 차단하거나 전진 및 후진을 할 때 사용한다. 주로 마찰 클러치, 유체 클러치, 전자 클러치가 있다.

14 실린더 헤드의 스터드 볼트를 죄일 때는, 토크 렌치를 사용하여 대각선상으로 3~4회 나누어 규정된 토크로 죈다.

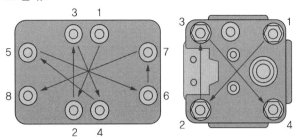

15 조종 장치란 조타륜을 돌려 조타 신호를 발생시키는 곳(브리지)으로부터 조타기에 이 신호를 전달하는 곳(조타기계)의 장치이다. 전기식·유압식·기계식 조종장치가 있다.

16 • 해수 펌프로 주로 사용하는 것은 원심펌프이다. 원심펌프는 케이싱 속의 회전차(임펠러)를 수중에서 고속으로 회전시켜 물이 원심력을 일으켜 얻은 속도에너지를 압력에너지로 바꾸어 물을 흡입 송출한다.
　• 해수 펌프(원심펌프)의 구성품 : 축봉장치, 임펠러, 케이싱

17 기어펌프는 회전펌프의 일종으로, 같은 모양의 서로 맞물리고 있는 2개의 기어의 회전운동에 의해 유체를 송출하는 펌프이다. 기어펌프는 구조가 간단하며, 그 특성상 윤활유 펌프 등에 많이 사용된다.

18 변압기의 정격 용량이란 정격 주파수 및 정격 역률에서 지정된 온도 상승 한도를 초과하지 않고 2차 단자 사이에서 얻어지는 피상 전력을 말하며, 단위로는 [kVA]로 나타낸다.

19 • ACB : 기중 차단기
　• NFB : 배선용 차단기
　• OCR : 과전류 계전기
　• MCCB : 배선용 차단기
　• ELB : 누전차단기

20 2차 전지(배터리)는 한 번 쓰고 버리는 것이 아니라, 충전을 통해 반영구적으로 사용하는 전지를 말한다.

21 • 터닝 : 정박중 기관을 조정하거나 검사, 수리 등을 할 때 운전 속도보다 훨씬 낮은 속도로 기관을 서서히 회전시키는 것을 말한다.
　• 워밍 : 차가운 기관을 갑자기 시동하면 기관 각부의 온도 차이가 심해져 열응력이 발생하고 이로 인한 손상이 우려되므로, 기관을 시동하기 전에 미리 예열해 주는 것을 말한다.

22 연료분사밸브가 누설되어 연료분사 상태가 불량일 경우 배기온도가 올라가고 배기가스의 색이 검은색이 발생한다. 대책으로는 연료분사밸브를 분해 및 소제하고 분사 압력을 재조정해야 한다.

23 디젤기관을 정비하는 목적은 기관을 오래 동안 사용하고, 기관의 고장을 사전에 예방하기 위함이다. 또한 기관의 운전효율이 낮아지는 것을 방지하기 위해 주기적으로 정비해야 한다.

24 질량은 장소나 상태에 따라 달라지지 않는 물질의 고유한 양으로, 접시저울이나 양팔저울을 사용하여 측정한다. 단위로는 kg, g, mg 등을 사용하며 1kg은 1,000g이고 1g은 1,000mg이다.

25 혼합비중은 비중이 작은 기름과 큰 기름의 중간 정도로 된다.

> 〈예시〉 비중이 0.8인 경유 100L와 비중이 0.85인 경유 100L를 혼합하였을 경우의 혼합 비중은 약 얼마일까?
> 혼합 비중 = 혼합 무게 ÷ 혼합 부피
> 혼합 무게 = 100L + 100L = 200L
> 부피 = 무게 ÷ 비중 이므로
> A 액체 부피 = 100L ÷ 0.8 = 125
> B 액체 부피 = 100L ÷ 0.85 = 117.64(≒118)
> 혼합 비중 = 200L ÷ (125 + 118) = 0.823(≒0.82)

PART 03 2023년 제3회 정답 및 해설

제1과목 항 해

01	02	03	04	05	06	07	08	09	10
사	가	사	사	사	나	가	아	가	가
11	12	13	14	15	16	17	18	19	20
나	아	사	사	사	아	가	사	사	가
21	22	23	24	25
가	사	사	나	사

01 짐벌즈 또는 짐벌 링이라고 한다. 구조는 안팎의 두 개 링(Ring)으로 되어 있으며, 안쪽의 링은 볼의 상부 외측의 양 끝에 있는 나이프 에지(Knife Edge)를 지지하고 있고, 또 안쪽 링은 이 나이프 에지와 직각인 곳에 있는 똑같은 모양의 나이프 에지로 바깥 링에 지지되어 있다.

02 위도오차는 제진 세차 운동과 지북 세차 운동이 동시에 일어나는 경사 제진식 제품에만 있는 오차로, 적도 지방에서는 오차가 생기지 않으나 그 밖의 지방에서는 오차가 생긴다. 북위도 지방에서는 편동오차, 남위도 지방에서는 편서오차가 되며, 위도가 높을수록 오차는 증가한다.

03 평균풍속은 지상 약 10미터 높이의 10분간의 측정치를 평균한 것을 말한다.

04 선박의 속력과 항주 거리를 측정하는 항해장비는 선속계이다.

05 다른 선박의 속력을 측정할 수 있는 항해 장비는 자동 레이더 플로팅 장치이다.

06 GPS(Global Positioning System)는 GPS 위성에서 보내는 신호를 수신해 사용자의 현재 위치를 계산하는 위성항법시스템으로, 항공기·선박·자동차 등의 내비게이션 장치에 주로 쓰이고 있다.

07
- 변경 : 두 지점을 지나는 자오선 사이의 적도 상의 호, 즉 출발지와 도착지 간의 경도가 변한 양을 말한다.
- 소권 : 지구의 중심을 지나지 않도록 지구를 평면으로 자를 때, 지구 표면에 나타나는 원을 말한다.
- 동서거 : 배의 항행 거리를 남북 방향과 동서 방향으로 분해했을 때, 동서 방향의 거리를 표시한 것을 말한다.

08 교차방위법에서 방위선을 작도할 때 3개 이상의 위치선이 1점에서 만나지 않고 작은 삼각형을 이룰 때는 삼각형의 중심을 선위로 하는데, 이 삼각형을 오차 삼각형(Cocked Hat)이라 한다.

09 화면에서 중앙이 본선이며 A선박의 상대운동선 방향이 일정 시간 후에 본선과 가장 가까워짐을 알 수 있다.

10 레이더 화면에 나타나는 정보로 암초의 종류를 파악할 수 없다.

11 대권도법은 대권이 직선으로 표현되므로 두 점 사이의 최단 거리를 구하기가 편리하여 원양 항해 계획을 세울 때 이용되며, 특히 거리가 긴 대양 항해의 경우에는 대권 거리가 항정선 거리보다 훨씬 짧아지게 된다.

12 조석표 제1권은 국내항, 제2권은 태평양 및 인도양의 주요항의 조석에 대해 알 수 있다.

13 해도도식은 해도 상에 여러 가지 사항들을 표시하기 위하여 사용되는 특수한 기호와 약어가 수록되어 있다. 이들 기호와 약어는 우리나라의 국립해양조사원에서 '해도도식'으로 간행하고 있다.

14 항로표지 시스템을 이용한 선박안내

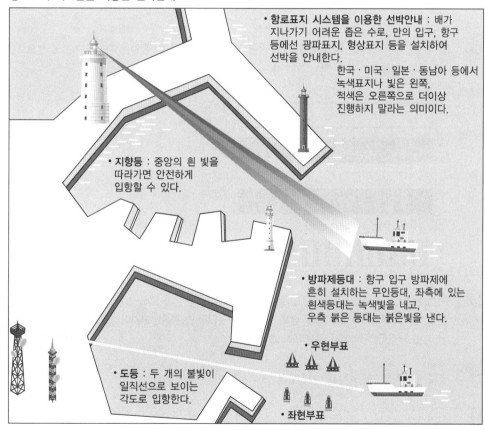

15 특수표지

특수표지는 공사 구역 등 특별한 시설이 있음을 나타내는 표지로 두표는 황색으로 된 X자 모양의 형상물이며, 표지 및 등화의 색상 역시 황색을 사용한다.

16 항박도는 항만, 투묘지, 어항, 해협과 같은 좁은 구역을 대상으로 배가 부두에 접안할 수 있는 시설 등을 상세히 표시한 해도로서, 축척 1/5만 이상의 대축척 해도이다.

17 두 지점에 디바이더의 발을 각각 정확히 맞추어 두 지점 간의 간격을 재고, 이것을 그들 두 지점의 위도와 가장 가까운 위도의 눈금에 대어 거리를 구한다.

18 등심선는 해저의 지형, 즉 기복 상태를 판단할 수 있도록 수심이 동일한 지점을 가는 실선으로 연결하여 나타낸다. 보통 2m, 5m, 10m, 20m 및 200m의 등심선이 그려져 있다.

19

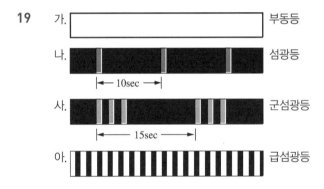

20 국제해상부표식에서는 측방표지 및 등화의 색상이 서로 반대가 되어 있는 것으로 B방식은 우리나라를 비롯한 일본, 미국, 카리브해 지역, 남북 아메리카, 필리핀 인근 동남아시아 지역에서, A방식은 유럽, 아프리카, 인도양 연안 지역에서 적용되고 있다.

21 온도계가 직접 태양광선을 받게 되면 실제 온도보다 높게 나타난다.

22 고기압은 주위보다 상대적으로 기압이 높은 곳을 말하며, 고기압권 안에서는 하강기류가 있어서 날씨가 맑다.

23 세계기상기구(WMO)는 열대 저기압을 최대풍속에 따라 다음과 같이 4등급으로 분류하고 있다.
- 열대 저압부(TD ; Tropical Depression) : 중심 최대풍속이 17m/sec 미만
- 열대 폭풍(TS ; Tropical Storm) : 중심 최대풍속 17~24m/sec
- 강한 열대폭풍(STS ; Severe Tropical Storm) : 중심 최대풍속 25~32m/sec 미만
- 태풍(Typhoon) : 중심 최대풍속 32m/sec 이상

24 피험선은 미리 해도에 명확히 기입하여 두고 항해 중에는 이것을 이용해서 위험물에 접근하는 것을 쉽게 탐지할 수 있다. 이것은 선위를 직접 확인하는 방법이 아니라, 선박이 위험구역에 있는지 안전구역에 있는지 여부만을 판단하는 것이기 때문에, 선위 측정의 원리를 기초로 한 간단하면서도 명확한 위치선을 이용하여야 한다.

25 조류가 강한 좁은 수로를 통항할 때는 조류가 일시적으로 멈춘 것처럼 보이는 게류시나 조류의 세기가 약할 때 통과해야 한다.

01	02	03	04	05	06	07	08	09	10
아	나	나	사	사	나	사	사	가	나
11	12	13	14	15	16	17	18	19	20
사	가	나	아	사	아	아	나	사	나
21	22	23	24	25
----	----	----	----	----
나	사	아	아	가

01 갑판 구조물

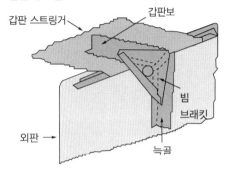

02 용골은 선체의 최하부 중심선에 있는 종강력재로, 선체의 중심선을 따라 선수재에서 선미재까지의 종방향 힘을 구성한다.

03 전식 작용으로 선체가 부식되는 것을 방지하기 위하여 선체의 수면 아래에는 많은 아연판이 붙어 있다.

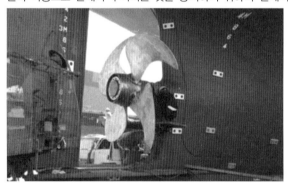

04 선창은 화물을 적부하는 상갑판 아래의 용적을 말한다. 구획을 나누어 다종의 화물을 적재할 수 있게 하고 복원성에 이용할 수 있다.

05 정기검사는 선박안전법에 의하여 선체, 기관, 설비, 속구, 만재흘수선, 무선 설비 등에 관하여 행하는 정밀한 검사이다. 정기검사의 유효기간은 5년(어선에 대해서는 4년)이다. 선박 제조 중 등록검사를 받은 선박의 최초의 정기검사를 제1차 정기검사라 하고, 그 후로 순차적으로 번호를 붙여서 구분한다.

06 만재흘수선은 선박의 항행안전을 위한 예비부력을 확보할 수 있는 상태에서 허락된 최대의 흘수로서, 계절과 구역에 따라 다르다. 항로 및 정박지 등의 준설 수심 결정 자료로도 쓰인다.

07 • 원심력을 이용한 분리 청정법 : 가열된 기름을 원심 분리기에 넣어 원심력에 의하여 침전·분리하는 방법이다.
• 여과기(Filter)에 의한 청정법 : 수지를 침윤시킨 여과지와 석면 또는 합성섬유, 암면 등을 성형한 여과재를 케이스에 채우고, 기름에 압력을 가하여 이곳을 통과하도록 하며 불순물이 여과재에 의해 걸러져서 청정되는 방법이다.
• 중력에 의한 분리 청정법 : 기름을 침전 탱크(Settling Tank)로 이송한 다음 사열하면 점도가 낮아져서 불순물의 비중차가 작더라도 하강시의 저항이 줄어들어 청정이 유효하게 행하여진다.
• 중력 분리와 원심 분리를 병용하는 방법 : 불순물을 침전 탱크에서 침전시킨 기름을 다시 원심분리기로 청정하는 방법이다.

08 바닷물에서 체온을 유지하기 위한 옷은 보온복이다.

09 해상이동업무식별번호(MMSI)를 구성하는 9개의 숫자 중 앞에서부터 3자리는 선박이 속한 국가 또는 지역을 나타내는 해상식별부호(MID ; Maritime Identification Digit)이다. 우리나라는 440, 441로 지정되어 있으며, 끝에서부터 3자리가 000으로 끝나면 국제항해를 하는 선박, 끝에서부터 2자리가 00으로 끝나면 국내항해를 하는 선박, 끝에서부터 1자리가 0으로 끝나면 국내통신업무에 종사하는 선박을 의미한다.

10 구명뗏목의 수압 이탈 장치는 수심 4m 이하의 깊이에서는 자동으로 작동되어 지지대와 컨테이너를 분리시켜 주는 역할을 한다.

11 비상위치지시 무선표지(EPIRB)는 선박이나 항공기가 조난상태에 있고 수신시설도 이용할 수 없음을 표시하는 것으로, 수색과 구조작업 시 생존자의 위치결정을 용이하게 하도록 무선표지 신호를 발신하는 무선설비이다.

12 단신채널은 한 주파수를 가지고 선박 대 선박통신에 사용되며, 복신채널은 송신 및 수신 주파수를 각각 하나씩 가지고 선박 대 해안국, 선박 대 육상국 등 선박 대 선박 통신 이외의 통신에 사용된다.

13 평수구역이란 선박의 항행의 안전을 위하여 바다를 네 개의 구역으로 나눈 것 중의 하나로, 호수, 하천 및 항내의 수역과 같이 평온한 수역을 말한다.

14 선박용 초단파(VHF) 무선설비의 최대 출력은 25W이다.

15 두 선박의 상호 간섭작용(흡인 배척 작용)은 크기가 다른 선박 사이에서는 작은 선박이 훨씬 큰 영향을 받고, 소형선박이 대형선박 쪽으로 끌려 들어가는 경향이 크다.

16 기온은 선박 조종에 미치는 영향이 아주 작다.

17 선박의 선미에서 선수방향으로 스크루 프로펠러를 보는 경우, 시계방향으로 회전하면서 물을 배의 뒤쪽으로 밀어내는 것을 우회전 스크루 프로펠러라고 부르며, 일반 선박들의 대부분은 이 우회전 스크루 프로펠러를 한 개씩 장착하고 있다.

18 선체가 원침로로부터 180도 회두된 곳까지 원침로에서 직각 방향으로 잰 거리를 선회지름 또는 선회경이라고 한다. 이것은 선박의 기동성을 나타날 때 많이 사용하고, 전속전진 상태에서 보통 선체 길이의 3~4배 정도이다.

19 다른 선박과 충돌의 위험이 있으면 침로를 변침하고 경고 신호를 울려야 한다.

20 가능한 한 선수를 유향과 일치하도록 조종한다.

21 선박이 안전한 항행을 하기 위해서는 어느 정도의 예비부력(Reserve of Buoyancy)을 가져야 한다. 예비부력은 선체가 물에 떠 있는 높이에 따라 결정되는데, 이 높이를 건현이라 한다. 즉, 선체 중앙부의 만재 흘수선에서 갑판선(Deck Line) 상단까지의 수직거리를 말한다.

22 선수를 풍랑 쪽으로 향하게 하여 조타가 가능한 한 최소의 속력으로 전진하는 방법을 히브 투(Heave to)라고 한다. 일반적으로 풍랑을 선수로부터 좌우현으로 25~35도 방향에서 받도록 하는 것이 좋다.

23 풍랑이 변함없이 일정하고 풍력이 강하며 기압이 더욱 하강하면 본선은 태풍의 진로 상에 있다. 이때는 풍랑을 우현 선미에서 받으며, 가항 반원쪽으로 항주하는 피항 침로를 취해야 한다.

24 연안에서 좌초 사고가 발생하여 인명피해가 발생하였거나 침몰위험에 처한 경우, 가까운 해양경찰서에 구조요청을 한다.

25 충돌사고의 주요 원인
  • 승무원의 항법 미숙과 경계 소홀
  • 당직자의 당직 소홀과 조선 미숙
  • 협수로나 항만 등에 관한 항해 정보의 부족
  • 항해 장비의 정비 불량과 운용 미숙
  • 잘못된 위치 판단과 돌발적인 기상의 변화

01	02	03	04	05	06	07	08	09	10
나	사	아	나	가	사	아	가	나	사
11	12	13	14	15	16	17	18	19	20
아	가	사	아	가	아	가	가	가	사
21	22	23	24	25					
사	사	나	사	아					

01 교통안전특정해역의 설정 등(해상교통안전법 제7조)
- 해양수산부장관은 다음의 어느 하나에 해당하는 해역으로서, 대형 해양사고가 발생할 우려가 있는 해역(이하 "교통안전특정해역"이라 한다)을 설정할 수 있다.
  - 해상교통량이 아주 많은 해역
  - 거대선, 위험화물운반선, 고속여객선 등의 통항이 잦은 해역
- 해양수산부장관은 관계 행정기관의 장의 의견을 들어 해양수산부령으로 정하는 바에 따라 교통안전특정해역 안에서의 항로지정제도를 시행할 수 있다.
- 교통안전특정해역의 범위는 대통령령으로 정한다.
- ※ 교통안전특정해역의 범위 : 인천구역, 부산구역, 울산구역, 포항구역, 여수구역

02 "항행 중"이란 선박이 다음의 어느 하나에 해당하지 아니하는 상태를 말한다(해상교통안전법 제2조 제19조).
- 정박(碇泊)
- 항만의 안벽(岸壁) 등 계류시설에 매어 놓은 상태[계선부표(繫船浮標)나 정박하고 있는 선박에 매어 놓은 경우를 포함한다]
- 얹혀 있는 상태

03 조종제한선이란 다음의 작업과 그 밖에 선박의 조종성능을 제한하는 작업에 종사하고 있어 다른 선박의 진로를 피할 수 없는 선박을 말한다(해상교통안전법 제2조 제11호).
- 항로표지, 해저전선 또는 해저파이프라인의 부설·보수·인양 작업
- 준설·측량 또는 수중 작업
- 항행 중 보급, 사람 또는 화물의 이송 작업
- 항공기의 발착작업
- 기뢰제거작업
- 진로에서 벗어날 수 있는 능력에 제한을 많이 받는 예인작업

04 항행보조시설의 설치와 관리(해상교통안전법 제44조)
- 해양수산부장관은 선박의 항행안전에 필요한 항로표지·신호·조명 등 항행보조시설을 설치하고 관리·운영하여야 한다.
- 해양경찰청장, 지방자치단체의 장 또는 운항자는 다음의 수역에 항로표지를 설치할 필요가 있다고 인정하면 해양수산부장관에게 그 설치를 요청할 수 있다.
  - 선박교통량이 아주 많은 수역
  - 항행상 위험한 수역

05 항로의 지정(해상교통안전법 제30조)
- 해양수산부장관은 선박이 통항하는 수역의 지형·조류, 그 밖에 자연적 조건 또는 선박 교통량 등으로 해양사고가 일어날 우려가 있다고 인정하면 관계 행정기관의 장의 의견을 들어 그 수역의 범위, 선박의 항로 및 속력 등 선박의 항행안전에 필요한 사항을 해양수산부령으로 정하는 바에 따라 고시할 수 있다.
- 해양수산부장관은 태풍 등 악천후를 피하려는 선박이나 해양사고 등으로 자유롭게 조종되지 아니하는 선박을 위한 수역 등을 지정·운영할 수 있다.

06 국제항해에 종사하지 않는 여객선의 출항 통제권자는 해양경찰서장이다(해상교통안전법 시행규칙 별표10 참조).

07 충돌을 피하기 위한 동작(해상교통안전법 제73조)
- 선박은 해상교통안전법에 따른 항법에 따라 다른 선박과 충돌을 피하기 위한 동작을 취하되, 이 법에서 정하는 바가 없는 경우에는 될 수 있으면 <u>충분한 시간적 여유를 두고 적극적으로 조치</u>하여 <u>선박을 적절하게 운용하는 관행에 따라야 한다.</u>
- 선박은 다른 선박과 충돌을 피하기 위하여 침로(針路)나 속력을 변경할 때에는 될 수 있으면 다른 선박이 그 변경을 쉽게 알아볼 수 있도록 충분히 크게 변경하여야 하며, <u>침로나 속력을 소폭으로 연속적으로 변경하여서는 아니 된다.</u>
- 선박은 넓은 수역에서 충돌을 피하기 위하여 침로를 변경하는 경우에는 적절한 시기에 큰 각도로 침로를 변경하여야 하며, 그에 따라 다른 선박에 접근하지 아니하도록 하여야 한다.
- 선박은 다른 선박과의 충돌을 피하기 위하여 동작을 취할 때에는 다른 선박과의 사이에 안전한 거리를 두고 통과할 수 있도록 그 동작을 취하여야 한다. 이 경우 그 동작의 효과를 다른 선박이 완전히 통과할 때까지 주의 깊게 확인하여야 한다.
- 선박은 다른 선박과의 충돌을 피하거나 상황을 판단하기 위한 시간적 여유를 얻기 위하여 필요하면 속력을 줄이거나 기관의 작동을 정지하거나 후진하여 선박의 진행을 완전히 멈추어야 한다.

08 선박은 통항로를 횡단하여서는 아니 된다. 다만, 부득이한 사유로 그 통항로를 횡단하여야 하는 경우에는 그 통항로와 선수방향이 직각에 가까운 각도로 횡단하여야 한다(해상교통안전법 제75조 제3항).

09 선박은 접근하여 오는 다른 선박의 나침방위에 뚜렷한 변화가 일어나지 아니하면 충돌할 위험성이 있다고 보고 필요한 조치를 하여야 한다. 접근하여 오는 다른 선박의 나침방위에 뚜렷한 변화가 있더라도 거대선 또는 예인작업에 종사하고 있는 선박에 접근하거나, 가까이 있는 다른 선박에 접근하는 경우에는 충돌을 방지하기 위하여 필요한 조치를 하여야 한다(해상교통안전법 제72조 제4항).

10 앞지르기(해상교통안전법 제78조)
- 앞지르기 하는 배는 제1절과 이 절의 다른 규정에도 불구하고 앞지르기 당하고 있는 선박을 완전히 앞지르기하거나 그 선박에서 충분히 멀어질 때까지 그 선박의 진로를 피하여야 한다.
- 다른 선박의 양쪽 현의 정횡(正橫)으로부터 22.5도를 넘는 뒤쪽(<u>밤에는 다른 선박의 선미등만을 볼 수 있고 어느 쪽의 현등도 볼 수 없는 위치를 말한다</u>)에서 그 선박을 앞지르는 선박은 앞지르기 하는 배로 보고 필요한 조치를 취하여야 한다.
- 선박은 스스로 다른 선박을 앞지르기 하고 있는지 분명하지 아니한 경우에는 앞지르기 하는 배로 보고 필요한 조치를 취하여야 한다.
- 앞지르기 하는 경우 2척의 선박 사이의 방위가 어떻게 변경되더라도 앞지르기 하는 선박은 앞지르기가 완전히 끝날 때까지 앞지르기 당하는 선박의 진로를 피하여야 한다.

11 마주치는 상태(해상교통안전법 제79조)
- 2척의 동력선이 마주치거나 거의 마주치게 되어 충돌의 위험이 있을 때에는 각 동력선은 서로 다른 선박의 좌현 쪽을 지나갈 수 있도록 침로를 우현(右舷) 쪽으로 변경하여야 한다.
- 선박은 다른 선박을 선수 방향에서 볼 수 있는 경우로서 다음의 어느 하나에 해당하면 마주치는 상태에 있다고 보아야 한다.
  - 밤에는 2개의 마스트등을 일직선으로 또는 거의 일직선으로 볼 수 있거나 양쪽의 현등을 볼 수 있는 경우
  - 낮에는 2척의 선박의 마스트가 선수에서 선미까지 일직선이 되거나 거의 일직선이 되는 경우
- 선박은 마주치는 상태에 있는지가 분명하지 아니한 경우에는 마주치는 상태에 있다고 보고 필요한 조치를 취하여야 한다.

12 유지선의 동작(해상교통안전법 제82조)
① 2척의 선박 중 1척의 선박이 다른 선박의 진로를 피하여야 할 경우 다른 선박은 그 침로와 속력을 유지하여야 한다.
② 제1항에 따라 침로와 속력을 유지하여야 하는 선박은 피항선이 이 법에 따른 적절한 조치를 취하고 있지 아니하다고 판단하면, 제1항에도 불구하고 스스로의 조종만으로 피항선과 충돌하지 아니하도록 조치를 취할 수 있다. 이 경우 유지선은 부득이하다고 판단하는 경우 외에는 자기 선박의 좌현 쪽에 있는 선박을 향하여 침로를 왼쪽으로 변경하여서는 아니 된다.
③ 유지선은 피항선과 매우 가깝게 접근하여 해당 피항선의 동작만으로는 충돌을 피할 수 없다고 판단하는 경우에는 제1항에도 불구하고 충돌을 피하기 위하여 충분한 협력을 하여야 한다.
④ 제2항 및 제3항은 피항선에게 진로를 피하여야 할 의무를 면제하지 아니한다.

13 모든 선박은 시계가 제한된 그 당시의 사정과 조건에 적합한 안전한 속력으로 항행하여야 하며, 동력선은 제한된 시계 안에 있는 경우 기관을 즉시 조작할 수 있도록 준비하고 있어야 한다(해상교통안전법 제84조 제2항).

14
- 양색등 : 선수와 선미의 중심선상에 설치된 붉은색과 녹색의 두 부분으로 된 등화로서, 그 붉은색과 녹색 부분이 각각 현등의 붉은색 등 및 녹색 등과 같은 특성을 가진 등이다.
- 삼색등 : 선수와 선미의 중심선상에 설치된 붉은색·녹색·흰색으로 구성된 등으로서, 그 붉은색·녹색·흰색의 부분이 각각 현등의 붉은색 등과 녹색 등 및 선미등과 같은 특성을 가진 등이다.
- 전주등 : 360도에 걸치는 수평의 호를 비추는 등화이다. 다만, 섬광등(閃光燈)은 제외한다.
- 선미등 : 135도에 걸치는 수평의 호를 비추는 흰색 등으로서, 그 불빛이 정선미 방향으로부터 양쪽 현의 67.5도까지 비출 수 있도록 선미 부분 가까이에 설치된 등이다.

15 기적의 종류(해상교통안전법 제97조)
"기적"이란 다음의 구분에 따라 단음(短音)과 장음(長音)을 발할 수 있는 음향신호장치를 말한다.
- 단음 : 1초 정도 계속되는 고동소리
- 장음 : 4초부터 6초까지의 시간 동안 계속되는 고동소리

16 예인선의 항법(선박의 입항 및 출항 등에 관한 법률 시행규칙 제9조)
- 예인선이 무역항의 수상구역등에서 다른 선박을 끌고 항행하는 경우에는 다음에서 정하는 바에 따라야 한다.
  - 예인선의 선수(船首)로부터 피(被)예인선의 선미(船尾)까지의 길이는 200미터를 초과하지 아니할 것. 다만, 다른 선박의 출입을 보조하는 경우에는 그러하지 아니하다.
  - 예인선은 한꺼번에 3척 이상의 피예인선을 끌지 아니할 것
- 제1항에도 불구하고 지방해양수산청장 또는 시·도지사는 해당 무역항의 특수성 등을 고려하여 특히 필요한 경우에는 제1항에 따른 항법을 조정할 수 있다. 이 경우 지방해양수산청장 또는 시·도지사는 그 사실을 고시하여야 한다.

17 "해양수산부령으로 정하는 선박 내 위험구역"이란 다음의 어느 하나에 해당하는 선박 내 구역을 말한다(선박의 입항 및 출항 등에 관한 법률 시행규칙 제21조 제3항).
- 윤활유탱크
- 코퍼댐(Coffer Dam)
- 공소(空所)
- 축전지실
- 페인트 창고
- 가연성 액체를 보관하는 창고
- 폐위(閉圍)된 차량구역

18 누구든지 무역항의 수상구역등이나 무역항의 수상구역 밖 10킬로미터 이내의 수면에 선박의 안전운항을 해칠 우려가 있는 흙·돌·나무·어구(漁具) 등 폐기물을 버려서는 아니 된다(선박의 입항 및 출항 등에 관한 법률 제38조 제1항).

19 총톤수 20톤 미만의 선박은 무역항의 수상구역에서 다른 선박의 진로를 피하여야 한다(선박의 입항 및 출항 등에 관한 법률 제2조 제5호 참조).

20 항로 지정 및 준수(선박의 입항 및 출항 등에 관한 법률 제10조)
- 관리청은 무역항의 수상구역등에서 선박교통의 안전을 위하여 필요한 경우에는 무역항과 무역항의 수상구역 밖의 수로를 항로로 지정·고시할 수 있다.
- 우선피항선 외의 선박은 무역항의 수상구역등에 출입하는 경우 또는 무역항의 수상구역등을 통과하는 경우에는 제1항에 따라 지정·고시된 항로를 따라 항행하여야 한다. 다만, 해양사고를 피하기 위한 경우 등 해양수산부령으로 정하는 사유가 있는 경우에는 그러하지 아니하다.

21 부두등 부근에서의 항법(선박의 입항 및 출항 등에 관한 법률 제14조)
선박이 무역항의 수상구역등에서 해안으로 길게 뻗어 나온 육지 부분, 부두, 방파제 등 인공시설물의 튀어 나온 부분 또는 정박 중인 선박(이하 이 조에서 "부두등"이라 한다)을 오른쪽 뱃전에 두고 항행할 때에는 부두등에 접근하여 항행하고, 부두등을 왼쪽 뱃전에 두고 항행할 때에는 멀리 떨어져서 항행하여야 한다.

22 정박지의 사용(선박의 입항 및 출항 등에 관한 법률 제5조)
- 관리청은 무역항의 수상구역등에 정박하는 선박의 종류·톤수·흘수 또는 적재물의 종류에 따른 정박구역 또는 정박지를 지정·고시할 수 있다.
- 무역항의 수상구역등에 정박하려는 선박(우선피항선은 제외한다)은 정박구역 또는 정박지에 정박하여야 한다. 다만, 해양사고를 피하기 위한 경우 등 해양수산부령으로 정하는 사유가 있는 경우에는 그러하지 아니하다.
- 우선피항선은 다른 선박의 항행에 방해가 될 우려가 있는 장소에 정박하거나 정류하여서는 아니 된다.
- 정박구역 또는 정박지가 아닌 곳에 정박한 선박의 선장은 즉시 그 사실을 관리청에 신고하여야 한다.

23 오염물질이 배출되는 경우의 신고의무(선박의 입항 및 출항 등에 관한 법률 제63조)
- 대통령령이 정하는 배출기준을 초과하는 오염물질이 해양에 배출되거나 배출될 우려가 있다고 예상되는 경우 다음의 어느 하나에 해당하는 자는 지체 없이 해양경찰청장 또는 해양경찰서장에게 이를 신고하여야 한다.
  - 배출되거나 배출될 우려가 있는 오염물질이 적재된 선박의 선장 또는 해양시설의 관리자. 이 경우 해당 선박 또는 해양시설에서 오염물질의 배출원인이 되는 행위를 한 자가 신고하는 경우에는 그러하지 아니하다.
  - 오염물질의 배출원인이 되는 행위를 한 자.
  - 배출된 오염물질을 발견한 자
- 제1항의 규정에 따른 신고절차 및 신고사항 등에 관하여 필요한 사항은 해양수산부령으로 정한다.

24 폐유저장용기의 비치기준(선박에서의 오염방지에 관한 규칙 별표7 참조)
- 기관구역용 폐유저장용기

대상선박	저장용량(단위 : ℓ)
총톤수 5톤 이상 10톤 미만의 선박	20
총톤수 10톤 이상 30톤 미만의 선박	60
총톤수 30톤 이상 50톤 미만의 선박	100
총톤수 50톤 이상 100톤 미만으로서 유조선이 아닌 선박	200

- 폐유저장용기는 2개 이상으로 나누어 비치할 수 있다.
- 폐유저장용기는 견고한 금속성 재질 또는 플라스틱 재질로서 폐유가 새지 아니하도록 제작되어야 하고, 해당 용기의 표면에는 선명 치 선박번호를 기재하고 그 내용물이 폐유임을 표시하여야 한다.
- 폐유저장용기 대신에 소형선박용 기름여과장치를 설치할 수 있다.

25 유수분리기 : 회수된 물과 기름의 혼합물을 분리하여 기름을 따로 수거하는 장치이다.

기름오염방제와 관련된 설비 및 자재

일정 규모 이상의 유조선 및 기름저장시설의 소유자 또는 임차인이 기름유출사고에 대비하여 보유하고 있는 장비로서, 기름 유출 시 기름을 회수할 수 있는 유처리제·유흡착제·유겔화제·오일펜스 등이 있다.
- 유겔화제 : 기름덩어리에 화학물질을 부가하여 점도를 높이는 원리를 이용한 물질을 말한다.
- 유처리제 : 원유·중유·윤활유·폐유가 해양에 유출했을 때 기름오염에 의한 피해를 막기 위해 이용하는 방제처리 약제를 말한다.
- 오일펜스 : 바다 위에 유출된 기름이 퍼지는 것을 막기 위해서 울타리 모양으로 수면에 설치하는 것을 말한다.
- 유흡착제 : 해상에 유출된 기름을 흡수하는 방법으로 제거하기 위하여 기름이 잘 스며드는 재료로 만든 제품을 말한다.

01	02	03	04	05	06	07	08	09	10
가	아	아	아	사	가	가	아	사	나
11	12	13	14	15	16	17	18	19	20
나	사	가	아	아	나	가	가	가	나
21	22	23	24	25					
나	사	나	나	가					

01 연료분사조건 4가지
- 무화 : 연료유의 입자가 안개처럼 극히 미세화되는 것을 말한다.
- 관통 : 분사되는 연료가 압축된 공기 중을 뚫고 나가는 상태를 말한다.
- 분산 : 노즐로부터 연료유가 원뿔형으로 분사되어 퍼지는 상태를 말한다.
- 분포 : 실린더 내에 분사된 연료유가 공기와 균등하게 혼합된 상태를 말한다.

02 상사점 부근에서 크랭크 각도 40° 동안 흡기 밸브와 배기 밸브가 동시에 열려 있는데, 이 기간을 밸브 겹침 (Valve Overlap)이라 한다. 밸브 겹침을 두는 이유는 실린더 내의 소기작용을 돕고, 밸브와 연소실의 냉각을 돕기 위해서이다.

03
- 지시마력(IHP ; Indicated Horse Power) : 실린더 내의 연소압력이 피스톤에 실제로 작용하는 동력을 지시마력 또는 도시마력이라고 하고, 지압도로부터 얻은 평균 유효 압력(Pmi)에 의해 계산한다.
- 전달마력(DHP ; Delivered Horse Power) : 프로펠러에 실제로 공급되는 마력으로 프로펠러 마력이라고도 한다.
- 유효마력(EHP ; Effective Horse Power) : 선박이 물과 공기의 저항을 극복하고 어떤 속력으로 전진하는 데 필요한 마력이다. 선박의 기관에서 발생한 마력은 지시마력(IHP ; Indicated Horse Power) → 제동마력(BHP ; Break Horse Power) → 축마력(SHP ; Shaft Horse Power) → 전달마력(DHP ; Delivered Horse Power) → 스러스트마력(THP ; Thrust Horse Power)의 과정을 거쳐 선박을 추진시키는 실제의 마력, 즉 유효마력이 된다.
- 제동마력(BHP ; Brake Horse Power) : 제동마력은 일반적으로 축마력(SHP ; Shaft Horse Power)이라고도 하는데, 크랭크 축의 끝에서 계측한 마력이고, 축마력은 동력 전달축에서 얻어지는 마력이다. 따라서 제동마력과 축마력은 약간의 차이가 날 수도 있다. 일반적으로 내연기관의 출력을 제동마력이라 한다.

04
- 디젤기관의 요구 조건은 효율이 우수하고, 고장이 적으며, 시동이 용이해야 한다. 운전회전수를 낮게 유지하여 디젤 노킹을 방지해야 한다.
- 디젤 노킹은 분사된 연료가 착화 지연기간 중에 축적되어 일시에 연소되면서 급격한 압력 상승으로 인해 일어난다.

05 작동(폭발)행정(Working Stroke)
흡기 밸브와 배기 밸브가 닫혀 있는 상태에서 피스톤이 상사점에 도달하기 바로 직전에 연료분사밸브로부터 연료유가 실린더 내에 분사되기 시작하고, 분사된 연료유는 고온의 압축공기에 의해 발화되어 연소한다. 이때 발생한 연소가스의 높은 압력이 피스톤을 하사점까지 움직이게 하고, 커넥팅 로드를 통해 크랭크 축을 회전시켜 동력을 발생하는 행정이다. 4행정 사이클 디젤기관에서 실린더 내의 압력이 가장 높은 행정이다.

06 메인 베어링의 역할과 구조

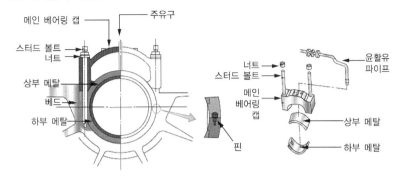

[메인 베어링의 구조]

- 메인 베어링(Main Bearing)은 기관 베드 위에 있으면서, 크랭크 저널에 설치되어 크랭크 축을 지지하고, 회전 중심을 잡아주는 역할을 한다. 대부분 상·하 두 개로 나누어진 평면 베어링을 사용하며, 구조는 기관 베드 위의 평면 베어링에 상부 메탈과 하부 메탈을 넣고 베어링 캡으로 눌러서 스터드 볼트로 죈다.
- 메인 베어링의 틈새(Bearing Clearance)는 베어링 메탈의 재질과 회전 속도 등에 따라 적당해야 한다. 너무 작으면 냉각이 불량해져서 과열로 인해 베어링이 눌어붙게 되고, 너무 크면 충격이 크고 윤활유 누설이 많아진다.

07 실린더 라이너의 상부는 플랜지(Flange) 모양으로 블록에 끼워져 헤드와 결합되고, 그 사이에 연강이나 구리로 만든 개스킷(Gasket)을 넣어 연소실의 가스가 새지 않게 한다.

08 피스톤 링 조립 순서
① 피스톤 링과 홈을 깨끗이 청소한 후, 링 홈을 세척유로 잘 닦아 낸다.
② 링 확장기를 사용하여 가장 아래에 있는 링부터 차례로 조립한다.
③ 링의 상·하면의 방향이 바뀌지 않게 하며, 링의 절구 틈이 180°로 서로 어긋나게 조립한다. 사절구인 경우에는 절구 틈이 지그재그가 되도록 한다.
④ 2행정 사이클 기관에서는 링이 회전하여 절구부가 소기구에 걸려 부러지는 것을 방지하기 위해 스토퍼 핀(Stopper Pin)을 꽂은 것도 있으므로 무리하게 조립하지 않는다.
⑤ 피스톤 링이 링 홈 안에서 자유롭게 움직이고 있는지를 확인한다.

09 플라이휠(Flywheel)은 작동 행정에서 발생하는 큰 회전력을 플라이휠 내에 운동 에너지로 축적하고, 회전력이 필요한 그 밖의 행정에서는 플라이휠의 관성으로 회전하게 한다. 플라이휠은 크랭크 축의 전단부 또는 후단부에 설치하며, 주된 목적(역할)은 다음과 같다.
- 크랭크 축의 회전력을 균일하게 한다.
- 저속 회전을 가능하게 한다.
- 기관의 시동을 쉽게 한다.
- 밸브의 조정(Valve Timing)을 편리하게 한다.

10 연료분사펌프에서 연료래크를 움직이면 피니언과 플런저가 동시에 회전한다. 따라서 플런저의 왕복 운동에 관계 없이 플런저의 경사 홈과 도출구의 만나는 위치를 바꾸어 연료분사량을 가감할 수 있다.

11 • 디젤기관의 과급기를 작동시키는 것은 기관에서 배출하는 배기가스의 압력이다.
• 과급기(Supercharger)는 연소에 필요한 공기를 대기압 이상의 압력으로 압축하여, 밀도가 높은 공기를 실린더 내에 공급하여 연료를 완전 연소시킴으로써 평균 유효 압력을 높여 기관의 출력을 증대시키는 장치이다.

12 • 피스톤 링 두께 – 버니어 캘리퍼스
• 크랭크 암 디플렉션 – 다이얼 게이지
• 흡기 및 배기 밸브 틈새 – 필러 게이지(= 간극 게이지, 틈새 게이지)
• 실린더 라이너 내경 – 보어 게이지

13 프로펠러의 각부 명칭

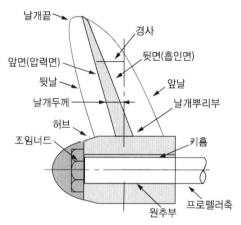

프로펠러가 전진으로 회전하는 경우 물을 미는 압력이 생기는 면을 앞면이라 하고, 후진할 때에 물을 미는 압력이 생기는 면을 뒷면이라 한다.

14 거리 = 피치(m) × 회전수(RPM) × 시간(s)
       = 1m × 2rpm × 3,600초 = 7,200m = 7.2km

15 양묘기란 배의 닻(앵커)을 감아올리고 내리는 데 사용하는 특수한 윈치이다. 보통 뱃머리 갑판 위에 있으나, 특수한 배에서는 선미에 설치하는 경우도 있다. 양묘기의 설계에는 종류나 양식이 많지만, 앵커케이블을 감는 체인풀리와 브레이크가 주요한 부분이다. 체인풀리를 회전시키는 원동기에는 기동 · 전동 · 전동유압 · 압축공기식 등이 있다.

16 수선 아래에 괸 물(선저 폐수)을 직접 선외로 배출시킬 수 없으므로, 각 구역에 설치된 빌지 웰에 모아 빌지 펌프로 배출한다.

17 • 해수펌프로 주로 사용하는 것은 원심펌프이다. 원심펌프는 케이싱 속의 회전채(임펠러)를 수중에서 고속으로 회전시켜 물이 원심력을 일으켜 얻은 속도에너지를 압력에너지로 바꾸어 물을 흡입 송출한다.
　• 원심펌프의 송출량 조절 방법
　　– 펌프의 회전 속도를 조절하는 방법
　　– 펌프의 흡입 밸브 개도를 조절하는 방법
　　– 펌프의 송출 밸브 개도를 조절하는 방법

18 유도전동기에 많이 이용되는 기동법은 직접 기동법이다. 직접 기동법이란 아무런 시동 설비 없이 전동기를 전원 회로망에 직접 투입하는 시동 방식을 말한다.

19 변압기는 전자 상호 유도 작용을 이용하여 교류 전압을 높이거나 낮추는 장치이다.

20 건전지를 직렬연결 시에는 건전지의 개수에 비례하여 전압의 세기가 증가하고, 건전지를 병렬연결 시에는 전압의 세기의 변화가 없다.

21 소형선박에서 가장 많이 이용하는 디젤기관의 시동 방법은 시동 전동기에 의한 시동이다. 시동 전동기는 전기적 에너지를 기계적 에너지로 바꾸어 회전력을 발생시키는 장치로, 시동 전동기의 회전력으로 크랭크축을 회전시켜 기관을 최초로 구동하는 장치이다.

22 마력은 말이 일할 수 있는 힘으로, 1마력이란 한 마리의 말이 1초 동안 75kg의 중량을 1m 움직일 수 있는 일의 크기를 말한다.

23 디젤기관의 진동이 평소보다 심하게 발생할 때의 원인과 대책

원 인	대 책
위험 회전수에서 운전	• 위험 회전수 영역을 벗어나서 운전한다.
각 실린더의 최고 압력이 고르지 못함	• 지압기를 사용해서 최고 압력을 확인한 후, 필요하면 연료 분사 시기를 조정한다.
기관 베드의 설치 볼트가 이완 또는 절손	• 점검 후 이완부를 다시 조이고, 부러진 볼트는 교체한다.
각 베어링의 틈새 과대	• 제작사에서 권장하는 규정치 내로 베어링 틈새를 적절히 조정한다.

24 점도는 액체가 형태를 바꾸려고 할 때 분자 간에 마찰에 의하여 유동을 방해하려는 점성 작용의 대소를 표시하는 정도 즉, 끈적끈적한 정도를 말한다.

25 • 인화점 : 불을 가까이 했을 때 불이 붙을 수 있도록 유증기를 발생시키는 최저 온도를 말한다. 인화점이 낮을수록 화재의 위험이 높다.
　• 임계점 : 온도가 점차 상승하여 습포화 증기선과 건포화 증기선이 만나게 된다. 이때 증발 과정 없이 즉시 액체에서 기체로 변화되는데 이를 임계점이라 하며, 이때의 온도와 압력을 임계 온도와 임계 압력이라 한다.
　• 유동점과 응고점 : 기름의 온도를 점차 낮게 하면 유동하기 어렵게 되는데, 전혀 유동하지 않는 기름의 최고 온도를 응고점(Solidifying Point)이라 한다. 반대로 응고된 기름에 열을 가하여 움직이기 시작할 때의 최저 온도를 유동점(Pour Point)이라 한다. 유동점은 응고점보다 2.5℃ 정도 높다.

PART 03

PART 03 2023년 제4회 정답 및 해설

제1과목 항 해

01	02	03	04	05	06	07	08	09	10
아	가	나	나	사	가	아	아	아	나
11	12	13	14	15	16	17	18	19	20
가	나	사	나	나	아	사	아	가	사
21	22	23	24	25					
가	사	아	사	아					

01 • 090도 : E
• 135도 : SE
• 180도 : S
• 225도 : SW

02 선체의 요동, 충격 등의 영향이 추동부에 거의 전달되지 않도록 짐벌즈 구조로 추종부를 지지하게 되며, 그 자체는 비너클에 지지되어 있다. 이 비너클은 선체에 부착되어 있다.

03 선박자동식별장치(AIS)의 정적정보는 IMO 식별번호(MMSI), 호출부호(Call Sign), 선박의 명칭, 선박의 길이 및 폭, 선박의 종류, 적재화물, 안테나 위치 등이 포함되고, 동적정보는 GPS로부터의 위치정보를 자동으로 입력하여 투묘 중에는 매 3분마다 항해 중에는 속력에 따라 매 2~12초 간격으로 이루어진다. 흘수, 목적지 및 도착예정시각, 항해계획, 충돌예방을 위한 간단한 단문의 통신 기능 등이 포함된다.

04 **방위경**

나침반에 장치하여 천체나 목표물의 방위를 측정할 때 사용하는 항해계기이다. 삼각형의 스탠드(Stand)와 원통형의 페디스털(Pedestal), 스탠드의 중앙에 세워진 섀도핀(Shadow Pin), 프리즘으로 구성된다.

05 다른 선박의 속력을 측정할 수 있는 항해 장비는 자동 레이더 플로팅 장치이다.

06 지피에스(GPS)는 지피에스 위성에서 발사되는 전파의 도달 시간차를 이용하여 자기 선박의 위치를 알 수 있다.

07
- 전위선 : 선박이 어떤 시간 동안 항주한 거리만큼 위치선을 동일한 침로 방향으로 평행 이동한 것을 말한다.
- 중시선 : 두 물표가 일직선상에 겹쳐 보일 때 이들 물표를 연결하는 선을 말하며, 중시선은 그 자체가 위치선이 된다.
- 추측위치 : 가장 최근에 얻은 실측 위치를 기준으로 그 후에 조타한 진침로와 항행 거리에 의하여 선위를 결정하는 것을 선위의 추측(Dead Reckoning)이라 하고, 이와 같이 하여 결정된 선위를 추측 위치(DR위치, DRP)라고 한다.

08
‘시간 = 거리/속력’이므로 45/10 = 4.5시간, 따라서 4시간 30분

09
레이더 발사 전파에 대해서 거울처럼 작용하는 강반사체가 자선 가까이에 있을 때, 발사된 레이더 전파가 거울면에 부딪혀 반사되어 다른 물표에 도달한 후 다시 되돌아와서 화면상에 거짓상을 만드는 경우가 있다.

10
레이더 화면에서 화면 중앙의 점은 자선(자기 선박)을 나타낸다.

11
등심선은 해저의 지형, 즉 기복 상태를 판단할 수 있도록 수심이 동일한 지점을 가는 실선으로 연결하여 나타낸다. 보통 2m, 5m, 10m, 20m 및 200m의 등심선이 그려져 있다.

12
암초나 침선 등 위험물의 발견, 수심의 변화, 항로표지의 신설, 폐지 등과 같이 직접 항해 및 정박에 영향을 주는 사항들을 항해자에게 통보하여 주의를 환기시키고, 아울러 수로도지를 정정할 목적으로 발행하는 소책자를 항행 통보(NM ; Notices to Mariners)라고 한다.

13
- 명암등 : 한 주기 동안에 빛을 비추는 시간(명간)이 꺼져 있는 시간(암간)보다 길거나 같은 등이다.
- 호광등 : 색깔이 다른 종류의 빛을 교대로 내며, 그 사이에 등광은 꺼지는 일이 없이 계속 빛을 낸다.
- 섬광등 : 빛을 비추는 시간(명간)이 꺼져 있는 시간(암간)보다 짧은 것으로, 일정한 간격으로 섬광을 내는 등이다.

14
- 도등 : 통항이 곤란한 좁은 수로, 항만 입구 등에서 항로의 연장선 위에 높고 낮은 2~3개의 등화를 앞뒤로 설치하여 중시선에 의하여 선박을 인도하는 등이다.
- 지향등 : 선박의 통항이 곤란한 좁은 수로, 항구, 만 입구 등에서 선박에게 안전한 항로를 알려 주기 위하여 항로 연장선상의 육지에 설치한 분호등을 말한다. 녹색·적색·백색의 3가지 등질이 있으며, 백색광이 안전구역이다.
- 분호등 : 한 가지 이상의 색깔을 비추는 등화는 호광등과 분호등의 두 가지이다. 그러나 분호등은 호광등처럼 등광의 색상이 바뀌는 것은 아니고, 서로 다른 지역을 다른 색상으로 비추는 등화를 말한다.

15
레이더 트랜스폰더는 레이더 반사파를 강하게 하고 방위와 거리 정보를 제공하는 면에서 레이콘과 유사하나, 정확한 질문을 받거나 송신이 국부 명령으로 이루어질 때 다른 관련 자료를 자동적으로 송신할 수 있다는 점에서 레이콘과 구별된다. 송신 내용에는 부호화된 식별 신호 및 데이터가 들어있으며, 이것이 레이더 화면에 나타난다.

16
점장도에서 남북으로 멀어질수록 면적이 확대되는 단점이 있다.

17 해도를 제작하는 데 이용되는 도법에는 평면도법, 점장도법, 대권도법이 있다.

18 해도의 여백에 낙서를 해서는 안 되고, 연필 끝은 납작하게 깎아서 사용해야 하며, 반드시 해도의 소개정을 통해 최신의 정보로 수정해야 한다.

19 Al : 호광등, RG : 빨강색과 녹색, 10s : 주기는 10초, 20M : 광달거리는 20해리

20 가. 두표 색깔 – 흑색(북방위 표지)
나. 두표 색깔 – 흑색(남방위 표지)
사. 두표 색깔 – 적색(안전수역 표지)
아. 두표 색깔 – 황색(특수 표지)

21 저기압 내에서는 상승기류로 인해 날씨가 좋지 않다.

22 키작은 저기압은 중심부의 기온이 가장 높고 층후도 중심부에서 가장 두껍고 주위로 감에 따라 점차로 얇아지는 연직 단면을 가지는 저기압을 말하는 것으로, 온난저기압이 여기에 속한다.

23 피험선은 미리 헤도에 명확히 기입하여 두고 항해 중에는 이것을 이용해서 위험물에 접근하는 것을 쉽게 탐지할 수 있다. 이것은 선위를 직접 확인하는 방법이 아니라, 선박이 위험구역에 있는지 안전구역에 있는지 여부만을 판단하는 것이기 때문에, 선위 측정의 원리를 기초로 한 간단하면서도 명확한 위치선을 이용하여야 한다.

24 폐색전선은 한랭전선과 온난전선이 겹쳐진 전선이다. 저기압이 진행함에 따라 한랭전선이 온난전선보다 빨리 이동하여 두 전선의 일부분이 겹쳐진다.

25 입항 항로 선정시의 주의사항
• 사전에 항만의 상황, 정박지의 수심 및 저질, 기상, 해상의 상태를 조사해 두어야 한다.
• 지정된 항로, 추천 항로 또는 상용의 항로가 있으면 이를 따른다.
• 정박지로 들어갈 때에는 될 수 있는 대로 선수 물표를 정하고, 투묘 시기를 알 수 있도록 정횡 방향 또는 항로 양쪽에 있는 물표의 방위를 미리 구해 둔다.
• 해도의 정밀성을 고려하여 일반적으로 수심이 얕거나 고르지 못한 지역, 고립된 암초나 침선으로부터 멀리 피한다.
• 항로표지의 특질 및 위치를 확인하고, 자선의 안전 항행에 영향을 끼치는 것에 대해서는 통과시에 항상 유의하도록 한다.

01	02	03	04	05	06	07	08	09	10
사	나	나	아	가	아	아	사	사	나
11	12	13	14	15	16	17	18	19	20
나	사	아	아	아	사	아	가	나	사
21	22	23	24	25
가	사	사	사	가

01 강재로 건조된 선박은 건조와 수리가 용이하다. 오늘날 대부분의 선박은 강선인데 강선은 연강(軟鋼, Mild Steel)으로 만들지만, 연강보다 더 강한 고장력강(高張力鋼, High Tensile Steel)을 대형선 건조에 사용하고 있다. 강재는 철재에 비해 선체 중량을 감소시킬 수 있으므로 재화 중량을 증가시킬 수 있는 이점이 있다. 일반적으로 선령은 20~25년 정도이나, 선박 관리 방법에 따라 더 사용할 수 있다.

02 해치(Hatch)는 화물을 싣고 내리거나 사람이 출입하기 위하여 갑판에 열려 있는 구멍을 말한다. 선창(船艙) 안에 화물을 싣고 내리는 구멍을 '카고해치'라고 하고, 해수가 선내에 흘러 들어오는 것을 방지하기 위해 해치의 주위에 충분한 높이의 '해치코밍'을 설치하여 그 상부를 '해치커버'로 덮는다.

03 트림은 선박이 길이 방향으로 기울어진 정도를 말하며, 선수 흘수와 선미 흘수의 차를 트림이라고 한다. 선수 트림은 선수 흘수가 선미 흘수 보다 큰 것을, 선미 트림은 선미 흘수가 선수 흘수 보다 큰 것을, 등흘수는 선수 흘수와 선미 흘수가 같은 경우를 말한다.

04 계획 만재 흘수선상의 선수재의 전면으로부터 타주를 가진 선박은 타주 후면까지, 타주가 없는 선박은 타두재 중심까지의 수평 거리로써, 강선구조규정, 선박만재흘수선규정, 선박구획기준 그리고 선체 운동의 계산 등에 사용하는 길이이다.

05 SOLAS 협약 및 선박 설비기준에서는 주 조타 장치에 대해 '계획만재흘수에서 최대항해속력으로 전진하는 경우 타를 한쪽 35°로부터 반대쪽 35°까지 조작할 수 있는 것으로서, 한쪽 35°에서 반대쪽 30°까지 28초 이내에 조작할 수 있는 것이어야 한다.'라고 규정하고 있다.

06 선박의 자동 조타장치가 어떠한 방식으로 사용해도 작동하지 않을 때, 타기실에서 조타기를 직접 조작하는 것 혹은 조타기 자체가 고장이 났을 때에 가타(Jury Rudder)를 사용하는 것이다. 자동 조타장치의 조타방식에는 자동조타, 수동조타, 레버조타 혹은 NFU조타가 있는데, 이들 모두의 작동이 실패했을 때 실시하는 것이 비상조타이다.

07 스톡 앵커

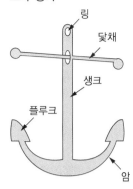

08 바닷물에서 체온을 유지하기 위한 옷은 보온복이다.

09 기적신호는 소리로서 다른 선박에게 의사를 표현하는 수단이므로, 청각에 의한 통신이라고 할 수 있다.

10 구명뗏목은 구명정과 같은 용도로서, 구명정에 비하여 항해 능력은 떨어지지만 손쉽게 강하시킬 수 있고, 또 선박의 침몰시 자동으로 이탈되어 조난자가 탈 수 있는 상태로 되는 장점이 있다.

11 구명줄 발사기는 취급과 휴대가 쉽고 사용자에게 위험을 주지 않으며, 구명줄을 정확하게 230m 이상 나가게 해야 한다. 소모품과 구명줄은 4회 이상 발사할 수 있도록 준비되어야 한다.

12 구명부기는 부체 주위에 부착된 줄을 붙잡고 구조될 때까지 기다릴 때 사용되는 장비이다. 연안을 운항하는 여객선이나 낚시 어선 등에서 주로 사용되는데, 적재 장소로부터 수면에 투하하여 사용한다. 무게는 180kg을 넘지 아니하여야 하며 정원, 선명, 선적항 및 중량을 표시하여야 한다. 정원은 8인 이상 18인 이하이다.

13 비상위치지시 무선표지(EPIRB)는 선박이나 항공기가 조난상태에 있고 수신시설도 이용할 수 없음을 표시하는 것으로, 수색과 구조작업 시 생존자의 위치결정을 용이하게 하도록 무선표지 신호를 발신하는 무선설비이다.

14 발연부 신호는 불을 붙여 물에 던지면 해면 위에서 연기를 내는 조난신호장비로서, 방수 용기로 포장되어 잔잔한 해면에서 3분 이상 잘 보이는 색깔의 연기를 발할 수 있어야 한다.

15 기온은 선박 조종에 미치는 영향이 아주 작다.

16 두 선박의 상호 간섭작용(흡인 배척 작용)은 크기가 다른 선박 사이에서는 작은 선박이 훨씬 큰 영향을 받고, 소형 선박이 대형 선박 쪽으로 끌려 들어가는 경향이 크다.

17 수심이 얕은 수역에서는 타의 효과가 나빠지고, 선체 저항이 증가하여 선회권이 커진다.

18 선박은 파도와 바람과 같은 외력을 받으면 한 쪽으로 경사를 일으키게 되는데, 그 경사에 저항하여 선박을 원래의 상태로 되돌리려는 성질을 가지고 있다. 이 성질을 복원성이라고 하고, 복원성을 나타내는 물리적 인 양을 복원우력 혹은 복원력이라고 한다. 복원력이 작은 선박에서 대각도 전타는 선박이 전복될 수 있다.

19 인명구조를 위한 조선법

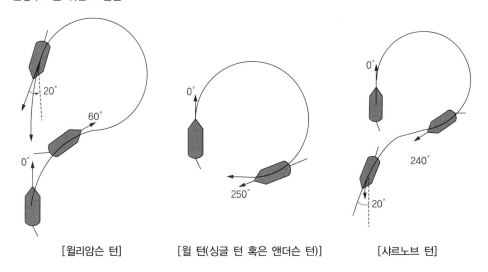

[윌리암슨 턴]   [월 턴(싱글 턴 혹은 앤더슨 턴)]   [샤르노브 턴]

20 • 침로를 변경할 때는 소각도로 여러 차례 변침하는 것이 좋다.
• 선・수미선과 조류의 유선이 일치 되도록 조종하는 것이 좋다.
• 조류는 역조 때에는 정침이 잘 되지만, 순조 때에는 정침이 어려우므로 조종 시 유의하여야 한다.

21 물에 빠진 사람을 구조하는 조선법 중 표준 턴의 방법은 없다.

22 항내에서 적화를 시작할 때부터 항해 중의 황천을 예상하여 화물들이 이동하지 않도록 고정시켜야 한다. 화물의 무게가 한 곳에 집중되지 않도록 하여 황천시 호깅과 새깅 상태에서 선박의 파단을 예방하여야 한 다. 예상대로 항해 중에 황천이 접근하면 화물의 고박 상태를 확인하고 선내의 이동물, 구명정 등을 단단히 고정시켜 둔다.

23 히브 투(Heave to)는 선체의 동요를 줄이고 파도에 대하여 선박이 자세를 취하기 쉬우며, 선체가 풍하측으 로 표류되는 경우가 적다. 그러나 선수부에 파에 의한 충격 하중이 많이 작용하고 갑판 위로 해수가 많이 범람하며, 너무 감속하면 보침이 어려울 뿐만 아니라 정횡으로 파를 받는 형태가 되기 쉽다.

24 • A급 화재 : 가연물 화재
• B급 화재 : 유류 및 가스 화재
• C급 화재 : 전기 화재
• D급 화재 : 금속 화재

25 기관손상 사고 중 인적과실에 해당하지 않는 것은 기관의 노후이다.

01	02	03	04	05	06	07	08	09	10
사	나	사	사	사	나	나	사	가	사
11	12	13	14	15	16	17	18	19	20
사	사	사	사	아	가	가	나	나	아
21	22	23	24	25					
가	나	사	가	가					

01 교통안전특정해역의 설정 등(해상교통안전법 제7조)
- 해양수산부장관은 다음의 어느 하나에 해당하는 해역으로서, 대형 해양사고가 발생할 우려가 있는 해역(이하 "교통안전특정해역"이라 한다)을 설정할 수 있다.
  - 해상교통량이 아주 많은 해역
  - 거대선, 위험화물운반선, 고속여객선 등의 통항이 잦은 해역
- 해양수산부장관은 관계 행정기관의 장의 의견을 들어 해양수산부령으로 정하는 바에 따라 교통안전특정해역 안에서의 항로지정제도를 시행할 수 있다.
- 교통안전특정해역의 범위는 대통령령으로 정한다.
- ※ 교통안전특정해역의 범위 : 인천구역, 부산구역, 울산구역, 포항구역, 여수구역

02 "항행 중"이란 선박이 다음의 어느 하나에 해당하지 아니하는 상태를 말한다(해상교통안전법 제2조 제19조).
- 정박(碇泊)
- 항만의 안벽(岸壁) 등 계류시설에 매어 놓은 상태[계선부표(繫船浮標)나 정박하고 있는 선박에 매어 놓은 경우를 포함한다]
- 얹혀 있는 상태

03 조종제한선이란 다음의 작업과 그 밖에 선박의 조종성능을 제한하는 작업에 종사하고 있어 다른 선박의 진로를 피할 수 없는 선박을 말한다(해상교통안전법 제2조 제11호).
- 항로표지, 해저전선 또는 해저파이프라인의 부설·보수·인양 작업
- 준설·측량 또는 수중 작업
- 항행 중 보급, 사람 또는 화물의 이송 작업
- 항공기의 발착작업
- 기뢰제거작업
- 진로에서 벗어날 수 있는 능력에 제한을 많이 받는 예인작업

04 항행보조시설의 설치와 관리(해상교통안전법 제44조)
- 해양수산부장관은 선박의 항행안전에 필요한 항로표지·신호·조명 등 항행보조시설을 설치하고 관리·운영하여야 한다.
- 해양경찰청장, 지방자치단체의 장 또는 운항자는 다음의 수역에 항로표지를 설치할 필요가 있다고 인정하면 해양수산부장관에게 그 설치를 요청할 수 있다.
  - 선박교통량이 아주 많은 수역
  - 항행상 위험한 수역

05 항로의 지정(해상교통안전법 제30조)
- 해양수산부장관은 선박이 통항하는 수역의 지형·조류, 그 밖에 자연적 조건 또는 선박 교통량 등으로 해양사고가 일어날 우려가 있다고 인정하면 관계 행정기관의 장의 의견을 들어 그 수역의 범위, 선박의 항로 및 속력 등 선박의 항행안전에 필요한 사항을 해양수산부령으로 정하는 바에 따라 고시할 수 있다.
- 해양수산부장관은 태풍 등 악천후를 피하려는 선박이나 해양사고 등으로 자유롭게 조종되지 아니하는 선박을 위한 수역 등을 지정·운영할 수 있다.

06 국제항해에 종사하지 않는 여객선의 출항 통제권자는 해양경찰서장이다(해상교통안전법 시행규칙 별표10 참조).

07 충돌을 피하기 위한 동작(해상교통안전법 제73조)
- 선박은 해상교통안전법에 따른 항법에 따라 다른 선박과 충돌을 피하기 위한 동작을 취하되, 이 법에서 정하는 바가 없는 경우에는 될 수 있으면 <u>충분한 시간적 여유를 두고 적극적으로 조치</u>하여 <u>선박을 적절하게 운용하는 관행에 따라야 한다.</u>
- 선박은 다른 선박과 충돌을 피하기 위하여 침로(針路)나 속력을 변경할 때에는 될 수 있으면 다른 선박이 그 변경을 쉽게 알아볼 수 있도록 충분히 크게 변경하여야 하며, <u>침로나 속력을 소폭으로 연속적으로 변경하여서는 아니 된다.</u>
- 선박은 넓은 수역에서 충돌을 피하기 위하여 침로를 변경하는 경우에는 적절한 시기에 큰 각도로 침로를 변경하여야 하며, 그에 따라 다른 선박에 접근하지 아니하도록 하여야 한다.
- 선박은 다른 선박과의 충돌을 피하기 위하여 동작을 취할 때에는 다른 선박과의 사이에 안전한 거리를 두고 통과할 수 있도록 그 동작을 취하여야 한다. 이 경우 그 동작의 효과를 다른 선박이 완전히 통과할 때까지 주의 깊게 확인하여야 한다.
- 선박은 다른 선박과의 충돌을 피하거나 상황을 판단하기 위한 시간적 여유를 얻기 위하여 필요하면 속력을 줄이거나 기관의 작동을 정지하거나 후진하여 선박의 진행을 완전히 멈추어야 한다.

08 선박은 통항로를 횡단하여서는 아니 된다. 다만, 부득이한 사유로 그 통항로를 횡단하여야 하는 경우에는 그 통항로와 선수방향이 직각에 가까운 각도로 횡단하여야 한다(해상교통안전법 제75조 제3항).

09 선박은 접근하여 오는 다른 선박의 나침방위에 뚜렷한 변화가 일어나지 아니하면 충돌할 위험성이 있다고 보고 필요한 조치를 하여야 한다. 접근하여 오는 다른 선박의 나침방위에 뚜렷한 변화가 있더라도 거대선 또는 예인작업에 종사하고 있는 선박에 접근하거나, 가까이 있는 다른 선박에 접근하는 경우에는 충돌을 방지하기 위하여 필요한 조치를 하여야 한다(해상교통안전법 제72조 제4항).

10 앞지르기(해상교통안전법 제78조)
- 앞지르기 하는 배는 제1절과 이 절의 다른 규정에도 불구하고 앞지르기 당하고 있는 선박을 완전히 앞지르기하거나 그 선박에서 충분히 멀어질 때까지 그 선박의 진로를 피하여야 한다.
- 다른 선박의 양쪽 현의 정횡(正橫)으로부터 22.5도를 넘는 뒤쪽(<u>밤에는 다른 선박의 선미등만을 볼 수 있고 어느 쪽의 현등도 볼 수 없는 위치를 말한다</u>)에서 그 선박을 앞지르는 선박은 앞지르기 하는 배로 보고 필요한 조치를 취하여야 한다.
- 선박은 스스로 다른 선박을 앞지르기 하고 있는지 분명하지 아니한 경우에는 앞지르기 하는 배로 보고 필요한 조치를 취하여야 한다.
- 앞지르기 하는 경우 2척의 선박 사이의 방위가 어떻게 변경되더라도 앞지르기 하는 선박은 앞지르기가 완전히 끝날 때까지 앞지르기 당하는 선박의 진로를 피하여야 한다.

11 마주치는 상태(해상교통안전법 제79조)

- 2척의 동력선이 마주치거나 거의 마주치게 되어 충돌의 위험이 있을 때에는 각 동력선은 서로 다른 선박의 좌현 쪽을 지나갈 수 있도록 침로를 우현(右舷) 쪽으로 변경하여야 한다.
- 선박은 다른 선박을 선수 방향에서 볼 수 있는 경우로서 다음의 어느 하나에 해당하면 마주치는 상태에 있다고 보아야 한다.
  - 밤에는 2개의 마스트등을 일직선으로 또는 거의 일직선으로 볼 수 있거나 양쪽의 현등을 볼 수 있는 경우
  - 낮에는 2척의 선박의 마스트가 선수에서 선미까지 일직선이 되거나 거의 일직선이 되는 경우
- 선박은 마주치는 상태에 있는지가 분명하지 아니한 경우에는 마주치는 상태에 있다고 보고 필요한 조치를 취하여야 한다.

12 유지선의 동작(해상교통안전법 제82조)

① 2척의 선박 중 1척의 선박이 다른 선박의 진로를 피하여야 할 경우 다른 선박은 그 침로와 속력을 유지하여야 한다.

② 제1항에 따라 침로와 속력을 유지하여야 하는 선박은 피항선이 이 법에 따른 적절한 조치를 취하고 있지 아니하다고 판단하면, 제1항에도 불구하고 스스로의 조종만으로 피항선과 충돌하지 아니하도록 조치를 취할 수 있다. 이 경우 유지선은 부득이하다고 판단하는 경우 외에는 자기 선박의 좌현 쪽에 있는 선박을 향하여 침로를 왼쪽으로 변경하여서는 아니 된다.

③ 유지선은 피항선과 매우 가깝게 접근하여 해당 피항선의 동작만으로는 충돌을 피할 수 없다고 판단하는 경우에는 제1항에도 불구하고 충돌을 피하기 위하여 충분한 협력을 하여야 한다.

④ 제2항 및 제3항은 피항선에게 진로를 피하여야 할 의무를 면제하지 아니한다.

13 모든 선박은 시계가 제한된 그 당시의 사정과 조건에 적합한 안전한 속력으로 항행하여야 하며, 동력선은 제한된 시계 안에 있는 경우 기관을 즉시 조작할 수 있도록 준비하고 있어야 한다(해상교통안전법 제84조 제2항).

14
- 양색등 : 선수와 선미의 중심선상에 설치된 붉은색과 녹색의 두 부분으로 된 등화로서, 그 붉은색과 녹색 부분이 각각 현등의 붉은색 등 및 녹색 등과 같은 특성을 가진 등이다.
- 삼색등 : 선수와 선미의 중심선상에 설치된 붉은색·녹색·흰색으로 구성된 등으로서, 그 붉은색·녹색·흰색의 부분이 각각 현등의 붉은색 등과 녹색 등 및 선미등과 같은 특성을 가진 등이다.
- 전주등 : 360도에 걸치는 수평의 호를 비추는 등화이다. 다만, 섬광등(閃光燈)은 제외한다.
- 선미등 : 135도에 걸치는 수평의 호를 비추는 흰색 등으로서, 그 불빛이 정선미 방향으로부터 양쪽 현의 67.5도까지 비출 수 있도록 선미 부분 가까이에 설치된 등이다.

15 기적의 종류(해상교통안전법 제97조)

"기적"이란 다음의 구분에 따라 단음(短音)과 장음(長音)을 발할 수 있는 음향신호장치를 말한다.
- 단음 : 1초 정도 계속되는 고동소리
- 장음 : 4초부터 6초까지의 시간 동안 계속되는 고동소리

16 예인선의 항법(선박의 입항 및 출항 등에 관한 법률 시행규칙 제9조)
- 예인선이 무역항의 수상구역등에서 다른 선박을 끌고 항행하는 경우에는 다음에서 정하는 바에 따라야 한다.
  - 예인선의 선수(船首)로부터 피(被)예인선의 선미(船尾)까지의 길이는 200미터를 초과하지 아니할 것. 다만, 다른 선박의 출입을 보조하는 경우에는 그러하지 아니하다.
  - 예인선은 한꺼번에 3척 이상의 피예인선을 끌지 아니할 것
- 제1항에도 불구하고 지방해양수산청장 또는 시·도지사는 해당 무역항의 특수성 등을 고려하여 특히 필요한 경우에는 제1항에 따른 항법을 조정할 수 있다. 이 경우 지방해양수산청장 또는 시·도지사는 그 사실을 고시하여야 한다.

17 "해양수산부령으로 정하는 선박 내 위험구역"이란 다음의 어느 하나에 해당하는 선박 내 구역을 말한다(선박의 입항 및 출항 등에 관한 법률 시행규칙 제21조 제3항).
- 윤활유탱크
- 코퍼댐(Coffer Dam)
- 공소(空所)
- 축전지실
- 페인트 창고
- 가연성 액체를 보관하는 창고
- 폐위(閉圍)된 차량구역

18 누구든지 무역항의 수상구역등이나 무역항의 수상구역 밖 10킬로미터 이내의 수면에 선박의 안전운항을 해칠 우려가 있는 흙·돌·나무·어구(漁具) 등 폐기물을 버려서는 아니 된다(선박의 입항 및 출항 등에 관한 법률 제38조 제1항).

19 총톤수 20톤 미만의 선박은 무역항의 수상구역에서 다른 선박의 진로를 피하여야 한다(선박의 입항 및 출항 등에 관한 법률 제2조 제5호 참조).

20 항로 지정 및 준수(선박의 입항 및 출항 등에 관한 법률 제10조)
- 관리청은 무역항의 수상구역등에서 선박교통의 안전을 위하여 필요한 경우에는 무역항과 무역항의 수상구역 밖의 수로를 항로로 지정·고시할 수 있다.
- 우선피항선 외의 선박은 무역항의 수상구역등에 출입하는 경우 또는 무역항의 수상구역등을 통과하는 경우에는 제1항에 따라 지정·고시된 항로를 따라 항행하여야 한다. 다만, 해양사고를 피하기 위한 경우 등 해양수산부령으로 정하는 사유가 있는 경우에는 그러하지 아니하다.

21 부두등 부근에서의 항법(선박의 입항 및 출항 등에 관한 법률 제14조)
선박이 무역항의 수상구역등에서 해안으로 길게 뻗어 나온 육지 부분, 부두, 방파제 등 인공시설물의 튀어 나온 부분 또는 정박 중인 선박(이하 이 조에서 "부두등"이라 한다)을 오른쪽 뱃전에 두고 항행할 때에는 부두등에 접근하여 항행하고, 부두등을 왼쪽 뱃전에 두고 항행할 때에는 멀리 떨어져서 항행하여야 한다.

22 정박지의 사용(선박의 입항 및 출항 등에 관한 법률 제5조)
- 관리청은 무역항의 수상구역등에 정박하는 선박의 종류·톤수·흘수 또는 적재물의 종류에 따른 정박구역 또는 정박지를 지정·고시할 수 있다.

PART 03

- 무역항의 수상구역등에 정박하려는 선박(우선피항선은 제외한다)은 정박구역 또는 정박지에 정박하여야 한다. 다만, 해양사고를 피하기 위한 경우 등 해양수산부령으로 정하는 사유가 있는 경우에는 그러하지 아니하다.
- 우선피항선은 다른 선박의 항행에 방해가 될 우려가 있는 장소에 정박하거나 정류하여서는 아니 된다.
- 정박구역 또는 정박지가 아닌 곳에 정박한 선박의 선장은 즉시 그 사실을 관리청에 신고하여야 한다.

23 오염물질이 배출되는 경우의 신고의무(선박의 입항 및 출항 등에 관한 법률 제63조)
- 대통령령이 정하는 배출기준을 초과하는 오염물질이 해양에 배출되거나 배출될 우려가 있다고 예상되는 경우 다음의 어느 하나에 해당하는 자는 지체 없이 해양경찰청장 또는 해양경찰서장에게 이를 신고하여야 한다.
  - 배출되거나 배출될 우려가 있는 오염물질이 적재된 선박의 선장 또는 해양시설의 관리자. 이 경우 해당 선박 또는 해양시설에서 오염물질의 배출원인이 되는 행위를 한 자가 신고하는 경우에는 그러하지 아니하다.
  - 오염물질의 배출원인이 되는 행위를 한 자
  - 배출된 오염물질을 발견한 자
- 제1항의 규정에 따른 신고절차 및 신고사항 등에 관하여 필요한 사항은 해양수산부령으로 정한다.

24 폐유저장용기의 비치기준(선박에서의 오염방지에 관한 규칙 별표7 참조)
- 기관구역용 폐유저상용기

대상선박	저장용량(단위 : ℓ)
총톤수 5톤 이상 10톤 미만의 선박	20
총톤수 10톤 이상 30톤 미만의 선박	60
총톤수 30톤 이상 50톤 미만의 선박	100
총톤수 50톤 이상 100톤 미만으로서 유조선이 아닌 선박	200

- 폐유저장용기는 2개 이상으로 나누어 비치할 수 있다.
- 폐유저장용기는 견고한 금속성 재질 또는 플라스틱 재질로서 폐유가 새지 아니하도록 제작되어야 하고, 해당 용기의 표면에는 선명 치 선박번호를 기재하고 그 내용물이 폐유임을 표시하여야 한다.
- 폐유저장용기 대신에 소형선박용 기름여과장치를 설치할 수 있다.

25 유수분리기 : 회수된 물과 기름의 혼합물을 분리하여 기름을 따로 수거하는 장치이다.

기름오염방제와 관련된 설비 및 자재
일정 규모 이상의 유조선 및 기름저장시설의 소유자 또는 임차인이 기름유출사고에 대비하여 보유하고 있는 장비로서, 기름 유출 시 기름을 회수할 수 있는 유처리제·유흡착제·유겔화제·오일펜스 등이 있다.
- 유겔화제 : 기름덩어리에 화학물질을 부가하여 점도를 높이는 원리를 이용한 물질을 말한다.
- 유처리제 : 원유·중유·윤활유·폐유가 해양에 유출했을 때 기름오염에 의한 피해를 막기 위해 이용하는 방제처리 약제를 말한다.
- 오일펜스 : 바다 위에 유출된 기름이 퍼지는 것을 막기 위해서 울타리 모양으로 수면에 설치하는 것을 말한다.
- 유흡착제 : 해상에 유출된 기름을 흡수하는 방법으로 제거하기 위하여 기름이 잘 스며드는 재료로 만든 제품을 말한다.

01	02	03	04	05	06	07	08	09	10
아	아	가	사	아	사	아	나	나	아
11	12	13	14	15	16	17	18	19	20
가	나	나	나	사	아	가	아	아	가
21	22	23	24	25					
나	아	가	사	가					

01 연료분사조건 4가지
- 무화 : 연료유의 입자가 안개처럼 극히 미세화되는 것을 말한다.
- 관통 : 분사되는 연료가 압축된 공기 중을 뚫고 나가는 상태를 말한다.
- 분산 : 노즐로부터 연료유가 원뿔형으로 분사되어 퍼지는 상태를 말한다.
- 분포 : 실린더 내에 분사된 연료유가 공기와 균등하게 혼합된 상태를 말한다.

02 상사점 부근에서 크랭크 각도 40° 동안 흡기 밸브와 배기 밸브가 동시에 열려 있는데, 이 기간을 밸브 겹침(Valve Overlap)이라 한다. 밸브 겹침을 두는 이유는 실린더 내의 소기작용을 돕고, 밸브와 연소실의 냉각을 돕기 위해서이다.

03
- 지시마력(IHP ; Indicated Horse Power) : 실린더 내의 연소압력이 피스톤에 실제로 작용하는 동력을 지시마력 또는 도시마력이라고 하고, 지압도로부터 얻은 평균 유효 압력(P_{mi})에 의해 계산한다.
- 전달마력(DHP ; Delivered Horse Power) : 프로펠러에 실제로 공급되는 마력으로 프로펠러 마력이라고도 한다.
- 유효마력(EHP ; Effective Horse Power) : 선박이 물과 공기의 저항을 극복하고 어떤 속력으로 전진하는데 필요한 마력이다. 선박의 기관에서 발생한 마력은 지시마력(IHP ; Indicated Horse Power) → 제동마력(BHP ; Break Horse Power) → 축마력(SHP ; Shaft Horse Power) → 전달마력(DHP ; Delivered Horse Power) → 스러스트마력(THP ; Thrust Horse Power)의 과정을 거쳐 선박을 추진시키는 실제의 마력, 즉 유효마력이 된다.
- 제동마력(BHP ; Brake Horse Power) : 제동마력은 일반적으로 축마력(SHP ; Shaft Horse Power)이라고도 하는데, 크랭크 축의 끝에서 계측한 마력이고, 축마력은 동력 전달축에서 얻어지는 마력이다. 따라서 제동마력과 축마력은 약간의 차이가 날 수도 있다. 일반적으로 내연기관의 출력을 제동마력이라 한다.

04
- 디젤기관의 요구 조건은 효율이 우수하고, 고장이 적으며, 시동이 용이해야 한다. 운전회전수를 낮게 유지하여 디젤 노킹을 방지해야 한다.
- 디젤 노킹은 분사된 연료가 착화 지연기간 중에 축적되어 일시에 연소되면서 급격한 압력 상승으로 인해 일어난다.

05 작동(폭발)행정(Working Stroke)
흡기 밸브와 배기 밸브가 닫혀 있는 상태에서 피스톤이 상사점에 도달하기 바로 직전에 연료분사밸브로부터 연료유가 실린더 내에 분사되기 시작하고, 분사된 연료유는 고온의 압축공기에 의해 발화되어 연소한다. 이때 발생한 연소가스의 높은 압력이 피스톤을 하사점까지 움직이게 하고, 커넥팅 로드를 통해 크랭크 축을 회전시켜 동력을 발생하는 행정이다. 4행정 사이클 디젤기관에서 실린더 내의 압력이 가장 높은 행정이다.

06 메인 베어링의 역할과 구조

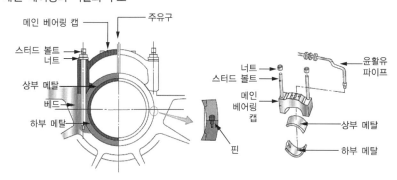

[메인 베어링의 구조]

- 메인 베어링(Main Bearing)은 기관 베드 위에 있으면서, 크랭크 저널에 설치되어 크랭크 축을 지지하고, 회전 중심을 잡아주는 역할을 한다. 대부분 상·하 두 개로 나누어진 평면 베어링을 사용하며, 구조는 기관 베드 위의 평면 베어링에 상부 메탈과 하부 메탈을 넣고 베어링 캡으로 눌러서 스터드 볼트로 죈다.
- 메인 베어링의 틈새(Bearing Clearance)는 베어링 메탈의 재질과 회전 속도 등에 따라 적당해야 한다. 너무 작으면 냉각이 불량해져서 과열로 인해 베어링이 눌어붙게 되고, 너무 크면 충격이 크고 윤활유 누설이 많아진다.

07 실린더 라이너의 상부는 플랜지(Flange) 모양으로 블록에 끼워져 헤드와 결합되고, 그 사이에 연강이나 구리로 만든 개스킷(Gasket)을 넣어 연소실의 가스가 새지 않게 한다.

08 피스톤 링 조립 순서
① 피스톤 링과 홈을 깨끗이 청소한 후, 링 홈을 세척유로 잘 닦아 낸다.
② 링 확장기를 사용하여 가장 아래에 있는 링부터 차례로 조립한다.
③ 링의 상·하면의 방향이 바뀌지 않게 하며, 링의 절구 틈이 180°로 서로 어긋나게 조립한다. 사절구인 경우에는 절구 틈이 지그재그가 되도록 한다.
④ 2행정 사이클 기관에서는 링이 회전하여 절구부가 소기구에 걸려 부러지는 것을 방지하기 위해 스토퍼 핀(Stopper Pin)을 꽂은 것도 있으므로 무리하게 조립하지 않는다.
⑤ 피스톤 링이 링 홈 안에서 자유롭게 움직이고 있는지를 확인한다.

09 플라이휠(Flywheel)은 작동 행정에서 발생하는 큰 회전력을 플라이휠 내에 운동 에너지로 축적하고, 회전력이 필요한 그 밖의 행정에서는 플라이휠의 관성으로 회전하게 한다. 플라이휠은 크랭크 축의 전단부 또는 후단부에 설치하며, 주된 목적(역할)은 다음과 같다.
- 크랭크 축의 회전력을 균일하게 한다.
- 저속 회전을 가능하게 한다.
- 기관의 시동을 쉽게 한다.
- 밸브의 조정(Valve Timing)을 편리하게 한다.

10 연료분사펌프에서 연료래크를 움직이면 피니언과 플런저가 동시에 회전한다. 따라서 플런저의 왕복 운동에 관계 없이 플런저의 경사 홈과 도출구의 만나는 위치를 바꾸어 연료분사량을 가감할 수 있다.

11 • 디젤기관의 과급기를 작동시키는 것은 기관에서 배출하는 배기가스의 압력이다.

　　• 과급기(Supercharger)는 연소에 필요한 공기를 대기압 이상의 압력으로 압축하여, 밀도가 높은 공기를 실린더 내에 공급하여 연료를 완전 연소시킴으로써 평균 유효 압력을 높여 기관의 출력을 증대시키는 장치이다.

12 • 피스톤링 두께 – 버니어 캘리퍼스

　　• 크랭크 암 디플렉션 – 다이얼 게이지

　　• 흡기 및 배기 밸브 틈새 – 필러 게이지(= 간극 게이지, 틈새 게이지)

　　• 실린더 라이너 내경 – 보어 게이지

13　**프로펠러의 각부 명칭**

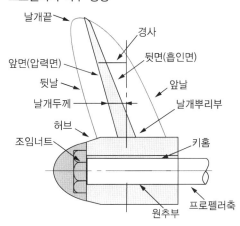

프로펠러가 전진으로 회전하는 경우 물을 미는 압력이 생기는 면을 앞면이라 하고, 후진할 때에 물을 미는 압력이 생기는 면을 뒷면이라 한다.

14　거리 ＝ 피치(m) × 회전수(RPM) × 시간(s)

　　　 ＝ 1m × 2rpm × 3,600초 ＝ 7,200m ＝ 7.2km

15　양묘기란 배의 닻(앵커)을 감아올리고 내리는 데 사용하는 특수한 윈치이다. 보통 뱃머리 갑판 위에 있으나, 특수한 배에서는 선미에 설치하는 경우도 있다. 양묘기의 설계에는 종류나 양식이 많지만, 앵커케이블을 감는 체인풀리와 브레이크가 주요한 부분이다. 체인풀리를 회전시키는 원동기에는 기동 · 전동 · 전동유압 · 압축공기식 등이 있다.

16　수선 아래에 괸 물(선저 폐수)을 직접 선외로 배출시킬 수 없으므로, 각 구역에 설치된 빌지 웰에 모아 빌지펌프로 배출한다.

17 • 해수펌프로 주로 사용하는 것은 원심펌프이다. 원심펌프는 케이싱 속의 회전차(임펠러)를 수중에서 고속으로 회전시켜 물이 원심력을 일으켜 얻은 속도에너지를 압력에너지로 바꾸어 물을 흡입 송출한다.

PART 03

- 원심펌프의 송출량 조절 방법
  - 펌프의 회전 속도를 조절하는 방법
  - 펌프의 흡입 밸브 개도를 조절하는 방법
  - 펌프의 송출 밸브 개도를 조절하는 방법

18 유도전동기에 많이 이용되는 기동법은 직접 기동법이다. 직접 기동법이란 아무런 시동 설비 없이 전동기를 전원 회로망에 직접 투입하는 시동 방식을 말한다.

19 변압기는 전자 상호 유도 작용을 이용하여 교류 전압을 높이거나 낮추는 장치이다.

20 건전지를 직렬연결 시에는 건전지의 개수에 비례하여 전압의 세기가 증가하고, 건전지를 병렬연결 시에는 전압의 세기의 변화가 없다.

21 소형선박에서 가장 많이 이용하는 디젤기관의 시동 방법은 시동 전동기에 의한 시동이다. 시동 전동기는 전기적 에너지를 기계적 에너지로 바꾸어 회전력을 발생시키는 장치로, 시동 전동기의 회전력으로 크랭크축을 회전시켜 기관을 최초로 구동하는 장치이다.

22 마력은 말이 일할 수 있는 힘으로, 1마력이란 한 마리의 말이 1초 동안 75kg의 중량을 1m 움직일 수 있는 일의 크기를 말한다.

23 **디젤기관의 진동이 평소보다 심하게 발생할 때 원인과 대책**

원 인	대 책
위험회전수에서 운전	• 위험회전수 영역을 벗어나서 운전한다.
각 실린더의 최고 압력이 고르지 못함	• 지압기를 사용해서 최고 압력을 확인한 후, 필요하면 연료 분사 시기를 조정한다.
기관 베드의 설치 볼트가 이완 또는 절손	• 점검 후 이완부를 다시 조이고, 부러진 볼트는 교체한다.
각 베어링의 틈새 과대	• 제작사에서 권장하는 규정치 내로 베어링 틈새를 적절히 조정한다.

24 점도는 액체가 형태를 바꾸려고 할 때 분자 간에 마찰에 의하여 유동을 방해하려는 점성 작용의 대소를 표시하는 정도 즉, 끈적끈적한 정도를 말한다.

25
- 인화점 : 불을 가까이 했을 때 불이 붙을 수 있도록 유증기를 발생시키는 최저 온도를 말한다. 인화점이 낮을수록 화재의 위험이 높다.
- 임계점 : 온도가 점차 상승하여 습포화 증기선과 건포화 증기선이 만나게 된다. 이때 증발 과정 없이 즉시 액체에서 기체로 변화되는데 이를 임계점이라 하며, 이때의 온도와 압력을 임계 온도와 임계 압력이라 한다.
- 유동점과 응고점 : 기름의 온도를 점차 낮게 하면 유동하기 어렵게 되는데, 전혀 유동하지 않는 기름의 최고 온도를 응고점(Solidifying Point)이라 한다. 반대로 응고된 기름에 열을 가하여 움직이기 시작할 때의 최저 온도를 유동점(Pour Point)이라 한다. 유동점은 응고점보다 2.5℃ 정도 높다.

PART 03 2022년 제1회 정답 및 해설

제1과목 항 해

01	02	03	04	05	06	07	08	09	10
나	나	가	나	사	가	사	사	사	아
11	12	13	14	15	16	17	18	19	20
가	아	아	아	가	아	아	아	아	사
21	22	23	24	25					
사	가	사	아	아					

01 자차 : 진자오선과 나침의의 남북선과 이루는 교각

02 항해 중 지면에 대한 상대 운동이 변함으로써 평형을 잃게 되어 생긴 오차를 속도오차라고 한다.

03 풍향이란 바람이 불어오는 방향을 말한다.

04 자기 컴퍼스가 선수미선 위에 설치된 경우에는 선체 일시 자기 요소의 영향력이 약하다. 따라서 보통의 경우에는 자차 계수 A, E로 인한 자차는 수정을 하지 않고 그대로 둔다.

05 컴퍼스 액은 에틸알코올과 증류수를 약 40:60(35:75)의 비율로 혼합한 액체로 비중이 약 0.95, 온도 -20~50℃ 범위에서 점성 및 팽창 계수의 변화가 작다.

06 알디에프(RDF)는 무선방위 측정기를 의미하며, 1910년경 개발된 최초의 전파항법 계기이다.

07 교차방위법은 동시 관측법으로 선박에서 실측 가능한 2개 이상의 뚜렷한 물표를 선정하고 거의 동시에 각각의 방위를 측정하여, 해도상에서 방위에 의한 위치선을 그어 위치선들의 교점을 선위로 정하는 방법이다.

08 동명극과 반대 개념으로 관측자의 위도와 이명인 극, 또는 수평선 아래쪽에 있는 극을 의미한다.

09 레이더 화면에서 중앙의 점 A는 본선이다.

10 사이드 로브는 레이더에서 안테나의 지향성 수평방향 패턴 중 주 빔 이외의 방향으로 방사되는 것을 의미한다.

11 S는 모래를 의미한다.

12 해도에서 수심의 단위는 m를 사용하고 나침도의 바깥쪽은 진방위권을 나타낸다. 수로서지는 해도 이외의 모든 서지를 말한다.

13 특수서지는 등대표, 조석표, 천측계산용 서지 등이 있다. 수로서지는 항로지와 특수서지로 분류된다.

14 등부표는 해도 및 항로지에 기입되어 있으며, 회전반경을 가지고 움직이기 때문에 속력을 구하기 위한 물표로는 적당하지 않다.

15 입표는 바닷속에 고립하여 건조되므로 파랑과 풍압에 견딜 수 있는 위치에 설치한다.

16 • 무종 : 가스의 압력 또는 기계 장치로써 종을 쳐서 소리를 내는 장치
　　• 다이어폰 : 압축 공기에 의해서 발음체인 피스톤을 왕복시켜서 소리를 내는 장치
　　• 에어 사이렌 : 압축 공기로 사이렌을 울리는 장치

17 어업용 해도는 해도 번호 앞에 어업을 의미하는 F가 표기되어 있다.

18 축척이 5만분의 1이상인 해도로, 항만·정박지·협수로 등 좁은 구역을 세부에 이르기까지 상세히 그린 해노로서 평면도이다.

19 광달거리는 20마일이다.

20 방위표지는 방위표지가 의미하는 해역이 가항수역이다.

21 선박에서는 주로 건습구 습도계를 사용한다.

22 우리나라와 같은 중위도 지역에서 자주 발생하는 저기압으로, 한랭 전선과 온난 전선을 동반하는 저기압을 온대 저기압이라고 한다.

23

일기현상	● 비	✳ 진눈깨비	▽ 소나기	↰ 뇌우	✳ 눈	✳▽ 소낙눈	↰ 번개	● 가랑비	≡ 안개

24 항해 계획은 항로의 선정, 출·입항 일시 및 항해 중 주요 지점의 통과 일시의 결정, 그리고 조선 계획 등을 수립하는 것을 말한다.

25 이안 거리는 해안선으로부터 떨어진 거리를 말한다.

01	02	3	4	5	6	7	8	9	10
나	아	사	아	나	나	아	사	나	나
11	12	13	14	15	16	17	18	19	20
나	사	가	사	사	아	가	나	가	사
21	22	23	24	25					
가	가	사	아	나					

01 선체가 부식되는 것을 방지하는 것은 도장이다.

02 타기실에는 수밀 격벽이 설치되어 있지 않다.

03
- 전장 : 선체에 고정적으로 부속된 모든 돌출물을 포함하여 선수의 최전단에서 선미의 최후단까지의 수평 거리
- 수선장 : 각 흘수선상의 물에 잠긴 선체의 선수재 전면에서 선미 후단까지의 수평거리
- 수선간장 : 계획 만재 흘수선상의 선수재의 전면으로부터 타주를 가진 선박은 타주 후면의 수선까지, 타주가 없는 선박은 타두 중심까지의 수평거리

04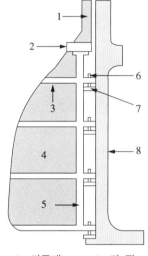

1 타두재	4 타 판	7 거 전
2 타 커플링	5 타심재	8 타 주
3 리더 암	6 핀 틀	

05 데릭 붐은 데릭식 하역 설비에 해당한다.

06 많은 양을 희석하면 도료의 점도가 낮아진다.

07 페인트를 칠하는 용구에는 스프레이 건, 레인트 붓, 페인트 롤러 등이 있다.

08 방수복은 국제항해에 종사하는 전 승무원에게 제공되도록 비치되어 있어야 한다.

09 MMSI(Maritime Mobile Service Identity)의 약자로 9개의 숫자로 구성되어 있으며, 앞에서부터 3자리는 선박이 속한 국가 또는 지역을 나타내는 해상식별부호이며, 우리나라의 경우 440, 441로 지정되어 있다.

10 구명 뗏목은 나일론 등과 같은 합성 섬유로 된 포지를 고무로 가공해서 뗏목 모양으로 제작한 것으로, 내부에는 탄산가스나 질소 가스를 주입시켜 긴급 시에 팽창시키면 뗏목모양으로 펼쳐지는 구명 설비이다.

11 ㄱ - C, ㄷ - A, ㄹ - D 이다.

12 발연부 신호는 오렌지색의 연기를 3분 이상 발할 수 있어야 한다.

13 조난선박의 풍상 쪽으로 접근해야 조난선박과 가까워질 수 있어 구조할 수 있다.

14 선박교통관제센터(VTS)를 먼저 호출하고 본선의 선명을 말한다.

15 • 선회성 : 일정한 타각을 주었을 때 선박이 어떠한 각속도로 움직이는지를 나타내는 것
• 침로 안정성 : 선박이 정해진 짐로를 따라 식신하는 성실

16 선박의 6자유도 운동

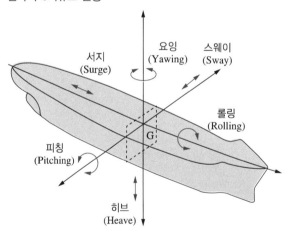

17 기관 후진 상태에서 스크루 프로펠러가 물을 반시계 방향으로 회전시켜서 앞쪽으로 배출시킨다. 이 때 선체의 좌현 쪽으로 흘러가는 배출류는 좌현 선미를 따라 앞으로 빠져 나간다. 그러나 선체의 우현 쪽으로 흘러가는 배출류는 우현의 선미 측벽에 거의 직각으로 부딪치면서 큰 압력을 형성하는데, 이것을 배출류의 측압작용이라고 한다.

18 안쪽으로 기울어지는 것을 내방경사, 바깥쪽으로 기울어지는 것을 외방경사라고 한다.

19 수심이 얕은 수역에서 항해 중인 선박은 타가 충분히 수면아래로 잠기지 않기 때문에 타효가 좋지 않다.

20 익수자가 발생한 현측으로 즉시 전타하여 킥현상에 의해 익수자와 본선의 선미가 떨어지도록 해야 한다.

21 화물을 실을 때는 먼저 양하할 화물을 제일 늦게 싣는다.

22
- 레이싱 : 선박이 파도를 선수나 선미에서 받으면, 과도한 종동요 현상으로 인하여 선미부가 공기 중에 노출되어 스크루 프로펠러에 미치는 부하가 급격히 감소하고 스크루 프로펠러가 진동을 일으키면서 급회전하게 되는 현상
- 슬래밍 : 선체가 파도를 선수에서 받으면서 항주하면, 선수 선저부는 강한 파도의 충격을 받아 짧은 주기로 급격한 진동을 하게 되는 현상
- 브로칭 : 선박이 파도를 선미로부터 받으면서 항주할 때 선체 중앙이 파도의 파정이나 파저에 위치하면 급격한 선수 동요에 의해 선체는 파도와 평행하게 놓이는 현상

23 순주는 풍랑을 선미 쿼터(Quarter)에서 받으면서 파랑에 쫓기는 자세로 항주하는 방법이다. 단점으로는 보침성이 저하되어 브로칭 현상이 일어날 수도 있다.

24 오염물질을 선외로 배출하여서는 안 된다.

25 선박조종술 미숙과 경계 소홀은 관련이 없다.

01	02	03	04	05	06	07	08	09	10
나	나	가	나	아	나	나	아	아	나
11	12	13	14	15	16	17	18	19	20
아	가	나	나	나	가	사	가	가	나
21	22	23	24	25					
나	나	나	가	나					

01 주의환기신호(해상교통안전법 제101조)
- 모든 선박은 다른 선박의 주의를 환기시키기 위하여 필요하면 이 법에서 정하는 다른 신호로 오인되지 아니하는 발광신호 또는 음향신호를 하거나 다른 선박에 지장을 주지 아니하는 방법으로 위험이 있는 방향에 탐조등을 비출 수 있다.
- 발광신호나 탐조등은 항행보조시설로 오인되지 아니하는 것이어야 하며, 스트로보등(燈)이나 그 밖의 강력한 빛이 점멸하거나 회전하는 등화를 사용하여서는 아니 된다.

02 선박 출항통제(해상교통안전법 제36조)
- 해양수산부장관은 해상에 대하여 기상특보가 발표되거나 제한된 시계 등으로 선박의 안전운항에 지장을 줄 우려가 있다고 판단할 경우에는 선박소유자나 선장에게 선박의 출항통제를 명할 수 있다.
- 출항통제의 기준·방법 및 절차 등에 필요한 사항은 해양수산부령으로 정한다.

03 경 계(해상교통안전법 제70조)
선박은 주위의 상황 및 다른 선박과 충돌할 수 있는 위험성을 충분히 파악할 수 있도록 시각·청각 및 당시의 상황에 맞게 이용할 수 있는 모든 수단을 이용하여 항상 적절한 경계를 하여야 한다.

04 안전한 속력을 결정할 때에는 다음의 사항을 고려하여야 한다.
- 시계의 상태
- 해상교통량의 밀도
- 선박의 정지거리·선회성능, 그 밖의 조종성능
- 야간의 경우에는 항해에 지장을 주는 불빛의 유무
- 바람·해면 및 조류의 상태와 항행장애물의 근접상태
- 선박의 흘수와 수심과의 관계
- 레이더의 특성 및 성능
- 해면상태·기상, 그 밖의 장애요인이 레이더 탐지에 미치는 영향
- 레이더로 탐지한 선박의 수·위치 및 동향

05 범 선
① 2척의 범선이 서로 접근하여 충돌할 위험이 있는 경우에는 다음에 따른 항행방법에 따라 항행하여야 한다.
- 각 범선이 다른 쪽 현(舷)에 바람을 받고 있는 경우에는 좌현(左舷)에 바람을 받고 있는 범선이 다른 범선의 진로를 피하여야 한다.

- 두 범선이 서로 같은 현에 바람을 받고 있는 경우에는 바람이 불어오는 쪽의 범선이 바람이 불어가는 쪽의 범선의 진로를 피하여야 한다.
- 좌현에 바람을 받고 있는 범선은 바람이 불어오는 쪽에 있는 다른 범선을 본 경우로서 그 범선이 바람을 좌우 어느 쪽에 받고 있는지 확인할 수 없는 때에는 그 범선의 진로를 피하여야 한다.

② 제1항을 적용할 때에 바람이 불어오는 쪽이란 종범선(縱帆船)에서는 주범(主帆)을 펴고 있는 쪽의 반대쪽을 말하고, 횡범선(橫帆船)에서는 최대의 종범(縱帆)을 펴고 있는 쪽의 반대쪽을 말하며, 바람이 불어가는 쪽이란 바람이 불어오는 쪽의 반대쪽을 말한다.

06 마주치는 상태에서의 항법
- 서로 다른 선박의 좌현 쪽을 지나갈 수 있도록 침로를 우현 쪽으로 변침한다(좌현 대 좌현).
- 두 선박은 서로 마주치는 상태에 있다고 보고 대등한 피항 의무를 가진다.
- 좌현에 바람을 받고 있는 범선은 바람이 불어오는 쪽에 있는 다른 범선을 본 경우 그 범선이 바람을 좌우 어느 쪽에 받고 있는지 확인할 수 없는 때에는 그 범선의 진로를 피하여야 한다.

07 충돌할 위험성이 없다고 판단한 경우 외에는 다음 각 호의 어느 하나에 해당하는 경우 모든 선박은 자기 배의 침로를 유지하는 데에 필요한 최소한으로 속력을 줄여야 한다. 이 경우 필요하다고 인정되면 자기 선박의 진행을 완전히 멈추어야 하며, 어떠한 경우에도 충돌할 위험성이 사라질 때까지 주의하여 항행하여야 한다(해상교통안전법 제84조 제6항).
- 자기 선박의 양쪽 현의 정횡 앞쪽에 있는 다른 선박에서 무중신호(霧中信號)를 듣는 경우
- 자기 선박의 양쪽 현의 정횡으로부터 앞쪽에 있는 다른 선박과 매우 근접한 것을 피할 수 없는 경우

08 제한된 시계에서 선박의 항법
① 시계가 제한된 수역 또는 그 부근을 항행하고 있는 선박이 서로 시계 안에 있지 아니한 경우에 적용한다.
② 모든 선박은 시계가 제한된 그 당시의 사정과 조건에 적합한 안전한 속력으로 항행하여야 하며, 동력선은 제한된 시계 안에 있는 경우 기관을 즉시 조작할 수 있도록 준비하고 있어야 한다.
③ 선박은 제1절에 따라 조치를 취할 때에는 시계가 제한되어 있는 당시의 상황에 충분히 유의하여 항행하여야 한다.
④ 레이더만으로 다른 선박이 있는 것을 탐지한 선박은 해당 선박과 얼마나 가까이 있는지 또는 충돌할 위험이 있는지를 판단하여야 한다. 이 경우 해당 선박과 매우 가까이 있거나 그 선박과 충돌할 위험이 있다고 판단한 경우에는 충분한 시간적 여유를 두고 피항동작을 취하여야 한다.
⑤ 제4항에 따른 피항동작이 침로를 변경하는 것만으로 이루어질 경우에는 될 수 있으면 다음의 동작은 피하여야 한다.
　1. 다른 선박이 자기 선박의 양쪽 현의 정횡 앞쪽에 있는 경우 좌현 쪽으로 침로를 변경하는 행위(앞지르기당하고 있는 선박에 대한 경우는 제외한다)
　2. 자기 선박의 양쪽 현의 정횡 또는 그곳으로부터 뒤쪽에 있는 선박의 방향으로 침로를 변경하는 행위

09 등화의 종류
- 마스트등 : 선수와 선미의 중심선상에 설치되어 225도에 걸치는 수평의 호(弧)를 비추되, 그 불빛이 정선수 방향으로부터 양쪽 현의 정횡으로부터 뒤쪽 22.5도까지 비출 수 있는 흰색 등(燈)
- 현등(舷燈) : 정선수 방향에서 양쪽 현으로 각각 112.5도에 걸치는 수평의 호를 비추는 등화로서 그 불빛이 정선수 방향에서 좌현 정횡으로부터 뒤쪽 22.5도까지 비출 수 있도록 좌현에 설치된 붉은색 등과 그 불빛이 정선수 방향에서 우현 정횡으로부터 뒤쪽 22.5도까지 비출 수 있도록 우현에 설치된 녹색 등
- 선미등 : 135도에 걸치는 수평의 호를 비추는 흰색 등으로서 그 불빛이 정선미 방향으로부터 양쪽 현의 67.5도까지 비출 수 있도록 선미 부분 가까이에 설치된 등

- 예선등(曳船燈) : 선미등과 같은 특성을 가진 황색 등
- 전주등(全周燈) : 360도에 걸치는 수평의 호를 비추는 등화. 다만, 섬광등(閃光燈)은 제외
- 섬광등 : 360도에 걸치는 수평의 호를 비추는 등화로서 일정한 간격으로 1분에 120회 이상 섬광을 발하는 등
- 양색등(兩色燈) : 선수와 선미의 중심선상에 설치된 붉은색과 녹색의 두 부분으로 된 등화로서 그 붉은색과 녹색 부분이 각각 현등의 붉은색 등 및 녹색 등과 같은 특성을 가진 등
- 삼색등(三色燈) : 선수와 선미의 중심선상에 설치된 붉은색·녹색·흰색으로 구성된 등으로서 그 붉은색·녹색·흰색의 부분이 각각 현등의 붉은색 등과 녹색 등 및 선미등과 같은 특성을 가진 등

10 삼색등(三色燈) : 선수와 선미의 중심선상에 설치된 붉은색·녹색·흰색으로 구성된 등으로서 그 붉은색·녹색·흰색의 부분이 각각 현등의 붉은색 등과 녹색 등 및 선미등과 같은 특성을 가진 등

11 섬광등 : 360도에 걸치는 수평의 호를 비추는 등화로서 일정한 간격으로 1분에 120회 이상 섬광을 발하는 등

12 항망(桁網)이나 그 밖의 어구를 수중에서 끄는 트롤망어로에 종사하는 선박외에 어로에 종사하는 선박은 항행 여부에 관계없이 다음의 등화나 형상물을 표시하여야 한다.
- 수직선 위쪽에는 붉은색, 아래쪽에는 흰색 전주등 각 1개 또는 수직선 위에 두 개의 원뿔을 그 꼭대기에서 위아래로 결합한 형상물 1개
- 수평거리로 150미터가 넘는 어구를 선박 밖으로 내고 있는 경우에는 어구를 내고 있는 방향으로 흰색 전주등 1개 또는 꼭내기를 위로 한 원뿔꼴의 형상물 1개

13 항행 중인 동력선이 서로 상대의 시계 안에 있는 경우에 이 법의 규정에 따라 그 침로를 변경하거나 그 기관을 후진하여 사용할 때에는 다음의 구분에 따라 기적신호를 행하여야 한다.
- 침로를 오른쪽으로 변경하고 있는 경우 : 단음 1회
- 침로를 왼쪽으로 변경하고 있는 경우 : 단음 2회
- 기관을 후진하고 있는 경우 : 단음 3회

14 ① 해상교통안전법상 발광신호에 사용되는 섬광의 지속시간 및 섬광과 섬광 사이의 간격은 1초 정도로 하되, 반복되는 신호 사이의 간격은 10초 이상으로 하며, 이 발광신호에 사용되는 등화는 적어도 5해리의 거리에서 볼 수 있는 흰색 전주등이어야 한다.
② 항행 중인 동력선은 다음의 구분에 따른 발광신호를 적절히 반복하여 제1항에 따른 기적신호를 보충할 수 있다.
- 침로를 오른쪽으로 변경하고 있는 경우 : 섬광 1회
- 침로를 왼쪽으로 변경하고 있는 경우 : 섬광 2회
- 기관을 후진하고 있는 경우 : 섬광 3회

15 해상교통안전법상 안개로 시계가 제한되었을 때 항행 중인 길이 12미터 이상인 동력선이 대수속력이 있는 경우 2분을 넘지 아니하는 간격으로 장음을 1회 울려야 한다.

16 선박의 입항 및 출항 등에 관한 법률상 무역항의 수상구역 등에서 기적이나 사이렌을 갖춘 선박에 화재가 발생한 경우, 이를 알리는 경보로 기적이나 사이렌으로 장음 5회를 적당한 간격을 두고 반복하여 울려야 한다.

17 출입 신고
무역항의 수상구역등에 출입하려는 선박의 선장(이하 이 조에서 "선장"이라 한다)은 대통령령으로 정하는 바에 따라 관리청에 신고하여야 한다. 다만, 다음의 선박은 출입 신고를 하지 아니할 수 있다.
• 총톤수 5톤 미만의 선박
• 해양사고구조에 사용되는 선박
• 「수상레저안전법」 제2조 제3호에 따른 수상레저기구 중 국내항 간을 운항하는 모터보트 및 동력요트
• 그 밖에 공공목적이나 항만 운영의 효율성을 위하여 해양수산부령으로 정하는 선박

18 우선피항선은 다른 선박의 항행에 방해가 될 우려가 있는 장소에 정박하거나 정류하여서는 아니 된다.

19 항행 중인 동력선이 서로 상대의 시계 안에 있는 경우 기적 신호 및 발광 신호
• 침로를 오른쪽으로 변경하고 있는 경우 : 단음 1회 / 섬광 1회
• 침로를 왼쪽으로 변경하고 있는 경우 : 단음 2회 / 섬광 2회
• 기관을 후진하고 있는 경우 : 단음 3회 / 섬광 3회

20 선박의 입항 및 출항 등에 관한 법률상 선박이 무역항의 수상구역등에서 해안으로 길게 뻗어 나온 육지 부분, 부두, 방파제 등 인공시설물의 튀어나온 부분 또는 정박 중인 선박(이하 이 조에서 "부두등"이라 한다)을 오른쪽 뱃전에 두고 항행할 때에는 부두등에 접근하여 항행하고, 부두등을 왼쪽 뱃전에 두고 항행할 때에는 멀리 떨어져서 항행하여야 한다.

21 항로에서의 항법
• 항로 밖에서 항로에 들어오거나 항로에서 항로 밖으로 나가는 선박은 항로를 항행하는 다른 선박의 진로를 피하여 항행할 것
• 항로에서 다른 선박과 나란히 항행하지 아니할 것
• 항로에서 다른 선박과 마주칠 우려가 있는 경우에는 오른쪽으로 항행할 것
• 항로에서 다른 선박을 추월하지 아니할 것. 다만, 추월하려는 선박을 눈으로 볼 수 있고 안전하게 추월할 수 있다고 판단되는 경우에는 「해사안전법」 제67조 제5항 및 제71조에 따른 방법으로 추월할 것
• 항로를 항행하는 제37조 제1항 제1호에 따른 위험물운송선박(제2조 제5호 라목에 따른 선박 중 급유선은 제외한다) 또는 「해사안전법」 제2조 제14호에 따른 흘수제약선(吃水制約船)의 진로를 방해하지 아니할 것
• 「선박법」 제1조의2 제1항 제2호에 따른 범선은 항로에서 지그재그(Zigzag)로 항행하지 아니할 것

22 "우선피항선"(優先避航船)이란 주로 무역항의 수상구역에서 운항하는 선박으로서 다른 선박의 진로를 피하여야 하는 다음의 선박을 말한다.

- 「선박법」 제1조의2 제1항 제3호에 따른 부선(艀船)[예인선이 부선을 끌거나 밀고 있는 경우의 예인선 및 부선을 포함하되, 예인선에 결합되어 운항하는 압항부선(押航艀船)은 제외한다]
- 주로 노와 삿대로 운전하는 선박
- 예 선
- 「항만운송사업법」 제26조의3 제1항에 따라 항만운송관련사업을 등록한 자가 소유한 선박
- 「해양환경관리법」 제70조 제1항에 따라 해양환경관리업을 등록한 자가 소유한 선박 또는 「해양폐기물 및 해양오염퇴적물 관리법」 제19조 제1항에 따라 해양폐기물관리업을 등록한 자가 소유한 선박(폐기물해양배출업으로 등록한 선박은 제외한다)
- 위의 규정에 해당하지 아니하는 총톤수 20톤 미만의 선박

23 「선박에서의 오염방지에 관한 규칙」 별표3
다음의 폐기물을 제외하고 모든 폐기물은 해양에 배출할 수 없다.

- 음식찌꺼기
- 해양환경에 유해하지 않은 화물잔류물
- 선박 내 거주구역에서 발생하는 중수
- 어업활동 중 혼획된 수산동식물・자연기원물질

24 해양환경관리법상 오염물질의 배출이 허용되는 예외적인 경우

- 선박 또는 해양시설등의 안전확보나 인명구조를 위하여 부득이하게 오염물질을 배출하는 경우
- 선박 또는 해양시설등의 손상 등으로 인하여 부득이하게 오염물질이 배출되는 경우
- 선박 또는 해양시설등의 오염사고에 있어 해양수산부령이 정하는 방법에 따라 오염피해를 최소화하는 과정에서 부득이하게 오염물질이 배출되는 경우

25 해양환경관리법상 유조선에서 화물창 안의 화물잔류물 또는 화물창 세정수를 한 곳에 모으기 위한 탱크는 혼합물탱크(Slop Tank)이다.

01	02	03	04	05	06	07	08	09	10
나	사	사	아	아	가	나	아	사	사
11	12	13	14	15	16	17	18	19	20
아	사	아	아	사	사	사	가	아	나
21	22	23	24	25					
나	나	아	사	아					

01
- 압축비 = 실린더 부피 / 압축 부피
- 압축비 = $\dfrac{1200}{100} = 12$

02
- 4행정 사이클 : 흡입 행정 – 압축 행정 – 폭발(작동) 행정 – 배기 행정
- 흡기 밸브와 배기 밸브가 거의 모든 기간에 닫혀있는 행정은 압축 행정과 폭발(작동) 행정이다.

03 6실린더 기관은 6개의 커넥팅 로드가 1개씩 연결될 6개의 크랭크핀을 가지며, 메인 베어링 수는 해당 실린더 수 +1 이므로 7개가 설치된다.

04 소형선박의 디젤기관에서 흡기 및 배기 밸브는 밸브 스프링의 힘에 의해 닫힌다.

05 피스톤 링은 피스톤과 실린더 라이너 사이의 기밀을 유지하며 피스톤에서 받은 열을 실린더 벽으로 방출하는 압축링(Compression Ring)과 실린더 라이너 내벽의 윤활유가 연소실로 들어가지 못하도록 긁어내리고 윤활유를 라이너 내벽에 고르게 분포시키는 오일 스크레이퍼 링(Oil Scraper Ring)이 있다. 일반적으로 압축링은 피스톤의 상부에 2~4개, 오일 스크레이퍼 링은 하부에 1~2개를 설치한다. 그러나 2행정 사이클 기관에 사용하는 크로스 헤드형 피스톤의 경우에는 오일 스크레이퍼 링을 설치하지 않는다. 피스톤 링은 적절한 절구 틈을 가져야 하며, 압축링이 오일링보다 연소실에 더 가까이 설치되어 있다.

06 **피스톤의 재질**
피스톤은 높은 압력과 열을 직접 받으므로 충분한 강도를 가져야 하고, 열을 실린더 내벽으로 잘 전달할 수 있는 열전도가 좋은 재료를 사용해야 하고, 열팽창 계수는 실린더의 재질과 비슷해야 한다. 또, 마멸에 잘 견디고 관성의 영향이 적도록 무게가 가벼워야 한다. 따라서 저ㆍ중속 기관에서는 주철이나 주강으로 제작하며, 중ㆍ소형 고속 기관에서는 알루미늄 합금이 주로 사용된다. 대형 기관에서는 주강제의 피스톤에 연소실을 형성하는 부분에만 크롬 도금을 하여 내열성을 증가시키고, 소손을 방지하기도 한다.

07 ① 크랭크 암 : 크랭크 저널과 크랭크 핀을 연결하는 부분이다. 크랭크 핀 반대쪽으로 평형추(Balance Weight)를 설치하여 크랭크 회전력의 평형을 유지하고, 불평형 관성력에 의한 기관의 진동을 줄인다.
② 크랭크 핀 : 크랭크 저널의 중심에서 크랭크 반지름만큼 떨어진 곳에 있으며, 저널과 평행하게 설치되고 커넥팅 로드 대단부와 연결된다.
③ 크랭크 저널 : 메인 베어링에 의해서 지지되는 회전축이다.

PART 03

④ 평형추 : 크랭크 축의 형상에 따른 불균형을 보정하여, 회전체의 평형을 이루기 위해 평형추(Balance Weight)를 설치한다. 평형추는 기관의 진동을 적게 하고, 원활한 회전을 하도록 하며, 메인 베어링의 마찰을 감소시키는 역할을 한다.

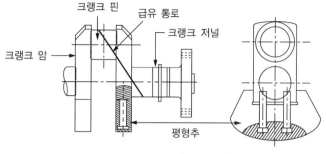

[크랭크 축의 구조]

08 평형추

크랭크 축의 형상에 따른 불균형을 보정하여, 회전체의 평형을 이루기 위해 평형추(Balance Weight)를 설치한다. 평형추는 기관의 진동을 적게 하고, 원활한 회전을 하도록 하며, 메인 베어링의 마찰을 감소시키는 역할을 한다.

09 운전 중 디젤기관이 갑자기 정지되었을 경우의 원인

• 과속도 장치의 작동
• 연료유 여과기의 막힘
• 조속기의 고장
• 긴급 자동 정지 장치의 작동
• 주기관의 과속
• 주 윤활유의 입구측 압력이 낮을 경우
• 스러스트 패드의 온도가 높을 경우

10 디젤기관의 압축 공기에 의한 시동 방법은 각 실린더 헤드에 설치되어 있는 시동 밸브를 통하여 약 25~30kgf/cm² 정도의 압축 공기로 작동 행정에 있는 피스톤을 강하게 아래로 밀어 크랭크 축을 회전시키는 것이다.

11 디젤기관을 완전히 정지한 후 조치사항

• 시동공기 계통의 밸브를 잠근다.
• 인디케이터 콕을 열고 기관을 터닝시킨다.
• 윤활유 펌프를 약 20분 이상 운전시킨 후 정지한다.

12 기관 운전 중에 확인해야 할 사항

윤활유의 압력과 온도, 배기가스의 색깔과 온도, 기관의 회전수, 기관의 진동 여부
※ 크랭크실의 내부 검사, 피스톤링 마멸량은 기관이 완전히 정지한 상태에서 실시해야 한다.

13 선박의 축계장치는 추력축과 추력 베어링, 중간축, 중간 베어링, 추진기축(프로펠러축), 선미관, 추진기로 구성되고 가장 뒤쪽에 설치된 축은 추진기축이다. 추력 베어링(Thrust Bearing)은 선체에 부착되어 있으며, 추력 칼라의 앞과 뒤에 설치되어 프로펠러로부터 전달되어 오는 추력을 추력 칼라에서 받아 선체에 전달하여 선박을 추진시키는 역할을 한다.

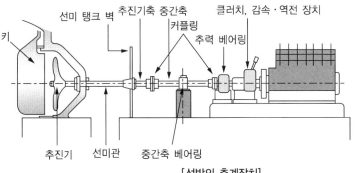

[선박의 축계장치]

14 • 피치 : 프로펠러가 1회전할 때 날개 위의 어떤 점이 축 방향으로 이동한 거리
• 1m(피치길이) × 60분(1시간) × 60초 × 2(매초 2회전) = 7,200m = 7.2km

15 작동유의 온도가 낮아지면, 점도는 높아지고, 온도가 높아지면 점도는 낮아진다. 점도는 끈적끈적한 정도를 말하는 것이며 물같이 잘 흐르게 되는 상태를 점도가 낮아진 상태로 표현된다.

16 기관실 펌프의 기동전 점검사항
• 입·출구 밸브의 개폐상태를 확인한다.
• 에어벤트 콕을 이용하여 공기를 배출한다.
• 손으로 축을 돌리면서 각부의 이상 유무를 확인한다.

17 전력 – 킬로와트(kW)

18 원심 펌프의 구조

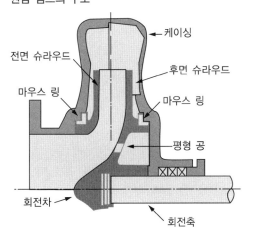

19 전압을 측정할 경우 : 예상되는 전압을 알기 어려울 때에는 전환 스위치를 가장 높은 범위에서부터 한 단계씩 낮은 범위로 전환스위치를 돌려가면서 전압을 측정하여야 한다.

20 납축전지의 특성 및 관리 방법
- 납축전지의 특성 : 전해액의 온도에 따라 축전지의 용량이 변한다. 전해액의 온도가 올라가면 축전지의 용량은 늘어나고, 온도가 내려가면 적어진다. 이것은 황산의 분자 또는 이온 등의 이동이 온도가 내려감에 따라 감소하고, 묽은 황산의 비저항의 증가로 인한 전압 강하가 발생하기 때문이다. 선박의 납축 전지는 조명용, 기관 시동용, 비상 통신용의 용도로 사용된다.
- 납축전지의 관리 방법 : 납축전지는 충전할 때 완전히 충전시키고, 전해액을 보충할 때에는 비중에 맞춘다. 전해액 보충 시에는 증류수로 보충해야 한다.

21 아래 그림과 같이 디젤기관과 실린더 헤드를 분해하여 체인블록으로 들어올릴 때 아이 볼트를 사용한다.

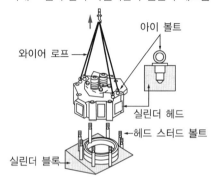

22 디젤기관의 진동 원인
- 위험회전수로 운전하고 있을 때
- 메인 베어링의 틈새가 너무 클 때
- 크랭크 핀 베어링의 틈새가 너무 클 때
- 디젤 노킹이 발생할 때
- 발 압력, 회전부의 원심력, 왕복 운동부의 관성력, 축의 비틀림 등

23 크랭크 암 개폐작용의 원인
- 메인 베어링의 불균일한 마멸 및 조정 불량
- 스러스트 베어링(Thrust Bearing)의 마멸과 조정 불량
- 메인 베어링 및 크랭크 핀 베어링의 틈새가 클 경우
- 크랭크 축 중심의 부정 및 과부하 운전
- 기관 베드의 변형 등

24 질량 보존의 법칙
화학반응이 일어나기 전 반응물질의 총질량과 화학반응 후 생성된 물질의 총질량은 같다. 이는 화학반응이 일어날 때 물질을 이루는 원자의 종류와 개수에 변함이 없기 때문이다.

25 1드럼은 200리터이다.

PART 03 2022년 제2회 정답 및 해설

제1과목 항해

01	02	03	04	05	06	07	08	09	10
사	가	사	사	사	사	가	아	아	나
11	12	13	14	15	16	17	18	19	20
나	아	아	가	나	가	나	아	사	사
21	22	23	24	25					
나	사	사	나	아					

01 짐벌즈 또는 짐벌 링이라고도 하며 그 구조는 안팎에 두 개 링으로 되어 있다.

02 제진 세차 운동과 지북 세차 운동이 동시에 일어나는 경사제진식 제품에만 있는 오차로, 적도 지방에서는 오차가 생기지 않으나 그 밖의 지방에서는 오차가 생긴다.

03 선박의 속력과 항주 거리를 측정하는 장비는 선속계이다.

04 자차계수 D는 045°, 135°, 225°, 315°에서 최대가 되고 동서, 남북 침로에서 0°가 된다. 자차계수 D는 연철 구로 수정한다.

05 선박의 위도 변화와 섀도 핀의 오차와는 관련이 없다.

06 레이더는 전파의 직진성, 반사성, 등속성을 이용하여 목표물을 탐지하고 거리와 방향을 측정하는 장비이다.

07 해도 및 수로 서지에 표시된 추천항로가 가장 안전한 항로이다.

08 날짜변경선은 태평양의 거의 중앙부, 대략 경도(經度) 180°선을 따라 남북으로 설정되어 있으며, 이 선을 경계로 동쪽과 서쪽에서 날짜가 하루 달라진다.

09 A선박의 벡터가 본선을 향하고 있으므로 본선과 충돌의 위험성이 있다.

10 펄스변조기는 송신 장치에 해당한다.

11 암초 높이가 4m임을 의미한다.

12 해도도식에는 해도 상에서 여러 가지 사항들을 표시하기 위하여 사용되는 특수한 기호와 약어가 수록되어 있다.

13 우리나라 조석표는 두 권으로 분류되어 있는데, 제1권은 국내항, 제2권은 태평양 및 인도양의 주요항에 관한 것이다.

14
- 섬광등(Fl) : 일정 시간마다 1회의 섬광을 내며, 등광이 꺼진 시간이 빛을 내는 시간보다 긴 등
- 호광등(Alt) : 꺼지는 일이 없이 색깔이 다른 종류의 빛(대개 홍, 백 또는 녹, 백)을 교대로 내는 등
- 명암등(Occ) : 일정한 광력으로 비추다가 일정한 간격으로 한 번씩 꺼지며, 등광이 비추는 시간이 꺼진 시간보다 짧지 않은 등

15
- 도표 : 좁은 수로의 항로를 표시하기 위하여 항로의 연장선 위에 앞 뒤로 2개 이상의 육표를 설치한 것
- 육표 : 입표의 설치가 곤란한 경우에 육상에 마련한 간단한 항로 표지
- 입표 : 암초, 노출암, 사주 등의 위치를 표시하기 위하여 마련된 경계표

16 레이마크는 선박의 레이더 영상에 송신국의 방향이 휘선으로 나타나도록 전파를 발사하는 표지이다.

17 연안항해에서는 안전을 위해 가능한 대축척 해도를 사용한다.

18 종이해도는 깨끗이 사용해야 하며, 연필 끝은 납작하게 깎아서 사용하고 선박의 안전을 위해 항해 수역의 소개정이 필요하다.

19 주기의 단위는 초(S)로 나타낸다.

20 우리나라의 좌현 측방표지는 녹색, 우현 측방표지는 적색이다.

21 오호츠크해 기단은 우리나라 초여름(5~6월) 날씨에 영향을 주는 기단으로 해양성 한냉 습윤기단이다.

22 저기압에서는 하층에서 공기의 수렴이 있다. 수렴된 공기는 상승기류가 된다. 상승한 공기는 상층에서 발산한다.

23 일기예보는 단기예보, 중기예보, 장기예보 그리고 기상특보 등으로 분류하고 기상청으로부터 발표된다.

24 항로는 연안 항로, 근해 항로, 원양 항로로 구분한다.

25 선박의 평균 속력은 도착예정시간을 구할 때 사용된다.

01	02	03	04	05	06	07	08	09	10
가	가	사	사	아	나	나	사	나	아
11	12	13	14	15	16	17	18	19	20
나	가	사	사	사	가	가	아	가	가
21	22	23	24	25					
가	사	가	가	가					

01 선수부는 항상 파의 충격력을 받으며 표류물과 충돌할 기회가 많기 때문에 이들 하중에 충분히 견딜 수 있는 견고한 구조로 되어 있는데, 이 구조를 팬팅(Panting) 구조라고 한다.

02

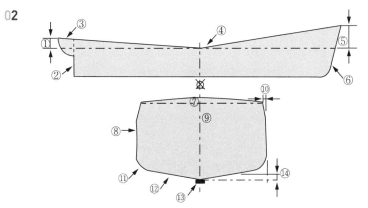

① 선수현호 ④ 상갑판 ⑦ 캠 버 ⑩ 텀블 홈 ⑬ 용 골
② 선 미 ⑤ 선수 현호 ⑧ 선 측 ⑪ 빌 지 ⑭ 선 저
③ 선미 돌출부 ⑥ 선 수 ⑨ 선체 중심선 ⑫ 선 저

03 선수흘수와 선미흘수와의 차이를 트림이라고 한다. 선수흘수가 선미흘수보다 크면 선수트림이라고 하며, 선미흘수가 선수흘수보다 크면 선미트림이라고 한다. 선수흘수와 선미흘수가 같은 때를 등흘수라고 한다.

04
- 전장 : 선체에 고정적으로 부속된 모든 돌출물을 포함하여 선수의 최전단에서 선미의 최후단까지의 수평거리
- 등록장 : 상갑판 빔의 선수재 전면으로부터 선미재 후면까지의 수평거리
- 수선간장 : 계획 만재 흘수선상의 선수재의 전면으로부터 타주를 가진 선박은 타주 후면의 수선까지, 타주가 없는 선박은 타두 중심까지의 수평거리

05

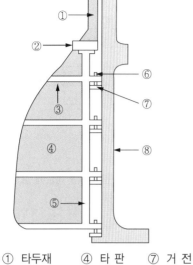

① 타두재　④ 타 판　⑦ 거 전
② 타 커플링　⑤ 타심재　⑧ 타 주
③ 리더 암　⑥ 핀 틀

06　닻 갈고리의 끝부분을 빌(Bill)이라고 한다.

07　스프링클러는 초기 화재 진압을 위해 현재까지 개발된 설비 중 가장 유효한 설비 중 하나이다. 천정이나
벽 등에 설치되어 있으며, 화재가 발생하면 자동으로 감지하여 물을 분사한다.

08　보온복은 저체온증을 막기 위한 목적이다.

09　UTC는 협정세계시를 의미하며, 우리나라는 협정세계시보다 9시간 빠르기 때문에 14시 30분이다.

10　구명뗏목은 선박이 침몰시 자동으로 이탈되어 조난자가 탑승할 수 있다. 정원은 최대 25인승까지이다.

11　자기 발연 신호는 물 위에 부유할 경우 오렌지색 연기를 15분 이상 연속 발할 수 있어야 하며, 수중에 10초
간 완전히 잠긴 후에도 계속 연기를 발할 수 있어야 한다.

12　국제신호기 'NC'기를 게양해야 한다.

13　환부를 온열하면 지혈되지 않는다.

14　묘박 중에도 항상 켜서 사용해야 한다.

15　항력은 타판에 작용하는 힘 중에서 그 작용하는 방향이 선수미선인 분력을 말한다. 이 힘의 방향은 선체
후방이므로 전진 속력을 감소시키는 저항력으로 작용하고, 타각이 커지면 이 항력도 커진다.

16　선박의 조종성을 판별하는 성능은 침로안정성, 선회성, 추종성 등이 해당한다.

17 침로 유지의 기능은 타(Rudder)의 기능에 해당한다.

18 기관을 후진상태로 작동시키면 선체의 우현 쪽으로 흘러가는 배출류는 우현 선미 측벽에 부딪치면서 측압을 형성하며, 이 측압작용은 현저하게 커서 선미를 좌현 쪽으로 밀게되므로 선수는 우현 쪽으로 회두한다.

19 복원성이 작은 선박에서 큰 속력으로 대각도 전타하게 되면 선박이 전복될 수 있다.

20 물에 빠진 사람을 구조하는 조선법에는 윌리암슨 턴, 원 턴(싱글 턴, 앤더슨 턴), 샤르노브 턴의 방법이 있다.

21 아르키메데스의 원리에 의하며, 물 위에 떠 있는 물체는 그 물체가 배제한 물의 무게(배수량) 만큼의 부력을 받는다.

22 선박이 파도를 선미로부터 받으면서 항주할 때에 선체 중앙이 파도의 파정이나 파저에 이치하면 급격한 선수 동요에 의해 선체는 파도와 평행하게 놓이는 수가 있으며, 이러한 현상을 브로칭이라 부른다.

23 표주법이라고 하며, 이 방법은 선체에 부딪치는 파도의 충력을 최소로 줄일 수 있고, 조타에 의한 보침이 필요 없다. 그러나 선체의 표류가 커서 풍하측에 여유 수역이 필요하고, 횡파를 받으면 대각도 경사가 일어나므로 복원력이 큰 소형선에서 이용할 수 있다.

24 국제신호서에 규정된 신호기에는 영문자기, 숫자기, 대표기, 회답기가 있다.

25 산화된 불똥이 튀어서 발생한 화재는 열작업으로 인한 화재에 해당한다.

01	02	03	04	05	06	07	08	09	10
나	나	사	나	사	사	나	가	사	가
11	12	13	14	15	16	17	18	19	20
나	사	나	가	나	사	가	나	사	사
21	22	23	24	25					
아	아	가	아	사					

01 해상교통안전법상 통항분리수역을 항행하는 경우에 선박이 부득이한 사유로 통항로를 횡단하여야 하는 경우 그 통항로와 선수방향이 직각에 가까운 각도로 횡단하여야 한다.

02 해양수산부장관은 선박의 항행안전에 필요한 항로표지·신호·조명 등 항행보조시설을 설치하고 관리·운영하여야 한다.

03 안전한 속력을 결정할 때 고려해야 할 사항
- 시계의 상태
- 해상교통량의 밀도
- 선박의 정지거리·선회성능, 그 밖의 조종성능
- 야간의 경우에는 항해에 지장을 주는 불빛의 유무
- 바람·해면 및 조류의 상태와 항행장애물의 근접상태
- 선박의 흘수와 수심과의 관계
- 레이더의 특성 및 성능
- 해면상태·기상, 그 밖의 장애요인이 레이더 탐지에 미치는 영향
- 레이더로 탐지한 선박의 수·위치 및 동향

04 **해상교통안전법상 충돌 위험의 판단**
- 선박은 다른 선박과 충돌할 위험이 있는지를 판단하기 위하여 당시의 상황에 알맞은 모든 수단을 활용하여야 한다.
- 레이더를 설치한 선박은 다른 선박과 충돌할 위험성 유무를 미리 파악하기 위하여 레이더를 이용하여 장거리 주사(走査), 탐지된 물체에 대한 작도(作圖), 그 밖의 체계적인 관측을 하여야 한다.
- 선박은 불충분한 레이더 정보나 그 밖의 불충분한 정보에 의존하여 다른 선박과의 충돌 위험 여부를 판단하여서는 아니 된다.
- 선박은 접근하여 오는 다른 선박의 나침방위에 뚜렷한 변화가 일어나지 아니하면 충돌할 위험성이 있다고 보고 필요한 조치를 하여야 한다.
- 접근하여 오는 다른 선박의 나침방위에 뚜렷한 변화가 있더라도 거대선 또는 예인작업에 종사하고 있는 선박에 접근하거나, 가까이 있는 다른 선박에 접근하는 경우에는 충돌을 방지하기 위하여 필요한 조치를 하여야 한다.

05 해상교통안전법상 밤에는 다른 선박의 선미등만을 볼 수 있고 어느 쪽의 현등도 볼 수 없는 위치에서 그 선박을 앞지르는 선박은 앞지르기 하는 배로 보고 필요한 조치를 취하여야 한다.

06 항행 중인 범선이 진로를 피해야 하는 선박
- 조종불능선
- 조종제한선
- 어로에 종사하고 있는 선박

07 충돌할 위험성이 없다고 판단한 경우 외에는 다음의 어느 하나에 해당하는 경우 모든 선박은 자기 배의 침로를 유지하는 데에 필요한 최소한으로 속력을 줄여야 한다. 이 경우 필요하다고 인정되면 자기 선박의 진행을 완전히 멈추어야 하며, 어떠한 경우에도 충돌할 위험성이 사라질 때까지 주의하여 항행하여야 한다.
- 자기 선박의 양쪽 현의 정횡 앞쪽에 있는 다른 선박에서 무중신호(霧中信號)를 듣는 경우
- 자기 선박의 양쪽 현의 정횡으로부터 앞쪽에 있는 다른 선박과 매우 근접한 것을 피할 수 없는 경우

08 해상교통안전법상 제한된 시계에서 레이더만으로 다른 선박이 있는 것을 탐지한 선박은 충돌할 위험과 얼마나 가까이 있는지 또는 해당 선박이 있는지를 판단하여야 한다. 이 경우 해당 선박과 매우 가까이 있거나 그 선박과 충돌할 위험이 있다고 판단한 경우에는 충분한 시간적 여유를 두고 피항동작을 취하여야 한다.

09 등화의 종류
- 마스트등 : 선수와 선미의 중심선상에 설치되어 225도에 걸치는 수평의 호(弧)를 비추되, 그 불빛이 정선수 방향으로부터 양쪽 현의 정횡으로부터 뒤쪽 22.5도까지 비출 수 있는 흰색 등(燈)
- 현등(舷燈) : 정선수 방향에서 양쪽 현으로 각각 112.5도에 걸치는 수평의 호를 비추는 등화로서 그 불빛이 정선수 방향에서 좌현 정횡으로부터 뒤쪽 22.5도까지 비출 수 있도록 좌현에 설치된 붉은색 등과 그 불빛이 정선수 방향에서 우현 정횡으로부터 뒤쪽 22.5도까지 비출 수 있도록 우현에 설치된 녹색 등
- 선미등 : 135도에 걸치는 수평의 호를 비추는 흰색 등으로서 그 불빛이 정선미 방향으로부터 양쪽 현의 67.5도까지 비출 수 있도록 선미 부분 가까이에 설치된 등
- 예선등(曳船燈) : 선미등과 같은 특성을 가진 황색 등
- 전주등(全周燈) : 360도에 걸치는 수평의 호를 비추는 등화. 다만, 섬광등(閃光燈)은 제외한다.
- 섬광등 : 360도에 걸치는 수평의 호를 비추는 등화로서 일정한 간격으로 1분에 120회 이상 섬광을 발하는 등
- 양색등(兩色燈) : 선수와 선미의 중심선상에 설치된 붉은색과 녹색의 두 부분으로 된 등화로서 그 붉은색과 녹색 부분이 각각 현등의 붉은색 등 및 녹색 등과 같은 특성을 가진 등
- 삼색등(三色燈) : 선수와 선미의 중심선상에 설치된 붉은색·녹색·흰색으로 구성된 등으로서 그 붉은색·녹색·흰색의 부분이 각각 현등의 붉은색 등과 녹색 등 및 선미등과 같은 특성을 가진 등

10 예인선열의 길이가 200미터를 초과하면 가장 잘 보이는 곳에 마름모꼴의 형상물 1개를 설치해야 한다.

11 해상교통안전법상 동력선이 다른 선박을 끌고 있는 경우 선미등의 위쪽에 수직선 위로 예선등 1개를 표시해야 한다.

12 도선업무에 종사하고 있는 선박은 다음의 등화나 형상물을 표시하여야 한다.
- 마스트의 꼭대기나 그 부근에 수직선 위쪽에는 흰색 전주등, 아래쪽에는 붉은색 전주등 각 1개
- 항행 중에는 제1호에 따른 등화에 덧붙여 현등 1쌍과 선미등 1개

13 선박이 좁은 수로등에서 서로 상대의 시계 안에 있는 경우 기적신호를 할 때에는 다음에 따라 행하여야 한다.
- 다른 선박의 우현 쪽으로 앞지르기 하려는 경우에는 장음 2회와 단음 1회의 순서로 의사를 표시할 것
- 다른 선박의 좌현 쪽으로 앞지르기 하려는 경우에는 장음 2회와 단음 2회의 순서로 의사를 표시할 것
- 앞지르기 당하는 선박이 다른 선박의 앞지르기에 동의할 경우에는 장음 1회, 단음 1회의 순서로 2회에 걸쳐 동의 의사를 표시할 것

14 "기적"(汽笛)이란 다음 구분에 따라 단음(短音)과 장음(長音)을 발할 수 있는 음향신호장치를 말한다.
- 단음 : 1초 정도 계속되는 고동소리
- 장음 : 4초부터 6초까지의 시간 동안 계속되는 고동소리

15 시계가 제한된 수역이나 그 부근에 있는 모든 선박은 밤낮에 관계없이 항행 중인 동력선은 대수속력이 있는 경우에는 2분을 넘지 아니하는 간격으로 장음을 1회 울려야 한다.

16 무역항의 수상구역등에 정박하는 선박은 지체 없이 예비용 닻을 내릴 수 있도록 닻 고정장치를 해제하고, 동력선은 즉시 운항할 수 있도록 기관의 상태를 유지하는 등 안전에 필요한 조치를 하여야 한다.

17 선장은 무역항의 수상구역등에서 다음 각 호의 선박을 불꽃이나 열이 발생하는 용접 등의 방법으로 수리하려는 경우 해양수산부령으로 정하는 바에 따라 관리청의 허가를 받아야 한다. 다만, 제2호의 선박은 기관실, 연료탱크, 그 밖에 해양수산부령으로 정하는 선박 내 위험구역에서 수리작업을 하는 경우에만 허가를 받아야 한다.
1. 위험물을 저장·운송하는 선박과 위험물을 하역한 후에도 인화성 물질 또는 폭발성 가스가 남아 있어 화재 또는 폭발의 위험이 있는 선박(이하 "위험물운송선박"이라 한다)
2. 총톤수 20톤 이상의 선박(위험물운송선박은 제외한다)

18 **선박 교통의 제한**
- 관리청은 무역항의 수상구역등에서 선박교통의 안전을 위하여 필요하다고 인정하는 경우에는 항로 또는 구역을 지정하여 선박교통을 제한하거나 금지할 수 있다.
- 관리청이 항로 또는 구역을 지정한 경우에는 항로 또는 구역의 위치, 제한·금지 기간을 정하여 공고하여야 한다.

19
- 장애물을 제거하는 데 들어간 비용은 그 물건의 소유자 또는 점유자가 부담하되, 소유자 또는 점유자를 알 수 없는 경우에는 대통령령으로 정하는 바에 따라 그 물건을 처분하여 비용에 충당한다.
- 누구든지 무역항의 수상구역등이나 무역항의 수상구역 밖 10킬로미터 이내의 수면에 선박의 안전운항을 해칠 우려가 있는 흙·돌·나무·어구(漁具) 등 폐기물을 버려서는 아니 된다.
- 무역항의 수상구역등이나 무역항의 수상구역 부근에서 석탄·돌·벽돌 등 흩어지기 쉬운 물건을 하역하는 자는 그 물건이 수면에 떨어지는 것을 방지하기 위하여 대통령령으로 정하는 바에 따라 필요한 조치를 하여야 한다.
- 무역항의 수상구역등이나 무역항의 수상구역 부근에서 해양사고·화재 등의 재난으로 인하여 다른 선박의 항행이나 무역항의 안전을 해칠 우려가 있는 조난선(遭難船)의 선장은 즉시 「항로표지법」에 따른 항로표지를 설치하는 등 필요한 조치를 하여야 한다.

20 항로에서의 항법(선박의 입항 및 출항 등에 관한 법률 제12조 제1항)

- 항로 밖에서 항로에 들어오거나 항로에서 항로 밖으로 나가는 선박은 항로를 항행하는 다른 선박의 진로를 피하여 항행할 것
- 항로에서 다른 선박과 나란히 항행하지 아니할 것
- 항로에서 다른 선박과 마주칠 우려가 있는 경우에는 오른쪽으로 항행할 것
- 항로에서 다른 선박을 추월하지 아니할 것. 다만, 추월하려는 선박을 눈으로 볼 수 있고 안전하게 추월할 수 있다고 판단되는 경우에는 「해사안전법」 제67조 제5항 제71조에 따른 방법으로 추월할 것
- 항로를 항행하는 제37조 제1항 제1호에 따른 위험물운송선박(제2조 제5호 라목에 따른 선박 중 급유선은 제외한다) 또는 「해사안전법」 제2조 제14호에 따른 흘수제약선(吃水制約船)의 진로를 방해하지 아니할 것
- 「선박법」 제1조의2 제1항 제2호에 따른 범선은 항로에서 지그재그(Zigzag)로 항행하지 아니할 것

21 선박의 입항 및 출항 등에 관한 법률상 항로상의 모든 선박은 항로를 항행하는 위험물운송선박(선박 중 급유선은 제외한다) 또는 흘수제약선의 진로를 방해하지 아니할 것

22 "우선피항선"(優先避航船)이란 주로 무역항의 수상구역에서 운항하는 선박으로서 다른 선박의 진로를 피하여야 하는 다음의 선박을 말한다.

- 부선(艀船)[예인선이 부선을 끌거나 밀고 있는 경우의 예인선 및 부선을 포함하되, 예인선에 결합되어 운항하는 압항부선(押航艀船)은 제외한다]
- 주로 노와 삿대로 운전하는 선박
- 예 선
- 항만운송관련사업을 등록한 자가 소유한 선박
- 해양환경관리업을 등록한 자가 소유한 선박 또는 해양폐기물관리업을 등록한 자가 소유한 선박(폐기물 해양배출업으로 등록한 선박은 제외한다)
- 위의 규정에 해당하지 아니하는 총톤수 20톤 미만의 선박

23 해양환경관리법상 선박에서 배출기준을 초과하는 오염물질이 해양에 배출된 경우 방제조치

- 오염물질의 배출방지
- 배출된 오염물질의 확산방지 및 제거
- 배출된 오염물질의 수거 및 처리

24 해양환경관리법령상 음식찌꺼기는 항해 중에 영해기선으로부터 최소한 12해리 이상의 해역에 버릴 수 있다. 다만, 분쇄기 또는 연마기를 통하여 25mm 이하의 개구를 가진 스크린을 통과할 수 있도록 분쇄되거나 연마된 음식찌꺼기의 경우 영해기선으로부터 3해리 이상의 해역에 버릴 수 있다.

25 폐유저장용기의 비치기준(선박에서의 오염방지에 관한 규칙 별표7 참조)
- 기관구역용 폐유저장용기

대상선박	저장용량(단위 : ℓ)
총톤수 5톤 이상 10톤 미만의 선박	20
총톤수 10톤 이상 30톤 미만의 선박	60
총톤수 30톤 이상 50톤 미만의 선박	100
총톤수 50톤 이상 100톤 미만으로서 유조선이 아닌 선박	200

- 폐유저장용기는 2개 이상으로 나누어 비치할 수 있다.
- 폐유저장용기는 견고한 금속성 재질 또는 플라스틱 재질로서 폐유가 새지 아니하도록 제작되어야 하고, 해당 용기의 표면에는 선명 치 선박번호를 기재하고 그 내용물이 폐유임을 표시하여야 한다.
- 폐유저장용기 대신에 소형선박용 기름여과장치를 설치할 수 있다.

01	02	03	04	05	06	07	08	09	10
나	아	사	나	나	가	나	사	아	사
11	12	13	14	15	16	17	18	19	20
사	나	아	나	아	가	아	아	아	나
21	22	23	24	25					
아	아	아	나	가					

01 • 압축비 = 실린더 부피 / 압축 부피

  • 압축비 $= \dfrac{1200}{100} = 12$

02 4행정 사이클 기관에서 밸브를 열 때에는 캠으로, 닫을 때에는 스프링의 힘을 이용하는 방법을 주로 채택하고 있다.

03 실린더 라이너의 마멸이 기관에 미치는 영향
  • 압축 공기의 누설로 압축압력이 낮아지고 기관 시동이 어려워짐
  • 옆샘에 의한 윤활유의 오손 및 소비량 증가
  • 불완전 연소에 의한 연료 소비량 증가
  • 열효율 저하 및 기관 출력 감소
  • 연소가스가 크랭크실로 누설

04 습식 라이너의 구조

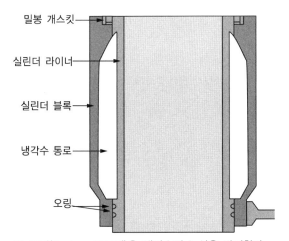

밀봉 개스킷
실린더 라이너
실린더 블록
냉각수 통로
오링

※ 오링(O-ring, 고무링)은 냉각수의 누설을 방지한다.

05 트렁크형 기관에서는 피스톤과 크랭크를 직접 연결하고 피스톤과 커넥팅 로드를 연결하는 것은 피스톤 핀이다. 커넥팅 로드(Connecting Rod, 연접봉)는 피스톤이 받는 폭발력을 크랭크 축에 전하고, 피스톤의 왕복 운동을 크랭크의 회전 운동으로 바꾸는 역할을 한다. 피스톤 로드(Piston Rod)는 크로스헤드형 기관에서 피스톤과 크로스헤드를 연결하는 부분이다.

06 **피스톤 링에 작용하는 힘**
- 장력(Tension) : 자유 상태에 있는 링의 절구 틈(Free Gap)을 실린더 지름까지 닫았을 때 벌어지려고 하는 힘을 말한다.
- 면압(Face Pressure) : 링을 실린더 내에 넣었을 때 실린더 내벽에 미치는 단위 면적당 압력을 의미한다.

07 크랭크 축은 피스톤의 왕복 운동을 커넥팅 로드에 의해 회전 운동으로 변화시킨다. 크랭크 저널, 크랭크 암, 크랭크 핀으로 구성되며, 회전축의 평형을 위해서 크랭크 핀의 반대쪽에 평형추를 설치하기도 한다.

08 **플라이휠의 역할**
- 크랭크 축의 회전력을 균일하게 해준다.
- 저속 회전을 가능하게 한다.
- 기관의 시동을 쉽게 해준다.
- 밸브의 조정이 편리하다

09 **연료유의 성질**
연료유는 발열량이 클수록 좋고, 유황분이 적을수록 좋다. 또한 착화점이 높은 연료는 착화 늦음 기간이 길다. 따라서 디젤기관에서는 착화점이 낮은 연료를 사용해야 한다. 연료유는 불순물이 적을수록 착화성이 더 좋아진다.

10 디젤기관의 압축 공기에 의한 시동 방법은 각 실린더 헤드에 설치되어 있는 시동 밸브를 통하여 약 25~30kgf/cm² 정도의 압축 공기로 작동 행정에 있는 피스톤을 강하게 아래로 밀어 크랭크 축을 회전시키는 것이다.

11 연료분사밸브의 분사압력이 정상값보다 낮으면 연료분사시기가 빨라지고, 무화의 상태가 나빠져서 불완전 연소가 발생한다.

12 연료분사펌프는 연료를 공급하는 부품이다.

13 디젤기관의 트렁크형 피스톤과 크로스 헤드형 피스톤

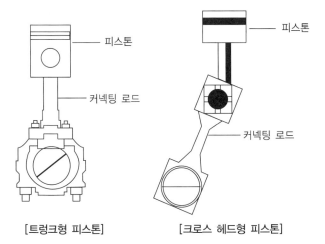

[트렁크형 피스톤] [크로스 헤드형 피스톤]

트렁크형 피스톤은 피스톤과 커넥팅 로드가 직접 피스톤 핀으로 연결되며 기관의 높이를 낮게 할 수 있고 주로 중·소형선에서 사용한다. 크로스 헤드형 피스톤은 측압을 크로스 헤드의 가이드에서 받게 되므로 피스톤은 링을 설치할 길이면 충분하다. 주로 대형 기관에 사용한다.

14 나선형 날개의 기본 구성

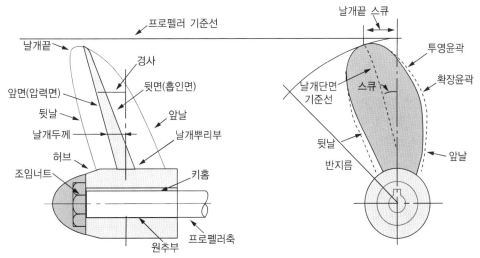

※ 나선형 추진기 날개 한 개가 절손되었을 때 진동이 증가한다.

15 • 마찰 브레이크 : 양묘기에서 회전축에 동력이 차단되었을 때 회전축의 회전을 억제하는 장치
• 클러치 : 회전축에 동력을 전달시키는 장치
• 워핑드럼 : 계선줄을 감는 장치
• 체인드럼 : 앵커체인이 홈에 꼭 끼도록 되어 있어서 드럼의 회전에 따라 체인을 내어주거나 감아들이는 장치

16 • 빌지펌프 : 기관실 바닥에 고인 물이나 해수펌프에서 누설한 물을 배출하는 전용 펌프
  • 슬러지 펌프 : 연료를 저당하고 있는 중에 기름에 용해되지 않는 성분들이 응집하여 생기는 흑색 침전물 (기름찌꺼기, 유성폐기물유체)을 슬러지라 하며 이를 배출하는 전용 펌프

17 기름 여과 장치는 선박에 공급되는 각종 기름 중 먼지, 수분 등과 같은 이물질을 여과하여 분리시키는 장치이다.

18 • 전원등 : 전원을 표시하는 등
  • 운전등 : 전동기의 운전 상태를 표시하는 등
  • 경보등 : 전동기의 이상 운전시 경보를 표시하는 등

19 유도 전동기의 명판에는 전동기의 출력, 회전수, 공급전압, 정격전류, 과부하율, 주파수, 냉매온도, 기동계급 등이 표시되어 있다.

20 **전지의 종류**
  • 1차 전지 : 한 번 사용하면 다시 사용할 수 없는 전지로 건전지라 한다.
  • 2차 전지 : 방전한 다음 다시 충전하여 전지로서의 기능을 회복할 수 있는 가역성의 전지로 축전지라 한다.

21 **표준 대기압**
  기압의 표준값을 말하는데, 온도 0℃, 중력 가속도가 980.665cm/s^{2}인 장소에서 수은주가 760mm의 높이를 나타내는 압력, 즉 1atm = 760mmHg = 1.03322kg/cm^2 = 1.01325bar이다.

22 **운전 중인 디젤기관이 갑자기 정지되었을 경우의 원인**
  • 과속도 장치의 작동
  • 연료유 여과기의 막힘
  • 조속기의 고장
  • 긴급 자동 정지 장치의 작동
  • 주기관의 과속
  • 주 윤활유의 입구측 압력이 낮을 경우
  • 스러스트 패드의 온도가 높을 경우

23 **크랭크 암의 디플렉션 측정**
  • 크랭크 암의 디플렉션은 선박이 물 위에 떠 있는 상태에서 측정해야 한다.
  • 기관실의 온도와 선체의 상태에 따라서 메인 베어링의 정렬 상태가 영향을 받으므로, 디플렉션 측정은 거의 동일한 온도와 선체 상태에서 실시해야 한다.
  • 플라이휠에 가까운 실린더는 플라이휠의 중량 때문에 다른 실린더보다 계측값이 크게 나오는 경향이 있으므로 유의한다.
  크랭크 축의 개폐 작용이 발생하는 원인
  • 메인 베어링의 불균일한 마멸 및 조정 불량
  • 스러스트 베어링(Thrust Bearing)의 마멸과 조정 불량
  • 메인 베어링 및 크랭크 핀 베어링의 틈새가 클 경우

- 크랭크 축 중심의 부정 및 과부하 운전
- 기관 베드의 변형 등

24 연료유는 온도가 높을수록 점도가 낮아지므로 연료유의 유동성이 활발해져 부피가 더 커진다.

25 연료유 서비스 탱크

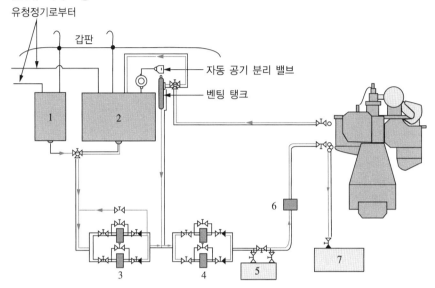

1. 디젤유 서비스 탱크(Diesel Oil Service Tank) : 청정기에서 청정된 디젤유를 기관에 공급할 수 있도록 저장한다.
2. 중유 서비스 탱크(Heavy Fuel Oil Service Tank) : 청정기로 청정한 중유를 기관에 공급할 수 있도록 저장한다.
3. 공급 펌프(Supply Pump) : 연료유를 서비스 탱크에서 기관까지 공급하기 위하여 연료유에 압력을 가해 준다.
4. 순환 펌프(Circulating Pump) : 연료유는 정체되면 냉각되어 점도가 상승하므로, 기관에서 서비스 탱크 까지 계속 순환시켜 점도를 유지시킨다.
5. 연료유 가열기(Fuel Oil Heater) : 연료유를 기관에 적합한 점도로 공급하기 위해서 가열한다.
6. 기관 입구 연료 필터(Engine Inlet Fuel Oil Filter) : 연료유 중의 고형분을 여과(Filtering)하여 연료 분 사 펌프나 연료 밸브의 손상을 방지한다.
7. 연료유 드레인 탱크(Fuel Oil Drain Tank) : 연료 분사 펌프 및 연료 분사 계통 중에서 소량으로 누설 하는 연료유를 모은다.

PART 03 2022년 제3회 정답 및 해설

제1과목 항 해

01	02	3	4	5	6	7	8	9	10
아	가	가	가	사	사	아	아	가	가
11	12	13	14	15	16	17	18	19	20
가	아	나	나	나	나	아	아	아	가
21	22	23	24	25					
나	사	사	아	아					

01 온도가 변하더라도 변형되지 않도록 부실에 부착된 운모 혹은 황동제의 원형 판으로 주변에 정밀하게 눈금을 파 놓았다.

02 비너클은 목재 또는 비자성재로 만드는 원통형 시시내이나. 윗부분에는 짐빌즈가 들어있어 컴피스 볼을 지지하고 있다.

03 핸드 레드(Hand Lead)는 간단한 측심 기구로, 수심이 얕은 곳에서 사용하는 가벼운 것(수용 측연)과 수심이 깊은 곳에서 사용하는(심해 측연)이 있는데, 오늘날에는 음향 측심기의 발달로 거의 사용하지 않는다.

04 대수속력은 자선 또는 다른 선박의 추진장치의 작용이나 그로 인한 선박의 타력에 의하여 생기는 선박의 물에 대한 속력을 말한다.

05 항해 중 자차가 가장 크게 변하는 경우는 선수 방위가 바뀔 경우로 선수 방위에 따른 자차는 자차곡선도를 이용하여 구할 수 있다.

06 선박자동식별장치로 선원의 국적은 알 수 없다.

07 • 전위선 : 선박이 어떤 시간 동안 항주한 거리만큼 위치선을 동일한 침로 방향으로 평행 이동한 것을 말한다.
   • 중시선 : 두 물표가 일직선상에 겹쳐 보일 때 이들 물표를 연결하는 선을 말한다.
   • 추측위치 : 가장 최근에 얻은 실측 위치를 기준으로 그 후에 조타한 진침로와 항행 거리에 의하여 구한 선위를 말한다.

08 1노트는 1시간에 1해리 이동한 속력을 말한다. 따라서 45해리를 10노트의 속력으로 이동하면 이동시간은 4시간 30분이 소요된다.

09 A선박의 벡터가 본선을 향하고 있으므로 본선과 A선박의 속력과 침로가 변하지 않는다면 A선박과 충돌할 가능성이 가장 크다.

10 항성과 혹성 관측은 아침, 저녁 박명시가 가장 좋다.

11 우리나라 해도상 수심의 단위는 미터(m)이다.

12 입표에 등광을 함께 설치하면 야간 표지이니 등표가 된다.

13 레이더 반사파를 강하게 하고 방위와 거리 정보를 제공하는 면에서 레이콘과 유사하나, 정확한 질문을 받거나 송신이 국부 명령으로 이루어 질 때 다른 관련 자료를 자료를 자동적으로 송신할 수 있다는 점에서 레이콘과 구별된다.

14 분호등은 2가지 등색을 바꾸어가며 계속 빛을 내는 등이다.

15 방위 표지는 방위 표지가 의미하는 해역이 가항 수역이다.

16 해도 도식은 해도상에 여러 가지 사항들을 표시하기 위하여 사용되는 특수한 기호와 약어가 수록되어 있으며 국립해양조사원에서 간행하고 있다.

17 고위도가 됨에 따라 거리, 넓이, 모양 등이 일그러지기 때문에 위도가 높은 지역의 해도로는 부적당하며 위도 70° 이하에서 사용된다.

18 해도에 소개정을 하였을 경우에는 해도 왼쪽 하단에 있는 '소개정'란에 통보 연도수와 통보 항수를 기입하여 어느 시점까지 소개정이 되었는가를 누가 보아도 알 수 있도록 해야 한다.

19 야간 표지는 일반 등화와 혼동되지 않고 부근에 있는 다른 야간 표지와도 구별될 수 있도록 등관의 발사 상태를 달리 하고 있는데, 이것을 등질이라고 한다.

20 선박은 각 방위가 나타내는 방향으로 항행하면 안전하다. 방위표지에 부착하는 두표는 원추형 2개를 사용하여 각 방위에 따라 서로 연관이 있는 모양으로 부착한다.

21 풍속을 관측할 때는 10분간의 풍속을 평균한 것이다.

22 저기압은 대기 중에서 상대적으로 주변 지역보다 기압이 낮은 지역으로 주변에서 중심으로 시계 반대 방향으로 회전하면서 수렴하여 상승 기류가 존재한다. 저기압 중심 부근에는 구름이 많고 바람이 강하게 분다. 저기압은 모두 이동성 저기압이며 중심이 주변의 기온보다 높을 경우 온난 저기압 그 반대일 경우 한랭 저기압이라 한다.

23 폐색전선은 온대성 저기압에서 동시에 두 전선이 발생했을 때, 온난전선의 이동속력은 느리고, 한랭전선의 이동속력은 빨라 한랭전선과 온난전선이 서로 겹쳐지면서 만들어지는 전선이다.

24 피험선이란 뚜렷한 물표의 방위, 거리, 수평 협각 등에 의해서 항로 부근에 있는 위험물을 피하기 위한 위험 예방선을 말한다.

25 입항 항로 선정시 고려사항
- 사전에 항만의 상황, 정박지의 수심 및 저질, 기상, 해상의 상태를 조사해 두어야 한다.
- 지정된 항로, 추천 항로 도는 상용의 항로가 있으면 이를 따른다.
- 정박지로 들어갈 때에는 될 수 있는 대로 선수 물표를 정하고, 투묘 시기를 알 수 있도록 정횡 방향 또는 항로 양쪽에 있는 물표의 방위를 미리 구해 둔다.
- 해도의 정밀성을 고려하여 일반적으로 수심이 얕거나 고르지 못한 지역, 고립된 암초나 침선으로부터 멀리 피한다.

01	02	3	4	5	6	7	8	9	10
사	사	사	아	가	가	사	사	가	나
11	12	13	14	15	16	17	18	19	20
아	아	아	사	나	나	사	가	아	사
21	22	23	24	25					
사	사	사	아	사					

01

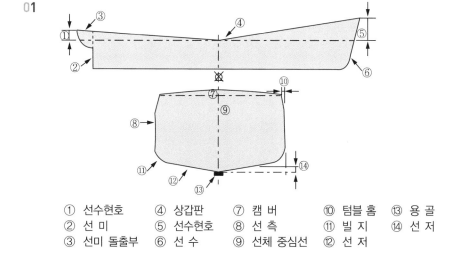

① 선수현호　④ 상갑판　⑦ 캠 버　⑩ 텀블 홈　⑬ 용 골
② 선 미　⑤ 선수현호　⑧ 선 측　⑪ 빌 지　⑭ 선 저
③ 선미 돌출부　⑥ 선 수　⑨ 선체 중심선　⑫ 선 저

02　대형선박 건조에 사용되는 선체 재료는 대부분 강재를 사용한다.

03　데릭 붐은 데릭식 하역장치에 해당한다.

04　계획 만재 흘수선상의 선수재의 전면으로부터 타주를 가진 선박은 타주 후면의 수선까지, 타주가 없는 선박은 타두 중심까지의 수평 거리를 수선간장이라고 한다.

05　소형선박에서는 기계식 동력 조타장치를 사용하고, 중·대형선에는 유압식 또는 전기식이 사용된다.

06　마닐라 로프는 식품 섬유 로프에 해당한다.

07　할론 소화기는 할로겐 화합물 가스를 약재로 사용하는 소화기이다. 소화 효과가 매우 뛰어나지만 열분해 작용 시 유독가스가 발생하므로, SOLAS 규정에서는 할론 소화 장치의 새로운 설치를 금지하고 있다.

08　보온복은 저체온증을 막기 위한 목적이다.

PART 03

09 국제신호기(International Maritime Signal Flags)는 사람이 직접 배의 마스트에 일정 표식의 깃발을 올려 상대 선박에게 우리 선박의 항해 의사를 보여주는 가장 오래되고 전통적이며 국제표준화되어 있는 아날로 그 통신 방식입니다. 방위를 나타낼 때는 'A+숫자기'를 사용한다.

10 구명부기는 선박 조난 시 구조를 기다릴 때 사용하는 인명 구조 장비로, 사람이 타지 않고 손으로 밧줄을 붙잡고 있도록 만든 것이다.

11 비상위치지시 무선표지(EPIRB)의 신호가 잘못 발신되었을 때는 RCC(구조조종본부)에 이 사실을 통보해야 한다.

12 선박이나 항공기가 조난상태에 있고 수신시설도 이용할 수 없음을 표시하는 것으로, 수색과 구조작업 시 생존자의 위치결정을 용이하게 하도록 무선 표지신호를 발신하는 무선설비이다.

13 조난신호 장치에는 자기 점화등, 자기 발연 신호, 로켓 낙하산 신호, 신호 홍염, 발연부 신호 등이 있다.

14 초단파 무선 전화는 연안에서 대략 50km 이내의 해역을 항해하는 선박 항계내 출입항 하는 선박과의 통신에 많이 사용되고 있다.

15 침로안정성은 항행 거리에 영향을 끼치며, 선박의 경제적인 운용을 위하여 필요한 요소 중의 하나이다.

16 선박의 6자유도 운동

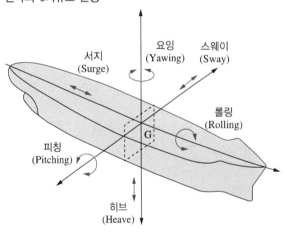

17 타각을 크게 하면 할수록 키에 작용하는 압력이 크므로 선회 우력이 커져서 선회권이 작아진다.

18 협수로에서 굴곡부가 많은 수로는 역조시에, 굴곡부가 적은 수로는 순조시에 항행하는 것이 좋다.

19 바람, 파도, 조류는 선박 조종에 미치는 영향이 크다.

20 선박이 충돌사고 등으로 인해 침몰 직전에 이르렀을 때 고의로 해안에 좌초시키는 것을 좌안 또는 임의 좌주라 한다.

21 닻을 사용하는 것과 추진기관의 출력 증가와는 관련이 없다.

22 선체 화물의 배치 계획을 세울 때에는 화물의 무게 분포가 전후부 선창에 집중되는 호깅이나, 중앙 선장체 집중되는 새깅 상태가 되지 않도록 해야 한다.

23 선수를 풍랑쪽으로 향하게 하여 조타가 가능한 최소의 속력으로 전진하는 방법을 히브 투라고 한다.

24 선내 불빛이 외부로 새어 나가는지 여부 확인은 항해중에 실시하여야 한다.

25 A급화재 : 일반화재, B급화재 : 유류가스 화재, C급화재 : 전기화재, D급화재 : 금속화재

01	02	03	04	05	06	07	08	09	10
아	나	나	사	사	사	가	나	아	사
11	12	13	14	15	16	17	18	19	20
사	나	사	아	사	사	아	아	나	가
21	22	23	24	25					
가	아	사	나	아					

01 다른 선박의 진로를 피하여야 하는 모든 선박[이하 "피항선"(避航船)이라 한다]은 될 수 있으면 미리 동작을 크게 취하여 다른 선박으로부터 충분히 멀리 떨어져야 한다(해상교통안전법 제81조).

02 안전한 속력을 결정할 때 고려해야 할 사항
- 시계의 상태
- 해상교통량의 밀도
- 선박의 정지거리 · 선회성능, 그 밖의 조종성능
- 야간의 경우에는 항해에 지장을 주는 불빛의 유무
- 바람 · 해면 및 조류의 상태와 항행장애물의 근접상태
- 선박의 흘수와 수심과의 관계
- 레이더의 특성 및 성능
- 해면상태 · 기상, 그 밖의 장애요인이 레이더 탐지에 미치는 영향
- 레이더로 탐지한 선박의 수 · 위치 및 동향

03 마주치는 상태
- 2척의 동력선이 마주치거나 거의 마주치게 되어 충돌의 위험이 있을 때에는 각 동력선은 서로 다른 선박의 좌현 쪽을 지나갈 수 있도록 침로를 우현(右舷) 쪽으로 변경하여야 한다.
- 선박은 다른 선박을 선수(船首) 방향에서 볼 수 있는 경우로서 다음의 어느 하나에 해당하면 마주치는 상태에 있다고 보아야 한다.
  - 밤에는 2개의 마스트등을 일직선으로 또는 거의 일직선으로 볼 수 있거나 양쪽의 현등을 볼 수 있는 경우
  - 낮에는 2척의 선박의 마스트가 선수에서 선미(船尾)까지 일직선이 되거나 거의 일직선이 되는 경우
- 선박은 마주치는 상태에 있는지가 분명하지 아니한 경우에는 마주치는 상태에 있다고 보고 필요한 조치를 취하여야 한다.

04 해상교통안전법상 제한된 시계에서 레이더만으로 다른 선박이 있는 것을 탐지한 선박의 피항동작이 침로를 변경하는 것만으로 이루어질 경우에는 될 수 있으면 다음의 동작은 피하여야 한다.
- 다른 선박이 자기 선박의 양쪽 현의 정횡 앞쪽에 있는 경우 좌현 쪽으로 침로를 변경하는 행위(앞지르기 당하고 있는 선박에 대한 경우는 제외한다)
- 자기 선박의 양쪽 현의 정횡 또는 그곳으로부터 뒤쪽에 있는 선박의 방향으로 침로를 변경하는 행위

05 정박선과 얹혀 있는 선박(해상교통안전법 제95조)

① 정박 중인 선박은 가장 잘 보이는 곳에 다음의 등화나 형상물을 표시하여야 한다.
- 앞쪽에 흰색의 전주등 1개 또는 둥근꼴의 형상물 1개
- 선미나 그 부근에 제1호에 따른 등화보다 낮은 위치에 흰색 전주등 1개

② 길이 50미터 미만인 선박은 제1항에 따른 등화를 대신하여 가장 잘 보이는 곳에 흰색 전주등 1개를 표시할 수 있다.

③ 정박 중인 선박은 갑판을 조명하기 위하여 작업등 또는 이와 비슷한 등화를 사용하여야 한다. 다만, 길이 100미터 미만의 선박은 이 등화들을 사용하지 아니할 수 있다.

④ 얹혀 있는 선박은 제1항이나 제2항에 따른 등화를 표시하여야 하며, 이에 덧붙여 가장 잘 보이는 곳에 다음의 등화나 형상물을 표시하여야 한다.
- 수직으로 붉은색의 전주등 2개
- 수직으로 둥근꼴의 형상물 3개

06 등화의 종류(해상교통안전법 제86조)

- 마스트등 : 선수와 선미의 중심선상에 설치되어 225도에 걸치는 수평의 호(弧)를 비추되, 그 불빛이 정선수 방향으로부터 양쪽 현의 정횡으로부터 뒤쪽 22.5도까지 비출 수 있는 흰색 등(燈)
- 현등(舷燈) : 정선수 방향에서 양쪽 현으로 각각 112.5도에 걸치는 수평의 호를 비추는 등화로서, 그 불빛이 정선수 방향에서 좌현 정횡으로부터 뒤쪽 22.5도까지 비출 수 있도록 좌현에 설치된 붉은색 등과 그 불빛이 정선수 방향에서 우현 정횡으로부터 뒤쪽 22.5도까지 비출 수 있도록 우현에 설치된 녹색 등
- 선미등 : 135도에 걸치는 수평의 호를 비추는 흰색 등으로서, 그 불빛이 정선미 방향으로부터 양쪽 현의 67.5도까지 비출 수 있도록 선미 부분 가까이에 설치된 등
- 예선등(曳船燈) : 선미등과 같은 특성을 가진 황색 등
- 전주등(全周燈) : 360도에 걸치는 수평의 호를 비추는 등화. 다만, 섬광등(閃光燈)은 제외한다.
- 섬광등 : 360도에 걸치는 수평의 호를 비추는 등화로서 일정한 간격으로 1분에 120회 이상 섬광을 발하는 등
- 양색등(兩色燈) : 선수와 선미의 중심선상에 설치된 붉은색과 녹색의 두 부분으로 된 등화로서 그 붉은색과 녹색 부분이 각각 현등의 붉은색 등 및 녹색 등과 같은 특성을 가진 등
- 삼색등(三色燈) : 선수와 선미의 중심선상에 설치된 붉은색·녹색·흰색으로 구성된 등으로서 그 붉은색·녹색·흰색의 부분이 각각 현등의 붉은색 등과 녹색 등 및 선미등과 같은 특성을 가진 등

07 "기적"(汽笛)이란 다음의 구분에 따라 단음(短音)과 장음(長音)을 발할 수 있는 음향신호장치를 말한다.
- 단음 : 1초 정도 계속되는 고동소리
- 장음 : 4초부터 6초까지의 시간 동안 계속되는 고동소리

08 경고신호(해상교통안전법 제99조 제6항)

좁은 수로등의 굽은 부분이나 장애물 때문에 다른 선박을 볼 수 없는 수역에 접근하는 선박은 장음으로 1회의 기적신호를 울려야 한다. 이 경우 그 선박에 접근하고 있는 다른 선박이 굽은 부분의 부근이나 장애물의 뒤쪽에서 그 기적신호를 들은 경우에는 장음 1회의 기적신호를 울려 이에 응답하여야 한다.

PART 03

09 "조종제한선"(操縦制限船)이란 다음의 작업과 그 밖에 선박의 조종성능을 제한하는 작업에 종사하고 있어 다른 선박의 진로를 피할 수 없는 선박을 말한다.
- 항로표지, 해저전선 또는 해저파이프라인의 부설·보수·인양 작업
- 준설(浚渫)·측량 또는 수중 작업
- 항행 중 보급, 사람 또는 화물의 이송 작업
- 항공기의 발착(發着)작업
- 기뢰(機雷)제거작업
- 진로에서 벗어날 수 있는 능력에 제한을 많이 받는 예인(曳引)작업

10 해상교통안전법상 밤에는 다른 선박의 선미등만을 볼 수 있고 어느 쪽의 현등도 볼 수 없는 위치에서 그 선박을 앞지르는 선박은 앞지르기 하는 배로 보고 필요한 조치를 취하여야 한다.

11 정박 중인 선박은 가장 잘 보이는 곳에 다음의 등화나 형상물을 표시하여야 한다.
- 앞쪽에 흰색의 전주등 1개 또는 둥근꼴의 형상물 1개
- 선미나 그 부근에 제1호에 따른 등화보다 낮은 위치에 흰색 전주등 1개

12 **항행 중인 동력선(해상교통안전법 제88조 제1항)**
항행 중인 동력선은 다음의 등화를 표시하여야 한다.
- 앞쪽에 마스트등 1개와 그 마스트등보다 뒤쪽의 높은 위치에 마스트등 1개. 다만, 길이 50미터 미만의 동력선은 뒤쪽의 마스트등을 표시하지 아니할 수 있다.
- 현등 1쌍(길이 20미터 미만의 선박은 이를 대신하여 양색등을 표시할 수 있다)
- 선미등 1개

13 2척의 범선이 서로 접근하여 충돌할 위험이 있는 경우에는 다음 항행방법에 따라 항행하여야 한다.
- 각 범선이 다른 쪽 현(舷)에 바람을 받고 있는 경우에는 좌현(左舷)에 바람을 받고 있는 범선이 다른 범선 의 진로를 피하여야 한다.
  ※ 여기서 바람이 불어오는 쪽이란 종범선에서는 주범(主帆)을 펴고 있는 쪽의 반대쪽을 말하고, 횡범선 에서는 최대의 종범을 펴고 있는 쪽의 반대쪽을 말하며, 바람이 불어가는 쪽이란 바람이 불어오는 쪽 의 반대쪽을 말한다.
- 두 범선이 서로 같은 현에 바람을 받고 있는 경우에는 바람이 불어오는 쪽의 범선이 바람이 불어가는 쪽의 범선의 진로를 피하여야 한다.
- 좌현에 바람을 받고 있는 범선은 바람이 불어오는 쪽에 있는 다른 범선을 본 경우로서 그 범선이 바람을 좌우 어느 쪽에 받고 있는지 확인할 수 없는 때에는 그 범선의 진로를 피하여야 한다.

14 **등화의 종류(해상교통안전법 제86조)**
- 마스트등 : 선수와 선미의 중심선상에 설치되어 225도에 걸치는 수평의 호(弧)를 비추되, 그 불빛이 정선 수 방향으로부터 양쪽 현의 정횡으로부터 뒤쪽 22.5도까지 비출 수 있는 흰색 등(燈)
- 현등(舷燈) : 정선수 방향에서 양쪽 현으로 각각 112.5도에 걸치는 수평의 호를 비추는 등화로서, 그 불빛 이 정선수 방향에서 좌현 정횡으로부터 뒤쪽 22.5도까지 비출 수 있도록 좌현에 설치된 붉은색 등과 그 불빛이 정선수 방향에서 우현 정횡으로부터 뒤쪽 22.5도까지 비출 수 있도록 우현에 설치된 녹색 등
- 선미등 : 135도에 걸치는 수평의 호를 비추는 흰색 등으로서, 그 불빛이 정선미 방향으로부터 양쪽 현의 67.5도까지 비출 수 있도록 선미 부분 가까이에 설치된 등
- 예선등(曳船燈) : 선미등과 같은 특성을 가진 황색 등

- 전주등(全周燈) : 360도에 걸치는 수평의 호를 비추는 등화. 다만, 섬광등(閃光燈)은 제외한다.
- 섬광등 : 360도에 걸치는 수평의 호를 비추는 등화로서, 일정한 간격으로 1분에 120회 이상 섬광을 발하는 등
- 양색등(兩色燈) : 선수와 선미의 중심선상에 설치된 붉은색과 녹색의 두 부분으로 된 등화로서, 그 붉은색과 녹색 부분이 각각 현등의 붉은색 등 및 녹색 등과 같은 특성을 가진 등
- 삼색등(三色燈) : 선수와 선미의 중심선상에 설치된 붉은색·녹색·흰색으로 구성된 등으로서, 그 붉은색·녹색·흰색의 부분이 각각 현등의 붉은색 등과 녹색 등 및 선미등과 같은 특성을 가진 등

15 출입 신고

무역항의 수상구역등에 출입하려는 선박의 선장은 대통령령으로 정하는 바에 따라 관리청에 신고하여야 한다. 다만, 다음의 선박은 출입 신고를 하지 아니할 수 있다.
- 총톤수 5톤 미만의 선박
- 해양사고구조에 사용되는 선박
- 수상레저기구 중 국내항 간을 운항하는 모터보트 및 동력요트
- 그 밖에 공공목적이나 항만 운영의 효율성을 위하여 해양수산부령으로 정하는 선박

16 제한된 시계안에서의 음향신호(해상교통안전법 제100조)

① 시계가 제한된 수역이나 그 부근에 있는 모든 선박은 밤낮에 관계없이 다음 각 호에 따른 신호를 하여야 한다.

1. 항행 중인 동력선은 대수속력이 있는 경우에는 2분을 넘지 아니하는 간격으로 장음을 1회 울려야 한다.
2. 항행 중인 동력선은 정지하여 대수속력이 없는 경우에는 장음 사이의 간격을 2초 정도로 연속하여 장음을 2회 울리되, 2분을 넘지 아니하는 간격으로 울려야 한다.
3. 조종불능선, 조종제한선, 흘수제약선, 범선, 어로 작업을 하고 있는 선박 또는 다른 선박을 끌고 있거나 밀고 있는 선박은 제1호와 제2호에 따른 신호를 대신하여 2분을 넘지 아니하는 간격으로 연속하여 3회의 기적(장음 1회에 이어 단음 2회를 말한다)을 울려야 한다.
4. 끌려가고 있는 선박(2척 이상의 선박이 끌려가고 있는 경우에는 제일 뒤쪽의 선박)은 승무원이 있을 경우에는 2분을 넘지 아니하는 간격으로 연속하여 4회의 기적(장음 1회에 이어 단음 3회를 말한다)을 울릴 것. 이 경우 신호는 될 수 있으면 끌고 있는 선박이 행하는 신호 직후에 울려야 한다.
5. 정박 중인 선박은 1분을 넘지 아니하는 간격으로 5초 정도 재빨리 호종을 울릴 것. 다만, 정박하여 어로 작업을 하고 있거나 작업 중인 조종제한선은 제3호에 따른 신호를 울려야 하고, 길이 100미터 이상의 선박은 호종을 선박의 앞쪽에서 울리되, 호종을 울린 직후에 뒤쪽에서 징을 5초 정도 재빨리 울려야 하며, 접근하여 오는 선박에 대하여 자기 선박의 위치와 충돌의 가능성을 경고할 필요가 있을 경우에는 이에 덧붙여 연속하여 3회(단음 1회, 장음 1회, 단음 1회) 기적을 울릴 수 있다.
6. 얹혀 있는 선박 중 길이 100미터 미만의 선박은 1분을 넘지 아니하는 간격으로 재빨리 호종을 5초 정도 울림과 동시에 그 직전과 직후에 호종을 각각 3회 똑똑히 울릴 것. 이 경우 그 선박은 이에 덧붙여 적절한 기적신호를 울릴 수 있다.
7. 얹혀 있는 선박 중 길이 100미터 이상의 선박은 그 앞쪽에서 1분을 넘지 아니하는 간격으로 재빨리 호종을 5초 정도 울림과 동시에 그 직전과 직후에 호종을 각각 3회씩 똑똑히 울리고, 뒤쪽에서는 그 호종의 마지막 울림 직후에 재빨리 징을 5초 정도 울릴 것. 이 경우 그 선박은 이에 덧붙여 알맞은 기적신호를 할 수 있다.

8. 길이 12미터 미만의 선박은 제1호부터 제7호까지의 규정에 따른 신호를, 길이 12미터 이상 20미터 미만인 선박은 제5호부터 제7호까지의 규정에 따른 신호를 하지 아니할 수 있다. 다만, 그 신호를 하지 아니한 경우에는 2분을 넘지 아니하는 간격으로 다른 유효한 음향신호를 하여야 한다.

9. 도선선이 도선업무를 하고 있는 경우에는 제1호, 제2호 또는 제5호에 따른 신호에 덧붙여 단음 4회로 식별신호를 할 수 있다.

② 밀고 있는 선박과 밀려가고 있는 선박이 단단하게 연결되어 하나의 복합체를 이룬 경우에는 이를 1척의 동력선으로 보고 제1항을 적용한다.

17 **선박의 입항 및 출항 등에 관한 법률의 목적**

무역항의 수상구역 등에서 선박의 입항·출항에 대한 지원과 선박운항의 안전 및 질서 유지에 필요한 사항을 규정함을 목적으로 한다.

18 **정박의 제한(선박의 입항 및 출항 등에 관한 법률 제6조 제1항)**

선박은 무역항의 수상구역등에서 다음의 장소에는 정박하거나 정류하지 못한다.

- 부두·잔교(棧橋)·안벽(岸壁)·계선부표·돌핀 및 선거(船渠)의 부근 수역
- 하천, 운하 및 그 밖의 좁은 수로와 계류장(繫留場) 입구의 부근 수역

19 무역항의 수상구역등에 입항하는 선박이 방파제 입구 등에서 출항하는 선박과 마주칠 우려가 있는 경우에는 방파제 밖에서 출항하는 선박의 진로를 피하여야 한다.

20 **속력 등의 제한(선박의 입항 및 출항 등에 관한 법률 제17조)**

- 선박이 무역항의 수상구역등이나 무역항의 수상구역 부근을 항행할 때에는 다른 선박에 위험을 주지 아니할 정도의 속력으로 항행하여야 한다.
- 해양경찰청장은 선박이 빠른 속도로 항행하여 다른 선박의 안전 운항에 지장을 초래할 우려가 있다고 인정하는 무역항의 수상구역등에 대하여는 관리청에 무역항의 수상구역등에서의 선박 항행 최고속력을 지정할 것을 요청할 수 있다.
- 관리청은 제2항에 따른 요청을 받은 경우 특별한 사유가 없으면 무역항의 수상구역등에서 선박 항행 최고속력을 지정·고시하여야 한다. 이 경우 선박은 고시된 항행 최고속력의 범위에서 항행하여야 한다.

21 **항행 중인 동력선이 서로 상대의 시계 안에 있는 경우 기적 신호 및 발광 신호**

- 침로를 오른쪽으로 변경하고 있는 경우 : 단음 1회 / 섬광 1회
- 침로를 왼쪽으로 변경하고 있는 경우 : 단음 2회 / 섬광 2회
- 기관을 후진하고 있는 경우 : 단음 3회 / 섬광 3회

22 "항로"란 선박의 출입 통로로 이용하기 위하여 지정·고시한 수로를 말한다. 관리청은 무역항의 수상구역등에서 선박교통의 안전을 위하여 필요한 경우에는 무역항과 무역항의 수상구역 밖의 수로를 항로로 지정·고시할 수 있다.

23 「선박에서의 오염방지에 관한 규칙」별표3
다음의 폐기물을 제외하고 모든 폐기물은 해양에 배출할 수 없다.
- 음식찌꺼기
- 해양환경에 유해하지 않은 화물잔류물
- 선박 내 거주구역에서 발생하는 중수
- 어업활동 중 혼획된 수산동식물·자연기원물질

24 해양환경관리법상 유조선에서 화물창 안의 화물잔류물 또는 화물창 세정수를 한 곳에 모으기 위한 탱크는 혼합물탱크(Slop Tank)이다.

25 해양환경관리법상 선박에서 배출기준을 초과하는 오염물질이 해양에 배출된 경우 방제조치
- 오염물질의 배출방지
- 배출된 오염물질의 확산방지 및 제거
- 배출된 오염물질의 수거 및 처리

제4과목 기 관

01	02	3	4	5	6	7	8	9	10
아	사	사	가	아	가	사	아	나	가
11	12	13	14	15	16	17	18	19	20
나	아	나	사	가	아	아	가	아	사
21	22	23	24	25					
사	가	가	가	가					

01 과급기(Supercharger)는 연소에 필요한 공기를 대기압 이상의 압력으로 압축하여, 밀도가 높은 공기를 실린더 내에 공급하여 연료를 완전 연소시킴으로써 평균 유효 압력을 높여 기관의 출력을 증대시키는 장치 이다.

02 폭발 간격이 균일해야 한다. 즉, 4행정 사이클 기관은 720/실린더 수마다 폭발하고, 2행정 사이클 기관은 360/실린더 수마다 폭발해야 한다. 따라서 4행정 사이클 6실린더 기관이므로 720/6 = 120도이다.

03 실린더 라이너의 마멸이 기관에 미치는 영향
- 압축 공기의 누설로 압축압력이 낮아지고 기관 시동이 어려워짐
- 옆샘에 의한 윤활유의 오손 및 소비량 증가
- 불완전 연소에 의한 연료 소비량 증가
- 열효율 저하 및 기관 출력 감소
- 연소가스가 크랭크실로 누설

04 운전 중인 소형기관의 윤활유 계통 점검사항
- 윤활유 펌프의 운전 상태
- 윤활유의 기관 입구 온도와 압력
- 윤활유 펌프의 출구 압력

05 실린더 라이너의 마멸 원인
- 라이너 재료가 부적당한 경우
- 커넥팅 로드(연접봉) 경사에 의해 측압이 생길 경우
- 실린더 윤활유의 부적당 또는 사용량 과부족의 경우
- 사용 연료유 및 윤활유가 부적당한 경우
- 순환 냉각수가 부족 또는 불량한 경우
- 피스톤 링의 장력이 과대하거나 내면이 불량한 경우
- 과부하 운전 또는 최고 압력이 너무 높은 경우
- 기관의 사동 횟수가 많은 경우

06 4행정 사이클 기관의 작동 순서는 흡입 → 압축 → 작동(폭발) → 배기이다.

07 디젤기관에서 실린더 헤드는 다른 말로 실린더 커버라고도 한다.

08　• 유량계 : 디젤기관의 연료유 사용량을 나타낸다.
　　　• 회전계 : 전동기의 축과 회전체의 회전 속도 및 회전수를 측정하는 계기
　　　• 압력계 : 기체나 액체의 압력을 측정하기 위한 계기

09　• 압축비 = 실린더 부피 / 압축 부피
　　　• 압축비 $= \dfrac{1200}{100} = 12$

10　피스톤 링은 피스톤과 실린더 라이너 사이의 기밀을 유지하며 피스톤에서 받은 열을 실린더 벽으로 방출하는 압축링(Compression Ring)과 실린더 라이너 내벽의 윤활유가 연소실로 들어가지 못하도록 긁어내리고 윤활유를 라이너 내벽에 고르게 분포시키는 오일 스크레이퍼 링(Oil Scraper Ring)이 있다. 일반적으로 압축링은 피스톤의 상부에 2~4개, 오일 스크레이퍼 링은 하부에 1~2개를 설치한다. 그러나 2행정 사이클 기관에 사용하는 크로스 헤드형 피스톤의 경우에는 오일 스크레이퍼 링을 설치하지 않는다. 피스톤 링은 적절한 절구 틈을 가져야 하며, 압축링이 오일링보다 연소실에 더 가까이 설치되어 있다.

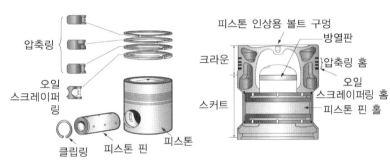

※ 피스톤과 연접봉을 서로 연결시키는 것은 피스톤 핀이다.

11　• 연료유의 점도(Viscosity) : 액체가 유동할 때 분자간의 마찰에 의하여 유동을 방해하려는 성질을 점성이라 하고, 그 정도를 표시하는 것이 점도이다. 일반적으로 연료유의 온도가 상승하면 점도는 낮아지고, 온도가 낮아지면 점도는 높아진다. 점도는 연료의 유동성과 밀접한 관계가 있고, 연료의 분사 상태에 영향을 크게 미친다.
　　　• 연료유의 성질 : 착화점이 높은 연료는 착화 지연 기간이 길다. 따라서 디젤기관에서는 착화점이 낮은 연료를 사용해야 한다.
　　　• 압축 공기의 압력과 온도 : 실린더 내의 압축 공기의 압력과 온도가 높을수록 착화 지연이 짧아진다.
　　　• 연료의 분포 상태 : 연소실 내에 분사된 연료가 고루 분포될수록 고온 공기와의 접촉이 잘 되므로 착화 지연이 짧아진다.

12　**마찰 저항**
　　　선박이 전진할 때 선체의 표면에 접촉하는 물의 점성에 의한 마찰로 인해 생긴다. 저속일 때에는 전체 저항의 70~80%로서 대부분을 차지한다. 그러나 고속으로 되면 다른 저항들이 더욱 많이 증가하게 되어 그 비율이 감소하게 된다. 선체와 물의 접촉 면적에 비례하고, 선박 속도의 제곱에 비례하며, 그 밖에도 선박의 형상, 선체 표면의 거칠기에 따라 변화한다.

PART 03

13 프로펠러의 공동현상 = 프로펠러의 캐비테이션 침식(Cavitation Erosion)

프로펠러의 회전 속도가 어느 한도를 넘게 되면, 프로펠러 배면의 압력이 낮아지며, 물의 흐름이 표면으로부터 떨어져서 기포 상태가 발생한다. 프로펠러 후연 부근에 가서 압력이 회복됨에 따라 이 기포가 순식간에 소멸되면서 높은 충격 압력을 일으켜 프로펠러 표면을 두드린다. 이것을 공동 현상(Cavitation)이라 한다.

14 선박의 축계장치(동력전달장치)는 추력축과 추력 베어링, 중간축, 중간 베어링, 추진기축, 선미관, 추진기로 구성되며, 가장 뒤쪽에 설치된 축은 추진기축이다. 추력 베어링(Thrust Bearing)은 선체에 부착되어 있으며, 추력 칼라의 앞과 뒤에 설치되어 프로펠러로부터 전달되어 오는 추력을 추력 칼라에서 받아 선체에 전달하여 선박을 추진시키는 역할을 한다.

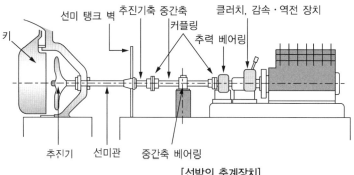

[선박의 축계장치]

15 • 균등충전 : 직렬로 접속된 축전지를 부동 상태로 사용하면 개개의 축전지에 비중이나 전압의 분리가 발생하는데, 이것을 균일화하기 위해 사용하는 충전방법. 일반적으로는 정전압 충전을 일컫는다.

• 급속충전 : 납축전지를 기존보다 빠르게 충전하는 기술을 말한다. 고속 충전이라고 부르는 경우도 많다.

• 부동충전 : 정류기와 축전지를 부하에 병렬로 접속하고, 축전지의 방전을 계속 보충하면서 부하에 전력을 공급하는 충전방법이다.

16 • 전원등 : 전원을 표시하는 등

• 운전등 : 전동기의 운전 상태를 표시하는 등

• 경보등 : 전동기의 이상 운전시 경보를 표시하는 등

17 펌프란 액체를 낮은 곳으로부터 높은 곳으로 수송하거나 저압력 상태에 있는 유체에 압력을 가해 고압력 상태로 만든 뒤 파이프를 이용해 압송하기 위한 목적으로 사용되는 기계장치이다.

18 기어 펌프

펌프의 케이싱 내에서 두 개의 기어가 맞물려 회전하면서 유체를 흡입측에서 송출측으로 밀어내는 펌프로 토출량이 일정하고 점도에 관계없이 사용 가능하며, 토출 및 흡입밸브가 필요 없어서 연료유 펌프로 많이 사용되고 있다.

19 전동기의 운전 중 주의사항
- 발열되는 곳이 있는지 수시로 점검한다.
- 이상한 소리, 냄새 등이 발생하는지 점검한다.
- 전류계 지시값에 주의하며 운전한다.

20 해수펌프는 해수를 유입하여 냉각수를 냉각해 주며 감속기의 오일을 냉각해주는 역할을 한다. 해수펌프는 흡입관, 압력계, 축봉장치로 구성되어 있다.

21 윤활유 펌프는 기관의 각종 베어링이나 마찰부에 압력이 있는 윤활유를 공급하기 위해 사용한다. 중·소형 기관에서는 기관과 직접 연결되어 기관 동력의 일부를 이용하여 펌프를 구동하는데, 기관이 정지하고 있을 때는 펌프를 구동할 수 없는 단점이 있다. 이 경우에는 별도의 전동 윤활유 펌프를 설치하여 기관이 정지 중일 때는 프라이밍(Priming) 운전을 하고, 기관이 정상 운전되어 윤활유 압력이 상승하면 자동으로 정지되도록 하고 있다. 대형 기관에서는 기관의 운전 여부와 관계없이 윤활유 펌프를 구동할 수 있도록 독립된 전동기로 구동한다. 윤활유 펌프의 토출 압력은 냉각수의 압력보다 조금 높게 하여 냉각수가 유입되지 않도록 한다. 기어 펌프(Gear Pump), 트로코이드 펌프(Trochoid Pump), 이모 펌프(Imo Pump) 등이 사용된다.

22 디젤기관의 밸브 틈새 조정하기
- 기관을 터닝하여 조정하고자 하는 실린더의 피스톤을 압축 행정시의 상사점에 맞춘다. 상사점의 확인은 플라이휠에 표시된 숫자에 의한다.
- 로크 너트(Lock Nut)를 먼저 풀고, 조정 볼트를 약간 헐겁게 한다.
- 밸브 스핀들 상부와 로커 암 사이에 규정 값의 틈새 게이지를 넣고, 조정 볼트를 드라이버로 돌려 조정한다.
- 틈새 게이지를 잡은 손에 가벼운 저항을 느끼면서 게이지가 움직이면 적정 간극으로 조정된 것이다.
- 조정 후에 조정 볼트가 움직이지 않게 로크 너트를 확실히 잠근다.
- 착화 순서에 따라 각 실린더마다 이 작업을 한다.
- 밸브 틈새의 조정은 기관이 냉각되지 않은 상태에서 실시하며, 그 틈새는 반드시 제작사에서 규정한 수치를 준수해야 한다.

23 디젤기관의 진동 원인
- 위험회전수로 운전하고 있을 때
- 메인 베어링의 틈새가 너무 클 때
- 크랭크핀 베어링의 틈새가 너무 클 때
- 디젤 노킹이 발생할 때
- 폭발 압력, 회전부의 원심력, 왕복 운동부의 관성력, 축의 비틀림 등

24 비중(Specific Gravity)
비중은 부피가 같은 기름의 무게와 물의 무게의 비를 말한다. 비중은 보통 15℃일 경우를 표준 온도로 하고, 15/4℃ 비중이라 함은 같은 부피의 15℃의 기름의 무게와 4℃의 물의 무게의 비를 나 타낸다.

25 점도(Viscosity)
액체가 유동할 때 분자간의 마찰에 의하여 유동을 방해하려는 성질을 점성이라 하고, 그 정도를 표시하는 것이 점도이다. 일반적으로 연료유의 온도가 상승하면 점도는 낮아지고, 온도가 낮아지면 점도는 높아진다. 점도는 연료의 유동성과 밀접한 관계가 있고, 연료의 분사 상태에 영향을 크게 미친다.

PART 03 2022년 제4회 정답 및 해설

제1과목 항 해

01	02	03	04	05	06	07	08	09	10
가	가	나	아	나	사	나	아	아	나
11	12	13	14	15	16	17	18	19	20
나	가	가	나	아	아	아	아	사	사
21	22	23	24	25
사	아	아	사	아

01 부실의 부력으로 피벗에 실제로 걸리는 중량은 미소하므로 상당히 지북력이 강한 무거운 자석을 사용할 수 있다.

02 위도 오차는 경사제진식 자이로컴퍼스에만 나타나며, 적도 지방에서는 오차가 생기지 않으나 그 밖의 지방에서는 오차가 생긴다. 북위도 지방에서는 편동오차, 남위도 지방에서는 편서오차가 되며, 위도가 높을수록 증가한다.

03 선바에서 속력과 항주 거리를 측정하는 계기는 선속계(Speed Log) 또는 로그(Log)라고 한다.

04 자이로컴퍼스를 사용하고자 할 때는 적어도 4시간 전에 기동하여야 한다.

05 복각이란 지구 자기의 자력선의 방향이 수평면과 이루는 각을 말한다.

06 선박자동식별장치로 선원의 국적은 알 수 없다.

07 물표 선정은 본선을 기준으로 물표 사이의 각도가 30°~150°인 것을 선정하고, 두 물표일 때는 90°, 세 물표일 때는 60° 정도가 가장 좋다.

08
- 평시 : 일상 생활에서 사용하는 시간이 평시이다.
- 항성시 : 춘분점의 지방 시각을 그 지점의 항성시라 한다.
- 태음시 : 달을 기준 천체로 정한 시간을 태음시라 한다.

09 거울면 반사는 레이더 발사 전파에 대해서 거울처럼 작용하는 강반사체가 자선 가까이에 있을 때, 발사된 레이더 전파가 거울면에 부딪혀 반사되어 다른 물표에 도달한 후 다시 되돌아와서 화면상에 거짓상을 만드는 수가 있다.

10 레이더 화면 중앙의 점은 본선이다.

11 수심, 세암, 암암의 기준면은 기본수준면이며, 등대의 기준면은 평균수면이다.

12 S는 모래이다.

13 해도도식은 해도 상에 여러 가지 사항들을 표시하기 위하여 사용되는 특수한 기호와 약어가 수록되어 있다.

14 조시 및 조고는 조석표에서 알 수 있다.

15 등부표는 움직이는 물표이기 때문에 선박의 속력을 구하는 데 사용하기에는 적당하지 않다.

16 • 무종 : 가스의 압력 또는 기계 장치로써 종을 쳐서 소리를 내는 장치
 • 다이어폰 : 압축 공기에 의해서 발음체인 피스톤을 왕복시켜서 소리를 내는 장치
 • 에어 사이렌 : 압축 공기로 사이렌을 울리는 장치

17 등대의 등색으로 사용되는 것은 백색, 적색, 녹색, 황색이다.

18 항박도는 축척이 큰 대축척해도이며, 평면도이다.

19 해도에서 일출 시간은 알 수 없다.

20 수심이 동일한 지점을 연결한 선을 등심선이라고 한다.

21 제한된 시계란 기상 악화에 따라 평상시 보다 시정이 좋지 못한 경우를 말한다.

22 겨울철 시베리아 지방에서 발생하는 정체성이 큰 찬 대륙성 고기압으로 중심은 바이칼호 근처이고 11월 말에서 3월 초까지의 평균 해면 기압은 1,030(hPa) 이상이다.

23 1hPa은 1mb(밀리바)와 같다.

24 항해계획 수립은 항로설정 → 소축척 해도상 선정한 항로 기입 및 항정 산출 → 사용 속력 결정 및 실속력 추정 → 대략의 항정과 추정한 실속력으로 출입항 시간 추정 → 수립한 계획 검토 → 대축척 해도 항로 기입 및 항해 계획표 작성 → 세밀한 항해 일정 및 출입항 시간 결정 순으로 이루어진다.

25 국제해사기구에서 정한 항로지정방식은 해도에 표시되어 있다.

01	02	03	04	05	06	07	08	09	10
나	사	나	아	아	가	아	사	나	나
11	12	13	14	15	16	17	18	19	20
나	아	아	나	아	나	아	가	가	아
21	22	23	24	25					
사	사	사	아	가					

01 선창(船艙) 안에 화물을 싣고 내리는 구멍을 카고해치라고 하고, 해수가 선내에 흘러들어오는 것을 방지하기 위해 해치의 주위에 충분한 높이의 해치코밍을 설치하여 그 상부를 해치커버로 덮는다.

02

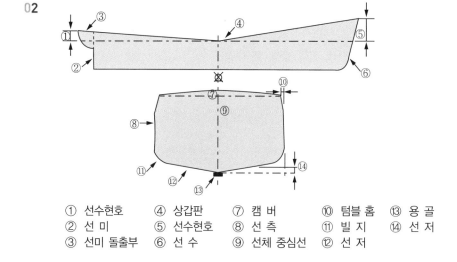

① 선수현호　④ 상갑판　⑦ 캠 버　⑩ 텀블 홈　⑬ 용 골
② 선 미　⑤ 선수현호　⑧ 선 측　⑪ 빌 지　⑭ 선 저
③ 선미 돌출부　⑥ 선 수　⑨ 선체 중심선　⑫ 선 저

03 트림이란 선박이 길이방향으로 기울어진 정도를 의미한다.

04 선박평형수는 선박의 트림을 조절하기 위한 물이다.

05 계획 만재 흘수선상의 선수재의 전면으로부터 타주를 가진 선박은 타주 후면의 수선까지, 타주가 없는 선박은 타두 중심까지의 수평거리를 수선간장이라고 한다.

06 순수하게 여객이나 화물의 운송을 위하여 제공되는 실제의 용적을 나타내기 위하여 사용되는 지표로서, 총톤수에서 기관실, 선원실, 밸러스트 탱크 등의 공간을 공제한 용적이다.

07 도료에 많은 양의 희석제를 사용하면 도료의 점도가 낮아진다.

08 보온복은 저체온증을 막기 위한 목적이다.

09 익수자가 발생한 현측으로 즉시 전타하여 킥현상에 의해 익수자와 본선의 선미가 떨어지도록 해야한다.

10 구명뗏목은 나일론 등과 같은 합성 섬유로 된 포지를 고무로 가공해서 뗏목 모양으로 제작한 것으로, 내부에는 탄산가스나 질소 가스를 주입시켜 긴급 시에 팽창시키면 뗏목모양으로 펼쳐지는 구명 설비이다.

11 MMSI(Maritime Mobile Service Identity)의 약자로 9개의 숫자로 구성되어 있으며, 앞에서부터 3자리는 선박이 속한 국가 또는 지역을 나타내는 해상식별부호이며, 우리나라의 경우 440, 441로 지정되어 있다.

12 로켓 낙하산 화염신호는 공중에 발사되면 낙하산이 펴져 천천히 떨어지면서 불꽃을 낸다.

13 선박용 초단파 무선설비의 최대 출력은 25W이다.

14 선박안전법 시행규칙으로 근해 어업에 종사하는 길이 24m 미만의 어선들에게 초단파 무선 전화(VHF)의 설치를 의무화하도록 규정하고 있다.

15 바람, 파도, 조류는 선박 조종에 중요한 요소이다.

16 정지에서 후진 시 우타각일 때 횡압력과 배출류가 선미를 좌현 쪽으로 밀고, 흡입류에 의한 직압력은 선미를 우현 쪽으로 밀어서 평형 상태를 유지한다. 후진 속력이 커지면서 흡입류의 영향이 커지므로 선수는 좌회두 하게 된다.

17 수심이 얕은 수역에서는 키의 효과가 나빠지고, 선체 저항이 증가하여 선회권이 커진다.

18 뻘의 파주력이 가장 크다.

19 계선줄의 사용과 선용품의 선적과는 관련이 없다.

20 선회 가속도는 감소하다가 원침로 선상에서 약 90°로 선회하면 일정한 각속도로 선회를 계속하게 되는데 이것을 정상 선회 운동이라고 한다. 이때에는 선속이 일정하다.

21 회두 시에는 소각도로 여러 차례 변침한다. 선수미선과 조류의 유선이 일치되도록 조종한다. 조류는 역조 때에는 정침이 잘 되나 순조 때에는 정침이 어렵다.

22 선체 화물의 배치 계획을 세울 때에는 화물의 무게 분포가 전후부 선창에 집중되는 호깅이나, 중앙 선장체 집중되는 새깅 상태가 되지 않도록 해야 한다.

23 수온은 선속에 영향을 미치지 않는다.

24 선박이 충돌사고 등으로 인해 침몰 직전에 이르렀을 때 고의로 해안에 좌초시키는 것을 좌안 또는 임의 좌주라 한다.

25 기관의 노후로 인한 사고는 사람의 과실로 인한 사고에 해당하지 않는다.

01	02	3	4	5	6	7	8	9	10
나	사	가	나	가	나	사	사	나	나
11	12	13	14	15	16	17	18	19	20
나	가	아	아	가	아	가	나	사	가
21	22	23	24	25					
사	아	사	사	가					

01 "고속여객선"이란 시속 15노트 이상으로 항행하는 여객선을 말한다.

02 "조종제한선"(操縱制限船)이란 다음의 작업과 그 밖에 선박의 조종성능을 제한하는 작업에 종사하고 있어 다른 선박의 진로를 피할 수 없는 선박을 말한다.
• 항로표지, 해저전선 또는 해저파이프라인의 부설·보수·인양 작업
• 준설(浚渫)·측량 또는 수중 작업
• 항행 중 보급, 사람 또는 화물의 이송 작업
• 항공기의 발착(發着)작업
• 기뢰(機雷)제거작업
• 진로에서 벗어날 수 있는 능력에 제한을 많이 받는 예인(曳引)작업

03 해양경찰서장은 거대선, 위험화물운반선, 고속여객선, 그 밖에 해양수산부령으로 정하는 선박이 교통안전 특정해역을 항행하려는 경우 항행안전을 확보하기 위하여 필요하다고 인정하면 선장이나 선박소유자에게 다음의 사항을 명할 수 있다.
• 통항시각의 변경
• 항로의 변경
• 제한된 시계의 경우 선박의 항행 제한
• 속력의 제한
• 안내선의 사용
• 그 밖에 해양수산부령으로 정하는 사항

04 "항행장애물"(航行障碍物)이란 선박으로부터 떨어진 물건, 침몰·좌초된 선박 또는 이로부터 유실(遺失)된 물건 등 해양수산부령으로 정하는 것으로서 선박항행에 장애가 되는 물건을 말한다.

05 충돌을 피하기 위한 동작
• 선박은 항법에 따라 다른 선박과 충돌을 피하기 위한 동작을 취하되, 이 법에서 정하는 바가 없는 경우에는 될 수 있으면 충분한 시간적 여유를 두고 적극적으로 조치하여 선박을 적절하게 운용하는 관행에 따라야 한다.
• 선박은 다른 선박과 충돌을 피하기 위하여 침로(針路)나 속력을 변경할 때에는 될 수 있으면 다른 선박이 그 변경을 쉽게 알아볼 수 있도록 충분히 크게 변경하여야 하며, 침로나 속력을 소폭으로 연속적으로 변경하여서는 아니 된다.
• 선박은 넓은 수역에서 충돌을 피하기 위하여 침로를 변경하는 경우에는 적절한 시기에 큰 각도로 침로를 변경하여야 하며, 그에 따라 다른 선박에 접근하지 아니하도록 하여야 한다.

- 선박은 다른 선박과의 충돌을 피하기 위하여 동작을 취할 때에는 다른 선박과의 사이에 안전한 거리를 두고 통과할 수 있도록 그 동작을 취하여야 한다. 이 경우 그 동작의 효과를 다른 선박이 완전히 통과할 때까지 주의 깊게 확인하여야 한다.
- 선박은 다른 선박과의 충돌을 피하거나 상황을 판단하기 위한 시간적 여유를 얻기 위하여 필요하면 속력을 줄이거나 기관의 작동을 정지하거나 후진하여 선박의 진행을 완전히 멈추어야 한다.

06 안전한 속력을 결정할 때에는 다음의 사항을 고려하여야 한다.
- 시계의 상태
- 해상교통량의 밀도
- 선박의 정지거리 · 선회성능, 그 밖의 조종성능
- 야간의 경우에는 항해에 지장을 주는 불빛의 유무
- 바람 · 해면 및 조류의 상태와 항행장애물의 근접상태
- 선박의 흘수와 수심과의 관계
- 레이더의 특성 및 성능
- 해면상태 · 기상, 그 밖의 장애요인이 레이더 탐지에 미치는 영향
- 레이더로 탐지한 선박의 수 · 위치 및 동향

07 술에 취한 상태의 기준은 혈중알코올농도 0.03퍼센트 이상으로 한다.

08 2척의 동력선이 마주치거나 거의 마주치게 되어 충돌의 위험이 있을 때에는 각 동력선은 서로 다른 선박의 좌현 쪽을 지나갈 수 있도록 침로를 우현(右舷) 쪽으로 변경하여야 한다.

09 충돌할 위험성이 없다고 판단한 경우 외에는 다음의 어느 하나에 해당하는 경우 모든 선박은 자기 배의 침로를 유지하는 데에 필요한 최소한으로 속력을 줄여야 한다. 이 경우 필요하다고 인정되면 자기 선박의 진행을 완전히 멈추어야 하며, 어떠한 경우에도 충돌할 위험성이 사라질 때까지 주의하여 항행하여야 한다.
- 자기 선박의 양쪽 현의 정횡 앞쪽에 있는 다른 선박에서 무중신호(霧中信號)를 듣는 경우
- 자기 선박의 양쪽 현의 정횡으로부터 앞쪽에 있는 다른 선박과 매우 근접한 것을 피할 수 없는 경우

10 "흘수제약선"(吃水制約船)이란 가항(可航)수역의 수심 및 폭과 선박의 흘수와의 관계에 비추어 볼 때 그 진로에서 벗어날 수 있는 능력이 매우 제한되어 있는 동력선을 말한다. 흘수제약선은 동력선의 등화에 덧붙여 가장 잘 보이는 곳에 붉은색 전주등 3개를 수직으로 표시하거나 원통형의 형상물 1개를 표시할 수 있다.

11 삼색등(三色燈) : 선수와 선미의 중심선상에 설치된 붉은색 · 녹색 · 흰색으로 구성된 등으로서 그 붉은색 · 녹색 · 흰색의 부분이 각각 현등의 붉은색 등과 녹색 등 및 선미등과 같은 특성을 가진 등

12 정박 중인 선박은 가장 잘 보이는 곳에 다음의 등화나 형상물을 표시하여야 한다.
- 앞쪽에 흰색의 전주등 1개 또는 둥근꼴의 형상물 1개
- 선미나 그 부근에 제1호에 따른 등화보다 낮은 위치에 흰색 전주등 1개

13 섬광등 : 360도에 걸치는 수평의 호를 비추는 등화로서 일정한 간격으로 1분에 120회 이상 섬광을 발하는 등

14 "기적"(汽笛)이란 다음의 구분에 따라 단음(短音)과 장음(長音)을 발할 수 있는 음향신호장치를 말한다.
- 단음 : 1초 정도 계속되는 고동소리
- 장음 : 4초부터 6초까지의 시간 동안 계속되는 고동소리

15 해상교통안전법상 제한된 시계 안에서 길이 12미터 미만의 항행 중인 동력선은 대수속력이 있는 경우에는 2분을 넘지 아니하는 간격으로 장음을 1회 울려야 한다.

16 선박의 입항 및 출항 등에 관한 법률의 목적
무역항의 수상구역 등에서 선박의 입항·출항에 대한 지원과 선박운항의 안전 및 질서 유지에 필요한 사항을 규정함을 목적으로 한다.

17 정박지의 사용(선박의 입항 및 출항 등에 관한 법률 제5조)
- 관리청은 무역항의 수상구역등에 정박하는 선박의 종류·톤수·흘수 또는 적재물의 종류에 따른 정박구역 또는 정박지를 지정·고시할 수 있다.
- 무역항의 수상구역등에 정박하려는 선박(우선피항선은 제외한다)은 정박구역 또는 정박지에 정박하여야 한다. 다만, 해양사고를 피하기 위한 경우 등 해양수산부령으로 정하는 사유가 있는 경우에는 그러하지 아니하다.
- 우선피항선은 다른 선박의 항행에 방해가 될 우려가 있는 장소에 정박하거나 정류하여서는 아니 된다.
- 정박구역 또는 정박지가 아닌 곳에 정박한 선박의 선장은 즉시 그 사실을 관리청에 신고하여야 한다.

18 "정류"(停留)란 선박이 해상에서 일시적으로 운항을 멈추는 것을 말한다.

19 예인선의 항법(선박의 입항 및 출항 등에 관한 법률 제9조)
예인선이 무역항의 수상구역 등에서 다른 선박을 끌고 항행하는 경우에는 다음에서 정하는 바에 따라야 한다.
- 예인선의 선수로부터 피예인선의 선미까지의 길이는 200m를 초과하지 아니할 것. 다만, 다른 선박의 출입을 보조하는 경우에는 그러하지 아니하다.
- 예인선은 한꺼번에 3척 이상의 피예인선을 끌지 아니할 것

20 무역항의 수상구역등에 입항하는 선박이 방파제 입구 등에서 출항하는 선박과 마주칠 우려가 있는 경우에는 방파제 밖에서 출항하는 선박의 진로를 피하여야 한다.

21 정박지의 사용(선박의 입항 및 출항 등에 관한 법률 제5조)
- 관리청은 무역항의 수상구역등에 정박하는 선박의 종류·톤수·흘수 또는 적재물의 종류에 따른 정박구역 또는 정박지를 지정·고시할 수 있다.
- 무역항의 수상구역등에 정박하려는 선박(우선피항선은 제외한다)은 정박구역 또는 정박지에 정박하여야 한다. 다만, 해양사고를 피하기 위한 경우 등 해양수산부령으로 정하는 사유가 있는 경우에는 그러하지 아니하다.
- 우선피항선은 다른 선박의 항행에 방해가 될 우려가 있는 장소에 정박하거나 정류하여서는 아니 된다.
- 정박구역 또는 정박지가 아닌 곳에 정박한 선박의 선장은 즉시 그 사실을 관리청에 신고하여야 한다.

22 "우선피항선"(優先避航船)이란 주로 무역항의 수상구역에서 운항하는 선박으로서 다른 선박의 진로를 피하여야 하는 다음의 선박을 말한다.

- 부선(艀船)[예인선이 부선을 끌거나 밀고 있는 경우의 예인선 및 부선을 포함하되, 예인선에 결합되어 운항하는 압항부선(押航艀船)은 제외한다]
- 주로 노와 삿대로 운전하는 선박
- 예 선
- 항만운송관련사업을 등록한 자가 소유한 선박
- 해양환경관리업을 등록한 자가 소유한 선박 또는 해양폐기물관리업을 등록한 자가 소유한 선박(폐기물 해양배출업으로 등록한 선박은 제외한다)
- 위의 규정에 해당하지 아니하는 총톤수 20톤 미만의 선박

23 선박오염물질기록부의 관리(해양환경관리법 제30조 제2항)
선박오염물질기록부의 보존기간은 최종기재를 한 날부터 3년으로 하며, 그 기재사항·보존방법 등에 관하여 필요한 사항은 해양수산부령으로 정한다.

24 "폐기물"이라 함은 해양에 배출되는 경우 그 상태로는 쓸 수 없게 되는 물질로서 해양환경에 해로운 결과를 미치거나 미칠 우려가 있는 물질(기름, 유해액체물질, 포장유해물질에 해당하는 물질을 제외한다)을 말한다.
- "기름"이라 함은 원유 및 석유제품(석유가스를 제외한다)과 이들을 함유하고 있는 액체상태의 유성혼합물(이하 "액상유성혼합물"이라 한다) 및 폐유를 말한다.
- "유해액체물질"이라 함은 해양환경에 해로운 결과를 미치거나 미칠 우려가 있는 액체물질(기름을 제외한다)과 그 물질이 함유된 혼합 액체물질로서 해양수산부령이 정하는 것을 말한다.
- "포장유해물질"이라 함은 포장된 형태로 선박에 의하여 운송되는 유해물질 중 해양에 배출되는 경우 해양환경에 해로운 결과를 미치거나 미칠 우려가 있는 물질로서 해양수산부령이 정하는 것을 말한다.

25 해양환경관리법상 선박에서 배출기준을 초과하는 오염물질이 해양에 배출된 경우 방제조치
- 오염물질의 배출방지
- 배출된 오염물질의 확산방지 및 제거
- 배출된 오염물질의 수거 및 처리

PART 03

01	02	03	04	05	06	07	08	09	10
사	아	가	아	사	나	아	아	아	사
11	12	13	14	15	16	17	18	19	20
나	사	사	나	나	나	아	사	가	사
21	22	23	24	25					
아	나	사	가	나					

01 1kW = 102kgf · m/s

02 외경 마이크로미터로 피스톤 링의 마멸정도를 계측한다.

03 피스톤 링(Piston Ring)에는 피스톤과 실린더 라이너 사이의 기밀을 유지하며, 피스톤에서 받은 열을 실린더 벽으로 방출하는 압축 링(Compression Ring)과 실린더 라이너 내벽의 윤활유가 연소실로 들어 가지 못하도록 긁어 내리고, 윤활유를 라이너 내벽에 고르게 분포시키는 오일 스크레이퍼 링(Oil Scraper Ring)이 있다.

04 디젤기관의 운전 중 냉각수 계통에서 기관의 입구 압력과 기관의 출구 온도를 주의해서 관찰해야 한다.

05 선박의 축계장치는 추력축과 추력 베어링, 중간축, 중간 베어링, 추진기축, 선미관, 추진기로 구성되며, 가장 뒤쪽에 설치된 축은 추진기축이다. 추력 베어링(Thrust Bearing)은 선체에 부착되어 있으며, 추력 칼라의 앞과 뒤에 설치되어 프로펠러로부터 전달되어 오는 추력을 추력 칼라에서 받아 선체에 전달하여 선박을 추진시키는 역할을 한다.

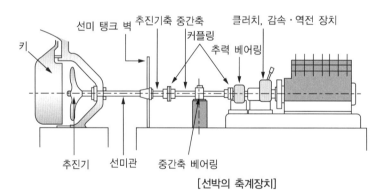

[선박의 축계장치]

06
- 압축비 = 실린더 부피 / 압축 부피
- 압축비 = $\dfrac{1200}{100} = 12$

07 메인 베어링의 역할과 구조

메인 베어링(Main Bearing)은 기관 베드 위에 있으면서 크랭크 저널에 설치되어 크랭크 축을 지지하고, 회전 중심을 잡아주는 역할을 한다. 대부분 상·하 두 개로 나누어진 평면 베어링(Plane Bearing)을 사용하며, 구조는 그림과 같이 기관 베드 위의 평면 베어링에 상부 메탈과 하부 메탈을 넣고 베어링 캡으로 눌러서 스터드 볼트로 죈다.

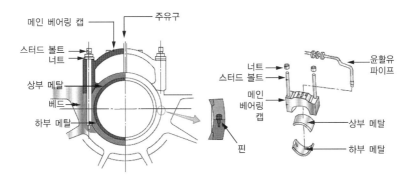

[메인 베어링의 구조]

08 플라이휠의 역할
- 크랭크 축의 회전력을 균일하게 해준다.
- 저속 회전을 가능하게 한다.
- 기관의 시동을 쉽게 해준다.
- 밸브의 조정이 편리하다.

09 윤활유를 오래 사용하면 색상이 검게 변하고, 점도가 증가하며, 침전물이 증가하여 윤활유의 기능을 제대로 작용하지 못하게 된다. 따라서 윤활유 상태를 주기적으로 점검 및 교체를 해야한다.

10 실린더 라이너의 마멸이 기관에 미치는 영향
- 압축 공기의 누설로 압축압력이 낮아지고 기관 시동이 어려워짐
- 옆샘에 의한 윤활유의 오손 및 소비량 증가
- 불완전 연소에 의한 연료 소비량 증가
- 열효율 저하 및 기관 출력 감소
- 연소가스가 크랭크실로 누설

11 연료분사펌프는 분사 시기 및 분사량을 조정하며, 연료 분사에 필요한 고압을 만드는 장치로서 보통 연료펌프라고 한다. 연료분사펌프의 연료 래크를 움직이면 플런저와 피니언이 동시에 회전하면서 연료분사량을 조절할 수 있다.

12 과급기(Supercharger)는 연소에 필요한 공기를 대기압 이상의 압력으로 압축하여, 밀도가 높은 공기를 실린더 내에 공급하여 연료를 완전 연소시킴으로써 평균 유효 압력을 높여 기관의 출력을 증대시키는 장치이다.

PART 03

13 선박의 축계장치는 추력축과 추력 베어링, 중간축, 중간 베어링, 추진기축, 선미관, 추진기로 구성되며, 가장 뒤쪽에 설치된 축은 추진기축이다. 추력축(Thrust Shaft)은 한 개 내지 여러 개의 추력 칼라(Thrust Collar)를 갖고 있는 축으로 칼라의 단면적 크기와 수는 추력의 크기에 따라 결정된다. 축의 양단에는 저널(Journal)부가 있고 이를 베어링으로 지지하고, 칼라의 앞과 뒤에는 추력 베어링을 설치하여 추진축에 작용하는 추력이 추력 칼라를 통하여 추력 베어링에 전달되도록 한다.

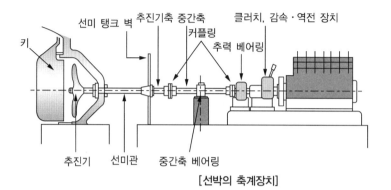

[선박의 축계장치]

14 프로펠러에 의한 선체 진동의 원인
- 프로펠러의 날개가 절손된 경우
- 프로펠러의 날개가 수면에 노출된 경우
- 프로펠러의 날개가 휘어진 경우

15 선박 보조기계는 주기관과 주보일러를 제외한 선내의 모든 기계로, 기관 및 갑판 보조기계로 나뉜다. 기관 보조기계는 발전기, 보조보일러, 냉동 및 공기조화장치, 압축공기 관련 장치, 각종 펌프, 해양오염방지 장치, 조수기, 청정기, 열교환기 등이 있다. 갑판 보조기계는 양묘기, 계선윈치, 조타기, 하역장치 등이 있다.

16 전지의 직렬 연결
직렬 연결이란 전기회로에서 복수의 발전기나 축전기, 전지등의 기기를 다른 극의 단자끼리 연결하는 방법으로 직렬연결 된 전지 전압의 총합 만큼 더 전압을 얻을 수 있다.
2V + 2V + 2V + 2V + 2V + 2V = 12V

17 양묘기란 배의 닻(앵커)을 감아 올리고 내리는 데 사용하는 특수한 윈치이다. 보통 뱃머리 갑판 위에 있으나 특수한 배에서는 선미에 설치하는 경우도 있다. 양묘기의 설계에는 종류나 양식이 많지만, 앵커케이블을 감는 체인풀리와 브레이크가 주요한 부분이다. 체인풀리를 회전시키는 원동기에는 기동·전동·전동유압·압축공기식 등이 있다. 양묘기의 구성 요소로는 구동 전동기, 회전드럼, 제동장치가 있다.

18 마우스 링(Mouth Ring)
원심펌프에서 임펠러 측판의 안쪽 둘레부에 고정시켜서 흡입 액체를 블레이드(날개)로 유도함과 더불어 블레이드에서 나온 액체가 흡입 측으로 역류하는 것을 막는 링

19 Ah는 납축전지의 공급 가능 용량을 표기하는 능력으로 납축전지가 일정하게 공급해 줄수 있는 전류(암페어)의 양이다.

20 보통 선박용 납축전지의 전원은 +극(양극)은 적색으로 구분하며 -극(음극)은 검정색 외에도 파란색 등으로 표시되어야 한다. 또한 납축전지의 양극판(Positive Plate)의 약자로 양극을 P로 표시, 음극판(Negative Plate)의 약자로 음극을 N으로 표시한다.

21 디젤기관을 장시간 정지하고 있을 때는 냉각수 계통의 물을 빼내어 동파로 인한 피해를 방지하도록 한다. 주기적으로 터닝을 시켜주고, 가능하면 계속 워밍(Warming) 상태로 유지해 두는 것이 좋다. 부식을 방지하기 위해 주기적으로 점검하고, 기관실 내의 보온에 유의해야 한다.

22 디젤기관의 윤활유에 물이 다량 섞이면 운전 중 윤활유 압력은 평소보다 내려간다.

23 소형선박에서 가장 많이 이용하는 디젤기관의 시동 방법은 시동 전동기에 의한 시동이다. 시동 전동기는 전기적 에너지를 기계적 에너지로 바꾸어 회전력을 발생시키는 장치로, 시동 전동기의 회전력으로 크랭크 축을 회전시켜 기관을 최초로 구동하는 장치이다. 시동이 되지 않는 원인에는 시동용 전동기의 고장, 배터리의 방전, 배터리와 전동기 사이의 전선 불량 등이 있다.

24 무게 = 비중 × 부피
180kgf = 0.9 × 200L

25 연료 탱크의 연료유보다 비중이 큰 이물질은 탱크의 아래로 가라앉으며, 비중이 작은 이물질은 탱크 위로 뜨게 된다. 이러한 불순물을 제거하기 위해 설치된 것이 연료 여과기이다. 연료 여과기(Fuel Filter)는 연료 중에 혼입된 먼지, 수분 등의 불순물을 제거하여 기화기의 좁은 통로나 노즐이 막히는 것을 방지한다. 여과 기에 사용되는 여과 제로는 거름종이, 금속망 등이 사용되며, 오손되면 세척하여 다시 사용할 수 있으나 손상이 심한 것은 교환한다.

PART 03

PART 03 2021년 제1회 정답 및 해설

제1과목 항 해

01	02	03	04	05	06	07	08	09	10
사	가	가	나	아	사	사	아	나	사
11	12	13	14	15	16	17	18	19	20
사	사	아	사	나	사	아	나	아	가
21	22	23	24	25					
나	가	사	사	아					

01 짐벌즈는 선박의 동요로 비너클이 기울어져도 볼을 항상 수평으로 유지시켜 주는 역할을 한다.
- 자침 : 2개의 봉자석으로 카드의 남북선과 평행하고 서로 대칭으로 부실 아래에 붙어 있다.
- 피벗 : 축침을 뜻하는 말로 전체는 황동으로 되어 있고, 그 끝은 백금과 이리듐의 합금으로 뾰족하다.
- 윗방 언걸관 : 윗방의 액이 팽창·수축하여도 아랫빙의 공기부에서 자동으로 조절하여 유리가 파손되거나 기포가 생기지 않도록 하는 장치이다.

02 납작한 원판을 실에 매달고 진동시키면 납작한 면은 흔들리는 방향과 일치하려고 하는데 이를 동요오차라고 한다. 자이로컴퍼스 주동부의 수직환이 서스펜션 와이어에 의하여 매달려 있는 제품에서는 동요오차가 발생할 수 있는데 이때 보정추를 부착하여 동요오차 발생을 방지한다.

03 핸드 레드(Hand Lead)
수심이 얕은 곳에서 사용되는 측심의로 3.2~4.6kg의 납덩이(측연, Lead)에 45~70m의 측연선을 붙인 것이다. 레드가 해저에 닿았을 때 그 줄의 길이로 수심을 측정한다. 오늘날에는 음향 측심기의 발달로 인하여 거의 사용하지 않는다.

04 자기컴퍼스는 자석으로 구성되어 있기 때문에 선체자기의 영향을 받는다.

05 진침로를 자침방위 또는 나침방위로 고치는 것을 반개정이라 하며, 자차나 편차가 편동(E)이면 빼주고, 편서(W)이면 더해준다.
045° + 6°50′(편차) + 10′(10년 동안 변경된 편차) − 2°(자차) = 050°

06 교차방위법은 본선을 기준으로 물표 사이의 각도는 30~150°인 것을 선정하되, 두 물표일 때는 90°, 세 물표일 때는 60° 정도가 가장 좋다.

07 레이더 화면에서 중앙의 점 A는 본선이다.

08   전파의 특성은 직진성, 등속성, 반사성이다.

09   지점(Solstial Point)은 황도 상에서 천의 적도로부터 가장 멀리 떨어져 있는 2개의 점을 말한다.

10   상대운동 지시방식은 자선의 위치가 화면의 중심에 고정된 방식이므로 자선의 움직임에 대한 흔적은 나타나지 않고, 자선에서 본 타선 및 다른 물표에 대한 영상의 상대적인 위치 변화만이 화면상에 나타난다. 레이더 화면에서 상대선의 방위가 변화하지 않고 거리가 가까워지는 것은 본선과 충돌할 위험이 있다는 것을 의미한다.

11   간출암은 조석의 높이에 따라 수면 위로 보였다가 수면 아래로 잠겼다가 하는 바위이다.

12   해도의 수심은 기본수준면(약최저저조면)을 기준으로 측정한 것이므로 해상에서 측심한 수심은 해도의 수심보다 일반적으로 더 깊다.

13   항로지는 해도에 표현할 수 없는 사항에 대하여 상세하게 설명하는 안내서로 항로의 상황, 연안의 지형, 항만의 시설 등이 기재되어 있다.

14   산의 높이, 등대의 높이는 평균수면으로부터의 높이를 표시한다.

15   **특수표지**

특수표지는 공사 구역 등 특별한 시설이 있음을 나타내는 표지로 두표는 황색으로 된 X자 모양의 형상물이며, 표지 및 등화의 색상 역시 황색을 사용한다.

16   음파(음향)표지는 무중신호(Fog Signal)이라고도 하며, 항로표지의 위치를 알려준다. 대개는 등대나 항로표지에 부설되어 있으며, 거의 대부분 공중음 신호로 이용되고 있다.

17   어업용 해도의 해도번호 앞에는 어업을 뜻하는 Fishery의 약자 F를 사용한다.

18   속도 2.5노트의 창조류를 의미한다.

19   'Fl = 섬광등, 2s = 주기 2초, 10m = 등고 10미터, 20M = 광달거리 20마일'을 뜻한다.

20 방위표지의 종류

종 별		표 체	두 표		등 색	등 질	
방위표지	북방위 표지	상부흑 하부황	정점상향 (흑색)	▲ ▲	백	VQ	급섬광등 초급섬광등
	동방위 표지	흑색바탕 황색띠1개	저면대향 (흑색)	▲ ▼	백	VQ(3)	군초급섬광등
	남방위 표지	상부황 하부흑	정점하향 (흑색)	▼ ▼	백	VQ(6)+LFI	군초급섬광등 + 장섬광등
	서방위 표지	황색바탕 흑색띠1개	정점대향 (흑색)	▼ ▲	백	VQ(9)	군초급섬광등

표지의 동쪽에 가항수역이 있음을 나타내는 표지는 동방위 표지이다.

21 시정은 사람의 눈으로 목표물을 인식할 수 있는 최대거리를 의미한다. 시정이 좋지 않을 때는 견시를 철저히 해야하며, 레이더에서 목표물을 철저히 확인해야 한다.

22 저기압의 중심에는 상승기류가 발달하며 상승하는 공기 덩어리에서는 기온이 낮고 구름이 만들어지므로 날씨가 흐려진다.

23
- PSN GOOD . 위치는 징확(오차 20해리 미만)
- PSN FAIR : 위치는 거의 정확(오차 20~40해리)
- PSN POOR : 위치는 부정확(오차 40해리 이상)
- PSN SUSPECTED : 위치에 의문이 있음

24 선박위치발신장치의 설치기준 및 운영 등에 관한 규정 제9조에 의하면 선박모니터링시스템(Vessel Monitoring System ; VMS)의 이용목적은 다음과 같다. 해상에서의 재난 및 안전사고의 예방과 수습, 해상 테러 및 해적·무장강도 사고에 대한 신속한 대응, 국가위기관리, 해상에서의 수난구호, 해상교통안전관리, 선박의 출·입항 관리, 선박에 안전정보 및 뉴스의 제공, 통합방위를 위한 해안경계 또는 항만보안, 관세 징수·부과. 이 중 '해상에서의 재난 및 안전사고의 예방과 수습' 항목은 선박모니터링을 통해 해양오염의 신속한 대응과 선박에서 오염물질을 해양에 투척하지 못하게 하는 효과가 있다.

25 항로지정제도란 선박이 통항하는 항로, 속력 및 기타 선박운항에 관한 사항을 지정하는 제도이다. 국제해사기구에서 정한 항로지정방식은 반드시 해도에 표시되어야 한다.

01	02	03	04	05	06	07	08	09	10
아	아	나	아	나	사	나	아	나	아
11	12	13	14	15	16	17	18	19	20
아	가	나	아	나	아	가	사	나	나
21	22	23	24	25					
나	아	아	가	아					

01 선체 각부 명칭

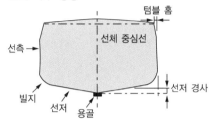

- 용골 : 선체의 최하부의 중심선에 있는 종강력재(선체를 구성하는 기초)
- 빌지 : 선저와 선측을 연결하는 만곡부
- 캠버 : 배 길이 중앙지점의 선체중심이 부풀어 오른 높이
- 텀블 홈 : 상갑판 부근의 선측 상부가 안쪽으로 굽은 정도

02 수선간장은 계획 만재 흘수선상 선수재의 전면과 타주의 후면에 세운 수선 사이의 수평 거리를 의미한다. 수선간장은 강선구조기준, 선박만재흘수선규정, 선박구획기준 그리고 선체 운동 계산 등에 사용한다.

03 형폭은 선체의 폭이 가장 넓은 부분의 늑골 외면부터 맞은편 늑골의 외면까지의 수평 거리로 선박만재흘수선규정, 강선구조기준, 선박법 등에 사용되는 폭이다.

04 타의 구조

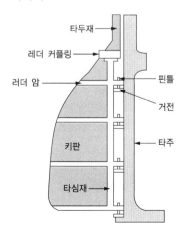

타는 타주의 후부 또는 타두재에 설치되어, 전진 또는 후진할 때 배를 원하는 방향으로 회전시키고, 침로를 일정하게 유지하는 장치이다.

05 장애물이 없는 해역이나 대양항해 시 대부분의 선박에서 오토파일럿 장치를 사용한다. 양묘기는 닻을 감아 올리는 장치, 비상조타장치는 조종 장치가 고장났을 때 직접 키를 회전시키기 위한 장치, 사이드 스러스터 는 선회용 추진장치이다.

06 로프가 물에 젖거나 기름이 스며들면 그 강도가 1/4 정도 감소한다.

07 닻의 구성품

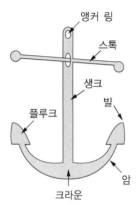

엔드 링크(End Link)는 양 끝에 연결되는 링크로서, 보통 링크보다는 크며 스터드가 없는 링크이다. 엔드 링크는 앵커 체인의 구성품이다.

08 보온복은 방수 재료로 만들어져야 하며, 사람을 감쌀 경우에는 착용자의 몸으로부터 대류 및 증발로 인한 열손실(체온저하)을 감소시키도록 제작되어야 한다. 체온 유지를 위한 옷은 보온복이며, 물이 스며들지 않 아 수온이 낮은 물속에서도 체온을 보호할 수 있는 옷은 방수복이다.

09 우리나라는 UTC(세계협정시)보다 09시간 빠르다.

10 수압이탈장치는 선박이 침몰하여 수면 아래 3미터 정도에 이르면 수압에 의해 작동하여 구명뗏목을 부상 시킨다.

11 비상위치지시 무선표지(EPIRB)
EPIRB는 선박이나 항공기가 조난 상태에 있고, 수신 설비도 이용할 수 없음을 표시하는 것으로, 수색과 구조 작업 시 생존자의 위치 결정을 용이하게 하도록 무선 표지신호를 발신하는 무선설비이다. 선교(Top Bridge)에 설치되어 선박이 침몰했을 때 자동으로 부상하여 COSPAS-SARSAT 위성을 통해 조난 사실과 조난 위치를 전송한다.

12 국제 신호기 중 B기는 '본선은 위험물을 하역 중 또는 운송 중이다'라는 뜻이다.

13 익수자의 안전을 위해 풍상에서 접근해야 한다.

14 초단파무선설비(VHF)의 최대 출력은 25W이다.

15 리치는 조타에 대한 추종성, 즉 전타 후 정상 선회에 도달하는 시간적인 지연을 거리로 나타낸 것으로써, 타효가 좋은 선박일수록 짧다. 리치는 일반 선박에서 선체 길이의 1~2배의 정도다.

16 기온은 선박의 조종성과 관련이 없다.

17 침로 유지는 타의 기능이다.

18 후진 시 배출류의 측압작용에 의해 선수회두가 발생한다. 배출류는 스크루 프로펠러가 수중에서 회전하면서 뒤쪽으로 흘러나가는 수류를 의미한다.

19 횡압력으로 인해 프로펠러 축이 회전하는 방향으로 선미가 회두하게 된다. 횡압력은 추진 초기에는 선박의 이동 방향에 많은 영향을 끼치나 어느정도 시간이 지난 후에는 그 영향이 미미하다.

20 익수자 구조 조선법으로는 반원 2선회법, 윌리암슨 턴, 앤더슨 턴(싱글 턴), 샤르노브 턴 등이 있다.

21 선박에서 최대한도까지 화물을 적재할 수 있는 흘수선을 만재흘수선이라고 한다.

22 방충재(Fender)는 선박이 부두에 접안할 때 가지고 있는 운동에너지를 흡수하여 선박 및 부두시설을 보호하는 기능을 가진 항만 구조물이다. 방충재의 손상은 접안이나 정박 중에 발생한다.

23 슬래밍(Slamming)은 선체가 파를 선수에서 받으면 선수의 선저부가 강한 파도의 충격을 받아서 선체가 짧은 주기로 급격한 진동을 하는 현상이다. 슬래밍은 선박이 종동요(Pitching) 시 발생한다.

24 항해 중에 사람이 물에 빠지면, 스크루 프로펠러에 빨려 들어갈 위험이 있다. 이때 사람이 빠진 쪽으로 전타하면 선체가 원침로로부터 타각을 준 반대쪽으로 약간 벗어나는데, 이러한 현상을 이용하여 물에 빠진 사람이 스크루 프로펠러에 접근하는 것을 막을 수 있다.

25 전기장치에서 규정용량 이상으로 사용하게 되면 과부하 상태가 되어 화재가 발생할 수 있다.

01	02	03	04	05	06	07	08	09	10
나	가	아	아	가	아	아	나	가	나
11	12	13	14	15	16	17	18	19	20
사	나	가	나	아	나	가	가	사	아
21	22	23	24	25					
사	나	가	사	가					

01 정의(해상교통안전법 제2조)
- 통항로 : 선박의 항행안전을 확보하기 위하여 한쪽 방향으로만 항행할 수 있도록 되어 있는 일정한 범위의 수역
- 분리대(분리선) : 서로 다른 방향으로 진행하는 통항로를 나누는 선 또는 일정한 폭의 수역
- 참조선 : 방향 또는 방위각을 측정하기 위하여 참조하는 선
- 연안통항대 : 통항분리수역의 육지 쪽 경계선과 해안 사이의 수역

02 항로 등의 보전(해상교통안전법 제33조)
누구든지 항로에서 다음의 어느 하나에 해당하는 행위를 하여서는 아니 된다.
- 선박의 방치
- 어망 등 어구의 설치나 투기

03 충돌 위험(해상교통안전법 제72조 제4항)
선박은 접근하여 오는 다른 선박의 나침방위에 뚜렷한 변화가 일어나지 아니하면 충돌할 위험성이 있다고 보고 필요한 조치를 하여야 한다. 접근하여 오는 다른 선박의 나침방위에 뚜렷한 변화가 있더라도 거대선 또는 예인작업에 종사하고 있는 선박에 접근하거나, 가까이 있는 다른 선박에 접근하는 경우에는 충돌을 방지하기 위하여 필요한 조치를 하여야 한다.

04 경계(해상교통안전법 제70조)
선박은 주위의 상황 및 다른 선박과 충돌할 수 있는 위험성을 충분히 파악할 수 있도록 시각·청각 및 당시의 상황에 맞게 이용할 수 있는 모든 수단을 이용하여 항상 적절한 경계를 하여야 한다.

05 유지선의 동작(해상교통안전법 제82조)
① 2척의 선박 중 1척의 선박이 다른 선박의 진로를 피하여야 할 경우 다른 선박은 그 침로와 속력을 유지하여야 한다.
② 침로와 속력을 유지하여야 하는 유지선은 피항선이 이 법에 따른 적절한 조치를 취하고 있지 아니하다고 판단하면 ①항에도 불구하고 스스로의 조종만으로 피항선과 충돌하지 아니하도록 조치를 취할 수 있다. 이 경우 유지선은 부득이하다고 판단하는 경우 외에는 자기 선박의 좌현 쪽에 있는 선박을 향하여 침로를 왼쪽으로 변경하여서는 아니 된다.
③ 유지선은 피항선과 매우 가깝게 접근하여 해당 피항선의 동작만으로는 충돌을 피할 수 없다고 판단하는 경우에는 ①항에도 불구하고 충돌을 피하기 위하여 충분한 협력을 하여야 한다.

06 마주치는 상태(해상교통안전법 제79조)

- 선박은 다른 선박을 선수 방향에서 볼 수 있는 경우로서 다음의 어느 하나에 해당하면 마주치는 상태에 있다고 보아야 한다.
  - 밤에는 2개의 마스트등을 일직선으로 또는 거의 일직선으로 볼 수 있거나 양쪽의 현등을 볼 수 있는 경우
  - 낮에는 2척의 선박의 마스트가 선수에서 선미까지 일직선이 되거나 거의 일직선이 되는 경우
- 선박은 마주치는 상태에 있는지가 분명하지 아니한 경우에는 마주치는 상태에 있다고 보고 필요한 조치를 취하여야 한다.

07 등화와 형상물의 적용(해상교통안전법 제85조)

- 이 절은 모든 날씨에서 적용한다.
- 선박은 해지는 시각부터 해뜨는 시각까지 이 법에서 정하는 등화(燈火)를 표시하여야 하며, 이 시간 동안에는 이 법에서 정하는 등화 외의 등화를 표시하여서는 아니 된다.
- 이 법에서 정하는 등화를 설치하고 있는 선박은 해뜨는 시각부터 해지는 시각까지도 제한된 시계에서는 등화를 표시하여야 하며, 필요하다고 인정되는 그 밖의 경우에도 등화를 표시할 수 있다.
- 선박은 낮 동안에는 이 법에서 정하는 형상물을 표시하여야 한다.

08 제한된 시계에서 선박의 항법(해상교통안전법 제84조 제2항)

모든 선박은 시계가 제한된 그 당시의 사정과 조건에 적합한 안전한 속력으로 항행하여야 하며, 동력선은 제한된 시계 안에 있는 경우 기관을 즉시 조작할 수 있도록 준비하고 있어야 한다.

09 항행 중인 예인선(해상교통안전법 제89조 제5항)

동력선이 다른 선박이나 물체를 끌고 있는 경우 예인선열의 길이가 200미터를 초과하면 가장 잘 보이는 곳에 마름모꼴의 형상물 1개를 표시하여야 한다.

10 항행 중인 범선 등(해상교통안전법 제90조 제5항)

노도선(櫓櫂船)은 이 조에 따른 범선의 등화를 표시할 수 있다.

11 정박선과 얹혀 있는 선박(해상교통안전법 제95조 제4항)

얹혀 있는 선박은 제1항이나 제2항에 따른 등화를 표시하여야 하며, 이에 덧붙여 가장 잘 보이는 곳에 다음 각 호의 등화나 형상물을 표시하여야 한다.

- 수직으로 붉은색의 전주등 2개
- 수직으로 둥근꼴의 형상물 3개

12 조종신호와 경고신호(해상교통안전법 제99조)

항행 중인 동력선이 서로 상대의 시계 안에 있는 경우에 이 법의 규정에 따라 그 침로를 변경하거나 그 기관을 후진하여 사용할 때에는 다음의 구분에 따라 기적신호를 행하여야 한다.

- 침로를 오른쪽으로 변경하고 있는 경우 : 단음 1회
- 침로를 왼쪽으로 변경하고 있는 경우 : 단음 2회
- 기관을 후진하고 있는 경우 : 단음 3회

13 통항분리제도(해상교통안전법 제68조 제2항)

선박이 통항분리수역을 항행하는 경우에는 다음의 사항을 준수하여야 한다.

- 통항로 안에서는 정하여진 진행방향으로 항행할 것

- 분리선이나 분리대에서 될 수 있으면 떨어져서 항행할 것
- 통항로의 출입구를 통하여 출입하는 것을 원칙으로 하되, 통항로의 옆쪽으로 출입하는 경우에는 그 통항로에 대하여 정하여진 선박의 진행방향에 대하여 될 수 있으면 작은 각도로 출입할 것

14 제한된 시계 안에서의 음향신호(해상교통안전법 제100조 제2호)
항행 중인 동력선은 정지하여 대수속력이 없는 경우에는 장음 사이의 간격을 2초 정도로 연속하여 장음을 2회 울리되, 2분을 넘지 아니하는 간격으로 울려야 한다.

15 등화의 등색은 붉은색(좌현등), 녹색(우현등), 흰색(마스트등), 황색(예선등)을 사용한다(해상교통안전법 제86조).

16 출입 신고(선박입출항법 제4조 제1항)
무역항의 수상구역 등에 출입하려는 선박의 선장은 대통령령으로 정하는 바에 따라 관리청에 신고하여야 한다. 다만, 다음의 선박은 출입 신고를 하지 아니할 수 있다.
- 총톤수 5톤 미만의 선박
- 해양사고구조에 사용되는 선박
- 수상레저기구 중 국내항 간을 운항하는 모터보트 및 동력요트
- 그 밖에 공공목적이나 항만 운영의 효율성을 위하여 해양수산부령으로 정하는 선박(관공선, 군함, 예선, 도선선 등)

17 정박의 제한 및 방법 등(선박입출항법 제6조 제4항)
무역항의 수상구역 등에 정박하는 선박은 지체 없이 예비용 닻을 내릴 수 있도록 닻 고정장치를 해제하고, 동력선은 즉시 운항할 수 있도록 기관의 상태를 유지하는 등 안전에 필요한 조치를 하여야 한다.

18 화재 시 경보방법(선박입출항법 시행규칙 제29조 제1항)
화재를 알리는 경보는 기적(汽笛)이나 사이렌을 장음(4초에서 6초까지의 시간 동안 계속되는 울림을 말한다)으로 5회 울려야 한다.

19 항로에서의 항법(선박입출항법 제12조 제1항)
모든 선박은 항로에서 다음의 항법에 따라 항행하여야 한다.
- 항로 밖에서 항로에 들어오거나 항로에서 항로 밖으로 나가는 선박은 항로를 항행하는 다른 선박의 진로를 피하여 항행할 것
- 항로에서 다른 선박과 나란히 항행하지 아니할 것
- 항로에서 다른 선박과 마주칠 우려가 있는 경우에는 오른쪽으로 항행할 것
- 항로에서 다른 선박을 추월하지 아니할 것. 다만, 추월하려는 선박을 눈으로 볼 수 있고 안전하게 추월할 수 있다고 판단되는 경우에는 「해사안전법」 제67조제5항 및 제71조에 따른 방법으로 추월할 것
- 항로를 항행하는 위험물운송선박 또는 흘수제약선(吃水制約船)의 진로를 방해하지 아니할 것

20 속력 등의 제한(선박입출항법 제17조)
② 해양경찰청장은 선박이 빠른 속도로 항행하여 다른 선박의 안전 운항에 지장을 초래할 우려가 있다고 인정하는 무역항의 수상구역 등에 대하여는 관리청에 무역항의 수상구역 등에서의 선박 항행 최고속력을 지정할 것을 요청할 수 있다.

③ 관리청은 제2항에 따른 요청을 받은 경우 특별한 사유가 없으면 무역항의 수상구역 등에서 선박 항행 최고속력을 지정·고시하여야 한다. 이 경우 선박은 고시된 항행 최고속력의 범위에서 항행하여야 한다.

21 해양환경관리법상의 선박검사로는 정기검사, 중간검사, 임시검사, 임시항해검사, 방오시스템검사, 대기오염방지설비의 예비검사, 에너지효율검사, 재검사 등이 있다. 특별검사는 선박안전법상의 검사로 선박의 구조·설비 등의 결함으로 인하여 대형 해양사고가 발생한 경우 또는 유사사고가 지속적으로 발생한 경우에는 해양수산부령으로 정하는 바에 따라 관련되는 선박의 구조·설비 등에 대하여 검사하는 것을 의미한다.

22 **선박 안에서 발생하는 폐기물의 처리(선박오염방지규칙 별표3)**
다음의 폐기물을 제외하고 모든 폐기물은 해양에 배출할 수 없다.
- 음식찌꺼기
- 해양환경에 유해하지 않은 화물잔류물
- 선박 내 거주구역에서 발생하는 중수
- 어업활동 중 혼획된 수산동식물·자연기원물질

23 **선박수리의 허가 등(선박입출항법 제37조 제1항)**
무역항의 수상구역 등에서 선박을 불꽃이나 열이 발생하는 용접 등의 방법으로 수리하려는 경우 해양수산부령으로 정하는 바에 따라 다음 선박은 관리청의 허가를 받아야 한다.
- 위험물을 저장·운송하는 선박과 위험물을 하역한 후에도 인화성 물질 또는 폭발성 가스가 남아 있어 화재 또는 폭발의 위험이 있는 선박(이하 "위험물운송선박"이라 한다)
- 총톤수 20톤 이상의 선박(위험물운송선박은 제외한다)
- 다만, 총톤수 20톤 이상의 선박은 기관실, 연료탱크, 그 밖에 해양수산부령으로 정하는 선박 내 위험구역에서 수리작업을 하는 경우에만 허가를 받아야 한다.

24 **정의(선박입출항법 제2조 제5호)**
우선피항선이란 주로 무역항의 수상구역에서 운항하는 선박으로서 다른 선박의 진로를 피하여야 하는 다음의 선박을 말한다.
- 부선(예인선이 부선을 끌거나 밀고 있는 경우의 예인선 및 부선을 포함하되, 예인선에 결합되어 운항하는 압항부선은 제외한다)
- 주로 노와 삿대로 운전하는 선박
- 예 선
- 항만운송관련사업을 등록한 자가 소유한 선박
- 해양환경관리업을 등록한 자가 소유한 선박 또는 해양폐기물관리업을 등록한 자가 소유한 선박(폐기물해양배출업으로 등록한 선박은 제외한다)
- 위의 규정에 해당하지 아니하는 총톤수 20톤 미만의 선박

25 기관구역의 선저폐수는 선저폐수저장장치에 저장한 후 배출관장치를 통하여 오염물질저장시설 또는 해양오염방제업·유창청소업(저장시설)의 운영자에게 인도할 것. 다만, 기름여과장치가 설치된 선박의 경우에는 기름여과장치를 통하여 해양에 배출할 수 있다.

01	02	03	04	05	06	07	08	09	10
가	가	아	가	가	아	가	나	사	사
11	12	13	14	15	16	17	18	19	20
사	사	가	나	아	아	가	나	가	나
21	22	23	24	25					
나	가	가	가	나					

01

$$T = \frac{CA}{6R}$$
$(T: 시간, CA: 크랭크 각도, R: rpm)$

$$\therefore T = \frac{360}{6 \times 1200} = 0.05 = \frac{1}{20} 초$$

02 밸브겹침

상사점 부근에서(하사점은 아님) 흡기 밸브와 배기 밸브가 동시에 열려 있을 때가 있는데, 이것을 밸브겹침이라 한다. 밸브겹침은 배기 작용과 흡기 작용을 돕고, 밸브와 연소실의 냉각을 돕는다. 밸브겹침의 크랭크 각도는 40°이다.

03 실린더 라이너의 마멸이 기관에 미치는 영향
- 압축 공기의 누설로 압축압력이 낮아지고 기관 시동이 어려워짐
- 옆샘에 의한 윤활유의 오손 및 소비량 증가
- 불완전 연소에 의한 연료 소비량 증가
- 열효율 저하 및 기관 출력 감소

04 피스톤 핀(Piston Pin)은 트렁크 피스톤형 기관에서 커넥팅 로드(연접봉)와 피스톤을 연결하고, 피스톤에 작용하는 힘을 커넥팅 로드에 전하는 역할을 한다.

05 실린더 헤드는 흡기 밸브, 배기 밸브, 시동 공기 밸브, 연료 분사 밸브, 안전 밸브, 인디케이터 밸브, 냉각수 파이프 등이 설치된 구조가 복잡한 부품으로 움직이면 안 된다. 2행정 사이클 기관에서는 배기 밸브를 구동하기 위한 고압의 유압 파이프와 공기 파이프가 별도로 설치되는 것도 있다. 실린더 헤드는 고온에 견딜 수 있도록 물로 냉각하기 때문에 가스 쪽과 냉각수 쪽의 온도 차이에 의한 열응력으로 인하여 균열(Crack)이 일어나기 쉽다.

06 피스톤 링의 구비조건(재질)
- 적당한 경도를 가지며 운전 중 부러지지 않을 것
- 적당한 탄력을 가지며 균등한 압력으로 밀착할 것
- 가공면이 매끄럽고 마멸에 잘 견딜 것
- 진원이 되어야 하고 홈이 없을 것
- 윤활유의 유막 형성을 좋게 하기 위해 흑연 성분이 함유된 주철을 사용할 것

07 점화 플러그는 가솔린기관의 구성 부품이다.

08 크랭크 축의 구조

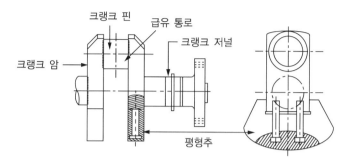

- 크랭크 핀 : 크랭크 저널의 중심에서 크랭크 반지름만큼 떨어진 곳에 있으며, 저널과 평행하게 설치되고 커넥팅 로드 대단부와 연결된다.
- 크랭크 암 : 크랭크 저널과 크랭크 핀을 연결하는 부분이다. 크랭크 핀 반대쪽으로 평형추(Balance Weight)를 설치하여 크랭크 회전력의 평형을 유지하고, 불평형 관성력에 의한 기관의 진동을 줄인다.
- 크랭크 저널 : 메인 베어링에 의해서 지지되는 회전축이다.
- 평형추 : 크랭크 축의 형상에 따른 불균형을 보정하여, 회전체의 평형을 이루기 위해 평형추(Balance Weight)를 설치한다. 평형추는 기관의 진동을 적게 하고, 원활한 회전을 하도록 하며, 메인 베어링의 마찰을 감소시키는 역할을 한다.

09 디젤기관의 운전 중 배기가스 색깔이 검은색일 때 원인과 대책
- 원인 : 공기 압력의 불충분, 연료 밸브의 개방 압력이 부적당하거나 연료 분사 상태의 불량, 과부하 운전을 하고 있는 경우
- 대책 : 과급기 취급 설명서에 따라 과급기를 청소한다. 연료 밸브를 점검한다. 과부하가 걸리지 않도록 기관을 운전한다.

10 선박용 압축 공기는 25~30kgf/cm²의 압력으로 압축하여 저장 탱크에 저장 후 시동용 압축 공기로 사용되고, 일부는 감압 밸브를 통하여 7kgf/cm²로 감압시켜 제어 공기용·안전장치 공기용·소제 공기용 등으로 사용한다.

11 디젤기관이 과열된 경우 냉각수의 양, 냉각수의 온도, 냉각수 펌프 등 수냉각 계통을 점검한다.

12 윤활유에 주로 혼입되는 물질은 윤활유 냉각기에서 누설된 수분, 연소불량으로 발생한 카본, 운동부에서 발생한 금속가루, 윤활유 냉각기 내의 누수 등이 있다.

13 나선형 추진기(프로펠러)의 용어
- 피치 : 프로펠러가 1회전할 때 날개 위의 어떤 점이 축 방향으로 이동한 거리
- 전연과 후연 : 전진 회전할 때 물을 절단하는 날을 전연, 그 반대쪽을 후연
- 경사 : 15~20° 기울어져 있음

PART 03

- 압력면과 배면 : 프로펠러가 전진 회전할 때 물을 미는 압력이 생기는 면을 압력면, 후진 회전할 때 물을 미는 압력이 생기는 면을 배면
- 보스비 : 날개가 고정되는 원통을 보스, 보스 지름의 날개 지름에 대한 비율을 보스비
- 회전 방향 : 선미로부터 바라볼 때 전진 회전의 경우, 시계 방향으로 돌아가는 것을 우회전, 반대는 좌회전
- 지름 : 프로펠러가 1회전할 때 날개의 끝이 그린 원의 지름

14 양묘기란 배의 닻(앵커)을 감아올리고 내리는 데 사용하는 특수한 윈치이다. 보통 뱃머리 갑판 위에 있으나 특수한 배에서는 선미에 설치하는 경우도 있다. 양묘기는 종류나 양식이 많지만, 앵커케이블을 감는 체인 풀리와 브레이크가 주요한 부분이다. 체인풀리를 회전시키는 원동기에는 기동, 전동, 전동 유압, 압축공기식 등이 있다.

15 **선박의 축계장치**

선박의 축계장치는 추력축과 추력 베어링, 중간축, 중간 베어링, 추진기축(프로펠러축), 선미관, 추진기로 구성되고 가장 뒤쪽에 설치된 축은 추진기축이다. 추력 베어링(Thrust Bearing)은 선체에 부착되어 있으며, 추력 칼라의 앞과 뒤에 설치되어 프로펠러로부터 전달되어 오는 추력을 추력 칼라에서 받아 선체에 전달하여 선박을 추진시키는 역할을 한다.

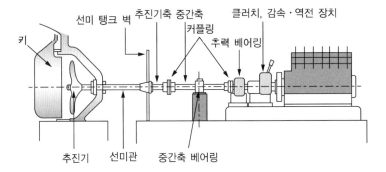

16 원심펌프에서 축이 케이싱을 관통하는 곳에 기밀을 유지하기 위해 글랜드패킹을 설치한다. 글랜드패킹은 회전축으로부터 유채가 새는 것을 방지하기 위해 사용하는 밀봉법에 쓰이는 패킹이다.

17 연료유 펌프에는 연료유를 서비스탱크에서 기관까지 공급하기 위하여 연료유에 압력을 가해주는 공급 펌프와 연료유가 기관에서 서비스 탱크까지 계속 순환시켜 점도를 유지하도록 하는 순환 펌프가 있다. 연료유 펌프는 기어가 있고, 축봉장치가 있다.

18 부하 변동이 있는 교류 발전기에서 항상 부하전류와 상관없이 항상 일정하게 유지되는 값은 전압이다.

19 변압기는 전자기유도현상을 이용하여 교류의 전압이나 전류의 값을 변화시키는 장치이다.

20 납축전지란 전기에너지를 화학에너지로 바꾸어 저장하였다가 필요에 따라 다시 전기에너지로 바꾸어 사용하는 장치로 극판, 격리판, 전해액으로 구성된다.

21 실린더 헤드 들어 올리기

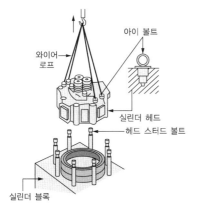

아이 볼트는 디젤기관의 실린더 헤드를 분해하여 체인블록으로 들어 올릴 때 사용하는 볼트이다.

22 디젤기관의 밸브 틈새 조정하기

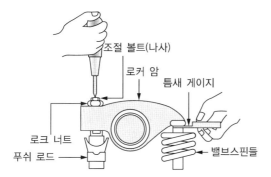

① 기관을 터닝하여 조정하고자 하는 실린더의 피스톤을 압축 행정 시의 상사점에 맞춘다. 상사점의 확인
    은 플라이휠에 표시된 숫자에 의한다.
② 로크 너트(Lock Nut)를 먼저 풀고, 조정 볼트를 약간 헐겁게 한다.
③ 밸브 스핀들 상부와 로커 암 사이에 규정 값의 틈새 게이지를 넣고, 조정 볼트를 드라이버로 돌려 조정
    한다.
④ 틈새 게이지를 잡은 손에 가벼운 저항을 느끼면서 게이지가 움직이면 적정 간극으로 조정된 것이다.
⑤ 조정 후에 조정 볼트가 움직이지 않게 로크 너트를 확실히 잠근다.
⑥ 이 작업을 착화 순서에 따라 각 실린더마다 한다.
⑦ 밸브 틈새의 조정은 기관이 냉각되지 않은 상태에서 실시하며, 그 틈새는 반드시 제작사에서 규정한
    수치를 준수해야 한다.

23 밸브의 틈새
4행정 사이클 디젤기관에서 배기 밸브의 밸브 틈새가 규정값보다 작게 되면 배기 밸브가 빨리 열린다.

틈새가 너무 작을 때	틈새가 너무 클 때
밸브 및 밸브 스핀들이 열팽창하여 틈이 없어지고, 밸브가 완전히 닫히지 않게 된다.	밸브가 닫힐 때 밸브 스핀들과 밸브시트의 접촉 등 충격이 커져서 밸브가 손상되거나 운전 중 충격음이 발생한다.

24 연료유의 온도가 낮아지면 점도는 높아지고, 온도가 높아지면 점도는 낮아진다.

점도(Viscosity)
점도는 유체의 흐름에서 내부 마찰의 정도를 나타내는 양, 즉 끈적거림의 정도를 표시하는 것이다. 윤활유를 기관에 사용할 때 점도가 너무 낮으면 기름의 내부 마찰은 감소하지만 유막이 파괴되어 마멸이 심해지고, 베어링 등 마찰부가 손상될 우려가 있으며, 연소가스의 기밀 효과가 떨어져 가스의 누설이 증대된다. 반대로 윤활유의 점도가 높을수록 완전 윤활이 되기 쉽다. 그러나 점도가 너무 높으면 유막은 두꺼워지지만 기름의 내부 마찰이 증대되고, 윤활 계통의 순환이 불량해지며, 시동이 곤란해질 수 있고, 기관 출력이 떨어진다. 그러므로 기관에 따라 적절한 점도의 기름을 사용해야 한다.

25 연료유 저장탱크에는 측심관, 주입관, 공기 배출관이 연결되어 있다. 빌지관은 주로 빌지펌프에 연결되어 있다.

PART 03 2021년 제2회 정답 및 해설

제1과목 항 해

01	02	03	04	05	06	07	08	09	10
사	가	가	나	사	가	사	가	사	아
11	12	13	14	15	16	17	18	19	20
아	아	나	나	가	나	나	아	아	사
21	22	23	24	25
나	가	가	나	아

01 상한차 수정구(Quadrantal Corrector)는 캠퍼스 주변에 있는 일시 자기의 수평력을 조종하기 위하여 비너클에 설치된 연철구 또는 연철판이다.

02 납작한 원판을 실에 매달고 진동시키면 납작한 면은 흔들리는 방향과 일치하려고 하는데 이를 동요오차라고 한다. 자이로컴퍼스 주동부의 수직환이 서스펜션 와이어에 의하여 매달려 있는 제품에서는 동요오차가 발생할 수 있는데 이때 보정추를 부착하여 동요오차 발생을 방지한다.

03 대수속력은 자선 또는 다른 선박의 추진장치의 작용이나 그로 인한 선박의 타력에 의하여 생기는 선박의 물에 대한 속력을 말한다. 전자식 선속계가 표시하는 속력은 대수속력이며, 도플러 선속계는 대수속력, 대지속력 모두 측정 가능하다.

04 자차는 자기 컴퍼스의 남북선과 진북 사이의 교각을 의미한다. 자차가 변하는 경우는 선박의 선수 방향이 바뀌었을 때, 선박의 지리적 위치가 바뀌었을 때, 선박이 경사되었을 때, 선내 화물을 이동했을 때 등이 있지만 선박의 선수 방향이 바뀌었을 때 가장 크게 변한다.

05 섀도핀
놋쇠로 된 가는 막대로 컴퍼스 볼의 위쪽 유리 덮게 중앙에 있는 섀도핀 자리에 세워서 물표와 섀도핀이 동일 연직면 내에 있을 때 카드의 눈금을 읽어서 그 물표의 방위로 삼는다.

06 GPS는 위치를 알고 있는 3~4개의 위성으로부터 송신되어 오는 전파를 수신하고, 그 전파를 수신한 시간으로부터 위성까지의 거리를 구하여 본선의 위치를 결정한다.

07 '거리 = 속력 × 시간'이므로 '거리 = 10노트 × 45/60분 = 7.5해리'

08 박명시(Twilight)란 해가 뜨기 전이나 해가 진 후 얼마 동안 주위가 희미하게 밝은 상태일 때를 의미한다.

09 GPS(Global Positioning System)
- GPS는 지구 중궤도를 도는 24개 이상의 인공위성을 이용한 항법시스템이다.
- 각 위성은 고유의 의사 잡음 코드를 사용한다.
- 반송 주파수는 L1, L2 두 가지가 존재한다.

10 뻘(펄)(M), 자갈(G), 조개껍질(Sh)

11 마그네트론은 양극과 음극으로 구성된 2극 진공관이다. 이 장치는 펄스 변조기에서 만들어진 펄스 신호의 지속 시간 동안 전자적인 진동을 일으켜 강력한 마이크로파 신호를 만들어 낸다.

12 산의 높이, 섬의 높이, 등대의 높이는 평균 수면을 기준으로 하며, 간출암의 높이는 기본수준면(약최저저조면)을 기준으로 한다.

13 항로지는 해도에 표현할 수 없는 사항에 대하여 상세하게 설명하는 안내서이다.

14 등표(등입표)는 항해가 금지된 장소에 설치되어 선박의 좌초나 좌주를 예방하며 항로를 지도하기 위한 구조물로 등화가 있으면 등표, 등화가 없으면 입표라고 한다.

15 도표는 좁은 수로의 항로를 표시하기 위하여 항로의 연장선 위에 앞뒤로 2개 이상의 육표를 설치하여 선박을 인도하는 주간표지이다. 도표에 등을 설치한 것을 도등이라고 한다.

16 **수색 및 구조용 레이더트랜스폰더(SART ; Search and Rescue Radar Transponder)**
조난 중인 선박, 생존정 또는 생존자의 위치에서 작동될 때, 구조 선박이나 항공기의 X-밴드 레이더 펄스 신호를 수신하면 즉시 응답 신호를 발사한다. 송신 내용은 부호화된 식별 신호 및 데이터로 상대방 레이더 화면에 12개의 점선으로 위치가 표시되어 구조 선박이 조난 선박 또는 생존자 쪽으로 정확히 접근할 수 있도록 도와준다.

17 작은 지역을 상세하게 표시한 해도는 대축척 해도라고 한다. 축척이 클수록 상세한 지도이다.

18 해도 작업 용구에는 삼각자, 평행자, 디바이더, 누르개, 지우개 및 연필(2B, 4B) 등이 있다. 특히 연필과 지우개는 질이 좋은 것을 사용해야 한다.

19 **온난 저기압**
따뜻한 중심의 기압은 주위보다 고도에 따라 느리게 감소하므로 상층에서는 오히려 주위보다 기압이 높아진다. 따라서 상층에서는 고기압이 된다. 이러한 이유로 온난 저기압을 키 작은 저기압이라고도 한다.

20 분호등은 등광의 색깔이 바뀌지 않고 서로 다른 지역을 다른 색상으로 비추는 등이다.

21 방위표지 중 원추형 두 개의 정점이 마주하는 두표는 서방위표지이다. 서방위표지는 표지의 서쪽에 가항수역이 있다는 것을 나타낸다.

22 눈이나 우박처럼 강수 종류가 고체인 경우에는 녹은 후의 물의 양을 측정한다. 이 경우 약 1센티미터가 측정된다.

  ※ 강우량은 순수하게 비만 내렸을 때의 측정값을 의미하고 강수량이 지면에 떨어진 물의 전체 양을 의미한다. 따라서 적설량 10센티미터의 눈은 강우량 1센티미터가 아닌 강수량 1센티미터에 해당된다.

23 한랭전선은 상대적으로 무거운 차가운 한랭기단이 온난기단 아래로 파고들어 갈 때 형성된다. 따뜻한 공기가 수직으로 상승하여 수직으로 발달한 비구름이 형성되어 좁은 지역에 소나기가 내리며, 뇌우를 동반하는 경우가 많다.

24 항로의 종류로는 원양 항로, 근해 항로, 연안 항로가 있다.

25 항해계획을 수립할 때는 각종 수로 도지에 의한 항행 해역의 조사 및 연구와 자신의 경험을 바탕으로 가장 적합한 항로를 선정해야 한다. 항해계획을 수립할 때 고려해야 할 사항은 항해의 안정성(항해할 수역의 상황 등), 경제성(경제적 항해, 항해일수의 단축 등) 등이 있다.

01	02	03	04	05	06	07	08	09	10
나	나	아	아	가	아	사	사	가	나
11	12	13	14	15	16	17	18	19	20
사	아	가	아	가	아	나	나	아	나
21	22	23	24	25
아	사	아	사	나

01 코퍼댐은 기름 탱크와 기관실 또는 화물창, 혹은 다른 종류의 기름을 적재하는 탱크선의 탱크 사이에 설치하는 방유구획이다. 기름 유출에 의한 해양 환경 피해를 방지하기 위해 설치하지만 방화벽의 역할도 수행한다.

02 데릭 붐은 데릭식 하역설비의 구성요소에 해당한다.

03 수선간장은 계획 만재 흘수선상 선수재의 전면과 타주의 후면 혹은 타두 중심에 세운 수선 사이의 수평 거리이다. 수선간장은 강선구조기준, 선박만재흘수선규정, 선박구획기준 그리고 선체 운동의 계산 등에 사용하는 길이다.

04 러더암(Rudder Arm)은 타완 또는 타팔이라고도 하며, 타판의 견고함을 보강해준다.

05 마닐라 로프는 식물 섬유 로프에 해당한다. 식물 섬유 로프란 식물의 섬유로 만들어진 것으로, 과거에는 마닐라 로프가 계선줄이나 하역용 로프로 이용되어 왔으나, 합성 섬유 로프가 보급된 요즘에는 많이 쓰이지 않는다.

06 스톡은 생크와 직각을 이루어 가로지르는 막대로 앵커가 거꾸로 되는 것을 방지한다. 앵커는 스톡의 유무에 따라 스톡앵커와 스톡리스앵커로 구분된다.

07 선체 외판 도장의 목적은 방식, 방오, 장식이다. 방염 도장은 선체 내부에 실시해야 한다.

08 보온복은 구명정이나 구조정에서 다른 사람 도움 없이 쉽게 착용할 수 있어야 한다.

09 방위를 나타낼 때는 A기와 숫자기를 함께 사용한다.

10 구조선은 익수자의 안전을 위해 풍상에서 접근해야 한다.

11 구명부기

구명부기는 선박 조난 시 구조를 기다릴 때 사용하는 인명 구조 장비로, 사람이 타지 않고 손으로 밧줄을 붙잡고 있도록 만든 것이다.

12 수압이탈장치는 선박이 침몰하여 수심 3미터 정도에 이르면 수압에 의해 작동하여 구명뗏목을 부상시킨다.

13 구명줄 발사기는 구명줄을 230m 이상 정확히 보낼 수 있어야 하며, 총톤수 500톤 이상의 국제항로 화물선의 법정 비품의 하나이다.

14 초단파무선설비(VHF)의 최대 출력은 25W이다.

15 선박의 6자유도 운동

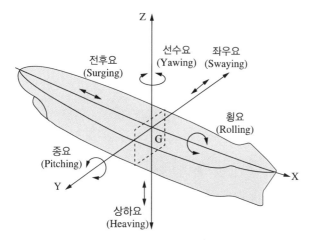

종동요(종요, Pitching)라고 하며, 선수 및 선미가 상하 교대로 회전하려는 종경사 운동으로 선속을 감소시키며, 적재화물을 파손시키게 된다.

16 기온은 기상의 요소에는 포함되지만 선박 조종성과는 관련이 없다.

17 선박의 충돌사고 등으로 인해 침몰 직전에 이르렀을 때 고의로 해안에 좌초시키는 것을 좌안 또는 임의 좌주라 한다. 충돌 후 침몰이 예상될 때는 사람들을 대피시킨 후 수심이 낮은 곳에 임의 좌주시켜야 한다.

18 익수자 구조 조선법으로는 반원 2선회법, 윌리암슨 턴, 앤더슨 턴(싱글 턴), 샤르노브 턴 등이 있다.

19 측압작용과 횡압력의 작용

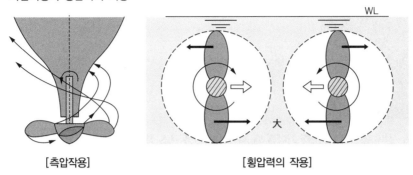

[측압작용]　　　　　　　　[횡압력의 작용]

20 수심이 얕은 곳을 항해하게 되면 선체 침하와 해저 형상에 따른 와류를 형성하여 키의 효과가 나빠진다. 이러한 현상을 막으려면 저속으로 항행하는 것이 좋다.

21 배의 무게중심이 높은 경우 복원력이 좋지 않기 때문에 파도를 옆에서 받으면 전복될 수 있다.

22 거주법(히브 투, Heave to)은 풍랑을 선수로부터 좌우현 25~35° 방향으로 받아 조타가 가능한 최소의 속력으로 전진하는 방법이다.

23 태풍으로부터 피항하는 가장 안전한 방법은 미리 침로를 조정하여 태풍의 중심을 피하여 돌아가는 항로를 택하고, 예상 외로 태풍의 중심에 가까우면 본선이 그 중심에서 멀어지도록 조종하는 것이다.

24 • A급 화재 : 타고난 후 재가 남는 화재(일반화재)
　　• B급 화재 : 유류 및 가스 화재
　　• C급 화재 : 전기 화재
　　• D급 화재 : 금속 화재

25 선내 불빛이 외부로 새어 나가는지 여부는 야간 항해 중 확인사항이다.

01	02	03	04	05	06	07	08	09	10
사	나	가	가	아	아	사	아	나	아
11	12	13	14	15	16	17	18	19	20
아	사	사	아	가	나	사	사	가	나
21	22	23	24	25					
아	아	가	나	나					

01 등화의 종류(해상교통안전법 제86조 제3호)
선미등 : 135°에 걸치는 수평의 호를 비추는 흰색 등으로서 그 불빛이 정선미 방향으로부터 양쪽 현의
67.5°까지 비출 수 있도록 선미 부분 가까이에 설치된 등

02 어업의 제한 등(해상교통안전법 제9조 제2항)
교통안전특정해역에서는 어망 또는 그 밖에 선박의 통항에 영향을 주는 어구 등을 설치하거나 양식업을
하여서는 아니 된다.

03 술에 취한 상태에서의 조타기 조작 등 금지(해상교통안전법 제39조 제4항)
술에 취한 상태의 기준은 혈중알코올농도 0.03퍼센트 이상으로 한다.

04 경계(해상교통안전법 제70조)
선박은 주위의 상황 및 다른 선박과 충돌할 수 있는 위험성을 충분히 파악할 수 있도록 시각·청각 및 당시
의 상황에 맞게 이용할 수 있는 모든 수단을 이용하여 항상 적절한 경계를 하여야 한다.

05 안전한 속력(해상교통안전법 제71조 제2항)
안전한 속력을 결정할 때에는 다음의 사항을 고려하여야 한다.
- 시계의 상태
- 해상교통량의 밀도
- 선박의 정지거리·선회성능, 그 밖의 조종성능
- 야간의 경우에는 항해에 지장을 주는 불빛의 유무
- 바람·해면 및 조류의 상태와 항행장애물의 근접상태
- 선박의 흘수와 수심과의 관계
- 레이더의 특성 및 성능
- 해면상태·기상, 그 밖의 장애요인이 레이더 탐지에 미치는 영향
- 레이더로 탐지한 선박의 수·위치 및 동향

06 범선(해상교통안전법 제77조 제1호)
각 범선이 다른 쪽 현(舷)에 바람을 받고 있는 경우에는 좌현(左舷)에 바람을 받고 있는 범선이 다른 범선
의 진로를 피하여야 한다.

07 앞지르기(해상교통안전법 제78조 제2항)

다른 선박의 양쪽 현의 정횡으로부터 22.5°를 넘는 뒤쪽(밤에는 다른 선박의 선미등만을 볼 수 있고 어느 쪽의 현등도 볼 수 없는 위치를 말한다)에서 그 선박을 앞지르는 선박은 앞지르기 하는 배로 보고 필요한 조치를 취하여야 한다.

08 등화의 등색은 붉은색(좌현등), 녹색(우현등), 흰색(마스트등), 황색(예선등)을 사용한다(해상교통안전법 제86조).

09 항행 중인 범선 등(해상교통안전법 제90조 제2항)

항행 중인 길이 20미터 미만의 범선은 현등과 선미등을 대신하여 마스트의 꼭대기나 그 부근의 가장 잘 보이는 곳에 삼색등 1개를 표시할 수 있다.

10 제한된 시계에서 선박의 항법(해상교통안전법 제84조)

④ 레이더만으로 다른 선박이 있는 것을 탐지한 선박은 해당 선박과 얼마나 가까이 있는지 또는 충돌할 위험이 있는지를 판단하여야 한다. 이 경우 해당 선박과 매우 가까이 있거나 그 선박과 충돌할 위험이 있다고 판단한 경우에는 충분한 시간적 여유를 두고 피항동작을 취하여야 한다.

⑤ 제4항에 따른 피항동작이 침로를 변경하는 것만으로 이루어질 경우에는 될 수 있으면 다음의 동작은 피하여야 한다.

• 다른 선박이 자기 선박의 양쪽 현의 정횡 앞쪽에 있는 경우 좌현 쪽으로 침로를 변경하는 행위(앞지르기당하고 있는 선박에 대한 경우는 제외한다)

• 자기 선박의 양쪽 현의 정횡 또는 그곳으로부터 뒤쪽에 있는 선박의 방향으로 침로를 변경하는 행위

11 항행장애물(해상교통안전법 제2조)

항행장애물이란 다음의 어느 하나에 해당하는 것을 말한다.

• 선박으로부터 수역에 떨어진 물건

• 침몰·좌초된 선박 또는 침몰·좌초되고 있는 선박

• 침몰·좌초가 임박한 선박 또는 침몰·좌초가 충분히 예견되는 선박

• 침몰·좌초되거나 임박한 선박에 있는 물건

• 침몰·좌초된 선박으로부터 분리된 선박의 일부분

12 등화의 종류(해상교통안전법 제86조 제6호)

섬광등 : 360°에 걸치는 수평의 호를 비추는 등화로서 일정한 간격으로 1분에 120회 이상 섬광을 발하는 등

13 제한된 시계 안에서의 음향신호(해상교통안전법 제100조 제1호)

항행 중인 동력선은 대수속력이 있는 경우에는 2분을 넘지 아니하는 간격으로 장음을 1회 울려야 한다.

14 조종신호와 경고신호(해상교통안전법 제99조 제6항)

좁은 수로 등의 굽은 부분이나 장애물 때문에 다른 선박을 볼 수 없는 수역에 접근하는 선박은 장음으로 1회의 기적신호를 울려야 한다. 이 경우 그 선박에 접근하고 있는 다른 선박이 굽은 부분의 부근이나 장애물의 뒤쪽에서 그 기적신호를 들은 경우에는 장음 1회의 기적신호를 울려 이에 응답하여야 한다.

15 기적의 종류(해상교통안전법 제82조)

기적(汽笛)이란 다음의 구분에 따라 단음과 장음을 발할 수 있는 음향신호장치를 말한다.

- 단음 : 1초 정도 계속되는 고동소리
- 장음 : 4초부터 6초까지의 시간 동안 계속되는 고동소리

16 폐기물의 투기 금지 등(선박입출항법 제38조 제1항)

누구든지 무역항의 수상구역 등이나 무역항의 수상구역 밖 10킬로미터 이내의 수면에 선박의 안전운항을 해칠 우려가 있는 흙·돌·나무·어구 등 폐기물을 버려서는 아니 된다.

17 위험물 취급 시의 안전조치 등(선박입출항법 제35조 제1항)

무역항의 수상구역 등에서 위험물취급자는 다음에 따른 안전에 필요한 조치를 하여야 한다.

- 위험물 취급에 관한 안전관리자(위험물 안전관리자)의 확보 및 배치. 다만, 해양수산부령으로 정하는 바에 따라 위험물 안전관리자를 보유한 안전관리 전문업체로 하여금 안전관리 업무를 대행하게 한 경우에는 그러하지 아니하다.
- 해양수산부령으로 정하는 위험물 운송선박의 부두 이안·접안 시 위험물 안전관리자의 현장 배치
- 위험물의 특성에 맞는 소화장비의 비치
- 위험표지 및 출입통제시설의 설치
- 선박과 육상 간의 통신수단 확보
- 작업자에 대한 안전교육과 그 밖에 해양수산부령으로 정하는 안전에 필요한 조치

18 항로에서의 정박 등 금지(선박입출항법 제11조 제2항)

선박의 고장이나 그 밖의 사유로 선박을 조종할 수 없는 경우 선박을 항로에 정박시키거나 정류시키려는 자는 그 사실을 관리청에 신고하여야 한다. 이 경우에 해당하는 선박의 선장은 조종불능선 표시를 하여야 한다.

19 정박의 제한 및 방법 등(선박입출항법 제6조 제4항)

무역항의 수상구역 등에 정박하는 선박은 지체 없이 예비용 닻을 내릴 수 있도록 닻 고정장치를 해제하고, 동력선은 즉시 운항할 수 있도록 기관의 상태를 유지하는 등 안전에 필요한 조치를 하여야 한다.

20 항로 지정 및 준수(선박입출항법 제10조 제2항)

우선피항선 외의 선박은 무역항의 수상구역 등에 출입하는 경우 또는 무역항의 수상구역 등을 통과하는 경우에는 지정·고시된 항로를 따라 항행하여야 한다.

우선피항선(선박입출항법 제2조 제5호)

우선피항선이란 주로 무역항의 수상구역에서 운항하는 선박으로서 다른 선박의 진로를 피하여야 하는 다음의 선박을 말한다.

- 부선(예인선이 부선을 끌거나 밀고 있는 경우의 예인선 및 부선을 포함하되, 예인선에 결합되어 운항하는 압항부선은 제외한다)
- 주로 노와 삿대로 운전하는 선박
- 예 선
- 항만운송관련사업을 등록한 자가 소유한 선박
- 해양환경관리업을 등록한 자가 소유한 선박(폐기물해양배출업으로 등록한 선박은 제외한다)
- 위의 규정에 해당하지 아니하는 총톤수 20톤 미만의 선박

21 속력 등의 제한(선박입출항법 제17조)

② 해양경찰청장은 선박이 빠른 속도로 항행하여 다른 선박의 안전 운항에 지장을 초래할 우려가 있다고 인정하는 무역항의 수상구역 등에 대하여는 관리청에 무역항의 수상구역 등에서의 선박 항행 최고속력을 지정할 것을 요청할 수 있다.

③ 관리청은 제2항에 따른 요청을 받은 경우 특별한 사유가 없으면 무역항의 수상구역 등에서 선박 항행 최고속력을 지정·고시하여야 한다. 이 경우 선박은 고시된 항행 최고속력의 범위에서 항행하여야 한다.

22 분뇨오염방지설비의 대상선박·종류 및 설치기준(선박오염방지규칙 제14조 제2항 제1호)

다음의 분뇨오염방지설비 중 어느 하나를 설치할 것

• 지방해양수산청장이 형식승인한 분뇨처리장치
• 지방해양수산청장이 형식승인한 분뇨마쇄소독장치
• 분뇨저장탱크

23 항로 지정 및 준수(선박입출항법 제10조 제2항)

우선피항선 외의 선박은 무역항의 수상구역 등에 출입하는 경우 또는 무역항의 수상구역 등을 통과하는 경우에는 지정·고시된 항로를 따라 항행하여야 한다. 다만, 해양사고를 피하기 위한 경우 등 해양수산부령으로 정하는 사유가 있는 경우에는 그러하지 아니하다.

24 오염물질이 배출되는 경우의 신고의무(해양환경관리법 제63조 제1항)

대통령령이 정하는 배출기준을 초과하는 오염물질이 해양에 배출되거나 배출될 우려가 있다고 예상되는 경우 다음의 어느 하나에 해당하는 자는 지체 없이 해양경찰청장 또는 해양경찰서장에게 이를 신고하여야 한다.

25 선박 안에서 발생하는 폐기물의 배출해역별 처리기준 및 방법(선박오염규칙 별표3)

음식찌꺼기는 영해기선으로부터 최소한 12해리 이상의 해역에 버려야 한다.

01	02	03	04	05	06	07	08	09	10
가	아	아	사	가	가	나	아	가	아
11	12	13	14	15	16	17	18	19	20
나	사	나	사	아	나	가	아	가	나
21	22	23	24	25					
아	가	사	가	아					

01 4행정 사이클 기관은 4개의 행정(흡입 행정 → 압축 행정 → 작동 행정 → 배기 행정)으로 1사이클을 완료하는 기관이고, 2행정 사이클 기관은 2개의 행정(소기·압축 행정 → 작동·배기 행정)으로 1사이클을 완료하는 기관이다.

02 디젤기관의 요구 조건
- 효율이 좋을 것
- 고장이 적을 것
- 시동이 용이할 것
- 기관의 회전수를 적당하게 유지할 것

03 실린더 라이너의 마멸이 기관에 미치는 영향
- 압축 공기의 누설로 압축압력이 낮아지고 기관 시동이 어려워짐
- 옆샘에 의한 윤활유의 오손 및 소비량 증가
- 불완전 연소에 의한 연료 소비량 증가
- 열효율 저하 및 기관 출력 감소

04 실린더 헤드는 다른 말로 실린더 커버라고도 한다.

05 피스톤 핀(Piston Pin)
트렁크 피스톤형 기관에서 피스톤과 커넥팅 로드를 연결하고, 피스톤에 작용하는 힘을 커넥팅 로드에 전하는 역할을 한다. 소형 디젤기관에서 윤활유가 공급된다.

06 피스톤의 재질
피스톤은 높은 압력과 열을 직접 받으므로 충분한 강도를 가져야 하고, 열을 실린더 내벽으로 잘 전달할 수 있는 열전도가 좋은 재료를 사용해야 하고, 열팽창 계수는 실린더의 재질과 비슷해야 한다. 또, 마멸에 잘 견디고 관성의 영향이 적도록 무게가 가벼워야 한다. 따라서 저·중속 기관에서는 주철이나 주강으로 제작하며, 중·소형 고속 기관에서는 알루미늄 합금이 주로 사용된다. 대형 기관에서는 주강제의 피스톤에 연소실을 형성하는 부분에만 크롬 도금을 하여 내열성을 증가시키고, 소손을 방지하기도 한다.

07 크랭크 축의 구조

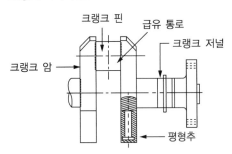

- 크랭크 암 : 크랭크 저널과 크랭크 핀을 연결하는 부분이다. 크랭크 핀 반대쪽으로 평형추(Balance Weight)를 설치하여 크랭크 회전력의 평형을 유지하고, 불평형 관성력에 의한 기관의 진동을 줄인다.
- 크랭크 핀 : 크랭크 저널의 중심에서 크랭크 반지름만큼 떨어진 곳에 있으며, 저널과 평행하게 설치되고 커넥팅 로드 대단부와 연결된다.
- 크랭크 저널 : 메인 베어링에 의해서 지지되는 회전축이다.
- 평형추 : 크랭크 축의 형상에 따른 불균형을 보정하여, 회전체의 평형을 이루기 위해 평형추(BalanceWeight)를 설치한다. 평형추는 기관의 진동을 적게 하고, 원활한 회전을 하도록 하며, 메인 베어링의 마찰을 감소시키는 역할을 한다.

08 소형기관의 크랭크 축은 크랭크 암, 크랭크 핀, 크랭크 저널, 급유 통로, 평형추 등으로 구성되어 있다.

09 디젤기관의 운전 중 배기가스 색깔이 검은색일 때 원인과 대책
- 원인 : 공기 압력의 불충분, 연료 밸브의 개방 압력이 부적당하거나 연료 분사 상태의 불량, 과부하 운전을 하고 있는 경우
- 대책 : 과급기 취급 설명서에 따라 과급기 청소, 연료 밸브 점검, 과부하가 걸리지 않도록 기관을 운전

10 유량계는 기체나 액체의 유량을 측정하는 계기로 기관이 사용하는 연료의 소비량을 알려준다.

11 연료유의 질이 나쁘면 배기온도가 올라가고 배기색이 검은색으로 변한다. 또한 연료필터가 잘 막히고 기관의 출력이 떨어진다.

12 윤활유에 주로 혼입되는 물질은 윤활유 냉각기에서 누설된 수분, 연소불량으로 발생한 카본, 운동부에서 발생한 금속가루, 윤활유 냉각기 내의 누수 등이 있다.

13 스러스트 베어링은 축 방향의 하중을 받는 베어링으로, 프로펠러의 추력을 선체에 전달하는 역할을 한다.

14 양묘기란 배의 닻(앵커)을 감아올리고 내리는 데 사용하는 특수한 윈치이다. 보통 뱃머리 갑판 위에 있으나 특수한 배에서는 선미에 설치하는 경우도 있다. 양묘기의 설계에는 종류나 양식이 많지만, 앵커케이블을 감는 체인풀리와 브레이크가 주요한 부분이다. 체인풀리를 회전시키는 원동기에는 기동, 전동, 전동 유압, 압축공기식 등이 있다.

15 1해리 = 1,852m이다. 따라서, 1시간에 1해리(1,852m)를 항해하였으므로 10시간 항해하는 선박은 10해리를 항해한다.

16 원심펌프는 케이싱 속의 임펠러(회전차)를 수중에서 고속으로 회전시켜 물이 원심력을 일으켜 얻은 속도에너지를 압력에너지로 바꾸어 물을 흡입·송출하는 펌프이다.

17 기어펌프는 회전펌프의 일종으로 같은 모양의 서로 맞물리고 있는 2개의 기어의 회전 운동에 의해 유체를 송출하는 펌프이다. 기어펌프는 구조가 간단하며 그 특성상 윤활유 펌프 등에 많이 사용된다.

18 유도전동기
고정자에 교류 전압을 가하여 전자 유도로써 회전자에 전류를 흘려 회전력을 생기게 하는 교류 전동기이다. 유도전동기의 부하 전류계에서 지침이 가장 높게 가리키는 경우는 전동기의 기동 직후이다.

전동기의 운전 중 주의사항
• 전동기가 발열되는 곳이 있는지 점검한다.
• 전동기에서 이상한 소리, 냄새 등이 발생하는지 점검한다.
• 전동기의 전류계에 나타나는 지시치(값)에 주의하여 운전한다.

19 교류 발전기
전자기 유도 법칙을 응용하여 회전 속도를 일정하게 유지하도록 교류 전류의 기전력을 만드는 기계이다.

20 납축전지란 전기에너지를 화학에너지로 바꾸어 저장하였다가 필요에 따라 다시 전기에너지로 바꾸어 사용하는 장치로 극판, 격리판, 전해액으로 구성된다.

21 선박용 압축 공기는 25~30bar의 압력으로 압축하여 저장 탱크에 저장 후 시동용 압축 공기로 사용되고, 일부는 감압 밸브를 통하여 7bar로 감압시켜 제어 공기용·안전장치 공기용·소제 공기용 등으로 사용한다.

22 디젤 주기관이 비상정지되는 경우
• 윤활유 압력이 너무 낮을 때
• 과속도 정지 장치가 작동되었을 때
• 연료에 물이 혼입되었을 때
• 연료유의 압력이 너무 낮을 때
• 조속기에 결함이 발생했을 때

23 윤활유 펌프는 기관의 각종 베어링이나 마찰부에 압력이 있는 윤활유를 공급하기 위해 사용한다. 중·소형 기관에서는 기관과 직접 연결되어 기관 동력의 일부를 이용하여 펌프를 구동하는데, 기관이 정지하고 있을 때는 펌프를 구동할 수 없는 단점이 있다. 윤활유 펌프는 디젤 주기관의 부하에 관계없이 압력을 일정하게 유지해야 한다.

24 점도(Viscosity)

점도는 유체의 흐름에서 내부 마찰의 정도를 나타내는 양, 즉 끈적거림의 정도를 표시하는 것이다. 윤활유를 기관에 사용할 때 점도가 너무 낮으면 기름의 내부 마찰은 감소하지만 유막이 파괴되어 마멸이 심하게 되고, 베어링 등 마찰부가 소손될 우려가 있으며, 연소가스의 기밀 효과가 떨어져 가스의 누설이 증대된다. 반대로 윤활유의 점도가 높을수록 완전 윤활이 되기 쉽다. 그러나 점도가 너무 높으면 유막은 두꺼워지지만 기름의 내부 마찰이 증대되고, 윤활 계통의 순환이 불량해지며, 시동이 곤란해질 수 있고, 기관 출력이 떨어진다. 그러므로 기관에 따라 적절한 점도의 기름을 사용해야 한다.

25 연료유 수급 시 주의사항

- 연료유 수급 중 선박의 흘수 변화에 주의한다.
- 주기적으로 측심하여 수급량을 계산한다.
- 주기적으로 누유되는 곳이 있는지를 점검한다.
- 수급 시 연료유량을 고려하여 압력을 점진적으로 높여 수급한다.

PART 03 2021년 제3회 정답 및 해설

제1과목 항 해

01	02	03	04	05	06	07	08	09	10
사	가	사	가	나	아	나	가	나	사
11	12	13	14	15	16	17	18	19	20
가	아	사	아	사	나	아	아	사	사
21	22	23	24	25					
가	나	아	나	아					

01 볼은 유리판으로 위·아래의 2개의 방으로 나뉘어져 있는데, 위·아래의 방은 연결관으로 서로 통하고 있어 온도 변화에 따라 윗방의 액이 팽창·수축하여도 아랫방의 공기부에서 자동으로 조절한다.

02 위도오차(제진오차)는 제진 세차 운동과 지북 세차 운동이 동시에 일어나는 경사 제진식 제품에만 있는 오차로 적도 지방에서는 오차가 생기지 않으나, 그 밖의 지방에서는 오차가 생긴다. 북위도 지방에서는 편동오차, 남위도 지방에서는 편서오차로 위도가 높을수록 증가한다.

03 음향측심기는 음파를 수중으로 발사하여 그 반사파를 분석하는 것으로 돌아오는 반사파를 이용하여 해저의 형상과 어군의 존재까지 파악할 수 있다. 음향측심기는 음파가 거의 일정한 속도로 진행한다는 등속성 원리를 이용한 것이다.

04 자북이 진북의 왼쪽에 있으면 편서편차, 오른쪽에 있으면 편동편차이다.

05 지구 자기장의 복각(지구자력의 방향과 수평면이 이루는 각)이 0°가 되는 지점 즉, 매달린 자침이 수평 상태를 유지하고 있는 점을 연결한 선을 자기적도라 한다.

06 선박자동식별장치로 선원의 국적은 알 수 없다.

07 교차방위법은 주로 2개 이상의 물표의 방위나 거리를 측정하여 위치를 구하는 방법이다. 연안 항해 중 가장 많이 사용되는 방법으로 측정법이 쉽고, 위치 정밀도가 높다.

08 실제의 태양, 즉 시태양을 기준으로 하여 측정하는 시간을 시태양시라고 한다.

09 레이더의 수신 장치로는 국부발진기, 주파수혼합기(변환기), 증폭 및 검파 장치가 있다. 펄스변조기는 레이더 안테나를 통해 발사될 전자파 신호의 지속 시간(펄스 폭)을 결정하는 장치로 여기서 만들어진 펄스 신호는 마그네트론(Magnetron)으로 전송된다.

10 레이더 화면에서 중앙의 점 A는 본선이다.

11 S는 해저 저질 중 모래를 의미한다. 자갈은 G이다.

12 해도에 사용되는 기호와 약어를 수록한 수로도서지는 해도도식이며 국립해양조사원에서 간행한다.

13 창조류(낙조류)에서 낙조류(창조류)로 흐름 방향이 변하는 것을 전류라고 하고, 이때 흐름이 잠시 정지하는 현상을 게류(쉰물, Slack Water)라 한다.

14 등화에 사용되는 색은 백색, 적색, 녹색, 황색이다.

15 항로표지의 종류
- 광파표지 : 형상, 색채 및 등광을 이용하는 표지
- 형상표지 : 형상과 색체를 이용하는 표지
- 음파표지 : 음향을 이용하는 표지
- 전파표지 : 전파를 이용하는 표지
- 특수신호표지 : 특별한 정보의 제공을 위한 표지

16 파랑에 의한 부표의 진동을 이용하여 공기를 압축하여 소리를 내는 장치를 취명 부표라 하고, 부표의 꼭대기에 종을 달아 파랑에 의한 흔들림을 이용하는 것을 타종 부표라고 한다.

17 평면도는 해도의 제작법(도법)에 의한 분류에 해당한다.

18 일출 시간은 매일 바뀌기 때문에 종이해도에서는 확인할 수 없다.

19 기상기호

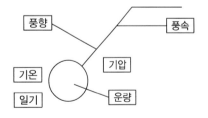

구 름			일 기				
맑 음	갬	흐 림	비	소나기	눈	안 개	뇌 우
○	◑	●	●	☌	✕	≡	⎡

20 분호등은 등광의 색깔이 바뀌지 않고 서로 다른 지역을 다른 색상으로 비추는 등이다.

21 국제항로표지협회(IALA)에서는 각국 부표식의 형식과 적용방법을 통일하여 적용하도록 하였으며, 전 세계를 A와 B 두 지역으로 구분하여 측방표지를 다르게 표시한다. 우리나라는 B방식(좌현 부표 녹색, 우현 부표 적색)을 따르고 있다.

22 태풍은 일반적으로 아열대 고기압의 외측을 따라 발생지로부터 포물선상으로 고위도로 이동해 온다.

23 시베리아기단이 대륙을 따라 남쪽으로 이동할 경우 지표면이 건조해 구름 발생이 적어 날씨가 맑다.

24 지역별 항로는 원양 항로, 근해 항로, 연안 항로로 구분한다.

25 매주 발행되는 항행통보를 보고 항해사가 수기로 직접 해도에 수정하는 것을 소개정이라고 한다. 소개정은 항해에 필요한 해도만을 대상으로 한다.

01	02	03	04	05	06	07	08	09	10
가	사	가	아	사	가	가	아	아	사
11	12	13	14	15	16	17	18	19	20
사	아	나	가	아	아	나	가	나	가
21	22	23	24	25					
사	가	가	나	가					

01 키(타, Rudder)는 전진 또는 후진 시 선박을 임의의 방향으로 회전시키고 일정한 침로로 유지시키는 역할을 한다. 키는 보침성 및 선회성이 좋고, 수류의 저항과 파도의 충격에 잘 견디어야 하며, 항주 중에 저항이 작아야 한다.

02 캠버는 배 길이 중앙지점의 선체중심이 부풀어 오른 것을 말한다. 선체의 횡강력을 보강하며, 갑판의 물을 신속하게 옆으로 잘 빠지도록 한다.

03 늑골은 갑판보의 양 끝을 지지하여 갑판 상부의 무게를 지지하고, 외력에 의한 선측 외판의 변형을 막아주는 역할을 한다.

04 선박의 치수

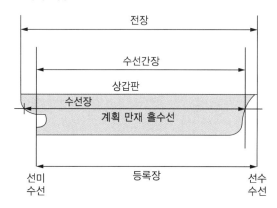

수선간장은 강선구조기준, 선박만재흘수선규정, 선박구획기준 및 선체 운동의 계산에 사용하는 길이다.

05 키의 구조

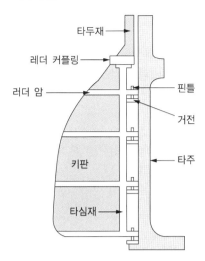

타두재

레더 커플링

러더 암

키판

타심재

핀틀

거전

타주

타심재(Main Piece)는 러더 암과 함께 타판(키판)을 지지한다.

06 나일론 로프는 합성섬유로프로 열에 약하고, 자연 분해가 늦어 환경오염의 원인이 되는 단점이 있다.

07 희석재(Thinner)

희석재는 도료의 액체 성분을 녹여서 점성을 적게 하고, 성분을 균질하게 하여 도막을 매끄럽게 하고, 건조를 촉진시키며, 도장 후에는 거의 증발하여 도막 중에는 남지 않는다. 희석제는 휘발성이 강하여 너무 많이 혼합시키면 페인트의 점도가 낮아져 흘러내리기 쉽고, 도막의 표면이 먼저 건조되어 그 강도를 약화시킬 수 있으므로, 희석제의 첨가량은 페인트의 1~3% 정도이고, 많아도 10% 이하로 해야 한다. 또한 인화성이 강하므로 특별히 화기에 유의해야 한다.

08 보온복은 방수재료로 만들어져야 하며, 사람을 감쌀 경우에는 착용자의 몸으로부터 대류 및 증발로 인한 열손실(체온저하)을 감소시키도록 제작되어야 한다.

09 초단파무선설비(VHF)의 최대 출력은 25W이다.

10 기적신호는 청각에 의한 통신에 해당한다. 수기·기류신호는 깃발을 사용하는 통신이고 발광신호는 빛을 사용하는 통신이다.

11 구명뗏목(Life Raft)은 나일론 등과 같은 합성 섬유로 된 포지를 고무로 가공해서 뗏목모양으로 제작한 것으로 내부에는 탄산가스나 질소가스를 주입시켜 긴급 시 팽창시키면 뗏목모양으로 펼쳐지는 구명설비이다.

12 선박이 아무리 빨리 침몰하더라도 위성 EPIRB가 자유부상하여 조난신호를 발사하게 되고 이 신호가 위성을 통하여 수색구조조정본부로 전달된다.

PART 03

13 자기 발연 신호는 자기 점화등과 같은 주간 신호이며, 물 위에 부유할 경우 오렌지색 연기를 15분 이상 연속 발할 수 있어야 하고 수중에 10초간 완전히 잠긴 후에도 계속 연기를 발할 수 있어야 한다.

14 항해 중에 사람이 물에 빠지면, 스크루 프로펠러에 빨려 들어갈 위험이 있다. 이때 사람이 빠진 쪽으로 전타하면 선체가 원침로로부터 타각을 준 반대쪽으로 약간 벗어나는데, 이러한 현상을 이용하여 빠진 사람을 스크루 프로펠러에 접근하는 것을 막을 수 있다.

15 지엠(GM, Metacentric Height)은 용골로부터 경심까지의 거리에서 용골로부터 중심까지의 거리를 뺀 값을 의미한다. 지엠이 클수록 선박의 균형이 좋아 복원력이 크다. 지엠이 작은 선박은 복원력이 좋지 않기 때문에 선회 중 경사가 커졌을 때 즉시 타를 반대로 돌리면 위험하다.

16 기온은 선박 조종성과 관련이 없다.

17 계선줄은 선박을 부두에 고정하기 위하여 사용하는 줄로 선박의 크기에 따라서 그 규격과 장력이 정해져 있다. 선용품을 선적하는 것과 계선줄과는 관계가 없다. 계선줄 중 선수 뒷줄을 출항 시 감으면 선미가 부두로부터 떨어지는 효과를 기대할 수 있다.

18 익수자 구조 조선법으로는 반원 2선회법, 윌리암슨 턴, 앤더슨 턴(싱글 턴), 샤르노브 턴 등이 있다.

19 이안 시 일반적으로 선미를 먼저 떼는데 이는 스크루 프로펠러와 타가 선미쪽에 위치해 있기 때문이다.

20 침로 유지에 사용되는 것은 타(Rudder)이다. 닻(앵커, Anchor)은 정박과 좁은 수역에서 선박을 회전시키거나 긴급한 감속을 할 때 사용한다.

21 슬래밍(Slamming)현상은 선체가 파를 선수에서 받으면 선수의 선저부가 강한 파도의 충격을 받아서 선체가 짧은 주기로 급격한 진동을 하는 현상으로 선박이 종동요(Pitching) 시 발생한다.

22 일반적으로 선창에 화물을 실을 때에는 먼저 양하할 화물을 제일 늦게 싣는다.

23 스커딩(순주, Scudding)
풍랑을 선미에서 받아 선박이 파에 쫓기는 자세로 항주하는 방법을 스커딩이라고 한다. 이 방법은 선체가 받는 충격 하중이 크게 줄어들고, 상당한 선속을 유지할 수 있으므로 적극적으로 태풍권으로부터 탈출하는데 유리할 수 있다. 그러나 선미 추파에 의하여 해수가 선미 갑판을 덮칠 수 있으며, 보침성이 저하되어 브로칭 현상이 일어날 수도 있다.

24 기관실은 메인 엔진과 발전기 보조기계 등이 집중적으로 배치되어 있기 때문에 화재 진압이 어렵다.

25 기관의 노후는 인적과실과 관련이 없다. 기관의 노후는 장비의 문제이다.

01	02	03	04	05	06	07	08	09	10
가	가	가	가	사	사	아	아	나	나
11	12	13	14	15	16	17	18	19	20
가	사	아	사	나	사	나	사	나	가
21	22	23	24	25					
아	아	아	사	나					

01 정의(해상교통안전법 제2조 제11항)

조종제한선이란 다음의 작업과 그 밖에 선박의 조종성능을 제한하는 작업에 종사하고 있어 다른 선박의 진로를 피할 수 없는 선박을 말한다.

- 항로표지, 해저전선 또는 해저파이프라인의 부설·보수·인양 작업
- 준설·측량 또는 수중 작업
- 항행 중 보급, 사람 또는 화물의 이송 작업
- 항공기의 발착작업
- 기뢰제거작업
- 진로에서 벗어날 수 있는 능력에 제한을 많이 받는 예인작업

02 항행보조시설의 설치와 관리(해상교통안전법 제44조 제2항)

해양경찰청장, 지방자치단체의 장 또는 운항자는 다음의 수역에 항로표지를 설치할 필요가 있다고 인정하면 해양수산부장관에게 그 설치를 요청할 수 있다.

- 선박교통량이 아주 많은 수역
- 항행상 위험한 수역

03 경계(해상교통안전법 제70조)

선박은 주위의 상황 및 다른 선박과 충돌할 수 있는 위험성을 충분히 파악할 수 있도록 시각·청각 및 당시의 상황에 맞게 이용할 수 있는 모든 수단을 이용하여 항상 적절한 경계를 하여야 한다.

04 충돌을 피하기 위한 동작(해상교통안전법 제73조 제2항)

선박은 다른 선박과 충돌을 피하기 위하여 침로나 속력을 변경할 때에는 될 수 있으면 다른 선박이 그 변경을 쉽게 알아볼 수 있도록 충분히 크게 변경하여야 하며, 침로나 속력을 소폭으로 연속적으로 변경하여서는 아니 된다.

05 마주치는 상태(해상교통안전법 제79조 제2항)

선박은 다른 선박을 선수 방향에서 볼 수 있는 경우로서 다음 각 호의 어느 하나에 해당하면 마주치는 상태에 있다고 보아야 한다.

- 밤에는 2개의 마스트등을 일직선으로 또는 거의 일직선으로 볼 수 있거나 양쪽의 현등을 볼 수 있는 경우
- 낮에는 2척의 선박의 마스트가 선수에서 선미까지 일직선이 되거나 거의 일직선이 되는 경우

06 유지선의 동작(해상교통안전법 제82조 제2항)

침로와 속력을 유지하여야 하는 선박(이하 유지선이라 한다)은 피항선이 이 법에 따른 적절한 조치를 취하고 있지 아니하다고 판단하면 침로와 속력을 유지하여야 함에도 불구하고 스스로의 조종만으로 피항선과 충돌하지 아니하도록 조치를 취할 수 있다. 이 경우 유지선은 부득이하다고 판단하는 경우 외에는 자기 선박의 좌현 쪽에 있는 선박을 향하여 침로를 왼쪽으로 변경하여서는 아니 된다.

07 정박선과 얹혀 있는 선박(해상교통안전법 제88조 제4항)

얹혀 있는 선박은 정박 중인 선박의 등화나 길이 50미터 미만인 선박에 따른 등화를 표시하여야 하며, 이에 덧붙여 가장 잘 보이는 곳에 다음의 등화나 형상물을 표시하여야 한다.
- 수직으로 붉은색의 전주등 2개
- 수직으로 둥근꼴의 형상물 3개

08 제한된 시계에서 선박의 항법(해상교통안전법 제84조 제5항)

피항동작이 침로를 변경하는 것만으로 이루어질 경우에는 될 수 있으면 다음의 동작은 피하여야 한다.
- 다른 선박이 자기 선박의 양쪽 현의 정횡 앞쪽에 있는 경우 좌현 쪽으로 침로를 변경하는 행위(앞지르기 당하고 있는 선박에 대한 경우는 제외한다)
- 자기 선박의 양쪽 현의 정횡 또는 그곳으로부터 뒤쪽에 있는 선박의 방향으로 침로를 변경하는 행위

09 제한된 시계에서 선박의 항법(해상교통안전법 제84조 제6항)

충돌할 위험성이 없다고 판단한 경우 외에는 다음의 어느 하나에 해당하는 경우 모든 선박은 자기 배의 침로를 유지하는 데에 필요한 최소한으로 속력을 줄여야 한다. 이 경우 필요하다고 인정되면 자기 선박의 진행을 완전히 멈추어야 하며, 어떠한 경우에도 충돌할 위험성이 사라질 때까지 주의하여 항행하여야 한다.
- 자기 선박의 양쪽 현의 정횡 앞쪽에 있는 다른 선박에서 무중신호를 듣는 경우
- 자기 선박의 양쪽 현의 정횡으로부터 앞쪽에 있는 다른 선박과 매우 근접한 것을 피할 수 없는 경우

10 등화의 종류(해상교통안전법 제86조 제8호)

삼색등 : 선수와 선미의 중심선상에 설치된 붉은색·녹색·흰색으로 구성된 등으로서 그 붉은색·녹색·흰색의 부분이 각각 현등의 붉은색 등과 녹색 등 및 선미등과 같은 특성을 가진 등

11 해사안전법상 형상물의 색깔은 흑색이다(해상교통안전법 제86조).

12 도선선(해상교통안전법 제94조 제1항)

도선업무에 종사하고 있는 선박은 다음의 등화나 형상물을 표시하여야 한다.
- 마스트의 꼭대기나 그 부근에 수직선 위쪽에는 흰색 전주등, 아래쪽에는 붉은색 전주등 각 1개
- 항행 중에는 흰색 전주등, 붉은색 전주등에 덧붙여 현등 1쌍과 선미등 1개
- 정박 중에는 흰색 전주등, 붉은색 전주등에 덧붙여 정박하고 있는 선박의 등화나 형상물

13 기적의 종류(해상교통안전법 제97조)

기적이란 다음의 구분에 따라 단음과 장음을 발할 수 있는 음향신호장치를 말한다.
- 단음 : 1초 정도 계속되는 고동소리
- 장음 : 4초부터 6초까지의 시간 동안 계속되는 고동소리

14 제한된 시계 안에서의 음향신호(해상교통안전법 제100조 제3호)
조종불능선, 조종제한선, 흘수제약선, 범선, 어로 작업을 하고 있는 선박 또는 다른 선박을 끌고 있거나 밀고 있는 선박은 제1호와 제2호에 따른 신호를 대신하여 2분을 넘지 아니하는 간격으로 연속하여 3회의 기적(장음 1회에 이어 단음 2회를 말한다)을 울려야 한다.

15 조종신호와 경고신호(해상교통안전법 제99조 제1항)
항행 중인 동력선이 서로 상대의 시계 안에 있는 경우에 이 법의 규정에 따라 그 침로를 변경하거나 그 기관을 후진하여 사용할 때에는 다음의 구분에 따라 기적신호를 행하여야 한다.
• 침로를 오른쪽으로 변경하고 있는 경우 : 단음 1회
• 침로를 왼쪽으로 변경하고 있는 경우 : 단음 2회
• 기관을 후진하고 있는 경우 : 단음 3회

16 정박의 제한 및 방법 등(선박입출항법 제6조 제4항)
무역항의 수상구역 등에 정박하는 선박은 지체 없이 예비용 닻을 내릴 수 있도록 닻 고정장치를 해제하고, 동력선은 즉시 운항할 수 있도록 기관의 상태를 유지하는 등 안전에 필요한 조치를 하여야 한다.

17 출입 신고(선박입출항법 제4조 제1항)
무역항의 수상구역 등에 출입하려는 선박의 선장은 대통령령으로 정하는 바에 따라 관리청에 신고하여야 한다. 다만, 다음의 선박은 출입 신고를 하지 아니할 수 있다.
• 총톤수 5톤 미만의 선박
• 해양사고구조에 사용되는 선박
• 수상레저기구 중 국내항 간을 운항하는 모터보트 및 동력요트
• 관공선, 군함, 도선선, 예선 등 공공목적이나 항만 운영의 효율성을 위하여 해양수산부령으로 정하는 선박

18 정박지의 사용 등(선박입출항법 제5조)
② 무역항의 수상구역 등에 정박하려는 선박(우선피항선은 제외한다)은 정박구역 또는 정박지에 정박하여야 한다. 다만, 해양사고를 피하기 위한 경우 등 해양수산부령으로 정하는 사유가 있는 경우에는 그러하지 아니하다.
④ 제2항 단서에 따라 정박구역 또는 정박지가 아닌 곳에 정박한 선박의 선장은 즉시 그 사실을 관리청에 신고하여야 한다.

19 예인선의 항법 등(선박입출항법 시행규칙 제9조)
예인선이 무역항의 수상구역 등에서 다른 선박을 끌고 항행하는 경우에는 다음에서 정하는 바에 따라야 한다.
• 예인선의 선수로부터 피예인선의 선미까지의 길이는 200미터를 초과하지 아니할 것. 다만, 다른 선박의 출입을 보조하는 경우에는 그러하지 아니하다.
• 예인선은 한꺼번에 3척 이상의 피예인선을 끌지 아니할 것

20 방파제 부근에서의 항법(선박입출항법 제13조)
무역항의 수상구역 등에 입항하는 선박이 방파제 입구 등에서 출항하는 선박과 마주칠 우려가 있는 경우에는 방파제 밖에서 출항하는 선박의 진로를 피하여야 한다.

21 속력 등의 제한(선박입출항법 제17조)

② 해양경찰청장은 선박이 빠른 속도로 항행하여 다른 선박의 안전 운항에 지장을 초래할 우려가 있다고 인정하는 무역항의 수상구역 등에 대하여는 관리청에 무역항의 수상구역등에서의 선박 항행 최고속력을 지정할 것을 요청할 수 있다.

③ 관리청은 제2항에 따른 요청을 받은 경우 특별한 사유가 없으면 무역항의 수상구역 등에서 선박 항행 최고속력을 지정·고시하여야 한다. 이 경우 선박은 고시된 항행 최고속력의 범위에서 항행하여야 한다.

22 정의(선박입출항법 제2조 제5호)

우선피항선이란 주로 무역항의 수상구역에서 운항하는 선박으로서 다른 선박의 진로를 피하여야 하는 다음의 선박을 말한다.

- 부선(예인선이 부선을 끌거나 밀고 있는 경우의 예인선 및 부선을 포함하되, 예인선에 결합되어 운항하는 압항부선은 제외한다)
- 주로 노와 삿대로 운전하는 선박
- 예 선
- 항만운송관련사업을 등록한 자가 소유한 선박
- 해양환경관리업을 등록한 자가 소유한 선박 또는 해양폐기물관리업을 등록한 자가 소유한 선박(폐기물 해양배출업으로 등록한 선박은 제외한다)
- 위의 규정에 해당하지 아니하는 총톤수 20톤 미만의 선박

23 오염물질이 배출되는 경우의 신고의무(해양환경관리법 제63조 제1항)

대통령령이 정하는 배출기준을 초과하는 오염물질이 해양에 배출되거나 배출될 우려가 있다고 예상되는 경우 다음의 어느 하나에 해당하는 자는 지체 없이 해양경찰청장 또는 해양경찰서장에게 이를 신고하여야 한다.

- 배출되거나 배출될 우려가 있는 오염물질이 적재된 선박의 선장 또는 해양시설의 관리자. 이 경우 해당 선박 또는 해양시설에서 오염물질의 배출원인이 되는 행위를 한 자가 신고하는 경우에는 그러하지 아니하다.
- 오염물질의 배출원인이 되는 행위를 한 자
- 배출된 오염물질을 발견한 자

24 선박오염물질기록부의 관리(해양환경관리법 제30조 제2항)

선박오염물질기록부의 보존기간은 최종기재를 한 날부터 3년으로 하며, 그 기재사항·보존방법 등에 관하여 필요한 사항은 해양수산부령으로 정한다.

25 분뇨오염방지설비의 대상선박·종류 및 설치기준(선박오염방지규칙 제14조 제1항)

다음의 어느 하나에 해당하는 선박의 소유자는 분뇨오염방지설비를 설치하여야 한다. 다만 위생설비 중 대변용 설비를 설치하지 아니한 선박의 소유자와 대변소를 설치하지 아니한 수상레저기구의 소유자는 그러하지 아니하다.

- 총톤수 400톤 이상의 선박(선박검사증서 상 최대승선인원이 16인 미만인 부선은 제외한다)
- 선박검사증서 또는 어선검사증서 상 최대승선인원이 16명 이상인 선박
- 수상레저기구 안전검사증에 따른 승선정원이 16명 이상인 선박
- 소속 부대의 장 또는 경찰관서·해양경찰관서의 장이 정한 승선인원이 16명 이상인 군함과 경찰용 선박

01	02	03	04	05	06	07	08	09	10
나	가	아	아	아	아	사	아	사	나
11	12	13	14	15	16	17	18	19	20
아	아	아	아	나	사	가	사	사	가
21	22	23	24	25					
사	나	아	가	가					

01   압축비 = 실린더 부피 ÷ 압축 부피이므로
       압축비 = 120 ÷ 100 = 12

02   지시마력
       디젤기관에서 실린더 내의 연소압력이 피스톤에 작용하여 발생하는 동력으로 동일 기관에서 가장 큰 값을 가지는 마력이다.

03   실린더 라이너의 마멸이 기관에 미치는 영향
       • 압축 공기의 누설로 압축압력이 낮아지고 기관 시동이 어려워짐
       • 옆샘에 의한 윤활유의 오손 및 소비량 증가
       • 불완전 연소에 의한 연료 소비량 증가
       • 열효율 저하 및 기관 출력 감소

04   메인 베어링의 역할과 구조

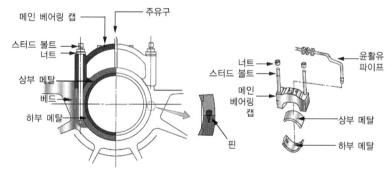

       메인 베어링(Main Bearing)은 기관 베드 위에 있으면서 크랭크 저널에 설치되어 크랭크 축을 지지하고, 회전 중심을 잡아주는 역할을 한다. 대부분 상·하 두 개로 나누어진 평면 베어링(Plane Bearing)을 사용하며, 구조는 그림과 같이 기관 베드 위의 평면 베어링에 상부 메탈과 하부 메탈을 넣고 베어링 캡으로 눌러서 스터드 볼트로 죈다.

05   과급기(Supercharger)는 연소에 필요한 공기를 대기압 이상의 압력으로 압축하여, 밀도가 높은 공기를 실린더 내에 공급하여 연료를 완전 연소시킴으로써 평균 유효 압력을 높여 기관의 출력을 증대시키는 장치이다.

06 플라이휠의 역할

- 크랭크 축의 회전력을 균일하게 해준다.
- 저속 회전을 가능하게 한다.
- 기관의 시동을 쉽게 해준다.
- 밸브의 조정이 편리하다.

07 커넥팅 로드(Connecting Rod, 연접봉)

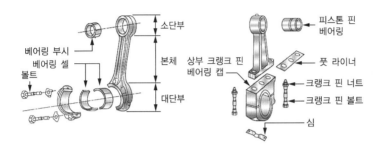

피스톤이 받는 폭발력을 크랭크 축에 전하고, 피스톤의 왕복 운동을 크랭크의 회전 운동으로 바꾸는 역할을 한다. 트렁크형 기관에서는 피스톤과 크랭크를 직접 연결하고, 크로스 헤드형 기관에서는 크로스 헤드와 크랭크를 연결한다.

08 피스톤 링의 역할

피스톤과 실린더 라이너 사이의 기밀을 유지하고, 피스톤에서 받은 열을 실린더 라이너로 전달한다. 또한, 실린더 내벽의 윤활유를 고르게 분포시킨다. 연소가스가 새지 않도록 기밀을 유지하는 압축 링과 실린더 라이너 내벽의 윤활유가 연소실로 들어가지 못하도록 긁어내리고 윤활유를 라이너 내벽에 고르게 칠해지도록 하는 오일 스크레이퍼 링이 있다.

09 ㉠ 오일 통로(급유 통로)로 여기서 오일은 윤활유를 지칭하는 것이다.
크랭크 축의 구조

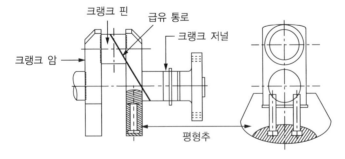

- 크랭크 암 : 크랭크 저널과 크랭크 핀을 연결하는 부분이다. 크랭크 핀 반대쪽으로 평형추(Balance Weight)를 설치하여 크랭크 회전력의 평형을 유지하고, 불평형 관성력에 의한 기관의 진동을 줄인다.
- 크랭크 핀 : 크랭크 저널의 중심에서 크랭크 반지름만큼 떨어진 곳에 있으며, 저널과 평행하게 설치되고 커넥팅 로드 대단부와 연결된다.

- 크랭크 저널 : 메인 베어링에 의해서 지지되는 회전축이다.
- 평형추 : 크랭크 축의 형상에 따른 불균형을 보정하여, 회전체의 평형을 이루기 위해 평형추(Balance Weight)를 설치한다. 평형추는 기관의 진동을 적게 하고, 원활한 회전을 하도록 하며, 메인 베어링의 마찰을 감소시키는 역할을 한다.

10 왕복 운동을 하는 기관은 크랭크를 회전시키는 힘이 끊임없이 변화하므로 진동이 발생하게 된다. 진동의 원인은 주로 폭발 압력, 회전부의 원심력, 왕복 운동부의 관성력, 축의 비틀림, 기관대의 설치 볼트가 여러 개 절손된 경우, 노킹현상이 심한 경우, 기관이 위험회전수로 운전하는 경우 등이다. 진동은 기관의 성능을 저하시키거나 고장의 원인이 되므로, 진동을 최소화하도록 제작하고 관리해야 한다.

11

실린더 라이너 마멸 원인	• 라이너 재료가 부적당한 경우 • 커넥팅 로드(연접봉) 경사에 의해 측압이 생길 경우 • 실린더 윤활유의 부적당 또는 사용량 과부족의 경우 • 사용 연료유 및 윤활유가 부적당한 경우 • 순환 냉각수가 부족 또는 불량한 경우 • 피스톤 링의 장력이 과대하거나 내면이 불량한 경우 • 과부하 운전 또는 최고 압력이 너무 높은 경우 • 기관의 사동 횟수가 많은 경우
실린더 라이너 마멸이 기관에 미치는 영향	• 압축 공기의 누설로 압축압력이 낮아지고 기관 시동이 어려워짐 • 옆샘에 의한 윤활유의 오손 및 소비량 증가 • 불완전 연소에 의한 연료 소비량 증가 • 열효율 저하 및 기관 출력 감소

PART 03

12 가솔린기관의 윤활유 계통은 오일 팬, 오일 펌프, 오일 여과기로 구성된다. 오일 여과기는 윤활유 속의 카본이나 슬러지와 같은 이물질을 걸러내어 오일을 깨끗하게 유지하는 역할을 한다. 오일 여과기의 설치 위치는 윤활유 펌프의 입구와 출구 사이에 설치한다.

13 윤활유를 오래 사용하면 색상이 검게 변하고, 점도가 증가하며, 침전물이 증가하여 윤활유가 제 성능을 내지 못하게 된다. 따라서 윤활유를 주기적으로 점검하고 교체해야 한다.

14 양묘기(윈드러스)는 앵커를 감아올리거나 투묘할 때 사용하는 갑판 보조기계이다. 구성 요소로는 구동 전동기, 회전드럼, 제동장치가 있다. 플라이휠은 디젤기관의 구성 요소 중 하나이다.

15 가변피치 프로펠러는 기관을 일정한 방향과 일정한 속도로 회전시켜 놓고 선교에서 조작만으로 전진·후진·저속·정지 등 여러 가지 상태로 자유롭게 운항할 수 있다. 이 프로펠러의 이점은 원격조종이 가능하고, 역전장치가 필요 없으며, 정선 때 기관을 정지할 필요가 없다. 또한 기관의 연료소비가 절감되며, 단시간에 최고속 도달이 가능하고, 기관의 수명을 연장할 수 있다.

16 원심펌프에 마우스링을 설치하는 이유는 송출측의 액체가 흡입측으로 새는 것을 방지하기 위해서이다.

17 킹스턴 밸브는 선저에 위치한 시 체스트라는 해수 흡입구를 통제하는 해수 밸브이다. 물속에 잠기는 선박 하부의 외벽에 설치되기 때문에 기관실에서 가장 아래쪽에 위치한다.

18 기관실의 220V, AC 발전기에 해당하는 것은 동기발전기이다.

19 방전종지전압이란 납축전지를 사용하는 경우 단자 전압이 0으로 될 때까지 방전시키지 않고, 어느 한도의 전압까지 강하하면 방전을 멈추게 하는 전압을 의미한다. 방전종지전압은 약 1.8V이다.

20 납축전지의 용량을 나타내는 단위는 암페어시(Ah)이다. 암페어시란 1암페어의 전류가 1시간동안 흐르는 전기량을 의미한다.

21 마력이란 공학상의 동력의 단위로서 일을 할 수 있는 능력의 단위를 말한다. 1마력(PS, HP)은 한 마리의 말이 1초 동안에 75kgf의 중량을 1m 들어 올릴 때의 일률을 크기를 말하며, 공학적으로는 간단히 75kgf·m/sec로 나타낸다. 이것은 지구상에서 1초 동안에 75kgf의 무게를 1m 들어 올리는 작업에 필요한 일률을 말한다.

22 디젤기관의 윤활유에 물이 다량 섞이면 운전 중 윤활유 압력은 평소보다 내려간다.

23 디젤기관을 장시간 정지하고 있을 때는 냉각수 계통의 물을 빼내어 동파로 인한 피해를 방지하도록 한다. 주기적으로 터닝을 시켜주고, 가능하면 계속 워밍(Warming) 상태로 유지해 두는 것이 좋다. 부식을 방지하기 위해 주기적으로 점검하고, 기관실 내의 보온에 유의하여 동파되지 않도록 한다.

24 비중은 어떤 물질의 질량과, 이것과 같은 부피를 가진 표준물질의 질량과의 비율이다. 따라서 연료유의 비중은 부피가 같은 연료유의 무게와 물의 무게와의 비를 의미한다.

25 가로, 세로, 높이가 각각 10cm인 정육면체의 부피를 1L(리터)라 한다. 1리터 = 1,000cc = 1,000cm³이다.

PART 03 · 2021년 제4회 정답 및 해설

제1과목 항 해

01	02	03	04	05	06	07	08	09	10
사	가	나	아	나	아	아	사	아	아
11	12	13	14	15	16	17	18	19	20
아	나	아	아	나	가	아	사	나	아
21	22	23	24	25
아	사	아	사	나

01 플린더즈 바

마그네틱 컴퍼스에 영향을 주는 선체 일시자기 중 수직 분력을 조정하기 위한 일시자석이며, 퍼멀로이 바(Permalloy Bar)라고도 한다. 수직 연철에 의한 자차는 자기 컴퍼스 앞쪽에 수직으로 플린더즈 바를 놓아 수정한다.

02 납작한 원판을 실에 매달고 진동시키면 납작한 면은 흔들리는 방향과 일치하려고 하는데 이를 동요오차라고 한다. 자이로컴퍼스 주동부의 수직환이 서스펜션 와이어에 의하여 매달려 있는 제품에서는 동요오차가 발생할 수 있는데 이때 보정추를 부착하여 동요오차 발생을 방지한다.

03 경선차는 선박이 좌우로 경사되었을 때 발생하는 자차를 의미한다. 경선차 수정은 항해 중 선박이 좌우로 진동할 때, 남북 방향 침로에서 영구 자석을 컴퍼스 볼 밑에 수직으로 놓아 컴퍼스 카드가 약하게 진동할 때까지 조정하면 된다.

04 • Q기 : 본선은 건강하다. 검역허가를 바란다.
• NC기 : 본선은 조난을 당했다.
• VE기 : 본선은 소독 중이다.
• OQ기 : 본선은 자차 측정 중이다.

05 선박자동식별장치(AIS)의 정적정보에는 IMO 식별번호(MMS)·호출부호(Call Sign)·선박의 명칭·선박의 길이 및 폭·선박의 종류·적재화물·안테나 위치 등이 포함된다. 선박의 속력은 동적정보에 해당한다. 동적정보는 GPS로부터의 위치 정보를 자동으로 입력하여 투묘 중에는 매 3분마다, 항해 중에는 속력에 따라 매 2~12초 간격으로 기록된다.

06 자동조타장치는 침로를 바꾸는 변침 동작이나 침로를 유지하는 보침 동작을 자동으로 시행하는 장치이다.

07 레이더로 측정된 방위는 레이더의 수평빔폭에 의해 실제 물표보다 확대되어 나타나기 때문에 레이더로 물표의 방위만을 측정하여 구한 선위는 다른 방법에 비해 정확도가 다소 떨어진다.

08 상대운동 지시방식은 자선의 위치가 화면의 중심에 고정된 방식이므로 자선의 움직임에 대한 흔적은 나타나지 않고, 자선에서 본 타선 및 다른 물표에 대한 영상의 상대적인 위치 변화만이 화면상에 나타난다. 레이더 화면에서 상대선의 방위가 변화하지 않고 거리가 가까워지는 것은 본선과 충돌할 위험이 있다는 것을 의미한다.

09 오차 삼각형은 교차방위법에서 세 물표의 방위에 의한 위치선이 일치하지 않을 때 발생한다.

10 부근에 있는 다른 선박이 자선과 같은 주파수대의 레이더를 사용하고 있을 때에는 타선박의 레이더파가 수신되어 스크린의 전면에 걸쳐 눈발과 같은 영상이 나타나며, 때로는 두 선박의 펄스 반복 주파수의 차에 의하여 원형 또는 나선형의 모양이 나타나기도 한다.

11 • 우리나라 해도에서 수심 단위는 m(미터)이다.
　　• 나침도의 바깥쪽은 진방위를 나타낸다.
　　• 항로지는 해도에 표현할 수 없는 사항에 대하여 상세하게 설명하는 안내서이다.

12 항행통보는 주 1회 매주 금요일에 국립해양조사원에서 발행한다.

13 조석표에 박명시는 기재되어 있지 않다.

14 M은 개펄, R은 암반, S는 모래를 뜻한다. Mo는 저질이 아니라 모스부호등(Morse Code Light ; Mo)을 의미한다.

15 부표는 암초나 여울 또는 항로 등의 존재를 알리기 위해 해저에 사슬로 연결하여 띄운 구조물을 말한다. 부표 중 빛을 비추는 구조물을 등부표라고 한다.

16 • 레이콘 : 표준 신호와 모스 부호를 이용하며, 유효 거리는 주야간 10마일 정도로 농무 시나 기상 악화 시 선박의 안전 운항에 큰 도움이 된다.
　　• 레이마크 : 레이더 등대라고도 하며, 일정한 지점에서 레이더파를 계속 발사하는 것으로 송신국의 방향이 휘선으로 나타나도록 전파가 발사되며, 유효 거리는 주야간 20마일이다.

17 점장도
　　항정선을 직선으로 표시하기 위하여 고안된 도법으로, 자오선이 평행선으로 나타나며 항해 시에 가장 많이 사용하는 해도이다. 단점으로는 고위도로 갈수록 면적이 확대되어 위도 70° 이상에서는 사용하지 않는다.

18 • 가 : 부동등(F) – 꺼지지 않고 일정한 광력으로 계속하여 빛을 내는 등이다.

• 나 : 섬광등(Fl) – 일정 시간마다 1회의 섬광을 내며, 등광이 꺼진 시간이 빛을 내는 시간보다 긴 등이다.

• 사 : 군섬광등(Gp, Fl) – 섬광등의 일종으로, 1주기 동안에 2회 또는 그 이상의 섬광을 내는 등이다.

• 아 : 급성광등(Qk, Fl) – 섬광등 중에서 특히 1분간에 60회 이상의 섬광을 내는 등이다.

19 분호등은 등광의 색깔이 바뀌지 않고 서로 다른 지역을 다른 색상으로 비추는 등이다. 분호등 중 선박에게 안전한 항로를 알려주기 위해 설치한 야간 표지로 지향등이 있다.

20 '아'는 비상침선표지부표로 사고 지점이나 새롭게 인지한 위험물을 빠르고 정확하게 표시하여 사고를 방지하기 위한 표지이다. 2002년 도버해협 TRICOLOR호 침몰사고 이후 새롭게 생겨난 표지이다.

21 조석은 해수면이 하루에 2회 주기적으로 높아졌다 낮아졌다 하는 해수의 수직(연직) 방향 운동을 말한다. 조석 현상은 달과 태양의 인력에 의해서 발생한다.

22 **열대저기압의 분류와 일기도 표시 방법**

한국 분류	WMO분류	중심최대풍속	문자기호
열대저압부	열대저압부(Tropical Depression)	17m/s 미만	L 또는 TD
태 풍	열대폭풍(Tropical Storm)	17~24m/s	TS
	위험 열대폭풍(Severe Tropical Storm)	24~32m/s	STS
	태풍(Typhoon/Hurricane/Cyclone)	33m/s 이상	T

23 우리나라의 경우 예보시간에 점선의 원 안에 70%의 확률로 도달한다.

24 복잡한 해역이나 위험물이 많은 연안을 항해하거나, 또는 조종 성능에 제한이 있는 상태에서는 해안선에 근접하지 말고 다소 우회하더라도 안전한 항로를 선정하는 것이 좋다.

25 도선 구역에서의 통항계획 수립도 항해사의 업무이다.

01	02	03	04	05	06	07	08	09	10
가	나	아	나	가	아	가	사	나	사
11	12	13	14	15	16	17	18	19	20
나	가	나	아	가	사	아	사	가	가
21	22	23	24	25					
나	사	사	나	아					

01   선박의 치수

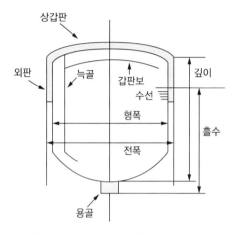

전폭은 선체의 폭이 가장 넓은 부분의 외판 외면부터 맞은편 외판 외면까지의 수평 거리를 의미한다. 전폭은 입거와 선박조종 등에 사용되는 폭이다.

02   순톤수는 순수하게 여객이나 화물의 운송을 위하여 제공되는 실제의 용적을 나타내기 위하여 사용되는 지표로서, 총톤수에서 기관실, 선원실, 밸러스트 탱크 등의 공간을 공제한 용적이다. 이 톤수는 직접 상행위를 위한 용적이므로 입항세, 톤세, 항만시설 사용료 등의 산정 기준이 된다.

03   타는 전진 또는 후진할 때 배를 원하는 방향으로 회전시키고, 침로를 일정하게 유지하는 장치이다. 타심재는 이러한 타의 중심이 되는 부재를 의미한다.

04   방오 도료는 2호 선저 도료라고도 한다. 이 페인트의 건조된 도막은 잘 밀착되고, 해수에 강하면서 독물이 서서히 표면으로부터 조금씩 녹아서 장기간 생물의 부착을 방지하고, 항행 중에는 부착된 생물들을 탈락시키는 역할을 한다.

05   마닐라 로프는 식물 섬유 로프에 해당한다. 식물 섬유 로프란 식물의 섬유로 만들어진 것으로, 과거에는 마닐라 로프가 계선줄이나 하역용 로프로 이용되어 왔으나, 합성 섬유 로프가 보급된 요즘에는 많이 쓰이지 않는다.

06   도장 용구에는 스프레이 건, 페인트 붓, 롤러 등이 있다.

07 도장 시기는 따뜻하고 습도가 낮은 계절이 좋으며, 너무 덥거나 추운 지역에서 도장을 하게 되면 추후 도막에 균열이 일어나게 된다.

08 보온복은 방수재료로 만들어 져야하며, 사람을 감쌀 경우에는 착용자의 몸으로부터 대류 및 증발로 인한 열손실(체온저하)을 감소시키도록 제작되어야한다.

09 해상이동업무식별번호(MMSI Number)
선박국, 선박 지구국, 해안국, 해안 지구국을 식별하기 위하여 일부 무선망을 통하여 사용되는 9개의 숫자로 된 부호이다. 주로 디지털 선택 호출(DSC)이나 경보 표시 신호(AIS) 등에 사용되는 선박 식별 번호로, 국가 또는 지역을 나타내는 해상 이동 식별 숫자(MID ; Maritime Identification Digit) 3개와 나머지 선박국, 해안국 등을 표시하는 숫자로 구성된다. 국제항해, 국내항해 선박 모두 적용된다.

10 구명뗏목(Life Raft)은 나일론 등과 같은 합성 섬유로 된 포지를 고무로 가공해서 뗏목모양으로 제작한 것으로 긴급상황에서 내부에 탄산가스나 질소가스를 주입하여 팽창시키면 뗏목모양으로 펼쳐지는 구명 설비이다.

11 구명줄 발사기는 선박이 조난을 당한 경우 조난선과 구조선 등을 연결할 줄을 보내는 데 사용하는 총 모양의 기구이다. 구명줄을 230m 이상 정확히 보낼 수 있어야 하며, 총톤수 500톤 이상의 국제항로 화물선의 법정 비품의 하나이다.

12 A1해역은 초단파대(VHF) 해안국의 무선전화 통신권 해역(20~30해리)으로 중파(MF) 무선설비 대신 초단파(VHF) 무선설비를 갖추어야 한다.

13 익수자의 안전을 위해 풍상에서 접근해야 한다.

14 초단파무선설비(VHF)의 최대 출력은 25W이다.

15 항력은 타판에 작용하는 힘 중에서 그 작용하는 방향이 선수미선인 분력을 말한다. 이 힘의 방향은 선체 후방이므로 전진 속력을 감소시키는 저항력으로 작용하고, 타각이 커지면 이 항력도 커진다.

16 크기가 다른 선박 간 상호 간섭작용은 작은 선박이 훨씬 큰 영향을 받고, 소형선박이 대형선박 쪽으로 끌려 들어가는 경향이 크다.

17 갑판상 구조물에 얼음이 얼면 무게 중심이 높아져서 복원력이 나빠진다.

18 선박 후진 시 선수회두는 배출류에 의한 측압작용의 영향을 많이 받는다.

19 협수로 통항 시기는 게류(Slack Water)나 조류가 약한 때를 택하고, 만곡이 급한 수로는 순조 시 통항을 피한다.

20 익수자 구조 조선법으로는 반원 2선회법, 윌리암슨 턴, 앤더슨 턴(싱글 턴), 샤르노브 턴 등이 있다.

21 선박은 파도와 같은 외력을 받으면, 한 쪽으로 경사를 일으키게 되는데, 그 경사에 저항하여 선박을 원래의 상태로 되돌리려는 성질을 가지고 있다. 이 성질을 복원성이라고 하고, 복원성을 나타내는 물리적인 양을 복원우력 혹은 복원력이라고 한다.

22 선속의 저하와 기압은 관련이 없다.

23 • 라이 투(Lie to) : 황천 속에서 기관을 정지하여 선체를 풍하 쪽으로 표류하도록 하는 방법이다.
  • 히브 투(Heave to) : 풍랑을 선수로부터 좌우현 25~35° 방향으로 받아 조타가 가능한 최소의 속력으로 전진하는 방법이다.
  • 서징(전후요, Surging) : 선체가 전후로 평행 이동을 되풀이 하는 동요를 말한다.
  • 스커딩(Scudding) : 풍랑을 선미에서 받아 선박이 파에 쫓기는 자세로 항주하는 방법이다.

24 경계소홀과 선박조종술 미숙은 관련이 없다.

25 선내 불빛이 외부로 새어 나가는지 여부는 야간 항해 중 확인사항이다.

01	02	03	04	05	06	07	08	09	10
나	아	아	나	사	사	아	아	사	사
11	12	13	14	15	16	17	18	19	20
가	사	나	아	아	나	나	나	아	사
21	22	23	24	25					
나	아	가	아	나					

01 횡단하는 상태(해상교통안전법 제80조)

2척의 동력선이 상대의 진로를 횡단하는 경우로서 충돌의 위험이 있을 때에는 다른 선박을 우현 쪽에 두고 있는 선박이 그 다른 선박의 진로를 피하여야 한다.

02 항행보조시설의 설치와 관리(해상교통안전법 제44조 제1항)

해양수산부장관은 선박의 항행안전에 필요한 항로표지·신호·조명 등 항행보조시설을 설치하고 관리·운영하여야 한다.

03 선박 출항통제(해상교통안전법 제36조 제1항)

해양수산부장관은 해상에 대하여 기상특보가 발표되거나 제한된 시계 등으로 선박의 안전운항에 지장을 줄 우려가 있다고 판단할 경우에는 선박소유자나 선장에게 선박의 출항통제를 명할 수 있다.

04 통항분리제도(해상교통안전법 제75조 제4항)

선박은 연안통항대에 인접한 통항분리수역의 통항로를 안전하게 통과할 수 있는 경우에는 연안통항대를 따라 항행하여서는 아니 된다. 다만, 다음 선박의 경우에는 연안통항대를 따라 항행할 수 있다.
• 길이 20미터 미만의 선박
• 범 선
• 어로에 종사하고 있는 선박
• 인접한 항구로 입항·출항하는 선박
• 연안통항대 안에 있는 해양시설 또는 도선사의 승하선(乘下船) 장소에 출입하는 선박
• 급박한 위험을 피하기 위한 선박

05 범선(해상교통안전법 제77조 제1항)

2척의 범선이 서로 접근하여 충돌할 위험이 있는 경우에는 다음에 따른 항행방법에 따라 항행하여야 한다.
• 각 범선이 다른 쪽 현에 바람을 받고 있는 경우에는 좌현에 바람을 받고 있는 범선이 다른 범선의 진로를 피하여야 한다.
• 두 범선이 서로 같은 현에 바람을 받고 있는 경우에는 바람이 불어오는 쪽의 범선이 바람이 불어가는 쪽의 범선의 진로를 피하여야 한다.

06 선박 사이의 책무(해상교통안전법 제83조 제2항)
항행 중인 동력선은 다음에 따른 선박의 진로를 피하여야 한다.
- 조종불능선
- 조종제한선
- 어로에 종사하고 있는 선박
- 범 선

07 마주치는 상태(해상교통안전법 제79조 제1항)
2척의 동력선이 마주치거나 거의 마주치게 되어 충돌의 위험이 있을 때에는 각 동력선은 서로 다른 선박의 좌현 쪽을 지나갈 수 있도록 침로를 우현 쪽으로 변경하여야 한다.

08 횡단하는 상태(해상교통안전법 제80조)
2척의 동력선이 상대의 진로를 횡단하는 경우로서 충돌의 위험이 있을 때에는 다른 선박을 우현 쪽에 두고 있는 선박이 그 다른 선박의 진로를 피하여야 한다. 이 경우 다른 선박의 진로를 피하여야 하는 선박은 부득이한 경우 외에는 그 다른 선박의 선수 방향을 횡단하여서는 아니 된다.

09 마주치는 상태(해상교통안전법 제79조 제2항)
선박은 다른 선박을 선수 방향에서 볼 수 있는 경우로서 다음의 어느 하나에 해당하면 마주치는 상태에 있다고 보아야 한다.
- 밤에는 2개의 마스트등을 일직선으로 또는 거의 일직선으로 볼 수 있거나 양쪽의 현등을 볼 수 있는 경우
- 낮에는 2척의 선박의 마스트가 선수에서 선미까지 일직선이 되거나 거의 일직선이 되는 경우

10 등화의 종류(해상교통안전법 제86조 제2호)
현등 : 정선수 방향에서 양쪽 현으로 각각 112.5도에 걸치는 수평의 호를 비추는 등화로서 그 불빛이 정선수 방향에서 좌현 정횡으로부터 뒤쪽 22.5도까지 비출 수 있도록 좌현에 설치된 붉은색 등과 그 불빛이 정선수 방향에서 우현 정횡으로부터 뒤쪽 22.5도까지 비출 수 있도록 우현에 설치된 녹색 등

11 제한된 시계에서 선박의 항법(해상교통안전법 제84조 제4항)
레이더만으로 다른 선박이 있는 것을 탐지한 선박은 해당 선박과 얼마나 가까이 있는지 또는 충돌할 위험이 있는지를 판단하여야 한다. 이 경우 해당 선박과 매우 가까이 있거나 그 선박과 충돌할 위험이 있다고 판단한 경우에는 충분한 시간적 여유를 두고 피항동작을 취하여야 한다.

12 등화의 종류(해상교통안전법 제86조 제3호)
선미등 : 135도에 걸치는 수평의 호를 비추는 흰색 등으로서 그 불빛이 정선미 방향으로부터 양쪽 현의 67.5도까지 비출 수 있도록 선미 부분 가까이에 설치된 등

13 등화의 종류(해상교통안전법 제86조 제8호)
삼색등 : 선수와 선미의 중심선상에 설치된 붉은색·녹색·흰색으로 구성된 등으로서 그 붉은색·녹색·흰색의 부분이 각각 현등의 붉은색 등과 녹색 등 및 선미등과 같은 특성을 가진 등

14 제한된 시계 안에서의 음향신호(해상교통안전법 제100조)
- 항행 중인 대수속력이 있는 동력선 : 2분 이내 장음 1회
- 항행 중인 대수속력이 없는 동력선 : 2분 이내 장음 2회(장음 사이의 간격을 2초 정도로 연속)
- 조종불능선, 조종제한선, 어로 종사선, 예인선 : 장음 1회, 단음 2회(2분을 넘지 않는 간격으로 연속)
- 피예인선 : 장음 1회, 단음 3회(2분을 넘지 않는 간격으로 연속)
- 정박선 : 1분 이내 5초간 급속한 호종

15 조종신호와 경고신호(해상교통안전법 제99조 제6항)
좁은 수로 등의 굽은 부분이나 장애물 때문에 다른 선박을 볼 수 없는 수역에 접근하는 선박은 장음으로 1회의 기적신호를 울려야 한다.

16 정박지의 사용 등(선박입출항법 제5조 제1항)
관리청은 무역항의 수상구역 등에 정박하는 선박의 종류·톤수·흘수 또는 적재물의 종류에 따른 정박구역 또는 정박지를 지정·고시할 수 있다.

17 항로에서의 정박 등 금지(선박입출항법 제11조 제2항)
해양사고를 피하기 위한 경우, 선박의 고장이나 그 밖의 사유로 선박을 조종할 수 없는 경우, 인명을 구조하거나 급박한 위험이 있는 선박을 구조하는 경우 선박을 항로에 정박시키거나 정류시키려는 자는 그 사실을 관리청에 신고하여야 한다.

18 선박교통의 제한(선박입출항법 제9조)
- 관리청은 무역항의 수상구역 등에서 선박교통의 안전을 위하여 필요하다고 인정하는 경우에는 항로 또는 구역을 지정하여 선박교통을 제한하거나 금지할 수 있다.
- 관리청이 항로 또는 구역을 지정한 경우에는 항로 또는 구역의 위치, 제한·금지 기간을 정하여 공고하여야 한다.

19 정의(선박입출항법 제2조 제5호)
우선피항선이란 주로 무역항의 수상구역에서 운항하는 선박으로서 다른 선박의 진로를 피하여야 하는 다음의 선박을 말한다.
- 부선(예인선이 부선을 끌거나 밀고 있는 경우의 예인선 및 부선을 포함하되, 예인선에 결합되어 운항하는 압항부선은 제외한다)
- 주로 노와 삿대로 운전하는 선박
- 예 선
- 항만운송관련사업을 등록한 자가 소유한 선박
- 해양환경관리업을 등록한 자가 소유한 선박 또는 해양폐기물관리업을 등록한 자가 소유한 선박(폐기물 해양배출업으로 등록한 선박은 제외한다)
- 위의 규정에 해당하지 아니하는 총톤수 20톤 미만의 선박

20 속력 등의 제한(선박입출항법 제17조)

② 해양경찰청장은 선박이 빠른 속도로 항행하여 다른 선박의 안전 운항에 지장을 초래할 우려가 있다고 인정하는 무역항의 수상구역 등에 대하여는 관리청에 무역항의 수상구역 등에서의 선박 항행 최고속력을 지정할 것을 요청할 수 있다.

③ 관리청은 제2항에 따른 요청을 받은 경우 특별한 사유가 없으면 무역항의 수상구역 등에서 선박 항행 최고속력을 지정·고시하여야 한다. 이 경우 선박은 고시된 항행 최고속력의 범위에서 항행하여야 한다.

21 부두등 부근에서의 항법(선박입출항법 제14조)

선박이 무역항의 수상구역 등에서 해안으로 길게 뻗어 나온 육지 부분, 부두, 방파제 등 인공시설물의 튀어 나온 부분 또는 정박 중인 선박(이하 부두 등)을 오른쪽 뱃전에 두고 항행할 때에는 부두 등에 접근하여 항행하고, 부두 등을 왼쪽 뱃전에 두고 항행할 때에는 멀리 떨어져서 항행하여야 한다.

22 가. 선박이 항행할 때에는 서로 충돌을 예방할 수 있는 상당한 거리를 유지하여야 한다.

나. 선박이 무역항의 수상구역 등이나 무역항의 수상구역 부근을 항행할 때에는 다른 선박에 위험을 주지 아니할 정도의 속력으로 항행하여야 한다.

사. 범선이 무역항의 수상구역 등에서 항행할 때에는 돛을 줄이거나 예인선이 범선을 끌고 가게 하여야 한다.

아. 항로를 항행하는 위험물운송선박 또는 흘수제약선의 진로를 방해하지 아니할 것

23 선박 안에서 발생하는 폐기물의 배출해역별 처리기준 및 방법(선박오염방지규칙 별표3)

다음의 폐기물을 제외하고 모든 폐기물은 해양에 배출할 수 없다.

- 음식찌꺼기
- 해양환경에 유해하지 않은 화물잔류물
- 선박 내 거주구역에서 발생하는 중수
- 어업활동 중 혼획된 수산동식물·자연기원물질

24 오염물질이 배출되는 경우의 방제조치(해양환경관리법 제64조 제1항)

방제의무자는 배출된 오염물질에 대하여 대통령령이 정하는 바에 따라 다음에 해당하는 조치를 하여야 한다.

- 오염물질의 배출방지
- 배출된 오염물질의 확산방지 및 제거
- 배출된 오염물질의 수거 및 처리

25 분뇨오염방지설비의 대상선박·종류 및 설치기준(선박오염방지규칙 제14조 제1항)

다음의 어느 하나에 해당하는 선박의 소유자는 그 선박 안에서 발생하는 분뇨를 저장·처리하기 위한 설비를 설치하여야 한다.

- 선박검사증서 또는 어선검사증서 상 최대승선인원이 16명 이상인 선박

기 관

01	02	03	04	05	06	07	08	09	10
가	사	가	사	아	아	아	아	사	아
11	12	13	14	15	16	17	18	19	20
아	사	사	가	가	가	아	사	가	나
21	22	23	24	25					
사	아	아	아	가					

01 **밸브겹침**

상사점 부근에서(하사점은 아님) 흡기 밸브와 배기 밸브가 동시에 열려 있을 때가 있는데, 이것을 밸브겹침이라 한다. 밸브겹침은 배기 작용과 흡기 작용을 돕고, 밸브와 연소실의 냉각을 돕는다. 밸브겹침의 크랭크 각도는 40°이다.

02 메인 베어링이란 기관베드 위에 있으면서 크랭크 암 양쪽의 크랭크 저널에 설치되어 크랭크 축을 지지하고, 크랭크 축에 전달되는 회전력을 받는 부품이다. 직렬형 디젤기관에서 실린더가 6개인 경우 크랭크핀은 6개, 메인 베어링의 최소 7개이다.

03 **실린더 라이너의 마멸이 기관에 미치는 영향**
- 압축공기의 누설로 압축압력이 낮아지고 기관 시동이 어려워짐
- 옆샘에 의한 윤활유의 오손 및 소비량 증가
- 불완전 연소에 의한 연료 소비량 증가
- 열효율 저하 및 기관 출력 감소

04 실린더 헤드에는 흡기 밸브, 배기 밸브, 시동 공기 밸브, 연료분사밸브, 안전 밸브, 인디케이터 밸브, 냉각수 파이프 등이 설치되어 구조가 복잡하다.

05 실린더 헤드는 고온에 견딜 수 있도록 물로 냉각하기 때문에 가스 쪽과 냉각수 쪽의 온도 차이에 의한 열응력으로 인하여 균열(Crack)이 일어나기 쉽다. 또한 헤드의 너트 풀림으로 배기가스가 누설하거나 냉각수 통로의 부식으로 인해 냉각수가 누설된다.

06 **피스톤 링 조립 순서**
① 피스톤 링과 홈을 깨끗이 청소한 후, 링 홈을 세척유로 잘 닦아 낸다.
② 링 확장기를 사용하여 가장 아래에 있는 링부터 차례로 조립한다.
③ 링의 상·하면의 방향이 바뀌지 않게 하며, 링의 절구 틈이 180°로 서로 어긋나게 조립한다. 사절구인 경우에는 절구 틈이 지그재그가 되도록 한다.
④ 2행정 사이클 기관에서는 링이 회전하여 절구부가 소기구에 걸려 부러지는 것을 방지하기 위해 스토퍼 핀(Stopper Pin)을 꽂은 것도 있으므로 무리하게 조립하지 않는다.
⑤ 피스톤 링이 링 홈 안에서 자유롭게 움직이고 있는지를 확인한다.

07 피스톤 링의 재질은 경도가 너무 높으면 실린더 라이너의 마멸이 심해지고, 너무 낮으면 피스톤 링이 쉽게 마멸한다. 피스톤 링의 재질은 일반적으로 주철을 사용한다. 주철은 조직 중에 함유된 흑연이 윤활유의 유막 형성을 좋게 하여 마멸이나 눌어붙는 것을 적게 해 준다. 또 주철은 실린더 내벽과 접촉이 좋고 고온에서 탄력 감소가 작은 장점이 있다.

08 크랭크 축의 구조

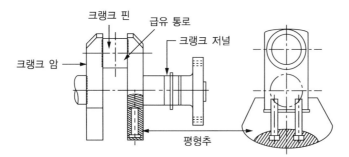

- 크랭크 암 : 크랭크 저널과 크랭크 핀을 연결하는 부분이다. 크랭크 핀 반대쪽으로 평형추(Balance Weight)를 설치하여 크랭크 회전력의 평형을 유지하고, 불평형 관성력에 의한 기관의 진동을 줄인다.
- 크랭크 핀 : 크랭크 저널의 중심에서 크랭크 반지름만큼 떨어진 곳에 있으며, 저널과 평행하게 설치되고 커넥팅 로드 대단부와 연결된다.
- 크랭크 저널 : 메인 베어링에 의해서 지지되는 회전축이다.
- 평형추 : 크랭크 축의 형상에 따른 불균형을 보정하여, 회전체의 평형을 이루기 위해 평형추(Balance Weight)를 설치한다. 평형추는 기관의 진동을 적게 하고, 원활한 회전을 하도록 하며, 메인 베어링의 마찰을 감소시키는 역할을 한다.

09 플라이휠의 구조

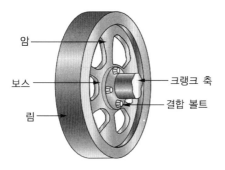

플라이휠(Flywheel)은 작동 행정에서 발생하는 큰 회전력을 플라이휠 내에 운동 에너지로 축적하고, 회전력이 필요한 그 밖의 행정에서는 플라이휠의 관성으로 회전하게 한다. 플라이휠은 크랭크 축의 전단부 또는 후단부에 설치하며, 역할은 다음과 같다.
- 크랭크 축의 회전력을 균일하게 한다.
- 저속 회전을 가능하게 한다.
- 기관의 시동을 쉽게 한다.
- 밸브의 조정(Valve Timing)이 편리하다.

10 연료유가 갖추어야 할 조건
- 발열량이 클 것
- 유황분이 적을 것
- 물이 함유되어 있지 않을 것
- 점도가 적당할 것

11 시동 직후 운전 상태를 파악하기 위해 점검해야 할 사항
- 계기류의 지침
- 배기색
- 진동의 발생 여부
- 연소가스의 누설 여부
- 윤활유 압력계의 지시치
- 이상음이 발생하는 곳이 있는지의 여부
- 냉각수 순환계통의 이상 유무

12 감속장치는 기관의 크랭크 축으로부터 회전수를 감속시켜서 추진 장치에 전달하여 주는 장치이다. 같은 크기의 기관에서 출력의 증대와 열효율 향상을 위해서는 높은 회전수의 운전이 필요하다. 그러나 선박용 추진 장치의 효율을 좋게 하기 위해서는 프로펠러축의 회전수를 되도록 낮게 하는 것이 좋다.

13
- 서징 : 밸브의 개폐 횟수가 밸브 스프링의 고유 진동수와 같거나 또는 그 정배수가 될 때, 캠에 의한 강제 진동과 스프링 자체의 고유 진동이 공진하여 캠에 의한 작동과는 상관없이 밸브 스프링이 진동을 일으키는 현상이다.
- 피치 : 프로펠러가 1회전할 때 날개 위의 어떤 점이 축 방향으로 이동한 거리를 말한다.
- 슬립 : 프로펠러의 이론적인 전진거리와 실제 전진거리의 차를 실각이라 하며, 슬립이라고도 한다.
- 경사 : 선체와의 간격을 두기 위하여 일반적으로 프로펠러 날개가 축의 중심선에 대하여 선미 방향으로 10~15° 정도 기울어져 있는 것을 말한다.

14 프로펠러는 선박 내에 설치된 기관으로부터 동력을 전달받아 이를 축 방향의 기계적인 힘으로 변환하여 배 주위의 물을 뒤쪽으로 밀어내고 그 반력으로 배를 앞으로 밀어 나아가게 하는 장치이다. 선박의 프로펠러 중 스크루 프로펠러(Screw Propeller)는 높은 추력을 발생시키는 효율이 높은 장치로, 고정피치 프로펠러와 가변피치 프로펠러가 있다

15 무어링 윈치의 구조

수평축의 끝 부분에 워핑드럼이 설치된 구조로서 원동기가 동력을 발생하여 수평축이 회전하면 워핑드럼에서 계선줄을 감아 들일 수 있다. 원동기에는 증기식, 전동식 및 유압식이 있으나 양묘기의 경우와 같이 대부분 전동식이나 유압식이다. 최근에는 계선줄을 자동으로 감거나 풀어서 장력을 조절하는 자동 장력(Auto-tension) 계선 윈치가 사용된다. 자동 장력 계선 윈치는 주로 조수간만의 차가 큰 항구에 출입하는 선박이나 컨테이너선, 로로(RORO)선과 같이 적·양하 작업이 매우 빨라 짧은 시간에 흘수 변화가 큰 선박에서 채용하고 있다.

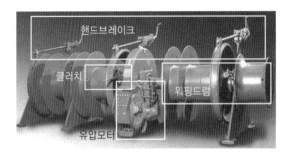

출처 : 해사일반교과서

16 릴리프 밸브(Relief Valve)는 안전 밸브라고도 하며, 유·공압 시스템의 최고 압력을 제한하여 회로 내의 과부하를 방지하고 유·공압 실린더나 모터의 출력을 조절하는 기능을 한다. 송출압력이 설정값 이상으로 상승하면 송출측 유체를 흡입측으로 되돌려 보낸다. 나비 밸브는 원형의 밸브를 회전하여 유로를 개폐하는 동작 기구의 밸브이다.

17 해수펌프로 주로 사용하는 것은 원심펌프이다. 원심펌프는 케이싱 속의 회전차(임펠러)를 수중에서 고속으로 회전시켜 물이 원심력을 일으켜 얻은 속도에너지를 압력에너지로 바꾸어 물을 흡입·송출한다. 해수펌프에는 흡입관, 압력계, 축봉장치가 설치되어 있다.

18 선내에서 주로 사용되는 교류전원의 주파수 60Hz이다.

19 전동기 기동반에서 빼낸 퓨즈의 정상여부를 멀티테스터로 확인하기 위해서는 멀티테스터의 선택스위치를 저항 레인지에 놓고 저항을 측정해서 확인한다.

20 납축전지란 전기에너지를 화학에너지로 바꾸어 저장하였다가 필요에 따라 다시 전기에너지로 바꾸어 사용하는 장치로 극판, 격리판, 전해액으로 구성된다.

21 출력의 단위는 kW, 압력의 단위는 bar, 회전수 단위는 rpm, 압력(파스칼)의 단위는 Mpa이다.

22 운전 중인 디젤기관이 갑자기 정지되었을 경우의 원인
- 과속도 장치의 작동
- 연료유 여과기의 막힘
- 조속기의 고장
- 긴급 자동 정지 장치의 작동
- 주기관의 과속
- 주 윤활유의 입구측 압력이 낮을 경우
- 스러스트 패드의 온도가 높을 경우

23 크랭크 암 개폐(디플렉션, Deflection)는 크랭크 암 간의 거리가 확대되거나 축소되는 작용을 말하며, 개폐도가 커지면 축이 부러지는 원인이 된다. 디플렉션 발생 원인에는, 메인 베어링의 불균일한 마멸 및 조정 불량, 스러스트 베어링(Thrust Bearing)의 마멸과 조정 불량, 메인 베어링 및 크랭크 핀 베어링의 틈새가 클 경우, 크랭크 축 중심의 부정 및 과부하 운전, 기관 베드의 변형 등이 있다.

24 경유의 발열량은 1L 당 약 9,000kcal이고 중유의 발열량은 1L 당 10,000~11,000kcal이다.

25 부피의 단위는 kℓ이다.

PART 03 · 2020년 제2회 정답 및 해설

제1과목 항 해

01	02	03	04	05	06	07	08	09	10
아	아	사	나	사	가	아	사	아	가
11	12	13	14	15	16	17	18	19	20
가	나	아	가	가	사	사	사	가	사
21	22	23	24	25					
가	아	아	사	아					

01 컴퍼스 카드는 온도가 변하더라도 변형되지 않도록 부실에 부착된 운모 혹은 황동제의 원형판으로 0°와 180°를 연결하는 선과 평행하게 자석이 부착되어 있다.

02 기계식 자이로컴퍼스를 사용하고자 할 때에는 적어도 4시간 전에 기동하여야 한다.

03 보통 지상기상관측에서는 주어진 시각의 직전 10분 동안 평균값을 평균풍속이라 하고, 그 순간값을 순간풍속이라고 한다.

04 자차는 선내의 마그네틱 컴퍼스가 가리키는 북(나북)과 자기 자오선과의 교각을 말한다. 자차는 선내 컴퍼스가 선체나 선내 철기류의 영향을 받아 생긴다.

05 컴퍼스 볼은 윗방과 아랫방으로 구성되어 있으며, 연결관으로 서로 통하고 있어 온도 변화에 따라 윗방의 액이 팽창·수축하여도 아랫방의 공기부에서 자동적으로 조절한다. 이 조절 장치가 그 기능을 발휘하면 −20~50℃에서도 유리가 파손되거나 기포가 생기지 않는다.

06 GPS는 위치를 알고 있는 여러 개의 인공위성에서 발사하는 전파를 수신하고, 그 도달 시간으로부터 관측자까지의 거리를 구하여 위치를 결정하는 방식이다.

07 • 전위선 : 선박이 어떤 시간 동안 항주한 거리만큼 위치선을 동일한 침로 방향으로 평행 이동한 것을 말한다.
   • 중시선 : 두 물표가 일직선상에 겹쳐 보일 때 이들 물표를 연결하는 직선을 그으면 위치선이 된다.
   • 추측위치 : 가장 최근에 얻은 실측 위치를 기준으로 그 후에 조타한 진침로와 항행 거리에 의하여 선위를 결정하는 것을 선위의 추측이라 하고, 이로 인해 결정된 선위를 추측위치라 한다.

08 • 천의 적도 : 지구의 적도면을 무한히 연장하여 천구와 만나 이루는 대권
    • 천의 자오선 : 천의 양극을 지나는 대권으로 시권이라고도 한다.
    • 수직권 : 천정과 천저를 지나는 대권을 수직권 또는 고도의 권, 방위권이라 한다.

09 부근에 있는 다른 선박이 자선과 같은 주파수대의 레이더를 사용하고 있을 때에는 타선박의 레이더파가 수신되어 스크린의 전면에 걸쳐 눈발과 같은 영상이 나타나며, 때로는 두 선박의 펄스 반복 주파수의 차에 의하여 원형 또는 나선형의 모양이 되어 나타나기도 한다.

10 레이더 맹목 구간
전파가 전달되는 상태에서, 장애물 때문에 어떤 범위 내 표적의 에코 감도가 약하여 유효한 레이더 수신을 할 수 없는 부채꼴의 구역을 말한다.

11 우리나라 해도상 수심의 단위는 m이다.

12 등대표는 해상교통안전 등에 이용하기 위하여 우리나라 연안 및 내해에 설치되어 있는 모든 항로표지를 수록하여 발간한 서적이다. 등대표에는 해도에 표시되지 않는 항로표지도 기재되어 있다.

13 등표(등입표)는 항해가 금지된 장소에 설치되어 선박의 좌초나 좌주를 예방하며 항로를 지도하기 위한 구조물로 등화가 있으면 등표, 등화가 없으면 입표라고 한다.

14 특수표지는 공사 구역 등 특별한 시설이 있음을 나타내는 표지로 두표는 황색으로 된 X자 모양의 형상물이며, 표지 및 등화의 색상 역시 황색을 사용한다.

15 레이콘(Racon ; Radar Transponder Beacon)
선박 레이더에서 발사된 전파를 받은 때에만 응답하며, 레이더 화면상에 일정한 형태의 신호가 나타날 수 있도록 전파를 발사한다. 표준 신호와 모스 부호를 이용하며, 유효 거리는 주야간 각 10마일 정도로 농무 시나 기상 악화 시 선박의 안전 운항에 큰 도움이 된다.

16 해안도는 축척이 5만분의 1이하로서 연안항해에서 사용된다. 축척의 크기가 큰 해도부터 나열하면 항박도(1/5만 이상) > 해안도(1/5만 이하) > 항해도(1/30만 이하) > 항양도(1/100만 이하) > 총도(1/400만 이하)의 순이다.

17 해도를 운반할 때에는 구겨지지 않게 말아서 운반한다.

18 부동등은 등색이나 등력이 바뀌지 않고 일정하게 계속 빛을 내는 등이다.

19 'Fl. 20s 10m 5M'의 등질이 의미하는 것은 주기가 20초이며, 등고가 10m, 광달거리가 5M(해리)인 섬광등을 의미한다.

20 고립장애표지

암초나 침선 등 고립된 장해물의 위에 설치하는 표지로 두표는 흑구 2개를 수직으로 부착하며, 색상은 검은색 바탕에 적색띠를 둘러 표시한다.

21
- 조석 : 해수면은 하루에 2회 주기적으로 높아졌다 낮아졌다 하는데, 이와 같은 해수의 수직(연직) 방향의 운동을 말한다.
- 조류 : 조석에 따라 일어나는 해수의 주기적인 수평 방향의 흐름을 말한다.

22 지형성 고기압
- 밤에 육지의 복사 냉각으로 형성되는 소규모의 고기압
- 이동성이 없고 낮이 되면 자연적으로 사라짐
- 영향권 : 약 1km 까지
- 날씨에 끼치는 영향 적음
- 밤에 육풍의 원인이 됨 → 바다의 습한 공기와 만나 비를 만들기도 함

23 온난 저기압
따뜻한 중심의 기압은 주위보다 고도에 따라 느리게 감소하므로 상층에서는 오히려 주위보다 기압이 높아진다. 따라서 상층에서는 고기압이 된다. 이러한 이유로 온난 저기압을 키작은 저기압이라고도 한다.

24 복잡한 해역이나 위험물이 많은 연안을 항해할 경우에는 우회 항로로 항해하는 것이 좋다.

25 피험선
협수로를 통과할 때나 출·입항할 때 자주 변침하여 마주치는 선박을 적절히 피하여 위험을 예방하는 것이 필요하다. 피험선은 여러 가지 위치선을 이용해 위험을 예방하고 예정 침로를 유지하기 위해 사용한다.

운 용

01	02	03	04	05	06	07	08	09	10
사	나	사	가	나	가	나	아	사	아
11	12	13	14	15	16	17	18	19	20
사	아	가	사	가	사	사	아	사	나
21	22	23	24	25					
아	나	가	사	나					

01 선체 각부 명칭

일반선박에서 최상층의 전통 갑판을 상갑판(Upper Deck 혹은 Main Deck)이라고 한다.

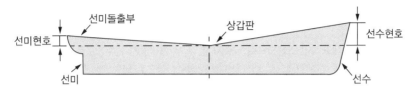

02 화물 적재에 이용되는 공간을 선창이라고 하며, 코퍼댐은 기름 탱크와 기관실 또는 화물창, 혹은 다른 종류의 기름을 적재하는 탱크선의 탱크 사이에 설치하는 방유구획으로서 기름 유출에 의한 해양 환경 피해를 방지하기 위해 설치한다.

03 선박의 치수

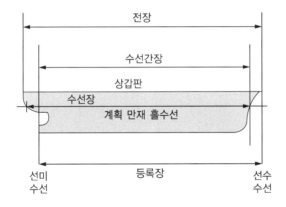

04 타두재는 타심재의 상부를 연결하여 조타기에 의한 회전을 타에 전달하는 것으로, 틸러(타의 손잡이)에 의하여 조타기에 연결된다.

05 조타장치 작동 중에는 한 개의 유압펌프만 작동되고 있는지 확인해야 한다.

06 스톡은 닻의 닻채를 의미하며 투묘식 파주력을 크게 해준다.

07 자동 스프링클러는 불이 나면 꼭지를 막고 있는 합금이 온도가 오름에 따라 자동적으로 녹아서 물을 뿜어 불을 끄거나 계속 타는 것을 막는 구실을 하는 장치이다.

08 체온 유지를 위한 옷은 보온복이며, 물이 스며들지 않아 수온이 낮은 물속에서 체온을 보호할 수 있는 옷은 방수복이다.

09 기적신호는 청각신호다.

10 • 신호 홍염 : 손잡이를 잡고 자체 점화장치로 불을 붙여 붉은색의 불꽃을 내는 조난 신호장비로 야간용 이다.
• 발연부 신호 : 불을 붙여 물에 던지면 연기를 내는 조난 신호장비로 주간용이다.

11 윌리암슨 턴
인명구조 및 회항조선의 대표적인 조선법으로 낙수자 발생 시 정침중인 선수침로로부터 낙수자 현측으로 긴급전타하여 60도 선회 후 반대현측으로 전타하여 반대침로선상으로 회항하는 조선법이다. 윌리암슨 턴 에 의한 조선법은 선박이 사고 지점과 멀어질 수 있고, 절차가 느리다는 단점이 있다.

12 수압이탈장치의 작동 수심 기준은 수면 아래 3미터이다.

13 초단파 무선설비로 호출 시 상대 선박의 선명을 먼저 부르고, 본선의 선명을 말한 후 감도 있는지를 물어 본다.

14 선박이 항진 중에 타각을 주면 타판에는 물의 점성에 의하여 마찰력이 작용한다. 마찰력은 다른 힘에 비하 여 극히 작은 값을 가지므로 직압력을 계산할 때 일반적으로 무시한다.

15 선박의 6자유도 운동

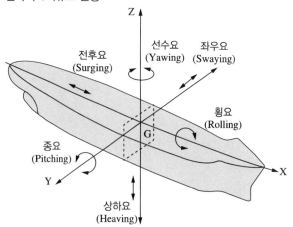

종동요(Pitching)는 선속을 감소시키며, 적재화물을 파손시키게 된다. 종동요가 극심하게 되면 선체 중앙 부분이 절단되는 사고가 일어날 수도 있다.

16 방형계수는 방형비척계수라고도 하며, 선박의 주어진 수선까지의 배수용적(V)과 이를 감싸고 있는 직육면체 용적과의 비로써 나타낸다. 방형계수가 크면 뚱뚱한 배이고, 방형계수가 작으면 날씬한 배이다.

17 선박 선회 중 선회 가속도는 증가한다.

18 닻은 선박의 추진력을 감소시키는 역할을 하므로 추진기관을 보조하는 역할은 하지 않는다.

19 협수로의 유속은 수로의 중앙부에서 빠르고, 육지와의 마찰력 때문에 가장자리에서 느리다.

20 비상위치지시 무선표지(EPIRB)는 수심 약4m의 수압에서 작동하여 수면 위로 떠오르게 된다.

21 기름 탱크에 연료를 가득 채우면 복원성이 커지기 때문에 황천 시 선박의 안전성을 높일 수 있다.

22 스크루 프로펠러의 공회전을 줄이기 위해서는 선미 홀수를 증가시키고, 종동요(Pitching)를 줄일 수 있도록 침로를 변경해야 하고, 기관의 회전수를 낮추는 등의 조치를 취해야 한다.

23 슬래밍
선체가 파를 선수에서 받으면 선수의 선저부가 강한 파도의 충격을 받아서 선체가 짧은 주기로 급격한 진동을 하는 현상이다. 과도한 슬래밍의 발생을 방지하기 위해서는 선박의 속력을 감속하고 침로를 변경하여야 한다.

24 선박이 암초에 얹히면 좌초(Stranding), 뻘이나 모래 등에 얹히면 좌주(Grounding), 일부러 좌초시키면 임의 좌주(Beaching), 잠시 선저가 해저에 닿으면 선저 접촉이라 한다.

25 선내 불빛이 외부로 새어 나가지 못하게 확인해야 하는 것은 항해 중일 때이다.

01	02	03	04	05	06	07	08	09	10
사	나	아	나	가	사	아	사	나	아
11	12	13	14	15	16	17	18	19	20
나	사	아	나	사	아	사	나	아	아
21	22	23	24	25					
아	나	아	사	가					

01 조종제한선이란 다음의 작업과 그 밖에 선박의 조종성능을 제한하는 작업에 종사하고 있어 다른 선박의 진로를 피할 수 없는 선박을 말한다.
- 항로표지, 해저전선 또는 해저파이프라인의 부설·보수·인양 작업
- 준설·측량 또는 수중 작업
- 항행 중 보급, 사람 또는 화물의 이송 작업
- 항공기의 발착 작업
- 기뢰 제거 작업
- 진로에서 벗어날 수 있는 능력에 제한을 많이 받는 예인작업

02 가. 조난채널은 채널 16이고, 관제통신 채널은 각 항구마다 다르다.
사. 관제통신 채널을 주의 깊게 청취하여 항만 교통상황을 숙지하여야 한다.
아. 선박교통관제사는 선박교통관제구역에서 출입하거나 이동하는 선박에 대한 관찰확인, 안전정보의 제공 및 안전에 관한 조언·권고·지시를 해야 한다.

03 해상교통안전법상 충돌을 피하기 위한 동작은 다음과 같다.
- 충분한 시간적 여유를 두고 적극적으로 조치할 것
- 침로나 속력을 변경할 때에는 될 수 있으면 다른 선박이 그 변경을 쉽게 알아볼 수 있도록 충분히 크게 변경할 것
- 침로나 속력을 소폭으로 연속적으로 변경하여서는 아니 된다.
- 선박과 선박 사이에 안전거리를 두고 큰 각도로 침로를 변경할 것
- 시간적 여유를 얻기 위하여 필요 시 감속하거나 기관을 정지, 후진하여 선박의 진행을 완전히 멈추어야 한다.
- 적절한 운용술에 입각한 동작을 취할 것

04 **경계(해상교통안전법 제70조)**
선박은 주위의 상황 및 다른 선박과 충돌할 수 있는 위험성을 충분히 파악할 수 있도록 시각·청각 및 당시의 상황에 맞게 이용할 수 있는 모든 수단을 이용하여 항상 적절한 경계를 하여야 한다.

05 **마주치는 상태(해상교통안전법 제79조)**
선박은 다른 선박을 선수 방향에서 볼 수 있는 경우로서 다음의 어느 하나에 해당하면 마주치는 상태에 있다고 보아야 한다.
- 밤에는 2개의 마스트등을 일직선으로 또는 거의 일직선으로 볼 수 있거나 양쪽의 현등을 볼 수 있는 경우
- 낮에는 2척의 선박의 마스트가 선수에서 선미까지 일직선이 되거나 거의 일직선이 되는 경우

06 앞지르기(해상교통안전법 제78조 제2항)

다른 선박의 양쪽 현의 정횡으로부터 22.5도를 넘는 뒤쪽(밤에는 다른 선박의 선미등만을 볼 수 있고 어느 쪽의 현등도 볼 수 없는 위치를 말한다)에서 그 선박을 앞지르는 선박은 앞지르기 하는 배로 보고 필요한 조치를 취하여야 한다.

07 마주치는 상태(해상교통안전법 제79조 제1항)

2척의 동력선이 마주치거나 거의 마주치게 되어 충돌의 위험이 있을 때에는 각 동력선은 서로 다른 선박의 좌현 쪽을 지나갈 수 있도록 침로를 우현 쪽으로 변경하여야 한다.

08 해상교통안전법상 모든 선박은 시계가 제한된 그 당시의 사정과 조건에 적합한 안전한 속력으로 항행하여야 하며, 동력선은 제한된 시계 안에 있는 경우 기관을 즉시 조작할 수 있도록 준비하고 있어야 한다.

09 정박선(해상교통안전법 제95조 제1항)

정박 중인 선박은 가장 잘 보이는 곳에 다음의 등화나 형상물을 표시하여야 한다.
• 앞쪽에 흰색의 전주등 1개 또는 둥근꼴의 형상물 1개
• 선미나 그 부근에 위의 등화보다 낮은 위치에 흰색 전주등 1개

10 얹혀 있는 선박(해상교통안전법 제95조 제4항)

얹혀 있는 선박(좌초선)은 제1항이나 제2항에 따른 등화(선수, 선미에 각각 백색의 전주등 1개씩)를 표시하여야 하며, 이에 덧붙여 가장 잘 보이는 곳에 다음의 등화나 형상물을 표시하여야 한다.
• 수직으로 붉은색의 전주등 2개
• 수직으로 둥근꼴의 형상물 3개

11 양색등이란 선수와 선미의 중심선상에 설치된 붉은색과 녹색의 두 부분으로 된 등화로서 그 붉은색과 녹색 부분이 각각 현등의 붉은색 등 및 녹색 등과 같은 특성을 가진 등이다. 해상교통안전법상 항행 중인 길이 20미터 미만의 선박이 현등 1쌍 대신에 양색등으로 표시할 수 있다.

12 섬광등

360°에 걸치는 수평의 호를 비추는 등화로서 일정한 간격으로 1분에 120회 이상 섬광을 발하는 등

13 조종신호와 경고신호(해상교통안전법 제99조 제6항)

좁은 수로 등의 굽은 부분이나 장애물 때문에 다른 선박을 볼 수 없는 수역에 접근하는 선박은 장음으로 1회의 기적신호를 울려야 한다.

14 조종신호와 경고신호(해상교통안전법 제99조 제5항)

서로 상대의 시계 안에 있는 선박이 접근하고 있을 경우에는 하나의 선박이 다른 선박의 의도 또는 동작을 이해할 수 없거나 다른 선박이 충돌을 피하기 위하여 충분한 동작을 취하고 있는지 분명하지 아니한 경우에는 그 사실을 안 선박이 즉시 기적으로 단음을 5회 이상 재빨리 울려 그 사실을 표시하여야 한다. 이 경우 의문신호는 5회 이상의 짧고 빠르게 섬광을 발하는 발광신호로써 보충할 수 있다.

15 제한된 시계 안에서의 음향신호(해상교통안전법 제100조 제1항)

시계가 제한된 수역이나 그 부근에 있는 모든 선박은 밤낮에 관계없이 다음 각 호에 따른 신호를 하여야 한다.

- 항행 중인 동력선은 대수속력이 있는 경우에는 2분을 넘지 아니하는 간격으로 장음을 1회 울려야 한다.

16 선박수리의 허가 등(선박의 입항 및 출항 등에 관한 법률 제37조)

선장은 무역항의 수상구역 등에서 다음의 선박을 불꽃이나 열이 발생하는 용접 등의 방법으로 수리하려는 경우 해양수산부령으로 정하는 바에 따라 관리청의 허가를 받아야 한다.

- 위험물을 저장·운송하는 선박과 위험물을 하역한 후에도 인화성 물질 또는 폭발성 가스가 남아 있어 화재 또는 폭발의 위험이 있는 선박
- 총톤수 20톤 이상의 선박

17 출입신고(선박의 입항 및 출항 등에 관한 법률 시행령 제2조)

내항선이 무역항의 수상구역 등의 안으로 입항하는 경우에는 입항 전에, 무역항의 수상구역 등의 밖으로 출항하려는 경우에는 출항 전에 해양수산부령으로 정하는 바에 따라 내항선 출입 신고서를 관리청에 제출해야 한다.

18 출입신고(선박의 입항 및 출항 등에 관한 법률 제4조)

무역항의 수상구역 등에 출입하려는 선박의 선장은 대통령령으로 정하는 바에 따라 관리청에 신고하여야 한다. 다만, 다음의 선박은 출입 신고를 하지 아니할 수 있다.

- 총톤수 5톤 미만의 선박
- 해양사고구조에 사용되는 선박
- 「수상레저안전법」 제2조 제3호에 따른 수상레저기구 중 국내항 간을 운항하는 모터보트 및 동력요트
- 그 밖에 공공목적이나 항만 운영의 효율성을 위하여 해양수산부령으로 정하는 선박

19 항로란 선박의 출입 통로로 이용하기 위하여 관리청이 지정·고시한 수로를 말한다.

20
- 무역항의 수상구역 등에서 2척 이상의 선박이 항행할 때에는 서로 충돌을 예방할 수 있는 상당한 거리를 유지하여야 한다.
- 선박이 무역항의 수상구역 등이나 무역항의 수상구역 부근을 항행할 때에는 다른 선박에 위험을 주지 아니할 정도의 속력으로 항행하여야 한다.

21 항로에서의 항법(선박의 입항 및 출항 등에 관한 법률 제12조)

모든 선박은 항로에서 다음의 항법에 따라 항행하여야 한다.

- 항로 밖에서 항로에 들어오거나 항로에서 항로 밖으로 나가는 선박은 항로를 항행하는 다른 선박의 진로를 피하여 항행할 것
- 항로에서 다른 선박과 나란히 항행하지 아니할 것
- 항로에서 다른 선박과 마주칠 우려가 있는 경우에는 오른쪽으로 항행할 것
- 항로에서 다른 선박을 추월하지 아니할 것. 다만, 추월하려는 선박을 눈으로 볼 수 있고 안전하게 추월할 수 있다고 판단되는 경우에는 「해사안전법」에 따른 방법으로 추월할 것
- 항로를 항행하는 위험물운송선박 또는 흘수제약선의 진로를 방해하지 아니할 것
- 범선은 항로에서 지그재그(Zigzag)로 항행하지 아니할 것

22 항로 지정 및 준수(선박의 입항 및 출항 등에 관한 법률 제10조)
우선피항선 외의 선박은 무역항의 수상구역등에 출입하는 경우 또는 무역항의 수상구역 등을 통과하는 경우에는 지정·고시된 항로를 따라 항행하여야 한다.

23 해양에 기름 등 폐기물이 배출되는 경우 방제를 위한 응급조치 사항으로 배출된 기름 등의 회수조치, 선박 손상 부위의 긴급 수리, 기름 등 폐기물의 확산을 방지하는 오일 펜스 설치 등이 있다.

24 「선박에서의 오염방지에 관한 규칙」 별표3
다음의 폐기물을 제외하고 모든 폐기물은 해양에 배출할 수 없다.
- 음식찌꺼기
- 해양환경에 유해하지 않은 화물잔류물
- 선박 내 거주구역에서 발생하는 중수
- 어업활동 중 혼획된 수산동식물·자연기원물질

25 기관구역의 선저폐수는 선저폐수저장장치(슬롭 탱크)에 저장한 후 배출관장치를 통하여 오염물질저장시설 또는 해양오염방제업·유창청소업(저장시설)의 운영자에게 인도해야 한다. 다만, 기름여과장치가 설치된 선박의 경우에는 기름여과장치를 통하여 해양에 배출할 수 있다.

01	02	03	04	05	06	07	08	09	10
아	사	아	아	사	가	가	가	가	나
11	12	13	14	15	16	17	18	19	20
가	아	나	사	아	아	사	사	가	나
21	22	23	24	25
아	나	가	나	나

01 **과급기(Supercharger)**
연소에 필요한 공기를 대기압 이상의 압력으로 압축하여, 밀도가 높은 공기를 실린더 내에 공급하여 연료를 완전 연소시킴으로써 평균 유효 압력을 높여 기관의 출력을 증대시키는 장치이다.

02 **작동(폭발)행정**
흡기 밸브와 배기 밸브가 닫혀 있는 상태에서 피스톤이 상사점에 도달하기 바로 직전에 연료분사밸브로부터 연료유가 실린더 내에 분사되기 시작하고, 분사된 연료유는 고온의 압축 공기에 의해 발화되어 연소한다. 이때 발생한 연소가스의 높은 압력이 피스톤을 하사점까지 움직이게 하고, 커넥팅 로드를 통해 크랭크축을 회전시켜 동력을 발생하는 행정이다.

03 **실린더 라이너의 마멸이 기관에 미치는 영향**
• 압축 공기의 누설로 압축압력이 낮아지고 기관 시동이 어려워짐
• 옆샘에 의한 윤활유의 오손 및 소비량 증가
• 불완전 연소에 의한 연료 소비량 증가
• 열효율 저하 및 기관 출력 감소

04 • 압축비가 클수록 압축압력은 높아지는데, 압축비를 크게 하려면 압축 부피를 작게 하거나 피스톤의 행정을 길게 해야 한다.
• 압축비 = 실린더 부피 ÷ 압축 부피 = (행정 부피 + 압축 부피) ÷ 압축 부피
• 가솔린기관의 압축비는 6~9 정도이고 디젤기관의 압축비는 12~22 정도다.

05 폭발 간격이 균일해야 한다. 즉, 4행정 사이클 기관은 (720 ÷ 실린더 수) 마다 폭발하고, 2행정 사이클 기관은 (360 ÷ 실린더 수) 마다 폭발해야 한다. 따라서 4행정 사이클 6실린더 기관이므로 720 ÷ 6 = 120°이다.

06 4행정 사이클 기관의 밸브 구동 장치

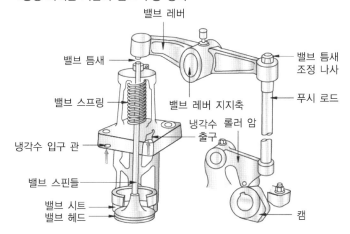

07 피스톤 핀(Piston Pin)
트렁크 피스톤형 기관에서 피스톤과 커넥팅 로드를 연결하고, 피스톤에 작용하는 힘을 커넥팅 로드에 전하는 역할을 한다. 소형 디젤기관에서 윤활유가 공급된다.

08 링의 틈새(Clearance)가 너무 크면 연소가스가 누설되어 기관의 출력이 낮아지고, 링의 배압이 커져서 실린더 내벽의 마멸이 크게 된다. 반대로 틈새가 너무 작으면 열팽창에 의해 틈새가 없어져서 링이 절손되거나 실린더 내벽을 손상시키게 된다. 링의 틈새에는 옆 틈(Side Clearance) 및 밑 틈(Back Clearance)이 있고, 절구 틈(End Clearance)이 있다. 피스톤 링은 운전 시간이 많을수록 절구 틈이 커지므로, 기관 정지 중에 정기적으로 점검하고 틈새를 계측하여 교체 여부를 확인해야 한다.

09 피스톤의 구조

10 크랭크 축의 구조

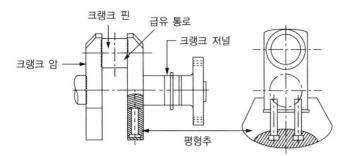

- 크랭크 암 : 크랭크 저널과 크랭크 핀을 연결하는 부분이다. 크랭크 핀 반대쪽으로 평형추(Balance Weight)를 설치하여 크랭크 회전력의 평형을 유지하고, 불평형 관성력에 의한 기관의 진동을 줄인다.
- 크랭크 핀 : 크랭크 저널의 중심에서 크랭크 반지름만큼 떨어진 곳에 있으며, 저널과 평행하게 설치되고 커넥팅 로드 대단부와 연결된다.
- 크랭크 저널 : 메인 베어링에 의해서 지지되는 회전축이다.
- 평형추 : 크랭크 축의 형상에 따른 불균형을 보정하여, 회전체의 평형을 이루기 위해 평형추(Balance Weight)를 설치한다. 평형추는 기관의 진동을 적게 하고, 원활한 회전을 하도록 하며, 메인 베어링의 마찰을 감소시키는 역할을 한다.

11 운전 중인 소형기관의 윤활유 계통 점검사항
- 윤활유 펌프의 운전 상태
- 기관의 입구 온도와 입구 압력

12 실린더 라이너의 마멸 원인
- 라이너 재료가 부적당한 경우
- 커넥팅 로드(연접봉) 경사에 의해 측압이 생길 경우
- 실린더 윤활유의 부적당 또는 사용량 과부족의 경우
- 사용 연료유 및 윤활유가 부적당한 경우
- 순환 냉각수가 부족 또는 불량한 경우
- 피스톤 링의 장력이 과대하거나 내면이 불량한 경우
- 과부하 운전 또는 최고 압력이 너무 높은 경우
- 기관의 사동 횟수가 많은 경우

13 공동현상

선박의 프로펠러의 표면에서 회전 속도의 차이에 의한 압력차로 인해 기포가 발생하는 현상을 말한다. 프로펠러의 회전이 빨라짐에 따라 날개 배면에 저압부가 생겨 진공상태에 가까워지면 그 부분의 물이 증발하여 수증기가 되고, 수중에 녹아있던 공기도 이에 더해져 날개면의 일부에 공동(空洞)을 형성한다. 공동현상은 추력을 급감시킴과 동시에 심한 진동과 소음을 동반한다. 또한 이로 인해 침식이 발생하여 프로펠러의 수명이 단축된다. 공동현상의 발생을 방지하기 위해서는 모형실험을 통하여 프로펠러의 날개형태, 날개수, 날개면적, 회전수 등의 영향을 파악하고 이를 선체 후부의 형상, 프로펠러 위치, 프로펠러 날개의 마무리 공정 등에 반영하여야 한다.

14
- 피치 : 나선형 프로펠러가 1회전할 때 날개 위의 어떤 점이 축방향으로 이동한 거리를 말한다.
- 보스 : 날개가 고정되는 원통을 보스, 보스 지름의 날개 지름에 대한 비율을 보스비라 한다.
- 경사 : 선체와의 간격을 두기 위하여 일반적으로 프로펠러 날개가 축의 중심선에 대하여 선미 방향으로 10~15° 정도 기울어져 있는 것을 말한다.
- 와류 : 유체의 회전운동에 의하여 주류와 반대방향으로 소용돌이치는 흐름을 말한다.

15 기어펌프

회전펌프의 일종으로 같은 모양의 서로 맞물리고 있는 2개의 기어의 회전 운동에 의해 유체를 송출하는 펌프이다. 기어펌프는 구조가 간단하며 그 특성상 윤활유펌프 등에 많이 사용된다.

16 양묘기

배의 닻(앵커)을 감아 올리고 내리는 데 사용하는 특수한 윈치이다. 보통 뱃머리 갑판 위에 있으나 특수한 배에서는 선미에 설치하는 경우도 있다. 양묘기는 종류나 양식이 많지만, 앵커 케이블을 감는 체인풀리(치차)와 브레이크(제동장치)가 주요한 부분이다. 체인풀리를 회전시키는 원동기에는 기동 · 전동 · 전동유압 · 압축공기식 등이 있다.

17 캡스턴

계선줄이나 앵커의 체인을 감아올리기 위해 사용하며 선미에 설치되고 수직축을 중심으로 회전한다. 캡스턴의 정비 사항으로는 그리스 니플을 통해 그리스를 주입하고 마모된 부시를 교환한다. 이 과정에서 구멍이 막힌 그리스 니플이 있다면 교환한다.

18 해수펌프로 주로 사용하는 것은 원심펌프이다. 원심펌프는 케이싱 속의 회전차(임펠러)를 수중에서 고속으로 회전시켜 물이 원심력을 일으켜 얻은 속도에너지를 압력에너지로 바꾸어 물을 흡입 · 송출한다. 해수펌프에는 흡입관, 압력계, 축봉장치가 설치되어 있다.

19　증기 압축식 냉동장치의 사이클 과정

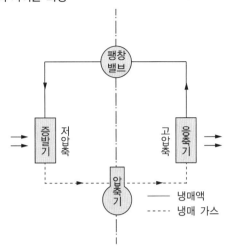

냉동작용을 위해 냉매의 상태 변화를 유발하는 사이클이다. 예를 들면 압축 변화된 냉매가 스로틀 작용의 영향으로 팽창하면 냉매의 압력이 강해져 증발하면서 주위에 있는 열을 흡수하게 된다. 이러한 냉동원리를 순환시키기 위하여 압축 냉동기의 1회 사이클은 냉매가 압축기 → 응축기 → 팽창밸브 → 증발기의 4가지 장치를 거치는 일련 과정으로 이루어진다.

20　납축전지의 특성 및 관리 방법
- 특성 : 전해액의 온도에 따라 축전지의 용량이 변한다. 전해액의 온도가 올라가면 축전지의 용량은 늘어나고, 온도가 내려가면 적어진다. 이것은 황산의 분자 또는 이온 등의 이동이 온도가 내려감에 따라 감소하고, 묽은 황산의 비저항의 증가로 인한 전압 강하가 발생하기 때문이다. 선박의 납축전지는 조명용, 기관 시동용, 비상 통신용의 용도로 사용된다.
- 관리 방법 : 납축전지는 완전히 충전시키고, 전해액을 보충할 때에는 비중에 맞춘다. 전해액 보충 시에는 증류수로 보충해야 한다.

21
- 전력(W) : 1초 동안에 소비하는 전력 에너지
- 뉴턴(N) : 힘의 단위로, 1N은 1kg의 물체를 1㎧의 가속도로 가속시키는 힘
- 열량(kcal) : 열의 많고 적음을 나타내는 양이다. 열량의 단위는 칼로리(cal, 1cal = 4.18605J)를 사용한다. 1cal은 물 1g의 온도를 1℃만큼 올리는 데 필요한 열의 양이다.
- 압력(MPa) : 단위 면적당 수직으로 작용하는 힘

22　과급기(Supercharger)
연소에 필요한 공기를 대기압 이상의 압력으로 압축하여, 밀도가 높은 공기를 실린더 내에 공급하여 연료를 완전 연소시킴으로써 평균 유효 압력을 높여 기관의 출력을 증대시키는 장치이다. 따라서 과급기가 있는 디젤 주기관에는 공기 냉각기, 윤활유 냉각기, 청수 냉각기가 필요하다.

23 디젤기관의 밸브 틈새 조정하기

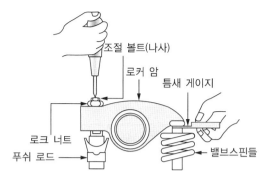

① 기관을 터닝하여 조정하고자 하는 실린더의 피스톤을 압축 행정 시의 상사점에 맞춘다. 상사점의 확인 은 플라이휠에 표시된 숫자에 의한다.
② 로크 너트(Lock Nut)를 먼저 풀고, 조정 볼트를 약간 헐겁게 한다.
③ 밸브 스핀들 상부와 로커 암 사이에 규정 값의 틈새 게이지를 넣고, 조정 볼트를 드라이버로 돌려 조정 한다.
④ 틈새 게이지를 잡은 손에 가벼운 저항을 느끼면서 게이지가 움직이면 적정 간극으로 조정된 것이다.
⑤ 조정 후에 조정 볼트가 움직이지 않게 로크 너트를 확실히 잠근다.
⑥ 이 작업을 착화 순서에 따라 각 실린더마다 한다.
⑦ 밸브 틈새의 조정은 기관이 냉각되지 않은 상태에서 실시하며, 그 틈새는 반드시 제작사에서 규정한 수치를 준수해야 한다.

24 점도(Viscosity)
유체의 흐름에서 내부 마찰의 정도를 나타내는 양, 즉 끈적거림의 정도를 표시하는 것이다. 윤활유를 기관 에 사용할 때 점도가 너무 낮으면 기름의 내부 마찰은 감소하지만 유막이 파괴되어 마멸이 심하게 되고, 베어링 등 마찰부가 소손될 우려가 있으며, 연소가스의 기밀 효과가 떨어져 가스의 누설이 증대된다. 반대 로 윤활유의 점도가 높을수록 완전 윤활이 되기 쉽다. 그러나 점도가 너무 높으면 유막은 두꺼워지지만 기름의 내부 마찰이 증대되고, 윤활 계통의 순환이 불량해지며, 시동이 곤란해질 수 있고, 기관 출력이 떨 어진다. 그러므로 기관에 따라 적절한 점도의 기름을 사용해야 한다.

25 연료유 수급 시 주의사항
• 연료유 수급 중 선박의 흘수 변화에 주의한다.
• 주기적으로 측심하여 수급량을 계산한다.
• 주기적으로 누유되는 곳이 있는지를 점검한다.
• 수급 시 연료유량을 고려하여 압력을 점진적으로 높여 수급한다.

PART 03 2020년 제3회 정답 및 해설

제1과목 항 해

01	02	03	04	05	06	07	08	09	10
사	나	가	나	아	가	사	나	아	아
11	12	13	14	15	16	17	18	19	20
나	나	아	나	가	아	사	아	가	나
21	22	23	24	25					
사	아	사	사	사					

01 플린더즈 바

마그네틱 컴퍼스에 영향을 주는 선체 일시자기 중 수직 분력을 조정하기 위한 일시자석이며, 퍼멀로이 바 (Permalloy Bar)라고도 한다.

02 추종부는 주동부를 지지하고 추종하도록 되어 있는 부분이며, 그 자체는 지지부에 의해 지지되어 있다. 컴퍼스 카드는 이 추종부에 부착되어 있다.

03 핸드 레드(Hand Lead)

수심이 얕은 곳에서 사용되는 측심의로, 레드가 해저에 닿았을 때 그 줄의 길이로 수심을 측정한다. 오늘날 에는 음향 측심기의 발달로 인하여 거의 사용하지 않는다.

04 선수미선과 선박을 지나는 자오선이 이루는 각을 침로(Co ; Course)라 하며, 보통 북을 000°로 하여 시계 방향으로 360°까지 측정한다. 진자오선과 항적이 이루는 각을 진침로, 풍유압차가 있을 때 진자오선과 선 수미선이 이루는 각을 시침로, 자기 자오선과 선수미선이 이루는 각을 자침로, 컴퍼스 남북선과 선수미선 이 이루는 각을 나침로라 한다.

05 나침로(나침방위) 또는 자침로(자침방위)를 진침로(진방위)로 고치는 것을 침로(방위) 개정이라고 한다. 개 정 방법은 자차 및 편차가 편동(E)이면 더해주고, 편서(W)이면 빼준다.
∴ 069° + 9° = 078°

06 전자해도 표시장치(ECDIS)와 선박의 속력 유지와는 무관하다.

07 교차방위법에서 본선을 기준으로 물표 사이의 각도는 30°∼150°인 것을 선정하고, 두 물표일 때는 90°, 세 물표일 때는 60° 정도가 가장 좋다.

08 관측자와 지구중심을 지나는 직선이 천구와 만난 점 중 관측자의 머리 위쪽에서 만난 점을 천정이라고 하고 발 아래쪽에서 만나는 점을 천저라고 한다.

09 사이드 로브(Side Lobe)는 레이더의 측엽을 의미한다.

10 X밴드 레이더는 화면이 선명하며 물체의 방위와 거리를 정확하게 측정할 수 있고 레이더 리플렉터와 같은 조그만 물체를 탐지하기 유리하다. 반면 S밴드 레이더는 먼 거리 물체의 탐지와 시정이 좋지 않을 때 사용하기 좋다.

11 노출암의 높이는 평균해수면에서의 높이를 의미한다.

12 수심, 간출암, 세암의 높이나 깊이의 기준면은 기본수준면(약최저저조면)을 기준으로 하며, 등대는 평균해수면을 기준으로 한다.

13 우리나라의 조석표는 두 권으로 분류되어 있는데, 제1권은 국내항, 제2권은 태평양 및 인도양의 주요항에 관한 것이다.

14 등대의 높이는 평균해수면에서 등화 중심까지의 높이를 미터로 표시한다.

15 고립장애표지의 표체의 색깔은 흑색 바탕에 가운데 적색 띠이다.

16 전파의 3가지 특징인 직진성, 반사성, 등속성을 이용하여 선박의 위치를 파악하기 위해 만들어진 표지를 전파표지 혹은 무선표지라고 한다.

17 나침도

해도의 나침도에서는 바깥쪽에 진방위를, 안쪽에는 자침방위가 그려져 있고 중앙에는 편차와 연차(일년에 변화하는 양)가 적혀 있다.

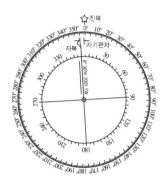

18 항박도는 축척이 5만분의 1이상으로 평면도법에 의해 작성한 해도이다.

19 'Fl. 20s 10m 5M'은 주기가 20초인 백색 섬광등으로 등고는 10m이며, 광달거리는 5해리이다.

20 측방표지 중 우측 한계는 적색이며 이 부표의 좌측이 안전항로이다.

21 해수의 수직방향의 운동을 조석이라 하고, 조석에 의한 해수의 주기적인 수평방향의 유동을 조류라고 한다.

22 온난 저기압

따뜻한 중심의 기압은 주위보다 고도에 따라 느리게 감소하므로 상층에서는 오히려 주위보다 기압이 높아진다. 따라서 상층에서는 고기압이 된다. 이러한 이유로 온난 저기압을 키작은 저기압이라고도 한다.

23 해석도에는 층후해석도, 고층해석도, 파랑해석도, 지상해석도 등이 있다. 그 중 등파고선, 탁월파향 등이 표시되어 있는 해석도는 외양 파랑 해석도이다. 등파고선은 파의 높이가 같은 곳을 연결한 선이고 탁월파향은 일정 기간 동안 가장 빈도가 높은 파도의 방향을 의미한다.

24 어느 수심보다 얕은 구역에 들어가면 위험하다고 생각될 때, 위험 구역을 표시하는 등심선을 경계선이라 하고, 보통 해도상에 빨강색으로 표시하여 주의를 환기시킨다.

25 항해 계획의 수립 순서

① 각종 수로 도지에 의한 항행 해역의 조사 및 연구와 자신의 경험을 바탕으로 가장 적합한 항로를 선정한다.
② 소축적 해도상에 선정한 항로를 기입하고, 대략적인 항정을 구한다.
③ 사용 속력을 결정하고 실속력을 추정한다.
④ 대략의 항정과 추정한 실속력으로 항행할 시간을 구하여 출·입항 시각 및 항로상의 중요한 지점을 통과하는 시각 등을 추정한다.
⑤ 수립한 계획이 적절한가를 검토한다.
⑥ 대축척 해도에 출·입항 항로, 연안 항로를 그리고, 다시 정확한 항정을 구하여 예정 항행 계획표를 작성한다.
⑦ 세밀한 항행 일정을 구하여 출·입항 시각을 결정한다.

운 용

01	02	03	04	05	06	07	08	09	10
나	나	아	아	사	아	나	아	사	나
11	12	13	14	15	16	17	18	19	20
아	사	가	사	가	가	나	사	나	사
21	22	23	24	25					
나	사	사	가	나					

01 선수의 모양에 따라 직립형, 경사형, 구상형, 클리퍼형으로 구분한다. 이 중 경사형 선수는 앞쪽으로 경사져 있는 뱃머리의 형태이다. 최근에 만들어지는 대부분의 선박은 조파 저항을 감소시킬 수 있는 구상형 선수이다.

02 화물 적재에 이용되는 공간을 선창이라고 하며, 코퍼댐은 기름 탱크와 기관실 또는 화물창, 혹은 다른 종류의 기름을 적재하는 탱크선의 탱크 사이에 설치하는 방유구획으로서 기름 유출에 의한 해양 환경 피해를 방지하기 위해 설치한다.

03 선박의 주요 치수는 길이, 폭, 깊이, 흘수이다.

04 이산화탄소 소화기는 이산화탄소를 압축·액화한 소화기이다. 주로 질식 작용으로 소화하고, 액화된 이산화탄소가 기화하면서 냉각 작용도 한다. 질식의 우려가 있기 때문에 지하 및 일반 가정에는 비치 및 사용이 금지되고 있다.

05 퍼티(Putty)는 도장면의 홈, 구멍, 균열부분을 고르게 메우는 충전재료이다.

06 형선은 타두재가 일체로 제작되는 경우가 많지만, 대부분의 선박은 타두재의 상하부가 별도로 제작된다. 상하부가 별도인 타두재를 접합하는 부분을 러더 커플링(Rudder Coupling)이라 한다.
※ 나머지 명칭은 도서 76p 참고

07 섬유 로프는 200m(1사리)의 무게를 kg으로 나타낸다.

08 선박에 비치한 전체 구명부환의 절반 이상은 자기 점화등을 갖추어야 하는데, 이들 중 2개는 선교 주위에 비치해야 한다. 각 구명부환에는 그 선박의 명칭과 선적항을 로마식 알파벳인 고형 문자로 표시해야 한다.

09 • 사람이 물에 빠졌다 : O기
　• 나는 위험물을 하역 중 또는 운송 중이다 : B기
　• 나를 피하라, 나는 조종이 자유롭지 않다 : D기

10 자동줄(Release Cord)

자동줄은 구명뗏목을 팽창시키는 역할을 하는 줄이다. 자동줄의 끝부분은 가느다란 강철줄로 연결되어 있으며, 이산화탄소 용기의 커터장치에 삽입되어 있다. 다른쪽 끝부분은 적재대에 연결되어 수동 투하 시 또는 본선 침몰 시 자동으로 이산화탄소를 터트려 구명뗏목을 팽창시킨다.

11 지피에스(GPS) 신호는 GPS 위성에서 발사되는 전파 신호를 말한다.

12 발연부 신호는 불을 붙여 물에 던지면 해면 위에 부유하면서 잘 보이는 오렌지 색깔의 연기를 3분 이상 발할 수 있어야 한다.

13 구명정을 이용한 구조법

• 구조선은 조난선의 풍상측으로 접근하되 바람에 의해 압류될 것을 고려한다.
• 구조선은 조난선의 풍하측에서 대기하다가 구명정이 풍하측에 오면 사람을 옮겨 태운다.

14 초단파무선설비(VHF)

선박 간의 충돌예방 및 일반 통신·조난 통신을 위해 사용되는 근거리 통신설비로, 조난신호를 발신할 수 있으며, DSC 기능이 포함되어 있다. VHF는 수신감도는 좋으나 이용범위가 60마일 정도로 짧으며, 단방향 통신만 되는 단점이 있다.

15 수심이 얕은 수역에서는 타효가 좋지 않아 선회성이 나빠진다.

16 기관 후진 상태에서 스크루 프로펠러가 물을 반시계 방향으로 회전시켜서 앞쪽으로 배출시킨다. 선체의 좌현 쪽으로 흘러가는 배출류는 좌현 선미를 따라 앞으로 빠져 나간다. 그러나 선체의 우현쪽으로 흘러가는 배출류는 우현의 선미 측벽에 거의 직각으로 부딪치면서 큰 압력을 형성하는데, 이것을 배출류의 측압 작용이라고 한다. 측압작용은 프로펠러가 충분히 물에 잠겼을 때 더 크게 나타난다.

17 선박의 6자유도 운동

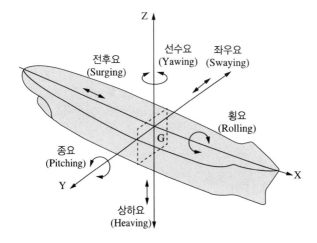

18 타각을 크게 할수록 타에 작용하는 압력이 커져서 선회 우력이 커진다. 선회 우력은 선박이 선회 시 선박의 중심을 양쪽에서 잡아당기는 크기가 같은 힘을 말한다. 선회 우력은 선박의 회전 운동에 영향을 미치는데 선회 우력이 커지면 선회권이 작아진다.

19 수심이 얕은 해역을 통과할 때는 선체 침하와 해저 형상에 따른 와류를 형성하여 키의 효과가 나빠지기 때문에 이러한 영향을 막으려면 저속으로 항행하는 것이 좋다.

20 선수미선과 조류의 유선이 일치하도록 조종해야한다.

21 황천이 예상 될 때는 탱크 내의 기름이나 물을 가득 채우거나 완전히 비워서 유체의 이동에 의한 선체 손상과 복원력 감소를 방지해야 한다.

22 기압과 선속 감소와는 관련성이 적다.

23 선박이 파도를 선미로부터 받으면서 항주할 때에 선체 중앙이 파도의 파정이나 파저에 위치하면 급격한 선수 동요에 의해 선체는 파도와 평행하게 놓이는 수가 있으며, 이러한 현상을 브로칭(Broaching)이라고 한다.

24 뻘에 임의 좌주를 시킬 경우 선체가 뻘 속으로 빨려들어갈 수 있고, 프로펠러나 타가 손상될 수 있기 때문에 임의 좌주에 부적합하다.

25 가스 토치용 가스용기는 반드시 세워서 보관해야한다.

PART 03

01	02	03	04	05	06	07	08	09	10
나	아	사	아	나	나	사	아	가	나
11	12	13	14	15	16	17	18	19	20
아	가	아	사	아	나	사	나	가	사
21	22	23	24	25					
사	아	나	사	가					

01 **정의(해상교통안전법 제2조)**
- 통항로 : 선박의 항행안전을 확보하기 위하여 한쪽 방향으로만 항행할 수 있도록 되어 있는 일정한 범위의 수역
- 분리선(분리대) : 서로 다른 방향으로 진행하는 통항로를 나누는 선 또는 일정한 폭의 수역
- 참조선 : 방향 또는 방위각을 측정하기 위하여 참조하는 선
- 연안통항대 : 통항분리수역의 육지 쪽 경계선과 해안 사이의 수역

02 **선박 출항통제(해상교통안전법 제36조 제1항)**
해양수산부장관은 해상에 대하여 기상특보가 발표되거나 제한된 시계 등으로 선박의 안전운항에 지장을 줄 우려가 있다고 판단할 경우에는 선박소유자나 선장에게 선박의 출항통제를 명할 수 있다.

03 **안전한 속력(해상교통안전법 제71조 제1항)**
선박은 다른 선박과의 충돌을 피하기 위하여 적절하고 효과적인 동작을 취하거나 당시의 상황에 알맞은 거리에서 선박을 멈출 수 있도록 항상 안전한 속력으로 항행하여야 한다. 안전한 속력을 결정할 때에는 다음의 사항을 고려하여야 한다.
- 시계의 상태
- 해상교통량의 밀도
- 선박의 정지거리 · 선회성능, 그 밖의 조종성능
- 야간의 경우에는 항해에 지장을 주는 불빛의 유무
- 바람 · 해면 및 조류의 상태와 항행장애물의 근접상태
- 선박의 흘수와 수심과의 관계
- 레이더의 특성 및 성능
- 해면상태 · 기상, 그 밖의 장애요인이 레이더 탐지에 미치는 영향
- 레이더로 탐지한 선박의 수 · 위치 및 동향

04 **마주치는 상태(해상교통안전법 제79조 제2항)**
선박은 다른 선박을 선수 방향에서 볼 수 있는 경우로서 다음의 어느 하나에 해당하면 마주치는 상태에 있다고 보아야 한다.
- 밤에는 2개의 마스트등을 일직선으로 또는 거의 일직선으로 볼 수 있거나 양쪽의 현등을 볼 수 있는 경우
- 낮에는 2척의 선박의 마스트가 선수에서 선미까지 일직선이 되거나 거의 일직선이 되는 경우
- 선박은 마주치는 상태에 있는지가 분명하지 아니한 경우에는 마주치는 상태에 있다고 보고 필요한 조치를 취하여야 함

05 선박이 다른 선박과 충돌할 위험이 있는지를 판단하는 방법
- 선박은 다른 선박과 충돌할 위험이 있는지를 판단하기 위하여 당시의 상황에 알맞은 모든 수단을 활용하여야 한다.
- 레이더를 설치한 선박은 다른 선박과 충돌할 위험성 유무를 미리 파악하기 위하여 레이더를 이용하여 장거리 주사, 탐지된 물체에 대한 작도, 그 밖의 체계적인 관측을 하여야 한다.
- 선박은 불충분한 레이더 정보나 그 밖의 불충분한 정보에 의존하여 다른 선박과의 충돌 위험 여부를 판단하여서는 아니 된다.
- 선박은 접근하여 오는 다른 선박의 나침방위에 뚜렷한 변화가 일어나지 아니하면 충돌할 위험성이 있다고 보고 필요한 조치를 하여야 한다. 접근하여 오는 다른 선박의 나침방위에 뚜렷한 변화가 있더라도 거대선 또는 예인작업에 종사하고 있는 선박에 접근하거나, 가까이 있는 다른 선박에 접근하는 경우에는 충돌을 방지하기 위하여 필요한 조치를 하여야 한다.

06 마주치는 상태(해상교통안전법 제79조 제1항)
2척의 동력선이 마주치거나 거의 마주치게 되어 충돌의 위험이 있을 때에는 각 동력선은 서로 다른 선박의 좌현 쪽을 지나갈 수 있도록 침로를 우현 쪽으로 변경하여야 한다.

07 현 등
정선수 방향에서 양쪽 현으로 각각 112.5°에 걸치는 수평의 호를 비추는 등화로서 그 불빛이 정선수 방향에서 좌현 정횡으로부터 뒤쪽 22.5°까지 비출 수 있도록 좌현에 설치된 붉은색 등과 그 불빛이 정선수 방향에서 우현 정횡으로부터 뒤쪽 22.5°까지 비출 수 있도록 우현에 설치된 녹색 등

08 마주치는 상태(해상교통안전법 제79조 제1항)
2척의 동력선이 마주치거나 거의 마주치게 되어 충돌의 위험이 있을 때에는 각 동력선은 서로 다른 선박의 좌현 쪽을 지나갈 수 있도록 침로를 우현 쪽으로 변경하여야 한다.

09 현 등
정선수 방향에서 양쪽 현으로 각각 112.5°에 걸치는 수평의 호를 비추는 등화로서 그 불빛이 정선수 방향에서 좌현 정횡으로부터 뒤쪽 22.5°까지 비출 수 있도록 좌현에 설치된 붉은색 등과 그 불빛이 정선수 방향에서 우현 정횡으로부터 뒤쪽 22.5°까지 비출 수 있도록 우현에 설치된 녹색 등

10 항행 중인 동력선(해상교통안전법 제88조 제4항)
길이 12미터 미만의 동력선은 제1항에 따른 등화를 대신하여 흰색 전주등 1개와 현등 1쌍을 표시할 수 있다.

11 조종불능선과 조종제한선(해상교통안전법 제92조 제1항)
조종불능선은 다음의 등화나 형상물을 표시하여야 한다.
- 가장 잘 보이는 곳에 수직으로 붉은색 전주등 2개
- 가장 잘 보이는 곳에 수직으로 둥근꼴이나 그와 비슷한 형상물 2개
- 대수속력이 있는 경우에는 제1호와 제2호에 따른 등화에 덧붙여 현등 1쌍과 선미등 1개
조종제한선이 정박 중에는 수직으로 위쪽과 아래쪽에는 붉은색 전주등, 가운데에는 흰색 전주등 각 1개에 덧붙여 앞쪽에 흰색의 전주등 1개 또는 둥근꼴의 형상물 1개를 추가로 표시하여야 한다.

12 기적의 종류(해상교통안전법 제97조)
기적이란 다음의 구분에 따라 단음(短音)과 장음(長音)을 발할 수 있는 음향신호장치를 말한다.
- 단음 : 1초 정도 계속되는 고동소리
- 장음 : 4초부터 6초까지의 시간 동안 계속되는 고동소리

13 도선선(해상교통안전법 제94조 제2항)
도선선이 도선업무에 종사하지 아니할 때에는 그 선박과 같은 길이의 선박이 표시하여야 할 등화나 형상물을 표시하여야 한다.

14 조종신호와 경고신호(해상교통안전법 제99조 제5항)
서로 상대의 시계 안에 있는 선박이 접근하고 있을 경우에는 하나의 선박이 다른 선박의 의도 또는 동작을 이해할 수 없거나 다른 선박이 충돌을 피하기 위하여 충분한 동작을 취하고 있는지 분명하지 아니한 경우에는 그 사실을 안 선박이 즉시 기적으로 단음을 5회 이상 재빨리 울려 그 사실을 표시하여야 한다. 이 경우 의문신호는 5회 이상의 짧고 빠르게 섬광을 발하는 발광신호로써 보충할 수 있다.

15 조종신호와 경고신호(해상교통안전법 제99조 제6항)
좁은 수로 등의 굽은 부분이나 장애물 때문에 다른 선박을 볼 수 없는 수역에 접근하는 선박은 장음으로 1회의 기적신호를 울려야 한다. 이 경우 그 선박에 접근하고 있는 다른 선박이 굽은 부분의 부근이나 장애물의 뒤쪽에서 그 기적신호를 들은 경우에는 장음 1회의 기적신호를 울려 이에 응답하여야 한다.

16 출입신고(선박의 입항 및 출항 등에 관한 법률 제4조)
무역항의 수상구역 등에 출입하려는 선박의 선장은 대통령령으로 정하는 바에 따라 관리청에 신고하여야 한다. 다만, 다음의 선박은 출입 신고를 하지 아니할 수 있다.
- 총톤수 5톤 미만의 선박
- 해양사고구조에 사용되는 선박
- 수상레저기구 중 국내항 간을 운항하는 모터보트 및 동력요트
- 그 밖에 공공목적이나 항만 운영의 효율성을 위하여 해양수산부령으로 정하는 선박

출입신고(선박의 입항 및 출항 등에 관한 법률 시행령 제2조)
출입 신고는 다음의 구분에 따른다.
- 내항선이 무역항의 수상구역 등의 안으로 입항하는 경우에는 입항 전에, 무역항의 수상구역 등의 밖으로 출항하려는 경우에는 출항 전에 내항선 출입 신고서를 관리청에 제출할 것

17 방파제 부근에서의 항법(선박의 입항 및 출항 등에 관한 법률 제13조)
무역항의 수상구역 등에 입항하는 선박이 방파제 입구 등에서 출항하는 선박과 마주칠 우려가 있는 경우에는 방파제 밖에서 출항하는 선박의 진로를 피하여야 한다.

18
- 정박 : 선박이 해상에서 닻을 바다 밑바닥에 내려놓고 운항을 멈추는 것을 말한다.
- 계류 : 선박을 다른 시설에 붙들어 매어 놓는 것을 말한다.
- 계선 : 선박이 운항을 중지하고 정박하거나 계류하는 것을 말한다.

19 조종신호와 경고신호(해상교통안전법 제99조 제2항)

항행 중인 동력선이 서로 상대의 시계 안에 있는 경우에 침로를 변경하거나 기관을 후진하여 사용할 때에는 다음의 구분에 따라 기적신호를 행하여야 한다.

- 침로를 오른쪽으로 변경하고 있는 경우 : 단음 1회 / 섬광 1회
- 침로를 왼쪽으로 변경하고 있는 경우 : 단음 2회 / 섬광 2회
- 기관을 후진하고 있는 경우 : 단음 3회 / 섬광 3회

20 항로에서의 항법(선박의 입항 및 출항 등에 관한 법률 제12조)

모든 선박은 항로에서 다음의 항법에 따라 항행하여야 한다.

- 항로 밖에서 항로에 들어오거나 항로에서 항로 밖으로 나가는 선박은 항로를 항행하는 다른 선박의 진로를 피하여 항행할 것
- 항로에서 다른 선박과 나란히 항행하지 아니할 것
- 항로에서 다른 선박과 마주칠 우려가 있는 경우에는 오른쪽으로 항행할 것
- 항로에서 다른 선박을 추월하지 아니할 것. 다만, 추월하려는 선박을 눈으로 볼 수 있고 안전하게 추월할 수 있다고 판단되는 경우에는 「해사안전법」에 따른 방법으로 추월할 것
- 항로를 항행하는 위험물운송선박 또는 흘수제약선의 진로를 방해하지 아니할 것
- 범선은 항로에서 지그재그(Zigzag)로 항행하지 아니할 것

21 항로 지정 및 준수(선박의 입항 및 출항 등에 관한 법률 제10조)

우선피항선 외의 선박은 무역항의 수상구역 등에 출입하는 경우 또는 무역항의 수상구역 등을 통과하는 경우에는 지정·고시된 항로를 따라 항행하여야 한다.

22 정의(선박의 입항 및 출항 등에 관한 법률 제2조)

우선피항선이란 주로 무역항의 수상구역에서 운항하는 선박으로서 다른 선박의 진로를 피하여야 하는 선박은 다음과 같다.

- 부선(예인선이 부선을 끌거나 밀고 있는 경우의 예인선 및 부선을 포함하되, 예인선에 결합되어 운항하는 압항부선은 제외한다)
- 주로 노와 삿대로 운전하는 선박
- 예 선
- 항만운송관련사업을 등록한 자가 소유한 선박
- 해양환경관리업을 등록한 자가 소유한 선박(폐기물해양배출업으로 등록한 선박은 제외한다)
- 위의 규정에 해당하지 아니하는 총톤수 20톤 미만의 선박

23 정의(해양환경관리법 제2조)

선저폐수라 함은 선박의 밑바닥에 고인 액상유성혼합물을 말한다.

선저폐수 처리법

기관구역의 선저폐수(액상유성혼합물)는 선저폐수저장장치에 저장한 후 배출관장치를 통하여 오염물질저장시설 또는 해양오염방제업·유창청소업(저장시설)의 운영자에게 인도할 것. 다만, 기름여과장치가 설치된 선박의 경우에는 기름여과장치를 통하여 해양에 배출할 수 있다.

24 선박에서의 오염물질인 기름 배출 시 신고해야 하는 양과 농도에 대한 기준은 유분이 100만분의 1000ppm 이상, 유분총량이 100리터 이상, 확산면적이 10,000제곱미터 이상이다.

25 폐유저장용기의 비치기준(선박에서의 오염방지에 관한 규칙 별표7 참조)
- 기관구역용 폐유저장용기

대상선박	저장용량(단위 : ℓ)
총톤수 5톤 이상 10톤 미만의 선박	20
총톤수 10톤 이상 30톤 미만의 선박	60
총톤수 30톤 이상 50톤 미만의 선박	100
총톤수 50톤 이상 100톤 미만으로서 유조선이 아닌 선박	200

- 폐유저장용기는 2개 이상으로 나누어 비치할 수 있다.
- 폐유저장용기는 견고한 금속성 재질 또는 플라스틱 재질로서 폐유가 새지 아니하도록 제작되어야 하고, 해당 용기의 표면에는 선명 치 선박번호를 기재하고 그 내용물이 폐유임을 표시하여야 한다.
- 폐유저장용기 대신에 소형선박용 기름여과장치를 설치할 수 있다.

01	02	03	04	05	06	07	08	09	10
가	아	가	가	나	가	나	아	나	아
11	12	13	14	15	16	17	18	19	20
가	아	나	아	아	나	사	사	아	가
21	22	23	24	25					
가	아	사	가	아					

01 실린더 라이너의 마멸이 가장 심한 곳은 실린더의 상사점 부위이다.

02 내연기관(Internal Combustion Engine)

기관 내부에 직접 연료와 공기를 공급하여 적당한 방법으로 연소시키고, 이때 발생한 연소가스의 열과 압력으로 유효한 일을 행하는 것으로서, 연소가스와 작동 유체가 동일한 열기관이다. 내연기관에는 실린더에서 발생한 연소가스를 피스톤에 작용시켜 동력을 얻는 가솔린 기관·디젤 기관 등의 왕복형 기관과 연소실에서 발생한 연소가스를 회전체의 날개에 작용시켜 동력을 얻는 가스 터빈과 회전체의 세 변이 각각 연소실을 형성하는 로터리 기관 등의 회전형 기관이 있다. 내연기관은 선박 기관, 자동차 기관, 산업용 기관 등 많은 분야에 널리 사용된다.

03 메인 베어링의 발열 원인

- 베어링의 하중이 너무 크거나 틈새가 적당하지 않을 때
- 베어링 메탈의 재질이 불량할 때
- 윤활유의 공급이 부족하거나, 메탈 사이에 이물질이 들어갔을 때
- 선체가 휘거나, 기관베드가 변형되었을 때
- 크랭크 축의 중심선이 일치하지 않을 때
→ 응급 조치 방법 : 윤활유를 공급하면서 기관을 서서히 냉각시킨다.

04 4행정 사이클 기관의 밸브 구동 장치

소형선박의 디젤기관에서 흡기 및 배기 밸브는 밸브 스프링의 힘에 의해 닫힌다.

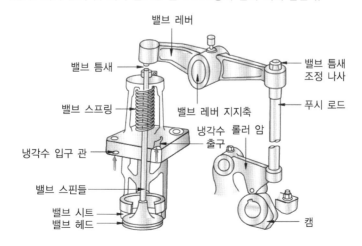

05 커넥팅 로드(Connecting Rod, 연접봉)

피스톤이 받는 폭발력을 크랭크 축에 전하고, 피스톤의 왕복 운동을 크랭크의 회전 운동으로 바꾸는 역할을 한다. 트렁크형 기관에서는 피스톤과 크랭크를 직접 연결하고, 크로스 헤드형 기관에서는 크로스 헤드와 크랭크를 연결한다. 피스톤과 커넥팅 로드를 연결하는 것은 피스톤 핀이다.

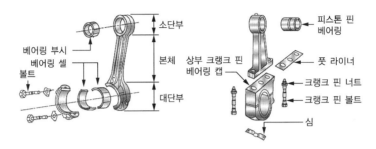

[트렁크형 기관의 커넥팅 로드]

06 피스톤은 높은 압력과 열을 직접 받으므로 충분한 강도를 가져야 하고, 열을 실린더 내벽으로 잘 전달할 수 있는 열전도가 좋은 재료를 사용해야 하고, 열팽창 계수는 실린더의 재질과 비슷해야 한다. 또, 마멸에 잘 견디고 관성의 영향이 적도록 무게가 가벼워야 한다. 따라서 저·중속 기관에서는 주철이나 주강으로 제작하며, 중·소형 고속 기관에서는 알루미늄 합금이 주로 사용된다. 대형기관에서는 주강제의 피스톤에 연소실을 형성하는 부분에만 크롬 도금을 하여 내열성을 증가시키고, 소손을 방지하기도 한다.

07 크랭크 축의 구조
- 크랭크 암 : 크랭크 저널과 크랭크 핀을 연결하는 부분이다. 크랭크 핀 반대쪽으로 평형추(Balance Weight)를 설치하여 크랭크 회전력의 평형을 유지하고, 불평형 관성력에 의한 기관의 진동을 줄인다.
- 크랭크 핀 : 크랭크 저널의 중심에서 크랭크 반지름만큼 떨어진 곳에 있으며, 저널과 평행하게 설치되고 커넥팅 로드 대단부와 연결된다.
- 크랭크 저널 : 메인 베어링에 의해서 지지되는 회전축이다.
- 평형추 : 크랭크 축의 형상에 따른 불균형을 보정하여, 회전체의 평형을 이루기 위해 평형추(Balance Weight)를 설치한다. 평형추는 기관의 진동을 적게 하고, 원활한 회전을 하도록 하며, 메인 베어링의 마찰을 감소시키는 역할을 한다.

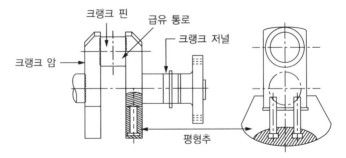

08 피스톤 링은 피스톤과 실린더 라이너 사이의 기밀을 유지하며 피스톤에서 받은 열을 실린더 벽으로 방출하는 압축링(Compression Ring)과 실린더 라이너 내벽의 윤활유가 연소실로 들어가지 못하도록 긁어내리고 윤활유를 라이너 내벽에 고르게 분포시키는 오일 스크레이퍼 링(Oil Scraper Ring)이 있다. 일반적으로 압축링은 피스톤의 상부에 2~4개, 오일 스크레이퍼 링은 하부에 1~2개를 설치한다. 그러나 2행정 사이클 기관에 사용하는 크로스 헤드형 피스톤의 경우에는 오일 스크레이퍼 링을 설치하지 않는다. 피스톤 링은 적절한 절구 틈을 가져야 하며, 압축링이 오일링보다 연소실에 더 가까이 설치되어 있다.

09 왕복 운동을 하는 기관은 크랭크를 회전시키는 힘이 끊임없이 변화하므로 진동이 발생하게 된다. 진동의 원인은 주로 폭발 압력, 회전부의 원심력, 왕복 운동부의 관성력, 축의 비틀림, 기관대의 설치 볼트가 여러 개 절손된 경우, 노킹현상이 심한 경우, 기관이 위험회전수로 운전하는 경우 등이다. 진동은 기관의 성능을 저하시키거나 고장의 원인이 되므로, 진동이 최소화 되도록 제작하고 관리해야 한다.

10 디젤기관의 운전 중에는 운전 상태를 파악하기 위해 계기류의 지침, 배기색, 진동의 이상 여부, 냉각수의 원활한 공급 여부, 윤활유 압력이 정상적으로 올라가는지의 여부, 연소가스의 누설 여부 등을 점검해야 한다.

11 시동 전동기란 축전지(Battery)를 이용하여 시동 전동기(Cell Motor)로 크랭크 축을 회전시키는 시동 방법이다. 시동 전동기축에 피니언을 설치하고, 이 피니언이 플라이휠 링 기어와 맞물려 크랭크 축을 회전시켜 시동한다. 가솔린 기관, 선박용 발전기 기관, 자동차용 고속 디젤 기관 등 소형 기관에서 채택한다.

12 연료유 중에 불순물이 있으면 연료분사밸브의 분무 구멍이 막히거나, 연료필터가 잘 막히고, 시동이 잘 걸리지 않으며, 배기에 수증기가 생겨 연료 펌프의 플런저가 빨리 마멸되는 원인이 된다. 따라서 디젤기관에서는 반드시 여과된 연료유를 사용해야 한다.

13 선미관이란 추진기 축이 선체를 관통하여 선체 밖으로 나오는 곳에 장치하는 원통 모양의 관이다.

14 갑판보기란 배의 추진과 직접 관계가 없고, 기관실에 설치되어 있지 않은 보조기계를 말하는 것으로 양묘장치, 계선장치, 하역용 크레인 등이 해당된다.
- 양묘장치 : 닻을 내리거나 감아올리기 위하여 갑판 상에 설치된 장치이다.
- 계선장치 : 선박을 육지에 매어 두기 위해 사용하는 계선줄을 감아올리기 위하여 갑판 상에 설치된 장치이다.
- 하역용 크레인 : 선박에 적재된 물건을 부두에 하역하기 위해 갑판 상에 설치된 크레인이다.
- 청정장치 : 액체를 맑게 하기 위하여 액체로부터 침전물이나 불순물을 걸러내는 장치이다.

15 변압기의 정격 용량은 교류의 부하 또는 전원의 용량을 나타내는데 사용하는 값인 피상전력으로 나타내며, 단위에는 VA 또는 kVA(킬로볼트암페어)를 쓴다.

16 추진기의 각부 명칭

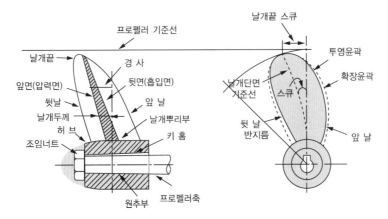

17 왕복펌프에서 공기실의 역할은 송출되는 유량의 변동을 일정하게 유지하는 것이다.

18 **원심펌프의 운전 중 진동이나 이상음이 발생하는 경우 점검사항**
- 베어링부에 열이 많이 나는지를 점검한다.
- 축이 심하게 변형되었는지 점검한다.
- 회전하는 축의 중심이 일치하는지 점검한다.
- 압력계의 지시치를 점검한다.
- 위험 회전수로 운전 중인지를 점검한다.

19 멀티테스터란 전기회로에서 저항, 전압, 전류 등의 기본적인 전기적 특성을 측정할 수 있는 계측기이다.

20 **납축전지의 특성**
전해액의 온도에 따라 축전지의 용량이 변한다. 전해액의 온도가 올라가면 축전지의 용량은 늘어나고, 온도가 내려가면 적어진다. 이것은 황산의 분자 또는 이온 등의 이동이 온도가 내려감에 따라 감소하고, 묽은 황산의 비저항의 증가로 인한 전압 강하가 발생하기 때문이다. 따라서 납축전지의 충전 시 전압과 비중이 증가한다. 선박의 납축전지는 조명용, 기관 시동용, 비상 통신용의 용도로 사용된다.

21 미는 방향으로 과도하게 힘을 줄 경우 스패너 또는 렌치가 벗겨지거나 미끄러져 손에 상처를 입거나 몸의 밸런스를 잃고 넘어지는 수가 있다.

스패너 · 렌치 사용 시 주의사항
- 스패너의 입이 너트 폭과 잘 맞는 것을 사용하고 입이 변형된 것은 사용하지 않는다.
- 스패너를 너트에 단단히 끼워서 앞으로 당기도록 한다.
- 스패너를 2개로 잇거나 자루에 파이프를 이어서 사용해서는 안 된다.
- 멍키 렌치는 웜과 랙의 마모에 유의한다.
- 멍키 렌치는 아래턱의 방향으로 돌려서 사용한다.

22 배기가스 온도 상승과 검은색 배기 발생의 원인
- 흡입 공기 압력이 부족할 때
- 연료분사 상태가 불량할 때
- 과부하 운전을 했을 때
- 질이 나쁜 연료유를 사용할 때

23
- 너트 : 수나사인 볼트에 끼워 기계부품의 체결고정에 사용하는 암나사이다.
- 커플링 : 축과 축을 연결하기 위하여 사용되는 요소부품으로 축계수, 축이음이라고도 한다.
- 키 : 축과 핸들, 벨트 풀리, 기어 등의 회전체를 고정시킬 때 주로 사용하는 결합용 기계 재료이다.
- 니플 : 짧은 관의 양쪽 끝에 수나사를 만들어 놓은 이음이다. 짧은 거리의 배관이나 엘보를 사용하여 배관 방향을 변화시킬 때, 다른 이음의 암나사를 깎은 부분에 틀어박는 것이다.

24 착화점이 높은 연료는 착화 지연 시간이 길어지므로, 디젤기관에서는 착화점이 낮은 연료를 사용해야 한다.

연료유의 성질
- 비중 : 부피가 같은 기름의 무게와 물의 무게와의 비율이다.
- 점도 : 액체가 형태를 바꾸려고 할 때 분자 간에 마찰에 의하여 유동을 방해하려는 점성 작용의 대소를 표시하는 정도이다. 끈적끈적한 정도를 의미한다.
- 인화점 : 불을 가까이 했을 때 불이 붙을 수 있도록 유증기를 발생시키는 최저 온도이다. 인화점이 낮을수록 화재의 위험이 높다.
- 발화점 : 연료의 온도를 인화점보다 높게 하면 외부에서 불이 없어도 자연 발화하게 되는데, 이와 같이 자연 발화하는 연료의 최저 온도를 말한다. 디젤기관의 연소과정과 관계가 깊다.

25 연료유 양의 측심 방법
- 주기적으로 탱크를 측심하여 양을 계산한다.
- 한 탱크를 2~3회 측심하여 평균치로 계산한다.
- 측심관의 총 깊이를 확인한 후 측심자로 측심한다.

PART 03 2020년 제4회 정답 및 해설

제1과목 항 해

01	02	03	04	05	06	07	08	09	10
가	사	나	사	가	사	나	사	가	사
11	12	13	14	15	16	17	18	19	20
나	사	나	사	아	사	아	아	나	나
21	22	23	24	25					
아	가	사	아	사					

01 캡에는 사파이어가 끼워져 있고 카드의 중심점이 되는 위치이다.

02 상한차 수정구는 비너클에 설치된 연철구 또는 연찰판이다.

03 선속계(Log)는 선박의 속력과 항주거리를 측정하는 계기로, 핸드 로그·패턴프 로그·전자 로그·도플러 로그가 있다.

04 소나(Sonar)는 초음파를 짧은 단속음으로서 발사하고 이것이 물체에 부딪쳐 반사하여 되돌아오는 데 걸리는 시간을 재어 물체까지의 거리를 측정한다. 음파를 발사했다가 수신한 시간이 0.4초라면 실제 음파가 나아간 거리는 0.2초 이다. 1500미터/초의 속력으로 0.2초를 나아가면 1500 × 0.2 = 300. 따라서 정답은 300미터다.

05 핸드 레드(Hand Lead)는 아주 간단한 측심 기구로, 수심이 얕은 곳에서 사용한다. 최근에는 음향측심기를 많이 사용한다.

06 지방자기란 지역적으로 강한 자력을 나타내는 곳으로 해도, 수로지에 기재되며 청산도가 특히 강하다.

07 교차방위법에서 물표설정은 본선을 기준으로 물표 사이의 각도가 30°~150°인 것을 선정하고, 두 물표일 때는 90°, 세 물표일 때는 60° 정도가 가장 좋다.

08 국립해양조사원에서 발행하는 항로지는 한국 연안을 포함하여 중국 연안, 말라카 해협, 대양 항로지 등을 발간하고 있다.

09 박명시란 해가 뜨기 전이나 해가 진 후 얼마 동안 주위가 희미하게 밝은 상태일 때를 의미한다.

10 AIS의 정적정보는 IMO 식별번호(MMS)·호출부호(Call Sign)·선박의 명칭·선박의 길이 및 폭·선박의 종류·적재화물·안테나 위치 등이 포함된다. 동적정보는 GPS로부터의 위치 정보를 자동으로 입력하여 투묘 중에는 매 3분마다, 항해 중에는 속력에 따라 매 2~12초 간격으로 기록된다.

11 수심, 간출암, 세암의 기준면은 기본수준면이며, 등대는 평균수면을 기준으로 한다.

12 음파(음향)표지는 무중신호(Fog Signal)이라고도 하며, 대개는 등대나 항로 표지에 부설되어 있으며, 거의 대부분 공중음 신호로 이용되고 있다.

13 조시 및 조고는 조석표에 표기되어 있다.

14 등부표는 해도 및 항로지에 표기되어 있다. 또한 등부표는 움직이기 때문에 선박의 정확한 속력을 구하기 위한 물표로 부적당하다.

15 다이어프램 폰(Diaphragm Horn)은 전자력에 의해서 다이어폰은 압축 공기에 의해서 소리를 낸다.

16 해도 위의 두 지점간의 방위는 두 지점을 직선으로 연결하여 이 직선과 자오선과의 교각에 의해 구할 수 있다.

17 축척이 작은 해도부터 큰 순서로 나열하면 총도-항양도-항해도-해안도-항박도이다.

18 등화에 사용되는 색은 적색, 황색, 녹색, 백색이다.

19 동방위표지는 동방위표지의 '동쪽으로 항해하면 안전하다'라는 의미이다.

20 측방표지는 좌현표지와 우현표지, 좌현항로우선표지와 우현항로우선표지가 있다.

21 1,013밀리바(mb) = 1,013헥토파스칼(hPa) = 101,300파스칼(Pa)

22 파랑해석도에 표기된 내용은 1m 간격의 등파고선, 탁월파향, 기압의 중심위치, 중심기압, 전선의 위치, 선박 기상 실황값 등이 있다.

23 서고동저형 기압배치는 우리나라 겨울철 대표적인 기압배치로 시베리아 고기압과 쿠릴 열도나 알류샨 열도의 저기압 배치 때에 잘 나타난다.

24 항로지정제도는 선박이 통항하는 항로, 속력 및 기타 선박운항에 관한 사항을 지정하는 제도이다. 우리나라의 해사안전법은 국제해사기구에서 정한 항로지정방식을 입법화 한 것으로 해도에 반드시 표시하여야 한다.

25 정의(해상교통안전법 제2조)

- 분리선 또는 분리대란 서로 다른 방향으로 진행하는 통항로를 나누는 선 또는 일정한 폭의 수역을 말한다.
- 통항로란 선박의 항행안전을 확보하기 위하여 한쪽 방향으로만 항행할 수 있도록 되어 있는 일정한 범위의 수역을 말한다.
- 연안통항대란 통항분리수역의 육지 쪽 경계선과 해안 사이의 수역을 말한다.

운 용

01	02	03	04	05	06	07	08	09	10
아	아	사	사	나	아	나	가	아	가
11	12	13	14	15	16	17	18	19	20
가	아	아	가	사	가	사	사	아	가
21	22	23	24	25
가	사	아	사	나

01   내용골은 선저 내부에서 용골의 강도를 보충하는 종통재이다. 중심선상에 설치된 것을 중심선 내용골(Center Line Keelson), 현측에 설치되는 것을 측 내용골(Side Keelson), 만곡부 선측에 설치되는 것을 만곡부 내용골(Bilge Keelson)이라 한다.

02   왼쪽을 좌현(Port), 오른쪽을 우현(Starboard)이라고 한다.

03   화물창의 갑판 개구를 덮는 장치를 해치커버(Hatch Cover)라고 한다.

04   선박의 흘수를 조절하기 위해 밸러스트탱크(평형수탱크)에 밸러스트(선박평형수)를 싣는다.

05   순톤수는 순수하게 여객이나 화물의 운송을 위하여 제공되는 실제의 용적을 나타내기 위하여 사용되는 지표로서, 총톤수에서 기관실, 선원실, 밸러스트 탱크 등의 공간을 공제한 용적이다. 이 톤수는 직접 상행위를 위한 용적이므로 입항세, 톤세, 항만시설 사용료 등의 산정 기준이 된다.

06   가변피치 프로펠러는 추진기의 회전을 한 방향으로 정하고, 날개의 각도를 변화시킴으로서 배의 전진, 정지, 후진 등을 간단히 조정할 수 있는 프로펠러이다.

07   구명뗏목은 구명정에 비하여 항해 능력은 떨어지지만 손쉽게 강하시킬 수 있으며, 선박이 침몰할 때 자동으로 이탈되어 최대 25명까지 탑승할 수 있다.

08   암은 앵커(닻)에서 크라운에서부터 구부러져 플루크로 끝나는 자루 부분을 말한다.

09   체온 유지를 위한 옷은 보온복이며, 물이 스며들지 않아 수온이 낮은 물속에서 체온을 보호할 수 있는 옷은 방수복이다.

10   **초단파무선설비(VHF)**
    선박 간의 충돌예방 및 일반 통신, 조난 통신을 위해 사용되는 근거리 통신설비로, 조난신호를 발신할 수 있으며, DSC 기능이 포함되어 있다. VHF는 수신감도는 좋으나 이용범위가 60마일 정도로 짧으며, 단방향 통신만 되는 단점이 있다.

11 선체는 선회 초기에 원침로로부터 타각을 준 반대쪽으로 약간 벗어나는데, 이러한 원침로상에서 횡방향으로 벗어난 거리를 편출 선미(Kick)라고 한다. 실제 무게 중심의 이동은 미미하지만 선미의 이동은 배 길이의 1/4~1/7 정도로 커서, 항해 중에 사람이 물에 빠지면 스크루 프로펠러에 빨려 들어갈 위험을 방지하기 위해 사람이 빠진 쪽으로 전타하면 편출 선미에 의하여 빠진 사람이 스크루 프로펠러에 접근하는 것을 막을 수 있다.

12 정답은 '아'로 발표되었지만 정답에 오류가 있는 것으로 보인다. 구명뗏목에서 조난신호를 보낼 수 있는 것은 로켓낙하산신호, 신호 홍염, 발연부 신호, 일광신호용거울, 레이더 반사기 등이 있다. 응급의료구는 조난신호를 보낼 수 없다.

13 로켓 낙하산 화염신호는 공중에 발사되면 낙하산이 펴져 천천히 떨어지면서 불꽃을 낸다. 로켓은 수직으로 쏘아 올릴 때 고도 300미터 이상 올라가야 하며, 화염 신호는 초당 5미터 이하의 속도로 낙하해야 한다.

14 • A1 해역 : 초단파대(VHF) 해안국의 무선전화 통신권의 해역(20~30해리)
  • A2 해역 : 중단파대(MF) 해안국의 무선전화 통신권의 해역(100~200해리)
  • A3 해역 : INMARSAT 정지위성 통신권의 해역(남·북위 70° 이내)
  • A4 해역 : A1, A2 및 A3해역 이외의 전 해역

15 선수동요(Yawing)는 Z축을 기준으로 하여 선수가 좌우 교대로 선회하려는 왕복 운동을 말하며, 이 운동은 선박의 보침성과 깊은 관계가 있다.

16 우회전 고정피치 스크루 프로펠러는 정지에서 후진할 때 횡압력과 배출류가 선미를 좌현쪽으로 밀고, 흡입류에 의한 직압력은 선미를 우현 쪽으로 밀어서 평형 상태를 유지한다. 후진 속력이 커지면서 흡입류의 영향이 커지므로 선수는 좌회두 하게 된다.

17 선박 선회 중에는 선회 가속도가 증가한다.

18 협수로 항해 유의사항
  • 회두 시의 조타 명령은 순차로 구령하여 소각도로 여러 차례 변침한다.
  • 선수미선과 조류의 유선이 일치되도록 조종한다.
  • 조류는 역조 때에는 정침이 잘 되나 순조 때에는 정침이 어렵다.

19 닻의 사용 목적과 추진기관의 보조와는 관련성이 없다.

20 전속전진 중에 최대 타각으로 전타하면 키 저항력은 증가한다.

21 정박지로서 뻘은 파주력이 가장 크기 때문에 가장 적합하다.

22 서징(Surging)은 X축을 기준으로 하여 선체가 전후로 평행 이동을 되풀이 하는 동요를 말한다.

23 선체가 파도를 선수에서 받으면서 항주하면, 선수 선저부는 강한 파도의 충격을 받아 짧은 주기로 급격한 진동을 하게 되는데, 이러한 파도에 의한 충격을 슬래밍이라고 한다.

24 선박이 암초나 갯벌 위에 얹히는 것을 좌초(Stranding)라하고, 좌초 상태에서 빠져 나오는 것을 이초라고 한다. 임의 좌주는 침몰이 예상되는 선박을 수심이 낮은 곳에 고의로 좌초시키는 것이다.

25 국제신호서상 등화 및 음향신호에 이용되는 것은 모스 부호이다.

01	02	03	04	05	06	07	08	09	10
가	나	아	나	사	아	나	사	사	사
11	12	13	14	15	16	17	18	19	20
나	나	사	가	가	사	아	사	가	나
21	22	23	24	25
아	아	사	나	나

01 **유조선의 통항제한(해상교통안전법 제11조)**

원유, 중유, 경유 또는 이에 준하는 탄화수소유, 가짜석유제품, 석유대체연료 중 원유·중유·경유에 준하는 것으로 해양수산부령으로 정하는 기름 1천500킬로리터 이상을 화물로 싣고 운반하는 선박의 선장이나 항해당직을 수행하는 항해사는 유조선의 안전운항을 확보하고 해양사고로 인한 해양오염을 방지하기 위하여 유조선의 통항을 금지한 해역에서 항행하여서는 아니된다.

단, 유조선은 아래 항목에 해당하면 유조선통항금지해역에서 항행할 수 있다.
* 기상상황의 악화로 선박의 안전에 현저한 위험이 발생할 우려가 있는 경우
* 인명이나 선박을 구조하여야 하는 경우
* 응급환자가 생긴 경우
* 항만을 입항·출항하는 경우. 이 경우 유조선은 출입해역의 기상 및 수심, 그 밖의 해상상황 등 항행여건을 충분히 헤아려 유조선통항금지해역의 바깥쪽 해역에서부터 항구까지의 거리가 가장 가까운 항로를 이용하여 입항·출항하여야 한다.

02 **정의(해상교통안전법 제2조 제6호)**

고속여객선이란 시속 15노트 이상으로 항행하는 여객선을 말한다.

03 **보호수역의 입역(해상교통안전법 제6조 제1항)**

다음의 어느 하나에 해당하면 해양수산부장관의 허가를 받지 아니하고 보호수역에 입역할 수 있다.
* 선박의 고장이나 그 밖의 사유로 선박 조종이 불가능한 경우
* 해양사고를 피하기 위하여 부득이한 사유가 있는 경우
* 인명을 구조하거나 또는 급박한 위험이 있는 선박을 구조하는 경우
* 관계 행정기관의 장이 해상에서 안전 확보를 위한 업무를 하는 경우
* 해양시설을 운영하거나 관리하는 기관이 그 해양시설의 보호수역에 들어가려고 하는 경우

04 **정의(해상교통안전법 제2조 제15호)**

항행장애물이란 선박으로부터 떨어진 물건, 침몰·좌초된 선박 또는 이로부터 유실된 물건 등 해양수산부령으로 정하는 것으로서 선박항행에 장애가 되는 물건을 말한다.

05 **술에 취한 상태에서의 조타기 조작 등 금지(해상교통안전법 제39조 제4항)**

술에 취한 상태의 기준은 혈중알코올농도 0.03퍼센트 이상으로 한다.

06 충돌 위험(해상교통안전법 제72조 제4항)

선박은 접근하여 오는 다른 선박의 나침방위에 뚜렷한 변화가 일어나지 아니하면 충돌할 위험성이 있다고 보고 필요한 조치를 하여야 한다.

07 좁은 수로 등(해상교통안전법 제74조 제2항)

길이 20미터 미만의 선박이나 범선은 좁은 수로 등의 안쪽에서만 안전하게 항행할 수 있는 다른 선박의 통항을 방해하여서는 아니 된다.

08 유지선의 동작(해상교통안전법 제82조 제2항)

침로와 속력을 유지하여야 하는 선박(이하 유지선)은 피항선이 적절한 조치를 취하고 있지 아니하다고 판단하면 스스로의 조종만으로 피항선과 충돌하지 아니하도록 조치를 취할 수 있다. 이 경우 유지선은 부득이하다고 판단하는 경우 외에는 자기 선박의 좌현 쪽에 있는 선박을 향하여 침로를 왼쪽으로 변경하여서는 아니 된다.

09 통항분리제도(해상교통안전법 제75조 제2항)

선박이 통항분리수역을 항행하는 경우에는 다음의 사항을 준수하여야 한다.
- 통항로 안에서는 정하여진 진행방향으로 항행할 것
- 분리선이나 분리대에서 될 수 있으면 떨어져서 항행할 것
- 통항로의 출입구를 통하여 출입하는 것을 원칙으로 하되, 통항로의 옆쪽으로 출입하는 경우에는 그 통항로에 대하여 정하여진 선박의 진행방향에 대하여 될 수 있으면 작은 각도로 출입할 것

10 범선(해상교통안전법 제77조 제1항)

2척의 범선이 서로 접근하여 충돌할 위험이 있는 경우에는 다음에 따른 항행방법에 따라 항행하여야 한다.
- 각 범선이 다른 쪽 현에 바람을 받고 있는 경우에는 좌현(左舷)에 바람을 받고 있는 범선이 다른 범선의 진로를 피하여야 한다.
- 두 범선이 서로 같은 현에 바람을 받고 있는 경우에는 바람이 불어오는 쪽의 범선이 바람이 불어가는 쪽의 범선의 진로를 피하여야 한다.
- 좌현에 바람을 받고 있는 범선은 바람이 불어오는 쪽에 있는 다른 범선을 본 경우로서 그 범선이 바람을 좌우 어느 쪽에 받고 있는지 확인할 수 없는 때에는 그 범선의 진로를 피하여야 한다.

11 국제항해에 종사하지 않는 여객선 및 여객용 수면비행선박의 출항통제권자는 해양경찰서장이다.

12 흘수제약선(해상교통안전법 제93조)

흘수제약선은 동력선의 등화에 덧붙여 가장 잘 보이는 곳에 붉은색 전주등 3개를 수직으로 표시하거나 원통형의 형상물 1개를 표시할 수 있다.

13 등화의 종류(해상교통안전법 제86조 제6호)

섬광등 : 360도에 걸치는 수평의 호를 비추는 등화로서 일정한 간격으로 1분에 120회 이상 섬광을 발하는 등

14 제한된 시계 안에서의 음향신호(해상교통안전법 제100조 제8호)

길이 12미터 미만의 선박은 제한된 시계 안에서 항행 중인 동력선이 대수속력이 있는 경우에는 2분을 넘지 아니하는 간격으로 장음을 1회 울려야 한다. 다만, 그 신호를 하지 아니한 경우에는 2분을 넘지 아니하는 간격으로 다른 유효한 음향신호를 하여야 한다.

15 기적의 종류(해상교통안전법 제97조)

기적이란 다음 각 호의 구분에 따라 단음과 장음을 발할 수 있는 음향신호장치를 말한다.
- 단음 : 1초 정도 계속되는 고동소리
- 장음 : 4초부터 6초까지의 시간 동안 계속되는 고동소리

16 항로에서의 정박 등 금지(선박의 입항 및 출항 등에 관한 법률 제11조)

선박을 항로에 정박시키거나 정류시키려는 자는 그 사실을 관리청에 신고하여야 한다.

※ 2021년 1월 1일에 개정된 법률로 개정 전에는 해양수산부장관에게 신고했어야 한다.

17 정의(선박의 입항 및 출항 등에 관한 법률 제2조)

항로란 선박의 출입 통로로 이용하기 위하여 지정·고시한 수로를 말한다.

18 출입 신고(선박의 입항 및 출항 등에 관한 법률 제4조)

무역항의 수상구역등에 출입하려는 선박의 선장은 대통령령으로 정하는 바에 따라 관리청에 신고하여야 한다. 다만, 다음의 선박은 출입 신고를 하지 아니할 수 있다.
- 총톤수 5톤 미만의 선박
- 해양사고구조에 사용되는 선박
- 수상레저기구 중 국내항 간을 운항하는 모터보트 및 동력요트
- 그 밖에 공공목적이나 항만 운영의 효율성을 위하여 해양수산부령으로 정하는 선박

19 선박교통의 제한(선박의 입항 및 출항 등에 관한 법률 제9조)
- 관리청은 무역항의 수상구역 등에서 선박교통의 안전을 위하여 필요하다고 인정하는 경우에는 항로 또는 구역을 지정하여 선박교통을 제한하거나 금지할 수 있다.
- 관리청이 항로 또는 구역을 지정한 경우에는 항로 또는 구역의 위치, 제한·금지 기간을 정하여 공고하여야 한다.

※ 2021년 1월 1일에 개정된 법률로 개정 전에는 해양수산부장관이 지정했다.

20 정박이나 정류가 허용되는 경우
- 해양사고를 피하기 위한 경우
- 선박의 고장이나 그 밖의 사유로 선박을 조종할 수 없는 경우
- 인명을 구조하거나 급박한 위험이 있는 선박을 구조하는 경우
- 대통령령으로 정하는 공사 또는 작업하려는 자는 해양수산부령으로 정하는 바에 따라 관리청의 허가를 받은 공사 또는 작업에 사용하는 경우

21 속력 등의 제한(선박의 입항 및 출항 등에 관한 법률 제17조)
- 해양경찰청장은 선박이 빠른 속도로 항행하여 다른 선박의 안전 운항에 지장을 초래할 우려가 있다고 인정하는 무역항의 수상구역 등에 대하여는 관리청에 무역항의 수상구역등에서의 선박 항행 최고속력을 지정할 것을 요청할 수 있다.
- 관리청은 요청을 받은 경우 특별한 사유가 없으면 무역항의 수상구역 등에서 선박 항행 최고속력을 지정·고시하여야 한다.
- ※ 2021년 1월 1일에 개정된 법률로 개정 전에는 해양수산부장관이 지정했다.

22 항로에서의 항법(선박의 입항 및 출항 등에 관한 법률 제12조)
모든 선박은 항로에서 다음의 항법에 따라 항행하여야 한다.
- 항로 밖에서 항로에 들어오거나 항로에서 항로 밖으로 나가는 선박은 항로를 항행하는 다른 선박의 진로를 피하여 항행할 것
- 항로에서 다른 선박과 나란히 항행하지 아니할 것
- 항로에서 다른 선박과 마주칠 우려가 있는 경우에는 오른쪽으로 항행할 것
- 항로에서 다른 선박을 추월하지 아니할 것. 다만, 추월하려는 선박을 눈으로 볼 수 있고 안전하게 추월할 수 있다고 판단되는 경우에는 「해사안전법」에 따른 방법으로 추월할 것
- 항로를 항행하는 위험물운송선박 또는 흘수제약선의 진로를 방해하지 아니할 것
- 범선은 항로에서 지그재그(Zigzag)로 항행하지 아니할 것

23 정의(해양환경관리법 제2조)
폐기물이라 함은 해양에 배출되는 경우 그 상태로는 쓸 수 없게 되는 물질로서 해양환경에 해로운 결과를 미치거나 미칠 우려가 있는 물질(기름, 유해액체물질, 포장유해물질 제외)을 말한다.

24 선박 안에서 발생하는 폐기물의 배출해역별 처리기준 및 방법(선박에서의 오염방지에 관한 규칙 별표3)
다음의 폐기물을 제외하고 모든 폐기물은 해양에 배출할 수 없다.
- 음식찌꺼기
- 해양환경에 유해하지 않은 화물잔류물
- 선박 내 거주구역에서 목욕, 세탁, 설거지 등으로 발생하는 중수(화장실 오수 및 화물구역 오수는 제외한다)
- 어업활동 중 혼획된 수산동식물 또는 어업활동으로 인하여 선박으로 유입된 자연기원물질

25 분뇨오염방지설비의 대상선박·종류 및 설치기준(선박에서의 오염방지에 관한 규칙 제14조)
다음의 어느 하나에 해당하는 선박의 소유자는 그 선박 안에서 발생하는 분뇨를 저장·처리하기 위한 설비를 설치하여야 한다.
- 총톤수 400톤 이상의 선박(선박검사증서 상 최대승선인원이 16인 미만인 부선은 제외한다)
- 선박검사증서 또는 어선검사증서상 최대승선인원이 16명 이상인 선박
- 수상레저기구 안전검사증에 다른 승선정원이 16명 이상인 선박
- 소속 부대의 장 또는 경찰관서, 해양경비안전관서의 장이 정한 승선인원이 16명 이상인 군함과 경찰용 선박

01	02	03	04	05	06	07	08	09	10
사	아	가	아	아	가	나	아	아	가
11	12	13	14	15	16	17	18	19	20
가	사	나	아	가	사	나	가	사	나
21	22	23	24	25
나	가	아	나	가

01 1kW = 102kgf · m/s = 860kcal

02 외경 마이크로미터

[피스톤 핀의 외경 마이크로미터 측정]

마이크로미터는 물체의 외경, 두께, 내경, 깊이 등을 마이크로미터(μm) 정도까지 측정할 수 있는 게이지이다.

03

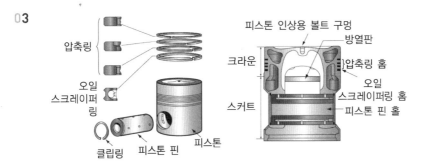

피스톤 링은 피스톤과 실린더 라이너 사이의 기밀을 유지하며 피스톤에서 받은 열을 실린더 벽으로 방출하는 압축링(Compression Ring)과 실린더 라이너 내벽의 윤활유가 연소실로 들어가지 못하도록 긁어내리고 윤활유를 라이너 내벽에 고르게 분포시키는 오일 스크레이퍼 링(Oil Scraper Ring)이 있다. 일반적으로 압축링은 피스톤의 상부에 2~4개, 오일 스크레이퍼 링은 하부에 1~2개를 설치한다. 그러나 2행정 사이클 기관에 사용하는 크로스 헤드형 피스톤의 경우에는 오일 스크레이퍼 링을 설치하지 않는다. 피스톤 링은 적절한 절구 틈을 가져야 하며, 압축링이 오일링보다 연소실에 더 가까이 설치되어 있다.

04 크랭크 축이란 증기 기관이나 내연기관 등에서 피스톤의 왕복 운동을 회전 운동으로 바꾸는 기능을 하는 축을 말한다. 크랭크는 크랭크 축, 크랭크 암, 크랭크 핀으로 구성되는데, 피스톤의 왕복 운동은 연접봉으로 크랭크에 전해진다. 크랭크 핀은 크랭크 암의 길이를 반지름으로 하는 원운동을 해 크랭크 축을 회전시킨다. 실린더가 여러 개 있는 엔진에서는 크랭크 암은 서로 어떤 각도만큼 어긋나게 해서 만들어지는데, 이 각도를 크랭크 각이라 한다.

05 디젤기관의 운전 중 냉각수 계통에서 기관의 입구 압력과 기관의 출구 온도를 주의해서 관찰해야 한다.

06 • 평형추 : 크랭크 축의 형상에 따른 불균형을 보정하여, 회전체의 평형을 이루기 위해 평형추(Balance Weight)를 설치한다. 평형추는 기관의 진동을 적게 하고, 원활한 회전을 하도록 하며, 메인 베어링의 마찰을 감소시키는 역할을 한다.
• 플라이휠 : 작동 행정에서 발생하는 큰 회전력을 플라이휠 내에 운동 에너지로 축적하고, 회전력이 필요한 그 밖의 행정에서는 플라이휠의 관성으로 회전하게 한다. 플라이휠은 크랭크 축의 전단부 또는 후단부에 설치한다.
• 크로스헤드 : 왕복피스톤기관에서 피스톤 봉과 연접봉을 연결하는 부품. 피스톤 및 피스톤 봉의 직선 운동을 안내하고, 연접봉으로부터의 스러스트(Thrust)를 지지한다.
• 크랭크저널 : 메인 베어링에 의해서 지지되는 회전축이다.

07 과급기(Supercharger)는 연소에 필요한 공기를 대기압 이상의 압력으로 압축하여, 밀도가 높은 공기를 실린더 내에 공급하여 연료를 완전 연소시킴으로써 평균 유효 압력을 높여 기관의 출력을 증대시키는 장치이다.

08 실린더 라이너의 윤활 목적은 라이너의 마멸을 줄이고, 라이너 내벽과 피스톤 링 사이의 기밀을 유지하기 위해서이다.

09 연료유가 갖추어야 할 조건
• 발열량이 클 것
• 유황분이 적을 것
• 물이 함유되어 있지 않을 것
• 점도가 적당할 것

10 디젤기관은 고압으로 압축한 고온의 공기 중에 액상의 연료를 고압으로 분사시켜, 연료 스스로 자기착화(Self-ignition)하여 폭발적으로 연소가 이루어지게 하는 압축착화기관이다. 따라서 디젤기관의 시동이 잘 되기 위해서는 공기압축이 잘 되고 연료유가 잘 착화되어야 한다.

11 리그넘바이티
추진기축이 선체를 관통하는 곳에 장비되는 것으로, 선내에 해수가 침입하는 것을 막고 추진기축에 대해서는 베어링 역할을 한다. 리그넘바이티에는 많은 홈을 만들어 선외로부터 해수가 이 홈을 통해 들어와 윤활작용과 냉각작용을 한다. 선미관의 선수 쪽은 그리스 패킹을 넣은 스터핑 박스를 만들어 누수를 막는다.

12 선박의 축계장치

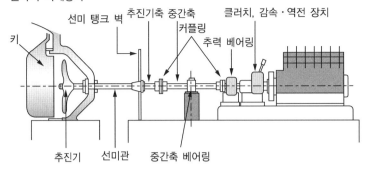

선박의 축계장치는 추력축과 추력 베어링, 중간축, 중간 베어링, 추진기축, 선미관, 추진기로 구성되며, 가장 뒤쪽에 설치된 축은 추진기축이다. 추력 베어링(Thrust Bearing)은 선체에 부착되어 있으며, 추력 칼라의 앞과 뒤에 설치되어 프로펠러로부터 전달되어 오는 추력을 추력 칼라에서 받아 선체에 전달하여 선박을 추진시키는 역할을 한다.

13 클러치란 엔진의 동력을 잠시 끊거나 이어주는 축이음 장치이다. 클러치의 종류에는 마찰 클러치, 유체 클러치, 전자 클러치가 있다.

14 선박의 마찰 저항

선박이 전진할 때 선체의 표면에 접촉하는 물의 점성으로 인해 마찰이 발생한다. 경계층 내의 물은 선박의 움직임에 따라 운동하며, 그 운동 에너지는 물체의 움직임에 따라 발생하는 마찰력과 동일한 개념이기 때문에 이러한 선박의 저항 요소를 마찰 저항(Frictional Resistance)이라 한다. 마찰 저항은 저속선일 경우에는 전체 저항의 70~80% 정도에 이르고, 고속선에서도 40~50% 정도를 차지할 정도로 전체 저항 중에 가장 큰 비중을 차지한다. 이 저항은 선체와 물의 접촉 면적에 비례하고, 속도의 제곱에 비례하며, 그밖에도 선박의 형상, 선체 표면의 거칠기에 따라 변화한다.

15 양묘기(Windlass)는 닻을 바닷속으로 투하하거나 감아올릴 때 사용되는 갑판 보조 기계이다. 양묘기의 체인 드럼은 앵커 체인이 홈에 꼭 끼도록 되어 있으며 드럼의 회전에 따라 체인을 내어 주거나 감아 들이는 장치로 황동 부시로 체인 드럼의 축을 지지한다.

16 선박용 압축 공기는 25~30kgf/cm^{2}의 압력으로 압축, 저장 탱크에 저장 후 시동용 압축 공기로 사용되고, 일부는 감압 밸브를 통하여 7kgf/cm^{2}로 감압시켜 제어 공기용, 안전장치 공기용 및 소제 공기용 등으로 사용된다. 따라서 공기압축기는 시동할 때 주로 사용한다.

17 갑판 보조기계는 선체 보조기계라고도 하며 그 종류가 매우 다양하다. 주로 선박의 조종과 운항 및 계류 장치뿐만 아니라 화물을 취급하기 위한 양화기와 선내 생활에 필요한 각종 편의 시설 등이 있다.

18 내부에 전기가 흐르지 않는 것으로 전기가 거의 통하지 않는 물질을 부도체라고 한다. 그리스 건은 기계용 윤활유 주입기로서, 베어링에 그리스를 주입하는 기구이다.

19 3상 유도전동기의 구성요소

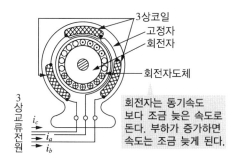

20 • 전지의 직렬 연결 : 연결한 전지의 개수에 비례한다. ∴ 전체 전압(V) = V1 + V2 + V3
 • 전지의 병렬 연결 : 전지 1개의 전압과 같다. ∴ 전체 전압(V) = V1 = V2 = V3

21 선박의 연료 소비량은 속도의 세제곱에 비례한다. 선박의 항속을 2배로 올리기 위해서는 8배, 3배로 올리기 위해서는 27배의 기관 출력이 필요하다. 따라서 연료 소비량은 8배 또는 27배가 된다.

22 • 전도 : 온도가 다른 두 물체를 서로 접촉시키든지, 또는 한 물체 중에서 온도 차가 있을 때, 온도가 높은 곳에서 온도가 낮은 곳으로 열이 이동하는 현상을 말한다.
 • 대류 : 고온부와 저온부의 밀도 차에 의해 순환 운동이 일어나 열이 이동하는 현상이다
 • 복사 : 열이 중간에 다른 물질을 통하지 않고 직접 이동하는 현상을 말한다. 즉, 난로 가에 둘러앉은 사람들에게 골고루 열이 전달되어 따뜻함을 느끼는 현상이나 태양열이 진공 상태인 우주 공간을 거쳐 지구에 전달되는 현상 등이다.

23 장시간 정지하고 있을 때는 냉각수 계통의 물을 빼내어 동파로 인한 피해를 방지하도록 한다. 주기적으로 터닝을 시켜주고, 가능하면 계속 워밍(Warming) 상태로 유지해 두는 것이 좋다. 부식을 방지하기 위해 주기적으로 점검하고, 기관실 내의 보온에 유의해야 한다.

24 연료 탱크
 연료를 저장하는 장소이며, 연료 탱크 내의 연료는 연료 펌프에 의해 여과기를 거쳐 분사 밸브에 공급된다. 연료유보다 비중이 큰 이물질은 연료 탱크 아래로 가라 앉게 된다.

25 무게(중량) = 비중 × 부피(체적)이므로, 무게[kgf] = 0.9 × 200 = 180[kgf]

PART 03 2019년 제1회 정답 및 해설

제1과목 항 해

01	02	03	04	05	06	07	08	09	10
아	나	아	아	가	가	가	나	나	가
11	12	13	14	15	16	17	18	19	20
사	가	아	사	아	사	아	아	가	가
21	22	23	24	25					
가	아	사	나	나					

01 포인트식

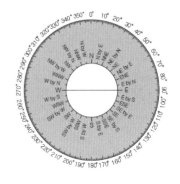

02 선박자동식별장치(AIS)

선박 상호 간(Ship to Ship), 선박과 AIS 육상국 간에 자동으로 정보(선박의 명세, 침로, 속력 등)를 교환하여 항행 안전을 도모하고 통항 관제 자료를 제공한다.

03 자이로컴퍼스는 자석을 이용하지 않기 때문에 편차와 자차가 없다. 또한 지북력이 강하며 자이로컴퍼스는 철기류의 영향을 받지 않으므로 철 구조물이나 전기 회로 같은 다른 기기와의 간섭이 적다.

04 위도오차

제진 세차 운동과 지북 세차 운동이 동시에 일어나는 경사 제진식 제품에만 있는 오차로 적도 지방에서는 오차가 생기지 않으나, 그 밖의 지방에서는 오차가 생긴다. 북위도 지방에서는 편동 오차, 남위도 지방에서는 편서 오차로 위도가 높을수록 증가한다. 이 오차를 위도오차 또는 제진오차라 한다.

05 전자식 선속계가 표시하는 속력은 대수속력이며, 도플러 선속계는 대수 속력, 대지 속력 모두 측정 가능하다.

06 풍향은 불어오는 방향을, 유향은 흘러가는 방향을 말한다.

07 레이콘(Racon ; Radar Transponder Beacon)
선박 레이더에서 발사된 전파를 받은 때에만 응답하며, 레이더 화면상에 일정한 형태의 신호가 나타날 수 있도록 전파를 발사한다. 표준 신호와 모스 부호를 이용하며, 유효 거리는 주야간 각 10마일 정도로 농무 시나 기상 악화 시 선박의 안전 운항에 큰 도움이 된다.

08 • 세계시 : 영국의 그리니치 천문대를 지나는 본초자오선에서의 평균태양시인 그리니치평균시를 더욱 정확
　　하고 정밀하게 정의한 표준 시간이다.
• 항성시 : 춘분점의 지방 시각을 그 지점의 항성시라고 한다. 즉, 춘분점이 극상 정중 때부터 경과한 시간
　　이며, 극상 정중시를 0시로 하여 다음 극상 정중시를 24시까지 측정한다.
• 태양시 : 태양의 일주운동을 기준으로 만든 시간이다.

09 다중반사
자선 근방(주로 정횡 방향)에 대형선이 위치하고 있을 때에는 자선과 상대선박 사이에 수회에 걸쳐 반복되는 전파의 다중 반사가 발생한다. 다중 반사의 특징은 물표가 있는 방향을 따라 같은 간격으로 비슷한 영상이 반복적으로 나타나는데, 가장 가까이 나타나는 영상이 실제의 물표 영상이다.

10 해면 반사 억제 조정기(A/C Sea, STC)
STC(Sensitivity Time Control)는 자선 주변의 해면으로부터의 반사파를 억제시키기 위한 조정기이다. 해면이 거칠 때에는 해면 반사파를 억제할 수 있어 유효하지만, 이 조정기의 감도를 지나치게 올리면 가까이 있는 작은 물표의 반사파 강도가 함께 낮아지기 때문에 물표를 탐지할 수 없는 경우가 발생한다. 해면 반사파 속에 묻혀 있는 선박이나 물표를 식별할 수 있는 경우에는 이 조정기를 조작하지 않는 것이 좋다. 또한, STC조정은 수신 이득을 조정한 후에 행하는 것이 바람직하다.

11 위도 45°에서 지리위도 1′(분)의 길이가 1해리이다.

12 점장도에서는 항정선이 직선으로 표시된다.

13 등부표는 해면에 설치되어 있기 때문에 등고를 표시하지 않아도 된다.

14 해도의 수심은 기본수준면(약최저저조면)을 기준으로 측정한 것이므로 해상에서 측심한 수심은 해도의 수심보다 일반적으로 더 깊다.

15 산의 높이, 섬의 높이, 등대의 높이는 평균 수면을 기준으로 하며, 간출암의 높이는 기본수준면을 기준으로 한다.

16 분호등은 등광의 색깔이 바뀌지 않고 서로 다른 지역을 다른 색상으로 비추는 등이다. 분호등 중 선박에게 안전한 항로를 알려주기 위해 설치한 야간 표지로 지향등이 있다. 도등은 전도등과 후도등을 연결한 중시선을 이용하는 광파표지이다.

17 나. 거리표의 거리는 해리로 표시된다.
사. 해도상의 여러 가지 특수 기호와 약어가 수록되어 있는 수로서지는 해도도식이다.

18 항로지는 해도에 표현할 수 없는 사항에 대하여 상세하게 설명하는 안내서이다.

19 고립장애표지의 등질은 Fl(2) 이다.

20 방위표지
선박은 각 방위가 나타내는 방향으로 항행하면 안전하다. 방위표지에 부착하는 두표는 원추형 2개를 사용하여 각 방위에 따라 서로 연관이 있는 모양으로 부착한다.

21 안개가 끼어서 시정이 불량할 때는 경계를 철저히 하고 소리로 주위 선박에 본선의 존재를 알린다.

22 이슬점 온도
수증기가 포함된 공기를 냉각시키다가 포화상태가 되어 응결이 발생해 이슬이 맺히는 온도를 말한다. 혹은 현재의 수증기압이 포화수증기압이 되는 기온이라고도 할 수 있다. 이슬점 또는 노점온도라고도 하며, 이슬점 온도가 0℃ 이하일 때는 서릿점이라 부른다.

23 SW = 폭풍경보

24 야간에는 정박등이 켜져 있는 정박선의 선미 쪽으로 지나가도록 한다.

25 두 물표가 일직선상에 겹쳐 보일 때 해도상에서 두 물표를 지나는 선을 그으면 측정한 시각의 위치선이 되는데 이것이 중시선에 의한 위치선을 구하는 방법이다.

위치선
어떤 물표를 관측하여 얻은 방위, 거리, 협각, 고도 등을 만족시키는 점의 자취로 관측을 실시한 시점에 선박이 그 자취 위에 있다고 생각되는 특정한 선을 말한다.

제2과목 운 용

01	02	03	04	05	06	07	08	09	10
나	가	나	나	가	사	사	사	나	아
11	12	13	14	15	16	17	18	19	20
아	가	나	가	가	아	아	가	사	아
21	22	23	24	25					
가	나	사	사	나					

01 현호는 건현 갑판의 현측선의 휘어진 것으로 예비부력과 능파성을 향상시키고 미관을 좋게 한다.

02 와이어 로프의 코일은 반드시 나무판 위에서 굴리거나, 데릭(Derrick) 또는 기중기로 운반하며, 떨어뜨려서는 안 된다.

03 기 둥
선창 및 갑판 사이에 설치된 기둥으로 상부의 하중을 지지하고, 국부적인 하중을 분담하는 부재다. 기관실에 설치한 것은 진동을 억제하는 역할도 한다.

04 선체에 침수가 생기거나 화재가 발생하더라도 배 전체가 치명적인 손상을 입지 않고 가능한 한 국부적인 범위 내에서 억제될 수 있도록 하고, 또한 여러 종류의 화물을 동시에 적재하는 경우에도 각각을 구분하여 적재할 수 있게 하기 위해 격벽을 설치한다.

05 선박의 길이

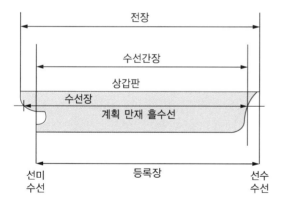

PART 03

06 선박의 치수

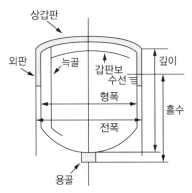

흘수는 선체가 물에 잠긴 깊이로 수선에서 용골 하단까지를 의미한다.

07 평판 용골

용골의 단면이 평판형이며, 강선의 대부분이 채택하고 있는 구조이다. 평판 용골은 중심선 형판(Center Girder) 및 중심선 내저판과 함께 l자(字) 형태를 이루고 있으며, 선저에 중요한 종강력을 유지하고 있으나, 방형 용골과 같은 횡동요 방지 효과는 없다.

08 방수복은 국제항해에 종사하는 전 승무원에게 제공되도록 비치해야 한다.

09 발연부 신호는 오렌지 색깔의 연기를 3분 이상 발할 수 있어야 한다.

10 이산화탄소 소화기

산화탄소를 압축·액화한 소화기이다. 주로 질식 작용으로 소화하고, 액화된 이산화탄소가 기화하면서 냉각 작용도 한다. 질식의 우려가 있기 때문에 지하 및 일반 가정에서는 비치 및 사용이 금지되어 있다.

11 조난경보 신호를 보낼 때는 무선전화 채널을 맞추지 않고 조난경보 발사를 위한 버튼을 눌러야 한다.

12 우리나라는 440, 441로 지정되어 있다.

13 우리나라는 동경 135도선을 기준시간으로 하기 때문에 세계 표준시보다 9시간 빠르다. 따라서 UTC에 9시간을 더해야 한다.

14 • A기 : 나는 잠수부를 내리고 있다. 미속으로 충분히 피해라.
• B기 : 나는 위험물을 하역 중 또는 운송 중이다.
• G기 : 나는 도선사를 요구한다. 나는 어망을 올리고 있다.
• L기 : 귀선은 즉시 정지하라.

15 닻을 바다에 투하하면, 닻은 해저에 파고 들어가서 떨어지지 않으려는 힘을 가지는데, 이것을 파주력이라고 한다.

16 타판에 생기는 수압 중 항력은 선수미선 방향으로 작용되는 힘이다.

17 • 선회성 : 일정한 타각을 주었을 때 선박이 어떠한 각속도로 움직이는지를 나타내는 것을 말한다.
　　 • 침로안정성 : 선박이 정해진 침로를 따라 직진하는 성질을 침로안정성 또는 방향안정성이라고 한다.

18 만곡이 급한 수로는 역조 시 통항하여야 한다.

19 우선회 가변피치 스크루 프로펠러가 장착된 선박에서는 선미에서 프로펠러를 통과한 배출류가 측압작용에 의해 선미를 우현으로 밀기 때문에 선수는 좌현으로 회두한다.

20 선박의 선회 운동

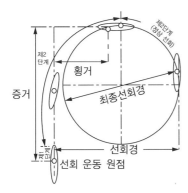

21 방형계수
특정 흘수에서 선체의 배수용적과 수선하부의 선체에 외접하는 직육면체 용적의 비이다. 방형계수가 크면 뚱뚱한 배이고, 방형계수가 작으면 날씬한 배이다.

22 순주(Scudding)
풍랑을 선미에서 받아 선박이 파에 쫓기는 자세로 항주하는 방법을 스커딩이라고 한다. 이 방법은 선체가 받는 충격 하중이 크게 줄어들고, 상당한 선속을 유지할 수 있으므로 적극적으로 태풍권으로부터 탈출하는 데 유리할 수 있다. 그러나 선미 추파에 의하여 해수가 선미 갑판을 덮칠 수 있으며, 보침성이 저하되어 브로칭 현상이 일어날 수도 있다.

23 황천에서 기관이 정지하게 되면 선수미선이 파랑의 진행방향과 직각이 되어 파랑과 평행이 된다.

24 선박 간 충돌사고가 발생하면 제일 먼저 두 선박의 인명을 구조하고 선박에 위험이 있는지를 판단해야 한다.

25 담뱃불을 끌 때에는 반드시 재떨이에 꺼야 한다. 선외에 버리게 되면 바람에 의해 선내로 다시 들어오게 되어 화재를 일으킬 수 있다.

PART 03

01	02	03	04	05	06	07	08	09	10
가	가	아	가	나	가	나	가	사	가
11	12	13	14	15	16	17	18	19	20
사	아	가	나	아	사	나	가	나	아
21	22	23	24	25					
나	사	나	사	아					

01 레이더만으로 다른 선박이 있는 것을 탐지한 선박은 해당 선박과 얼마나 가까이 있는지 또는 충돌할 위험이 있는지를 판단하여야 한다. 이 경우 해당 선박과 매우 가까이 있거나 그 선박과 충돌할 위험이 있다고 판단한 경우에는 충분한 시간적 여유를 두고 피항 동작을 취할 준비를 하고, 무중 신호의 취명 및 안전한 속력의 유지, 기관을 언제든지 사용할 수 있도록 조치를 취해야 한다.

02 해양교통안전법상 항로에서 금지되는 행위는 다음과 같다.
- 선박의 방치
- 어망 등 어구의 설치나 투기

03 해양교통안전법상 충돌을 피하기 위한 동작은 다음과 같다.
- 충분한 시간적 여유를 두고 적극적으로 조치할 것
- 침로나 속력을 변경할 때에는 될 수 있으면 다른 선박이 그 변경을 쉽게 알아볼 수 있도록 충분히 크게 변경할 것
- 침로나 속력을 소폭으로 연속적으로 변경하여서는 아니 된다.
- 선박과 선박 사이에 안전거리를 두고 큰 각도로 침로를 변경할 것
- 시간적 여유를 얻기 위하여 필요시 감속하거나 기관을 정지, 후진하여 선박의 진행을 완전히 멈추어야 한다.
- 적절한 운용술에 입각한 동작을 취할 것

04 항로 지정의 목적
관리청은 선박이 통항하는 수역의 지형·조류, 그 밖에 자연적 조건(태풍 등 악천후) 또는 선박 교통량 등으로 해양사고가 일어날 우려가 있다고 인정하면 관계 행정기관의 장의 의견을 들어 그 수역의 범위, 선박의 항로 및 속력 등 선박의 항행안전에 필요한 사항을 해양수산부령으로 정하여 해양 사고를 미연에 방지하기 위하여 항로를 지정한다.

05 관제업무 절차(선박교통관제에 관한 법률 시행규칙 제8조 제1항 제2호)
2단계(정보제공) : 선박교통관제사가 필요하다고 인정하거나 관제대상선박에서 요구하는 경우 선박교통의 안전을 위해 필요한 정보를 제공

06 마주치는 상태에서의 항법
- 서로 다른 선박의 좌현 쪽을 지나갈 수 있도록 침로를 우현 쪽으로 변침한다(좌현 대 좌현).
- 두 선박은 서로 마주치는 상태에 있다고 보고 대등한 피항 의무를 가진다.
- 두 선박이 마주치는 상태로 간주하는 경우
  - 밤에는 2개의 마스트등을 일직선으로 또는 거의 일직선으로 볼 수 있거나 양쪽의 현등을 볼 수 있는 경우
  - 낮에는 2척의 선박의 마스트가 선수에서 선미까지 일직선이 되거나 거의 일직선이 되는 경우
  - 상대 선박이 맞은편 약 6° 이내의 방향에서 접근하는 경우

07 해양경찰서장은 선장이나 선박소유자가 신고한 조치 사실을 적절한 수단을 사용하여 확인하고, 조치를 취하지 아니하였거나 취한 조치가 적당하지 아니하다고 인정하는 경우에는 그 선박의 선장이나 선박소유자에게 해양사고를 신속하게 수습하고 해상교통의 안전을 확보하기 위하여 필요한 조치를 취할 것을 명하여야 한다.

08 교통안전특정해역의 안전을 위해 고속여객선의 운항을 제한할 수 있는 조치는 다음과 같다.
- 통항시각의 변경
- 항로의 변경
- 제한된 시계의 경우 선박의 항행 제한
- 속력의 제한
- 안내선의 사용
- 그 밖에 해양수산부령으로 정하는 사항

09
- 항행장애물이란 선박으로부터 떨어진 물건, 침몰·좌초된 선박 또는 이로부터 유실된 물건 등 해양수산부령으로 정하는 것으로서 선박항행에 장애가 되는 물건을 말한다.
- 항행장애물을 발생시켰을 경우에는 해양수산부 장관에게 보고하고 항행장애물의 위험성 결정에 필요한 사항은 해양수산부령으로 정한다.
- 항행장애물 제거 책임자(선장, 선박소유자, 선박운항자)는 항행장애물이 다른 선박의 항행 안전을 저해할 우려가 있는 경우에는 지체 없이 항행장애물에 위험성을 나타내는 표시를 하거나 다른 선박에게 알리기 위한 조치를 하여야 한다. 또한 항행장애물 제거 책임자는 항행장애물을 제거해야한다.

10 마스트등이란 선수와 선미의 중심선상에 설치되어 225도에 걸치는 수평의 호를 비추되, 그 불빛이 정선수 방향으로부터 양쪽 현의 정횡으로부터 뒤쪽 22.5도까지 비출 수 있는 흰색 등을 말한다.

11 등화의 종류
- 예선등 : 선미등과 같은 특성을 가진 황색 등
- 양색등 : 선수와 선미의 중심선상에 설치된 붉은색과 녹색의 두 부분으로 된 등화로서 그 붉은색과 녹색 부분이 각각 현등의 붉은색 등 및 녹색 등과 같은 특성을 가진 등
- 전주등 : 360도에 걸치는 수평의 호를 비추는 등화. 다만, 섬광등은 제외한다.

12 선박은 넓은 수역에서 충돌을 피하기 위하여 침로를 변경하는 경우에는 적절한 시기에 큰 각도로 침로를 변경하여야 하며, 그에 따라 다른 선박에 접근하지 아니하도록 하여야 한다.

13 동력선은 야간 항행 중에 마스트등, 현등 1쌍, 선미등을 표시해야 한다. 선폭등은 선박에서 가장 넓은 부분을 잰 폭을 표시하는 등이다.

14 거대선이란 길이 200미터 이상의 선박을 말한다.

15 안전한 속력을 결정할 때에는 다음의 사항을 고려하여야 한다.
- 시계의 상태
- 해상교통량의 밀도
- 선박의 정지거리·선회성능, 그 밖의 조종성능
- 야간의 경우에는 항해에 지장을 주는 불빛의 유무
- 바람·해면 및 조류의 상태와 항행장애물의 근접상태
- 선박의 흘수와 수심과의 관계
- 레이더의 특성 및 성능
- 해면상태·기상, 그 밖의 장애요인이 레이더 탐지에 미치는 영향
- 레이더로 탐지한 선박의 수·위치 및 동향

16 방파제 부근에서는 출항선박이 먼저 통과할 때까지 입항 선박이 방파제 밖에서 기다렸다가 출항선박의 방파제 통과가 끝나면 입항선박이 통과한다.

17 수로의 보전
- 누구든지 무역항의 수상구역 등이나 무역항의 수상구역 밖 10킬로미터 이내의 수면에 선박의 안전운항을 해칠 우려가 있는 흙·돌·나무·어구 등 폐기물을 버려서는 아니 된다.
- 무역항의 수상구역 등이나 무역항의 수상구역 부근에서 해양사고·화재 등의 재난으로 인하여 다른 선박의 항행이나 무역항의 안전을 해칠 우려가 있는 조난선의 선장은 즉시 「항로표지법」 제2조제1호에 따른 항로표지를 설치하는 등 필요한 조치를 하여야 한다.
- 항행장애물을 제거하는데 드는 비용은 항행장애물 책임자(선장, 선박소유자, 선박운항자)가 해양수산부장관에게 납부하여야 한다.
- 무역항의 수상구역 등이나 무역항의 수상구역 부근에서 석탄·돌·벽돌 등 흩어지기 쉬운 물건을 하역하는 자는 그 물건이 수면에 떨어지는 것을 방지하기 위하여 대통령령으로 정하는 바에 따라 필요한 조치를 하여야 한다.

18 화재 경보
기적 또는 사이렌을 장치한 선박에 화재가 발생한 경우 그 선박은 화재를 알리는 경보로써 기적이나 사이렌을 장음(4~6초)을 5회 울려야 한다.

19 선박의 계선 신고

선박의 입항 및 출항 등에 관한 법률상 총톤수 20톤 이상의 선박을 무역항의 수상구역 등에 계선하려는 자는 해양수산부령으로 정하는 바에 따라 관리청에 신고하여야 한다.

20 선박의 입항 및 출항 등에 관한 법률

- 항로의 지정 : 해양수산부장관은 무역항의 수상구역 등에서 선박교통의 안전을 위하여 필요한 경우에는 무역항과 무역항의 수상구역 밖의 수로를 항로로 지정·고시할 수 있다.
- 우선피항선 외의 선박은 무역항의 수상구역 등에 출입하는 경우 또는 무역항의 수상구역 등을 통과하는 경우에는 지정·고시된 항로를 따라 항행하여야 한다. 다만, 해양사고를 피하기 위한 경우 등 해양수산부령으로 정하는 사유가 있는 경우에는 그러하지 아니하다.

21 정박이 허용 되는 경우

- 해양사고를 피하기 위한 경우
- 선박의 고장이나 그 밖의 사유로 선박을 조종할 수 없는 경우
- 인명을 구조하거나 급박한 위험이 있는 선박을 구조하는 경우
- 관리청의 허가를 받아 대통령령으로 정하는 공사 또는 작업에 사용하는 경우

22 모든 선박은 항로에서 다음과 같이 항행하여야 한다.

- 항로 밖에서 항로에 들어오거나 항로에서 항로 밖으로 나가는 선박은 항로를 항행하는 다른 선박의 진로를 피하여 항행할 것
- 항로에서 다른 선박과 나란히 항행하지 아니할 것
- 항로에서 다른 선박과 마주칠 우려가 있는 경우에는 오른쪽으로 항행할 것
- 항로에서 다른 선박을 추월하지 아니할 것. 다만, 추월하려는 선박을 눈으로 볼 수 있고 안전하게 추월할 수 있다고 판단되는 경우에는 기적신호를 하여 그 의사를 표현하고, 추월선을 안전하게 통과시키기 위한 동작을 취하여야 한다.
- 항로를 항행하는 위험물운송선박 또는 흘수제약선의 진로를 방해하지 아니할 것
- 범선은 항로에서 지그재그(Zigzag)로 항행하지 아니할 것
- 무역항의 수상구역 등에 입항하는 선박이 방파제 입구 등에서 출항하는 선박과 마주칠 우려가 있는 경우에는 방파제 밖에서 출항하는 선박의 진로를 피하여야 한다.

23 기름기록부란 선박에서 사용하는 기름의 사용량·처리량을 기록하는 장부이다. 다만, 해양수산부령이 정하는 선박의 경우는 장부를 둘 필요가 없으며, 유조선의 경우에는 기름의 사용량·처리량 외에 운반량을 추가로 기록하여야 한다. 선박의 선장(피예인선의 경우에는 선박의 소유자를 말한다)은 그 선박에서 사용하거나 운반·처리하는 폐기물·기름 및 유해액체물질에 대한 기록부(이하 "선박오염물질기록부"라 한다)를 그 선박(피예인선의 경우에는 선박의 소유자의 사무실을 말한다) 안에 비치하고 그 사용량·운반량 및 처리량 등을 기록하여야 한다.

24 폐기물기록부란 해양수산부령이 정하는 일정 규모 이상의 선박에서 발생하는 폐기물의 총량·처리량 등을 기록하는 장부이다. 다만, 해양환경관리업자가 처리대장을 작성·비치하는 경우에는 동 처리대장으로 갈음한다. 폐기물기록부의 보존기간은 최종 기재한 날로부터 3년으로 하며, 그 기재 사항·보존방법 등에 관하여 필요한 사항은 해양수산부령으로 정한다.

25 방제 의무자
- 배출되거나 배출될 우려가 있는 오염물질이 적재된 선박의 선장 또는 해양시설의 관리자. 이 경우 해당 선박 또는 해양시설에서 오염물질의 배출원인이 되는 행위를 한 자가 신고하는 경우에는 그러하지 아니하다.
- 오염물질의 배출원인이 되는 행위를 한 자
- 방제 의무자는 배출된 오염 물질에 대하여 대통령이 정하는 바에 따라 오염물질의 배출방지, 배출된 오염물질의 확산방지 및 제거, 배출된 오염물질의 수거 및 처리 작업을 취해야 한다.

기름오염방제
- 오일펜스란 바다 위에 유출된 기름이 퍼지는 것을 막기 위해서 울타리 모양으로 수면에 설치하는 것으로 유출된 현장에 설치하여 오염물질의 확산을 방지한다.
- 오염물질의 방제조치에 사용되는 자재 및 약제는 해양환경관리법을 적용하여 형식승인·검정 및 인정을 받은 것을 사용해야 한다.

01	02	03	04	05	06	07	08	09	10
나	가	가	나	나	사	아	사	사	사
11	12	13	14	15	16	17	18	19	20
가	사	사	가	나	아	사	나	가	나
21	22	23	24	25
사	나	사	사	나

01 디젤기관에서 재킷 냉각청소의 온도는 기관의 출구 온도를 기준으로 조절한다.

02 과급기(Supercharger)
공기의 압력을 높여 밀도가 높아진 공기를 실린더 내에 공급하여 출력을 증가시키기 위해 설치하는 장치이다. 따라서 디젤기관에서 실린더 내로 흡입되는 공기의 압력이 낮을 때에는 과급기의 공기 필터를 깨끗이 청소해야 한다.

03 커넥팅 로드(Connecting Rod, 연접봉)

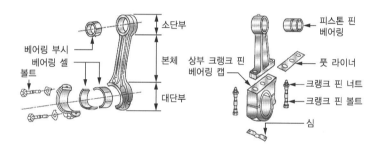

[트렁크형 기관의 커넥팅 로드]

피스톤이 받는 폭발력을 크랭크 축에 전하고, 피스톤의 왕복 운동을 크랭크의 회전 운동으로 바꾸는 역할을 한다. 트렁크형 기관에서는 피스톤과 크랭크를 직접 연결하고, 크로스 헤드형 기관에서는 크로스 헤드와 크랭크를 연결한다. 피스톤과 커넥팅 로드를 연결하는 것은 피스톤 핀이다.

04 피스톤 링은 피스톤과 실린더 라이너 사이의 기밀을 유지하며 피스톤에서 받은 열을 실린더 벽으로 방출하는 압축 링(Compression Ring)과 실린더 라이너 내벽의 윤활유가 연소실로 들어가지 못하도록 긁어내리고 윤활유를 라이너 내벽에 고르게 분포시키는 오일 스크레이퍼 링(Oil Scraper Ring)이 있다. 일반적으로 압축링은 피스톤의 상부에 2~4개, 오일 스크레이퍼 링은 하부에 1~2개를 설치한다. 그러나 2행정 사이클 기관에 사용하는 크로스 헤드형 피스톤의 경우에는 오일 스크레이퍼 링을 설치하지 않는다. 피스톤 링은 적절한 절구 틈을 가져야 하며, 압축링이 오일링보다 연소실에 더 가까이 설치되어 있다.

05 해수 및 청수 냉각 계통을 나타내고 있는데, 계통 중에는 공기 분리기를 설치하여 혼입된 공기를 배출하며, 기관 위쪽에는 냉각수의 온도가 변할 때 물의 부피 변화를 흡수하기 위한 팽창 탱크(Expansion Tank)를 설치한다. 운전 중 냉각수가 누설되어 팽창 탱크의 수위가 떨어지면 기관에 치명적인 영향을 주게 되므로 팽창 탱크 내의 수위는 매일 점검해야하고, 수위가 낮아지면 즉시 보충해 주고 그 원인을 찾아 조치해야 한다. 또, 벤팅 파이프(Venting Pipe)를 설치하여 계통 중에 혼입된 공기를 방출하는데, 이것은 펌프로 가는 기관 출구 냉각수 파이프의 가장 높은 위치에 설치한다. 그리고 이곳의 높이는 팽창 탱크 최저 수위보다 낮아야 한다.

06 **윤활유가 열화 변질되는 원인**
- 윤활유의 온도가 상승할 경우
- 먼지나 금속가루 등이 혼입되는 경우
- 피스톤 링으로부터 연소가스가 누설되는 경우
- 유냉각기로부터 해수가 누설되는 경우
- 연소불량으로 발생한 카본

07 소형선박의 디젤기관에서 흡기 및 배기 밸브는 밸브 스프링의 힘에 의해 닫힌다.

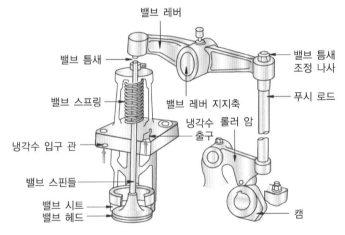

[4행정 사이클 기관의 밸브 구동 장치]

08 실린더 헤드에는 흡기 밸브, 배기 밸브, 시동 공기 밸브, 연료 분사 밸브, 안전 밸브, 인디케이터 밸브, 냉각수 파이프 등이 설치되어 구조가 복잡하다. 2행정 사이클 기관에서는 배기 밸브를 구동하기 위한 고압의 유압 파이프와 공기 파이프가 별도로 설치되는 것도 있다. 실린더 헤드는 고온에 견딜 수 있도록 물로 냉각하기 때문에 가스 쪽과 냉각수 쪽의 온도 차이에 의한 열응력으로 인하여 균열(Crack)이 일어나기 쉽다.

09 **실린더 라이너의 마멸이 기관에 미치는 영향**
- 압축공기의 누설로 압축압력이 낮아지고 기관 시동이 어려워짐
- 옆샘에 의한 윤활유의 오손 및 소비량 증가
- 불완전 연소에 의한 연료 소비량 증가
- 열효율 저하 및 기관 출력 감소

10 운전 중인 소형기관의 윤활유 계통 점검 사항
- 윤활유 펌프의 운전 상태
- 윤활유의 기관 입구 온도
- 윤활유 펌프의 출구 압력

11 소형기관의 시동 후에는 운전 상태를 파악하기 위해 계기류의 지침, 배기색, 진동의 이상 여부, 냉각수의 원활한 공급 여부, 윤활유 압력이 정상적으로 올라가는지의 여부, 연소가스의 누설 여부 등을 점검해야 한다.

12 기관 운전 중에 확인해야 할 사항 : 윤활유의 압력과 온도, 배기가스의 색깔과 온도, 기관의 진동 여부
※ 크랭크실의 내부 검사는 기관이 완전히 정지한 상태에서 실시해야 한다.

13
- 경사 : 선체와의 간격을 두기 위하여 일반적으로 프로펠러 날개가 축의 중심선에 대하여 선미 방향으로 10~15° 정도 기울어져 있는 것을 뜻한다.
- 간극 : 프로펠러와 고정된 부품 사이의 틈
- 슬립 : 프로펠러의 이론적인 전진거리와 실제 전진거리의 차를 실각이라 하며, 슬립이라고도 한다.

14 선저부의 선체나 선미의 프로펠러, 타(Rudder) 등이 전식작용에 의해 부식되는 것을 방지하기 위해 아연판을 부착한다. 아연판을 부착하게 되면 부착한 아연이 먼저 부식되어 없어지기 때문에 선체나 키를 보호할 수 있다.

15 납축전지의 특성
전해액의 온도에 따라 축전지의 용량이 변한다. 전해액의 온도가 올라가면 축전지의 용량은 늘어나고, 온도가 내려가면 적어진다. 이것은 황산의 분자 또는 이온 등의 이동이 온도가 내려감에 따라 감소하고, 묽은 황산의 비저항 증가로 인한 전압 강하가 발생하기 때문이다. 납축전지는 극판, 격리판, 전해액으로 구성된다.

16 양묘기란 배의 닻(앵커)을 감아올리고 내리는 데 사용하는 특수한 윈치이다. 보통 뱃머리 갑판 위에 있으나 특수한 배에서는 선미에 설치하는 경우도 있다. 양묘기의 설계에는 종류나 양식이 많지만, 앵커케이블을 감는 체인풀리와 브레이크가 주요한 부분이다. 체인풀리를 회전시키는 원동기에는 기동·전동·전동 유압·압축공기식 등이 있다.

17 작동유의 온도가 낮아지면 점도는 높아지고, 온도가 높아지면 점도는 낮아진다. 점도는 끈적끈적한 정도를 말하는 것이며 물같이 잘 흐르게 되는 상태를 점도가 낮아진 상태로 표현한다.

18 원심펌프 송출량 조절 방법
- 펌프의 회전 속도를 조절하는 방법
- 펌프의 송출 밸브 개도를 조절하는 방법

19 원심펌프에서 과부하 운전의 원인
- 베어링이 많이 손상되어 있는 경우
- 축(Shaft)의 중심이 맞지 않는 경우
- 글랜드 패킹이 과도하게 조여 있는 경우

20 • 유효전력 : 전원에서 공급되고 부하에서 실제로 소비되는 전력. 전압의 실효값을 V, 전류의 실효값을 I로 하면 유효 전력 P는 P=VI cosφ 로 구해진다.

• 무효전력 : 교류회로에 흐르는 전류에는 전력의 전송에 기여하는 유효성분과 기여하지 않는 무효성분이 있는데, 이 중 무효성분의 크기와 전압의 크기와의 곱에 비례하는 양을 말한다.

• 직류전력 : 직류 회로의 단위 시간당 에너지. 단위는 W(와트).

21 디젤기관의 운전 중 비정상적인 상태와 그 대책

현 상	원 인	대 책
모든 실린더에서 배기 온도가 높다.	부하의 부적합	연료 펌프 래크의 인덱스를 점검하여 부하 상태를 점검한다.
	흡입 공기의 온도가 너무 높음	공기 냉각기의 출·입구 온도를 점검하여 냉각수 유량을 증가시킨다.
	흡입 공기의 저항이 큼	공기 필터를 새 것으로 교환한다.
	과급기의 상태 불량	과급기의 회전수를 확인하고, 정상적으로 작동하는지를 점검한다.
특정 실린더에서 배기 온도가 높다.	연료 분사 밸브나 노즐의 결함	밸브나 노즐을 교체한다.
	배기 밸브의 누설	밸브를 교체하거나 분해 점검한다.

22 • 볼트(V) : 전압은 일정한 전기장에서 단위 전하를 한 지점에서 다른 지점으로 이동하는 데 필요한 일(에너지)

• 암페어시(Ah) : 1암페어의 전류가 1시간동안 흐르는 전기량

• 옴(Ω) : 전기저항의 단위. 1암페어의 전류가 흐를 때 나타나는 저항

23 • 틈새 게이지(Feeler Gauge) : 틈새에 정해진 두께를 가진 강박편을 삽입해 그 틈새의 간격을 구하기 위한 게이지.

• 서피스 게이지(Surface Gauge) : 정반 위에 놓고 이동시키면서 공작물에 평행선을 긋거나 평행면의 검 사용으로 사용하는 게이지.

• 외경 마이크로미터(Micrometer) : 마이크로미터는 물체의 외경, 두께, 내경, 깊이 등을 마이크로미터(μm) 정도까지 측정할 수 있는 게이지.

24 가솔린기관(Gasoline Engine)
가솔린(휘발유)에서 구동되도록 설계된 스파크 점화 및 연료와 유사한 휘발성을 가진 내연기관

25 중 유
원유에서 가솔린, 경유, 석유 등을 증류하고 나서 얻어지는 기름을 말한다. 주로 디젤기관이나 보일러 가열용, 화력발전용으로 사용하는 석유로, 점도 등에 따라 A중유·B중유·C중유의 세 종류로 나뉜다. 중유는 인화점, 끓는점이 높아 연소시키기 어렵다.

PART 03 | 2019년 제2회 정답 및 해설

제1과목 항 해

01	02	03	04	05	06	07	08	09	10
나	가	사	나	아	나	사	가	나	아
11	12	13	14	15	16	17	18	19	20
아	나	아	사	나	사	가	사	나	가
21	22	23	24	25					
가	사	아	사	아					

01 지구자기장의 복각이 $0°$가 되는 점을 연결한 것은 자기적도이다.

02 짐벌즈는 선박의 동요로 자기 컴퍼스 받침대가 기울어져도 볼을 항상 수평 상태로 유지하기 위한 것이다.

03 경선차는 선박이 좌우로 경사되었을 때 발생하는 자차를 말한다. 경선차 수정은 항해 중 선박이 좌우로 진동할 때, 남북 방향 침로에서 영구 자석을 컴퍼스 볼 밑에 수직으로 놓아 컴퍼스 카드가 약하게 진동할 때까지 조정하면 된다.

04 $6° - 3° = 3°W$(자차나 편차 중 부호가 큰 쪽의 부호를 붙여준다)

05 속도오차
자이로컴퍼스는 한 지점에 고정되어 있는 경우에 지반 운동과 회전축의 세차 운동이 평형을 이루어 진북을 지시하도록 설계되어 있다. 항해 중 지면에 대한 상대 운동이 변함으로써 평형을 잃게 되어 생긴 오차를 속도오차라 한다. 특히, 선박 속도가 빠르고 그 침로가 남북 방향에 가까울수록, 또 위도가 높아질수록 오차가 크다.

06 방위경
나침반에 장치하여 천체나 목표물의 방위를 측정할 때 사용하는 항해계기이다. 삼각형의 스탠드(Stand)와 원통형의 페디스털(Pedestal), 스탠드의 중앙에 세워진 섀도핀(Shadow Pin), 프리즘으로 구성된다.

07 선수미 방향이나 먼 물표를 먼저 측정하고, 정횡 방향이나 가까운 물표를 나중에 측정한다.

08 간접반사에 의한 거짓상
레이더 안테나에서 발사되는 빔이 선박의 연돌(굴뚝)이나 마스트와 같은 선체 구조물에 반사되어 생기는 허상이다. 이 허상은 맹목 구간이나 차영 구간에 실제의 영상과 거의 같은 거리에 나타난다. 일정한 방위선 상에 연속적으로 나타나는 경우도 있다.

09 우리나라 지방표준시는 동경 135°를 기준으로 한다.

10 • 트리거전압발생기 : 레이더의 모든 구성 요소들을 동시에 작동시키기 위한 동기 트리거 신호를 만들어내는 장치로서, 이 트리거 신호를 시작으로 안테나가 회전하면서 레이더가 동작한다.
　　• 펄스변조기 : 레이더 안테나를 통해 발사될 전자파 신호의 지속 시간(펄스 폭)을 결정하는 장치로 여기서 만들어진 펄스 신호는 마그네트론(Magnetron)으로 전송된다.
　　• 마그네트론 : 마그네트론은 양극과 음극으로 구성된 2극 진공관이다. 이 장치는 펄스 변조기에서 만들어진 펄스 신호의 지속 시간 동안 전자적인 진동을 일으켜 강력한 마이크로파 신호를 만들어 낸다.

11 점장도는 항정선을 직선으로 그을 수 있기 때문에 가장 많이 사용된다.

12 방위표지 중 원추형 두 개의 정점이 마주하는 두표는 서방위표지이다.

13 항로지는 해도에 표현할 수 없는 사항에 대하여 상세하게 설명하는 안내서이다.

14 해도에 사용되는 기호와 약어를 수록한 수로도서지는 해도도식이다.

15 항행통보는 주 1회 매주 금요일에 국립해양조사원에서 발행한다.

16 등부표는 체인으로 연결되어 회전 반경이 있기 때문에 속력을 구하는 물표로는 부적당하다.

17 • F : 부동등
　　• Q : 급섬광등
　　• Fl : 섬광등
　　• Oc : 명암등

18 육 표
　　선박의 안전 항해를 위하여 항해사의 길잡이가 되는 육상의 지표. 암초나 얕은 사주를 표시할 필요는 있으나 입표의 건설이 곤란한 경우에는 육상에 간단한 항로표지를 마련하여 선박을 지도하고 항로의 안전을 꾀한다. 이들 가운데 낮에만 유효한 것을 육표, 밤에 이용하도록 만들어진 것을 등주라고 한다.

19 • 레이콘 : 표준 신호와 모스 부호를 이용하며, 유효 거리는 주야간 10마일 정도로 농무 시나 기상 악화 시 선박의 안전 운항에 큰 도움이 된다.
　　• 레이마크 : 레이더 등대라고도 하며, 일정한 지점에서 레이더파를 계속 발사하는 것으로 송신국의 방향이 휘선으로 나타나도록 전파가 발사 되며, 유효 거리는 주야간 20마일이다.

20 무종(Fog Bell)은 종을 쳐서 소리를 내는 음향 표지이다.

21 한랭전선은 적란운이 전선전방에서 크게 발달한 것이며 강한 돌풍과 강수를 동반한다.

22 전선의 종류

종 류	일기도에 그리는 부호(단색)
한랭전선	
발생하는 한랭전선	
소멸하는 한랭전선	
온난전선	
발생하는 온난전선	
소멸하는 온난전선	
폐색전선	
정체전선	
발생하는 정체전선	
소멸하는 정체전선	

23 STNR은 정체(Stationary) 중 이라는 뜻이다.

24 항해 계획의 수립 순서
　① 각종 수로 도지에 의한 항행 해역의 조사 및 연구와 자신의 경험을 바탕으로 가장 적합한 항로를 선정한다.
　② 소축적 해도상에 선정한 항로를 기입하고, 대략적인 항정을 구한다.
　③ 사용 속력을 결정하고 실속력을 추정한다.
　④ 대략의 항정과 추정한 실속력으로 항행할 시간을 구하여 출·입항 시각 및 항로상의 중요한 지점을 통과하는 시각 등을 추정한다.
　⑤ 수립한 계획이 적절한가를 검토한다.
　⑥ 대축척 해도에 출·입항 항로, 연안 항로를 그리고, 다시 정확한 항정을 구하여 예정 항행 계획표를 작성한다.
　⑦ 세밀한 항행 일정을 구하여 출·입항 시각을 결정한다.

25 입항항로를 선정할 때는 항만관계 법규, 묘박지의 수심 및 저질, 항만의 상황 및 지형 등을 고려해야 한다.

01	02	03	04	05	06	07	08	09	10
아	아	가	나	나	나	나	아	아	나
11	12	13	14	15	16	17	18	19	20
사	사	나	사	나	사	사	나	나	사
21	22	23	24	25					
나	가	아	사	아					

01
• 현호 : 선수에서 선미에 이르는 상갑판의 곡선
• 캠버 : 배 길이 중앙지점의 선체중심이 부풀어 오른 높이
• 빌지 : 배 바닥에 괸 물이나 기름의 혼합물

02
앵커의 각부 명칭

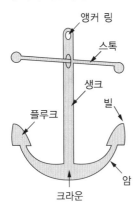

03
전장은 선체에 고정적으로 부속된 모든 돌출물을 포함하는 선수의 최전단으로부터 선미의 최후단까지의 수평 거리를 말한다.

04
타의 구조

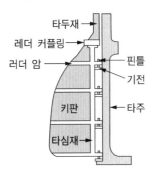

05 키의 회두량을 표시해 주는 것은 타각 지시기이다. 타각 지시기는 조타대에서 잘 보이는 곳에 설치되고, 또 외부에서 볼 수 있도록 좌현 및 우현의 조타실 바깥쪽에 설치되어 있는 경우도 있다.

06 1사리는 로프의 굵기에 관계없이 200미터이다. 섬유 로프는 1사리 단위로 하고, 와이어 로프는 1미터 단위로 하여 무게를 나타낸다.

07 현호의 기능과 선체 부식 방지와는 관련성이 없다.

08 구명뗏목(Life Raft)은 선박이 침몰할 때 갑판 위에서 해상으로 투하하거나 또는 선박의 침몰 시 자동적으로 부상하여 조난자가 안전하게 탑승할 수 있는 구명 설비이다.

09 조난 시 퇴선하여 구조선이나 인근의 선박, 조난선박의 구명정, 구명뗏목과의 통신을 위해 준비된 것으로 500톤 이하의 경우 2대를 갖추어야 하는 장비는 2-way VHF 무선전화이다.

10 익수자의 안전을 위해 풍상에서 접근해야 한다.

11 자기 점화등은 주로 야간에 구명부환의 위치를 알리는데 사용된다.

12 구명줄 발사기
발사기의 손잡이를 잡고 방아쇠를 당기면 발사체가 로프를 끌고 날아가는 장비로, 구명부환에 부착되어 있다.

13 • 조난통신 : MAYDAY MAYDAY MAYDAY
• 긴급통신 : PAN PAN PAN PAN PAN PAN
• 안전통신 : SECURITE SECURITE SECURITE

14 등화신호의 표준 속도는 1분간 40자로 한다.

15 일정한 타각을 주었을 때 선박이 선회하는 각속도의 정도를 선회성이라고 한다. 어선이나 군함은 빠른 기동성이 필요하므로 큰 선회성이 요구된다.

16 컨테이너선과 같이 방형계수가 작은 선박은 추종성 및 침로안정성이 양호한 반면 선회성이 좋지 않고, 유조선과 같이 방형계수가 큰 비대선은 반대로 선회성이 양호하고 추종성 및 침로 안정성이 좋지 않은 경향이 있다.

17 선박에서 운항 중 익수자가 발생할 경우 익수자 발생 현쪽으로 전타하는 것은 킥 현상을 이용하여 익수자가 선미 프로펠러의 영향으로부터 멀어지게 하기 위함이다.

18 타를 돌린 직후에 선박은 타력에 의하여 짧은 순간 내방으로 경사한다. 계속해서 선회하면 원심력이 생기고 선체는 내방경사에서 외방경사로 바뀐다.

19 타판에 작용하는 수압

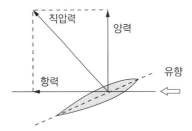

20 우선회 고정피치 스크루 프로펠러 선박에서 정지상태에서 후진할 때, 선체의 좌현 쪽으로 흘러가는 배출류는 좌현 선미를 따라 앞으로 빠져 나간다. 그러나 선체의 우현 쪽으로 흘러가는 배출류는 우현의 선미 측벽에 거의 직각으로 부딪치면서 큰 압력을 형성한다.

21 선수미선과 조류의 유선이 일치되도록 조종한다.

22 북반구에서 태풍이 접근할 때 풍향이 우측으로 변화(Right)하면 본선은 태풍 진로의 우측 반원(Right)에 있으므로 풍랑을 우현 선수(Right)에서 받도록 선박을 조종한다. 이것을 RRR 법칙 또는 3R 법칙이라고 한다. 풍향이 좌측으로 변화(Left) 하면, 본선은 태풍 진로의 좌측 반원(Left)에 있으므로 풍랑을 우현 선미(Right Stern)에서 받도록 선박을 조종하여 태풍의 중심에서 벗어난다. 이것을 LLS 또는 LLRS 법칙이라고 한다.

23 대각도 횡경사(Lurching)가 발생하면 갑판 상에는 다량의 해수가 덮치게 되고, 이로 인하여 화물의 이동과 선체의 손상이 일어난다. 선박의 복원력이 클 경우 횡동요가 줄어 대각도 횡경사가 발생하기 힘들다.

24 계류색의 정비 불량이 선박 간 충돌사고의 직접적인 원인이 될 수 없다.

25 어망을 끌면서 선박의 정횡방향에서 파를 받으면 전복의 위험이 발생한다.

01	02	03	04	05	06	07	08	09	10
나	가	나	나	가	나	사	사	가	사
11	12	13	14	15	16	17	18	19	20
아	사	아	나	아	사	아	가	사	아
21	22	23	24	25					
사	사	사	나	아					

01 조종불능선이란 선박의 조종성능을 제한하는 고장이나 그 밖의 사유로 조종을 할 수 없게 되어 다른 선박의 진로를 피할 수 없는 선박을 말한다. 조종불능선은 다음과 같이 등화나 형상물을 표시해야 한다.
 • 가장 잘 보이는 곳에 수직으로 붉은색 전주등 2개
 • 가장 잘 보이는 곳에 수직으로 둥근꼴이나 그와 비슷한 형상물 2개
 • 대수속력이 있는 경우에는 등화에 덧붙여 현등 1쌍과 선미등 1개

02 • 전주등 : 360°에 걸치는 수평의 호를 비추는 등화. 다만, 섬광등은 제외한다.
 • 선미등 : 135°에 걸치는 수평의 호를 비추는 흰색 등으로서 그 불빛이 정선미 방향으로부터 양쪽 현의 67.5°까지 비출 수 있도록 선미 부분 가까이에 설치된 등
 • 양색등 : 선수와 선미의 중심선상에 설치된 붉은색과 녹색의 두 부분으로 된 등화로서 그 붉은색과 녹색 부분이 각각 현등의 붉은색 등 및 녹색 등과 같은 특성을 가진 등

03 섬광등
 360°에 걸치는 수평의 호를 비추는 등화로서 일정한 간격으로 1분에 120회 이상 섬광을 발하는 등

04 범선이 기관을 동시에 사용하여 진행하고 있는 경우에는 앞쪽의 가장 잘 보이는 곳에 원뿔꼴로 된 형상물 1개를 그 꼭대기가 아래로 향하도록 표시하여야 한다.

05 항행 중인 동력선이 서로 상대의 시계 안에 있는 경우 기적 신호 및 발광 신호
 • 침로를 오른쪽으로 변경하고 있는 경우 : 단음 1회 / 섬광 1회
 • 침로를 왼쪽으로 변경하고 있는 경우 : 단음 2회 / 섬광 2회
 • 기관을 후진하고 있는 경우 : 단음 3회 / 섬광 3회

06 • 연안통항대 : 통항분리수역의 육지 쪽 경계선과 해안 사이의 수역을 말한다.
 • 분리선(분리대) : 서로 다른 방향으로 진행하는 통항로를 나누는 선 또는 일정한 폭의 수역을 말한다.

07 • 어로에 종사하고 있는 선박 중 항행 중인 선박은 될 수 있으면 다음 선박의 진로를 피하여야 한다.
  – 조종불능선
  – 조종제한선
 • 조종불능선이나 조종제한선이 아닌 선박은 부득이하다고 인정하는 경우 외에는 등화나 형상물을 표시하고 있는 흘수제약선의 통항을 방해하여서는 아니 된다.
 • 수상항공기는 될 수 있으면 모든 선박으로부터 충분히 떨어져서 선박의 통항을 방해하지 아니하도록 하되, 충돌할 위험이 있는 경우에는 이 법에서 정하는 바에 따라야 한다.

- 수면비행선박은 선박의 통항을 방해하지 아니하도록 모든 선박으로부터 충분히 떨어져서 비행(이륙 및 착륙을 포함한다. 이하 같다)하여야 한다. 다만, 수면에서 항행하는 때에는 이 법에서 정하는 동력선의 항법을 따라야 한다.

08 선박이 다른 선박과 충돌할 위험이 있는지를 판단하는 방법
- 선박은 다른 선박과 충돌할 위험이 있는지를 판단하기 위하여 당시의 상황에 알맞은 모든 수단을 활용하여야 한다.
- 레이더를 설치한 선박은 다른 선박과 충돌할 위험성 유무를 미리 파악하기 위하여 레이더를 이용하여 장거리 주사, 탐지된 물체에 대한 작도, 그 밖의 체계적인 관측을 하여야 한다.
- 선박은 불충분한 레이더 정보나 그 밖의 불충분한 정보에 의존하여 다른 선박과의 충돌 위험 여부를 판단하여서는 아니 된다.
- 선박은 접근하여 오는 다른 선박의 나침방위에 뚜렷한 변화가 일어나지 아니하면 충돌할 위험성이 있다고 보고 필요한 조치를 하여야 한다. 접근하여 오는 다른 선박의 나침방위에 뚜렷한 변화가 있더라도 거대선 또는 예인작업에 종사하고 있는 선박에 접근하거나, 가까이 있는 다른 선박에 접근하는 경우에는 충돌을 방지하기 위하여 필요한 조치를 하여야 한다.

09 해양경찰서장은 거대선, 위험화물운반선, 고속여객선, 그 밖에 해양수산부령으로 정하는 선박이 교통안전 특정해역을 항행하려는 경우 항행안전을 확보하기 위하여 필요하다고 인정하면 선장이나 선박소유자에게 다음 사항을 명할 수 있다.
- 통항시각의 변경
- 항로의 변경
- 제한된 시계의 경우 선박의 항행 제한
- 속력의 제한
- 안내선의 사용
- 그 밖에 해양수산부령으로 정하는 사항

10 - 항행장애물이란 선박으로부터 떨어진 물건, 침몰·좌초된 선박 또는 이로부터 유실된 물건 등 해양수산부령으로 정하는 것으로서 선박항행에 장애가 되는 물건을 말한다.
- 항행장애물을 발생 시켰을 경우에는 해양수산부 장관에게 보고하고 항행장애물의 위험성 결정에 필요한 사항은 해양수산부령으로 정한다.
- 항행장애물 제거 책임자(선장, 선박소유자, 선박운항자)는 항행장애물이 다른 선박의 항행 안전을 저해할 우려가 있는 경우에는 지체 없이 항행장애물에 위험성을 나타내는 표시를 하거나 다른 선박에게 알리기 위한 조치를 하여야 한다. 또한 항행장애물 제거 책임자는 항행장애물을 제거해야한다.

11 - 항로에서 할 수 없는 행위
  - 선박의 방치
  - 어망 등 어구의 설치나 투기
- 누구든지 항만의 수역 또는 어항의 수역 중 대통령령으로 정하는 수역에서는 해상교통의 안전에 장애가 되는 스킨다이빙, 스쿠버다이빙, 윈드서핑 등 대통령령으로 정하는 행위를 하여서는 아니 된다. 다만, 해상교통안전에 장애가 되지 아니한다고 인정되어 해양경찰서장의 허가를 받은 경우와 「체육시설의 설치·이용에 관한 법률」 제20조에 따라 신고한 체육시설업과 관련된 해상에서 행위를 하는 경우에는 그러하지 아니하다.

12 안전한 속력을 결정할 때에는 다음의 사항을 고려하여야 한다.
- 시계의 상태
- 해상교통량의 밀도
- 선박의 정지거리·선회성능, 그 밖의 조종성능
- 야간의 경우에는 항해에 지장을 주는 불빛의 유무
- 바람·해면 및 조류의 상태와 항행장애물의 근접상태
- 선박의 흘수와 수심과의 관계
- 레이더의 특성 및 성능
- 해면상태·기상, 그 밖의 장애요인이 레이더 탐지에 미치는 영향
- 레이더로 탐지한 선박의 수·위치 및 동향

13 트롤망 어로에 종사하는 선박 외에 어로에 종사하는 선박은 항행 여부에 관계없이 다음과 같이 등화나 형상물을 표시하여야 한다.
- 수직선 위쪽에는 붉은색, 아래쪽에는 흰색 전주등 각 1개 또는 수직선 위에 두 개의 원뿔을 그 꼭대기에서 위아래로 결합한 형상물 1개
- 수평거리로 150미터가 넘는 어구를 선박 밖으로 내고 있는 경우에는 어구를 내고 있는 방향으로 흰색 전주등 1개 또는 꼭대기를 위로 한 원뿔꼴의 형상물 1개
- 대수속력이 있는 경우에는 등화에 덧붙여 현등 1쌍과 선미등 1개

14 노도선은 노와 상앗대로 운전하는 선박으로 항행 중인 범선의 등화를 표시할 수 있다.

15 전주등
360°에 걸치는 수평의 호를 비추는 등화. 다만, 섬광등은 제외한다.

16 • 누구든지 무역항의 수상구역 등에서 선박교통에 방해가 될 우려가 있는 장소 또는 항로에서는 어로(어구 등의 설치를 포함한다)를 하여서는 아니 된다.
- 누구든지 무역항의 수상구역 등이나 무역항의 수상구역 부근에서 선박교통에 방해가 될 우려가 있는 강력한 불빛을 사용하여서는 아니 된다.

17 예인선의 항법
예인선이 무역항의 수상구역 등에서 다른 선박을 끌고 항행하는 경우에는 다음에서 정하는 바에 따라야 한다.
- 예인선의 선수로부터 피예인선의 선미까지의 길이는 200m를 초과하지 아니할 것. 다만, 다른 선박의 출입을 보조하는 경우에는 그러하지 아니하다.
- 예인선은 한꺼번에 3척 이상의 피예인선을 끌지 아니할 것

18 • 지정·고시한 항로를 따라 항행하지 아니한 자는 500만원 이하의 벌금에 처한다.
- 허가를 받지 않고 공사 또는 작업을 한 자는 300만원 이하의 벌금에 처한다.
- 허가를 받지 않고 무역항의 수상구역 등에 출입한 경우 1년 이하의 징역 및 1천만원 이하의 벌금에 처한다.

19 출입신고를 하지 아니할 수 있는 선박

- 총톤수 5톤 미만의 선박
- 해양사고구조에 사용되는 선박
- 「수상레저안전법」 따른 수상레저기구 중 국내항 간을 운항하는 모터보트 및 동력요트
- 그 밖에 공공목적이나 항만 운영의 효율성을 위하여 해양수산부령으로 정하는 선박

20 방파제 부근에서는 출항선박이 먼저 통과할 때까지 입항 선박이 방파제 밖에서 기다렸다가 출항선박의 방파제 통과가 끝나면 입항선박이 통과한다.

21 무역항의 항로에서의 항법

- 항로 밖에서 항로에 들어오거나 항로에서 항로 밖으로 나가는 선박은 항로를 항행하는 다른 선박의 진로를 피하여 항행할 것
- 항로에서 다른 선박과 나란히 항행하지 아니할 것
- 항로에서 다른 선박과 마주칠 우려가 있는 경우에는 오른쪽으로 항행할 것
- 항로에서 다른 선박을 추월하지 아니할 것. 다만, 추월하려는 선박을 눈으로 볼 수 있고 안전하게 추월할 수 있다고 판단되는 경우에는 기적신호를 하여 그 의사를 표현하고, 추월선을 안전하게 통과시키기 위한 동작을 취하여야 한다.
- 항로를 항행하는 위험물운송선박 또는 흘수제약선의 진로를 방해하지 아니할 것
- 범선은 항로에서 지그재그(Zigzag)로 항행하지 아니할 것

22
- 해양경찰청장은 선박이 빠른 속도로 항행하여 다른 선박의 안전 운항에 지장을 초래할 우려가 있다고 인정하는 무역항의 수상구역 등에 대하여는 관리청에 무역항의 수상구역 등에서의 선박 항행 최고속력을 지정할 것을 요청할 수 있다.
- 관리청은 위의 사항에 따른 요청을 받은 경우 특별한 사유가 없으면 무역항의 수상구역 등에서 선박 항행 최고속력을 지정·고시하여야 한다. 이 경우 선박은 고시된 항행 최고속력의 범위에서 항행하여야 한다.
  ※ 2021년 1월 1일에 개정된 법률로 개정 전에는 **해양경찰청장, 해양수산부장관이 정답**이었다.

23 오염물질이라 함은 해양에 유입 또는 해양으로 배출되어 해양환경에 해로운 결과를 미치거나 미칠 우려가 있는 폐기물·기름·유해액체물질 및 포장유해물질을 말한다.

24
- 유흡착제 : 해상오염방제 장비자재로서, 해상에 유출된 기름을 흡수하는 방법으로 제거하기 위하여 기름이 잘 스며드는 재료로 만든 제품을 말한다.
- 유겔화제 : 해상오염방제 장비자재로서, 해상에 유출된 기름 성분이 서로 달라붙게 해 제거하는 제품이다.
- 기름방지매트 : 해상에 유출될 기름 확산을 방지하기 위해 선박 주변에 깔아 놓는 해상오염방제 장비이다.

25 선박에서 기름이 배출된 경우 해양오염방제 장비자재를 이용하여 기름의 제거, 확산 방지 등을 위한 응급 조치를 실시해야 한다.

01	02	03	04	05	06	07	08	09	10
사	아	사	아	가	나	가	가	가	나
11	12	13	14	15	16	17	18	19	20
아	아	나	사	나	나	아	나	사	가
21	22	23	24	25					
가	나	나	가	가					

01 폭발 간격이 균일해야 한다. 즉, 4행정 사이클 기관은 720 ÷ 실린더 수 마다 폭발하고, 2행정 사이클 기관은 360 ÷ 실린더 수 마다 폭발해야 한다. 따라서 4행정 사이클 6실린더 기관이므로 720 ÷ 6 = 120도이다.

02 **응축기**
냉동기의 압축기로부터 나온 고온·고압의 냉매 가스를 물이나 공기로 냉각하여 액화시키는 역할을 한다.

03 압축비가 클수록 압축압력은 높아지는데, 압축비를 크게 하려면 압축 부피를 작게 하거나 피스톤의 행정을 길게 해야 한다. 압축비 = 실린더 부피(행정 부피 + 압축 부피) ÷ 압축 부피

04 • 전달마력 : 실제로 프로펠러에 전달되는 동력이며, 프로펠러 설계 시의 기준 동력이다. 제동마력에서 주로 축계에 있는 베어링, 선미관 등에서의 마찰 손실 및 기타 손실 동력을 뺀 값이다.
• 유효마력 : 예인 동력(Towing Power)이라고도 하며, 선체를 특정한 속도로 전진시키는 데 필요한 동력이다.
• 제동마력 : 내연기관의 크랭크 축에 제동식 동력계를 붙여서 측정한다. 증기 터빈 등에서는 축마력 동력을 측정하기 때문에 축마력(SHP, Shaft Horse Power)이라 한다.

05 **4행정 사이클 기관의 밸브 구동 장치**

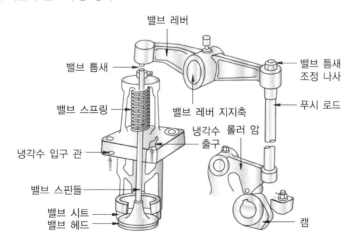

06   연소실의 구성 요소 : 실린더 헤드, 실린더 라이너, 피스톤

07   평형 추의 설치 목적

디젤기관의 크랭크 축에 설치되는 피스톤 및 커넥팅 로드의 중량과 균형을 잡기 위해 핀 저널부의 반대쪽에 설치되어 크랭크 축의 좌우, 상하 평형을 유지시키는 추를 말한다. 디젤기관은 고속으로 회전하기 때문에 불평형에 의해서 발생되는 기관의 진동을 방지하고, 회전체의 불균형을 보완하여 크랭크 암과 핀의 원심력과 평형을 도모하기 위하여 설치한다.

08   • 디젤기관(압축점화기관) : 고온·고압으로 압축된 공기에 연료를 분사하여 자연 발화·연소시키는 것이다.
         • 가솔린기관(불꽃점화기관) : 공기와 연료를 혼합하여 점화 플러그에 의해 폭발시키는 것이다.

09   소형기관의 시동 후에는 운전 상태를 파악하기 위해 계기류의 지침, 배기색, 진동의 이상 여부, 냉각수의 원활한 공급 여부, 윤활유 압력이 정상적으로 올라가는지의 여부, 연소가스의 누설 여부 등을 점검해야 한다.

10   디젤 노킹은 디젤엔진 4행정 중 폭발행정 과정에서 정상적인 착화시기가 지난 후에 착화가 발생함으로써, 미연소 연료가 증가하여 다량의 혼합기가 한꺼번에 연소함에 따라 소음과 진동이 증가하는 현상을 말한다.

11   디젤기관의 운전 중 냉각수 계통에서 기관의 입구 압력과 기관의 출구 온도를 주의해서 관찰해야 한다.

12   윤활유 펌프는 기관의 각종 베어링이나 마찰부에 압력이 있는 윤활유를 공급하기 위해 사용한다. 중·소형 기관에서는 기관과 직접 연결되어 기관 동력의 일부를 이용하여 펌프를 구동하는데, 기관이 정지하고 있을 때는 펌프를 구동할 수 없는 단점이 있다. 이 경우에는 별도의 전동 윤활유 펌프를 설치하여 기관이 정지 중일 때는 프라이밍(Priming) 운전을 하고, 기관이 정상 운전되어 윤활유 압력이 상승하면 자동으로 정지되도록 하고 있다. 대형기관에서는 기관의 운전 여부와 관계없이 윤활유 펌프를 구동할 수 있도록 독립된 전동기로 구동한다. 윤활유 펌프의 토출 압력은 냉각수의 압력보다 조금 높게 하여 냉각수가 유입되지 않도록 한다. 기어 펌프(Gear Pump), 트로코이드 펌프(Trochoid Pump), 이모 펌프(Imo Pump) 등이 사용된다.

13   과급기(Supercharger)

연소에 필요한 공기를 대기압 이상의 압력으로 압축하여, 밀도가 높은 공기를 실린더 내에 공급하여 연료를 완전 연소시킴으로써 평균 유효 압력을 높여 기관의 출력을 증대시키는 장치를 말한다.

14 선박의 축계장치

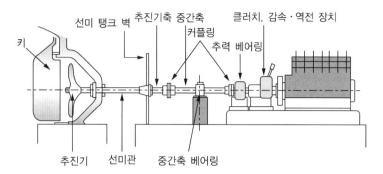

선박의 축계장치는 추력축과 추력 베어링, 중간축, 중간 베어링, 추진기축, 선미관, 추진기로 구성되고 가장 뒤쪽에 설치된 축은 추진기축이다. 추력 베어링(Thrust Bearing)은 선체에 부착되어 있으며, 추력 칼라의 앞과 뒤에 설치되어 프로펠러로부터 전달되어 오는 추력을 추력 칼라에서 받아 선체에 전달하여 선박을 추진시키는 역할을 한다.

15 조타 장치는 조타륜에서 발생한 신호를 전달 받아 동력 장치에 전달하는 조종 장치, 타를 움직이는데 필요한 동력을 얻는 원동기, 타가 소요 각도만큼 돌아갔을 때 타를 그 위치에 고정시키는 추종 장치, 원동기의 기계적 에너지를 타에 전달하는 전달 장치로 구성된다.

16 왕복펌프에서 공기실의 역할은 송출되는 유량의 변동을 일정하게 유지하는 것이다.

17 연료유 펌프, 냉각청수 펌프, 윤활유 펌프는 기관에 의해 직접 구동되는 펌프이다. 수선 아래에 고인 물을 직접 선외로 배출시킬 수 없으므로, 각 구역에 설치된 빌지 웰에 모아 빌지펌프로 배출한다.

18 원심펌프
케이싱 속의 회전차를 수중에서 고속으로 회전시켜 물이 원심력을 일으켜 얻은 속도에너지를 압력에너지로 바꾸어 물을 흡입·송출한다.

19 원심펌프의 운전 중 점검사항
• 베어링부에 열이 많이 나는지를 점검한다.
• 진동이 심한지를 점검한다.
• 압력계의 지시치를 점검한다.
• 위험 회전수로 운전 중인지를 점검한다.

20 유도전동기에 많이 이용되는 기동법은 직접 기동법이다. 직접 기동법이란 아무런 시동 설비 없이 전동기를 전원 회로망에 직접 투입하는 시동 방식을 말한다.

21 과급기

단위 시간 동안 실린더 내로 흡입되는 공기량을 증가시킴으로써 연료를 많이 연소시켜 기관의 출력을 증대시키는 일종의 송풍기이다. 과급기가 있는 디젤 주기관에서 과급기는 기관보다 약간 높은 곳에 위치한다.

22 선박의 연료 소비량은 속도의 세제곱에 비례한다. 선박의 항속을 2배로 올리기 위해서는 8배, 3배로 올리기 위해서는 27배의 기관 출력이 필요하다. 따라서 연료 소비량은 8배 또는 27배가 된다

23 운전 중인 디젤기관에서 어느 한 실린더의 최고압력이 다른 실린더에 비해 낮은 경우의 원인은 해당 실린더의 배기 밸브가 누설했을 때, 실린더의 연료분사 밸브가 막혔을 때, 실린더 라이너의 마멸이 심할 때이다.

24 점도(Viscosity)

점도는 유체의 흐름에서 내부 마찰의 정도를 나타내는 양, 즉 끈적거림의 정도를 표시하는 것이다. 온도가 낮아지면 점도는 높아지고, 온도가 높아지면 점도는 낮아진다. 윤활유를 기관에 사용할 때 점도가 너무 낮으면 기름의 내부 마찰은 감소하지만 유막이 파괴되어 마멸이 심하게 되고, 베어링 등 마찰부가 소손될 우려가 있으며, 연소가스의 기밀 효과가 떨어져 가스의 누설이 증대된다. 반대로 윤활유의 점도가 높을수록 완전 윤활이 되기 쉽다. 그러나 점도가 너무 높으면 유막은 두꺼워지지만 기름의 내부 마찰이 증대되고, 윤활 계통의 순환이 불량해지며, 시동이 곤란해질 수 있고, 기관 출력이 떨어진다. 그러므로 기관에 따라 적절한 점도의 기름을 사용해야 한다.

25 연료유 중에 불순물이 있으면 연료 분사 밸브의 분무 구멍이 막히거나, 연료 펌프의 플런저가 빨리 마멸되는 원인이 된다. 따라서 디젤 기관에서는 반드시 여과된 연료유를 사용해야 한다.

PART 03 · 2019년 제3회 정답 및 해설

제1과목 항 해

01	02	03	04	05	06	07	08	09	10
나	사	아	가	사	나	사	가	아	아
11	12	13	14	15	16	17	18	19	20
가	사	나	사	나	아	가	아	가	사
21	22	23	24	25					
사	아	나	가	나					

01 자기 컴퍼스(마그네틱 컴퍼스)의 구조

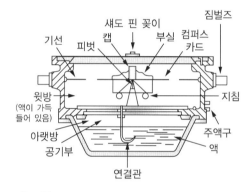

섀도 핀

놋쇠로 된 가는 막대로 컴퍼스 볼의 위쪽 유리 덮개의 중앙에 있는 섀도 핀 자리에 세워서 물표와 섀도 핀이 동일 연직면 내에 있을 때 카드의 눈금을 읽어서 그 물표의 방위로 삼는다.

02 짐벌즈는 선박의 동요로 비너클이 기울어져도 볼을 항상 수평으로 유지시켜 주는 역할을 한다.

03 • Q기 : 본선은 건강하다. 검역허가를 바란다.
 • NC기 : 본선은 조난을 당했다.
 • VE기 : 본선은 소독 중이다.
 • OQ기 : 본선은 자차 측정 중이다.

04   • 제동타 : 복원타를 사용하였을 때 반대쪽으로 넘어가기 전에 미리 사용하는 타
 • 복원타 : 벗어난 각도(편각)를 없애주기 위해 사용하는 타
 • 편각 : 파랑, 파도 등의 영향을 받아 선박이 설정 침로로부터 벗어난 각도
 • 합성타 : 복원타와 제동타의 합성으로 복원타의 위상보다 빠르게 되며 배의 요잉을 줄이는 것으로 비례 미분동작을 말한다.

05   방향보존성은 '운동하는 물체는 그 운동 상태를 그대로 보존하려는 성질이 있다'는 뉴턴의 관성의 법칙으로 설명할 수 있다.

06   대수속력은 선박의 엔진 출력의 속력이므로 8노트이다.

07   디지피에스(DGPS)
위치를 알고 있는 기준국(위치가 고정됨)에서 GPS위치를 구하여 보정량을 결정한 다음, 이 보정량을 규정된 포맷에 따라 방송하면, 기준국으로부터 일정한 범위 내의 DGPS 수신기는 자신이 측정한 GPS 신호에 그 보정량을 가감하여 정확한 위치를 구하는 방식이다.

08   레이콘(Racon ; Radar Transponder Beacon)
선박 레이더에서 발사된 전파를 받은 때에만 응답하며, 레이더 화면상에 일정한 형태의 신호가 나타날 수 있도록 전파를 발사한다. 표준 신호와 모스 부호를 이용하며, 유효 거리는 주야간 각 10마일 정도로 농무 시나 기상 악화 시 선박의 안전 운항에 큰 도움이 된다.

09   선박의 펄스 반복주기가 다를 경우 그림과 같이 타선의 레이더 전파가 나선형의 점선으로 나타난다.

10   레이더로 측정된 방위는 레이더의 수평빔폭에 의해 실제 물표보다 확대되어 나타나기 때문에 레이더로 물표의 방위만을 측정하여 구한 선위는 다른 방법에 비해 정확도가 다소 떨어진다.

11   우리나라 해도상의 수심의 단위는 미터(m)이다.

12   육지의 물표 및 산, 인공적인 건축물의 높이 기준은 평균수면이다.

13   항행 통보는 매주 금요일 국립해양조사원에서 주 1회 발행된다.

14   해도 상에 사용되는 특수한 기호와 약어에 관한 내용을 수록한 수로서지는 해도도식이다.

15   방위표지는 해당 방위표지에 해당하는 쪽으로 항해해야 안전하다.

16   등대의 등색으로 사용되는 것은 백색, 적색, 녹색, 황색이다.

17   도등은 전도등과 후도등을 이용한 중시선을 이용하는 광파표지이다.

18   형상표지는 주간표지라고도 한다. 등주는 야간표지이다.

19   고립장애표지(Isolated Danger Marks)
암초나 침선 등 고립된 장애물 위에 설치하는 표지로 두표는 두 개의 흑구를 수직으로 부착하며, 색상은
검은색 바탕에 적색띠를 둘러 표시한다.

20   소리로서 부근을 항해하는 선박에게 항로표지의 위치를 알리는 것을 음향표지라고 한다.

21   풍향은 바람이 불어오는 방향으로 16방위로 표시한다.

22   소나기

23   실황예보는 0~6시간까지 미래의 날씨를 현재 날씨를 바탕으로 0~2시간까지 혹은 길게는 6시간까지 외
삽을 통하여 미리 예측하는 것을 말한다.

24   등부표는 해저와 체인으로 연결되어 회전 반경이 있기 때문에 물표로서 부적당하다.

25   정박선 주위를 항해할 때는 최대한 안전한 속력으로 통과한다.

01	02	03	04	05	06	07	08	09	10
아	나	아	가	아	나	사	가	사	사
11	12	13	14	15	16	17	18	19	20
나	사	아	가	사	사	아	나	사	나
21	22	23	24	25					
사	아	가	나	가					

01 정기검사의 유효기간은 5년이고, 선박 제조 중 등록 검사를 받은 선박의 최초 정기 검사를 제1차 정기 검사로 하고, 그 후로 순차적으로 번호를 붙여서 구별한다.

02 보온복은 몸의 체온을 유지시켜주기 위한 것이다.

03 타의 구조

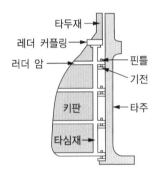

04 도장 시기는 기후가 온화하고 고온 건조하여 페인트가 잘 퍼지고 건조가 빠른 계절이 좋다.

05 식물 섬유 로프
식물의 섬유로 만들어진 것으로, 과거에는 마닐라 로프가 계선줄이나 하역용 로프로 이용되어 왔으나, 합성 섬유 로프가 보급된 요즘에는 많이 쓰이지 않는다.

06 조타장치의 작동부에는 그리스를 도포하여 마멸과 부식을 방지한다.

07 프로펠러, 타 주위에는 철보다 이온화 경향이 큰 아연판을 부착시켜 철의 전식작용에 의한 이온화 침식을 막는다.

08 구명뗏목의 구성

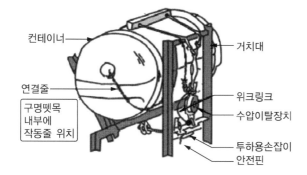

09 구명부기

10 자기 발연 신호는 자기 점화등과 같은 주간 신호이며, 물 위에 부유할 경우 오렌지색 연기를 15분 이상 연속으로 발할 수 있어야 하며, 수중에 완전히 잠긴 후에도 10초간 연기를 발할 수 있어야 한다.

11 방수복
방수복은 물이 스며들지 않아 수온이 낮은 물속에서 체온을 보호할 수 있는 옷으로, 2분 이내에 도움 없이 착용할 수 있어야 한다.

12 상대 선박의 선명을 먼저 부르고, 본선의 선명을 말한 후 감도 있는지를 물어본다.

13 초단파무선설비(VHF)의 최대 출력은 25W이다.

14 우리나라 연해구역을 항해하는 총톤수 10톤인 소형선박에는 초단파무선설비(VHF) 및 EPIRB장비를 설치해야 한다.

15 방형계수
특정 흘수에서 선체의 배수용적과 수선하부의 선체에 외접하는 직육면체 용적의 비이다. 방형계수가 크면 뚱뚱한 배이고, 방형계수가 작으면 날씬한 배이다.

16 조타에 대한 선체 회두의 추종이 빠른지 또는 늦은지를 나타내는 것은 추종성이다.

17 선속은 타에 받는 수압에 의해 줄어든다.

18 항해 중 타판에 작용하는 힘

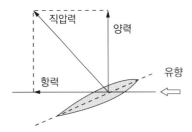

19 선박이 수면 위를 항주하면, 선수와 선미 부근에서는 압력이 높아져서 수면이 높아지고, 선체 중앙 부근에서는 압력이 낮아져서 수면이 낮아지므로 파가 생긴다. 이로 인하여 발생하는 저항을 조파 저항이라고 한다.

20 수심이 얕은 해역에서는 선체의 침하, 속력 감소, 선회성 저하의 현상이 나타난다.

21 선박의 선회 운동

22 묘박 중 황천 준비 사항으로 비상 시 즉시 선박이 움직일 수 있도록 기관사용을 준비하고 밸러스트 탱크에 평형수를 보충해서 흘수를 증가시켜야 하며, 파주력을 크게 하기 위해 충분한 앵커 체인을 인출해야 한다.

23 황천 시 해수가 배수로를 통해 배수되지 못하면 해수가 갑판에 쌓여 무게 중심이 상승되어 복원성이 나빠진다.

24 • A급 화재 : 타고난 후 재가 남는 화재(일반화재)
  • B급 화재 : 유류가스 화재
  • C급 화재 : 전기 화재
  • D급 화재 : 금속 화재

25 인적과실과 관련이 없는 것은 기관의 노후이다. 기관의 노후는 장비의 문제이다.

01	02	03	04	05	06	07	08	09	10
사	사	나	가	아	나	나	아	아	가
11	12	13	14	15	16	17	18	19	20
가	아	나	사	사	나	아	아	사	사
21	22	23	24	25					
가	아	사	가	아					

01　얹혀 있는 선박의 등화와 형상물
　　• 앞쪽에 흰색의 전주등 1개 또는 둥근꼴의 형상물 1개
　　• 수직으로 붉은색의 전주등 2개
　　• 수직으로 둥근꼴의 형상물 3개

02　대수속력이란 선박의 물에 대한 속력으로서 자기 선박 또는 다른 선박의 추진장치의 작용이나 그로 인한 선박의 타력에 의하여 생기는 것을 말한다. 항행 중인 동력선은 대수속력이 있는 경우에는 2분을 넘지 아니하는 간격으로 장음을 1회 울려야 한다.

03　안전한 속력을 결정할 때에는 다음의 사항을 고려하여야 한다.
　　• 시계의 상태
　　• 해상교통량의 밀도
　　• 선박의 정지거리·선회성능, 그 밖의 조종성능
　　• 야간의 경우에는 항해에 지장을 주는 불빛의 유무
　　• 바람·해면 및 조류의 상태와 항행장애물의 근접상태
　　• 선박의 흘수와 수심과의 관계
　　• 레이더의 특성 및 성능
　　• 해면상태·기상, 그 밖의 장애요인이 레이더 탐지에 미치는 영향
　　• 레이더로 탐지한 선박의 수·위치 및 동향

04　기적이란 다음의 구분에 따라 단음과 장음을 발할 수 있는 음향신호장치를 말한다.
　　• 단음 : 1초 정도 계속되는 고동소리
　　• 장음 : 4초부터 6초까지의 시간 동안 계속되는 고동소리

05　해사안전법상 선박의 진로를 피하여야 하는 모든 선박을 피항선이라고 하며, 될 수 있으면 미리 동작을 크게 취하여 다른 선박으로부터 충분히 멀리 떨어져야 한다.

06　길이 12미터 미만의 동력선은 등화를 대신하여 흰색 전주등 1개와 현등 1쌍을 표시할 수 있다.

07
- 항행장애물이란 선박으로부터 떨어진 물건, 침몰·좌초된 선박 또는 이로부터 유실된 물건 등 해양수산부령으로 정하는 것으로서 선박항행에 장애가 되는 물건을 말한다.
- 항행장애물을 발생시켰을 경우에는 해양수산부 장관에게 보고하고 항행장애물의 위험성 결정에 필요한 사항은 해양수산부령으로 정한다.
- 항행장애물 제거 책임자(선장, 선박소유자, 선박운항자)는 항행장애물이 다른 선박의 항행 안전을 저해할 우려가 있는 경우에는 지체 없이 항행장애물에 위험성을 나타내는 표시를 하거나 다른 선박에게 알리기 위한 조치를 하여야 한다. 또한 항행장애물 제거 책임자는 항행장애물을 제거해야한다.

08 선박은 낮 동안에는 이 법에서 정하는 형상물을 표시하여야 한다. 등화를 설치하고 있는 선박은 해가 떠있는 동안에도 제한된 시계에서는 등화를 표시하여야 하며, 필요하다고 인정되는 그 밖의 경우에도 등화를 표시할 수 있다.

09 항행장애물이란 선박으로부터 떨어진 물건, 침몰·좌초된 선박 또는 이로부터 유실된 물건 등 해양수산부령으로 정하는 것으로서 선박항행에 장애가 되는 물건을 말한다.

10 정박 중인 선박은 앞쪽에 흰색의 전주등 1개 또는 둥근꼴의 형상물 1개를 설치히야 한다.

11 선박이 서로 시계 안에 있을 때의 항법은 선박에서 다른 선박을 눈으로 볼 수 있는 상태에 있는 선박에 적용한다.

12 2척의 동력선이 마주치거나 거의 마주치게 되어 충돌의 위험이 있을 때에는 각 동력선은 서로 다른 선박의 좌현 쪽을 지나갈 수 있도록 침로를 우현 쪽으로 변경하여야 한다.

13 항행 중인 범선 등(해상교통안전법 제90조 제2항)
항행 중인 길이 20미터 미만의 범선은 제1항에 따른 등화를 대신하여 마스트의 꼭대기나 그 부근의 가장 잘 보이는 곳에 삼색등 1개를 표시할 수 있다.

14 조종제한선은 기뢰제거작업에 종사하고 있는 경우 외에는 다음의 등화나 형상물을 표시하여야 한다.
- 가장 잘 보이는 곳에 수직으로 위쪽과 아래쪽에는 붉은색 전주등, 가운데에는 흰색 전주등 각 1개
- 가장 잘 보이는 곳에 수직으로 위쪽과 아래쪽에는 둥근꼴, 가운데에는 마름모꼴의 형상물 각 1개
- 대수속력이 있는 경우에는 제1호에 따른 등화에 덧붙여 마스트등 1개, 현등 1쌍 및 선미등 1개

15 서로 상대의 시계 안에 있는 선박이 접근하고 있을 경우 하나의 선박이 다른 선박의 의도 또는 동작을 이해할 수 없거나 다른 선박이 충돌을 피하기 위하여 충분한 동작을 취하고 있는지 분명하지 아니한 경우에는 그 사실을 안 선박이 즉시 기적으로 단음을 5회 이상 재빨리 울려 그 사실을 표시하여야 한다. 이 경우 의문신호는 5회 이상의 짧고 빠르게 섬광을 발하는 발광신호로써 보충할 수 있다.

16 • 정박 : 선박이 해상에서 닻을 바다 밑바닥에 내려놓고 운항을 멈추는 것을 말한다.

　　• 계류 : 선박을 다른 시설에 붙들어 매어 놓는 것을 말한다.

　　• 계선 : 선박이 운항을 중지하고 정박하거나 계류하는 것을 말한다.

17 예인선의 항법

　　예인선이 무역항의 수상구역 등에서 다른 선박을 끌고 항행하는 경우에는 다음에서 정하는 바에 따라야 한다.

　　• 예인선의 선수로부터 피예인선의 선미까지의 길이는 200m를 초과하지 아니할 것. 다만, 다른 선박의 출입을 보조하는 경우에는 그러하지 아니하다.

　　• 예인선은 한꺼번에 3척 이상의 피예인선을 끌지 아니할 것

18 • 무역항 : 국민경제와 공공의 이해에 밀접한 관계가 있고 주로 외항선이 입·출항하는 항만으로 항만법에 따라 지정된 항만을 말한다.

　　• 연안항 : 주로 국내항 간을 운항하는 선박이 입항·출항하는 항만을 말한다.

19 무역항의 항로에서의 항법

　　• 항로 밖에서 항로에 들어오거나 항로에서 항로 밖으로 나가는 선박은 항로를 항행하는 다른 선박의 진로를 피하여 항행할 것

　　• 항로에서 다른 선박과 나란히 항행하지 아니할 것

　　• 항로에서 다른 선박과 마주칠 우려가 있는 경우에는 오른쪽으로 항행할 것

　　• 항로에서 다른 선박을 추월하지 아니할 것. 다만, 추월하려는 선박을 눈으로 볼 수 있고 안전하게 추월할 수 있다고 판단되는 경우에는 기적신호를 하여 그 의사를 표현하고, 추월선을 안전하게 통과시키기 위한 동작을 취하여야 한다.

　　• 항로를 항행하는 위험물운송선박 또는 흘수제약선의 진로를 방해하지 아니할 것

　　• 범선은 항로에서 지그재그(Zigzag)로 항행하지 아니할 것

20 우선피항선이란 주로 무역항의 수상구역에서 운항하는 선박으로서 다른 선박의 진로를 피하여야 하는 선박은 다음과 같다.

　　• 부선(예인선이 부선을 끌거나 밀고 있는 경우의 예인선 및 부선을 포함하되, 예인선에 결합되어 운항하는 압항부선은 제외한다)

　　• 주로 노와 삿대로 운전하는 선박

　　• 예 선

　　• 항만운송관련사업을 등록한 자가 소유한 선박

　　• 해양환경관리업을 등록한 자가 소유한 선박(폐기물해양배출업으로 등록한 선박은 제외한다)

　　• 위 규정에 해당하지 아니하는 총톤수 20톤 미만의 선박

21 방파제 부근에서는 출항선박이 먼저 통과할 때까지 입항 선박이 방파제 밖에서 기다렸다가 출항선박의 방파제 통과가 끝나면 입항선박이 통과한다.

22 항로란 선박의 출입 통로로 이용하기 위하여 관리청이 지정·고시한 수로를 말한다.

23 폐기물이라 함은 해양에 배출되는 경우 그 상태로는 쓸 수 없게 되는 물질로서 해양환경에 해로운 결과를 미치거나 미칠 우려가 있는 물질(기름, 유해액체물질, 포장유해물질 제외)을 말한다.

24 기관구역의 선저폐수는 선저폐수저장장치에 저장한 후 배출관장치를 통하여 오염물질저장시설 또는 해양 오염방제업·유창청소업(저장시설)의 운영자에게 인도할 것. 다만, 기름여과장치가 설치된 선박의 경우에는 기름여과장치를 통하여 해양에 배출할 수 있다.

25 해양환경관리법령상 음식찌꺼기는 항해 중에 영해기선으로부터 최소한 12해리 이상의 해역에 버릴 수 있다. 다만, 분쇄기 또는 연마기를 통하여 25mm 이하의 개구를 가진 스크린을 통과할 수 있도록 분쇄되거나 연마된 음식찌꺼기의 경우 영해기선으로부터 3해리 이상의 해역에 버릴 수 있다.

01	02	03	04	05	06	07	08	09	10
사	아	나	사	나	가	나	가	나	아
11	12	13	14	15	16	17	18	19	20
사	나	나	나	사	사	가	나	아	나
21	22	23	24	25					
나	아	아	아	가					

01 소형선박에서 가장 많이 이용하는 디젤기관의 시동 방법은 시동 전동기에 의한 시동이다. 시동 전동기는 전기적 에너지를 기계적 에너지로 바꾸어 회전력을 발생시키는 장치로, 시동 전동기의 회전력으로 크랭크 축을 회전시켜 기관을 최초로 구동하는 장치이다.

02 실린더 헤드에는 흡기 밸브, 배기 밸브, 시동 공기 밸브, 연료분사밸브, 안전 밸브, 인디케이터 밸브, 냉각수 파이프 등이 설치되어 구조가 복잡하다.

03 연소실의 구성 요소로는 실린더 헤드, 실린더 라이너, 피스톤이 있다.

04 감속 장치는 기관의 크랭크 축으로부터 회전수를 감속시켜서 추진 장치에 전달하여 주는 장치이다. 같은 크기의 기관에서 출력의 증대와 열효율 향상을 위해서는 높은 회전수의 운전이 필요하다. 그러나 선박용 추진 장치의 효율을 좋게 하기 위해서는 프로펠러축의 회전수를 되도록 낮게 하는 것이 좋다.

05 4행정 사이클 디젤기관에서 왕복운동 시 이동거리가 가장 큰 것은 피스톤이다.

06 피스톤 핀(Piston Pin)은 트렁크 피스톤형 기관에서 피스톤과 커넥팅 로드를 연결하고, 피스톤에 작용하는 힘을 커넥팅 로드에 전하는 역할을 한다. 소형 디젤기관에서는 윤활유가 공급된다.

07 부동액은 선박기관용 냉각수의 동결을 방지하기 위하여 사용하는 액체로 냉각수의 어는 온도를 낮춘다.

08 소형기관의 시동 후에는 운전 상태를 파악하기 위해 계기류의 지침, 배기색, 진동의 이상 여부, 냉각수의 원활한 공급 여부, 윤활유 압력이 정상적으로 올라가는지의 여부, 연소가스의 누설 여부 등을 점검해야 한다.

09 과급기(Supercharger)
연소에 필요한 공기를 대기압 이상의 압력으로 압축하여, 밀도가 높은 공기를 실린더 내에 공급하여 연료를 완전 연소시킴으로써 평균 유효 압력을 높여 기관의 출력을 증대시키는 장치이다.

10 디젤기관의 운전 중 냉각수 계통에서 기관의 입구 압력과 기관의 출구 온도를 주의해서 관찰해야 한다.

11 디젤기관의 시동 전 준비사항
터닝 후 기관 각 부의 이상 여부 파악, 각 활동부의 윤활유 주입, 냉각수 온도 조절, 연료유 및 시동 공기압
상태 점검 등

12 윤활유 계통에서 오일 여과기는 윤활유 속의 카본이나 슬러지와 같은 이물질을 걸러내어 오일을 깨끗하게
유지하는 역할을 한다. 오일 여과기의 설치 위치는 윤활유 펌프의 입구와 출구 사이에 설치한다.

13 클러치는 디젤기관의 동력을 잠시 끊거나 이어주는 축이음 장치로, 축과 축을 접속하거나 차단하는 데 사
용한다. 주로 마찰 클러치, 유체 클러치, 전자 클러치가 있다.

14 6실린더 기관은 6개의 커넥팅 로드가 1개씩 연결될 6개의 크랭크 핀을 가지며, 메인베어링 수는 해당 실린
더 수 + 1 이므로 7개가 설치된다.

15 V는 전압, A는 전류, kW는 전력을 나타내는 단위이다.

16 유도 전동기
고정자에 교류 전압을 가하여 전자 유도로써 회전자에 전류를 흘려 회전력을 생기게 하는 교류 전동기로,
기동반에 주로 설치되는 계기는 전류계이다. 유도전동기의 부하가 증가하면 슬립이 커지면서 회전수가 점
점 떨어진다.

17 전해액은 전축전지의 화학 작용을 일으키는 용액을 말한다. 황산을 증류수로 희석시킨 무색·무취의 묽은
황산으로, 극판과 접촉하여 셀 내부의 전류를 전도하고, 전류를 발생시키거나 저장하는 역할을 한다.

18 왕복펌프에서 공기실의 역할은 송출되는 유량의 변동을 일정하게 유지하는 것이다.

19 • 원심펌프 : 케이싱 속의 회전차를 수중에서 고속으로 회전시켜 물이 원심력을 일으켜 얻은 속도에너지를
압력에너지로 바꾸어 물을 흡입·송출한다.
• 원심펌프의 송출량 조절 방법
  – 펌프의 회전 속도를 조절하는 방법
  – 펌프의 송출 밸브 개도를 조절하는 방법

20 펌프가 해수를 실제로 흡입할 수 있는 최대 높이는 6~7m이다.

21 소형선박에서 가장 많이 이용하는 디젤기관의 시동 방법은 시동 전동기에 의한 시동이다. 시동 전동기는 전기적 에너지를 기계적 에너지로 바꾸어 회전력을 발생시키는 장치로, 시동 전동기의 회전력으로 크랭크 축을 회전시켜 기관을 최초로 구동하는 장치이다.

22

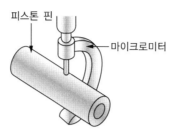

[피스톤 핀의 외경 마이크로미터 측정]

외경 마이크로미터 : 마이크로미터는 물체의 외경, 두께, 내경, 깊이 등을 마이크로미터(μ m) 정도까지 측정할 수 있는 게이지이다.

23 피스톤 분해 시, 트렁크형 피스톤은 피스톤 핀과 커넥팅 로드의 소단부가 직접 연결되어 있으므로 커넥팅 로드와 함께 분해하고, 크로스 헤드형 피스톤은 피스톤 로드를 통하여 크로스 헤드와 연결되어 있으므로, 피스톤 로드를 크로스 헤드와 분리한 후 분해한다. 피스톤을 분해할 때는, 실린더 헤드를 들어낸 다음, 크랭크실의 문을 열고 하부에서 볼트를 풀고, 위쪽에서 피스톤을 들어낸다.

24 연료유의 성질
착화점이 높은 연료는 착화 늦음 기간이 길다. 따라서 디젤기관에서는 착화점이 낮은 연료를 사용해야 한다. 연료유는 불순물이 적을수록 착화성이 더 좋아진다.

25 인화점(Flash Point)
연료를 서서히 가열할 때 나오는 유증기에 불을 가까이 하면 불이 붙게 된다. 이와 같이 불을 가까이 했을 때, 불이 붙을 수 있도록 유증기를 발생시키는 최저 온도를 인화점이라 한다. 인화점은 기름의 취급 및 저장 상 중요하지만, 기관의 연소에서는 크게 중요하지 않다. 인화점이 낮은 기름은 화재의 위험이 높다.

PART 03

PART 03 2019년 제4회 정답 및 해설

제1과목 항 해

01	02	03	04	05	06	07	08	09	10
아	나	아	사	나	사	아	사	아	나
11	12	13	14	15	16	17	18	19	20
아	나	아	나	아	아	아	나	가	나
21	22	23	24	25					
나	가	아	사	아					

01 선속계는 속력과 항행거리를 측정할 수 있다.

02 피벗 전체는 황동으로 되어 있고, 그 끝은 백금과 이리듐의 합금으로 뾰족하다. 캡과의 사이에 마찰이 작아 카드가 자유롭게 회전할 수 있다.

03 나침의 오차란 나침의 범위와 진방위 사이의 차이를 의미한다. 나침의 오차는 편차와 자차의 부호가 같으면 더하고 다르면 차를 구한다.

04 음파를 발사했다가 수신한 시간이 0.4초라면 실제 음파가 나아간 거리는 0.2초이다. 1500미터/초의 속력으로 0.2초를 나아가면 1500 × 0.2 = 300. 따라서 정답은 300미터이다.

05 대수속력은 선박의 물에 대한 속력으로서 자기 선박 또는 다른 선박의 추진장치의 작용이나 그로 인한 선박의 타력에 의하여 생기는 것을 말한다. 선미에서 선수 방향으로 2노트의 조류가 흐르고 있으므로 실제 선박의 속력은 8노트이다.

06 풍속과 풍향에 대한 기상 예보는 1분간의 평균 바람 정보를 이용한다.

07 선수 배각법, 4점 방위법, 양측 방위법은 하나의 물표를 시간 간격을 두고 관측하는 격시 관측법에 해당한다.

08
- 진방위 : 진자오선과 물표 및 관측자를 지나는 대권이 이루는 교각이다.
- 자침방위 : 자기 자오선과 물표 및 관측자를 지나는 대권이 이루는 교각이다.
- 나침방위 : 나침의 남북선과 물표 및 관측자를 지나는 대권이 이루는 교각이다
- 상대방위 : 자선의 선수미선을 기준으로 선수를 0°로 하여 시계 방향으로 360°까지 재거나, 좌현·우현으로 180°씩 측정한다.

09 두 선박의 펄스 반복주기가 다를 경우 그림과 같이 타선의 레이더 전파가 나선형의 점선으로 나타난다.

10 전파의 특성은 직진성, 등속성, 반사성이다. 그 중 등속성은 일정한 속도로 움직인다는 뜻으로 이 특성으로 인하여 거리를 측정할 수 있다.

11 거리를 측정할 때는 두 지점 간의 직선의 길이를 측정하는데, 단위는 해리(Nautical Mile)이므로 위도 눈금의 몇 분에 해당하는가를 보면 곧 거리를 알 수 있다.

12 해도의 수심은 기본수준면(약최저저조면)을 기준으로 측정한 것이므로 해상에서 측심한 수심은 해도의 수심보다 일반적으로 더 깊다.

13 고립장애표지는 암초나 침선 등 고립된 장애물 위에 설치하는 표지이다.

14 항행 통보는 매주 금요일 국립해양조사원에서 간행한다.

15 호광등
호광등은 색깔이 다른 종류의 빛을 교대로 내며, 그 사이에 등광은 꺼지는 일이 없이 계속 빛을 낸다.

16 고립 장애 표지

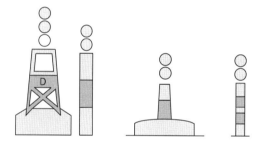

17 도표에 등을 단 것을 도등이라고 한다.

18 파랑의 흔들림에 의해 종소리를 내게 하는 것은 타종 부표이다.

19 레이콘(Racon ; Radar Transponder Beacon)
선박 레이더에서 발사된 전파를 받은 때에만 응답하며, 레이더 화면상에 일정한 형태의 신호가 나타날 수 있도록 전파를 발사한다. 표준 신호와 모스 부호를 이용하며, 유효 거리는 주야간 각 10마일 정도로 농무 시나 기상 악화 시 선박의 안전 운항에 큰 도움이 된다.

20 레이더 리플렉터
부표, 등표 등에 설치되어 레이더 전파의 반사 능률을 높여 주는 반사판으로 최대 탐지 거리가 2배 가량 증가한다는 장점이 있다.

21 기압경도가 클수록 일기도의 등압선 간격은 좁다.

22 태풍은 일반적으로 아열대 고기압의 외측을 따라 발생지로부터 포물선으로 고위도로 이동한다.

23

소나기성 강우 =

24 통항로 결정과 승무원 수는 관련이 없다.

25 본선의 선저 여유 수심이 충분하지 않는 곳에 대한 항해 계획 수립은 본선의 최대 흘수, 통과 시 선박의 속력, 조석을 고려하여 계획을 수립해야 한다.

01	02	03	04	05	06	07	08	09	10
나	가	가	가	아	사	나	아	사	나
11	12	13	14	15	16	17	18	19	20
사	아	사	가	아	사	나	나	아	아
21	22	23	24	25
----	----	----	----	----
나	가	가	나	사

01 선박에서 화물을 적재하는 곳을 선창이라고 한다.

02 희석재(Thinner)
희석재는 도료의 액체 성분을 녹여서 점성을 적게 하고, 성분을 균질하게 하여 도막을 매끄럽게 하고, 건조를 촉진시키며, 도장 후에는 거의 증발하여 도막 중에는 남지 않는다. 희석제는 휘발성이 강하여 너무 많이 혼합시키면 페인트의 점도가 낮아져 흘러내리기 쉽고, 도막의 표면이 먼저 건조되어 그 강도를 약화시킬 수 있으므로, 희석제의 첨가량은 페인트의 1~3% 정도이고, 많아도 10% 이하로 해야 한다. 또한 인화성이 강하므로 특별히 화기에 유의해야 한다.

03 제어 장치는 구동 방식에 따라 기계식 제어 장치, 유압식 제어 장치, 전기식 제어 장치 등이 있는데 소형선에서는 기계식이 주로 사용되고, 중·대형선에서는 유압식 또는 전기식이 사용된다.

04 도장 시기는 기후가 온화하고 고온 건조하여 페인트가 잘 퍼지고 건조가 빠른 계절이 좋다.

05 선박에서는 식물성 섬유 로프보다 합성 섬유 로프가 주로 사용된다.

06 프로펠러, 타 주위에는 철보다 이온화 경향이 큰 아연판을 부착시켜 철의 전식작용에 의한 이온화 침식을 막는다.

08 구명줄 발사기
발사기의 손잡이를 잡고 방아쇠를 당기면 발사체가 로프를 끌고 날아가게 하는 장비로, 구명부환에 부착되어 있다.

09 자기 발연 신호는 물 위에 부유할 경우 오렌지색 연기를 15분 이상 연속으로 발할 수 있어야 하며, 수중에 완전히 잠긴 후에도 10초간 계속 연기를 발할 수 있어야 한다.

10 선박에 비치한 전체 구명부환의 절반 이상은 자기 점화등을 갖추어야 하는데, 이들 중 2개는 선교 주위에 비치해야한다.

11 환부에 열을 가하는 온열 처치는 지혈의 적절한 조치가 아니다.

12 비상위치지시용 무선표지설비는 침몰 시 자동으로 떠올라 조난신호를 발사해야 하기 때문에 선교에 설치되면 안된다.

13 상대 선박의 선명을 먼저 부르고, 본선의 선명을 말한 후 감도 있는지를 물어본다.

14 연안 항해에서 선박 상호 간에 가장 많이 사용하는 것은 초단파무선설비(VHF)이다.

15 가. 프로펠러가 수면 상에 드러난 공선 상태일 때는 만재 상태일 때보다 크다.
나. 선수트림 상태일 때가 선미트림 상태일 때보다 크다.
사. 큰 타각을 사용 시 작은 타각을 사용할 때 보다 선회권은 작아진다.

16 두 선박이 마주칠 때는 추월할 때 보다 훨씬 짧은 시간에 두 선박이 통과하게 되어서 작용시간이 짧기 때문에 추월 시가 더 크게 나타난다.

17 연안에서의 충돌 시 침몰의 위험이 있다고 판단될 때에는 가능하면 임의 좌주(Beaching)시키는 방법도 고려해야 한다.

18 가. 타의 역할은 선박의 양호한 조종성을 확보하는 것이다.
사. 추종성은 조타에 대한 선체 회두의 추종이 빠른지 또는 늦은지를 나타내는 것이다.
아. 선회성은 일정한 타각을 주었을 때 선박이 어떤 각속도로 움직이는지를 나타낸 것이다.

19 항행 중 타를 사용하여 전타하면 타의 항력이 작용하여 선속이 감소한다.

20 후진 시 고정 피치 추진기는 좌회전하므로 추진기의 하부 날개가 아래쪽에서 위쪽으로 회전하면서 배출한 수류는 선미 우측 선체에 직각 방향으로 작용하는데 비해, 상부날개가 위쪽에서 아래쪽으로 회전하면서 배출한 수류는 선미 좌현 선체를 따라 흐르고, 일부는 용골 밑으로 빠지므로, 우현측의 압력은 좌현측보다 매우 커서 선미를 좌현 쪽으로 강하게 밀게 된다. 이 현상을 배출류의 측압 작용이라고 한다.

21 협수로의 만곡부에서의 유속은 일반적으로 만곡의 외측에서 강하고 내측에서 약하다.

22 복원성을 증가시키기 위해서는 무게중심을 아래쪽으로 이동시켜야 한다.

23 황천 시 해수가 배수로를 통해 배수되지 못하면 해수가 갑판에 쌓여 무게 중심이 상승되어 복원성이 나빠진다.

24 다른 선박의 현측에 자선의 선수가 충돌했을 때는 기관을 후진시키지 말고, 주기관을 정지시킨 후 두 선박을 밀착시킨 상태로 밀리도록 한다. 만약 선박을 후진시켜 두 선박을 분리시키면, 대량의 침수로 인해 침몰의 위험이 더 커질 수 있다.

25 암초에 얹혔을 때에는 얹힌 부분의 흘수를 줄이고, 모래에 얹혔을 경우에는 얹히지 않은 부분의 흘수를 줄이는 것이 좋다.

01	02	03	04	05	06	07	08	09	10
사	아	나	아	사	사	나	아	나	가
11	12	13	14	15	16	17	18	19	20
아	사	사	가	나	아	나	사	아	사
21	22	23	24	25					
아	가	나	가	아					

01 조종제한선이란 다음의 작업과 그 밖에 선박의 조종성능을 제한하는 작업에 종사하고 있어 다른 선박의 진로를 피할 수 없는 선박을 말한다.
- 항로표지, 해저전선 또는 해저파이프라인의 부설·보수·인양 작업
- 준설·측량 또는 수중 작업
- 항행 중 보급, 사람 또는 화물의 이송 작업
- 항공기의 발착 작업
- 기뢰 제거 작업
- 진로에서 벗어날 수 있는 능력에 제한을 많이 받는 예인작업

02 선박은 접근하여 오는 다른 선박의 나침방위에 뚜렷한 변화가 일어나지 아니하면 충돌할 위험성이 있다고 보고 필요한 조치를 하여야 한다. 접근하여 오는 다른 선박의 나침방위에 뚜렷한 변화가 있더라도 거대선 또는 예인작업에 종사하고 있는 선박에 접근하거나, 가까이 있는 다른 선박에 접근하는 경우에는 충돌을 방지하기 위하여 필요한 조치를 하여야 한다(해상교통안전법 제72조 제4항).

03 조종불능선이란 선박의 조종성능을 제한하는 고장이나 그 밖의 사유로 조종을 할 수 없게 되어 다른 선박의 진로를 피할 수 없는 선박을 말한다. 조종불능선은 가장 잘 보이는 곳에 수직으로 붉은색 전주등 2개를 설치해야 한다.

04 기적이란 단음과 장음을 발할 수 있는 음향신호장치를 말한다.
- 단음 : 1초 정도 계속되는 고동소리
- 장음 : 4초부터 6초까지의 시간 동안 계속되는 고동소리

05
- 선박교통관제란 선박교통의 안전을 증진하고 해양환경과 해양시설을 보호하기 위하여 선박의 위치를 탐지하고 선박과 통신할 수 있는 설비를 설치·운영함으로써 선박의 동정을 관찰하며 선박에 대하여 안전에 관한 정보 및 항만의 효율적 운영에 필요한 항만운영정보를 제공하는 것을 말한다.
- 통항분리제도란 선박의 충돌을 방지하기 위하여 통항로를 설정하거나 그 밖의 적절한 방법으로 한쪽 방향으로만 항행할 수 있도록 항로를 분리하는 제도를 말한다.
- 해상교통안전진단이란 해상교통안전에 영향을 미치는 사업(이하 "안전진단대상사업"이라 한다)으로 발생할 수 있는 항행안전 위험 요인을 전문적으로 조사·측정하고 평가하는 것을 말한다.

06 해양수산부장관은 선박의 항행안전에 필요한 항로표지·신호 설비·조명 설비 등 항행보조시설을 설치하고 관리·운영하여야 한다.

07 항행장애물이란 선박으로부터 떨어진 물건, 침몰·좌초된 선박 또는 이로부터 유실된 물건 등 해양수산부령으로 정하는 것으로서 선박항행에 장애가 되는 물건을 말한다. 항행장애물의 보고 시에는 크기와 상태를 포함하여 보고해야 한다.

08 해양수산부장관은 해상에 대하여 기상특보가 발표되거나 제한된 시계 등으로 선박의 안전운항에 지장을 줄 우려가 있다고 판단할 경우에는 선박소유자나 선장에게 선박의 출항통제를 명할 수 있다.

09 해사안전법은 선박의 안전운항을 위한 안전관리체계를 확립하여 선박항행과 관련된 모든 위험과 장해를 제거함으로써 해사안전 증진과 선박의 원활한 교통에 이바지함을 목적으로 한다.

10 선박이 서로 시계 안에 있을 때의 항법은 선박에서 다른 선박을 눈으로 볼 수 있는 상태에 있는 선박에 적용한다.

11 안전한 속력을 결정할 때에는 다음의 사항을 고려하여야 한다.
• 시계의 상태
• 해상교통량의 밀도
• 선박의 정지거리·선회성능, 그 밖의 조종성능
• 야간의 경우에는 항해에 지장을 주는 불빛의 유무
• 바람·해면 및 조류의 상태와 항행장애물의 근접상태
• 선박의 흘수와 수심과의 관계
• 레이더의 특성 및 성능
• 해면상태·기상, 그 밖의 장애요인이 레이더 탐지에 미치는 영향
• 레이더로 탐지한 선박의 수·위치 및 동향

12 어로 작업을 하고 있는 선박, 조종불능선, 조종제한선, 흘수제약선, 범선 또는 다른 선박을 끌고 있거나 밀고 있는 선박은 2분을 넘지 아니하는 간격으로 연속하여 3회의 기적(장음 1회에 이어 단음 2회를 말한다)을 울려야 한다.

13 • 침로와 속력을 유지하여야 하는 선박(유지선)은 피항선이 해사안전법에 따른 적절한 조치를 취하고 있지 아니하다고 판단하면 침로와 속력을 유지하여야 함에도 불구하고 스스로의 조종만으로 피항선과 충돌하지 아니하도록 조치를 취할 수 있다. 이 경우 유지선은 부득이하다고 판단하는 경우 외에는 자기 선박의 좌현 쪽에 있는 선박을 향하여 침로를 왼쪽으로 변경하여서는 아니 된다.
• 유지선은 피항선과 매우 가깝게 접근하여 해당 피항선의 동작만으로는 충돌을 피할 수 없다고 판단하는 경우에는 침로와 속력을 유지하여야 함에도 불구하고 충돌을 피하기 위하여 충분한 협력을 하여야 한다.

14 선박은 다른 선박을 선수 방향에서 볼 수 있는 경우로서 다음에 해당하면 마주치는 상태에 있다고 보아야 한다.
- 밤에는 2개의 마스트등을 일직선으로 또는 거의 일직선으로 볼 수 있거나 양쪽의 현등을 볼 수 있는 경우
- 낮에는 2척의 선박의 마스트가 선수에서 선미까지 일직선이 되거나 거의 일직선이 되는 경우

15 「해사안전법」 시행규칙 [별표10]
국제항해에 종사하지 않는 여객선 및 여객용 수면비행선박의 출항통제권자는 해양경찰서장이다.

16 선박은 무역항의 수상구역 등에서 다음 장소에는 정박하거나 정류하지 못한다.
- 부두 · 잔교 · 안벽 · 계선부표 · 돌핀 및 선거의 부근 수역
- 하천, 운하 및 그 밖의 좁은 수로와 계류장 입구의 부근 수역

17 예인선의 항법
예인선이 무역항의 수상구역 등에서 다른 선박을 끌고 항행하는 경우에는 다음에서 정하는 바에 따라야 한다.
- 예인선의 선수로부터 피예인선의 선미까지의 길이는 200m를 초과하지 아니할 것. 다만, 다른 선박의 출입을 보조하는 경우에는 그러하지 아니하다.
- 예인선은 한꺼번에 3척 이상의 피예인선을 끌지 아니할 것

18 방파제 부근에서는 출항선박이 먼저 통과할 때까지 입항 선박이 방파제 밖에서 기다렸다가 출항선박의 방파제 통과가 끝나면 입항선박이 통과한다.

19
- 무역항의 수상구역 등에서 선박을 불꽃이나 열이 발생하는 용접 등의 방법으로 수리하려는 경우 해양수산부령으로 정하는 바에 따라 다음 선박은 관리청의 허가를 받아야 한다.
  - 위험물을 저장 · 운송하는 선박과 위험물을 하역한 후에도 인화성 물질 또는 폭발성 가스가 남아 있어 화재 또는 폭발의 위험이 있는 선박(이하 "위험물운송선박"이라 한다)
  - 총톤수 20톤 이상의 선박(위험물운송선박은 제외한다)
- 다만, 총톤수 20톤 이상의 선박은 기관실, 연료탱크, 그 밖에 해양수산부령으로 정하는 선박 내 위험구역에서 수리작업을 하는 경우에만 허가를 받아야 한다.

20
- 해양경찰청장은 선박이 빠른 속도로 항행하여 다른 선박의 안전 운항에 지장을 초래할 우려가 있다고 인정하는 무역항의 수상구역 등에 대하여는 관리청에 무역항의 수상구역 등에서의 선박 항행 최고속력을 지정할 것을 요청할 수 있다.
- 관리청은 위의 사항에 따른 요청을 받은 경우 특별한 사유가 없으면 무역항의 수상구역 등에서 선박 항행 최고속력을 지정 · 고시하여야 한다. 이 경우 선박은 고시된 항행 최고속력의 범위에서 항행하여야 한다.
※ 2021년 1월 1일에 개정된 법률로 개정 전에는 해양경찰청장, 해양수산부장관이 정답이었다.

21 • 선장은 항로에 선박을 정박 또는 정류시키거나 예인되는 선박 또는 부유물을 내버려두어서는 아니 된다.

• 부득이 항행 중인 선박이 고장으로 인해 조종이 불가능하여 항로에서 정박하였을 때 선장은 그 사실을 관리청에 신고하여야 한다.

※ 2021년 1월 1일에 개정된 **법률로** 개정 전에는 해양수산부장관이 정답이었다.

22 무역항의 항로에서의 항법

• 항로 밖에서 항로에 들어오거나 항로에서 항로 밖으로 나가는 선박은 항로를 항행하는 다른 선박의 진로를 피하여 항행할 것

• 항로에서 다른 선박과 나란히 항행하지 아니할 것

• 항로에서 다른 선박과 마주칠 우려가 있는 경우에는 오른쪽으로 항행할 것

• 항로에서 다른 선박을 추월하지 아니할 것. 다만, 추월하려는 선박을 눈으로 볼 수 있고 안전하게 추월할 수 있다고 판단되는 경우에는 기적신호를 하여 그 의사를 표현하고, 추월선을 안전하게 통과시키기 위한 동작을 취하여야 한다.

• 항로를 항행하는 위험물운송선박 또는 흘수제약선의 진로를 방해하지 아니할 것

• 범선은 항로에서 지그재그(Zigzag)로 항행하지 아니할 것

23 오염물질이 배출되는 경우의 신고의무(해양환경관리법 제63조)

대통령령이 정하는 배출기준을 초과하는 오염물질이 해양에 배출되거나 배출될 우려가 있다고 예상되는 경우 다음 각 호의 어느 하나에 해당하는 자는 지체 없이 해양경찰청장 또는 해양경찰서장에게 이를 신고하여야 한다.

• 배출되거나 배출될 우려가 있는 오염물질이 적재된 선박의 선장 또는 해양시설의 관리자. 이 경우 해당 선박 또는 해양시설에서 오염물질의 배출원인이 되는 행위를 한 자가 신고하는 경우에는 그러하지 아니하다.

• 오염물질의 배출원인이 되는 행위를 한 자

• 배출된 오염물질을 발견한 자

24 선박에서의 오염방지에 관한 규칙 [별표4] 제4호

기관구역의 선저폐수는 선저폐수저장장치에 저장한 후 배출관장치를 통하여 오염물질저장시설 또는 해양오염방제업·유창청소업의 운영자에게 인도할 것

25 선박에서의 오염물질인 기름 배출 시 신고해야 하는 양과 농도에 대한 기준은 유분이 100만분의 1,000ppm 이상, 유분총량이 100리터 이상, 확산면적이 10,000제곱미터 이상이다.

01	02	03	04	05	06	07	08	09	10
사	아	아	아	아	나	가	나	나	사
11	12	13	14	15	16	17	18	19	20
가	사	사	가	아	아	사	가	아	나
21	22	23	24	25					
가	가	아	가	나					

01 4행정 사이클 디젤기관이 시동 위치를 맞추지 않고도 크랭크 각도 어느 위치에서나 시동될 수 있으려면 최소 6기통(6실린더) 이상이 되어야 한다.

02 연료유의 성질
- 점도 : 액체가 형태를 바꾸려고 할 때 분자 간에 마찰에 의하여 유동을 방해하려는 점성 작용의 대소를 표시하는 정도. 끈적끈적한 정도
- 비중 : 부피가 같은 기름의 무게와 물의 무게와의 비
- 발화점 : 연료의 온도를 인화점보다 높게 하면 외부에서 불이 없어도 자연 발화하게 되는데, 이와 같이 자연 발화하는 연료의 최저온도. 디젤기관의 연소과정과 관계가 깊음
- 인화점 : 불을 가까이했을 때 불이 붙을 수 있도록 유증기를 발생시키는 최저 온도. 인화점이 낮을수록 화재의 위험이 높음

03 실린더 헤드에는 흡기 밸브, 배기 밸브, 시동 공기 밸브, 연료분사밸브, 안전 밸브, 인디케이터 밸브, 냉각수 파이프 등이 설치되어 구조가 복잡하다.

04 메인 베어링의 역할과 구조

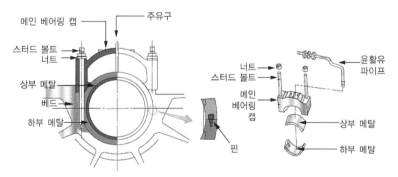

메인 베어링(Main Bearing)은 기관 베드 위에 있으면서 크랭크 저널에 설치되어 크랭크 축을 지지하고, 회전 중심을 잡아주는 역할을 한다. 대부분 상·하 두 개로 나누어진 평면 베어링(Plane Bearing)을 사용하며, 구조는 그림과 같이 기관 베드 위의 평면 베어링에 상부 메탈과 하부 메탈을 넣고 베어링 캡으로 눌러서 스터드 볼트로 죈다.

05 실린더 헤드를 들어내기 전의 준비사항

① 시동 공기 밸브를 잠그고 공기관 내의 드레인 밸브를 열어 잔류 압력을 배출시킨다.

② 터닝 기어를 연결하여 플라이휠과 맞물리도록 한다.

③ 냉각수 입·출구 밸브를 잠그고, 기관 내의 냉각수를 배출한다.

④ 연료유와 윤활유의 공급 계통을 차단한다.

06 연소실의 구성 요소로는 실린더 헤드, 실린더 라이너, 피스톤이 있다.

07 링의 틈새(Clearance)가 너무 크면 연소가스가 누설되어 기관의 출력이 낮아지고, 링의 배압이 커져서 실린더 내벽의 마멸이 크게 된다. 반대로 틈새가 너무 작으면 열팽창에 의해 틈새가 없어져서 링이 절손되거나 실린더 내벽을 손상시키게 된다. 링의 틈새에는 옆 틈(Side Clearance) 및 밑 틈(Back Clearance)이 있고, 절구 틈(End Clearance)이 있다. 피스톤 링은 운전 시간이 많을수록 절구 틈이 커지므로, 기관 정지 중에 정기적으로 점검하고 틈새를 계측하여 교체 여부를 확인해야 한다.

08 • 디젤기관의 회전운동부 : 평형추, 크랭크 축, 플라이휠

• 디젤기관의 왕복운동부 : 피스톤, 피스톤 링, 피스톤 핀, 피스톤 로드, 크로스 헤드, 커넥팅 로드

• 디젤기관의 고정부 : 실린더, 실린더 헤드, 실린더 블록, 기관 베드, 프레임, 메인베어링

09 크랭크 축의 구조

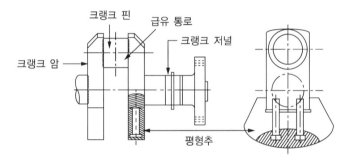

• 크랭크 암 : 크랭크 저널과 크랭크 핀을 연결하는 부분이다. 크랭크 핀 반대쪽으로 평형추(Balance Weight)를 설치하여 크랭크 회전력의 평형을 유지하고, 불평형 관성력에 의한 기관의 진동을 줄인다.

• 크랭크 핀 : 크랭크 저널의 중심에서 크랭크 반지름만큼 떨어진 곳에 있으며, 저널과 평행하게 설치되고 커넥팅 로드 대단부와 연결된다.

• 크랭크 저널 : 메인 베어링에 의해서 지지되는 회전축이다.

• 평형추 : 크랭크 축의 형상에 따른 불균형을 보정하여, 회전체의 평형을 이루기 위해 평형추(Balance Weight)를 설치한다. 평형추는 기관의 진동을 적게 하고, 원활한 회전을 하도록 하며, 메인 베어링의 마찰을 감소시키는 역할을 한다.

10 시동용 전동기가 회전하지 않는 경우의 원인
- 시동용 전동기가 고장 난 경우
- 축전지가 완전 방전된 경우
- 축전지의 전압이 너무 낮은 경우

11 소형선박에서 가장 많이 이용하는 디젤기관의 시동 방법은 시동 전동기에 의한 시동이다. 시동 전동기는 전기적 에너지를 기계적 에너지로 바꾸어 회전력을 발생시키는 장치로, 시동 전동기의 회전력으로 크랭크 축을 회전시켜 기관을 최초로 구동하는 장치이다. 시동용 전동기는 직류 전동기가 사용된다.

12 6실린더 기관은 6개의 커넥팅 로드가 1개씩 연결될 6개의 크랭크 핀을 가지며, 메인 베어링 수는 해당 실린더 수 + 1 이므로 7개가 설치된다.

13 프로펠러를 역전시켜 선박을 후진시키는 방법에는 직접 역전 방식과 간접 역전 방식이 있다. 직접 역전 방식은 기관을 정지한 후 다시 역전 시동하여 선박을 후진시키고, 간접 역전 방식은 역전 장치에 의하여 프로펠러를 역전시키거나 프로펠러 날개의 각도를 변화시켜 선박을 후진시킨다. 중대형의 선박에서는 주로 직접 역전 방식을 사용하며 소형선박, 어선 등에서는 간접 역전 방식을 사용한다.

14 일반적으로 선박은 항해 시 약간의 선미트림 상태(선미의 흘수가 선수의 흘수보다 클 때)를 유지하는 것이 추진력과 타효에 유리하다.

15
- 조수기 : 바닷물에서 염분 등을 제거하여 민물로 바꾸는 장치를 말한다.
- 펌프 : 낮은 곳에 있는 액체를 흡입하여 압력을 가한 후 높은 곳으로 이송하는 장치를 말한다.

16
- 원심펌프 : 케이싱 속의 회전차를 수중에서 고속으로 회전시켜 물이 원심력을 일으켜 얻은 속도에너지를 압력에너지로 바꾸어 물을 흡입 송출한다.
- 원심펌프의 송출량 조절 방법
  - 펌프의 회전 속도를 조절하는 방법
  - 펌프의 송출 밸브 개도를 조절하는 방법

17 **왕복 펌프의 특성**
왕복 펌프는 구조상으로 볼 때 저속 운전이 될 수밖에 없고, 같은 유량을 내는 원심 펌프에 비하여 대형이 된다. 또한, 원심 펌프와 비교할 때 왕복 펌프가 갖는 특징은 다음과 같다.
- 흡입 성능이 양호하다.
- 소유량, 고양정용 펌프에 사용된다.
- 운전 조건에 따라 효율의 변화가 적고, 무리한 운전에도 잘 견딘다.
- 왕복 운동체(피스톤, 플런저)의 직선 운동으로 인해 진동이 발생한다.

따라서 선박에서는 빌지 펌프(Bilge Pump), 보조 급수 펌프, 복수기용 추기 펌프(Air Pump) 등으로 사용되고 있다.

18
- NFB : 배선용 차단기
- OCR : 과전류 계전기
- MCCB : 배선용 차단기
- ELB : 누전차단기

19 축전지의 용액이 부족할 경우에는 증류수를 보충한다. 묽은 황산의 표준 비중은 1,280(증류수보다 1.28배 무겁다)이다.

20 저항, 전압, 전류의 직렬 및 병렬 연결

구 분	직렬연결	병렬연결
저 항	$R = R_1 + R_2 + \cdots$	$\dfrac{1}{R} = \dfrac{1}{R_1} + \dfrac{1}{R_2} + \cdots$
전 압	$V = V_1 + V_2 + \cdots\cdots$	$V = V_1 = V_2 = \cdots\cdots$
전 류	$I = I_1 = I_2 = \cdots\cdots$	$I = I_1 + I_2 + \cdots\cdots$

따라서 2V 단전지 6개를 직렬로 연결하면 $V = 2 + 2 + 2 + 2 + 2 + 2 = 12V$가 된다.

21 디젤기관의 밸브 틈새 조정하기

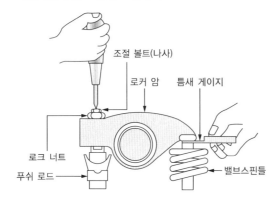

디젤기관의 흡·배기 밸브의 틈새 조정을 위해 필러 게이지(틈새 게이지)를 사용한다.

22 디젤기관의 밸브 틈새 조정하기
① 기관을 터닝하여 조정하고자 하는 실린더의 피스톤을 압축 행정 시의 상사점에 맞춘다. 상사점의 확인은 플라이휠에 표시된 숫자에 의한다.
② 로크 너트(Lock Nut)를 먼저 풀고, 조정 볼트를 약간 헐겁게 한다.
③ 밸브 스핀들 상부와 로커 암 사이에 규정 값의 틈새 게이지를 넣고, 조정 볼트를 드라이버로 돌려 조정한다.
④ 틈새 게이지를 잡은 손에 가벼운 저항을 느끼면서 게이지가 움직이면 적정 간극으로 조정된 것이다.
⑤ 조정 후에 조정 볼트가 움직이지 않게 로크 너트를 확실히 잠근다.
⑥ 이 작업을 착화 순서에 따라 각 실린더마다 한다.
⑦ 밸브 틈새의 조정은 기관이 냉각되지 않은 상태에서 실시하며, 그 틈새는 반드시 제작사에서 규정한 수치를 준수해야 한다.

23

피스톤 링은 피스톤과 실린더 라이너 사이의 기밀을 유지하며 피스톤에서 받은 열을 실린더 벽으로 방출하는 압축링(Compression Ring)과 실린더 라이너 내벽의 윤활유가 연소실로 들어가지 못하도록 긁어내리고 윤활유를 라이너 내벽에 고르게 분포시키는 오일 스크레이퍼 링(Oil Scraper Ring)이 있다. 일반적으로 압축링은 피스톤의 상부에 2~4개, 오일 스크레이퍼 링은 하부에 1~2개를 설치한다. 그러나 2행정 사이클 기관에 사용하는 크로스 헤드형 피스톤의 경우에는 오일 스크레이퍼 링을 설치하지 않는다. 피스톤 링은 적절한 절구 틈을 가져야 하며, 압축링이 오일링보다 연소실에 더 가까이 설치되어 있다.

24 중 유

원유에서 가솔린, 경유, 석유 등을 증류하고 나서 얻어지는 기름을 말한다. 주로 디젤기관이나 보일러 가열용, 화력발전용으로 사용하는 석유로, 점도 등에 따라 A중유, B중유, C중유의 세 종류로 나뉜다. 중유는 경유에 비해 비중・점도・유동점・인화점・끓는점이 높다.

25 혼합 비중 = 혼합 무게 ÷ 혼합 부피

혼합 무게 = 200L + 100L = 300L

부피 = 무게 ÷ 비중 이므로

A 액체 부피 = 200L ÷ 0.8 = 250

B 액체 부피 = 100L ÷ 0.85 = 117.64(≒118)

∴ 혼합 비중 = 300L ÷ (250 + 118) = 0.8152(≒0.82)

작은 기회로부터 종종 위대한 업적이 시작된다.

- 데모스테네스 -

문제만 보고 합격하기!
소형선박조종사 1,900제(해기사 시험대비)

개정13판1쇄 발행	2024년 05월 10일 (인쇄 2024년 04월 25일)
초 판 발 행	2011년 01월 05일 (인쇄 2010년 11월 30일)
발 행 인	박영일
책 임 편 집	이해욱
편 저	이영후 · 서영섭
편 집 진 행	김은영
표지디자인	박종우
편집디자인	곽은슬 · 김기화
발 행 처	(주)시대고시기획
출 판 등 록	제10-1521호
주 소	서울시 마포구 큰우물로 75 [도화동 538 성지 B/D] 9F
전 화	1600-3600
팩 스	02-701-8823
홈 페 이 지	www.sdedu.co.kr
I S B N	979-11-383-7079-0 (13550)
정 가	24,000원